환경보건정책입문

하미나

단국대학교 의과대학 예방의학교실 교수

전 환경부 환경보건정책관

전 한국보건산업진흥원 R&D진흥본부 건강기반구축단장

전 세계보건기구 아시아태평양사무국 전문가자문단

전 미국립보건원 국립암연구소 방문연구원

정선화

환경부 기획조정실 정책기획관

전 환경부 대변인

전 전북지방환경청장

전 OECD 대표부 참사관

전 환경부 화학물질정책과장

환경보건정책입문

2022년 12월 10일 초판 인쇄
2022년 12월 15일 초판 발행

지은이 _ 하미나 · 정선화
펴낸이 _ 김수복
기　획 _ 남재걸
제　작 _ 성두현
마케팅 _ 박보혜
펴낸곳 _ 단국대학교출판부
등　록 _ 1968.2.27 : No. 제03-00095호
주　소 _ 경기도 용인시 수지구 죽전로 152
전　화 _ 031-8005-2402
팩　스 _ 031-8021-7154

값 30,000원

ISBN 978-89-7092-792-3 03510

환경보건 정책입문

하미나
정선화

nosvos

책을 내면서

환경보건정책은 글자 그대로 환경과 보건뿐 아니라 정책이 결합된 융합적 분야입니다. 학문적으로도 자연과학, 의학과 보건학, 사회과학이 함께 얽혀있지만, 우리나라에서 환경보건이 정책의 한 영역으로 뚜렷하게 자리 잡아 온 과정도 복잡하고 심상치 않습니다. 2009년에 시행된『환경보건법』을 통해 우리나라의 환경보건정책은 명실상부 법에 근거하는 제도로 구축되었습니다. 이처럼 환경보건의 정책 목적이 독립적으로 법제화된 것은 세계적으로 최초이자 유일한 사례입니다. 이는 우리나라가 1960년대부터 서구의 다른 나라들에 비하여 엄청나게 짧은 기간에 산업화와 도시화가 이루어져 왔던 사정과 무관하지 않습니다. 이 과정에서 산업재해뿐 아니라, 환경오염, 환경훼손과 그로 인한 생태계와 사람의 피해가 압축적으로 발생하였습니다. 1970년대부터 이미 폐광이나 산업단지 주변 지역에서 공해병으로 불리는 환경성 질환 발생 의혹이 제기되며 중요한 사회문제가 되었습니다. 2011년에 원인이 밝혀진 가습기살균제사고로 인해 환경성 질환의 영역은 오염물질 배출시설에 의해 주변 '지역'에서 발생한 건강피해뿐 아니라, 화학물질을 원료로 한 '소비자 제품'의 사용으로 인하여 발생한 건강피해로까지 확대되었습니다. 그러나 배출시설로 인한 지역의 환경오염 문제이든, 제품 사용으로 인한 문제이든 모두 경제성장과 발전이라는 목표를 빠르게 달성하고자 국민의 건강과 안전 문제가 정책의 기본으로 되지 못하였던 것에서 비롯되었다고 할 수 있습니다. 특히, 국민의 건강과 안전은 환경 및 생태계의 보전과 밀접하게 연계되어 있으나 이러한 인식이 단편적으로라도 정책에 반영되기까지 수차례의 뼈아픈 피해와 실패를 경험해야 했습니다.

우리나라의 환경보건정책은, 10년 단위로 수립되는 환경보건종합계획이 2021년부터 2차가 시행되고 있다는 사실에서 알 수 있듯이, 법제화 이후 강산이 한 번 변하는 시간을 거쳤습니다. 지난 10년은 가습기살균제사고, 구미 불산사고 등 대형 환경사고뿐 아니라, 익산 장점마을의 집단 암발병 등 시설에서 배출한 오염물질로 인한 건강피해가 폭발적이라고까지 표현할 수 있는 정도로 발생하였던 기간이었습니다. 환경보건정책은 이러한 사정에 대처하면서 제도가 급속도로 확대, 적응해 나갔던 것으로 볼 수 있습니다. 현재 진행되고 있는 환경보건정책의 2번째 10년은 코로나 판데믹과 함께 시작되었습니다. 코로나 판데믹은 인류 사회를 거대하게 변화시켰을 뿐 아니라 중요한 깨달음을 주었습니다. 지구를 위험에 빠뜨린 기후변화는 인간에 의해 초래되었다는 사실, 지구 생태계가 보전되지 않는다면 인간의 생존과 건강도 확실하게 담보되지 않을 것이라는 사실 등이 그것입니다. 이러한 배경에서 미래의 환경보건정책은 더욱 근본적이고 혁신적이기를 요구받고 있습니다.

저자는 개방직 공무원으로 3년이라는 짧은 기간동안 환경보건정책 업무에 몸담는 기회를 가질 수 있었습니다. 전문의 취득 후 대학병원과 주로는 의과대학에만 있었던 저자는 무엇보다도 법과 정책, 행정에 무지하였으므로, 정부의 능력 있고 성실한 위아래 및 동료 공무원들의 가르침과 도움이 없었다면 이 업무는 애초 불가능한 일이었습니다. 정책 하나하나가 깔고 있는 알아야 할 배경 지식은 너무나 많은데 시간은 허락되지 않고, 판단하고 결정해야 할 일들의 무게는 무거웠습니다. 행여, 얄팍한 지식과 몇 조각의 정보에 기대어 내린 판단으로 많은 사람의 운명을 결정하는 국가의 중대한 사안을 그르치지 않을까 늘 노심초사하여 마음 편할 날이 드물었습니다.

이 책은 이러한 저자의 부끄러움과 반성에서 시작한 것입니다. 개방직 공무원의 임기를 마치고 학교로 복귀한 이후, 별다른 준비 없이 덜컥 책임이 무거운 정부의 자리에서 얼마나 많은 실수를 하였는가, 솔직하게는 많은 실수 중에도 큰 것은 없었기를 바라는 간절한 마음에서, 부끄러움을 돌이켜 확인해보고 싶었습니다. 뒷북일 수 있지만, 다산 정약용 선생님께서 '배운다는 것(學)은 잘못을 깨닫는 것(覺)이다'라고 하신 말씀에서 용기를 얻었습니다.

이 책이 누군가에게 조금이라도 도움이 된다면 아마도 환경보건정책을 처음 시작하는 입문자일 것입니다. 공무원으로 혹은 공공기관에서 환경보건정책과 관련된 업무를 시작하는 사람, 보건학이나 의학을 전공하려는 사람 중 환경보건과 정책에 관심 있는 이들에게 도움이 되기를 기대해 봅니다. 또 환경과 건강, 그리고 이와 관련한 정책에 관심이 있고 궁금한 사람이면 누구든지 살펴볼 수 있는 책이 되었으면 좋겠다는 욕심도 내어보지만, 실제로 이 책의 내용으로는 거기에 한참 미치지 못하는 것 같습니다.

이 책이 입문 수준으로 작성된 것은 '기초' 란 것이 언제나 시작이자 필수이기 때문이기도 하지만, 더 중요한 이유는 저자의 능력이 심화 수준까지 미치지 못하기 때문일 것입니다. 특히 이 책의 2편 전부와 1편의 일부분은 본 저자의 능력과 경험을 넘어선 내용이라, 현직 공무원인 정선화 국장님께서 직접 작성해 주셨습니다. 덕분에 책의 낮은 수준이 조금이나마 보완될 수 있었습니다.

책의 구성은, 환경유해인자 혹은 위험요인이 사람과 생태계에 노출되어 건강에 영향을 주거나 질병을 유발하는 일련의 과정에서 각 단계에 대응하는 정책적 목표에 따라 구분하여 총 5편을 만들었습니다. 1편은 개괄로서 환경보건정책의 개념와 원칙, 우리나라 환경보건정책관련 제도에 대한 전반적인 소개를, 2편은 화학물질관리 정책과 관련하여 개념과 원칙, 화학물질의 위해성 분석에 대한 이론 소개와 우리나라의 화학물질관리 3법 체계, 즉 화학물질 등록·평가, 살생물제와 생활화학제품 관리, 화학사고 대비·대응와 관련된 제도에 대한 내용을 담았습니다. 3편은 환경과 유해인자의 노출을 관리하는 내용으로, 소음·진동, 실내공기질, 석면, 빛공해 관리 제도 등을 담았고, 4편은 노출로 인한 건강영향의 발생을 사전에 감시하는 환경보건 감시와 건강영향조사와 관련된 제도 현황, 그리고 기후변화의 건강영향에 대한 감시와 대응에 대한 내용을 담았습니다. 마지막으로 5편에서는 환경피해에 대한 구제제도로서, 석면, 시설의 배출에 의한 환경오염, 가습기살균제와 살생물제품 사용으로 인한 피해 등 4가지 행정구제제도와 준사법적 구제제도인 환경분쟁조정제도를 소개하였습니다. 이 책은 부분적으로는 범정부적으로 대응하는 환경보건정책과제(예를 들어 기후변화 건강영향 감시)를 포함하였으나, 주로는 대한민국 환경부가 주관하는 환경보건정책을 다루었습니다.

일일이 이름을 거론하지는 못하지만, 글을 쓰는 데 벌써 기억이 모호하거나 어려움이 있을 때 도움을 주신 환경보건국의 여러 공무원들께 감사드립니다. 언제나 긴장되고 바쁜 와중에 번거로운 내색 없이 선뜻 믿고 도와주셔서 너무나 고맙습니다.

짧은 기간의 공무 수행 중에 저질렀을 실수를 돌이켜보고자 거칠게 공부하여 그 부끄러운 결과를 내놓습니다. 내용에 정확하지 않은 것이나 잘못된 점이 있다면, 그것은 전적으로 저자의 부족함이며 책임입니다.

감사합니다.

2022년 초겨울에

하미나

목차

제1편

환경보건정책

제1장 환경보건정책의 개념과 원칙

제2장 한국의 환경보건 제도

제1장

환경보건정책의 개념과 원칙

1 환경보건정책의 개념

1. 정의와 범위

세계보건기구(World Health Organization, 이하 'WHO')는 2016년 기준 전 세계 사망자의 24%에 해당하는 약 1,370만 명이 매년 환경위해요인으로 사망한다고 밝히며 환경위해요인을 저감하는 예방 정책의 중요성을 강조한다.[1] 환경보건은 상대적으로 최근에 등장한 용어로 국내외에서 흔히 사용되지만 아직 국제적으로 합의된 정의는 없다. WHO유럽지역사무소(WHO Regional Office for Europe, 이하 'WHO/EURO')가 정의한 환경보건의 개념이 그 중 자주 사용되며, 환경보건의 특징과 기능을 잘 보여주고 있다.[2]

> 환경보건은 사람의 건강이 (물리적, 화학적, 생물학적, 사회심리적인) 환경 요인들에 의해 결정되는 측면을 다루는 보건의 한 분야이다. 또 이것은 현 세대와 미래 세대의 사람의 건강에 유해한 인자들을 평가, 교정, 관리하는 이론과 실행을 지칭한다.
>
> (출처) WHO/EURO; Barratt et al.

앞문장은 환경과 보건이 직접 혹은 간접적으로 관련된 환경보건의 특징을, 뒤문장은 환경보건의 정책적 기능을 제시한다.[3] 환경보건정책이 다루는 '환경'의 범위는 화

1 World Health Organization (WHO). Environmental Health

2 WHO Regional office for Europe (WHO/EURO). Environment and health: the European charter and commentary. Copenhagen: WHO/EURO;1990.

3 Barratt C et al. JK. *An introduction to evidence based environmental health*. London. UK Environmental Health

학물질이나 방사선, 일부 생물제제와 같이 사람의 건강에 직접적인 질환을 유발하는 인자뿐 아니라 주거, 도시개발, 토지이용, 교통 등 물리적·심리적·사회적·심미적 측면에서 간적접인 영향을 끼치는 인자까지 모두 포괄한다.[4] 환경보건이 다루는 환경 인자(environmental factor)의 범위는 관련 연구나 사업 등을 통해 구체적으로 확인할 수 있다. 대표적인 환경보건 연구 중 하나는 WHO의 환경위해성에 기인한 질병 부담의 글로벌 평가(GBD, Global assessment of the Burden of Disease)이다.[5] 환경성 질병 부담 연구에서 다루는 환경 인자들은 대기·수질·토양오염, 자외선 및 방사선, 소음 및 전자기장, 작업장 위험, 주거 및 건축 환경, 영농방법, 인간 활동에 기인한 기후 및 생태계 변화 등 개선이나 변화가 가능한 인자들이다. 흡연과 음주, 식품 섭취 같은 생활습관으로 나타나는 사회·문화적 환경과 유전적 요인, 그리고 사람이 변경할 수 없는 자연환경은 제외한다.

환경보건 정책과 제도는 사람의 건강에 영향을 미치는 환경 인자를 평가하고 그 평가 결과를 바탕으로 해당 인자를 교정, 관리, 예방하는 기능을 한다. 환경보건 연구는 예방적 공중보건 전략을 효과적으로 수립하고 이행할 수 있도록 지원하고 건강 유해요인을 제거하고 줄이는 정책적 개입을 가능하게 한다.[6] 이러한 측면에서 환경보건 연구는 환경위해성 연구와 유사하다.

2. 한국의 환경보건정책

1) 한국적 특수성

한국의 환경보건정책[7]은 주로 「환경보건법」에 근거하며 '환경보건'을 "환경오염과 유해화학물질 등 환경유해인자가 사람의 건강과 생태계에 미치는 영향을 조사·평가하고 이를 예방·관리하는 것"으로 정의한다.[8]

Research Network; 2013.

4 European Environment Agency (EEA). Term·environmental health

5 Pruss-Ustun et al. *Preventing disease through healthy environments: a global assessment of the burden of disease from environmental risks*. Geneva: WHO; 2016.

6 WHO, Ibid.

7 환경보건정책은 환경보건에 대한 정책이다. '정책'의 사전적 의미는 "정치적 목적을 실현하기 위한 방책" 또는 "정부 ·단체 ·개인이 채택하거나 제안한 노선이나 행동 원칙"(A course or principle of action adopted or proposed by a government, party, business, or individual)이다. (출처) 국립국어원 표준국어대사전 ; Lexico US English Dictionary

8 환경보건법 제2조 제1호.

또, 환경보건은 보건의료의 한 분야로서, 「보건의료기본법」 제37조(환경보건의료)에서 "국가와 지방자치단체가 쾌적한 환경의 유지와 환경오염으로 인한 건강상의 위해 방지 등에 필요한 시책을 강구하여야 한다."고 규정하고 있다.

이러한 환경보건의 정의는 환경유해인자를 그 관리 대상으로 한다는 점에서 WHO/EURO의 개념과 유사하나, 그 대상이 되는 환경 인자의 범위는 다소 좁다. 이는 주거, 도시개발, 토지이용 및 교통 등 물리적·심리적·사회적·심미적 환경의 간접적인 영향과 작업자 안전 등과 관련한 부분은 도시정책, 교통정책, 산업보건정책 등 다른 정책 영역에서 관리하는 국내 정책체계를 반영한 것이다.

주목할 점은 국내 환경보건정책의 기능이 국제적 개념보다 넓다는 점이다. 일반적인 환경보건정책은 환경위해인자의 평가·관리, 즉 예방적 관리가 중심인 반면, 「환경보건법」에 따른 환경보건정책은 환경유해인자를 관리하는 예방·관리에 그치지 않고, 「환경오염피해구제법」등에 의해 환경오염으로 인한 건강피해 조사와 피해구제, 사후관리에 이르는 넓은 정책 스펙트럼을 가진다. 이것은 환경유해인자로 인한 건강피해를 모니터링하고 피해가 발생할 때 이를 체계적으로 조사하고 대응할 수 있는 제도적 장치가 필요하다는 사회적 요구를 반영한 입법에 근거한 것이다.

2) 범위와 대상

① 공간·시간·수용체적 측면

환경보건정책의 범위와 대상은 환경정책의 기본 근간이 되는 「환경정책기본법」과 「환경보건법」에 다음과 같이 기술되어 있다.

〈환경정책기본법〉

제2조(기본이념) ① 환경은....(중략)... 국가, 지방자치단체, 사업자 및 국민은 환경을 보다 양호한 상태로 유지·조성하도록 노력하고, 환경을 이용하는 모든 행위를 할 때에는 환경보전을 우선적으로 고려하며, 기후변화 등 지구환경상의 위해(危害)를 예방하기 위하여 공동으로 노력함으로써 현 세대의 국민이 그 혜택을 널리 누릴 수 있게 함과 동시에 미래의 세대에게 그 혜택이 계승될 수 있도록 하여야 한다.

<환경보건법>

제1조(목적) 이 법은 환경오염과 유해화학물질 등이 국민건강 및 생태계에 미치는 영향 및 피해를 조사·규명 및 감시하여 국민건강에 대한 위협을 예방하고, 이를 줄이기 위한 대책을 마련함으로써 국민건강과 생태계의 건전성을 보호·유지할 수 있도록 함을 목적으로 한다.

제2조(정의)

6. "수용체"란 환경매체를 통하여 전달되는 환경유해인자에 따라 영향을 받는 사람과 동식물을 포함한 생태계를 말한다.

환경보건정책은 공간적 범위에서는 지구환경을, 시간적 범위에서는 현 세대뿐 아니라 미래 세대까지를 포괄하여, 수용체(인간과 생태계)의 건강(건전성)을 그 내용으로 삼고 있다. 다만, 이들 법이 다른 나라에도 적용되는 국제법이 아닌 이상, 그 대상은 (대한민국)국민과 그 자손으로 제한된다. 또 지구환경이라는 공간적 범위의 경우 기본적으로는 대한민국 영토(영공, 영해 포함)라 할 수 있으나, 지구생태계가 끊임없이 순환함에 따라 한 나라의 영토에 국한되지 않고 국경을 넘나드는 소위 월경성 환경오염(transboundary pollution)[9] 혹은 기후변화와 같이 환경문제는 범지구적인 문제이므로, 국토의 경계를 넘어 협력하는 정책 확대의 필요성을 담고 있다.

즉 환경보건정책이란, 사람과 생태계에 영향과 피해를 줄 수 있는 (전 지구적 범위의) 환경유해인자를 조사·규명·감시하여, (자손을 포함한) 국민의 건강에 대한 위협을 예방·저감하는 대책을 마련하는 것이다. 그러나 생태계의 경우는 법 문구를 그대로 해석한다면, 조사·규명·감시의 대상이기는 하나, 피해와 위협을 예방·저감하기 위한 대책 마련의 직접적인 대상에 포함되어 있지 않다(이것은 자연환경 정책 영역에서 포괄한다.).

② 정책영역의 측면

사람과 생태계에 영향과 피해를 줄 수 있는 (전 지구적 범위의) 환경유해인자는 무엇을 말하는가? 「환경정책기본법」과, 「환경보건법」에서는 환경오염과 환경유해인자

9 대기, 수질, 해양의 오염은 대기와 물, 조류 등의 흐름을 타고 다른 국가나 지역으로 옮겨 간다. 대표적인 월경성 환경오염물질로, 잔류성 유기오염물질, 대기오염으로 인한 산성비, 방사능 낙진, 황사, 미세먼지, 해양에 투기된 쓰레기 등이 있다. (출처) 대한예방의학회, 『예방의학과 공중보건학II』, 계축문화사, 2021.

를 다음과 같이 정의하고 있다.

〈환경정책기본법〉

제3조(정의)

1. "환경"이란 자연환경과 생활환경을 말한다.

2. "자연환경"이란 지하·지표(해양을 포함한다) 및 지상의 모든 생물과 이들을 둘러싸고 있는 비생물적인 것을 포함한 자연의 상태(생태계 및 자연경관을 포함한다)를 말한다.

3. "생활환경"이란 대기, 물, 토양, 폐기물, 소음·진동, 악취, 일조(日照), 인공조명, 화학물질 등 사람의 일상생활과 관계되는 환경을 말한다.

4. "환경오염"이란 사업활동 및 그 밖의 사람의 활동에 의하여 발생하는 대기오염, 수질오염, 토양오염, 해양오염, 방사능오염, 소음·진동, 악취, 일조 방해, 인공조명에 의한 빛공해 등으로서 사람의 건강이나 환경에 피해를 주는 상태를 말한다.

〈환경보건법〉

제2조(정의)

1. "환경보건"이란 「환경정책기본법」 제3조제4호에 따른 환경오염과 「화학물질관리법」 제2조제7호에 따른 유해화학물질 등(이하 "환경유해인자"라 한다.)이 사람의 건강과 생태계에 미치는 영향을 조사·평가하고 이를 예방·관리하는 것을 말한다.

즉 환경유해인자는, 사업 활동 및 사람의 활동에 의해 발생하는 환경매체의 오염, 물리적(소음·진동, 일조방해, 빛공해 등) 및 화학적(방사능,[10] 유해화학물질 등) 유해인자이다.

기후변화와 지구온난화로 인한 환경위기 또한 환경유해인자이다. 「환경정책기본법」에서는 '국가환경종합계획'에 반드시 들어가야 할 내용으로 기후변화에 관한 사항(제15조5항타)을 명시하고 있다. 「보건의료기본법」 제37조의2(기후변화에 따른 국민건강영향조사 등)는 질병관리청장이 5년마다 '기후보건영향평가'를 실시하여 정책의 기초자료로 삼고, 이를 위해 관계기관에 실태조사 협조를 요청할 수 있도록 하고 있다. 한편, 「환경보건법」은 기후변화를 국민건강과 생태계의 건전성을 침해하는 주요

10 방사선은 방사능을 가진 화학물질이 핵분열하면서 방출하는 방사선(α, β, γ, 중성자) 또는 전기적 장치(전하를 가진 물질을 가속)에 의해 발생시킨 방사선(X)에 의해 발생할 수 있으며, 통과하는 매질의 물질을 전리화함으로써 생체에 피해를 유발할 수 있다. 방사능물질은 유해성(방사선을 방출하는 성질)이 있는 화학물질이다. 현재 실내공기 중 라돈을 제외하면, 방사능오염을 유발할 수 있는 물질에 대한 관리는 원자력안전위원회의 「원자력안전법」에서 관리한다. 또 비전리방사선(통과하는 매질의 물질을 전리화시키지 못할 정도의 낮은 에너지를 가진 방사선)인 전자파(극저주파 및 라디오파 등)는 과학기술정보통신부의 「전파법」에서 인체보호와 관련된 조항을 두고 있다(제47조의2(인체보호기준 등)).

환경유해인자로 명시하고 있지 않은데, 향후 환경보건법에 이것이 명확하게 명시될 필요가 있다.

환경보건정책은 대기, 물, 토양 등 매체에 대한 관리가 중심이 되는 환경정책과 사람의 건강(및 질병)관리가 중심이 되는 의료정책 사이의 간극을 해소하여, 환경정책과 의료정책에 상호 영향을 미친다[그림 1-1].

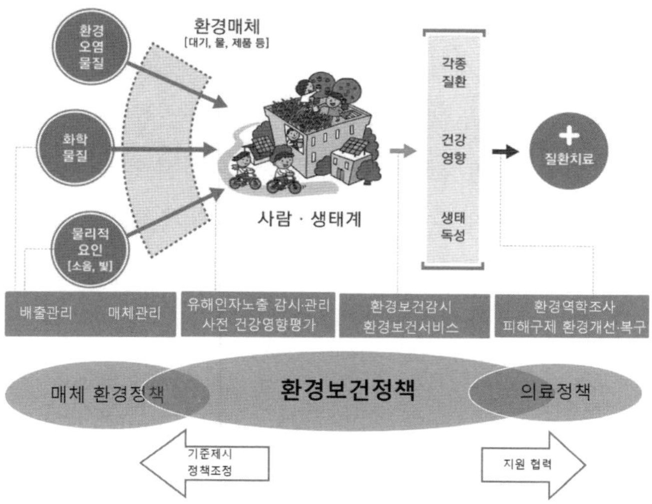

[그림 1-1] 환경보건정책과 전통적 환경정책 및 의료정책 간 관계

건강에 직접적인 초점을 두지 않은 대기, 물, 토양 등 매체관리와 같은 환경정책도 환경의 질에 영향을 주어 간접적으로 인간과 생태계의 건강에 영향을 미친다. 환경보건정책은 그 일차적인 초점을 사람과 생태계의 건강보호와 유지에 두고 있으나, 환경매체관리 정책도 이처럼 환경보건정책과 연관되어 있다.

2 환경보건정책의 원칙

1. 환경보건정책의 원칙

환경보건정책은(보건정책의 한 분야이기도 하나) 환경정책의 일부이다. 환경정책의 일반적인 정책(법) 원칙은 여러 가지이나,[11] 오염자비용부담 원칙, 예방 원칙, 협력 원칙 등이 기본적이다. 「환경정책기본법」은 예방 원칙, 오염원인자 책임원칙, 수익자 부담원칙 등을 명시하고 있다.[12]

환경위해성 관리에서 가장 중요한 정책 원칙으로 오염자비용부담 원칙(polluter-pays principle), 예방 원칙(preventive principle), 사전주의 원칙(precautionary principle) 등을 꼽는다.[13] 오염자비용부담 원칙은 위해성 정책의 비용 분담의 기준이 되고, 예방 원칙과 사전주의 원칙은 환경위해성 대응의 방향을 제시한다.[14] 개념적으로 예방 원칙은 과학적 인과관계가 확실한(certain) 위해성 관리에, 사전주의 원칙은 과학적으로 불확실한(uncertain) 위해성 관리에 적용된다.[15]

「환경보건법」은 사전주의, 환경정의, 수용체 중심, 참여 원칙 등을 그 기본이념으로 명시하고 있다.[16] 오염자비용부담 원칙과 예방 원칙이 「환경보건법」에 그 기본이념으로 규정되어 있지는 않지만 환경보건정책이 환경정책의 일부이면서 환경위해성 정책을 포괄하므로 환경보건정책의 기본 원칙으로 보아야 할 것이다.

1) 오염자비용부담 원칙

오염자비용부담 원칙(polluter pays principle)은 오염을 유발한 원인자가 환경오염 방지 비용을 부담해야 한다는 것이다. 구체적으로는 오염원인자가 '공공당국이 결정한 오염 저감 및 방지 조치를 수행하는 데 소요되는 비용'을 부담하도록 한다.

1970년대 초 경제협력기발기구(Organization for Economic Co-operation and Development, 이하 'OECD')는 오염방지 비용의 분담 방식이 국가별로 서로 다른 경우 공정 무역에 장애가 발생할 수 있어 이를 조정하기 위해 이 원칙을 처음 제안하였

11 (사전)예방 원칙, 사전주의 원칙, 오염원인자·수익자 부담의 원칙, 지속가능발전 원칙, 환경정의, 협동과 중점의 원칙, 형평성의 원칙, 보충성의 원칙, 정보공개 및 참여 원칙 등이다. (참고) 환경부·한국환경연구원, 『환경보건 관련 법령체계 개선방안 연구』, 2006. 이준서, 『환경정책기본법의 체계 정비방안 연구』, 한국법제연구원, 2009, pp.25-27.

12 환경정책기본법 제7조, 제8조 및 제7조의2.

13 European Parliament. Environment policy: general principles and basic framework

14 Trouwborst A. 「Prevention, precaution, logic and law-the relationship between the precautionary principle and the preventive principle in international law and associated questions」. 『Erasmus Law Review』 2009;2(2):105-127.

15 Zander J. *The application of the precautionary principle in practice*. 3rd ed. New York: Cambridge University Press; 2010.

16 환경보건법 제4조.

다.[17] OECD 국가를 시작으로 세계 각국이 오염물질 처리에 필요한 재원을 충당하고, 오염 처리비용 부담이 의무화되면 원인자가 스스로 오염을 줄이려는 동기를 높일 수 있어,[18] 이 원칙이 널리 도입되었다. 특히, 1992년 리우선언(원칙 16)을 통해 오염자비용부담 원칙은 국제적 환경정책의 기본원칙이 되었다.[19]

한국의 「환경정책기본법」도 '오염원인자 책임원칙'을 명시하고 있으며,[20] 대기오염물질 배출부과금 제도 등 개별 입법 조치를 통해 구체화하고 있다.[21] 환경보건 영역에서는 화학물질 등 환경유해인자를 수입·제조하려는 사업자에게 그 위해성 평가와 관리에 소요되는 비용을 부담하게 하는 방식 등으로 오염원인자 책임원칙이 실현된다.[22]

2) 예방 원칙

예방 원칙(preventive principle)[23]은 환경오염이나 훼손이 발생하기 이전에 적절한 예방적 수단이 강구되어야 한다는 것이다. 환경오염은 한번 발생하면 회복되거나 복구하기 매우 어려우며 그것이 가능하다고 하더라도 많은 시간과 비용이 소요된다. 환경오염이나 사고는 발생 전에 예방하는 것이 더 저렴하고 용이하며 환경적으로도 건전하다. 이러한 관점에서 예방 원칙은 아무리 강조해도 지나치지 않다.[24]

예방 원칙은 국제 환경법 영역에서는 월경성 환경피해를 다룬 첫 사례인 트레일 스멜터(Trail smelter) 판례를 그 출발점으로 본다. 1940년대 초 캐나다 트레일 시의 제련소에서 발생한 매연으로 인접한 미국의 워싱턴 주가 입은 피해에 대해 중재법원은

---

17 OECD, *The polluter pays principle: definition, analysis, implementation*, OECD, 2008.

18 오염 치유 비용 부담을 의무화하는 경우 오염자 스스로 오염을 줄일 가능성이 높아진다는 측면에서 오염자비용부담 원칙이 "오염방지 비용의 외부화에 그치지 않고 오염의 사전예방을 목표로 한다"는 의견도 있다. (출처) 이시경, 「환경정책원칙의 구성요소와 상호관계」, 『정책개발연구』, 2018;18(1):1-35.

19 United Nations Conference on Environment and Development (UNCED). Rio Declaration on Environment and Development, 31 LLM 874 (1992) [UN Rio Declaration]

20 제7조(오염원인자 책임원칙) ① 자기의 행위 또는 사업활동으로 환경오염 또는 환경훼손의 원인을 발생시킨 자는 그 오염·훼손을 방지하고 오염·훼손된 환경을 회복·복원할 책임을 지며, 환경오염 또는 환경훼손으로 인한 피해의 구제에 드는 비용을 부담함을 원칙으로 한다.

21 이준서, ibid. pp.42-43.

22 Zander, ibid.

23 예방 원칙은 영문으로 'preventative principle', 'prevention principle', 'principle of prevent(at)ive action', 'prevent(at)ive approach' 등으로 표현된다. 국내에서는 '예방 원칙'이라고 하거나 환경정책기본법의 해당 조문(제8조 환경오염 등의 사전예방)의 제목을 살려 '사전예방 원칙'이라고도 한다. 그러나 사전예방이라는 표현은 precautionary principle을 번역하는 용어로 사용되기도 해 혼선이 있을 수 있다. 이 글에서는 예방 원칙(preventive principle)으로 통일해 사용한다. (참고) Trouwborst, ibid. p.111.

24 박종원, 『환경리스크 대응법제 연구』, 한국법제연구원 연구보고서, 2009.

캐나다 정부가 미국에 끼친 피해에 대해 보상하도록 결정하였다. '심각한 결과(serious consequence)' 및 '명백하고 설득력 있는 증거(clear and convincing evidence)'가 있는 경우 월경성 오염에 대해 원인국의 국가가(캐나다 정부) 책임을 져야 한다는 것이었다. 이후 1972년 스톡홀름 선언(원칙 21), 1992년 리우 선언(원칙 2) 및 다수의 국제 환경법에서 국가관할권 바깥 지역에 환경피해를 미치지 않을 의무, 즉 월경성 오염이 발생한 이후의 책임뿐 아니라 발생하지 않도록 하는 예방적 의무가 국제적 원칙과 관행으로 자리 잡았다.[25]

국가 내 환경정책에서 예방 원칙은 월경성 오염에 국한되지 않고[26] 환경보호 그 자체를 목적으로 적용된다. 유럽연합과 국가들은 예방 원칙을 여러 환경법령에 명문화하고 있다.

국내 「환경정책기본법」제8조(환경오염 등의 사전예방)[27] 는 조문의 제목에서 '원칙'이라고 명시하지는 않았지만, 조문의 내용과 성격을 기준으로 예방 원칙을 규정한 조문으로 본다.[28] 과거 큰 인명 및 환경의 피해를 경험한 유해화학물질이나 유해폐기물 관리정책 분야에서 예방 원칙은 특히 중요하다. 이는 명백하고 설득력 있는 증거를 가진 위해성에 대응하기 위한 원칙이라고 할 수 있다.

3) 사전주의 원칙

사전주의 원칙(precautionary principle)[29]은 과학적으로 불확실한 경우에도 그 위해성으로 인한 피해가 중대하고 회복할 수 없는 경우에는 그 위험이 확실하게 되기 이전이라도 그 위험을 방지하거나 저감하는 사전 조치를 취할 수 있다는 원칙이다.[30] 사

25 Maclean J. Chapter 9: principle 5 – precautionary principle. In: Pitts et al, eds. *Corporate social responsibility: a legal analysis.* 1st ed. LexisNexis; 2009, pp.347–416. pp.365–369.

26 Trouwborst. ibid. p.112.

27 제8조(환경오염 등의 사전예방) ① 국가 및 지방자치단체는 환경오염물질 및 환경오염원의 원천적인 감소를 통한 사전예방적 오염관리에 우선적인 노력을 기울여야 하며, 사업자로 하여금 환경오염을 예방하기 위하여 스스로 노력하도록 촉진하기 위한 시책을 마련하여야 한다. ② 사업자는 제품의 제조·판매·유통 및 폐기 등 사업활동의 모든 과정에서 환경오염이 적은 원료를 사용하고 공정(工程)을 개선하며, 자원의 절약과 재활용의 촉진 등을 통하여 오염물질의 배출을 원천적으로 줄이고, 제품의 사용 및 폐기로 환경에 미치는 해로운 영향을 최소화하도록 노력하여야 한다. ③ 국가, 지방자치단체 및 사업자는 행정계획이나 개발사업에 따른 국토 및 자연환경의 훼손을 예방하기 위하여 해당 행정계획 또는 개발사업이 환경에 미치는 해로운 영향을 최소화하도록 노력하여야 한다."

28 이준서. ibid. p.44; 박종원. ibid. pp.29–30.

29 사전주의 원칙을 '사전예방 원칙', '사전배려 원칙' 등으로 부르기도 한다. 이 글에서는 용어의 의미와 명확성을 고려해 '사전주의 원칙'을 사용한다. (출처) 하대청, 「사전주의의 원칙은 비과학적인가?: 위험분석과의 논쟁을 통해 본 사전주의 원칙의 합리성」, 『과학기술학연구』. 2010;10(2):144. 각주.

30 박종원. ibid.

전주의 원칙은 그 피해가 명확하게 되는 것을 기다리지 않고 아직 불확실하더라도 심각한 피해를 예방하려는 적극적인 의미를 가진다.[31]

예방 원칙이 환경정책의 기본원칙으로 오래전에 자리매김하였다면, 사전주의 원칙은 비교적 최근에 등장하였다. 미국과 유럽은 위해성(risk) 정책에서 사전주의 원칙의 해석과 적용에 차이를 보였고, 학계에서도 많은 논쟁이 있었다. 한정된 자원이라는 제약 조건에서 과학적으로 규명된 위해성에 대해 미리 대응하는 예방 원칙은 널리 수용되는 반면, 불확실한 위해성에 대응할 것을 요구하는 사전주의 원칙에 대해서는 여러 논란이 있었다.[32] 그러나 리우선언 이후 많은 국제 환경법과 유럽연합 등에서 사전주의 원칙을 환경정책과 환경위해성 관리의 원칙으로 채택하였다.

「환경보건법」은 환경보건의 기본이념 중 하나로 사전주의 원칙을 명시하고,[33] 「생활화학제품 및 살생물제의 안전관리에 관한 법률」(약칭: 화학제품안전법)도 생활화학제품과 살생물제의 관리원칙으로 이를 규정하고 있다.[34]

4) 그 외 환경보건법의 기본이념

「환경보건법」 제4조는 사전주의 원칙과 함께 환경정의(민감계층 및 오염지역 고려), 수용체 중심(수용체 중심으로 환경매체별 정책의 통합 조정), 참여(이해관계자에 대한 정보 제공 등 정책 결정과정에 참여)를 기본이념으로 규정하고 있다.

① 환경정의

「환경보건법」은 “어린이 등 환경유해인자의 노출에 민감한 계층과 환경오염이 심한 지역의 국민을 우선적으로 보호하고 배려하여야 한다”고 규정하고 있다.

환경유해인자를 관리함에 있어 국민 전체를 대상으로 하는 평균적인 환경위해성에 집중하는 경우 오염물질에 민감하거나 오염지역에 거주하는 특정 인구집단이 더 많은 환경위험을 지는 ‘환경 불평등 현상’이 발생할 수 있다. 이를 방지하기 위해 동일한 환경유해인자 노출에 더 민감하게 반응하는 어린이와 노약자 등의 생물학적 민감계

---

31 Zander, ibid.

32 Science for Environment Policy (2017). *The Precautionary Priniple:decision making under uncertainty*. Future Brief 18. Produced for the European Commission DG Environment by the Science Communication Unit, UWE, Bristol.

33 환경보건법 제4조 제1호.

34 화학제품안전법 제2조 제1호.

층과 환경오염이 심한 지역의 주민 등 환경적 및 사회경제적 취약계층에 대해서는 분배적 환경정의[35] 측면에서 특별한 정책적 관심이 필요하다.

어린이용품 특별 관리, 오염우심지역의 건강영향조사 등 다양한 환경보건정책에서 분배적 환경정의의 기본이념이 구체화되고 있다.

② 수용체 중심의 통합·조정

「환경보건법」은 또 "수용체 보호의 관점에서 환경매체별 계획과 시책을 통합·조정하여야 한다"고 규정하고 있다.

인간이나 생태계는 다양한 환경매체를 통해 환경유해인자에 노출된다. 대기·수질 등 환경매체에 초점을 맞춘 오염관리 정책만으로는 국민 건강과 생태계 보호라는 목표를 달성하기 어렵다. 수용체 중심의 통합·조정이라는 기본이념은 개별 환경매체 중심의 환경정책을 넘어 환경오염과 사람 건강 간의 상관관계를 매체 통합적으로 고려할 수 있는 규범적 근거를 제공한다.[36]

국내에서 수용체 중심의 통합·조정이 구체화된 사례 중 하나가 잔류성 유기오염물질 중 하나인 다이옥신의 기준 설정이다. 다이옥신은 대기 환경기준뿐 아니라 '인간이 평생에 걸쳐 호흡·피부접촉 또는 섭취 등을 통하여 잔류성 오염물질에 지속적으로 노출되어도 건강에 영향을 미칠 우려가 없는 기준'인 일일 허용 노출량을 별도로 두고 있는데,[37] 이는 대기를 포함한 다른 환경매체를 통한 노출을 통합적으로 고려해 설정한 것이다.

③ 정보공개 및 참여

「환경보건법」은 "환경유해인자에 따라 영향을 받는 인구집단은 위해성 등에 관한 적절한 정보를 제공받는 등 관련 정책의 결정 과정에 참여할 수 있어야 한다"고 규정한다.

환경보건 문제는 그 해결을 위해서는 이해관계자의 협력과 참여가 필수적이다. 특

35 환경정의는 "환경이 주는 혜택과 부담이 모든 사람에게 공평하게 주어지는 것"으로 정의할 수 있는데, 분배적 정의, 절차적 정의 및 교정적 정의로 구분할 수 있다. 분배적 정의는 "환경 혜택과 부담이 특정 지역이나 사람에 따라 차별 없이 동등하게 분배되는 것"을, 절차적 정의는 "의사결정 시 모든 사람이 차별 없이 정보를 받고 의사결정에 참여하는 것"을, 교정적 정의는 "오염원인자가 명확한 책임을 지고 피해자에게는 공정한 배상과 구제가 이루어지는 것"을 의미한다. (출처) 추장민, 「환경정의 종합계획 마련 연구」, 한국환경연구원, 환경부 연구용역보고서, 2019.

36 한국환경연구원, 「환경보건 관련 법령 개선방안 연구」, ibid. p.124.

37 「잔류성오염물질관리법」 제9조 및 같은 법 시행령 제15조.

히, 환경보건정책과 관련한 환경위험부담의 불평등한 배분현상을 방지하기 위해서는 정책과정에 이들의 참여가 실질적으로 보장되어야 한다.[38]

국내 「행정절차법」 등에서 정하는 행정 일반의 규범에서는 중요한 정책과정에서 의견수렴과 참여 절차를 의무화하고 있으며, 환경보건 및 화학물질관리 관련 법령에서는 환경유해인자에 대한 정보 전달 등 구체적인 정보공개와 참여 방식을 규정하고 있다.

2. 사전주의 원칙의 개념과 활용

1) 일반적 정의

우리가 어떤 행동을 할 때 사전주의(precaution)를 기울인다는 것은 '행동하기 전 살피기' 정도로 이해할 수 있다. 이러한 직관적 사전주의는 일상생활에서 필요하고 행동 규칙으로 큰 무리가 없다.

그러나 정책원칙으로서 사전주의는 이와 사뭇 다르다. 사전주의 원칙은 1980년대 후반 이후 국제 환경협약 등에서 중요한 개념으로 떠오르기 시작하였고, 그 맥락이나 이해관계자의 입장에 따라 다양하게 정의되었다.[39] 그중 가장 기본적인 정의는 주요 국가의 정책결정자들이 공식적으로 합의한 1992년 리우선언의 제15원칙이다.[40]

> 리우선언 원칙 15
>
> 환경을 보호하기 위해 국가들은 가능한 한 사전주의 원칙을 널리 활용해야 한다. 심각하거나 비가역적인 피해의 위협이 있다면 과학적 확실성이 충분하지 않다고 해서 환경 악화를 예방할 수 있는 비용-효과적인 조치를 지연해서는 안 된다.[41]

38 한국환경연구원, 「환경보건 관련 법령 개선방안 연구」, ibid. pp.120-121.

39 Wiener JB, et al, *The Reality of Precaution: Comparing Risk Regulation in the United States and Europe*. 1st ed. Washington DC, Routledge, 2010.

40 Science for Environment Policy. ibid.

41 리우선언 원칙15의 원문은 다음과 같다. "In order to protect the environment, the precautionary approach shall be widely applied by States according to their abilities. When there are threats of serious or irreversible damage, lack of full scientific certainty shall not be used as a reason for postponing cost-effective measures to prevent environmental degradation."

1998년 미국 윙스프레드에서 환경활동가와 일부 과학자들이 합의한 사전주의 원칙은 리우선언보다 내용면에서 더 강력하다.

윙스프레드 선언의 사전주의 원칙
어떠한 행위가 사람의 건강이나 환경에 위험을 초래할 수 있다면, 인과관계가 과학적으로 충분히 확립되지 않았다고 할지라도 사전주의적 조치를 취하여야 한다. (중략) 이와 관련해서 일반 대중이 아닌 그 행위를 유발한 자들이 입증의 부담을 져야 한다.[42]

2) 유형과 특성

사전주의 원칙은 사전주의(precaution)의 강도에 따라 〈표 1-1〉과 같이 세 가지 유형으로 구분된다. 첫 번째 유형은 사전주의 원칙의 기본적 정의로 리우선언이 이에 해당한다. 두 번째 유형은 더 엄격한 원칙으로 윙프레드선언의 원칙 앞쪽부분이 이에 해당한다. 가장 공격적인 세 번째 유형은 윙프레드선언 중 뒷 부분이다. 세 번째 유형의 내용 중 '입증 부담의 전환'은 최저 비용으로 정보를 가진 자가 입증하도록 한다는 측면에서 합리적일 수 있으나 어느 수준이 안전하지를 정하는 기준까지 밝혀내기는 매우 어려우므로 실제로는 새로운 것을 금지하거나 과잉 규제하는 결과로 이어질 수 있다.[43]

〈표 1-1〉 사전주의 원칙의 강도에 따른 구분

유형 구분	내 용
1	불확실성이 무행동을 정당화하지 않는다 Uncertainty does not justify inaction.
2	불확실성이 행동을 정당화한다. Uncertainty justifies action.
3	불확실성이 입증 부담과 기준을 전환한다. Uncertainty requires shifting the burden and standard of proof.

(출처) Wiener et al. pp.528-529. 재구성

42 Raffensperger and Tickner. *Protecting public health and the environment- implementing the precautionary principle*. Washington DC: Island Press; 1999. p.353.
원문은 다음과 같다. "When an activity raises threats of harm to human health or the environment, precautionary measures should be taken even if some cause and effect relationships are not fully established scientifically. In this context the proponent of an activity, rather than the public, should bear the burden of proof."

43 Wiener JB et al. ibid. pp.519-566.

사전주의 원칙은 그 발동 요건, 회피하고자 하는 수준, 절차 요건 등에 있어서 다양한 정의가 존재하지만, 과학적 불확실성, 위해 가능성, 사전주의적 조치 등을 공통 속성으로 한다.[44] 이들 속성을 기준으로 대표적인 사전주의 원칙에 해당하는 리우선언, 유럽연합 원칙,[45] 윙스프레드선언의 정의를 비교하면 〈표 1-2〉와 같다.

〈표 1-2〉 사전주의 원칙 유형에 따른 공통 속성 비교

공통 속성	리우선언 원칙 15	EU 원칙	윙스프레드 선언
피해의 심각도	심각하고 비가역적 피해 (serious & irreversible)	잠재적 위험 (potentially dangerous)	유해 위협 (threats of harm)
불확실성 인지 /증거의 질	– 충분한 과학적 확실성이 없어도 규제가 허용됨 – 불확실성 하에서 사전주의적 행동 가능	– 의사결정을 위해 인과관계 규명 연구 필요 – 그전에 사전주의적 행동 시행 (충분한 안전역 설정 등)	– 위험 유발자가 안전한 수준임을 입증할 때까지 불확실하고 잠재적인 위험 행위의 금지
적용되는 사전주의적 행동과 조치	– 위해성 관리로 추정 – 금지조치는 매우 드묾	– 기본적으로 위해성 관리 – 최후수단으로 금지조치 가능 – 금지조치는 임시적, 과학적 증거 추가 확보 시 검토 대상	– 위해성 회피로 추정 – 금지조치의 가능성 높음

(출처) Science for Environment Policy. p.13. 재구성.

3) 논쟁

① 불명확성

이 비판은 '심각한 위협', '비가역적 피해', '충분한 과학적 확실성의 부족' 등 사전주의 원칙의 핵심 개념이 모호해 법적 확실성이 훼손되고 이로 인해 일관성과 원칙이 없는 결정이 이루어질 수 있다는 것이다. 강력한 사전주의 원칙은 지침을 제공하지 않으면서 모든 행동경로를 금지하는 일종의 '마비(paralyzing) 원칙'이라고 비판받기도 하였다.[46]

---

44 송이수, 「사전주의 원칙의 규범적 이해」, 『저스티스』, 2021;184호:321–354.

45 "사전주의 원칙의 사용은 어떤 현상, 제품 또는 과정이 야기할 수 있는 잠재적으로 위험한 영향은 확인되나, 과학적 평가를 통한 위해성판단은 충분한 확실성의 수준으로 이루어지지 못함을 전제로 한다. 사전주의 원칙에 기반한 조치는 최대한 완전한 과학적 평가를 하면서 시작되어야 하며, 가능한 매 단계마다 과학적 불확실성의 수준이 확인되어야 한다."
(출처) European Commission (EC). Communication from the Commission on the precautionary principle. COM(2000)1 final.

46 Sunstein CR. *Laws of fear beyond the precautionary principle*. New York. Cambridge University Press; 2005.

반면 사전주의 원칙의 옹호자들은 이러한 문제가 원칙 자체가 아니라 그 적용 단계에서 발생한다고 본다. 아울러 과학적 과정으로 간주되는 전통적인 위해성 평가도 다른 결정 원칙과 마찬가지로 가정과 조건에 의존한다는 점을 강조하며 과학적 불명확성이 사전주의 원칙에만 있는 것은 아니라고 주장한다. 특히, 사전주의 원칙은 공식이 아니며, 정책결정자들이 과학적으로 불확실한 문제라 하여 무시하지 않도록 하고 다양한 위해성 평가 등 예측 수단과 연계해 다양하고 유연하게 적용할 수 있다고 본다.[47]

② 반혁신성

이는 주로 강력한 사전주의 원칙에 대한 비판이다. 현실에서 제로 리크스(zero risk)를 달성하는 것이 불가능함에도 사전주의 원칙이 이를 요구하기 때문에 유해한 건강 또는 환경 영향을 수반하는 모든 개발이 금지되어 과학적 혁신을 억누른다는 것이다. 특히, 과도한 사전주의적 의사결정은 기술개발에 대한 투자 의욕을 꺾고 어떠한 대안도 제시하지 않는다고 비판한다.[48]

반면 사전주의 원칙 옹호자들은 사전주의 원칙을 사전주의(precaution)가 아닌 과도한 규제로 오해해선 안 된다고 주장한다. 즉 사전주의 원칙의 적용이 반드시 더 엄격한 규제로 이어지지 않으며 더 나은 의사결정 과정을 담보하기 위한 것이라고 강조한다. 특히, 엄격한 사전주의 원칙이 적용될 때는 충분한 정보가 제공되고 개방된 민주적 과정에서 잠재적인 이해당사자를 반드시 포함한다. 따라서 이 과정을 통해 위해성 평가와 비용-편익 분석 방법론 저변에 깔려있는 가치 판단에 대해 더 개방적인 논의를 할 수 있고 표준적인 위해성 평가에서 나타날 수 있는 오류를 피할 수 있다고 주장한다.[49]

4) 규범적 성격과 정책적 활용

① 규범적 성격

Dworkin은 법을 그 성격과 중요성에 따라 크게 규칙(rules), 원칙(principles) 및

47 Science for Environment Policy, ibid. pp.6–7.
48 Sunstein CR. ibid.
49 Science for Environment Policy, ibid. pp.6–7.

정책(policy) 등 3개 범주로 구분한다. 일반적으로 규칙은 그 특성상 서로 다른 여러 상황에서 일반적으로 적용될 수 없고 구체적인 조건에서 의무적으로 적용되는 직접적 지침이다. 반면 원칙은 개방적이고 전부–전무(all–or–nothing)의 방식으로 적용되지 않으며, 여러 원칙이 동시에 적용되고 한 원칙이 다른 원칙을 무효화하지 않고 우선할 수 있다. 원칙은 '정의, 공정 또는 일부 다른 도덕적 범주'와 관련하여 설명되거나 방향을 제시한다. 다른 한편 정책은 보통 공동체의 경제, 사회적 조건의 개선 등과 같이 달성해야 할 표준을 설정하고 다른 경제 사회 정치적 목표까지 아우를 수 있다는 점에서 원칙과 다르다.

사전주의 원칙은 모호하여 의사결정을 위한 규범으로는 부적합하다는 비판이 있으나, 의사결정과 행위에 대한 규범적 성격을 가지고 있어 구체적 법률이나 규정으로 기능하지 않더라도 법 원칙(principle)[50] 또는 지도원칙(directing principle)으로 기능한다고 해석하기도 한다.[51]

그러나 사전주의 원칙이 개별 정책과 법률 단위에서 드물지 않게 적용되고 있으므로 해당 법률의 맥락에 따라 그 규범적 성격을 이해하는 것이 중요하다. 성문화된 법률 체계에서조차 사전주의 원칙의 규범적 성격은 여전히 모호한 경우가 많아 사전주의 원칙이 규칙처럼 전부–전무(all–or–nothing) 방식으로 적용될 가능성은 거의 없어 보인다. 따라서 사전주의 원칙이 법률 조문에 명시되어 있는 경우에도 규범적 성격보다는 정책적 선택의 문제로 다루는 것이 최선일 수 있다.[52]

② 정책적 활용

정책원칙으로 채택

1992년 리우선언 전후로 다양한 국제 환경법에서 사전주의 원칙을 채택하였다.[53] 유럽연합과 프랑스, 스웨덴, 호주 등은 사전주의 원칙을 국가 환경정책의 일반 원칙에 포함시켰다.[54] 반면 미국 등 다른 국가는 이를 환경정책 또는 위해성 관리정책의 일반

---

50 Dworkin R. *Taking rights seriously*, Cambridge. Harvard University Press; 1977, pp.22–28.

51 송이수, ibid.

52 Zander, ibid. pp.30–31.

53 생물다양성협약(1992년) 서문 및 UN기후변화협약(UNFCCC, 1992년) 3조에서 사전주의 원칙을 명시하고 있다(별도 정의는 두지 않음). 그 외에도 해양오염, 오존층보호, 멸종위기종 보호, 유해기물, 수자원 등 다양한 국제 환경정책 영역의 협약 등에서 사전주의 원칙 또는 대책 등을 언급하고 있다. (출처) European Parliament, ibid. pp.5–6.

54 유럽연합은 환경정책의 원칙 중 하나로 사전주의 원칙을 포함하고 있다(Treaty on the Functioning of the European Union, 제191조). 개별 국가 단위로는 스웨덴은 1999년 스웨덴 환경법을 개정해 사전주의 원칙을 환경

원칙으로 채택하지 않고 있다.[55] 이러한 사전주의 원칙의 성문화 여부는 유럽이 미국보다 더 사전주의적(precautionary)이라는 생각을 일반화시켰다.[56]

그러나 미국과 유럽 양 대륙 간 사전주의 원칙 적용의 연혁과 많은 정책 사례를 통해 실증적으로 비교 분석한 연구결과는 양 대륙에서 지난 40년간 사전주의 원칙을 매우 유사하게 적용해 왔고, 특히 규제영향평가와 중앙집중적 검토 등 행정적 통제, 그리고 대륙 간 정책 의견 교환 등을 거치며 서로 비슷한 모습으로 변화했다는 점을 보여준다.[57]

정책 분야에서의 활용

과학적으로 확실한 위해성에 대해 적용하는 위해성 기반 의사결정(또는 증거기반 의사결정)체계와 과학적 불확실성을 전제로 하여 적용되는 사전주의 원칙은 상호 배타적인 것이라 할 수 있다. 그러나 개념적으로는 구분이 되지만 현실의 과학은 언제나 불확실성을 일정 정도 수반한다는 점에서 사전주의(precaution)와 예방(prevention) 원칙이 적용되는 지점을 명확하게 구분하기는 어렵다.[58] 실제로도 개별 국가 또는 국제 환경법 안에서도 늘 명확하게 구분되고 있는 것은 아니다.[59] 일부 나라에서는 사전주의 원칙(principle) 대신 법적 무게감이 적은 사전주의적 접근(approach)이라는 용어를 사용하기도 한다.[60]

사전주의 원칙은 실제 정책에서 여러 방법으로 활용될 수 있다. 예를 들면 새로운 규칙과 규제 개발을 지원할 수 있고, 기존 규정을 적용할 때 활용될 수도 있다. 이러한 사전주의 원칙의 활용은 그것이 적용되는 맥락에 따라 다른 유형의 법적 요건을 필요로 한다.[61]

실제 정책 현장에서 위해성에 기반한 관리(risk-based management)와 사전주의 원칙은 병행 또는 보완적으로 적용된다. 원칙(또는 접근)의 구체적인 적용 분야에 대

및 공공보건 정책의 지침 원칙으로 규정하였고, 프랑스는 2005년 사전주의 원칙을 헌법에 반영하였다. 벨기에와 네덜란드 등은 사전주의 원칙이 개별법에 명시되어 법원이 이를 인정한다. 스페인이나 영국 등은 검토 중인 규정이 유럽연합 규정에 근거한 것이면 사전주의 원칙에 기초해 결정한다. 유럽연합 이외 국가 중에서는 호주가 1992년 사전주의 원칙을 환경정책에 포함시켰다. (출처) European Parliament, ibid. pp.5–6.

55 Zander. ibid. p.7.; Wiener et al. ibid.

56 Wiener JB. Rhetoric of precaution. In: Wiener et al. ibid. pp.17–23.

57 Wiener JB. The real pattern of precaution. In: Wiener et al. ibid. pp.519–566.

58 Zander. ibid.

59 Trouwborst. ibid. pp.120; Science for Environment Policy. ibid. p.4.

60 Dinneen N. 「Precautionary discourse–Thinking through the distinction between the precautionary principle and the precautionary approach in theory and practice」. 『Politics Life Sci』 2013;32(1):2–21.

61 Science for Environment Policy. ibid.

하여는 국가 간 편차가 존재하지만, 화학물질의 제조, 농약과 약물, 화석연료 등의 사용, 새로운 기술의 위해성 평가 등과 같은 위해성 평가·관리 분야에서 사전주의 원칙이 빈번하게 적용된다.[62]

5) 우리나라 환경보건정책에서 사전주의 원칙

「환경보건법」과 「화학제품안전법」은 사전주의 원칙을 명문화하고 있다〈표 1-3〉. 두 법에서 명시한 사전주의 원칙은 '과학적 불확실성이 있는 경우 행동을 취하는' 유럽연합의 그것과 유사한 중간 강도의 원칙이라고 할 수 있다.

〈표 1-3〉 환경보건법과 화학제품안전법에 규정된 사전주의 원칙

환경보건법 제4조(기본이념) 제1호	화학제품안전법 제2조(기본원칙) 제1호
환경유해인자와 수용체의 피해 사이에 과학적 상관성이 명확히 증명되지 아니하는 경우에도 그 환경유해인자의 무해성(無害性)이 최종적으로 증명될 때까지 경제적·기술적으로 가능한 범위에서 수용체에 미칠 영향을 예방하기 위한 적절한 조치와 시책을 마련하여야 한다.	생활화학제품 및 살생물제와 사람, 동물의 건강과 환경에 대한 피해 사이에 과학적 상관성이 명확히 증명되지 아니하는 경우에도 그 생활화학제품 및 살생물제가 사람, 동물의 건강과 환경에 해로운 영향을 미치지 아니하도록 사전에 배려하여 안전하게 관리되어야 한다.

주목할 점은 이 두 법에 포함된 '사전주의적 조치'의 차이이다. 「환경보건법」의 사전주의적 조치는 임시적인 조치이고, 경제적·기술적 가능성을 고려한다는 점을 명확히 하고 있는 반면, 「화학제품안전법」의 원칙은 이러한 전제조건을 두고 있지 않다. 이는 가습기살균제 사고의 경험 후 이와 유사한 사고의 재발방지를 위한 목적으로 이 법이 제정되었던 배경과 피해의 심각성에 대한 사회적 판단이 반영된 것으로 이해할 수 있다.

아울러, 이러한 기본이념 또는 원칙으로 명시된 사전주의 원칙을 어떻게 구체화하여 환경보건정책에서 적용할 것인지에 대한 연구와 논의가 충분히 이루어져야 할 필요가 있다.

62 Bourguignon D. European Parliament. *The precautionary principle–definitions, applications and governence. In–depth analysis*. European Parliamentary Research Service EU; 2016. 13–18.;

3 환경보건정책의 주요수단

1. 건강영향평가와 조사

1) 종류와 법적 근거

건강영향평가·조사는 환경보건정책의 핵심적인 수단이다. 우리나라의 환경보건정책은 일반적으로 환경유해인자를 관리하여 건강피해를 예방하는 것을 넘어서, 환경유해인자가 발생원으로부터 배출되어 환경매체(물, 대기, 토양 등)를 오염시키고 이를 통해 사람과 생태계에 노출되어 사람의 건강과 환경에 피해가 발생되기까지 일련의 스펙트럼을 포함한다.[63] 환경보건에서 주요한 정책수단은 위해성평가와 건강영향조사이며, 환경보건의 전 스펙트럼에서 활용된다[그림 1-2].

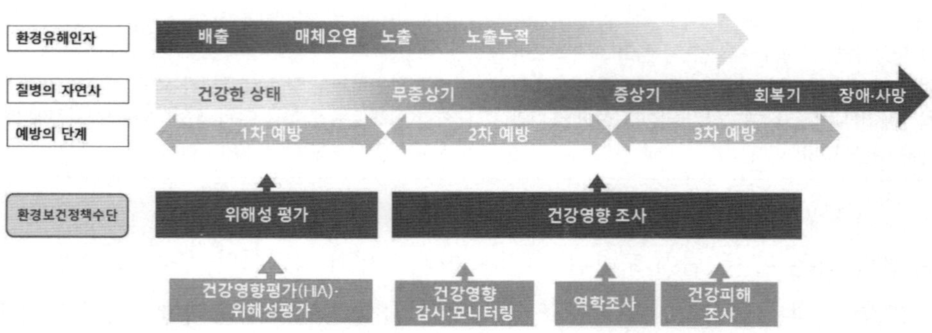

[그림 1-2] 환경보건정책의 스펙트럼과 건강영향평가와 조사

위해성평가(Risk assessment)는 유해인자에 노출되기 이전에 노출 시 발생할 수 있는 위험을 평가하여 예방적 관리의 근거로 삼는 활동이다. 건강영향평가(Health effect assessment)는, 환경유해인자에 노출된 이후 발생할 수 있는 사람의 건강피해를 감시, 모니터링, 조사, 평가하여 피해의 빈도와 강도를 줄이고, 궁극적으로는 장애와 사망으로부터 예방하고자 하는 것이다.

건강영향평가·조사라는 용어는 환경보건관련 법에서 다양하게 사용되고 있는데,

63 제1장 제1절 환경보건정책의 개념 참조.

이를 정리하면 다음과 같다〈표 1-4〉.

〈표 1-4〉 건강영향평가·조사의 구분과 법적 근거

	건강영향평가· 위해성평가	건강영향조사, 감시·모니터링	역학조사	피해조사
건강피해 예방단계	1차 예방	2차 예방	3차 예방	
건강피해 발생 기준 실시 시점	사전	잠복기	사후	
주요 방법	위해성평가	역학조사		역학적, 임상적 조사와 평가
목적	위해도 결정	건강위해가능성 평가 : 역학조사의 필요성 판단	위험요인(원인)규명 ; 집단적 피해 확인	집단적 및 개별적 피해 확인
조치	• 개발계획 보완 • 안전관리기준 설정	• 노출저감 • 역학조사와 연계	• 노출저감 • 매체관리 • 환경개선 • 피해조사와 연계	• 노출저감 • 매체관리 • 환경개선과 복구 • 건강관리와 치료 • 피해구제 · 손해배상과 연계
〈관련법과 근거조항〉				
환경보건법	제11조, 제13조	제14조, 제15조①	제15조②, 제17조	
화학물질등록평가법	제24조			
화학제품안전법	제8조			제48조의3
화학물질관리법				제45조①
석면피해구제법			제47조	제44조
가습기살균제피해구제법			제40조④	제40조②④
환경오염피해구제법				제36조 6

① 건강영향평가·위해성평가

건강영향평가(Health impact assessment, 이하 'HIA')는 개발계획 사업 등의 시행이 특정 인구집단의 건강에 미칠 수 있는 잠재적 영향을 확인하고, 인체건강에 미치는 긍정적인 영향은 최대화하고 부정적인 영향과 건강불평등을 최소화하여 사업계획을 조정하거나 대책을 마련하도록 의사결정권자에게 정보를 제공하기 위한 것이다(「환경보건법」 제13조 건강영향항목의 추가·평가 등). 이것은 대규모 개발사업 이전에 수행하는 환경영향평가의 한 항목(위생공중보건)으로 2010년부터 시행된 제도이다(환경영향평가제도는 1993년부터 시행). 이 제도의 자세한 내용은 다음 장에서 기술하고 있다.

HIA에서는 건강을 결정하는 요인들에 대한 위해도를 평가한다. 위해도평가(risk assessment)는 유해성이 있는 물질에 노출되는 경우 사람의 건강이나 환경에 얼마나 피해를 줄 수 있는가(정도)를 평가하는 것을 말한다. HIA는 발암성/비발암성 물질로 구분한 후 초과발암위해도 혹은 위해도지수를 산출하고, 위해도 혹은 초과발암위해도가 기준보다 높은 경우, 저감대책을 수립하도록 하는 것이다. 이것은 건강결정요인(위험요인)의 노출 가능성을 관리하는 1차 예방 제도이다.

「환경보건법」에서는 HIA 외에도 새로운 기술이나 물질(제11~12조),[64] 어린이 활동공간과 용품에서 노출 가능한 유해인자에 대하여(제23~24조)[65] 위해성을 평가하고 안전기준을 설정하여, 사전에 예방적 관리를 할 수 있게 한다.

화학안전 관련 법들은 기본적으로 위해성평가에 근거한 예방적 관리와 사전주의 원칙에 근거하고 있다. 「화학물질등록 및 평가에 관한 법률」 제24조(위해성평가)과 「생활화학제품 및 살생물제품의 안전관리에 관한 법」 제8조(위해성평가 등)에서 환경부장관이 화학물질, 생활화학제품에 대하여 위해성평가를 하고 그 결과에 따라 안전관리기준을 정하는 등의 조치를 할 수 있도록 규정하고 있다.

② 건강영향 감시와 모니터링: 환경보건 감시

「환경보건법」 제15조 제1항에서는 건강영향 감시 혹은 모니터링의 개념으로 건강영향조사를 하도록 하고 있다. 국민환경보건기초조사, 어린이 환경보건 출생코호트연구, 환경오염 취약지역 모니터링, 미세먼지 중장기 건강영향 예측조사나 미세플라스틱 등 생활환경 유해인자로 인한 건강영향 감시 등이 이에 속한다. 이 유형의 건강영향조사는 감시와 모니터링을 통해 유해인자의 노출저감 및 차단(환경매체 및 유해인자 관리)정책의 근거를 마련하는 것이 주요 목적으로 2차 예방에서 주로 활용된다.

64 「환경보건법」 제11조 환경유해인자의 위해성평가 및 관리, 제12조 새로운 기술 및 물질의 적용 또는 사용 제한.
65 「환경보건법」 제23조 어린이 활동공간의 위해성 관리, 제24조 어린이 용도 유해물질 관리.

③ 역학조사

역학조사는 「환경보건법」에서 정의하는 바에 의하면, 특정 인구집단이나 특정 지역에서 환경유해인자로 인한 건강피해가 발생하였거나 발생할 우려가 있는 경우에, 질환과 사망 등 건강피해의 발생 규모를 파악하고 환경유해인자와 질환 사이의 상관관계를 확인하여 그 원인을 규명하기 위한 활동을 말한다. 이러한 건강피해의 원인규명을 위한 역학조사는 정부의 계획에 의한 조사, 주민들의 청원에 의한 조사뿐 아니라, 「석면피해구제법」과 「가습기살균제피해구제법」 등에 따라서도 실시할 수 있다. 즉 역학조사는 이미 발생한(혹은 우려되는) 건강피해의 환경적 원인을 규명하거나 역학적 상관관계를 밝히기 위한 조사로서 3차 예방에서 주로 활용된다.

④ 피해조사

건강피해조사도 종종 건강영향조사라고 불리고 있다. 피해조사는 집단차원에서 건강피해와 위험요인(원인)간의 역학적 상관관계가 확인된 이후에, 구제나 보상을 위해(보통 구제신청자를 대상으로) 개별적인 건강피해의 유무와 종류, 심각성 등을 확인하는 과정이다. 이때는 역학적 및 임상적인 조사와 평가가 동원된다.

2) 건강영향평가·조사 결과의 사후조치와 활용

「환경보건법」 제17조의 2는 건강영향조사의 결과에 따른 사후조치에 관해 규정하고 있다. 환경부장관은 조사결과에 따라 환경매체와 환경유해인자를 적절하게 관리하기 위한 조치를 하여야 하며, 지방자치단체의 장은 관할구역의 환경매체와 환경유해인자를 적절하게 관리하기 위한 대책을 수립하고 이행하여야 한다. 이러한 여러 수준의 건강영향평가·조사 결과는 환경매체와 환경유해인자를 관리하는 것뿐 아니라, 개발계획을 보완하고, 환경을 개선하거나 복구하며, 피해구제나 손해배상에서 중요한 근거로 활용될 수 있다[그림 1-3].

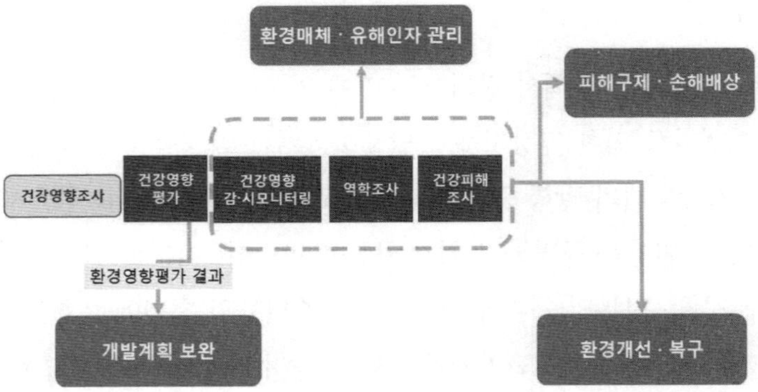

[그림 1-3] 환경보건정책에서 건강영향평가·조사 결과의 활용

특히 환경개선, 나아가 오염된 환경의 복구는 제도개선이 뒷받침되어야 할 여지가 많다. 피해구제는 4가지 피해구제법이 제정됨으로 해서 법·제도적으로 건강영향조사 결과의 활용이 담보되어 있으나, 환경개선과 복구는 법·제도적으로 명확하게 규정되어 있지 않은 실정이다. 환경부의 지침에 따르면, 조사결과에 따른 조치란 환경유해인자의 저감(배출시설 관리강화)과 수용체에 대한 건강영향 저감 및 관리 방안, 환경유해인자 모니터링 등으로 이해되고 있다[그림 1-4].

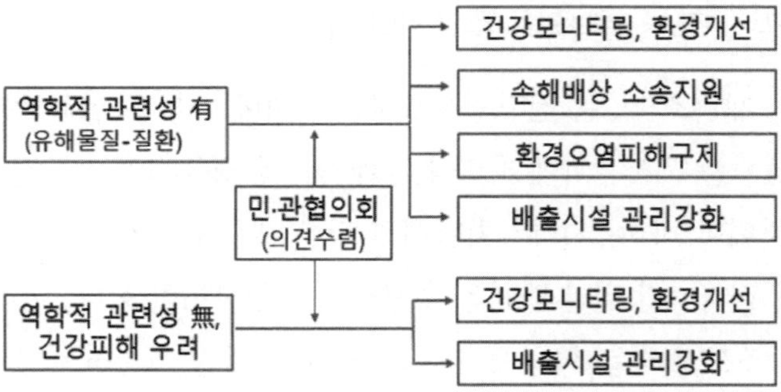

[그림 1-4] 건강영향조사(역학조사) 후 사후관리 추진체계

(출처) 환경부, 건강영향조사 · 환경역학조사 및 사후관리 지침, 2020.

즉 환경개선이란 용어를 사용하지만, 이것은 지역사회 일부 혹은 전부의 재생 혹은 복구까지를 의미하는 것은 아니고, 배출시설에 대한 관리 등을 통해 환경매체의 오염 수준의 개선을 의미한다. 이는 환경부의 다른 매체국과 보건국의 업무 범위 내의 조치인 것이다. 그러나 실제 배출 시설의 경우에도 물리적 구조적인 환경의 개선 없이는 배출 관리가 가능하지 않은 경우가 드물지 않고, 결과적으로 주민들의 거주환경 개선에 한계가 초래될 수 있다. 또 매체의 오염이 심각하고 비가역적인 경우는 배출관리만으로 중·장기적으로 발생 가능한 2차 건강피해를 막기는 어렵다. 이때는 지역사회 수준의 재생과 복구가 더 적절한 조치가 되므로, 사후조치에서 좀 더 근본적인 개선(재생과 복구와 같은)이 가능할 수 있는 법·제도적 보완이 필요하다.

2. 건강영향평가·조사의 방법

1) 건강위해성평가

건강위해성평가(health risk assessment)란 규제정책을 결정하기 위하여 사전에 노출로 인한 건강피해의 위험성을 예측하는 것인데, 이것이 건강영향평가(HIA)에서 핵심적인 방법이 된다. 건강위해성평가에는, 앞서 기술한 바와 같이, 대규모 개발사업을 시행하기 전에 실시하는 건강영향평가(health impact assessment, HIA), 새로운 물질이나 인자, 어린이 용품과 활동공간, 화학물질 등의 노출 기준 등을 마련하기 위하여 실시하는 위해성 평가(risk assessment)가 포함된다.

넓은 의미의 건강위해성평가는 조사·연구, 위해성평가, 위해성 관리와 소통이라는 규제를 위한 일련의 정책결정의 전 과정을 지칭하며(위해성 분석 체계라고도 한다. 이 책의 2편 2장 참조), 좁은 의미로는 특정 물질의 유해성 확인, 용량–반응 평가, 노출평가 및 위해도 결정에 이르는 과학적 평가방법을 말한다[그림 1–5]. 환경영향평가의 한 항목으로 수행되는 건강영향평가(HIA)는 후자에 해당한다.

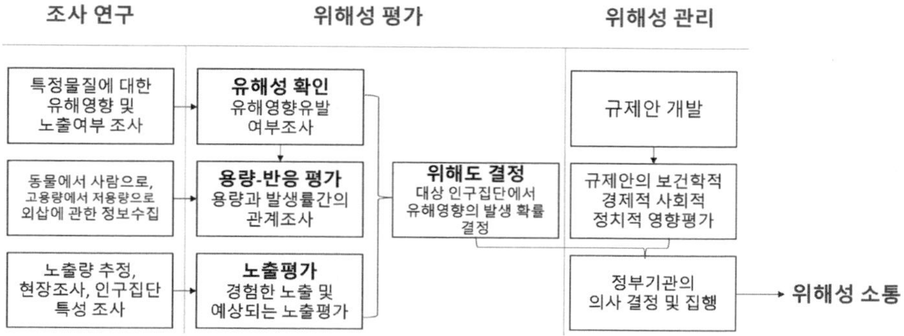

[그림 1–5] 공중보건 정책결정을 위한 건강위해성평가의 요소와 과정

(출처) US National Research council, 1983.

전통적인 위해성평가의 첫 번째 단계는 해당 물질의 유해성을 확인(hazard identification)하는 것이다. 물질에 관한 물리 · 화학적 특성에 관한 자료, 실험실 및 동물실험자료와 사람에 대한 역학연구 등 모든 자료를 고찰하는 정성적 평가단계이다.

다음 단계는 오염물질의 단위 노출 또는 체내 용량과 인체반응의 상관관계를 정량화하는 용량-반응 평가(dose-response relationship)이다. 광범위한 문헌고찰이 필요하며, 암을 유발하는 물질인지 아닌지에 따라 용량-반응 접근법이 달라진다. 발암물질의 경우, 고농도에서 수행된 동물실험 결과를 이용하여 저농도로 외삽(extrapolation)하여 실제 환경에서 사람이 노출되었을 때를 예측하는 방법을 쓴다. 이 때 다양한 수학적 모형을 적용할 수 있다. 비발암성물질은 일반적으로 역치(threshold)값이 존재한다고 가정하는데, 이것은 일정 용량이상으로 노출되었을 때 유해한 영향이 관찰된다고 보는 것이다(그 용량미만에서는 유해영향이 없음). 비발암성 물질에서도 고용량의 동물실험결과를 저용량으로 외삽하는데 발암물질과는 전혀 다른 수학적 모델을 사용한다. 동물실험 혹은 역학연구를 통해 무영향수준(no observed adverse effect level, NOAEL), 최저영향수준(lowest observed adverse effect level, LOAEL) 혹은 기준용량(benchmark dose) 등을 산출하고, 불확실성계수(uncertainty factor) 및 보정계수(modifying factor) 등을 고려하여 평가한다.

노출평가(exposure assessment)는 다양한 매체(공기, 물, 식품, 토양 등)와 다양한 경로(흡입, 경구섭취, 피부접촉 등)를 통해 유해성이 확인된 물질에 얼마나 노출되는지를 결정하는 단계이다. 해당 물질의 매체 중 농도 또는 생물학적 감시(biological monitoring)자료들을 토대로 추정한 체내 농도(혈액, 소변, 조직 등에서 농도)를 활용하여 노출수준을 결정한다.

위해도 결정(risk characterization)은 특정 노출수준에서 초과위해도(excess risk)를 정량적으로 평가하는 것이다. 초과위해도란 유해물질에 노출된 집단에서 산출된 위해도에서 노출되지 않은 인구집단에서 산출된 위해도(배경위해도)를 뺀 위해도의 차이(difference)이다. 발암물질의 위해도는 평생노출에 의한 초과발암위해도(excess cancer risk)로 산출되는데, 보통 판단기준은 백만명당 1명(10^{-6})의 암발생확률로 이 보다 확률이 더 크면 발암위험이 있는 것으로 판단한다. 비발암물질은 독성지표(hazard quotient)를 산출하게 되며, 1을 기준으로 1보다 크면 유해영향 가능성이 있는 것으로 판단한다.

위해성 평가는 과학적 및 정책적 차원에서 많은 발전을 거듭하였고, 이와 관련된 내용은 본저의 2편2장에서 화학물질의 위해성을 중심으로 상세히 다루고 있다.

2) 역학조사

① 역학조사의 목적과 분류

건강영향조사의 주요한 방법은 역학조사(epidemiological investigation)이다. 건강영향감시·모니터링, 역학조사, 피해조사 모두 역학적 조사방법론을 포함하고 있다. 역학(epidemiology)은 특정 인구집단에서, 건강관련 문제의 분포(기술역학, descriptive epidemiology)와 그 결정요인을 연구(분석역학, analytical epidemiology)하고, 그 결과를 건강 관련 문제를 해결하는데 적용하는 과학의 한 분야이다.[66]

역학은 연구방법에 따라 크게 관찰연구와 실험연구로 구분되는데, 연구대상자에 대한 연구자의 개입(중재, 조치, 노출) 유무로 구분된다〈표 1-5〉. 실험연구는 연구자의 개입이 이루어지는 반면 관찰연구는 오로지 관찰적 방법으로만 연구가 이루어진다. 관찰연구에는 사례연구(case study), 사례군연구(case series study), 생태학적 연구(ecological study), 단면연구(cross-sectional study), 환자대조군 연구(case-control study), 코호트 연구(cohort study) 등이, 실험연구에는 준실험연구(quasi-experimental study)와 무작위임상시험(randomized clinical trial)이 포함된다. 이러한 기본적인 역학연구설계에서 다양하게 변형된 설계들이 개발·활용되고 있는데, 최근에는 특히 건강보험자료와 같은 대규모 장기적, 반복적으로 추적된 빅데이타를 연계하여 역학조사에 활용하고 있다.

〈표 1-5〉 역학조사 설계의 유형, 방법과 목적

연구방법	기본적 연구설계	설명	연구목적
관찰연구	사례 연구	한 명의 환자의 특징 관찰	건강문제의 분포 확인 (기술역학)
	사례군 연구	여러 명 환자의 특징 관찰	
	생태학적 연구	노출관련 집단값과 건강문제관련 집단값 간의 상관성 관찰	
	단면 연구	특정 인구집단의 각 개인에서 한 시점에서 노출요인과 결과요인(건강문제)를 동시에 조사	분포와 결정요인 확인 (기술&분석역학)

66 대한예방의학회, 『예방의학과 공중보건학』, 계축문화사, 2021.

<table>
<tr><th>연구방법</th><th>기본적 연구설계</th><th>설명</th><th>연구목적</th></tr>
<tr><td rowspan="2">관찰연구</td><td>환자대조군 연구</td><td>건강문제를 가진 사람(환자군)과 가지지 않은 사람(대조군)에서 노출요인을 조사하여 비교</td><td rowspan="4">건강문제의 결정 요인 확인
(분석역학)</td></tr>
<tr><td>코호트 연구</td><td>특정 인구집단의 각 개인에서 노출요인을 조사하고, 추적 후 건강문제발생여부를 조사하여, 노출된 집단과 노출되지 않은 집단에서 발생률을 비교</td></tr>
<tr><td rowspan="2">실험연구</td><td>준실험 연구</td><td>동일집단에서 노출전과 노출후 시기의 건강문제발생을 비교</td></tr>
<tr><td>무작위임상시험</td><td>연구참여자를 노출군(중재군)과 비노출군에 무작위배정하여 추적 후 건강결과(중재효과)를 비교</td></tr>
</table>

(출처) 대한예방의학회, 『예방의학과 공중보건학』, 계축문화사, 2021. 1편 6장의 내용을 재구성.

② 역학조사의 연구설계별 특징

사례연구(case report)와 사례군 연구(case-series study)는 보통 원인을 알 수 없는 건강문제(질병)가 발생한 초기에, 해당 사례에 대하여 건강문제의 특성을 면밀하게 관찰하여, 질병자체에 대한 이해를 높이고자 하는 것이며, 기존의 지식에 비추어 질병의 원인을 의심하게 할 수도 있다.

생태학적 연구(ecological study)는, 조사 초기 혹은 예비조사 시 의심되는 노출요인과 건강문제가 관련되었을 가능성을 탐색해 보는 것으로, 상대적으로 쉽게 얻을 수 있는 집단 통계값을 이용하여 상관관계를 살펴보는 것이다. 예를 들어, 연도별 담배판매량(노출요인의 집단값)과 연도별 폐암사망률(결과요인의 집단값)의 상관관계를 살펴보는 것이다. 만일 상관관계가 있다면, 흡연이 폐암사망과 관련성이 있을 것이라는 의심을 할 수 있고, 좀 더 확실한 근거 확보를 위하여 분석적인 역학연구가 필요하다는 판단을 할 수 있다.

단면 연구(cross-sectional study)는 한 시점에서 특정 인구집단에서 개인단위로 노출요인과 건강문제에 대한 정보를 수집하여 둘 간의 관련성을 보는 것이다. 단면연구는 특정 인구집단에서 노출요인 및 건강문제의 분포(지역별, 성·연령·사회경제적 수준별, 시간 대별 수준 혹은 규모와 패턴 등)를 잘 파악하는 것이 우선적인 목적이나, 두 요인간 관련성을 분석하여 볼 수도 있다. 국가에서 하는 전국민의 노출 및 건강상태를 파악하고자 하는 조사(예, 국민환경보건기초조사, 국민건강영양조사)가 여기에 해당한다.

환자대조군 연구(case-control study)는, 비교적 희귀한 건강문제에 대하여 위험요인(원인)을 규명하고자 할 때 사용하는 방법으로, 통상 환자가 모이는 병원에서 환자군을 모집하고 이들과 비교할 수 있는 대조군(병원, 가족 혹은 지역사회 등 에서 모집)을 선정하여 이들에서 위험요인의 노출유무를 조사하고 환자군과 대조군을 비교하여 노출-질병간의 관련성을 평가하는 것이다.

코호트 연구(cohort study)는 특정 인구집단에서 노출요인에 대한 조사를 한 후 이들을 장기간 추적하여 건강문제의 발생유무를 파악하고, 노출군과 비노출군에서 건강문제의 발생률을 비교하여 노출-질병간의 관련성을 평가하는 것이다. 코호트 연구는 과거의 기록 등을 통해 노출정보를 확보할 수도 있는데, 이런 경우 연구 시작싯점이 노출정보를 확보한 시점보다 더 최근이어서 후향적 연구(retrospective study)가 되나, 기본적으로는 노출이 선행하고 건강결과가 나중에 오는 선후관계가 분명한 코호트 연구이다. 후향적 연구는 전향적 연구(prospective study)에 비하여 시간과 비용면에서 매우 효율적이다. 최근에는 환경과 보건 분야의 빅데이타의 활용성이 높아져 후향적 코호트 연구수행의 여건이 매우 좋아졌다.

무작위임상시험(randomized clinical trial)은 새로운 치료법의 효과를 평가하기 위하여 연구참여자를 중재군(노출군)과 비중재군(비노출군)에 무작위적인 방법으로 배정한 후 효과(결과)를 관찰하여 비교하는 것이다. 중요한 것은 참여자를 어느 군에 배정할 것인지의 결정을 난수표 등을 이용하여 '무작위(randomization)'로 한다는 것인데, 이것은 연구참여자의 특성(노출요인을 제외한 모든 제3의 요인)을 두 군간에 유사하게 만들어 주어(확률이 동일하므로) 교란비뚤림을 통제할 수 있다. 또 '무작위'는 군 배정에서 예측가능성이 제거되어 의식적이든 무의식적이든 연구자에 의한 비뚤림[67]을 방지할 수 있는 장점이 있다. 따라서 두 군간에 효과(결과) 차이가 있다면 그것은 오로지 중재(노출요인)의 차이에서 비롯된 것임을 보여줄 수 있다.

그런데 임상치료법과는 다르게, 유해성이 의심되는 환경노출요인과 관련해서는 사람을 대상으로 실험을 할 수 없으므로, 환경역학 조사·연구에서는 무작위 임상시험법이 사용될 수 없는 경우가 대부분이다. 이런 경우, 연구자가 개입(중재, 노출)을 한 것은 아니지만 실제 환경에서 개입이 이루어진 것과 같은 조건을 활용할 수 있다. 이를 준실험연구(quasi-experimental study)라고 한다.

67 한국역학회 옮김, 『고디스역학』, 범문에듀케이션, 2020, pp.208-212.

준실험연구의 예로 가습기살균제의 건강피해에 관한 역학연구를 들 수 있다. 우리나라에서 가습기살균제는 2011년11월에 수거명령에 의해 시장에서 전부 회수되고 그 이후에는 사용되지 않았다. 따라서 2011년 이전은 가습기살균제 노출시기로, 이후는 비노출시기로 간주할 수 있다. 한국민에서 노출시기(노출군)와 비노출시기(비노출군)의 질병발생을 비교할 수 있는 것이다. 실제, 한국민에서 간질성폐질환, 천식, 폐렴과 같은 호흡기계질환은 2012년 이후 급격한 감소를 보여, 가습기살균제노출이 원인이었음을 확인할 수 있었다.[68] 이 설계의 장점은, 노출군과 비노출군이 동일한 집단이므로, 비교하는 두 집단 간에 특성이 달라(제3의 요인) 결과에 영향을 미칠 수 있는 여지[69]가 대폭 줄어든다. 따라서 무작위배정을 하지는 않았으나 무작위배정과 유사한 효과(제3의 요인을 통제)를 얻을 수 있다.

3) 역학적 연관성과 인과성

「환경보건법」에서는 '환경성질환'이란 역학조사 등을 통하여 환경유해인자와 상관성이 있다고 인정되는 질환으로서, 환경보건위원회 심의를 거쳐 정한 질환으로 정의하고 있다(제2조2항). 즉 환경유해인자와 질환간에 역학적 상관관계가 확인되면 환경유해인자와 관련되어 발생한 질환으로 인정한다는 것이다.

역학에서는 역학적 연관성(association)을 인과성(causation)과 반드시 동일한 것으로 간주하지 않는다.[70] 노출요인과 질환간의 통계적인 연관성(statistical association)이 확인되면, 그 상관관계가 인과적인지를 여러 가지 관점에서 평가·추론(inference)하여 판단한다. 이때 가장 흔히 쓰였던 것이 Hill의 검토관점인데 이는 최근의 의·생물학을 포함한 과학의 발전을 반영하여[71] 지속적으로 수정되었다〈표 1-6〉. 이렇게 추론된 인과적 관련성은 법률적 의미에서는 '일반적 인과관계'에 해당한다.

68 환경부 국립환경과학원, 「가습기살균제 노출과 질환 간 역학적 상관관계 검토보고서-간질성폐질환·천식·폐렴」, 2021. [cited 2021.10.29] URL:https://www.healthrelief.or.kr/home/board/law/view.do

69 이것을 교란효과(confounding effect) 라고 하는데, 예를 들어 노출군에서는 노인층이 많고, 비노출군에서는 젊은층이 많다면, 노출요인에 의해서가 아니라 연령이라는 요인에 의해서 질병발생에 차이를 보이게 된다. 동일집단(자기자신)을 비교하는 경우(counter-factual model), 이러한 문제가 최소화된다.

70 역학적 연관성이 도출된 역학연구 설계별로 인과성을 제시하는 근거수준에 차이가 있다. 일반적으로 관찰연구에서 실험연구로 갈수록, (본편 표1-5의 연구설계에서 위에서 아래로 갈수록) 인과적 관련성을 입증하는 능력이 커진다. (출처) 『예방의학과 공중보건학』, ibid.

71 Fedak et al, 「Applying the Bradford Hill criteria in the 21st century: how data integration has changed causal inference in molecular epidemiology」, 『*Emerg Themes Epidemiol*』, 2015 Sep 30;12:14.

〈표 1-6〉 관찰된 연관성이 인과적인지를 검토하기 위한 관점(수정된 Hill의 관점)

관점*	설명(이에 대한 비판)
시간적 선후관계	요인의 노출이 반드시 발병 전에 일어나야 한다.
연관성의 강도	연관성 지표의 값이 클수록 인과적 관련성일 가능성이 크다.
양-반응관계	노출량이 증가할수록 질병위험이 증가한다. (한계치가 있는 경우나 U형, J형 관계 등 예외가 많다)
결과의 반복성(일관성)	연관성이 인과적이라면, 다른 연구설계, 다른 인구집단에서도 유사한 결과를 관찰할 수 있다.
생물학적 설명 가능성	최근의 생물학적 지식과 일치한다. (때로 역학적 관찰이 생물학적 지식을 앞서갈 수 있다)
다른 해석의 가능성 고려	관찰된 연관성이 교란요인에 의한 것인지 등 다른 해석을 배제할 수 있다면 인과적 관련성일 가능성이 커진다. (노출요인이 다른 요인과 상호작용한 결과로 질병위험이 더 커졌을 수 있다)
노출 중단	요인의 노출이 감소하거나 제거되었을 때 질병위험이 줄어든다면 인과적 관련성일 가능성이 높다. (잠복기가 길거나 경과가 비가역적인 질병은 노출 중단 후에도 발생·지속·악화되거나 위험이 더 높아질 수 있다)
기존 지식과의 일치성	관찰된 연관성이 기존에 인과적 관련성으로 알려진 지식에 부합한다.
연관성의 특이성	한 가지 노출요인이 한 가지 질병과 연관된다. (실제로 대부분의 질병은 한 가지 요인이 아니라 여러 가지 요인에 의해 발생하므로, 이 기준은 오히려 제외하는 것이 바람직하나, 만일 특이성이 있다면 인과적 관련성의 가능성은 높아진다)

* 시간적 선후관계는 인과성 추론에서 필수적인 관점이며, 다른 관점들은 충족하지 않는다고 해서 인과적 관련성이 배제되는 것이 아니다. (출처)『고디스역학』 6판, 2020, 범문에듀케이션, 내용을 재구성.

그런데, 이러한 Hill의 관점들을 적용할 때 가장 중요한 것은, 절대적인 기준으로 삼지 않아야 한다는 것이다. 여러 자료원에서 인과성을 지지하는 여러 관점에 맞는 증거가 있을 경우, 인과성의 근거 수준은 크게 높아질 수 있다. 그러나 실제 인과적 관계에서도 각 관점을 모두 충족하는 경우는 거의 없으므로, 시간적 선후관계만 인과성 판단에 절대적인 기준으로 삼고, 나머지는 참고할 사항으로 보는 것이 타당하다. Hill의 인과성검토 관점은 60여년전 전통적인 역학적 모델에서 기반한 것으로, 급속하게 눈부신 발전을 거듭하고 있는 오늘날의 생물 · 의과학의 눈으로 보면 질병의 원인에 대한 이해가 매우 원시적이다.[72] 따라서 관찰된 역학적 연관성이 인과적 관계인지를 검토하는 것은, 여러 학문 분야(역학, 독성학 및 기전연구)에서 성취한 최신의 지식에 근거한 다학제적 검토가 되어야 한다. 이와 관련하여, 최근 체계적 문헌고찰(systematic review), 근거의 타당성 평가(risk of bias assessment) 및 전체 근거(body of evidence)의 신뢰도 평가와 함께 여러 학문 분야에서 평가된 근거를 종합(evidence integration)하여 인과성 판단을 하는 방법론이 개발되어 활용되고 있다[그림 1-6].[73]

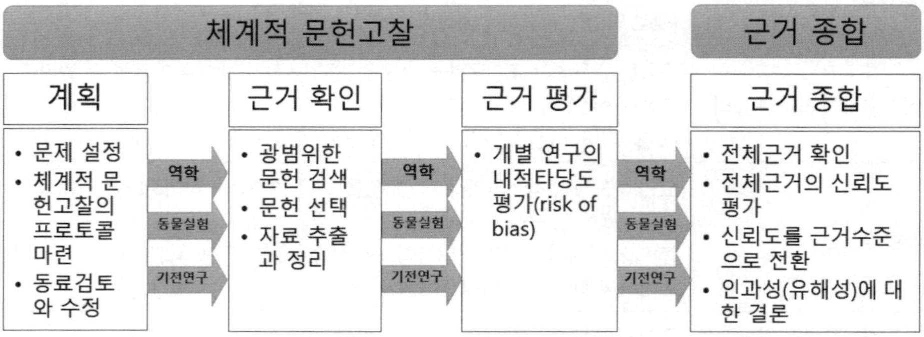

[그림 1-6] 다학제적 근거를 종합한 유해성 확인을 통한 인과성 평가체계

(출처) US NTP. Handbook for conducting a literature-based health assessment using OHAT approach for systematic review and evidence integration. 2019. 의 내용을 정리함.

4) 법적 인과관계 입증과 역학적 근거

한편, 환경유해인자로 인하여 다른 사람에게 환경성질환을 발생하게 한 자는 그 피해를 배상하여야 할 책임을 진다(환경보건법 제19조). 즉 사업활동 등에서 원인 환경유해인자에 의해 건강피해가 발생된 경우 사업주가 책임을 지는 것이다. 「민법」 상 손해배상소송에서는 원고(피해자)는 요인과 피해 간의 인과관계를 '확실'하게 입증할 책임이 있다. 그런데 교통사고로 사망이 발생한 경우처럼 직관적으로 분명한 인과관계와는 달리, 환경유해인자에 노출된 후 발생한 질병이 그 인자의 노출로 인

72 Hill의 관점이 제시된 1965년은 DNA 이중나선구조가 발견된 지 12년이 지난 때이나, 인간의 전장유전체 분석이 시작되기 25년 전이다.

73 미국 National Toxicological Program의 OHAT(Office of Health Assessment Translation) 접근법을 수정 적용하여, 가습기살균제노출의 건강피해의 역학적 상관관계(일반적 인과관계)를 평가하는 데 활용하고 있는 것이 그 예이다.

한 것임을 증명하는 것은 훨씬 더 복잡하고 어렵다. 따라서 「환경오염피해구제법」에서는 인과관계를 '추정'하는 것으로 '입증'이 되었다고 보아 원고의 입증책임을 완화시키고 있다. 이때 인과관계의 추정은 요인이 질병을 유발하였다고 볼 수 있는 '상당한 개연성'[74]이 있음을 입증하는 것으로 완료된다(제9조 인과관계의 추정). 상당한 개연성이란 대법원판례에 따르면, 특이성 질환의 경우는 일반적 인과관계를 입증하여야 하고, 비특이성 질환의 경우는 추가로 개별적 인과관계까지 입증하여야 충족되는 것으로 본다.[75] 이때 일반적 인과관계는 역학적 상관관계를 의미하며, 개별적 인과관계는 특정 개인(원고)에서 발생한 질병이 해당 요인이 아닌 다른 요인(유전적 요인, 직업적 요인, 흡연 등)에 의한 것이 아님을 입증하는 등의 추가적인 증명을 요구하고 있다.

「환경보건법」은 유해요인과 역학적 상관관계가 있는 질병을 환경성질환으로 정의하고, 해당 유해요인을 발생시킨 원인자에게 건강피해에 대한 배상책임을 부여하고 있으나(제19조 환경성질환에 대한 배상책임), 실제 법정에서는 역학적 상관관계(일반적 인과관계)의 입증에 그치지 않고, 원고의 개별적 인과관계를 포함한 '상당한 개연성'의 입증을 요구하고 있다. 왜냐하면 대부분의 질환(환경성질환 포함)은 '특이적'이지 않기 때문이다.[76] 즉, 역학적 상관관계의 확인을 통해서 일반적인 인과관계가 있다면, 이러한 일반적인 인과관계를 특정 개인의 경우에 적용하는 데 무리가 없는지를 다각도로 검토하는 과정을 거쳐 최종적인 인과관계를 판단하게 된다고 할 수 있다.

그러나 정부의 공법적·행정적 피해구제는 피해 국민의 위급한 어려움을 경감하여야 하는 국가의 기본적 책무에서 비롯되는 것으로, 원인자와 피해자간의 다툼의 결과 이루어지는 손해배상과는 그 원칙과 내용이 반드시 동일하지 않을 수 있다. 환

74 대법원 1991.7.23. 89다카1275 판결. "일반적으로 불법행위로 인한 손해배상청구사건에서 가해행위와 손해발생간의 인과관계의 입증책임은 청구자인 피해자가 부담하나, 대기오염에 의한 공해를 원인으로 하는 손해배상청구소송에 있어서는 기업이 배출한 원인물질이 대기를 매개로 간접적으로 손해를 끼치는 경우가 많고 공해문제에 관하여는 현재의 과학수준으로 해명할 수 없는 분야가 있으므로 가해행위와 손해발생간의 인과관계의 과정을 모두 자연과학적으로 증명하는 것은 극난 내지 불가능한 경우가 대부분인 점 등에 비추어 가해기업이 배출한 어떤 유해한 원인물질이 피해물건에 도달하여 손해가 발생하였다면 가해자측에서 그 무해함을 입증하지 못하는 한 책임을 면할 수 없다고 봄이 사회형평의 관념에 적합하다."

75 대법원 2013.07.12. 선고 2006다17539 판결. "...그 위험인자에 노출된 집단에서 그 비특이성 질환에 걸린 비율이 그 위험인자에 노출되지 않은 집단에서 그 비특이성 질환에 걸린 비율을 상당히 초과한다는 점을 증명하고, 그 집단에 속한 개인이 위험인자에 노출된 시기와 노출 정도, 발병시기, 그 위험인자에 노출되기 전의 건강상태, 생활습관, 질병 상태의 변화, 가족력 등을 추가로 증명하는 등으로 그 위험인자에 의하여 그 비특이성 질환이 유발되었을 개연성이 있다는 점을 증명하여야 한다."

76 특이성 질환의 전형인 악성중피종에서 석면이 차지하는 원인점유율은 80%이며 20%의 악성중피종은 다른 원인에 의해 발생.

경유해인자의 노출로 인한 건강피해에 대한 인과관계 판단에도 따라서 반드시 과학적인 측면만이 아니라, 각 제도의 목적과 정책적 측면의 고려가 관여하게 되는 것이다. 이것은 현재의 과학적 지식은 언제나 불완전하며 불확실하다는 점에서 더더욱 그러하다.

「환경보건법」에 따라 실시된 건강영향조사·역학조사의 결과, 환경오염 혹은 유해인자노출에 의한 건강피해가 확인되면 바로 피해구제로 연계되고, 이후에는 개인에서 노출여부와 노출의 특성(강도, 기간 등), 질병의 확인, 다른 고려할 사항들의 검토를 거쳐 피해구제가 실시된다. 이때 개인의 피해여부 판단은 노출 및 피해 여부, 노출-질병간의 시간적 선후관계를 확인하는 것으로 대체로 충분하다. 반면 법정에서 개별적 인과관계의 판단은 법관의 자유심증에 기초하여, 보다 엄격한 수준에서 Hill의 검토관점 등을 적용하고 있는 실정이다.

제2장

한국의 환경보건 제도

1 한국의 환경보건정책 소사

우리나라는 60년대 이후 경제개발과 산업화가 급속히 진행되어 '공해'로 지칭되던 환경오염 문제가 본격화되고, 1980년에 보건사회부로부터 환경청이 독립된 때부터 현대적 의미의 환경정책이 비로소 시작된 것으로 볼 수 있다. 그러나 환경매체(대기, 물, 토양 등)에 대한 국가 차원의 체계적 관리가 시작된 때부터 수용체(사람과 생태계, 생명체) 중심의 환경보건정책이 현실화되기까지 많은 시간이 소요되었다. 환경보건은 90년대에 와서야 국가의 정책으로 시작되었는데, 시기별로는 크게 3단계, 태동기(1991~2010년), 성장기(2011~2020년), 발전기(2021~현재)로 구분하여 볼 수 있다.

1. 태동기: 화학물질관리와 환경보건정책의 시작 (1991년~2010년)

1964년 3월부터 시행된 「독극물 및 극물에 관한 법률」이 1979년 12월에 개정되어 법의 목적에 보건 개념이 추가되었으나(보건위생상의 위해를 방지) 관리정책은 독극물에 한정되었다. 1991년에 「유해화학물질관리법」이 제정·시행되어 화학물질의 체계적인 관리가 시작된 때부터 2009년 「환경보건법」이 시행되어 수용체 중심의 환경보건정책의 제도적 기반이 마련된 시기를 환경보건정책의 태동기라 할 수 있다.

「유해화학물질관리법」이 시행되면서 비로소 화학물질의 유해성을 심사하고, 유해화학물질을 적정하게 관리하도록 목적과 대상이 확대되었다. 1998년부터는 국가 차원에서 화학물질 유통량 조사를 시작하였다. 한편, 잔류성 유기오염 물질에 대한 모니터링, 제조, 수출입, 사용 금지 및 제한 등 위해성 관리를 위한 스톡홀름 협약 비준(2007년)과 그 이행을 위하여, 2008년에는 「잔류성유기오염물질 관리법」이 시행되었다.

이와 더불어 2004년 환경부 내에 '환경보건정책과'가 신설되면서 중앙정부 차원에서 환경보건정책이 본격적으로 추진될 수 있는 기반이 마련되었다. 수년간의 준비를 거쳐 2009년에 세계에서 처음으로 우리나라에서 「환경보건법」이 시행되었다. 이 법의 시행은 환경정책이 환경유해인자와 국민 건강의 상관성을 체계적으로 분석하고 이를 기반으로 국민의 삶과 건강을 보호하는 정책으로 전환되었음을 의미한다. 새 법의 원활한 이행을 위해 환경부내에 '환경보건정책관'이 신설되어 '과'에서 '국'단위로 정책이 승격되고 3개의 과(환경보건정책과, 생활환경과, 화학물질과)가 설치되었다.

2. 성장기: 환경보건정책기반 확대 (2011년~2020년)

2011년은 세계적으로도 유례가 없는 가습기살균제노출에 의한 건강피해 참사가 밝혀진 해이다. 2012년에는 구미의 화학물질을 취급하는 사업장에서 안전관리 부실로 불산이 누출되어 인근 주민들의 건강과 농작물에 대규모 피해가 발생하였다. 다른 한편, 이전까지 우수한 내구성 등으로 건축물 등에 광범위하게 사용되어 오던 석면의 건강위해성이 알려지면서 1990년대 초반에 이르러 국외의 많은 나라들이 석면사용을 전면 금지하기 시작하였고, 우리나라에서도 2009년부터 석면사용이 금지되었다. 하지만 일제강점기에 개발되었던 석면광산과 2006년까지 수입된 석면(80% 이상 건축자재로 사용) 및 석면제품(마찰재, 방직재 등)으로 인한 노출위험은 여전히 상존하여 이에 대한 국민적 관심과 우려가 급속하게 커졌다. 이러한 배경에서 환경보건정책의 기반이 급속도로 확대되었다.

무엇보다도 2010년대 초에 일어난 대형 화학물질 사고는 화학물질 관리체계가 혁신적으로 변화하는 계기를 낳았다(화학3법의 구축). 화학물질과 제품의 안전성을 사전(시장에 나오기 전)에 사업주가 확인하도록 하는 체계를 도입하였는데, 「화학물질의 등록 및 평가 등에 관한 법률」의 제정·시행(2015년), 「생활화학제품 및 살생물제의 안전관리에 관한 법률」의 제정·시행(2019년)이 그것이다. 그리고 화학물질을 취급하는 사업장의 안전관리를 강화하기 위하여 기존의 「유해화학물질관리법」을 「화학물질

관리법」으로 전부 개정하고 시행(2015년)하였다. 이때 장외영향평가(사업장에서 화학물질 누출 시 장외 환경영향에 대한 사전평가) 및 위해관리제도(화학사고 발생에 대비한 비상대응체계의 수립)가 도입되었다.[77]

또한, 석면의 체계적 관리를 위하여 「석면안전관리법」(2012년)이 제정 · 시행되어, 자연석면, 건축물조사, 석면해체 등 석면의 전 주기에 걸친 국가 차원의 안전관리가 시작되었다.

뿐만 아니라, 환경유해인자 노출로 인한 건강피해를 구제하기 위한 제도적 기반도 마련되었다. 환경성 석면노출로 인한 건강피해를 구제하기 위한 「석면피해구제법」이 제정·시행(2011년)되고, 환경오염 배출시설에 의한 환경오염과 이로 인한 건강 및 재산 피해를 구제하기 위하여 「환경오염피해 배상책임 및 구제에 관한 법률」이 제정·시행(2016년)되었다. 한편, 가습기살균제피해자를 구제하기 위해서 「가습기살균제 피해구제 특별법」도 제정·시행(2017년) 및 두 차례에 걸친 개정(2019, 2020년)을 통해 기본적인 제도설계를 완비하였다.

조직 측면에서는, 환경보건정책관(국) 내에 '환경보건관리과'가 추가 신설된 후(2012년) 피해구제 업무가 확대됨에 따라 '환경피해구제과'로 변경되었다(2018년). 화학안전 분야의 조직강화는 '화학물질안전원'설립(2013년),[78] 환경보건정책관 내에 '화학안전과'(2015년)와 '화학제품관리과'(2017년)의 신설로 이어졌다. 이로써, 환경보건정책관(국)은 6개과(환경보건정책과, 생활환경과, 환경피해구제과, 화학물질정책과, 화학제품안전과, 화학안전과)와 1개지원단(산업지원단)으로 구성되었다.

3. 발전기: 선제적 체계적 환경보건정책 발전 (2021년~)

지난 확대기 10여 년은 시급한 현안에 정책자원을 집중하여 환경보건정책의 기반이 확대된 것은 매우 긍정적이었으나, 숨가쁜 대응에 급급했던 면이 없지 않았다. 따라서 정책수요자가 중심이 되는 맞춤형 정책, 선제적, 적극적, 체계적인 정책으로서는 미흡한 점이 있었다.

---

77 장외영향평가서와 위해관리계획서는 하나로 통합되어 화학사고예방관리계획서가 되었다.(2020년 개정)

78 화학물질안전원(https://nics.me.go.kr/)은 화학물질을 다루는 사업장으로부터 화학사고예방관리계획서를 제출받고 이를 평가하며, 유사시 관련기관에 신속한 정보를 전달하여 효과적인 사고대응을 지원하는 역할을 담당한다.

「환경보건법」에 따라 수립되고 한 번 수정된[79] '1차 환경보건 종합계획(2011~2020년)'의 이행이 완료되었다. 법에 근거한 환경보건정책의 최초 시행 10년이 경과하고, 다음 10년의 환경보건정책이 시작되는 2차 환경보건 종합계획(2021~2030년)'에 따라 새로운 단계의 환경보건정책이 진행되고 있다.

우선, 환경정의가 환경보건정책의 중심이념으로 자리잡았다. 환경정의는 「환경보건법」의 기본이념이다(제4조제2항). 그러나 2019년에 「환경정책기본법」에 '환경정의'의 원칙(환경적 혜택과 부담을 공평하게 나누고, 환경오염 또는 환경훼손으로 인한 피해에 대하여 공정한 구제를 보장)이 도입된 이후, 환경보건정책에서 공정성과 형평성이 특별히 강조되었다. 이에 따라 '제1차 환경정의 종합계획(2020~2024년)'이 마련되었다.[80]

중요하게는, 그간의 중앙정부 주도의 환경보건정책이 자율과 책임에 기반한 지자체 및 지역중심의 환경보건정책으로 발전시켜나갈 수 있는 제도적 기반이 마련되었다는 점이다. 「환경보건법」 개정(2021년)을 통해, 시·도지사가 관할 구역의 지역적 특성을 고려하여 '지역환경보건계획'을 수립하고(제6조의2), '지역환경보건위원회'를 설치할 수 있도록 하는 등(제10조의2), 지방자치단체의 관할 지역에 대한 환경보건관리 책임을 강화한 것이다.

뿐만 아니라, 새로운 단계의 환경보건정책은 환경유해인자에 대한 예방과 관리에 그치지 않고, 피해대응, 환경복구와 지역재생까지 그 영역을 확대하고, 수요자 중심의 환경보건서비스를 강화해야 하는 목표를 가지고 발전하고 있다.

2 한국의 환경보건 관련 법

1. 환경보건관련 법 개요

현대 법치주의 국가에서 모든 행정 활동은 국가의 일정한 법질서에 따라 이루어진

79 환경보건법 제5조(환경보건종합계획의 수립)은 10년마다 종합계획을 세워야 하나(제1항), 계획을 세운날로부터 5년이 지나거나 관계 중앙행정기관의 장의 요청 등에 따라 종합계획을 변경할 수 있다(제3항).

80 환경부, 「환경정의 종합계획(2020~2024)」, 2020.

다. 즉 정부의 행정은 기본적으로 법(및 하위법령)에 근거하여 이루어짐과 동시에, 새로운 정책적 목적과 이에 필요한 행정 활동을 위하여 새로운 법령을 만들기도 한다.[81] 따라서 정부의 정책을 이해하기 위해서는 정책과 행정이 기반하고 있는 법령을 이해하는 것이 필수적이다.

현재 우리나라 환경부에는 환경정책의 기본이 되는 「환경정책기본법」이 있고, 환경보건정책국이 관장하는 환경보건정책 관련법으로는 「환경보건법」을 비롯하여 총 12개의 법이 있다. 「환경보건법」을 제외하면 크게 화학안전(4개법), 환경유해인자관리(4개법), 환경피해구제(4개법)[82]로 구분된다〈표 1-7〉.

〈표 1-7〉 환경보건 관련법 현황

분야	법이름	시행일	주요 내용
기본법	환경정책기본법	1991.2	– 환경 관련 최상위법
	환경보건법	2009.3	– 환경보건종합계획 수립 – 환경관련 건강피해 예방관리 등
화학안전 (4)	화학물질의 등록 및 평가 등에 관한 법률	2015.1	– 화학물질 등록, 유해성 심사 및 위해성 평가 – 화학물질의 정보 제공 등
	잔류성유기오염물질 관리법	2008.1	– 잔류성오염물질 환경기준 설정 – 잔류성오염물질 제조, 수출입, 사용금지제한 등
	생활화학제품 및 살생물제 안전관리법	2019.1	– 살생물제 승인제도 및 살생물제품 허가제도 도입 – 살생물처리제품 관리체계 마련, 유통 및 안전관리 강화
	화학물질관리법	2015.1	– 화학물질 통계, 배출량 조사, 유해화학물질 취급시설 및 영업자 관리 – 화학물질 사고예방, 대비 및 대응 등
유해인자 관리 (4)	석면안전관리법	2012.4	– 석면사용 금지 및 석면함유 가능물질 관리 – 석면해체 사업장 주변환경 관리 등
	소음·진동관리법	1991.2*	– 공사장, 도로·교통 및 생활 소음·진동 규제 – 건설기계 소음도 표시 의무제 도입 등
	실내공기질관리법	2016.12*	– 다중 이용시설군의 실내공기질 관리 – 오염물질 방출기준 초과 건축자재 사용제한 등

* 「실내공기질관리법」은 1997년 시행된 「지하생활공간공기질관리법」이 「다중용시설 등의 실내공기질관리법」(2004년)으로 개정되었다가 2016년에 현재와 법명으로 되었다. 「소음진동관리법」의 최초 법명은(2009년까지) 「소음·진동규제법」이다.

81 대한민국헌법 (제40조)입법권은 국회에 속한다. (제52조)국회의원과 정부는 법률안을 제출할 수 있다.

82 이외에 피해구제와 관련해서, 정부의 행정적 구제가 아니라, 사법적인 손해배상에 관한 중재를 하는 대안적 분쟁조정제도로서 「환경분쟁조정법」이 있으며, 환경분쟁조정위원회에서 관장한다.

분야	법이름	시행일	주요 내용
유해인자 관리 (4)	인공조명에 의한 빛공해 방지법	2013.2	– 빛공해 관리를 위한 조명환경관리구역 지정 – 빛방사허용기준 차등적용 및 조명기구 설치관리 기준 고시 등
피해구제 (4)	석면피해구제법	2011.1	– 환경성석면피해자구제제도 운영 – 석면피해구제기금 조성·운영 등
	환경오염피해 배상책임 및 구제에 관한 법률	2016.1	– 환경오염피해에 대한 배상책임 및 보험가입 – 환경오염피해 구제에 관한 사항 등
	가습기살균제 피해구제를 위한 특별법	2017.8	– 피해자 구제급여 지원 – 건강피해 인과관계 규명 및 손해배상 규정 등
	생활화학제품 및 살생물제 안전관리법 제5장의2	2021.11	– 살생물제품의 제조물결함에 의한 피해(후유증 포함)에 대한 구제 – 재원조달, 피해구제 절차 등 규정

환경정책에서 가장 기본이 되는 법은 「환경정책기본법」이다. 이 법은 환경관련 최상위 법으로, 1990년에 제정되고 1991년에 시행된 이후 최근까지 십수차례 개정되었다. 이 법의 기본이념(제2조)은 첫째, 환경을 이용하는 모든 행위를 할 때 환경보전을 우선적으로 고려한다는 것이다. 즉 환경의 질적인 향상과 보전을 위해서 인간과 환경 간의 조화와 균형을 유지하며, 기후변화 등 지구환경의 위해를 예방하기 위하여 공동으로 노력하는 것을 통해 현 세대 및 미래의 세대에게 그 혜택이 계승될 수 있도록 하는 것이다. 둘째, 환경정의(environmental justice)를 실현하기 위한 노력이다. 즉 환경 관련 법령, 조례, 규칙을 제정, 개정하거나 정책을 수립, 시행할 때 모든 사람에게 실질적인 참여를 보장하고, 환경에 관한 정보에 대한 접근성을 보장하며, 환경적 혜택과 부담을 공평하게 나누고, 환경오염 또는 환경훼손으로 인한 피해에 대하여 공정한 구제를 보장하는 것이다.[83]

이 법에서 환경오염을, '사업활동 및 그 밖의 사람의 활동에 의하여 발생하는 대기오염, 수질오염, 토양오염, 해양오염, 방사능오염, 소음, 진동, 악취, 일조방해, 인공조명에 의한 빛공해 등으로서 사람의 건강이나 환경에 피해를 주는 상태'로 정의하고 있으며(제3조), 이 환경오염 인자들이 환경정책과 환경보건정책의 대상이 된다.

또 환경 분야가 다른 분야와 뚜렷이 구별되는 법·정책 원리로서, 환경오염, 환경훼

83 이를 순서대로 절차적 정의(procedural justice), 분배적 정의(distributional justice), 교정적 정의(corrective justice)라 하고 환경정의의 3가지 분야로 일컫는다.

손의 원인을 발생시킨 자가 예방, 회복 및 복원의 책임을 지고, 피해구제비용을 부담해야 한다는 오염원인자 책임원칙(제7조)과 환경오염이나 훼손으로 인해 피해가 발생한 경우, 오염원인자가 과실여부와 관계없이 배상의 책임을 져야 한다는 환경오염의 피해에 대한 무과실책임원칙(제44조)을 정하고 있다. 나아가 최근(2021년) 개정으로 수익자 부담원칙(제7조의2)이 추가되었다.[84]

국가는 생태계 또는 인간의 건강에 미치는 영향 등을 고려하여 환경기준을 설정하여야 하며(제12조), 20년 단위로 '국가환경종합계획'을 수립하여 환경보전을 위한 시책을 마련하여야 한다(제14조).

환경보건과 관련된 구체적인 사항으로는, 국가 및 지방자치단체가 환경오염으로 인한 국민의 건강상의 피해를 규명하고 환경오염으로 인한 질환에 대한 대책을 마련해야 함(제36조)을 명시하고 있다.

2. 환경보건법

1) 배경

「환경보건법」은 환경보건정책과 행정 활동에 있어서 기본이 되는 법이다. 환경보건의 정책목적이 이처럼 독립적으로 법제화가 된 경우는 세계적으로도 유일한 사례이다. 이것은 환경보건과 관련한 우리 정부의 강한 정책의지를 나타내 주는 것이기도 하지만, 다른 한편으로는 환경오염이나 훼손에 의한 건강피해 등이 그만큼 심각하며 이 문제에 대한 국민의 요구도가 높다는 우리 현실을 반영하는 것이기도 하다. 우리나라는 서구 선진국들에 비하여 매우 짧은 기간에 빠르게 도시화·산업화가 진행되면서, 산업재해와 더불어 환경오염 및 환경훼손과 그로 인한 사람과 생태계의 피해가 압축적으로 발생하였다. 「환경보건법」은 이러한 우리나라의 특수한 역사적 배경에서 탄생한 산물이라 볼 수 있다.

84 국가 및 지방자치단체는 국가 또는 지방자치단체 이외의 자가 환경보전을 위한 사업으로 현저한 이익을 얻는 경우 이익을 얻는 자에게 그 이익의 범위에서 해당 환경보전을 위한 사업비용의 전부 또는 일부를 부담하게 할 수 있다.

2) 법의 목적과 기본이념

「환경보건법」의 목적(제1조)은 환경오염과 유해화학물질 등이 국민건강과 생태계에 미치는 영향 및 피해를 조사, 규명, 감시하여 국민건강에 대한 위협을 예방하고 이를 줄이기 위한 대책을 마련함으로써 국민건강과 생태계의 건전성을 보호, 유지하는 것이다.

이 법의 기본 이념은 4가지(제4조)이며, 환경보건정책의 중요한 원칙을 이루고 있다. 사전주의, 환경정의, 수용체(사람과 동식물을 포함한 생태계) 중심, 참여의 원칙이 그것이다. 사전주의의 원칙(precautionary principle)이란, 환경유해인자와 수용체의 피해 사이에 과학적 상관성이 명확히 증명되지 않은 경우에도 그 환경유해인자의 무해성이 최종적으로 증명될 때까지 경제적, 기술적으로 가능한 범위에서 수용체에 미칠 영향을 예방하기 위한 적절한 조치와 시책을 마련해야 한다는 것이다. 환경정의(environmental justice principle)의 원칙은, 어린이 등 환경유해인자의 노출에 민감한 계층과 환경오염이 심한 지역의 국민을 우선적으로 보호하고 배려하여야 한다는 것이다. 수용체 중심(human and ecosystem centered principle)의 원칙이란, 수용체 보호의 관점에서 환경매체별 계획과 시책을 통합하고 조정하여야 한다는 것이다. 마지막으로 참여(participatory principle)의 원칙이란, 환경유해인자에 따라 영향을 받는 인구집단은 위해성 등에 관한 적절한 정보를 제공받는 등 관련 정책의 결정과정에 참여할 수 있어야 한다는 것이다.

3) 환경보건종합계획의 수립

「환경보건법」에서는 중앙정부는 10년 단위로, 지방자치단체(시, 도)는 5년 단위로 ‘환경보건종합계획’ 또는 ‘지역환경보건계획’을 수립하도록 하여, 환경보건에 관한 중앙행정기관 및 지자체의 정책수립의 원칙과 기본방향을 제시하도록 하고 있다(제6조, 제6조의2). 이는 다양한 환경매체별 계획을 수용체 중심으로 통합 조정, 선도하며, 환경정책과 보건정책 사이의 사각지대를 해소하는 역할을 한다. 구체적으로는 ‘환경보건종합계획’안에 환경보건에 관한 기본적 시책과 목표, 환경성질환 발생현황 조사 및 관리시책 마련, 환경유해인자가 국민건강과 생태계에 미치는 영향과 피해 조사·연구·분석 및 이를 예방, 관리하기 위해 필요한 지원과 취약 지역주민에 대한 특별관리 대책, 수용체 중심의 통합적 환경기준 마련 등에 관한 사항을 포함한다.

4) 위해성평가와 관리, 국민환경보건 기초통계와 지표의 마련

또, 이 법에서 정부의 의무로, 환경유해인자의 위해성평가와 관리(제11조), 국민환경보건 기초조사를 통해 매3년마다 국민의 생체내 농도, 건강피해 현황 등을 파악하도록 하고(제14조), 환경 관련 건강피해에 관한 건강영향조사(제15조) 및 건강영향조사의 청원 접수 및 처리(제17조), 조사결과에 따른 조치의 이행의무(제17조의2) 등을 명시하고 있다. 뿐만 아니라, 환경보건 지표를 개발하고(제21조), 환경보건 정보와 통계를 관리(제22조)하도록 한다.

5) 어린이 환경보건

어린이의 건강보호에 대하여는 별도의 장을 두어 정부의 역할을 강조하고 있다. 어린이 활동공간의 위해성 관리(제23조), 어린이 활동공간의 관리자나 소유자에게 환경보건교육의 실시(제23조의3), 어린이 활동공간 환경안심 인증(제23조의4), 어린이 용품의 유해물질 관리(제24조)와 환경유해인자로 인한 건강피해가 우려되거나 의심되는 경우 어린이에 대한 진료지원(제25조의2)을 할 수 있도록 한다.

6) 연구·조사 지원, 전문인력양성

그 밖에, 환경보건센터를 지정·운영(제26조)하여 환경유해인자로 인한 건강피해의 규명, 감시, 예방 및 관리를 위한 조사, 연구, 교육 및 기술개발, 역학조사의 지원 등을 할 수 있도록 하고, 권역별로 환경성질환 예방관리센터를 설치, 운영(제27조의2)하여, 질환의 예방, 관리에 관한 정보의 보급과 의료지원 및 교육, 체험활동 등을 할 수 있도록 하였다. 또 중앙정부 및 지방자치단체가 환경보건 전문인력을 육성하는데 예산을 지원하고(제28조), 환경보건정보시스템을 구축·운영(제28조의2)하도록 한다.

7) 최근 개정 내용

최근 개정된 법(2021.1)의 내용은 다음과 같다. 첫째, 환경유해인자와 질환간 역학적 상관관계가 규명된 질환이 아니라 하여도 환경유해인자에 대한 적절한 조치와 시책 마련이 필요한 질환에 대해서도 종합계획의 수립·기초조사 등이 이루어지도록 하여 사전주의의 원칙을 더욱 구체화하였다. 둘째, 시·도지사는 관할 구역의 지역적 특성을 고려하여 '지역환경보건계획'을 수립하며, 지역의 환경보건 증진에 관한 주요 사항을 심의하는 지역환경보건위원회를 설치할 수 있도록 하는 등 지방자치단체의 관할 지역에 대한 환경보건 관리책임을 강화하였다.[85] 셋째, 정당한 사유 없이 건강영향조사 또는 역학조사를 거부하거나 방해 또는 회피하는 행위를 금지하고, 이를 위반한 경우에는 벌칙을 부과하여 환경역학조사의 실효성을 담보하였다.[86]

3. 화학물질 및 화학제품의 안전관리: 화학안전3법

화학물질과 제품의 안전에 관련한 법은 가습기살균제 사건과 구미 불산 사고를 계기로 혁신적으로 변화·발전하였다. 화학관련 법에는 「화학물질의 등록 및 평가 등에 관한 법률」(이하 화학물질등록평가법), 「생활화학제품 및 살생물제 안전관리에 관한 법률」(이하 화학제품안전법), 「화학물질 관리법」과 「잔류성오염물질 관리법」이 있다. 앞의 3가지 법은 서로 밀접하게 연계되어 유해화학물질의 안전관리체계의 골격을 구성하고 있으며 소위 화학안전3법으로 불린다[그림 1-7]. 「화학물질등록평가법」을 통해 확보한 화학물질의 유해성 및 위해성 정보에 기반하여, 관리의 수준과 방법을 결정하기 위한 물질분류(유독, 금지, 제한, 허가)를 하고, 이에 근거하여 「화학물질관리법」을 통해 유통과정과 사업장의 영업활동을 관리하고 사고를 대비한다. 「화학제품안전법」은, 「화학물질등록평가법」에서 다루는 화학물질 중 소비자들에게 직접적으로 노출되는 살생물물질과 생활화학제품에 특화하여 더 강화된 규제수준으로 유해성 및 위해성 정보를 확인하고 관리를 한다.

85 2020년 기준으로 서울시와 충남도 두 군데에서만 지역환경보건종합계획이 수립되어 있음.
86 익산장점마을 집단암발병에 대한 역학조사 시('18~'19), 사업주의 현장훼손 등의 방해로 원인규명에 어려움을 겪는 사례가 있었음.

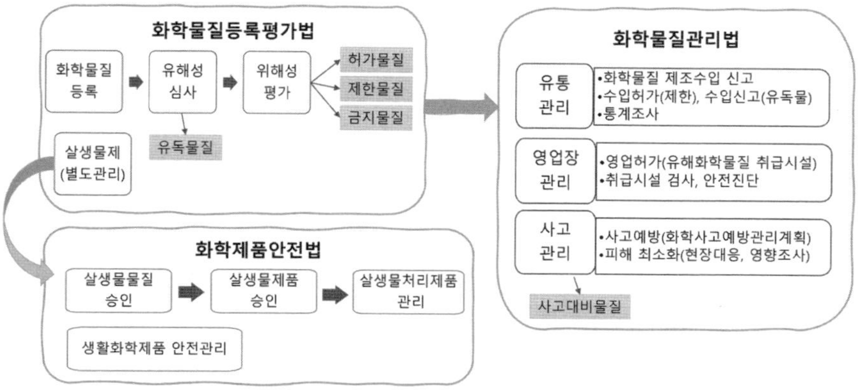

[그림 1-7] 화학안전3법을 통한 유해화학물질의 안전관리 체계

1) 화학물질의 등록 및 평가 등에 관한 법률

① 법의 목적, 배경과 원칙

2013년 제정되고 2015년에 시행된 이 법은 화학물질을 제조·수입하려는 자로 하여금 제조·수입 전에 환경부장관에게 등록하도록 하고, 환경부장관은 화학물질의 유해성과 위해성을 평가하여 관리대상 물질(유독물, 허가물질, 제한물질, 금지물질 등)로 지정할 수 있도록 한다. 이를 통해 화학물질의 유해성 및 위해성에 대한 체계적인 관리 체계를 마련, 화학물질로 인한 피해를 사전에 예방하고 국민건강 및 환경을 보호하고자 한다. 즉 '위해 관련 자료의 등록없이 판매 불가(No Data, No Market)'라는 사전예방적 관리체계 실현을 목표로 한 법률이다.[87] 이는 유럽연합 등에서 이미 자국의 국민건강 보호와 자국 산업의 경쟁력을 높이기 위하여 화학물질의 등록평가제도(Registration, Evaluation, Authorisation and Restriction of Chemicals, 이하 REACH)를 도입하고 일본 등 주요 교역국에서도 화학물질 관리를 강화하고 있는 국제적 추세에 대응하기 위한 것이기도 하였다.

뿐만 아니라, 화학물질의 유해성 및 위해성에 관한 정보 생산 시에 척추동물대체시험법을 우선적으로 고려하고, 불가피한 경우 척추동물시험을 최소한의 범위에서

87 이는 모든 화학물질의 유해성과 위해성 정보의 확보에 대한 일차적인 책임을 사업자에게 부여한 것으로, 이전의 「유해화학물질관리법」으로 정부가 유해화학물질의 위해성을 평가한 후 안전기준을 제시하였던 관리체계로서는 매일 수많은 새로운 (독성이 확인되지 않은) 화학물질이 합성·제조·유통·사용되는 시장 환경에 대응하기 어려웠던 사정을 반영하였다.

실시하며, 반복적으로 실시하지 않도록 하는 등의 원칙을 부여하였다(제16조의2).[88]

② 사업자의 의무: 유해정보의 생산과 등록

이 법은 화학물질의 유해성과 위해성에 관한 정보를 사업자가 적극적으로 생산·교환·활용하고 화학물질의 등록·신고 및 심사·평가와 관련된 국가의 시책에 참여하고 협력하도록 의무화한 것을 포함하여, 화학물질로 인한 국민건강상 혹은 환경상의 위해 예방을 위한 사업자의 책무를 분명히 한 것이 중요한 특징이다(제5조).

최초 제정 당시에는 정부가 고시한 물질에 대하여 정해진 기한 안에 사업자가 등록하도록 하였으나,[89] 2018년3월 개정을 통해 연간 100킬로그램 이상 신규화학물질 또는 연간 1톤 이상의 기존 화학물질은 모두 등록하도록 하였다. 이때 기존화학물질의 경우는 제조·수입량에 따라 등록유예기간[90]이 부여된다(제10조). 다만, 기존물질의 경우, 유예기간동안 (등록하지 않고)제조·수입을 하려면 화학물질의 명칭과 수입량 등 기본적인 정보를 신고해야 한다. 제조·수입량이 연간 100킬로그램 미만인 신규화학물질의 경우에도 신고를 한다.

③ 정부의 위해성평가와 관리물질 지정

등록한 화학물질에 대해서 정부는 유해성 심사를 하여(제18조), 그 결과를 공개하고(제21조), 유해성이 있는 경우 유독물질로 지정·고시한다(제20조). 또, 제조 또는 수입되는 양이 연간 10톤 이상이거나, 유해성심사 결과 위해성평가가 필요하다고 인정하는 화학물질에 대해서는, 정부가 위해성평가[91]를 하고 그 결과를 등록한 자에게 통지하여야 하며, 위해성을 최소화하기 위해 필요한 조치를 할 수 있다(제24조).

---

88 국가법령정보센터. (개정이유, 2018.4.17) 최근 척추동물시험의 유효성 및 윤리성에 대한 의문이 제기되면서 전세계적으로 척추동물시험을 대체할 수 있는 방법에 대한 관심이 상대적으로 높아지고 있으며, 불필요한 척추동물시험을 줄이기 위해 기존의 척추동물시험정보를 최대한 활용하는 방안을 모색하고 있음. 이에 우리나라도 이러한 흐름에 맞춰 화학물질의 유해성, 위해성 등에 관한 정보를 생산하는 과정에서 이루어지는 척추동물시험을 최소화하기 위하여 척추동물대체시험의 개발·이용에 관한 정책을 수립·시행할 책무를 국가에게 부여하고, 사업자도 화학물질에 관한 정보를 생산할 경우 척추동물대체시험을 우선적으로 고려하도록 하는 책무를 규정함.

89 등록대상 화학물질 510종을 고시하여 2018년12월31일까지 등록하도록 하였음.

90 연간 1톤 이상으로 사람 또는 동물에게 암, 돌연변이, 생식능력 이상을 일으키거나 일으킬 우려가 있는 물질 및 연간 1,000톤 이상은 2021년, 100톤 이상~1,000톤 미만은 2024년, 10톤 이상~100톤 미만은 2027년, 1톤 이상~10톤 미만은 2030년까지 등록해야 한다.

91 '유해성'이란 화학물질의 독성 등 사람의 건강이나 환경에 좋지 아니한 영향을 미치는 화학물질 고유의 성질이며 '위해성'이란 유해성이 있는 화학물질이 노출되는 경우 사람의 건강이나 환경에 피해를 줄 수 있는 정도이다(제2조 정의).

정부는 또, 유해성심사 및 위해성평가 결과 위해성이 우려되는 화학물질에 대해서는 절차를 거쳐, 허가물질(제25조), 제한물질 또는 금지물질(제27조)로 지정·고시할 수 있다.[92]

화학물질의 등록·평가 제도의 개요를 그림으로 나타내면 다음과 같다[그림 1-8].

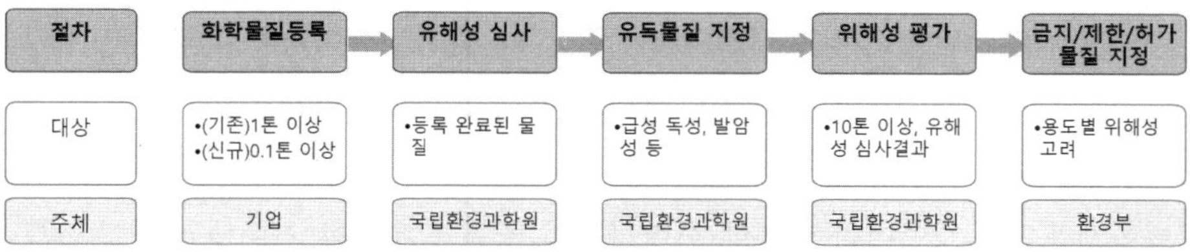

[그림 1-8] 화학물질 등록 및 평가제도의 개요

정부는 기술개발과 인력양성, 등록지원, 기타 예방활동 등을 위해 녹색화학센터를 지정·운영할 수 있으며(제40조), 일반인이 쉽게 확인할 수 있도록 화학물질 정보를 공개하여야 하고(제42조), 중소기업이 화학물질 등록·평가하는 것을 행정적·기술적·재정적으로 지원할 수 있다(제42조의2).

화학물질을 함유하는 '제품'에 대한 관리조항은 2018년「생활화학제품 및 살생물제의 안전관리에 관한 법률」이 제정되면서 이곳으로 이관되었다.

2) 생활화학제품 및 살생물제 안전관리법

① 법의 목적, 배경, 원칙과 정의

이 법은 가습기살균제와 같은 화학제품 사고의 재발방지를 위한 사전 안전관리 제도로서 2018년 3월에 제정되고 2019년 1월에 시행되었다.[93] 생활화학제품의 위해성평가, 살생물물질 및 살생물제품의 승인, 살생물처리제품의 기준 등을 정하여 안전하게 관리하고자 하는 것이 목적이다(제1조).

92 허가물질: 제조·수입·사용 전에 반드시 환경부장관의 허가를 받아야 하는 화학물질. 제한물질·금지물질: 특정 용도나 모든 용도로의 제조, 수입, 판매, 보관·저장, 운반 또는 사용을 금지하는 화학물질.

93 국가법령정보센터. (제정이유, 2018.3.20) 많은 인명피해가 발생한 가습기살균제 사고를 계기로 화학제품 전반에 대한 화학공포증 등 국민적 불안이 가중되고 경각심이 높아지고 있음. 특히 유해생물을 제거하거나 무해화하는 등의 기능을 가진 살균제, 살충제 등 살생물제에 대한 관리 필요성이 높아진 상황임. 이에 살생물물질 및 살생물제품에 대한 승인제도를 도입하여 살생물제에 대한 사전예방적 관리체계를 마련하는 한편, 생활화학제품에 대한 체계적인 안전관리를 위하여 그동안「화학물질의 등록 및 평가 등에 관한 법률」에서 규정하여 오던 생활화학제품에 대한 사항을 이 법으로 옮기고 일부 미비한 사항을 보완하려는 것임.

관리의 기본원칙으로써, 제품과 사람·동물의 건강 혹은 환경에 대한 피해 사이에 과학적 상관성이 명확히 증명되지 아니하는 경우에도 사전에 배려하여 안전하게 관리하여야 한다는 것(사전주의의 원칙)과, 어린이, 임신부 등 노출에 취약한 계층을 우선적으로 배려하여 관리하여야 한다는 것(환경정의의 원칙), 그리고 안전에 관한 정보가 정확하고 신속하게 제공되어야 한다는 것(참여의 원칙)으로(제2조), 사실상 「환경보건법」의 기본이념을 그대로 담고 있다. 또한, 「화학물질등록평가법」과 같이 이 법에서도 척추동물시험의 최소화 원칙이 명시되어 있다(제32조의2).

'생활화학제품'이란 가정, 사무실, 다중이용시설 등 일상적인 생활공간에서 사용되는 화학제품으로 사람이나 환경에 화학물질의 노출을 유발할 가능성이 있는 것을 말하며,[94] '살생물물질'이란 유해생물을 제거, 무해화 또는 억제하는 기능올 사용하는 화학물질, 천연물질 또는 미생물을 말한다. '살생물제품'은 유해생물의 제거 등을 주된 목적으로 하는 제품이며, '살생물처리제품'은 제품의 주된 목적 외에 유해생물 제거 등의 부수적인 목적을 위하여 살생물제품을 사용한 제품으로 정의된다(제3조)〈표 1-8〉.

〈표 1-8〉 살생물제의 정의와 예시

살생물제	정의	예시
살생물물질	유해생물을 제거, 무해화, 억제하는 효과를 가진 물질	PHMG, PGH, CMIT/MIT, OIT 등
살생물제품	유해생물의 제거 등을 주기능으로 하는 제품	소독제, 살충제, 방부제, 가습기살균제, 오존/이온 발생기 등
살생물처리제품	살생물질을 의도적으로 포함시킨 제품 중 유해생물의 제거 등이 주기능이 아닌 제품	항균필터, 모기퇴치 옷, 탈취 양말, 보존제가 함유된 세정제·방향제·탈취제 등

② 생활화학제품의 관리체계

생활화학제품의 경우, 정부가 위해성평가를 하여 그 결과 위해성이 있다고 인정하

94 생활화학제품은 여러 부처의 법체계에서 관리되고 있어 관리책임이 불분명한 부분이 있었다. 2016년 국회 가습기살균제특별조사위원회 활동과정에서 제시된 사고 재발방지 방안 등을 검토하여, 정부는 합동으로 '생활화학제품 안전관리 대책'을 마련하였다. 이때 인체에 직접 적용되는 제품(의약외품, 화장품, 위생용품 등)은 식약처, 살생물제와 물질의 유출가능성이 높은 제품은 환경부, 유출가능성이 낮은 제품은 산업부가 관리하도록 하고, 법적 비관리대상 제품 혹은 새로운 형태의 제품은 부처공동의 '제품안전협의회'에서 신속히 결정하는 것으로 정하였다. (출처) 보도자료, 정부합동, 생활화학제품 안전관리 대책 확정·발표. 2016.11.29.

는 경우에 '안전확인대상생활화학제품'으로 지정하고, 종류별로 안전기준을 정하여 고시한다(제8조, 제9조). 안전기준이 고시된 안전확인대상생활화학제품을 제조 또는 수입하려는 자는 해당 제품이 안전기준에 적합한지 시험기관을 통해 확인을 받아 정부에 신고해야 한다. 안전기준이 고시되지 않은 안전확인대상생활화학제품을 제조·수입하려는 경우에는 해당 제품에 들어 있는 화학물질의 용도, 유해성, 노출정보 등에 관한 자료를 정부에 제출하여 승인을 받아야 한다(제10조). 또한 안전확인대상생활화학제품을 제조·수입·판매·유통하려면 제품의 겉면 또는 포장에 법으로 정한 '표시기준'을 지켜야 한다.

③ 살생물제의 관리체계

살생물제(물질과 제품)의 경우, 기본적으로 제조·수입하기 전에 정부로부터 승인을 받아야 하고, 살생물제품은 승인된 살생물물질을 사용하여야 하며, 살생물처리제품은 승인된 살생물제품을 사용하여야 한다.[95] 이미 유통되고 있는 살생물물질[96]은 품목에 따라 최장 10년까지 승인 유예기간을 가지며(제18조),[97] 살생물제품은 해당 살생물물질의 유예기간보다 2년을 추가한 기간까지 승인을 받아야 한다. 살생물처리제품은 해당 살생물제품의 유예기간보다 2년을 추가한 기간부터는 처리제품 안전관리기준을 준수해야 하는 대상이 된다.

승인을 받기 위해서는, i) 물질·제품 또는 그 잔류물이 사람·동물의 건강 또는 환경에 부정적인 영향을 미치지 아니하고, ii) 유해생물제거 등의 효과·효능이 충분하며 유해생물에게 내성이 생기게하지 아니하며, iii) 척추동물의 제거 등을 목적으로 사용될 경우 척추동물에게 불필요한 고통을 유발하지 아니하며, iv) 특히 제품의 경우 취급 또는 사용에 따른 안전사고를 방지하기 위한 안전용기나 포장을 사용하여야 한다(제12조, 제21조).

정부는 승인을 받은 물질·제품·처리제품에 관한 정보를 공개하여야 하나(제29조, 제30조, 제31조), 승인신청자가 제출한 자료의 보호를 요청하고, 검토결과 보호요청

95 유럽의 살생물제품 규제제도(BPR, Biocidal Products Regulation (EU) 528/2012)가 이와 유사함.

96 기존 살생물물질: 이 법 시행 전(2018.12.31.까지)에 국내에 유통된 살생물제품 또는 살생물처리제품에 들어 있는 살생물물질.

97 살균제, 살조제, 살서제, 살충제, 기피제는 2022.12.31, 목재용 보존제, 기타 척추동물제거제, 기타 무척추동물 제거제는 2024.12.31, 제품용 보존제, 제품처리용 보존제, 섬유·가죽류용 보존제는 2027.12.31, 건축자재용 보존제, 재료장비용 보존제, 시체박제용 보존제, 선박수중시설용 오염방지제는 2029.12.31까지 승인받아야 한다.

이 타당한 경우,[98] 5년 동안 자료를 공개하지 않아야 한다(제45조).[99]

④ 사후관리 체계

이 법은 화학물질등록 평가법과 같이 제품이 시장에 나가기 전 유해성에 대한 정보 획득과 사전관리를 하는 것이 주요 목적이나 더욱 엄격하며(No safety, Nomarket), 소비자가 직접적으로 사용하는 제품과 관련된 것이니만큼 시장 출시 이후의 사후관리도 비중 있게 규정하고 있다. "무독성", "환경친화성" 등의 문구 사용금지 등 표시·광고 제한에 관한 규정(제34조), 정부의 회수·폐기 등의 조치에 관한 명령권(제37조)과 과징금부과(제38조), 행정처분이 확정된 자에 대해 해당 생활화학제품 또는 살생물제의 명칭과 처분내용 등 위반사실의 공표 의무(제40조) 등이 그것이다.

3) 화학물질 관리법

① 법의 목적과 배경

1991년에 시행된 「유해화학물질관리법」으로 출발하여, 구미 불산 사고 등을 계기로 「화학물질관리법」으로 전부 개정되어 2015년에 시행된 이 법은,[100] 화학물질을 적절하게 관리하고 이로 인한 사고에 신속히 대응하기 위한 것이 목적이다(제1조). 앞선 「화학물질등록평가법」이 화학물질의 유해성·위해성 정보를 사전에 획득하여 화학물질 관리의 기반을 마련하는 것이라면, 이 법은 화학물질을 취급[101]하는 현장의 안전관리를 규정하고 있다. 즉 취급자에게 안전관리를 위한 책임을 부여하고(제5조), 유해화학물질의 취급기준과 취급시설의 설치·운영에 관한 기준(제3장)과, 유해화학물

98 승인신청자의 요청이 있더라도 공개할 수 있는 경우는, 1. 이미 공개된 자료, 2. 영업비밀에 해당하지 않는 자료로서 화학물질의 상용명칭, 제품의 명칭, 용도, 취급시 주의사항이나 안전사용에 관한 것, 사고발생시 대응방법, 물리적 화학적 성질에 관한 것, 유해성·위해성에 관한 자료 (시행령 제30조).

99 자료의 공개로 국가안전보장질서유지 또는 공공복리에 현저한 지장을 초래할 우려가 있거나, 영업비밀에 해당하여 자료 제출자가 자료보호를 요청한 경우, 보호기간을 연장할 수 있으며 5년씩 두 번까지 연장할 수 있다.

100 국가법령정보센터. (전부개정이유, 2013.6.4.) 최근 잇따라 발생한 화학사고로 인해 현행 「유해화학물질 관리법」으로는 화학물질 관리 및 화학사고 대응에 한계가 있다는 지적이 제기되고 국민들의 불안감이 가중되고 있는 바, 화학물질에 대한 통계조사 및 정보체계를 구축하여 국민의 알권리를 보장하고, 유해화학물질 취급기준 구체화, 화학사고 장외영향평가제도 및 영업허가제 신설 등을 통해 유해화학물질 예방관리체계를 강화하며, 화학사고 발생 시 즉시 신고의무를 부여하고, 현장조정관 파견 및 특별관리지역 지정 등을 통해 화학사고의 신속한 대응체계를 마련하는 한편, 제명 「유해화학물질 관리법」을 「화학물질관리법」으로 변경하여 화학물질의 체계적인 관리와 화학사고의 예방을 통해 화학물질의 위험으로부터 국민 건강 및 환경을 보호하는 법률로서의 위상을 정립하려는 것임.

101 화학물질을 제조, 수입, 판매, 보관·저장, 운반 또는 사용하는 것.

질 영업허가와 영업자에 대한 관리(제4장), 그리고 화학사고에 대응하고 대비하기 위한 규정(제5장)을 두고 있다.

② 정부의 책무

국가와 지방자치단체는 화학물질이 국민건강과 환경에 미치는 영향을 늘 파악하고, 오염도 측정, 조사·연구, 기술개발, 전문인력 양성, 교육 및 홍보시책 등을 강구하고, 화학물질의 안전관리에 필요한 행정적·기술적·재정적 지원을 하도록 하며(제4조), '화학물질 통계조사'(제10조)[102]와 '화학물질 배출량 조사'(제11조)[103]를 실시하고, 배출량조사 대상 중 유해성이 높은 화학물질을 일정량 이상 배출하는 사업장은 5년마다 '화학물질 배출저감계획서'[104]를 제출토록 하며(제11조의2), 조사결과를 공개하도록 하였다(제12조).

③ 사업자의 화학사고예방관리계획서 제출 의무

최근의 개정에 따라, 2021년 4월부터는 유해화학물질 취급시설을 설치·운영하려는 자는 '화학사고예방관리계획서'를 작성·제출해야 하는 제도가 시행된다(제23조). 기존에는 '장외영향평가서'와 '위해관리계획서'를 각각 작성·제출하였다. 장외영향평가는 「유해물질관리법」이 「화학물질관리법」으로 전부 개정될 당시에 새롭게 도입된 제도로, 사전에 화학사고 발생으로 사업장 주변지역의 사람이나 환경 등에 미치는 영향 등을 평가하는 것이다. 위해관리계획은 화학사고 발생 시의 응급조치 및 인근주민 소산 계획, 피해의 최소화·제거 및 복구를 위한 조치 등의 내용을 담은 계획이다. 이 두 가지를 통합하여 제도를 효율화하였다.

102 2년마다 화학물질을 취급하는 사업장을 대상으로 조사하는, 화학물질의 취급과 관련된 취급현황(화학물질의 종류, 용도, 제품명 및 취급량, 입·출고량, 보관·저장량 및 수·출입량 등의 유통량), 취급시설(취급시설의 종류, 위치 및 규모관련 정보) 등에 관한 통계.

103 특정한 화학물질(대기오염물질 중 화학물질 및 휘발성유기화합물과 수질오염물질 중 화학물질, 발암성·생식독성 또는 유전독성을 가진 화학물질)을 취급하는 사업장에 대하여 화학물질을 취급하는 과정에서 배출되는 화학물질 현황(연간 취급량·용도, 대기·수질·토양 등 환경으로의 직접배출량, 사업장 폐기물, 폐수 등에 포함되어 사업장 외부로 이송되는 양) 등의 조사.

104 화학물질 배출저감계획서의 제출은 강제규정이나 실행은 사업장의 자발성에 기반하고 있으며, 지방자치단체가 지역주민에게 정보공개를 함으로써 사업장을 견인할 수 있게 하는 체계임.

④ 화학사고 대응체계

화학사고가 발생하면 해당 화학물질을 취급하는 자는 15분 내에 즉시 관할 지방자치단체, 지방환경관서, 국가경찰관서, 소방관서 또는 지방고용노동관서에 신고하여야 한다(제43조). 이 때, 환경부는 현장수습조정관을 파견하는 등의 현장 대응을 할 수 있으며(제44조), 필요한 경우 화학사고 발생 시설에 대하여 가동중지명령을 내리고(제44조의2), 화학사고의 영향조사(원인, 규모, 경과 및 피해사항, 인근 주민의 건강 및 주변 환경에 대한 영향, 화학사고의 피해구제에 관한 사항 등 포함)를 실시하여야 한다(제45조). 또 해당 화학사고의 원인이 되는 사업자에 대하여 피해 최소화 및 복구와 관련한 조치명령을 내릴 수 있다(제46조). 정부는 산업단지 등 화학사고 발생 우려가 높은 지역을 '화학사고 특별관리지역'으로 지정하고, 상시적인 관리감독과 사고대응을 위한 전담기관을 설치할 수도 있다(제47조).

4) 잔류성오염물질 관리법

① 법의 목적과 배경

최초 이 법은 「잔류성유기오염물질 관리법」으로 2008년에 시행되었는데, 당시 잔류성유기오염물질에 대한 종합적인 관리체계를 확립하고 〈잔류성유기오염물질에 관한 스톨홀름협약〉[105]의 비준 및 그 국내 이행에 대비하는 것이 목적이었다. 2013년에 채택된 〈수은에 관한 미나마타 협약〉[106]의 발효에 대비하고 국내 이행기반을 구축하기 위하여, 그 적용대상 물질을 잔류성유기오염물질에서 수은 및 수은화합물을 포함한 잔류성오염물질로 확대하고 이에 대한 관리체계를 마련하는 내용으로, 2016년에 「잔류성오염물질 관리법」으로 변경·시행되었다.

정부는 인간이 평생에 걸쳐 계속적으로 호흡·피부접촉 또는 섭취 등을 통하여 잔

---

105 잔류성 유기오염물질은 환경 중 매우 안정하여 분해되는 데 몇 년~몇십 년이 소요되고, 대기 중에 배출되어 증발과 침전을 거듭하는 메뚜기 효과(grasshopper effects)를 통해 배출원에서부터 멀리까지 이동한다. 스톡홀름 협약이란 다이옥신 및 PCBs 등 잔류성유기오염물질의 위해로부터 건강과 환경을 보호하고자 동 물질의 저감 또는 근절을 목적으로 생산·사용·배출을 관리하는 협약으로, 유엔환경계획에서 주도하여 2001년 5월 22일에 채택되어 2004년 5월17일 발효되었다. 우리나라는 2007년에 가입하였으며, 현재 총 146개국이 비준 완료하였다. (참고) 화학물질정보시스템. https://ncis.nier.go.kr/main.do

106 수은은 다량 섭취 시 미나마타병 등의 질환을 유발하고 대기 중 기체 상태로 장거리 이동하는 특성이 있다. 수은 및 수은화합물의 노출로부터 인간 건강과 환경 보호를 위한 국제사회의 공동대응을 위해 협약을 채택(유엔환경계획, 2013년 10월) 2017년 8월 발효되었다. 현재 114개 국가가 비준을 완료했다. 우리나라는 2014년 9월 미나마타 협약에 서명, 2020년에 비준 완료하였다. (참고) 화학물질정보시스템.

류성오염물질에 노출되어도 건강에 영향을 미칠 우려가 없는 기준으로서 '일일허용노출량'을 설정하고(제9조), 국민의 건강을 보호하고 쾌적한 환경을 조성하기 위하여 잔류성오염물질에 대한 '환경기준'을 설정·유지하고(제10조), 전국의 대기·물·토양·하천퇴적물·생물의 잔류성오염물질 오염실태를 파악하기 위하여 측정망을 설치하고 측정하여야 한다(제11조).

② 잔류성오염물질 관리체계

잔류성오염물질 관리체계는 제조·수출입·사용의 금지 및 제한(제2장), 배출규제(제3장), 함유폐기물의 처리(제4장), 함유기기 등의 관리(제5장)로 구성된다. 잔류성오염물질의 제조·수출입·사용의 금지와 제한은 스톡홀름협약 및 미나마타협약 부속서의 내용과 동일하게 구성되어 있다(제13조).

잔류성오염물질의 배출규제를 위하여, 환경부는 배출허용기준을 정하고(제14조), 배출시설은 배출허용기준을 지킬 수 있도록 설치기준을 갖추도록 하고(제15조), 허용기준을 초과하는 경우 개선·사용중지·폐쇄 명령을 내릴 수 있다(제16조). 또한 환경부는 배출원과 배출량조사를 할 수 있고(제18조), 배출사업자는 배출되는 잔류성오염물질을 측정하고, 주변지역에 현저한 환경오염의 영향을 미치는 배출시설의 사업자는 주변지역에 미치는 영향을 조사하여 환경부에 제출토록 하였다(제19조).

또 잔류성오염물질을 함유한 폐기물의 분류관리(제21조), 처리기준(제22조)와 잔류성오염물질이 함유되어 있는 변압기 등의 기기·설비·제품에 대해서도 신고·수출입제한(제24조), 안전관리(제25조)와 처리기한에 관한 규정(제26조)을 두고 있다.

4. 환경유해인자 관리

환경유해인자에 대한 노출을 저감하고 관리하기 위한 법으로 「소음·진동 관리법」, 「석면안전관리법」, 「실내공기질관리법」과 「인공조명에 의한 빛공해 방지법」 4가지가 있다.

1) 소음·진동 관리법

① 법의 목적과 배경

1990년에 「소음·진동규제법」으로 제정된 후, 소음·진동이 관리의 대상임을 명확하게 하기 위해 2009년에 「소음·진동관리법」으로 명칭이 변경되었다. 이 법은 공장, 건설공사장, 도로, 철도 등으로부터 발생하는 소음·진동으로 인한 피해를 예방하고, 소음·진동을 적정하게 관리하여 모든 국민이 조용하고 평온한 환경에서 생활할 수 있게 함을 목적으로 한다(제1조). 이 법에서 정의하는 소음은 기계·기구·시설, 그 밖의 물체의 사용 또는 공동주택[107] 등 환경부령으로 정하는 장소에서 사람의 활동으로 인하여 발생하는 강한 소리이다(제2조).

② 정부의 책무

국가는 소음·진동으로 인한 피해를 방지하고 적정한 관리를 위하여 '소음·진동 관리종합계획'을 매5년마다 수립하고(제2조의3), 전국적인 소음·진동의 실태파악을 위하여 측정망을 설치하고 상시 측정하며(제3조), 교통소음을 적정하게 관리하기 위하여 일정 지역의 소음의 분포 등을 표시한 소음지도를 작성할 수 있으며, 이를 공개할 수 있다(제4조의2).

③ 소음원별 관리 규정

공장 소음·진동의 관리(제2장), 층간소음 및 공사장의 특정소음, 이동소음 등 생활소음·진동의 관리(제3장), 교통 소음·진동의 관리(제4장), 항공기 소음의 관리(제5장), 방음시설의 설치기준 등(제6장)에 대하여 구체적인 규정을 마련해 놓았다.

최근(2021.1)에는 시·도와 대도시로 하여금 환경부령으로 정한 공장 소음·진동 배출허용기준보다 강화된 기준을 정할 수 있도록 하는 법개정(제7조)이 이루어졌다.[108]

107 국가법령정보센터. (개정이유 2013.8) (공동주택의 소음이 정의에 새로이 추가됨). 주거생활 활동으로 인한 소음발생으로 이웃 간 심각한 분쟁을 야기하고 있어 소음발생으로 인한 입주민의 피해를 줄이기 위하여 공동주택 소음을 정의하고, 공동주택의 소음기준을 마련하며, 입주민간 갈등 조정 및 상담 지원 등을 규정하기 위함.

108 국가법령정보센터. (개정이유, 2021.1) 현행법에 따르면 국가와 지방자치단체는 국민의 쾌적하고 건강한 생활환경을 조성하기 위하여 소음·진동으로 인한 피해를 관리할 책무가 있으나, 이미 지어진 공장 주변으로 주거지가 확장되면서 지역주민들의 소음 관련 민원이 끊임없이 제기되고 있어 이에 대한 대책이 필요함.

2) 석면안전관리법

① 법의 목적과 배경

우리나라는 '석면관리종합대책'(2007년)에 따라 2009년부터 석면제품의 제조와 사용이 전면 금지되었다. 「석면안전관리법」은 2011년 4월에 제정되어 이듬해 시행된 법으로, 석면 노출로 인한 국민의 건강피해를 예방하기 위하여 국가와 지방자치단체의 석면관리를 위한 시책마련의 의무를 규정하고 있다.

② 정부의 책무

정부는 5년마다 '석면관리 기본계획'(제5조)을 수립·시행하여야 하며, 매년 부문별 또는 지역별 세부 시행계획(제6조)을 수립하여야 한다. 또 이를 위하여 석면의 이용, 관리 등에 관한 실태조사(제7조)를 실시하고 이를 공개하도록 하고 있다.

③ 석면 관리체계

이 법에서 석면함유 제품(제3장), 자연발생 석면(제4장), 건축물 석면(제5장), 석면해체 사업장의 주변환경(제6장)에 대한 관리방안을 구체적으로 규정하고 있다. 석면환경센터를 지정, 운영(제33조)함으로써 석면의 체계적 관리와 피해예방, 폐석면의 안전하고 경제적인 처리 등을 위한 조사·연구, 기술개발 및 석면의 관리·처리 등과 관련된 사업을 추진할 수 있도록 하였다.

최근 감리인의 등록 및 평가제를 도입하는 법 개정(2018.12)을 통해, 건축물 석면의 해체·제거 작업을 질적으로 관리하는 제도(제30의2~6)가 마련되었다.[109]

109 국가법령정보센터. (개정이유, 2018.12) 현행법은 석면해체·제거작업 시 안전한 석면해체·제거작업 및 관리를 위해 감리인을 두어 관리·감독하도록 의무화하고 있으나, 감리인의 전문성 부족, 감리소홀, 현장이탈 등의 문제가 지속적으로 발생하며 작업 이후에도 석면 잔재물이 현장에 남아 안전을 위협하고 있음. 이에 석면 잔류 문제의 주요 원인으로 지목되고 있는 감리인의 감리부실 문제를 개선하기 위해 석면 해체작업 감리인의 등록 및 평가제도를 도입하여 감리실적 등을 평가하여 공개하도록 하고, 미흡한 감리인에 대해서는 퇴출시킬 수 있는 근거규정을 마련하여 보다 안전한 석면해체·제거작업이 이뤄질 수 있도록 개선하고, 등록 없이 해체·제거작업을 실시한 경우 처벌규정을 두어 실효성을 담보하려는 것임.

3) 실내공기질 관리법

① 법의 목적, 배경과 연혁

이 법은 지하역사, 지하도상가 등 다수인이 이용하는 지하생활공간의 공기오염이 환경문제로 대두되면서 이를 관리하기 위한 제도로서 1997년에 「지하생활공간 공기질관리법」으로 제정되었다. 2004년에 적용대상을 종전의 지하역사 및 지하도상가에서 일정 규모 이상의 여객터미널·도서관·의료기관 등 다중이용시설과 신축되는 공동주택까지 확대하여 「다중이용시설 등의 실내공기질관리법」으로 전부 개정되었고, 2016년에는 제명을 간결화한 「실내공기질관리법」이 되어 오늘에 이르렀다.

이 법의 목적은 다중이용시설, 신축되는 공동주택 및 대중교통차량의 실내공기질을 알맞게 유지하고 관리함으로써 그 시설을 이용하는 국민의 건강을 보호하고 환경상의 위해를 예방하는 것이다(제1조).

② 정부의 책무

정부는 실내공기질 관리에 필요한 기본계획을 매5년마다 수립하여야 하며(제4조의3), 관계 중앙행정기관과 지방자치단체는 소관별 및 지역별로 기본계획 시행에 필요한 세부계획(시행계획)을 매년 수립하고 시행하여야 한다(제4조의4). 또 이를 위해 실내공기질 관리에 관한 실태조사를 실시하고 결과를 공표하여야 하며(제4조의5), 다중이용시설과 대중교통차량의 실내공기질 실태파악을 위해 측정망을 설치하여 상시 측정할 수 있다(제4조의6).

③ 시설 소유자, 공동주택 시공자의 의무

다중이용시설의 소유자등은 시설 내부의 쾌적한 공기질을 유지하기 위한 기준에 맞게 시설을 관리할 의무가 있으며(제5조), 실내공기질을 측정하여 기록·보존할 의무가 있다(제12조). 지방자치단체장은 다중이용시설의 소유자등에게 유지기준과는 별도로 권고기준에 맞게 시설을 관리하도록 권고할 수 있다(제6조).

신축되는 공동주택(아파트 등)의 시공자는 시공이 완료된 공동주택의 실내공기질을 측정하여 그 결과를 지방자치단체장에게 제출하고, 입주 개시전에 입주민들이 잘 볼 수 있는 장소에 공고하여야 한다(제9조). 다중이용시설 또는 공동주택을 설치할 때 기준을 초과하여 오염물질을 방출하는 건축자재는 사용하지 못한다(제11조).

④ 실내라돈 관리

정부는 라돈의 실내 유입으로 인한 건강피해를 줄이기 위해 실내라돈조사를 실시할 수 있으며(제11조의7), 조사결과를 기초로 라돈지도를 작성할 수 있다(제11조의8). 이를 기초로 라돈으로 인한 건강피해가 우려되는 시·도에 대해서는 매5년마다 '라돈 관리계획'을 수립하여 시행하도록 요청할 수 있고, 이때 정부는 시·도에 기술적·행정적·재정적 지원(제11조의9) 및 라돈저감공법의 사용 등을 권고할 수 있다(제11조의10).

⑤ 민감·취약계층 지원

정부 또는 지방자치단체는 어린이, 노인, 임산부 등 오염물질 노출에 취약한 계층이 주로 이용하는 다중이용시설에 대해서는, 실내공기질 유지·관리방법에 관한 컨설팅 등 공기질 개선을 위한 기술적·행정적·재정적 지원과 행동지침을 개발하여 교육·홍보 등의 지원을 할 수 있도록 하였다(제12조의2).

⑥ 최근의 제도 강화

최근 미세먼지의 건강영향에 대한 국민적 우려가 매우 커짐에 따라, 지하역사, 대중교통차량과 대중교통시설의 실내공기질 관리가 권고와 임의규정에서 의무규정으로 대폭 강화되었다(2019.4). 정부는 매5년마다 미세먼지 저감방안 등을 포함한 지하역사 공기질 개선대책을 수립·시행하여야 하며(제9조의5), 지하역사의 실내공기질 측정기기 부착을 의무화하고 그 측정결과를 공개하여야 한다(제4조의7). 대중교통차량의 경우 운송사업자에게 대중교통차량의 실내공기질을 측정하고 결과를 제출하여야 하는 의무가 부여되었다(제9조의2). 또 정부는 대중교통차량의 제작에 관한 관리지침을 정하여 고시하고, 차량 제작 시 제작자에게 이를 권고할 수 있게 하였다(제9조의3). 대중교통시설 소유자등에게도 공기정화설비를 설치하도록 하는 등의 실내공기질 관리를 위한 조치를 하도록 할 수 있으며 설치에 필요한 비용을 정부가 지원할 수 있도록 하였다(제9조의4).

4) 인공조명에 의한 빛공해 방지법

① 법의 목적, 배경과 개념

최근 도시개발 사업이 확대되면서, 지방자치단체 등에 의해 도시미관 등을 이유로 경관조명이 무분별하게 설치되어 인공조명에서 방사되는 과도한 빛이 사람에서 수면 방해 등을 일으킬 뿐 아니라, 동식물의 생식 방해, 농작물의 수확감소 등 생태적 피해에 대한 우려가 높아졌다. 세계적으로도 이러한 과도한 빛을 빛공해(light pollution)로 정의하고 법적으로 규제·관리하는 국가가 늘어나고 있다. 이 법은 인공조명으로부터 발생하는 과도한 빛 방사로 인한 국민건강과 환경에 대한 위해를 방지하고 인공조명을 환경친화적으로 관리하여 모든 국민이 건강하고 쾌적한 환경에서 생활할 수 있게 함을 목적(제1조)으로 2012년에 제정되었다.

이 법에서 정의하는 '인공조명에 의한 빛공해'란 인공조명의 부적절한 사용으로 인한 과도한 빛 또는 비추고자 하는 조명영역 밖으로 누출되는 빛이 국민의 건강하고 쾌적한 생활을 방해하거나 환경에 피해를 주는 상태(제2조)를 말한다.

② 빛공해 관리체계

정부는 '빛공해방지계획'을 매5년마다 수립·시행해야 하며(제4조), 지방자치단체는 이에 따라 관할지역의 빛공해 방지를 위한 '시·도 빛공해방지계획'을 수립·시행하여야 한다(제5조). 또 지방자치단체는, 과도한 조명사용을 제한하기 위하여 빛공해가 발생하거나 발생할 우려가 있는 지역을 '조명환경관리구역'으로 지정하고(제9조),[110] 환경부령 혹은 조례로 '빛방사허용기준'을 정하고(제11조), 구역내 조명기구의 소유자·점유자·관리자는 이를 준수하여야 한다(제12조). 또 지방자치단체는 관할지역의 빛 환경이 주변지역에 비치는 환경상 영향(빛공해환경영향평가)을 3년마다 평가하여야 한다(제16조).

5. 환경피해 구제

「민법」 혹은 기타 피해배상과 관련된 사법적인 구제제도와는 별개로, 행정부가 운

110 2020년 현재까지 6군데 광역시·도에서 지정되어 있음.

영하는 행정구제제도로서, 환경피해와 관련된 것은 4가지 구제법이 운영되고 있다.「석면피해구제법」,「환경오염피해 배상책임 및 구제에 관한 법률」,「가습기살균제 피해구제를 위한 특별법」과「화학제품안전법」의 살생물제품피해구제(제5장의2)가 그것이다. 이들은 개별 환경유해인자(석면, 가습기살균제와 살생물제품) 혹은 오염물질을 배출하는 시설의 설치 및 운영으로 인한 환경오염으로 발생한 건강 혹은 재산 피해[111]를 신속하고 공정하게 구제하는 것을 목표로 하고 있다. 그러나 일반적으로「민법」이나 그 밖의 법령에 따라 보상 혹은 배상을 받은 사람은 동일한 사유로 이들 구제법에 따라 구제급여를 (받은 배·보상액의 한도에서) 중복하여 받을 수는 없다.

이들 피해구제법에는 피해심사와 구제급여지급 결정을 위한 위원회를 두고 있고, 피해자가 결정에 불복할 경우 재심 혹은 삼심까지 가능하도록 규정하고 있다.

다른 한편, 직접적으로 구제급여를 지급하는 방식은 아니지만, 환경피해가 발생하여 피해자와 원인자 간의 손해배상을 둘러싼 분쟁을 행정기관이 조정함으로써, 법원에서 분쟁을 판단하는 것에 비하여 피해가 신속하고 효율적으로 구제될 수 있도록 하는「환경분쟁조정법」이 있다.

1) 석면피해구제법

2010년 이 법 제정 당시에, 석면피해를 입은 근로자는「산업재해보상보험법」에 따라 산재보상을 받을 수 있지만, 석면광산 또는 석면공장 주변에 거주하는 주민들을 비롯한 환경성 석면노출로 인한 건강피해자는 근로자가 아닐 뿐 아니라 구체적인 원인자를 규명하기 어려워 마땅한 보상과 지원을 받지 못하는 처지에 놓여 있었다. 이러한 배경에서, 그간 석면사용으로 인한 혜택을 공유한 국가와 지방자치단체 그리고 산업계가 함께 재원을 마련하고 건강피해자에게 구제급여를 지급하기 위하여「석면피해구제법」이 제정되어 2011년부터 시행되었다.

석면질병은 석면을 흡입함으로써 발생하는 것으로, 원발성 악성중피종, 원발성 폐암, 석면폐증, 미만성 흉막비후가 포함되고(제2조), 이들 질병이 환경성 석면노출로 인한 것임이 확인된[112] 피해자에게 구제급여를 지급한다.

111 재산피해가 구제의 범위에 포함되어 있는 경우는「환경오염피해구제법」에 국한된다.

112 직업성 노출로 인한 석면피해는 산업재해보상의 대상으로,「석면피해구제법」에서는 제외된다.

구제급여는 요양급여, 요양생활수당, 장례비, 특별유족조위금 및 특별장례비와 구제급여조정금 5개 항목으로 구성되었다(제5조). 구제급여의 재원은 석면피해구제기금을 설치하여 조성하였는데, 이것은 대부분 산업재해보상보험관계가 성립되어 있는 모든 사업장의 사업주가 내는 분담금과 정부가 내는 출연금으로 구성된다(제24조, 제31조). 분담금액은 해당 사업장 근로자전체의 개인별 월평균보수의 전체 합계액에 분담금율(예, 10만분의 3)을 곱한 금액으로 책정된다. 그러나 제조 혹은 사용허가를 받은 석면량 누계가 1만톤이 넘는 사업장의 사업주는 특별분담금 낸다(특별분담금의 총액은 전체 분담금 총액의 5.5% 미만으로 제한).

석면피해구제 신청은 석면피해판정위원회(제8조), 석면피해구제심사위원회(제36조), 석면피해구제재심사위원회(제39조)를 통해 3차례 걸쳐 심의 할 수 있다. 이 법에서는 또 석면피해자를 발굴하여 구제하기 위해 석면광산 혹은 석면제품 사업장이 운영되었던 지역 혹은 석면제품을 사용한 건축물이 밀집된 지역 등에 대해 석면관련 건강영향조사를 할 수 있으며(제47조), 이를 위하여 석면환경보건센터를 지정할 수 있도록 하고 있다(제47조의2).

석면피해구제법은 우리나라에서 환경피해를 구제하기 위하여 제정된 최초의 법으로서 이후의 피해구제법들 제정 시 견본이 되었다. 최근 개정을 통해(2021.1), 석면질병의 중대한 후유증에 대해서는 유효기간을 갱신할 수 있도록 하고, 요양급여 지급기간을 확대하며(구제신청일로부터 산정하던 것을 질병진단일로부터 산정), 특별유족조의금 및 특별장의비 신청기간을 연장하는(5년에서 10년으로) 등 제도를 개선하여 석면피해구제의 실효성을 높였다.

2) 환경오염피해 배상책임 및 구제에 관한 법률

이 법(약칭 「환경오염피해구제법」)의 제정이유는 다음과 같다.[113] 국민 안전을 위협하는 환경오염사고의 빈발로 사회적 불안감이 증대되고 있지만,[114] 실효적 구제장치는 미흡한 실정이고, 과학적 인과관계를 피해자가 입증하기 어려운 환경오염사고의 특성

113 국가법령정보센터. https://www.law.go.kr/LSW/

114 이 법 제정의 가장 큰 계기는 2012년 9월 27일 구미4공단 소재 휴브글로벌에서 있었던 8톤의 불산 누출사고이다. 현장 노동자 5명 사명, 18명 부상, 정부 피해보상 예산액 554억원, 사고 인근 농작물 200ha 이상, 가축 4,000두 이상 피해. 초기방재작업에 나섰던 소방관들이 화학안전장구를 미착용해 불산에 노출되는 등 2차 피해도 발생하였다. 이 사고 이후, 「유해화학물질관리법」이 「화학물질관리법」으로 전부개정, 화학물질의 등록 및 평가에 관한 법률이 대폭 개정되고, 「환경오염피해 배상책임 및 구제에 관한 법률」이 제정되었고, '화학물질안전원'이 신설되었다.

상 환경오염피해를 입은 국민은 고통을 겪으면서도 그 원인을 규명하는 입증부담으로 인하여 장기간 쟁송을 하는 등 많은 비용과 노력을 투입하여야 한다.

이에 오염원인자 부담원칙을 구현할 수 있도록 무과실책임(제6조)과 인과관계추정 법리를 실체규정으로 체계화하여 피해자의 입증부담을 완화하고(제9조), 환경오염 위험성이 높은 시설은 환경책임보험에 가입하여 배상책임 이행을 위한 재무적 수단을 확보하도록 하며(제17조), 환경오염피해 구제를 통하여 고통을 겪는 국민을 지원함으로써 피해구제의 사각지대를 해소하는 등(제23조) 실효적인 환경오염피해 구제제도를 마련하려는 것이다.

이 법은 원인기업이 환경오염 피해자에게 배상을 하도록 하는 것을 우선으로 하고 있다. 또 환경오염피해 발생의 원인에 대한 인과관계를 과학적으로 규명하는 것이 매우 어렵다는 점을 감안하여,[115] '상당한 개연성'[116]에 근거하여 인과관계를 추정할 수 있도록 하여 환경오염피해 입증 부담을 경감시키고 있다(제9조).

그럼에도 불구하고 환경오염피해의 일부 혹은 전부를 배상받지 못하는 경우에 정부가 구제계정 운영을 통해 피해구제를 할 수 있도록 하고 있다. 즉 정부의 피해구제는 책임보험을 통한 피해배상제도가 닿지 않는 사각지대를 해소하기 위한 것으로, 원인자를 알 수 없거나 존재 여부가 분명하지 않거나 존재하더라도 무자력인 경우, 원인자의 배상책임 한도를 넘어서는 경우, 그리고 보험자가 보험금 일부를 선지급하지 않는 경우를 포함하여 환경부 장관이 필요하다고 판단하는 특별한 경우에 구제급여를 선지급할 수 있다(제23조). 구제급여를 선지급한 경우 정부는 원인자에 대하여 구상할 수 있다.

피해구제를 위한 재원은, 구제계정을 조성하여 조달하는데 이는 재보험료[117]와 정부

115 교통사고로 인한 건강피해는 직관적으로 그 원인을 인지할 수 있는데 이와는 달리, 환경오염과 건강피해의 인과관계를 규명하는 일은 오염물질의 배출, 그것의 노출(혹은 도달), 건강문제의 존재, 이 건강문제가 원인오염물질과 관련되어 있으며(의학적 개연성), 다른 원인에 의하지 않았음과 같은 일련의 사항들을 모두 증명해야 하는 등 단순하지 않고 매우 복잡하다.

116 환경오염(공해)으로 인한 피해의 인과관계 입증은 현재의 과학수준으로 해명하기가 곤란하거나 불가능한 경우가 대부분이므로,…(중략)…가해기업이 어떠한 유해한 원인물질을 배출하고 그것이 피해물건에 도달하여 손해가 발생하였다면 가해자측에서 그것이 무해하다는 것을 입증하지 못하는 한 책임을 면할 수 없다고 보는 것이 사회형평의 관념에 적합함(대법원 2002.10.22.선고 2000다65666 판결). 민사분쟁에서 인과관계는 의학적·자연과학적 인과관계가 아니라 사회적·법적 인과관계이고, 반드시 의학적·자연과학적으로 입증되어야 하는 것은 아님(대법원, 2002.10.11. 선고, 2002다564. 판결).

117 기업의 배상책임 한도인 2,000억을 넘어서는 피해를 정부가 배상하기 위하여 보험사가 정부에 보험을 드는 재보험사업(제22조).

출연금[118] 등으로 구성된다(제35조).

환경오염피해의 배상구조를 도식화하면 다음과 같다[그림 1–9].

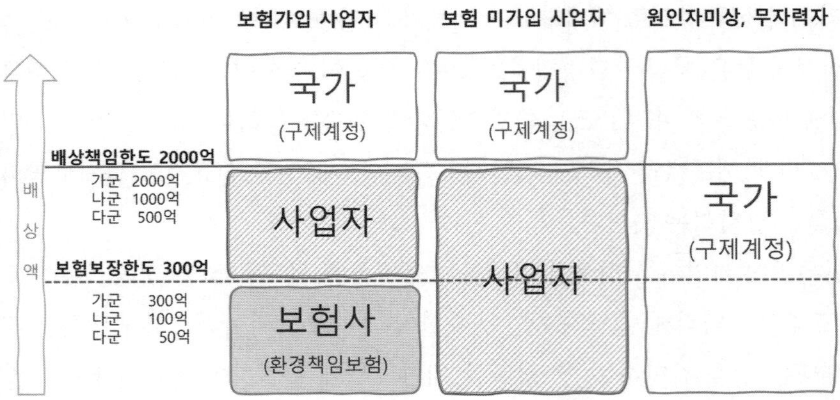

[그림 1–9] 환경오염피해구제법에 따른 환경오염피해 배상 구조

(출처) 환경부 등, 『환경책임보험 길라잡이』, 2021. 의 내용을 재구성

이 법에는 특별히 구제계정을 취약계층의 소송지원에 활용할 수 있도록 하고 있다. 취약계층에는 저소득층, 노약자, 장애인 등이 포함되며 피해배상청구 소송 수행에 필요한 지원을 할 수 있고 이를 위해 '환경오염피해소송지원변호인단'을 구성하여 운영할 수 있도록 하고 있다(제42조).

다른 한편, 이 법령에서는 구제계정을 통한 피해구제의 일환으로 건강피해 뿐 아니라 재산피해에 대해서도 보상금을 지급할 수 있도록 하고 있다(시행령 제18조). 그러나 2021년 현재까지 재산피해에 대하여 보상금이 지급된 예는 없다.

2016년 법 시행이후 최근까지, 책임보험의 손해율[119]이 매우 낮고(3~6%) 피해배상이 원활하게 이루어지지 않고 있다는 비판과 함께, 환경책임보험제도의 공공성이 강화되어야 한다는 지적이 일고 있다.

3) 가습기살균제 피해구제를 위한 특별법

2011년 질병관리본부의 역학조사에 따라, 당시까지 의학계에서 원인을 몰라 난감

118 정부는 매년 50억 정도의 출연금을 내고 있음.

119 손해율이란 보험사로 들어온 보험료 중에서 가입자에게 지급한 보험금의 비율.

해 하던 소위 '원인미상의 폐손상'이 가습기살균제에 의한 것임이 밝혀졌다. 이에 따라, 2014년 7월부터 「환경보건법」에 근거하여 원인기업에 대한 정부의 구상을 전제로 하여 피해자와 유족을 구제하였다. 이후 피해인정 범위를 확대하고, 가습기살균제 사업자들로부터 걷은 분담금으로 특별구제계정을 조성하여 법상 피해자로 인정받지 못한 사람들까지 폭넓고 신속·공정하게 구제하기 위하여 2017년 8월에 특별법이 시행되었다.[120]

이 법은 제정된 후 지금까지 2차례에 걸쳐 개정되었는데(1차개정 2019년 2월 시행, 2차개정 2020년 9월 시행), 1차 개정의 주요 내용은, 법적인 피해자의 지위를 가지지 못했던 특별구제계정 수급자도 가습기살균제피해자의 지위를 가지도록 하고,[121] 가습기살균제 노출이 확인된 사람도 관련 단체를 구성하여 사업자 등을 대상으로 정보를 청구할 수 있는 권한을 가지도록 하고, 특별구제계정으로 피해자단체의 조사연구, 추모사업 등의 활동을 지원할 수 있도록 하고, 정부의 손해배상청구권의 대위조항을 강행규정에서 임의규정으로 수정한 것[122] 등 이다.

2차 개정은 후유증을 포함하여 질환을 특정하지 않고 '가습기살균제에 노출되어 발생하거나 악화된 생명 또는 건강상의 피해'로 포괄적으로 규정함으로써 건강피해의 범위를 대폭 확대하고(제2조), 소송에서 피해자가 '상당한 개연성'을 입증하는 것이 쉽지 않은 점을 고려하여 인과관계 추정 요건을 완화하는 한편(제5조), 피해구제심의절차에서 지급신청자의 의견진술권을 신설하고(제10조의2), 구제급여와 특별구제계정으로 이분화되어 있던 지원체계를 피해구제자금으로 통합하고(제31조)[123] 불가피한 경우 추가로 사업자에게 분담금을 부과·징수할 수 있도록 하는(제35조의2) 등 혁신적 변화를 이루었다.

120 어떤 사항에 관하여 널리 일반적으로 규정하여 그 효력이 미치는 범위(사람, 지역, 기간 등)에 특별한 제한이 없는 일반법과는 달리, 특별법은 일반법보다 제한된 일정한 범위를 정하여 그 효력을 미치도록 규정한 법률이다. '특별법 우선의 원칙'이란 동일한 사항에 대하여 일반법과 특별법이 함께 존재하는 경우 특별법이 일반법에 우선하여 적용되고, 특별법의 규정이 없는 경우에 한하여 일반법이 보충적으로 적용되는 것을 말한다(법제처 법령홍보담당관실, 법령상식. 2004.5.21).

121 특별법 상의 피해자는 단체구성권, 정보청구권, 구제급여수급권, 피해구제위원회에 의견제출권, 단체사업 일부지원금수급권 등의 권리를 가짐.

122 당시 이 강행규정(정부가 구제급여 지급 시 가습기살균제 사업자 등에 대한 손해배상청구권 대위를 전제로 한다)으로 인해 정부의 피해구제가 지나치게 엄격하게 이루어지고 있다는 지적이 있어 이를 반영하여 개정된 것임.

123 구제급여와 특별구제계정은 유사한 피해의 경우 동일 금액이 지급되나(구제급여에 상당하는 특별구제계정 지원), 피해구제위원회와 구제계정운용위원회에서 판단한 의학적 개연성의 수준에서 차이가 있었음. 1차 개정 시 특별구제계정 수급자도 특별법상 피해자의 지위를 가지게 되었음에도 여전히 소송 시 형평성 문제가 제기되어, 구제체계를 하나로 통합함으로써 이러한 문제를 원천적으로 해결함.

가습기살균제 피해자를 구제함에 있어 국가는 피해자와 유족의 경제적, 건강상 위급한 어려움을 신속하게 경감시켜 주기 위하여 필요한 구제 및 지원대책을 수립·시행하여야 하며(제3조), 가습기살균제 건강피해가 발생한 경우 해당 가습기살균제 사업자는 그 피해를 배상하여야 한다(제4조). 인과관계의 추정은, 가습기살균제에 노출된 사실, 노출 이후 질환이 발생하였거나 기존 질환이 악화되었다는 사실, 노출과 질환 간에 역학적 상관관계가 있음이 확인된 사실을 피해자가 입증하고, 사업자가 다른 원인으로 인하여 그 피해가 발생하였다는 것을 증명하지 못하는 한 인과관계가 추정되도록 하였다(제5조). 이는 그간의 어떤 법보다 피해자의 입증책임을 대폭 완화하여 사실상의 입증책임을 피해자로부터 가해기업에게로 전환하는 효과를 가져왔다.[124]

개정법에서는 특히 장애급여가 신설되었는데, 이는 치료가 완료되어 증상이 고정된 경우 남은 장애에 대하여 일시금으로 급여를 받을 수 있도록 하였다(제16조의2).

4) 살생물제품피해의 구제

2021년 5월에는 살생물제품의 피해에 대해서도 구제를 할 수 있는 제도가 갖추어졌다. 살생물제품 피해구제는 별도의 독립적인 법을 제정하지 않고, 기존의 「생활화학제품 및 살생물제품의 안전관리에 관한 법률」에 '살생물제품피해의 구제' 장(제5장의2)을 신설하였다. 피해구제지원 대상으로는 제조물의 결함이 있는 살생물제품에 노출되어 생명 또는 건강상 피해(후유증 포함)를 입은 사람과 그 유족이 되며(제48조의2), 구제급여를 신청하여 피해자의 경우 진료비, 장애일시보상금을, 유족은 사망일시보상금, 장례비, 그리고 미지급진료비 등의 구제급여를 받을 수 있다(제48조의4, 제48조의6). 구제급여 지급에 관한 사항을 심의하는데 필요한 사항을 조사·연구하기 위해 '살생물제품피해조사단'을 구성할 수 있다(제48조의3).

구제급여지급 등을 위하여 설치한 구제계정의 주요 재원은 이 법에 따른 과징금, 과태료, 수수료 이외에 피해를 발생시킨 제품을 제조 또는 수입한 업자가 내는 사후분담금이다(제48조의14). 개별 사업자가 내는 피해구제분담금은 총 구제급여 대상자가

124 '상당한 개연성'에 입각한 인과관계추정은 일반적 인과관계(예, 역학적 인과관계)와 개별적 인과관계(해당 피해가 다른 원인에 의한 것이 아님, 비특이적 질환에서 문제됨) 두 가지를 모두 피해자가 입증해야 하는데(대법원 2014.9.4.선고, 2011다7437, 판결), 이 법에서는 다른 원인에 의한 것이란 사실을 가해자가 입증해야 함(피해자는 일반적 인과관계–역학적 상관관계–만 입증).

사용한 원인제품 중 개별 제조·수입업자의 점유율과 원인제품의 총 판매량 중 개별 제조·수입업자의 판매량 점유율을 2.5:1의 비율로 감안하여 책정한다(제48조의16).

위 4가지 환경피해 관련 구제법의 주요 내용을 비교하면 다음과 같다〈표 1-9〉.

〈표 1-9〉 환경피해 관련 구제법의 비교

	석면 피해구제법	환경오염 피해구제법	가습기살균제 피해구제법	살생물제품피해구제 (화학제품안전법)
최초 시행	2011.1	2016.1	2017.8	2021.12
피해의 정의	환경성 석면노출로 인하여 발생한 석면질병: 원발성 악성중피종, 원발성 폐암, 석면폐증, 미만성 흉막비후	오염물질을 배출하는 시설의 설치 및 운영으로 발생한 환경오염으로 인한 건강피해 및 재산피해	가습기살균제에 노출되어 발생하거나 악화된 생명 또는 건강상의 피해(후유증 포함)	제조물의 결함이 있는 살생물제품에 노출되어 발생한 생명 또는 건강상 피해(후유증 포함)
인과관계 추정	별도 규정 없음	• 상당한 개연성 : 일반적 인과관계 (역학적 상관관계)와 개별적 인과관계 (해당 피해가 다른 원인에 의한 것이 아님)를 피해자가 입증	• 노출 • 노출 후 질병발생 혹은 악화 • 노출과 질병 간 역학적 상관관계 등 3가지를 피해자가 입증 • 다른 원인에 의한 것임을 가해자가 입증하면 인과관계 추정 배제	별도 규정 없음
구제급여의 종류	• 요양급여 • 요양생활수당 • 장례비 • 특별유족조위금 및 특별장례비 • 구제급여조정금	• 의료비 • 요양생활수당 • 장의비 • 유족보상비 • 재산피해보상비 (최대 5천만원)	• 요양급여 • 요양생활수당 • 장의비 • 간병비 • 장해급여 • 특별유족조위금 및 특별장의비 • 구제급여조정금	• 진료비 • 장애일시보상금 • 장례비 • 사망일시보상금 • 미지급 진료비
유효기간	5년	3년 (요양생활수당에 국한)	10년	5년

	석면 피해구제법	환경오염 피해구제법	가습기살균제 피해구제법	살생물제품피해구제 (화학제품안전법)
심사제도	• 피해판정위원회(1심) • 피해구제심사위원회(2심) • 피해구제재심사위원회(3심)	• 피해구제정책위원회(3심) • 피해구제심의회(1심) • 구제급여심사위원회(2심)	• 조사판정전문위원회(1심) • 피해구제위원회(의결) • 재심사전문위원회(2심)	• 살생물제품피해조사단 • 피해구제판정전문위원회(1심) • 재심사전문위원회(2심) • 관리위원회(의결)
재원	석면피해구제기금	환경오염피해구제계정	가습기살균제피해구제자금	살생물제품피해구제계정
재원출처	• 산재보험관련 사업장의 분담금 • 사용석면량 누계가 1만톤이상 사업장의 특별분담금 • 정부출연금 등	• 재보험료 • 정부출연금 등	• 가습기살균제 제조·수입·유통업자의 분담금 • 정부출연금 등	• 피해발생제품의 제조·수입업자의 사후분담금 • 화학제품안전법에 따른 과징금, 수수료, 과태료 등
피해인정자수	4,789명	3개지역 212명	4,114명	–
지급금액 (백만원)	101,143	82	92,866	–
기준일	(2021.1.30 현재)	(2021.3.30 현재)	(2021.2.26 현재)	

3 한국의 환경보건 조직: 정부·공공기관

환경보건과 관련된 조직과 정책사업은 환경부뿐 아니라 보건복지부·질병관리청의 미세먼지와 기후변화 건강관련 사업, 교육부의 학교보건, 농림부의 농민건강관련 사업, 행정안전부의 기후재난 대비 관련 사업 등 여러 부처에 걸쳐 수행되고 있다. 여기서는 환경부와 환경부의 소속기관과 산하기관에 국한하여 다룬다.

2021년 12월 현재, 환경보건정책과 직접적으로 관련되어 있는 정부조직 및 공공기관은 환경보건정책국 산하에 6개과(환경보건정책과, 환경피해구제과, 생활환경과, 화학물질정책과, 화학제품관리과, 화학안전과)와 1개의 지원단(산업계지원단)이 있다. 그리고 소속기관으로 국립환경과학원, 화학물질안전원, 중앙환경분쟁조정위원회가 있다. 이외 정부기관으로는 지방환경청 혹은 유역환경청, 화학재난합동방재센터, 지방자치단체(지방정부)가 환경보건관련 업무를 일부 수행하고 있다.

산하(공공)기관으로 한국환경산업기술원, 한국환경공단, 환경보전협회와 한국화학물질관리협회가 환경보건관련 업무를 수행하고 있으며, 정부가 지정한 민간기관으로서 정부재정을 지원받아 관련 조사·연구·관리·정책지원 등의 업무를 수행하는 센터(환경보건센터, 석면보건센터, 석면환경센터, 녹색화학센터 등)가 있다〈표 1-10〉.

〈표 1-10〉 환경보건 관련 정부·공공 조직 현황 (2021.12 기준)

역할	조직	명칭	구성
제도 설계·개선, 정책·예산 수립·평가	환경부 본부	환경보건정책국	6과 1단
연구, 심사, 정책 지원	소속기관	국립환경과학원	환경건강연구부(3과 1센터), 환경기반연구부 (중1과)
	소속기관	화학물질안전원	5과
집행, 관리, 현장 대응	소속기관	중앙환경분쟁조정위원회	환경부내에 설치
	소속·산하기관	화학재난합동방재센터	*다부처 구성
	환경청	유역청, 지방청	화학안전관리단
	지방자치단체	광역 및 기초 자치단체	일부 조직 및 업무
지원, 교육·훈련 등	산하기관 (준정부기관)	한국환경공단	환경안전지원단(3처)
	산하기관 (준정부기관)	한국환경산업기술원	친환경안전본부(2처 12실)
	산하기관 (기타 공공기관)	환경보전협회	층간소음측정지원센터 등 교육홍보 업무
	사단법인	한국화학물질관리협회	2본부 5처
	민간기관	정부지정 센터	환경보건센터, 석면보건센터, 석면환경센터, 녹색화학센터, 실내공기질관리센터 등

* 국무조정실, 행정안전부, 환경부, 고용노동부, 산업통상자원부, 소방방재청, 지자체 및 유역환경청(지방환경청), 소방청, 지방고용노동청 그리고 한국환경공단, 한국소방산업기술원, 한국산업안전 보건공단, 한국가스안전 공사, 한국산업단지공단 등이 참여하여 구성.

1. 환경부 환경보건정책국

환경부 환경보건정책국(본부)의 역할은 제도의 설계와 개선, 정책의 수립과 평가이다. 국회와 관련 정부기관, 시민사회, 산업계 등 이해관계자들의 의견을 반영·조율하는 과정을 통해 법·제도·정책을 수립하고 개선하는 역할을 한다. 법치주의가 진전되어가면서 법령의 제·개정은 정부의 정책을 실현하고 구체화하는 중요한 방안이 되었다. 기본적으로 입법권은 국민의 대표인 국회에 있으나, 헌법에서는 정부가 국회에 법률안을 제출할 수 있는 권한과, 대통령이 국회에서 의결되어 정부로 이송되어 온 법률안에 대해 거부할 수 있는 권한을 부여하고 있다. 또한 정부는, 국회가 심의·의결하여 재·개정된 법률에서 위임한 내용이나 법의 집행을 위한 절차 등을 규정하기 위한 하위법령[125](대통령령, 총리령, 부령)을 정하는 행정입법이나 행정규칙(고시)을 규정함으로써 정책의 구체성을 완성한다.

본부는 개별법에서 정하는 5년~30년 단위의 종합계획 혹은 기본계획을 수립하여 법정 정책·행정 업무를 구체적인 계획에 따라 이행할 수 있도록 한다. 이에 기반하여 매년 업무계획과 성과지표를 수립하고 평가한다. 또한 본부는 위급한 현안이나 국민적 관심이 높은 사안, 혹은 기존의 법과 제도의 사각지대에서 비롯된 사회적 문제에 대응하여, 장·단기의 종합대책을 수립한다. 이러한 대책에는 법령 개정 등의 제도개선이 포함될 수 있다.

본부는 매년 혹은 중장기의 세입과 세출을 관리하고 예산을 수립하여 집행을 관장하고 결산하여 국회의 승인을 받는다. 환경보건 관련 정부 예산은 2009년 환경보건법이 시행된 이후 지속적으로 증가해 왔으며, 최근에 그 증가폭이 두드러졌다[그림 1-10].

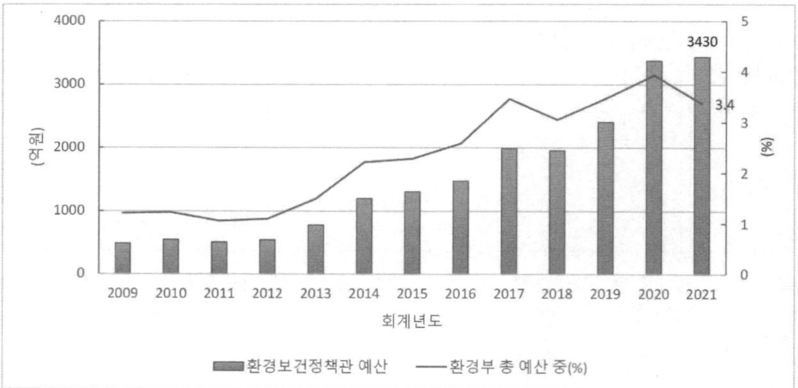

[그림 1-10] 환경부 환경보건정책국 예산 추이

125 우리 법체계는 헌법-법률-대통령령-총리령-부령의 위계질서를 형성하고 있으며, 하위에 위치하고 있는 것이 상위의 것에 위반되어서는 안된다. (출처) 국가공무원인재개발원 연구개발센터, 『법제업무의 이해』, 2018.

환경보건정책국의 6개과와 1개의 지원단의 현황은 다음과 같다〈표 1-11〉.

〈표 1-11〉 환경부 환경보건정책국의 부서 구성과 주요 업무 (2021년 현재)

부서		정원	주요 업무
환경보건정책과		14	- 가습기살균제피해구제제도 운영, 환경오염에 의한 건강피해 예방 - 어린이·어르신 등 취약계층 환경성질환 예방사업 추진 - 건강영향평가 제도 운영, 환경보건기술개발 등
환경피해구제과		12	- 환경오염피해조사 및 구제, 소송지원, 환경책임보험제도 운영 - 주민 건강영향조사 청원제도 운영 - 석면피해구제제도, 석면안전관리, 노후슬레이트 철거·처리대책
생활환경과		10	- 소음·진동관리 종합계획 수립추진 및 배출원 관리 - 다중이용시설·공동주택 등 실내공기질 관리대책 수립 - 빛공해, 전자파, 라돈 등 기타 생활주변 위해요인 관리
화학안전기획단*	화학물질정책과	11	- 화학물질평가 등에 관한 기본계획 수립시행 - 화학물질의 등록·평가 및 유위해성 관리대책 마련 - 화학물질 유해성시험기관 육성 및 지원대책 수립시행 - 잔류성오염물질, 수은, 나노 등 안전관리대책
	화학제품관리과	11	- 안전확인대상생활화학제품 지정 등 생활화학제품 안전관리대책 - 살생물제 승인 등 위해예방관리 제도 - 생활화학제품 및 살생물제 실태조사 및 유통관리 - 생활화학제품 안전관리 국제협력 및 산업계 제도이행 지원
	화학안전과	13	- 화학물질관리계획 수립·시행 및 화학물질 확인제도 운영 - 사업장 유해화학물질 취급 안전관리 및 배출저감 - 장외영향평가 및 화학물질사고 후 영향조사, 화학테러 예방·대응
	화학안전산업계 지원단*	0	- 기존화학물질 공동등록 추진 - 산업계 도움센터 운영, 중소기업 지원사업 추진

* 비직제 조직, 화학안전기획단장은 화학물질정책과장이 겸임, 화학안전산업계지원단은 화학법령의 제·개정에 따라 산업계 지원을 위해 운영(2014.4부터~), 공무원 2인+공공기관 파견자 10여 명으로 구성.

2. 연구, 심사, 정책지원 조직

정부의 행정업무가 복잡하고 방대해짐에 따라, 특히 과학적 전문성이 요구되는 정부업무를 담당하는 조직이 본부로부터 분화되었다. 이러한 정부조직을 소속기관(공무원 조직)이라 하는데, 환경보건 관련 업무를 담당하는 정부 소속기관은 '국립환경과학원'과 '화학물질안전원'이 있다.

1) 국립환경과학원

국립환경과학원은 산업화가 지속되던 70년대 당시 공해문제가 사회문제로 대두됨에 따라 '국립환경연구소'(1978년)로 출범하여, '국립환경연구원'(1986년)을 거쳐, 환경전문 국가연구기관으로서 '국립환경과학원'(2005년)으로 발전하였다. 현재 국립환경과학원에는 5개의 부가 있는데 이중 환경건강연구부 전체(환경보건연구과, 위해성평가연구과, 화학물질연구과, 가습기살균제 보건센터)와 환경기반연구부 일부(생활환경연구과)가 연구·조사, 심사, 연구·측정 자료의 DB화 및 공개, 국제협력 및 대국민 소통 등의 업무를 통해 환경보건정책 및 사업을 수행·지원하고 있다.

2) 화학물질안전원

화학물질안전원은 2012년 구미 불산사고를 계기로 반복되는 화학사고를 예방하고 체계적으로 대응하기 위하여 2014년에 설립되었다. 화학물질안전원은 화학사고와 테러, 화학물질 취급시설의 관리기준 등에 관한 연구·조사 뿐 아니라, 화학물질관리법에 따라 사업장이 의무적으로 제출하여야 하는 '화학사고 예방관리계획서'(구 장외영향평가서 및 위해관리계획서)를 심사·평가하고, 화학물질통계조사 등을 통해 화학안전(빅데이터)정보를 구축·생산하여, 화학사고 발생 시 대응팀(지자체, 소방청, 합동방제센터 등)에게 즉각적으로 정보를 제공하며, 화학사고에 대한 현장중심 교육과 훈련 등을 수행하고 있다.

3. 집행, 관리, 현장 대응 조직

1) 환경청

환경청은 환경부의 지방조직으로, 환경보건 관련 정책을 집행하는 곳이다. 4개 유역환경청(한강, 낙동강, 금강, 영산강)과 4개 지방환경청(원주, 대구, 전북, 수도권대기)이 있다. 이들 환경청에는 '화학안전관리단'을 두고 관할 지역 사업장에 대하여, 「화학물질의 등록 및 평가에 관한 법률」, 「생활화학제품 및 살생물제품의 안전관리에 관한 법률」 및 「화학물질관리법」의 집행 및 현장 업무[126]를 수행하고 있다.

126 화학물질 유통량 배출량조사·관리, 화학물질 제조·수입업체 사후관리(행정조치 등), 취급제한·금지물질 영업자 지

2) 환경분쟁조정위원회

환경분쟁조정위원회는 환경분쟁을 신속·공정하고 효율적으로 해결하여 환경을 보전하고 국민의 건강 및 재산상의 피해를 구제하는 것을 임무로 하는 준사법적 기관이다. 「환경분쟁조정법」 제4조에 따라 환경부에 중앙환경분쟁조정위원회를, 특별시·광역시 또는 도에는 지방환경분쟁조정위원회가 설치되었다. 중앙환경분쟁조정위원회는 1억원초과의 환경피해, 국가 또는 지방자치단체를 당사자로 하는 분쟁, 둘 이상의 시·도관할구역에 걸치는 분쟁, 지방환경분쟁조정위원회가 스스로 조정하기 곤란하다고 결정하여 이송한 분쟁, 직권조정(법 제30조), 원인재정과 그 원인재정 후 신청된 분쟁에 대한 조정을 다룬다.[127]

3) 화학재난합동방재센터

화학재난합동방재센터는 화학물질안전원과 같이 구미 불산사고를 계기로 2013년에 신설된 기관이다. 화학물질안전원이 화학사고 발생 시 사고대응정보시스템을 바탕으로 관련 정보 제공 등의 지원이 주요 기능이라면, 화학재난합동방재센터는 사고현장에서 직접적인 대응을 위한 것이다. 즉 관할구역 내 화학사고의 예방, 대비, 대응, 복구 업무를 현장에서 담당하는 전담기관이다. 전국의 7개 주요 산단지역[128]에 국무조정실, 행정안전부, 산업통상자원부, 환경부, 고용노동부, 소방청의 협업으로 센터가 설치되었다. 센터는 환경팀, 119화학구조팀, 산업안전팀, 가스안전팀, 지자체팀으로 구성되어 있다. 구성원은 해당 부처의 소속 공무원 혹은 관련 공공기관의 소속 직원들이다.

4) 지방자치단체

광역 및 기초 지방자치단체(지방정부)는 환경부서를 두고 해당 지역의 환경정책과 사업을 계획하고 집행하고 있다. 환경보건과 관련하여 조례를 두고 기본계획을 수립하고 있는 광역 지방자치단체는 현재까지 14곳 중 2곳(서울시, 충청남도)에 지나지 않

도점검/수입 및 영업허가/수출승인, 화학물질 배출저감 자발적협약 프로그램 관리, 화학테러·사고 대책 구성, 사고대비물질 자체방제계획 관리, 안전확인대상생활화학제품 조사 및 사후관리(행정조치) 등.

127 환경부. 중앙환경분쟁조정위원회. https://ecc.me.go.kr/front/user/main.do

128 시흥, 서산, 익산, 여수, 울산, 구미, 충주 지역의 화학공단 또는 인근지역.

는다. 광역 및 기초 지방자치단체들은 지금까지 별도의 환경보건계획을 수립하지 않고, 「환경정책기본법」에 의해 수립하게 되어 있는 지역환경계획(환경보전계획)에 환경보건에 관한 계획을 포함하는 것으로 갈음하고 있었다. 이러한 사정으로 인해, 대부분의 지방정부에는 환경보건에 특화된 조직이 없고, 일반적인 환경부서나 환경팀에서 환경보건 업무를 겸하여 수행하고 있다.

그러나 2021년에 개정된 「환경보건법」이 시행됨에 따라 광역지방자치단체는 '지역환경계획'과는 별도로 '지역환경보건계획'을 수립하여야 한다. 지방자치단체는 관할지역에 시설을 두고자 하는 사업장의 영업허가 및 관리감독의 권한과 책임을 지고 있어(유해화학물질 취급 사업장 제외), 시설이 배출하는 환경오염물질로 인한 환경보건문제를 사전에 예방하고 관리하는데 매우 중요한 위치에 있다. 특히, 자치분권을 확대하여 지역맞춤형 정책과 행정서비스 제공을 촉진하고자 하는 추세[129]에 따라 국민환경보건기초조사 등에 따른 국가의 조치 권한을 지방자치단체도 수행할 수 있도록 하고, 어린이활동공간의 위해성 관리를 위한 시설개선 명령권한 등이 국가에서 시·군·구 또는 교육청으로 이양되는 등, 환경보건정책에서도 지방자치단체의 권한과 책임이 커지고 있다.

4. 사업, 교육, 훈련 등 지원 조직

1) 한국환경공단

한국환경공단은 환경부의 산하 공공기관[130]으로 준정부기관이다. 환경오염방지, 환경개선 및 자원순환을 촉진하는 사업을 효율적으로 추진하여 환경보전과 순환형 자원관리체계를 마련하기 위하여 2010년에 「한국환경공단법」에 근거하여 창립되었다. 이것은 2008년 제2차 공공기관 선진화계획에 의해 '한국환경자원공사'[131]와 '환경관리공단'[132]을 통합·개편하기로 결정된 것에 따른 것이다.

환경보건관련 사업은 환경안전지원단 소속의 3개부처(화학물질관리처, 화학물질

129 「지방자치분권 및 지방행정체제개편에 관한 특별법」개정에 따른 「환경보건법」 개정·시행(2021.1.1)

130 공공기관이란 다른 법률에 따라 직접 설립되고 정부가 출연한 기관이거나, 정부지원액이 총수입의 1/2을 초과하거나, 정부가 1/2 이상의 지분을 가지거나 1/3 이상의 지분과 임원임명권을 가지는 등 사실상의 지배력을 확보하고 있는 기관을 말하며, 공기업, 준정부기관, 기타 공공기관으로 구분됨(「공공기관의 운영에 관한 법률」, 제4조, 제5조).

131 1980년에 설립된 '한국자원재생공사'가 2004년에 '한국환경자원공사'로 재편됨(「한국환경자원공사법」 제정).

132 1987년3월에 설립된 '환경오염방지사업단'이 11월에 '환경관리공단'으로 재편됨(「환경관리공단법」 제정).

시험처, 생활환경안전처)에서 수행하고 있다. 화학물질관리처에서는 화학안전 및 화학물질관련 정책지원, 화학물질 공동등록지원 및 등록 등 면제확인, 유해물취급시설 및 취급제한·금지물질 취급시설 안전진단 관련 업무, 잔류성유기오염물질(POPs) 측정망[133] 운영 및 배출원·배출량 조사, 다이옥신 측정·분석 기반구축 및 소각시설 유해물질 검사를 수행하고 있다. 화학물질시험처에서는 GLP[134]시험기관 육성지원사업, 환경유해성 및 흡입독성 GLP시험, GLP시험 신뢰성보증업무, 화학물질·살생물제 유해성시험자료 생산 및 관리, 녹색화학센터 운영 및 지원 업무를 하고 있다. 생활환경안전처에서 소음·진동 및 실내공기질 측정망을 운영·관리하며,[135] '층간소음이웃사이서비스' 운영 및 빛공해 실태조사, 실내 라돈 측정 및 컨설팅, 타이어 소음도 신고 및 등급표시제도 운영, 석면안전관리제도 운영 및 정책지원, 민감취약계층 석면 안전진단, 석면환경센터 및 석면관리종합정보망 운영, 석면해체작업감리인 평가제도를 운영하고 있다.

2) 한국환경산업기술원

한국환경산업기술원은 정부의 공공기관 선진화방안에 따라 '한국환경기술진흥원'과 '친환경상품진흥원'이 통합된 준정부기관으로서, 환경기술의 개발·지원 및 보급을 촉진하고 환경산업 육성, 녹색제품 구매촉진과 친환경생활 확산을 목적으로 2009년에 설립되었다. 2016년에 「한국환경산업기술원법」이 독립적인 법률로 제정·시행되어 기관의 체계적인 발전과 점증하는 다양한 국민의 환경수요에 대응토록 하였다.

환경보건 관련 업무는 환경피해구제처(구 환경보건안전처)에서 담당하고 있으며 환경피해예방실, 생활화학제품안전센터, 환경오염피해구제실, 가습기살균제피해구제실, 가습기살균제피해지원실,[136] 석면피해구제실로 구성되어 있다. 어린이활동공간

133 「잔류성오염물질관리법」에 따라 대기 38개 지점(2회/년, 봄, 가을), 토양 61개 지점(1회/년, 봄), 하천/호호수 36개 지점(1회/년, 봄)과 퇴적물 36개 지점(1회/년, 봄) 등 전국 171개 지점에 대해 시료채취하여 공정부산물 5종, 유기염소계농약류 12종, 산업용 물질 5종에 대하여 분석함.

134 우수실험실 운영규정(Good Laboratory Practice)은 시험기관에서 행해지는 시험의 계획·실행·점검·기록·보고되는 체계적인 과정과 이와 관련된 전반적인 사항을 규정한 것으로 경제협력개발기구(OECD)에서 정한 규정. 화학물질, 농약, 의약품과 의료기기 등의 성질에 대한 시험이나 인간건강과 환경안전성 여부 확인시 적용하도록 하여 시험과정과 결과에 대한 신뢰성을 확보하기 위함.

135 2020년 현재, 소음측정망 2,005개소 운영(환경소음 1,828개–자동 62개, 수동 1,766개, 항공기소음 90개, 철도소음 41개, 도로진동 46개); 2018년 현재 실내공기측정망 지하역사 등 17개 시설 34개 지점에서 자동측정망 구축 운영.

136 「가습기살균제피해구제법」 2차 개정 시행 후(2020.9), 가습기살균제피해종합지원센터를 '가습기살균제피해구제실'과 '가습기살균제피해지원실'로 확대 개편함.

환경안심인증 사업을 비롯하여 어린이용품 자가관리 지원사업, 취약계층 환경성질환 예방사업, 생활화학제품의 위해성평가, 안전기준 확인, 사후관리 및 기업 이행지원, 안전확인대상 생활화학제품 신고접수 등의 사업, 그리고 가습기살균제, 배출시설에 의한 환경오염피해 및 환경성 석면피해에 대한 구제와 지원 사업을 수행하고 있다.

3) 환경보전협회

환경보전협회는 1978년 「환경정책기본법」에 의거한 사단법인[137]으로, 환경보전에 관한 조사연구, 기술개발, 교육 및 홍보, 생태복원 등을 수행하기 위하여 설립되었다. 전국에 9개 권역별 지역협회를 거느리고 있다. 환경보전협회는 '국가환경교육센터'로 지정되는 등 정부 사업을 위탁·대행하는 비중이 커져, 2017년에 (기타)공공기관으로 지정되었다.

환경보전협회는 2015년에 석면조사기관으로 지정되었으며, 환경보건 관련하여 최근부터(2020년~) 층간소음관리를 위한 예방교육[138]과 생애주기 환경보건교육 강화 사업[139]을 수행하고 있다.

4) 한국화학물질관리협회

한국화학물질관리협회는 「화학물질관리법」에 근거한 사단법인으로,[140] 국내 화학산업계의 1,200여 회원사로 구성된 단체이다. 화학산업의 건전한 발전과 화학물질관리 정책 이행을 뒷받침하기 위해 화학물질정책 수립 시 산업계의 의견을 대변하고, 화학산업계에 관련정책을 전파·대응하기 위하여 설립된 1991년 '유독물관리협회'로 시작하여, 1999년에 현재의 명칭으로 변경되었다.

화학물질관리협회는 화학3법(화평법, 화관법, 화학제품안전법)을 기업이 잘 이행할 수 있도록 하는 지원사업을 중점적으로 수행하고 있다. 특히 열악한 경영여건으로

137 「환경정책기본법」 제59조(환경보전협회) 제1항. 환경보전에 관한 조사연구, 기술개발 및 교육·홍보, 생태복원 등을 위하여 환경보전협회를 설립한다.

138 유아 및 초등1~2학년 어린이 대상. 층간소음 갈등의 주요 발생원인 어린이 뛰는 소리를 해결하기 위해 어린이들에게 이웃에 대한 이해와 배려, 올바른 환경가치관 및 행동 정착을 유도하기 위한 교육프로그램.

139 환경과 건강을 위협하는 환경유해물질로부터 노출을 저감하고 건강피해를 예방하기 위한 어린이, 교사, 주부, 임부 등 대상별 맞춤형 환경보건교육프로그램 개발 및 보급 사업, 어린이 환경안전 전시회 및 건강포털 운영 사업 등.

140 「화학물질관리법」 제 53조(화학물질 관리에 관한 협회) 제1항. 화학물질을 제조, 수입, 판매, 보관·저장, 운반 또는 사용하는 영업을 하는 자는 화학물질의 적정한 관리, 기술개발, 그 밖에 영업의 건전한 발전을 도모하기 위하여 화학물질 관리에 관한 협회를 설립할 수 있다.

제도이행에 어려움을 호소하는 중소기업을 지원하기 위하여 화평법 등록전과정지원, 컨설팅, 유해성시험자료 생산지원과 교육, 화학사고예방관리계획서 작성 지원, 화학물질확인제도 이행 지원, 살생물제 승인 지원 및 교육 홍보 등의 사업을 추진하고 있다. 이처럼 화학물질관리협회는 회원사로 구성된 단체이나 사업의 특성상 공공성이 크고, 최근 이와 관련한 각종 정부업무를 위탁·대행하는 사업의 비중이 높아, 기관의 일부 기능을 분리하여 공공기관으로 전환하는 방안이 검토되고 있다.

5. 정부 지정 센터

정부가 기관을 지정하여 사업비의 일부 또는 전부를 지원하는 조직으로서 '센터'가 있다. 지정할 수 있는 기관은 개별 법률에 따라 차이가 있으나 일반적으로 전문기관, 대학, 대학병원, 국공립 연구기관, 대학부설 연구기관 등이 해당된다. 환경보건과 관련한 7개의 법률에서 해당 법률의 목적 달성을 지원하기 위하여 센터를 지정·운영할 수 있도록 하고 있다〈표 1-12〉.

센터는 정부의 업무를 지원하거나 대행할 수 있으며, 관련 업무에 대한 조사 및 연구, 기술개발, 전문인력 양성 및 교육·홍보, 컨설팅, 등록·신고를 위한 자료 검토·평가 및 작성 지원 등의 업무를 수행한다. 센터는 이처럼 기본적으로 정부의 정책을 지원하는 외곽 조직으로 기능하면서, 정부와 전문가 등 민간영역 간의 협력과 거버넌스[141]의 중요한 한 축을 형성한다.

〈표 1-12〉 환경보건 관련 정부지정 센터 현황 (2021.1 현재)

센터 이름	근거 법	목적과 활동	지정·운영 현황
환경보건센터	환경보건법 제26조 (환경보건센터의 지정·운영)	환경유해인자로 인한 건강피해의 규명·감시·예방 및 관리를 위한 조사·연구·교육 및 기술개발, 역학조사의 지원 및 환경유해인자가 건강에 미치는 영향의 조사·평가의 지원 등	16개소 (대학병원, 대학교, 국공립연구기관 등)

141 거버넌스란 과거의 일방적인 정부 주도적 경향에서 벗어나 정부, 기업, 비정부기구 등 다양한 행위자가 공동의 관심사에 대한 네트워크를 구축하여 문제를 해결하는 새로운 국정운영의 방식. (출처) 오승은, 『거버넌스론에 관한 제 접근』, 2006.

센터 이름	근거 법	목적과 활동	지정·운영 현황
녹색화학센터	화학물질의 등록 및 평가 등에 관한 법률 제40조 (녹색화학센터의 지정·운영)	화학물질의 유해성과 위해성으로 인한 피해를 예방하기 위한 기술개발, 전문인력 양성·교육·훈련, 화학물질로 인한 피해예방 활동 지원, 화학물질 등록평가, 신고 등에 필요한 자료작성 지원 등	현재까지 미지정
화학제품안전센터	생활화학제품 및 살생물제 안전관리에 관한 법률 제46조 (생활화학제품 및 살생물제 안전센터의 지정 등)	생활화학제품 사용 및 관리 실태조사, 위해성평가, 안전기준 검토, 제품승인 등 신청자료 검토 및 평가 등	1개소 (한국환경산업기술원 생활화학제품안전센터)
석면환경센터	석면안전관리법 제33조 (석면환경센터의 지정·운영)	석면의 체계적 관리, 석면으로 인한 피해 예방 및 「폐기물관리법」 제13조에 따른 기준과 방법에 따라 폐석면의 안전하고 경제적인 처리 등을 위한 조사·연구, 기술개발 및 석면의 관리·처리 등과 관련된 사업	7개소 (한국환경공단, 대학 등)
실내환경관리센터	실내공기질관리법 제12조의3 (실내환경관리센터의 지정 등)	실내 오염물질로 인한 건강피해의 예방·관리 등을 위한 조사·연구 및 기술개발 등	현재까지 미지정
석면환경보건센터	석면피해구제법 제47조의2 (석면환경보건센터의 지정 등)	석면 관련 건강영향조사 및 연구, 피해자 발굴 및 건강관리 등의 업무 대행	2개소 (대학병원)
가습기살균제 보건센터	가습기살균제 피해구제를 위한 특별법 제40조 (가습기살균제종합지원센터 등의 설치 및 운영)	가습기살균제피해자 지원을 위한 가습기살균제종합지원센터	1개소 (한국환경산업기술원 가습기살균제종합지원센터)
		가습기살균제 건강피해의 조사·연구 등을 전문적으로 수행하기 위한 가습기살균제보건센터를 설치·운영	14개소 (국립환경과학원가습기살균제보건센터,대학병원 등)

참고 문헌

〈논문〉

송이수, 「사전주의 원칙의 규범적 이해」, 저스티스, 2021;(184):321-54.

이시경, 「환경정책원칙의 구성요소와 상호관계」, 정책개발연구, 2018;18(1):1-35.

하대청, 「사전주의의 원칙은 비과학적인가?: 위험 분석과의 논쟁을 통해 본 사전주의 원칙의 합리성」, 科學技術學硏究, 2010;10(2):143-74.

Barratt C, Couch R, Page A, Dhesi S, Stewart J, 「An introduction to evidence based environmental health」, UK Environmental Health Research Network, 2013;(1):4.

Dinneen N, 「Precautionary discourse, Thinking through the distinction between the precautionary principle and the precautionary approach in theory and practice」, Politics Life Sci, 2013;32(1):2-21.

Fedak KM, Bernal A, Capshaw ZA, Gross S, 「Applying the Bradford Hill criteria in the 21st century: how data integration has changed causal inference in molecular epidemiology」, Emerg Themes Epidemiol, 2015;12:14.

Trouwborst A, 「PREVENTION, PRECAUTION, LOGIC AND LAW」, Erasmus Law Review, 2009;02(02):24.

〈책〉

David D, Celentano Moyses Szklo 지음, 한국역학회 옮김, 『고디스 역학』(6판), 범문에듀케이션, 2020.

대한예방의학회 편저, 『예방의학과 공중보건학』(제4판), 계축문화사, 2021.

Carolyn Raffensperger, Joel Tickner, *Protecting Public Health and the Environment-Implementing the Precautionary Principle*, Island Press, 1999.

Ronal Dworkin, *Taking Rights Seriously*, Havard University Press, 1978.

Sunstein CR, *Laws of Fear: Beyond the Precautionary Principle*, Cambridge University Press, 2005.

Wiener JB, Rogers MD, Hammitt JK, Sand PH, *The Reality of Precaution: Comparing Risk Regulation in the United States and Europe*(1st edition), Routledge, 2010.

Zander J, *The Application of the Precautionary Principle in Practice: Comparative Dimensions*, Cambridge University Press, 2010.

〈보고서 및 웹문서〉

박종원, 「환경리스크 대응법제 연구」, 한국법제연구원, 2009 [cited 2022년 4월 3일]. Available at: https://www.klri.re.kr/kor/publication/757/view.do

박정임, 「환경보건관련 법령체계 개선방안연구」, 한국환경연구원, 2006 [cited 2022년 4월 3일]. Available at: https://library.me.go.kr/pyxis-api/2/digital-files/adda51d2-4f2a-4a84-a664-a3e58906dfbb
이준서, 「환경정책기본법의 체계 정비방안 연구」, 한국법제연구원, 2009 [cited 2022년 4월 3일]. Available at: https://www.klri.re.kr/kor/publication/770/view.do
추장민, 「환경정의 종합계획 마련 연구」, 연한국환경연구원, 2019 [cited 2022년 4월 3일]. Available at: https://library.me.go.kr/#/search/detail/5717873#ik-export
환경부 국립환경과학원, 「가습기살균제 노출과 질환 간 역학적 상관관계 검토보고서(1차)」, 환경부 국립환경과학원, 2021. Report No.: NIER-GP2021-051, Available at: https://www.healthrelief.or.kr/home/board/law/view.do
Environmental health - European Environment Agency [Internet], [cited 2022년 4월 3일]. Available at: https://www.eea.europa.eu/help/glossary/eea-glossary/environmental-health
Environment policy: general principles and basic framework | Fact Sheets on the European Union | European Parliament [Internet], [cited 2022년 4월 3일]. Available at: https://www.europarl.europa.eu/factsheets/en/sheet/71/environment-policy-general-principles-and-basic-frameworkOECD, The Polluter Pays Principle : Definition, Analysis, Implementation, OECD Publishing; 2008, 120 p, Available at: https://doi.org/10.1787/9789264044845-en
European Commission, Directorate General for the Environment., University of the West of England (UWE), Science Communication Unit, The precautionary principle: decision making under uncertainty, LU: Publications Office; 2017 [cited 2022년 4월 3일], Available at: https://data.europa.eu/doi/10.2779/709033
European Parliament, Directorate General for Parliamentary Research Services, The precautionary principle: definitions, applications and governance : in depth analysis, LU: Publications Office; 2016 [cited 2022년 4월 4일], Available at: https://data.europa.eu/doi/10.2861/821468
MacLean J, Principle 5 -- Precautionary Principle [Internet], Rochester, NY: Social Science Research Network; 2009 3 [cited 2022년 4월 3일], Report No.: ID 2721501, Available at: https://papers.ssrn.com/abstract=2721501
US NTP. Handbookforconducting a literature-based health assessment using OHAT approach for systematic review and evidence integration. 2019. [cited 2022년4월3일], Available at: https://ntp.niehs.nih.gov/whatwestudy/assessments/noncancer/handbook/index.html
Nations U, United Nations Conference on Environment and Development, Rio de Janeiro, Brazil, 3-14 June 1992 [Internet], United Nations, United Nations; [cited 2022년 4월 3일], Available at: https://www.un.org/en/conferences/environment/

rio1992

Prüss-Üstün A, Wolf J, Corvalán CF, Bos R, Neira MP. Preventing disease through healthy environments: a global assessment of the burden of disease from environmental risks [Internet]. World Health Organization; 2016 [cited 2022년 4월 3일]. Available at: https://apps.who.int/iris/handle/10665/204585

Publications Office of the European Union. Communication from the Commission on the precautionary principle. /* COM/2000/0001 final */. CELEX1 [Internet]. Publications Office of the European Union; 2000 [cited 2022년 4월 4일]. Available at: http://op.europa.eu/en/publication-detail/-/publication/21676661-a79f-4153-b984-aeb28f07c80a/language-en

World Health Organization. Environmental health [Internet]. [cited 2022년 4월 3일]. Available at: https://www.who.int/westernpacific/health-topics/environmental-health

제2편

화학물질 관리

제1장

화학물질 관리정책의 개념과 원칙

1 배경과 연혁

1. 화학물질의 양면성

1) 화학물질의 정의

우리나라 화학물질관련법령[1]은 화학물질을 "원소, 화합물 및 그에 인위적인 반응을 일으켜 얻어진 물질과 자연 상태에서 존재하는 물질을 화학적으로 변형시키거나 추출 또는 정제한 것"으로 정의한다.[2]

학술적으로 화학물질(chemical substance)은 "분자, 원소, 분자식 등으로 특정되는 균일하고 일정한 조성의 물질(matter)"[3]로 정의되며 주로 혼합물(mixture)에 대비되는 개념으로 사용된다. 이러한 학술적 정의와는 달리, 정책의 대상이 되는 화학물질은 인위적으로 제조 또는 변형·추출·정제 과정 등을 거친 물질로써 자연 상태에서 존재하는 물질 자체로는 관리 대상이 아니다.

2) 화학물질의 유용성과 유해성

화학물질은 의식주(衣食住) 등 인간의 기본 생활과 경제 활동을 가능하게 하고 현대

---

1 이하에서 '화학물질관련법령'은 「화학물질 등록 및 평가 등에 관한 법률」(약칭 :화학물질등록평가법), 「화학물질관리법」 및 「생활화학제품 및 살생물제의 안전관리에 관한 법률」(약칭 : 화학제품안전법) 등 3개 법령을 통칭하는 용어로 사용한다. 이 3개 법률은 관행적으로 각각 '화평법', '화관법', '제품법'이라고도 불린다.

2 화학물질등록평가법 제2조 제1호; 화학물질관리법 제2조 제1호; 화학제품안전법 제3조 제1호.

3 국제순수응용화학연합(IUPAC). Compendium of chemical terminology.

기술의 발전과 인류의 진보에 기여해 왔다. 농약과 화학비료는 농업 생산성을 획기적으로 높여 기아 문제 해결에 일조하였고, 항생제 등 각종 의약품은 질병 퇴치에 결정적인 역할을 하였다. 그뿐 아니라 특정 화학물질들은 반도체 등 첨단 기술과 핵심 산업을 이끄는 주요 소재와 원료이다.[4]

화학물질은 중요한 산업 원료이자 국제 교역제품으로 산업·경제적 측면에서도 중요하다. 현재 세계적으로 20만여 종의 화학물질이 유통되고 있고 매년 3천여 종의 새로운 화학물질이 시장에 진입한다.[5] 세계 화학산업은 2017년 약 5조 USD 규모이며, 2030년에는 두 배로 성장할 것으로 전망된다.[6]

국내에서도 화학물질과 화학산업의 역할은 중요하다. 국내 유통 중인 화학물질의 수는 4만 4천 종 이상이며, 매년 2천여 종의 새로운 화학물질이 국내 시장에 진입하고 있다.[7] 국내 화학산업은 국가 제조업의 핵심 기반 산업으로 제조업 내 비중이 반도체에 이어 2위(생산액 기준)로 2018년 생산 기준 세계 4위, 수출 기준 6위의 글로벌 위상을 갖고 있다.[8]

화학물질은 그 유용성에도 불구하고 고유한 특성으로 인해 사람의 건강과 환경에 피해를 줄 수 있다. 특히, 화학물질이 경제적 목적으로 대량 생산·유통되고 국제교역을 통해 이동하고, 산업 현장뿐 아니라 생활 공간에서도 널리 사용되면서 제대로 관리되지 않는 경우 그 피해가 전면적으로 나타날 가능성도 커졌다. 1970년대 이후 세계는 유해화학물질로 인한 대규모 화학사고와 치명적인 건강피해를 경험하였다. 그 후 세계 각국은 유해화학물질로부터 사람의 건강과 환경을 보호하기 위한 각종 제도와 정책을 마련하였다.

4 Joesten MD, Wood JL, Castellion ME. *World of chemistry essentials*. 3rd ed. Brooks/Cole Publishing Company; 2004.

5 환경부, 『환경백서 2020』, 2020, p.421.

6 United Nations Environment Programme (UNEP). Global chemical outlook II. 2019.

7 『환경백서 2020』, p.421. ibid.

8 한국화학산업연합회. 한국화학산업의 미래 [cited Sep 2, 2021]. Available from: http://www.kocic.or.kr/sub03/sub03_2.html.

2. 화학물질 관리정책의 연혁

1) 국제적 연혁

① 확인된 유해물질 중심의 관리 단계(~2000년대 중반)

서구의 환경정책은 레이첼 카슨의 '침묵의 봄'(Silent Spring, 1962)에서 태동했다고 해도 과언이 아니다.[9] 1960년대 미국과 유럽 등 주요 선진국들은 산업화의 결과로 나타난 심각한 환경오염을 목도하면서 종말(end of pipe) 처리에 기초한 대기, 수질 등 매체별 환경관리를 시작하였다. 1960년대 주요 산업 국가들은 수은, 카드뮴, PCBs(poly-chlorinated biphenyls)과 같은 화학물질 오염으로 의한 환경성 질환[10]과 1976년 이탈리아 세베소 사고[11] 등 대규모 화학사고를 경험하면서 당시 유해성 검토 없이 사용되던 산업용 화학물질·제품을 관리하는 제도를 속속 도입하였다.

일본은 1973년 「화학물질 심사 및 제도 등의 규제에 관한 법률」(이하 '화심법')을 제정해 산업용 화학물질 규제를 법제화하였다. 미국은 1976년 「독성물질통제법」(Toxic Substances Control Act, 이하 'TSCA')을 제정했는데, 이 법은 상업적으로 유통되는 기존 및 신규 화학물질의 유해성 심사·평가를 주 목적으로 한다. 이 법 제정 당시 미 환경보호처장은 TSCA를 예방의학적 조치로 해석[12]하면서 그 예방적 성격을 강조하였다. 유럽연합(European Union, 이하 'EU')의 전신인 유럽경제공동체도 비슷한 시기에 관련 제도를 도입하였다.[13]

---

9 미국 환경보호처(Environmental Protection Agency, 이하 'US EPA')의 탄생은 침묵의 봄이 계기가 되었다. (출처) US EPA. The origins of EPA.

10 미나마타병(수은 오염 공장폐수), 이따이이따이병(카드뮴 함유 광산폐수), 가네미유증(PCB 오염) 등이 대표적이다. (출처) Imamura T, Ide H, 「Yasunaga H. History of pubic health crises in Japan」, 『*Journal of Public Health Policy*』, 2007;28(2):221-237.

11 1976년 이탈리아 세베소의 사업장에서 안전밸브 표면의 파열로 염소가스, 다이옥신 등 독성화학물질이 대기 중으로 방출되어 큰 인명과 재산피해를 남긴 사건이다. 유럽연합이 화학사고 지침인 세베소 지침을 제정하게 된 계기가 되었다. (출처) European Union (EU). Major accident hazards.

12 US EPA 보도자료. "Train Sees New Toxic Substances Law as 'Preventive Medicine'", (1976. 10. 21.)

13 당시 EU는 특정유해물질 및 재제의 판매 및 사용 제한과 관련한 지침(Directive 76/769/EEC relating to restrictions on the marketing and use of certain dangerous substances and preparations) 및 기존화학물질의 위해성 평가 및 통제에 관한 규정(Council Regulation (EEC) 793/93 on evaluation and control of risks of existing substances)을 제정하였다. 이 규정들은 2007년 EU의 REACH 도입 및 유럽화학물질청(European Chemicals Agency of the European Union, 이하 'ECHA') 설치와 함께 폐지되었다. (출처) Regulation (EC) No 1907/2006 of the European Parliament and the Council of 18 December 2006 concerning the Registration, Evaluation, Authorisation and Restriction of Chemicals (REACH), establishing a European Chemicals Agency, amending Directive 1999/45/EC and repealing Council Regulation (EEC) No 793/93 and Commission Regulation (EC) No 1488/94 as well as Council Directive 76/769/EEC and Commission Directives 91/155/EEC, 93/67/EEC, 93/105/EC and 2000/21/EC (2006), OJ L 396, 1.

초기의 화학물질 관리는 피해가 확인된 유해물질 규제에 집중하면서 자국 시장에 최초로 들어오는 '신규' 화학물질과, 화학물질 관리제도 도입 이전부터 이미 유통되던 '기존' 화학물질을 구분해 관리하였다. 신규화학물질에 대해서는 그 제조·수입자가 유해성 정보 등을 확보·제출해 시장 출시 이전에 평가를 거치도록 의무화하고, 기존화학물질에 대해서는 정부(일부 산업계가 협력)가 우선순위를 정해 유해성 정보를 확보해 평가·관리하는 이원적 체계를 유지하였다.[14]

② 화학물질 정보 확보에 기반한 예방적 관리 단계(2000년대 중반~)

2000년대 이후 EU를 시작으로 세계 주요 각국이 종전 화학물질 관리체계의 한계를 극복하기 위해 화학물질 정보 확보와 위해성 평가의 진행 속도를 높이고 사업자의 책임을 강화하는 방향으로 화학물질 관리제도를 정비하였다.

EU의 화학물질 등록·심사·허가·제한 제도(REACH)

EU는 2000년대 초반 당시 화학물질 관리의 핵심적인 문제를 기존화학물질에 대한 정보 부족으로 보았다. 시장에서 유통되는 화학물질 중 99% 이상(시장 유통량 기준)이 기존화학물질임에도 그 평가 속도는 매우 느렸고, 유해성에 관한 시험자료의 요청·확보, 노출 정보 확인 등에 필요한 화학물질 제조·수입·하위사용자 간 책임이 효과적으로 부여되지 않았으며, 기존화학물질의 위해성 평가를 맡는 책임 체계(liability regimes)도 문제를 해결하는데 충분하지 않았다.[15]

EU는 이의 해결을 위해 그간의 이원적 화학물질 관리체계를 전면 개편한 '화학물질 등록·심사·허가·제한 제도'(Registration, Evaluation, Authorization and Restriction of Chemicals, 이하 'REACH')를 도입하였다. 2007년 6월 시행된 이 제도는 기존화학물질에 대한 평가를 강화하고 산업계의 책임을 확장한 것이 그 핵심이다. 즉, 산업계로 하여금 기존·신규 구분 없이 화학물질을 등록하게 하고 정부는 그 등록 서류를 심사하여 그 결과에 따라 허가, 제한 등 관리방안을 마련하는 것이다.[16]

14 US EPA. World at a glance: a directory of international chemical programs. US EPA; 1995.

15 European Commission (EC). White paper–strategy for a future chemicals policy. COM/2001/0088 final. 2001.

16 ECHA. Understanding REACH. REACH는 물질 특성 및 유해성 정보를 수집·평가하기 위한 절차로 다음 단계로 구성된다.
① 등록(registration) : 기업들이 제조 또는 시장에 유통하는 화학물질을 등록하는 절차임. 유럽연합 내에서 연간 1톤 이상 제조 또는 수입하는 모든 물질은 등록 대상임. 기업들은 제조 또는 수입하는 물질의 특성과 용도를 수집

일본·중국의 제도 개선 및 미국 TSCA 개정

일본은 2009년 화심법을 개정하였고, 중국도 2003년 제정한 「신화학물질환경관리방법」을 개정해 2010년부터 EU REACH 수준에 맞춘 제도를 시행하고 있다.[17]

미국은 2016년 40년 만에 TSCA를 개정해 기존화학물질 관리와 산업계 책임을 강화하였다. 이 개정법은 EPA가 상업적으로 유통되는 기존화학물질을 위해 가능성이 높은 것부터 정해진 기한 내에 평가 완료하도록 의무화했다는 점이 특징이다. 특히, 기존화학물질 평가 시 비용 요소를 고려하지 않는 위해성 기반 평가(risk-based assessment)가 가능하도록 하고 산업계의 비용 부담을 강화하였다.[18]

2) 국내 연혁

① 도입기(1991~1996년)

국내에서 화학물질 관리정책이 본격 시작된 것은 1991년 「유해화학물질관리법」 시행 이후이다. 「유해화학물질관리법」의 전신인 (구)「독물 및 극물에 관한 법률」이 일정한 자격 요건을 갖춘 자만이 급성독성이 강한 독극물을 취급할 수 있게 하는 제한적 화학물질 관리체계였다면, 새로 제정된 「유해화학물질관리법」은 화학물질의 유해성 심사 제도를 도입하는 등 진일보한 관리체계를 갖추었다.[19]

② 도약기(1997~2000년대)

국내 화학물질 관리정책은 1996년 말 한국의 경제협력개발기구(OECD) 가입을 계기로 도약기를 맞이한다. OECD는 화학물질 안전관리를 담보하면서 동시에 국제교역의 대상인 화학물질에 대한 규제를 국제적으로 조화시킬 목적으로 회원국에게 OECD

하고, 물질들이 나타내는 유해성과 잠재적인 위해성을 평가할 책임을 짐. 등록 서류(registration dossier)에는 유해성 정보와 함께 필요한 경우에는 그 물질 사용 시 위해성 평가(risk assessment) 결과 및 위해성 통제 방안 등이 포함됨.

② 심사(evaluation) : EU ECHA가 개별 등록서를 접수해 관련 서류 등을 심사하고, EU 회원국들이 사람의 건강과 환경에 대한 초기 우려를 분명히 하기 위해 선정된 물질들을 심사하는 절차임.

③ 허가(authorization) : 관계당국이 고우려 화학물질 등을 절차를 거쳐 허가목록에 포함해 관련 기업들이 제조 등을 하려는 경우 허가를 받도록 하는 절차임.

④ 제한(restriction) : 관계당국이 물질 위해성이 관리가 불가능한 수준인 경우 취하는 물질 금지 또는 사용 제한 조치를 말함.

17 김재성, 「외국 화학물질 관리제도 및 운영체계」, 『포장계』, 2021;6:64-74.

18 Frank R. Lautenberg Chemical Safety for the 21st Century Act. 15 USC 2601 (2016).; US EPA.

19 환경부, 제1차 화학물질관리기본계획(2016-2020), 2016.

규정[20]을 따르도록 요구한다. 당시 정부는 OECD 회원국이 준수해야 하는 화학물질 관련 규정을 이행하기 위해[21] 1996년 말부터 2000년대 초까지 선진적인 화학물질 관리제도를 유해화학물질관리법 체계로 대거 도입하였다.[22]

비슷한 시기에 '도둑맞은 미래'(Our Stolen Future, 1996)를 통해 소개된 환경호르몬 이슈로 화학물질 위해성에 대한 인식이 크게 높아졌다. PCBs, DDT(dichloro-diphenyl-trichloroethane) 등 잔류성유기오염물질(persistent organic pollutants, 이하 'POPs')뿐 아니라 플라스틱 가소제 성분 등 소위 '내분비계 장애물질' 전반에 대해 모든 환경 매체를 아우르는 전국 단위 모니터링이 국내 최초로 실시되면서 매체별로 분절된 환경오염물질 관리체계를 오염물질의 환경 중 거동(fate)과 수용체를 중심에 두고 통합적으로 살펴볼 수 있는 기초를 마련하였다.[23]

③ 전환기(2011년 이후)

「유해화학물질관리법」 중심의 화학물질 관리체계는 가습기살균제 사고와 구미 불산가스 누출사고를 거치면서 큰 변화를 겪는다. 당시 「유해화학물질관리법」 단일법체계로는 화학물질 관리 전반을 체계적으로 다루기 어렵다고 판단하고, 이를 ① 화학물질의 정보 습득·전달과 위해성 평가를 중심으로 하는 「화학물질등록평가법」과 ② 화학사고의 예방·대비·대응을 주 내용으로 하는 「화학물질관리법」으로 분법[24]하는 한편, 가습기살균제 유사 사고의 재발을 막기 위해 ③ 살생물질과 생활화학제품 등 생물 활성과 노출 가능성이 큰 물질 및 제품군을 보다 엄격히 관리하는 「화학제품안전

20 OECD 규정은 크게 이사회 결정(Decision)과 권고(Recommendation)로 구분된다. 결정은 회원국들이 법적으로 구속되는 규정이다. 권고는 법적 구속력은 없으나 회원국으로서 지켜야 할 큰 도덕적 책임을 가지므로 따라서 회원국들이 권고를 충분히 이행하기 위해 최선을 다할 것이라고 기대한다. 결정과 권고 이외에 선언(Declaration) 등은 법적 구속력이 없다. (출처) OECD. Legal instrument.

21 1996년 말 한국의 OECD 가입 당시 총 OECD 규정 중 환경 관련 규정은 40%(총 65개, 결정·권고 등 준수 의무가 부여되는 것은 60개)에 달했다. 한국은 준수 의무가 있는 60개 환경 관련 규정 중 48개 규정(화학물질: 11, 폐기물: 6, 환경정책:6, 환경영향평가: 4, 대기관리: 11, 수질 및 연안관리: 7, 개발원조사업의 환경영향평가: 3)은 무조건 수용하였으나, 12개 규정(화학물질: 10, 폐기물: 2)은 일정 유예기간을 갖고 이행 노력을 계속하는 조건으로 수락하였다. 이는 한국이 OECD 가입 당시 다른 환경정책 분야보다 화학물질 관리정책 분야가 선진국 기준에 미치지 못했음을 보여준다. (출처) 윤창인. OECD의 권고이행평가 및 향후 과제: 환경. OECD 연구시리즈 00-04. 대외경제정책연구원; 2000. 11-13.

22 대외경제정책연구원, 「OECD 환경권고이행평가」, 18-39. ibid.

23 환경부, 유해화학물질관리기본계획(2001-2005), 2000.

24 「유해화학물질관리법」을 「화학물질관리법」으로 전부개정(제명 변경)하고 「화학물질등록평가법」을 신규 제정하는 형식을 취했지만 「유해화학물질관리법」 중 유해성 심사 및 위해성 평가 관련 조문은 「화학물질등록평가법」으로, 영업등록 및 사고 예방·대비·대응 관련 조문은 「화학물질관리법」으로 이관되었기 때문에 내용적으로는 분법이라 할 수 있다.

법」을 제정하였다.[25]

2 정의와 특징

1. 화학물질 관리정책의 정의 및 범위

1) 화학물질 관리정책의 정의

화학물질 관리정책은 화학물질로부터 사람의 건강과 환경을 보호하기 위해 그 영향을 평가해 피해를 미리 예방하고 저감하는 일련의 정책과 제도이다.

화학물질 관리는 「환경정책기본법」에 따른 환경정책이다.[26] 화학물질 관리정책은 화학물질의 위해성을 평가·관리하는 정책이라는 점에서 위해성 관리정책이면서 유해화학물질 등 환경유해인자가 수용체(사람과 환경)에 미치는 영향을 조사·평가해 이를 예방·관리하는 환경보건정책의 일부이다.

2) 화학물질 관리정책의 범위

① 수용체 및 경로

수용체 측면에서 화학물질 관리정책은 사람뿐 아니라 생태계도 그 대상으로 한다. 이는 사람의 건강에 집중하는 전통적 (환경)보건정책과의 차이점이다[그림 2-1].

경로 측면에서는 환경 매체를 통한 노출이 관리대상이다. 이는 수용체가 환경 매체(대기, 수질 등)를 통해 직접 노출되는 '일차 노출'과 환경 중 화학물질이 생물체에 축적되고 그 생물체 섭취 등을 통해 노출되는 '이차 노출'을 포함한다.

---

25 환경부, 제1차 화학물질관리기본계획(2016-2020), 2016.; 환경부, 제1차 화학물질 평가 등에 관한 기본계획(2016-2020), 2015.

26 「환경정책기본법」 제32조는 화학물질에 의한 위해를 예방하기 위한 '화학물질 관리'를 기본적 환경시책 중 하나로 규정하고 있다.

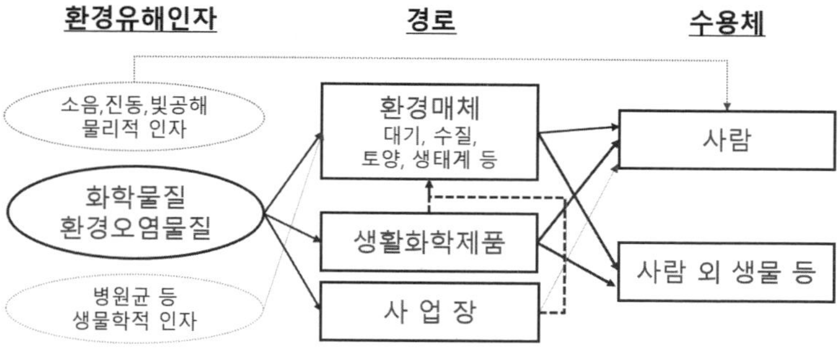

[그림 2-1] 화학물질 관리정책 대상이 되는 수용체 및 경로

생활화학제품과 사업장 내 취급을 통한 노출도 화학물질 관리정책의 대상이다. 일부 소비자용 생활화학제품 및 사업장에서 다루는 화학물질이 환경에 유출 또는 배출되어 사람의 건강과 생태계에 영향을 줄 수 있기 때문이다.

② 대상 물질

화학물질 관리정책의 대상이 되는 화학물질은 산업용 화학물질과 생활화학제품이다. 〈표 2-1〉에서 보듯이 국내 화학물질관련법령은 별도의 인허가 절차를 두고 관리되고 있는 보건 영역(사람에 직접 적용)과 식품·농축산 영역의 화학물질에는 적용되지 않는다. 사람의 건강이나 환경에 미치는 피해를 최소화한다는 규제 목적에 비추어 다른 법률에서 이미 규제하고 있거나(의약품, 농약 등), 검토 자료와 평가·관리 방법이 다른 화학물질의 경우 화학물질관련법령으로 관리할 실익이 적거나 적절하지 않기 때문이다.

〈표 2-1〉 국내 화학물질관련법령의 적용을 받지 않는 물질(2021년 12월 기준)

적용 배제 물질	근거법	화학물질관련법령		
		화평법	화관법	제품법
방사성물질	원자력법	x	x	적용
의약품 및 의약외품	약사법	x	x	x
화장품 및 그 원료(△ 원료 제외)	화장품법	x	x	△
위생용품	위생용품관리법	x	적용	x
의료기기	의료기기법	x	x	x

적용 배제 물질	근거법	화학물질관련법령		
		화평법	화관법	제품법
마약류	마약류관리법	x	x	적용
식품, 식품첨가물, 기구, 용기·포장	식품위생법	x	x	x
건강기능식품	건강기능식품법	x	x	x
유기식품, 비식용유기가공품, 무농약원료 가공식품, 유기농어업자재, 허용물질	친환경농어업법	x	x	x
수처리제	먹는물관리법	적용	적용	x
농약 및 원제	농약관리법	x	x	x
비료	비료관리법	x	x	적용
사료 (△단미사료와 보조사료만 적용 배제)	사료관리법	x	x	△
선박평형수 처리물질	선박평형수법	적용	적용	x
화약류	총포화약법	x	x	적용
군수품	군수품관리법	x	x	x
독성가스	고압가스안전법	적용	x	적용
살생물질과 살생물제품	화학제품안전법	x	적용	적용

x : 적용 배제

△ : 일부 적용

(출처) 화학물질등록평가법 제3조; 화학물질관리법 제3조; 화학제품안전법 제5조. 재구성.

2. 화학물질 관리정책의 특징

1) 매체별 오염의 통합적 예방관리

화학물질은 제품 생산(원료), 소비(제품), 폐기(폐기물) 등 모든 과정에서 화학물질 그 자체 또는 반응 결과물의 형태로 환경에 배출되며, 어느 매체로 배출되느냐에 따라 수질, 대기, 토양 등 오염의 유형이 결정된다. 즉, 화학물질 관리정책은 화학물질의 제한·금지 등 예방적 관리를 통해 대기·수질 등 종말처리 단계에서 처리 부담을 줄여 매체별 오염을 예방하는 기능을 한다.

화학물질은 환경 매체 오염을 통합 관리할 수 있는 매개체이다. 화학물질은 지구 및 생태계의 순환에 따라 매체에서 매체로 이동한다. 예를 들어 高잔류성 물질을 대기로 배출하는 사업장이 집중되어 있는 지역에서는 토양이나 생물체에서 해당 물질이 높은 농도로 관찰되기도 한다. 따라서 개별 매체에 집중한 화학물질 관리로는 수용체 중심에서 오염 문제를 통합적으로 해결하기 어렵다.[27]

2) 과학 기술 및 정보 의존성

화학물질 관리정책은 대표적인 기술 규제 영역이다. 그 핵심 정책 수단의 하나인 위해성 평가는 독성학, 역학, 노출과학 등의 과학의 발전에 크게 영향을 받는다. 여러 위해성 저감 대책도 다양한 분야의 과학적·공학적 지식과 기술에 의존한다.[28]

뿐만 아니라 화학물질 관리정책은 화학물질 정보를 확보하고 전달하는데에 규제 장치를 활용하고, 기관 내부의 과학적 절차도 규정화한다. 이는 화학물질의 위해성 평가에 많은 자료와 여러 분야 전문가들의 협업이 필요하고, 위해성 평가 결과가 화학물질 규제 수준을 결정하는 데 중요한 역할을 한다는 점을 감안해 그 과정과 결과의 투명성, 객관성, 재현성 등을 확보하기 위해서이다.

3) 산업 및 안전정책과의 연계성

화평법과 제품법에서는 화학물질의 제조·수입자에게 유해성 및 안전관리에 필요한 정보를 요구한다. 따라서, 화학물질관리 정책은 국내외 산업계와의 협력이 중요하다. 이러한 특성은 주요국들이 화학물질 위해성 저감이라는 정책 목적에 집중하면서도 규제 비용과 국제적 조화, 산업·경제적 영향 등을 함께 고려[29]하는 것에서 확인할 수 있다.

화학물질의 유해성 정보, 화학사고 예방·대비·대응 조치 등은 산업보건정책 및 제품안전관리 정책과도 밀접한 관련이 있다. 이러한 특징은 환경, 식·의약품, 농약, 산업안전과 관련된 기관들이 시험방법 등을 함께 개발하는 사례[30]에서 잘 나타난다.

---

27 OECD. Recommendation of the Council on integrated pollution prevention and control [cited Sep 2, 2021]. Available from: https://legalinstruments.oecd.org/en/instruments/OECD-LEGAL-0256

28 NRC. *Using 21st century science to improve risk-related evaluations*. Washington DC: National Academies Press; 2017.

29 EU REACH가 화학산업 경쟁력 강화를 목적 중 하나로 제시한 것이 그 사례이다. (출처) ECHA Understanding REACH.

30 미국의 21세기 독성시험(Tox21) 프로그램이 사례이다. (출처) US EPA. Toxicity testing in the 21st century

4) 국제적 조화 노력

화학물질은 생산 또는 사용 지역이나 국가를 넘어 문제를 유발한다. 국제 시장에서 다국적 화학기업의 비중이 커지고 화학물질의 생산·유통이 지구적 단위로 이루어지면서 개별 국가의 노력만으로는 화학물질 안전을 담보하기 어려워졌다. 국제협약 및 국제협력 프로그램을 통해, 전 세계에서 유해물질의 퇴출, 교역 제한, 그리고 화학물질의 시험과 표시 등의 국제적 조화와 공조가 필요해졌다.

3. 화학물질 관리정책의 분야

1) 정책 목적에 따른 분야

화학물질 관리정책은 그 목적에 따라 인식(awareness), 예방(prevention), 통제·관리(control & management) 등으로 구분할 수 있다. 인식은 사회 전 분야에서 화학물질의 위해성을 인식하게 하는 조치이고, 예방은 화학물질 오염, 사고 및 중독을 회피하거나 최소화하는 조치이다. 통제·관리는 화학물질의 추출, 제조, 사용, 취급, 운송, 저장 및 폐기 과정에서 사람과 환경에 위해를 끼치는 화학물질을 통제·관리하는 조치로 화학사고 대비·대응을 포함한다.[31]

2) 정책 내용에 따른 분야

OECD는 1970년대 이후 회원국 간 조화된 화학물질 관리의 원칙과 방법을 마련해 왔다. 〈표 2-2〉는 OECD의 화학물질 관련 규정을 정리한 것인데, 그 내용을 기준으로 ① 위해성 평가 및 정보 관리, ② 화학사고 등 화학안전, ③ 특정 유해물질 관리 등으로 구분할 수 있다. 이들 규정은 전세계 화학물질 시장을 주도해 온 OECD 국가들의 공통 원칙 또는 정책 기준이 되고 있다.

31 United Nations Institute for Training and Research (UNITAR). Key elements of a national programme for chemicals management and safety. 1998.

〈표 2-2〉 OECD의 화학물질 관리 관련 규정(2021년 12월 기준)

연번	규정명*	비 고
1	수은의 인위적인 환경 배출 저감에 대한 권고	C(73)172/Final
2	사람과 환경에 대한 화학물질 영향예측 절차와 요건 지침에 대한 권고	C(77)97/Final
3	화학물질 평가에서 자료의 상호 인정(MAD)에 대한 권고	C(81)30/Final C(97)186/Final
4	화학물질 평가에서 최소 시장 출시전 자료에 대한 권고	C(82)196/Final
5	비밀 화학물질 자료의 교환에 대한 권고	C(83)97/Final
6	비 기밀 화학물질 자료의 OECD 목록에 대한 권고	C(83)98/Final
7	금지 또는 엄격 제한 화학물질의 수출 관련 정보 교환에 대한 권고	C(84)37/Final
8	PCB 통제로 환경 보호를 위한 추가 조치에 대한 결정 및 권고	C(87)2/Final
9	기존화학물질의 체계적 조사에 대한 결정 및 권고	C(87)90/Final
10	국경간 피해를 야기할 수 있는 화학물질 관련 정보 교환에 대한 결정	C(88)84/Final
11	유해물질 사고의 예방 및 대응 관련 의사결정 과정에서 대중에 대한 정보 제공 규정 및 공공 참여와 관련한 결정 및 권고	C(88)85/Final
12	우수시험실규정(GLP) 원칙의 준수에 대한 결정 및 권고	C(89)87/Final C(95)8/Final
13	사고 오염에서 오염자부담원칙의 적용에 대한 권고	C(89)88/Final
14	통합 오염예방 및 통제(IPPC)에 대한 권고	C(90)164/Final
15	오염물질의 배출 및 이전의 등록(PRTR)에 대한 권고	C(96)41/Final C(2003)87 C(2018)5
16	납의 위해성 저감에 관한 선언문	C(96)42/Final
17	화학사고 예방, 대비, 대응 관련 권고	C(2003)221
18	제조나노물질의 안전시험 및 평가에 대한 권고	C(2013)107
19	화학물질의 협력적 조사 및 위해저감에 관한 이사회 결정 및 권고	C(2018)51
20	화학물질의 비임상적 보건·안전·환경 자료 및 정보 접근과 소유권에 대한 권고	C(83)96/Final C(2021)104

(출처) OECD. OECD Council Acts related to chemicals and biotechnology products [cited Sep 2, 2021]. Available from: https://www.oecd.org/chemicalsafety/oecdcouncilactsrelatedtochemicals.htm

* OECD 화학물질 및 생명공학 관련 규정 중 생명공학 [C(86)82/Final] 및 농약 [C(2019)13/REV1] 관련 각 1개씩을 제외하였다.

3) 국내 화학물질 관리정책의 주요 분야

국내 화학물질관련법령이 다루는 주요 정책 분야를 그 목적과 내용, 관련 국내법을 중심으로 〈표 2-3〉과 같이 구분할 수 있다.

〈표 2-3〉 화학물질관리정책의 분야와 관련 국내 법

목적	내용	세부정책내용(예시)	화학물질관리법령
인식	정보 확보 및 평가	• 유통 화학물질 등록 • 유해성심사 및 위해성 평가	화학물질등록평가법
예방	유해화학물질 통제	• 사용규제 : 허가·제한·금지물질 지정 • 분류 표시 : 유독물질 지정 및 표시	
		• 위해가능성 높은 물질/제품 사전관리 (살생물질/살생물제품/생활화학제품)	화학제품안전법
통제 및 관리	취급시설 안전관리	• 영업자의 안전관리 • 유해물질 취급시설 관리	화학물질관리법
국제 협력	관심물질 관리	• 잔류성유기오염물질 관리 • 수은 관리	관련 국제협약 및 잔류성오염물질법

3 주요 정책 원칙[32]

1. 시험자료 상호인정(MAD) 및 우수실험실운영(GLP) 원칙

1) 주요 내용

시험자료의 상호 인정(mutual acceptance of data, 이하 'MAD')은 OECD 회원국에서 화학물질을 평가할 때 한 국가가 인정하여 신뢰성이 확보된 시험자료를 다른 국

32 이 장에서는 OECD 국가 등을 중심으로 공통적으로 확인되는 화학물질 관리의 원칙 또는 정책을 OECD 규정을 중심으로 살펴본다. 일부 국제기구는 화학물질 관리 원칙으로 보다 일반적인 정책의 원칙을 제시하기도 하지만, 이 절에서는 화학물질 관리정책의 제도 설계와 이행에 광범위하게 적용되고 규범적 성격이 강한 정책 원칙과 내용에 초점을 둔다.

참고로 UNITAR는 화학물질 관리의 일반적인 원칙을 ① 사회 전 분야가 화학물질 안전의 책임을 공유해야 함, ② 화학물질은 지속가능발전을 증진하도록 사용될 수 있고 사용되어야 함, ③ 우선순위가 결정되어야 함, ④ 의미 있는 모든 화학물질 오염원과 오염경로, 화학물질의 전 과정을 고려해야 함, ⑤ 어떤 국가나 집단도 화학물질 또는 관련 기술의 사용이나 교역을 통해 다른 국가나 집단을 위협에 빠뜨려서는 안 됨, ⑥ 예방원칙이 강조되어야 함, ⑦ 사전주의적 접근이 채택되어야 함, ⑧ 정보에 기초한 의사결정이 되도록 위해성뿐만 아니라 비용과 편익도 평가해야 함, ⑨ 오염자부담원칙을 적용해야 함, ⑩ 가용한 최선의 과학지식과 평가가 활용되어야 함, ⑪ 적절한 최신 기술이 활용 가능해야 함, ⑫ 화학물질 안전, 화학물질 사용 및 그 유해성에 대한 정보는 정부, 기업, 작업자 및 일반대중이 쉽게 활용 가능해야 함, ⑬ 화학물질 위해성 관리는 화학 응급상황에 대비한 비상계획을 포함해야 함, ⑭ 중독 통제프로그램이 작동해야 함, ⑮ 국제협력과 조정이 촉진되어야 함 등으로 제시하고 있다. (출처) UNITAR. 1998. 18-21. ibid.

가도 인정한다는 원칙이다. MAD는 신뢰할 수 있는 양질의 시험자료를 상호 활용함으로써 시험 비용 부담을 최소화하고 시험시설과 전문인력을 효과적으로 활용함과 동시에 시험방법과 시험자료의 질이 달라 발생할 수 있는 비관세 무역장벽을 최소화하기 위해 마련되었다.[33]

MAD가 작동하기 위해서는 시험자료와 그 자료의 생산·관리 체계가 신뢰성, 재현성, 감사가능성(auditability)을 갖추어야 한다. OECD는 MAD를 가능하게 하는 3단계의 요건을 두고 있다. 첫째, 시험자료 작성을 위한 시험은 OECD 시험지침(Test Guidelines, 이하 'TG')과 OECD 우수실험실운영(Good Laboratory Practice, 이하 'GLP') 원칙에 따라 수행되어야 한다. 둘째, 시험은 국가 GLP 준수평가 프로그램(national GLP compliance monitoring programme)에 의해 검증을 받은 시험시설에서 수행되어야 한다. 셋째, 국가 GLP 준수평가 프로그램은 OECD로부터 합격평가를 받아야 한다.[34] 다시 말해, 시험 자체가 표준 방법과 우수 시험시설에서 수행되어야 하고, 시험시설과 시험과정을 국가가 모니터링해야 하고, 그 국가의 모니터링체계를 OECD가 평가하도록 한다. 이러한 3단계의 요건을 갖춘 시험자료는 OECD 회원국뿐 아니라 비회원국들과도 상호 인정된다.

MAD의 요건에서 확인할 수 있듯이 GLP 원칙은 MAD의 가장 중요한 부분 중 하나이다. GLP 원칙은 화학물질의 비임상(non-clinical) 안전성 시험이 수행되는 시험기관의 조직과 여러 조건들을 체계적으로 관리하는 것이다. GLP 원칙 준수 여부는 화학물질 안전성 시험자료의 질과 신뢰성을 좌우한다.[35]

2) 쟁점 또는 이슈

MAD의 한계는 MAD 체계에 참여하지 않은 국가와 교역이 이루어질때 드러난다. OECD가 MAD 도입을 논의하던 1970년에는 미국, 일본, 유럽 등 OECD국가들의 화학물질 생산량이 전세계 생산량의 83%에 달했다. 최근 OECD에 가입한 국가가 늘어났음에도 불구하고 중국과 인도 등 비OECD국의 화학산업이 성장하면서 OECD국가

33 OECD. Decision of the Council concerning the Mutual Acceptance of Data in the Assessment of Chemicals [cited Sep 2, 2021]. Available from: https://legalinstruments.oecd.org/en/instruments/OECD-LEGAL-0194

34 OECD. Mutual acceptance of data (MAD) [cited Dec 2, 2021]. https://www.oecd.org/env/ehs/mutualacceptanceofdatamad.htm

35 국립환경과학원, 『OECD GLP 원칙 및 테스트가이드라인 이해』, 2016.

의 화학물질 생산 비중은 52%로 낮아졌고, 2050년까지 비OECD국가의 화학물질 생산 비중이 OECD국가를 능가할 것으로 전망된다.[36]

OECD는 1997년부터 비OECD국가들의 MAD 참여를 허용해 왔다. 현재 브라질, 남아공, 아르헨티나, 인도, 말레이시아, 싱가포르, 태국 등이 이에 참여하고 있다.[37] 그러함에도 중국 등 MAD 미참여 개도국의 화학물질 생산 비중이 여전히 크다.

OECD TG와 관련해서는 동물시험을 대체하는 논의와 연구가 활발하다. 국제적으로 동물복지 이슈와 맞물려 동물시험대체법을 공식적인 화학물질 평가방법의 일부로 수용하는 추세이다. OECD는 이러한 비동물적 접근을 MAD체계 내에서 어떻게 수용할 것인지 등에 대한 논의도 주요하게 다루고 있다.[38]

환경(생태)위해성 평가 시 활용하는 국제 표준시험법에서 시험생물종(test species)에 관한 이슈도 있다. 국제 표준시험법의 시험생물종 중 국내에 서식하는 종의 비율은 26%에 불과하다. 국외 시험생물종 사용 시 생태계 교란 및 경제적 비용이 발생할 수 있고 국내 생물종의 독성 민감도 및 환경 특성을 고려하지 못하는 문제가 있어 국내 서식종을 활용할 필요가 있다는 의견이 제기된다.[39]

2. 화학물질 정보 없이 시장출시 금지 (No Data, No Market)

1) 주요 내용

신규화학물질[40]이 최초로 시장에 유통되기 전에 사람의 건강 및 환경에 대한 위해성 평가 관련 정보가 제공되어야 한다는 원칙이다. 화학물질의 유해성에 대한 정보를 확보하는 것은 건강과 환경을 보호하기 위한 최소한의 조치이다. OECD는 신규화학물질의 시장 출시 전 최소 자료(minimum pre-marketing data, 이하 'MPD')를 아래와 같이 제시한다.

36 OECD. 40 Years of chemical safety at the OECD: quality and efficiency. 2011. 4. ; OECD. OECD work on chemicals safety and biosafety: 2021-2024. 2021.

37 OECD. Non-OECD Member countries adhering to the OECD system for mutual acceptance of chemical safety data. ibid.

38 OECD work on chemicals safety, pp.21-26, ibid.

39 Nam SH. Kim M, An YJ. 「Deriving Candidate List of Korean Native Organisms for Ecotoxicity Testing: (1) Aquatic Test Species」. 『J Korean Soc Environ Eng』 2019;41(1):10~23.

40 신규화학물질은 시장에 처음 출시(제조 또는 수입)되는 화학물질을 말한다. 제도적으로는 각국에서 화학물질 유해성 또는 위해성을 평가하는 제도를 도입하기 이전부터 시장에 이미 유통되던 화학물질을 목록화하여 기존화학물질로 관리하고, 기존화학물질이 아닌 화학물질을 신규화학물질로 본다.

시장 출시 전 최소 자료(MPD)

- 화학물질 확인 자료 : 화학물질명, 상품명, 구조식 등
- 생산/사용/처리 자료 : 예상생산량, 용도 등
- 주의사항과 응급조치
- 물리화학적 자료 : 융점, 비등점, 물점, 증기압 등
- 급성 독성자료 : 급성경구독성, 급성피부독성, 급성흡입독성 등
- 유해성 자료
- 환경생태독성 자료

(출처) OECD. Decision of the Council concerning the minimum pre-marketing set of data in the assessment of chemicals [cited Sep 2, 2021]. https://legalinstruments.oecd.org/en/instruments/OECD-LEGAL-0199

신규화학물질의 최초 평가에 필요한 자료를 제출해야 하는 주체는 일반적으로 그 화학물질의 시장 출시를 통해 이윤을 창출하는 제조 또는 수입자이다. 사업자가 화학물질 신고 시 제출한 자료에 대한 소유권은 보호된다.[41] 제출을 받은 기관은 신고자가 시험실을 보유하여 직접 자료를 생산하였는지, 그렇지 않다면 제출한 자료를 사용할 수 있는 권리가 있는지를 확인하여야 한다. 우리나라도 만약 자체 시험실이 없는 신고자가 자료 사용권이 있음을 증명하지 못하면 해당 자료를 접수하지 않는다.

2) 쟁점 또는 이슈

정책 현장에서는 자료 제출의 범위와 그 면제 범위가 쟁점이다. 자료의 제출 범위를 축소 또는 면제하는 것은 일반적으로 노출 가능 여부에 달려 있다. 그러나 실제로는 시장에 새로 들어오거나 유통되는 모든 물질의 노출 가능성을 정확하게 알기는 어려우므로 물질의 유통량이나 용도를 기준으로 자료 제출의 면제 또는 축소 여부를 결정한다.

대부분의 국가에서 소량으로 수입되는 화학물질(소량 물질)이나 시험·연구용 물질,

41 OECD. Recommendation of the Council concerning access and the protection of proprietary rights to non-clinical health, safety and environmental data and information on chemicals [cited Dec 20, 2021]. Available from: https://legalinstruments.oecd.org/en/instruments/OECD-LEGAL-0203.

고분자화합물(polymer),[42] 기존화학물질과 유사한 물질군으로 분류되어 종전의 자료를 활용할 수 있다고 인정되는 물질 등에 대해 제출 자료의 전부 또는 일부를 면제하고 있다. 구체적인 자료 제출의 범위는 산업·경제적 상황 및 정책 여건에 따라 국가별로 다양하다.[43]

3. 화학물질의 협력적 조사와 위해성 저감

1) 주요 내용

한 국가가 제한된 자원으로 시장에서 이미 유통되고 있는 많은 기존화학물질을 평가하기보다 여러 국가가 협력해 화학물질 안전 관련 자료와 위해성 평가 결과를 공유하는 것이 더 효율적이다. OECD는 기존화학물질 중 시험대상 우선순위 결정, 평가 절차 및 기준, 그리고 필요한 자원을 국제적으로 분담하는 협력사업을 추진하였다. 대표적인 사업이 대량유통화학물질에 대한 초기 유해성 평가(screening information data set, 이하 'SIDS')사업이다.[44]

주요국들이 신규·기존 구분 없이 모든 화학물질을 관리 대상으로 하는 등 관련 제도를 개선하는 추세에 맞추어 OECD는 화학물질 협력사업에 대한 신규 규정[45]을 마련하고, 새로운 유해성 평가 접근법을 적용하는 한편, 화학물질 위해성을 줄이기 위한 국가 계획을 강화하고 위해성 감소 조치의 대상이 되는 화학물질을 결정하는 우선순위 기준을 개발하기 위해 협력하고 있다. 화학물질 우선순위 선정법을 포함한 유해성·노출 평가 방법론 개발 등이 구체적 사례이다.[46]

---

42 고분자화합물을 구성하는 단량체(monomer) 등이 등록 대상이다.

43 이호용. 박선아. 「EU, 미국, 일본의 화학물질관리법 주요 쟁점 비교 연구」, 『법과 정책 연구』, 2017;17(4):31–65.

44 OECD SIDS사업은 국제적으로 1천 톤 이상 대량 유통되는 화학물질 약 1,200여 종에 우선순위를 두고 OECD 회원국과 국제화학산업계 등이 해당 물질별 시험자료를 확보·생산하는 사업이다. SIDS 사업으로 확보한 정보는 UNEP/IRPTC(독성화학물질의 국제등록)를 통해 공개하고 일반이 이용할 수 있도록 한다. 한국은 1999년부터 참여하였다. (출처) 김명진, 배희경, 최연기, 김미경, 구현주 등. 「OECD 대량생산화학물질 위해성 평가 및 대책」, 『환경영향평가』, 2005;14(5):347–353.

45 OECD, Decision–Recommendation of the Council on the co–operative investigation and risk reduction of chemicals [cited Sep 2, 2021]. Available from: https://legalinstruments.oecd.org/en/instruments/OECD–LEGAL–0441

46 OECD work on chemical safety, pp.16–21. ibid.

2) 쟁점 또는 이슈

기존화학물질 관리와 관련해서는 자료 제출 주체, 위해성 평가 주체, 우선순위 선정과 평가 속도 등이 쟁점이다. 무엇보다도 개별 국가 또는 국제적 협력사업에만 의존한 기존화학물질 유(위)해성평가는 그 속도가 느리다는 점에서 다른 정책적 대안의 필요성이 대두되었다. EU는 사업자가 기존화학물질에 대해서도 유해성 정보 등과 함께 화학물질을 등록하고 그에 따라 평가·관리하는 REACH 제도를 도입하였다. 미국은 법적 구속력이 있는 평가 완료 시점을 설정해 기존화학물질의 우선순위 선정, 위해성 평정(risk evaluation), 위해성 관리(risk management) 등을 실시하도록 하고 관련 산업계의 책임을 강화하였다.[47]

많게는 수십만 종에 이르는 기존화학물질의 평가에서 우선순위 선정은 한정된 자원을 효율적으로 사용하기 위한 필수 단계이다. 주요 국가들은 노출 가능성과 독성의 심각도 등을 기준으로 기존화학물질의 우선순위를 정한다.

4. 화학사고의 예방·대비·대응(PPR)에 관한 원칙

1) 주요 내용

유해물질 및 유해설비와 관련한 화학사고를 예방·대비·대응(prevention, preparedness and response, 이하 'PPR')하려면 정부는 관련 국가 계획과 사업을 수립하고 이를 강화하는 노력을 해야 한다. OECD는 화학사고의 PPR 활동의 지침적 성격을 갖는 OECD 화학물질 PPR 지도원칙(guiding principle)[48]과 OECD 안전성과지침(guidance on safety performance indicators)을 마련하고 회원국들이 화학사고 관련 정책을 수행할 때 이를 고려하도록 권고하고 있다.[49]

---

47 ECHA. Understanding REACH. ibid.; 미국 GAO는 종전 TSCA 체계에서 6만2천여 개의 기준 화학물질 중 TSCA를 적용해 제조사용을 금지한 물질은 5개에 불과한 등 기존화학물질 관리가 당초 입법목적에 맞게 진행되지 못했다고 평가하고 화학물질 평가 능력을 개선하기 위한 대안을 제시하였다. (출처) US Government Accountability Office (GAO). Chemical regulation: options exist to improve EPA's ability to assess health risks and manage its chemical review program (Jun 2005) 27.

48 OECD, *OECD guiding principles for chemical accident prevention, preparedness and response: guidance for industry (including management and labour), public authorities, communities and other stakeholders.* 2nd ed. OECD; 2003.

49 OECD, Recommendation of the Council concerning Chemical Accident Prevention, Preparedness and Response [cited Sep 2, 2021]. Available from: https://legalinstruments.oecd.org/en/instruments/OECD-LEGAL-0319

화학사고의 PPR 지도원칙에서는 화학사고 안전관리를 예방, 대비, 대응 및 후속 조치분야로 나누고, 분야별로 주요 행위주체의 역할 등을 상세히 기술하고 있다. 그 핵심규칙〈표 2-4〉은 모든 이해관계자에게 위해성 저감과 사고 예방에 대한 우선순위 부여와 화학사고 PPR의 모든 측면에서 서로 소통하고 협력할 것을 권고한다.

OECD는 화학사고 PPR 지도원칙 이행을 위한 보조수단으로 PPR과 관련한 성과를 평가하는 안전성과지표(safety performance indicators, 이하 'SPI') 사용을 권고하고 있다. SPI는 전세계 유해설비 주변의 산업체, 공공기관, 지역사회를 지원하고 그들의 화학물질 안전활동 이행을 평가할 목적으로 화학물질 안전활동의 활동도(activity) 또는 산출물(outcome)을 지표화한 것이다.[50]

화학사고 관련 OECD 규정들[51]은 PPR 원칙의 적용부터 정보 교환, 공공의 참여뿐만 아니라 해당 시설물의 경영책임자가 사고비용을 부담하도록 하는 비용부담의 원칙에 이르기까지 화학사고와 관련한 전반을 아우르고 있다.

화학사고 PPR 지도원칙의 주요 분야

- 예방(prevention) : 작업자를 포함한 산업계, 공공당국, 지역사회의 이해관계자가 효과적으로 화학안전을 확보하고 사고 발생가능성을 최소화하기 위해 취해야 할 조치
- 대비(preparedness) : 비상계획과 토지이용계획, 위해성 소통을 통해 사고 발생 시 파급효과와 부정적 영향을 완화하기 위해 사전에 대비하는 조치
- 대응(response) : 사고가 발생했을 때 위기 행동을 통해 사람과 환경, 재산상 피해를 억제하는 조치
- 후속조치(follow-up) : 사고 복구, 사고로부터의 학습 과정을 통한 유사 사고의 재발 방지 등

(출처) OECD chemical accident PPR guiding principles. 13.

50 OECD, Guidance on developing safety performance indicators related to chemical accident prevention, preparedness and response, Series on chemical accidents no. 11. OECD Environment Directorate; 2008.

51 화학물질 사고의 예방, 대비 및 대응[C(2003)221], 국경간 손실 초래 가능한 사고 관련 정보의 교환[C(88)84], 유해화학물질 관련사고의 예방 및 대책과 관련 의사결정 과정의 공공참여와 정보의 제공[C(88)85], 오염사고에 대한 오염자부담원칙의 적용[C(89)88] 등이다.

〈표 2-4〉 OECD 화학사고의 예방·대비·대응 지도원칙의 핵심 규칙("Golden Rules")

<table>
<tr><td colspan="3">모든 이해관계자들의 역할</td></tr>
<tr><td colspan="3">• 사람의 건강과 환경 및 자산을 보호하기 위해 효과적인 비상 대비 및 대응뿐만 아니라 화학물질 위해성 저감과 사고예방에 우선순위 부여
• 화학사고 예방, 대비 및 대응의 모든 측면에서 서로 간 소통과 협력</td></tr>
<tr><td>산업계</td><td>정부기관</td><td>지역사회/주민</td></tr>
<tr><td>경영진</td><td rowspan="4">• 정책, 규제, 관행의 개발, 시행 및 지속적 개선 추구
• 모든 이해관계자가 역할과 책임을 다할 수 있도록 동기 유발하는 리더십 발휘
• 위험의 적절한 관리를 돕기 위한 산업계 모니터링
• 이해관계자간 효과적 소통 및 협력이 되도록 지원
• 기관간 협력 촉진
• 책임영역 내의 위험 인식 및 적절한 계획
• 적절한 대응 조치를 통해 사고 영향의 완화
• 적절하고 일관된 토지 이용계획 정책 및 배치 수립</td><td rowspan="4">• 지역사회 내 위험을 인지하고 사고 발생 시 해야 할 행동을 인식
• 위험 설비 관련 의사결정에 참여
• 비상계획·대응에 대해 지역당국 및 산업계와 협력</td></tr>
<tr><td>• 유해물질취급설비의 유해·위해성 인식
• 전사적 '안전문화' 인식 및 수용 촉진
• 안전관리체계의 확립 및 그 이행의 모니터링/검토
• 위험설비의 설계·운영 시 '내재적으로 더 안전한 기술' 원칙 활용
• 세심한 관리변화에 주의
• 발생 가능한 모든 사고에 대한 대비
• 다른 주체들의 임무·책임 수행 지원
• 지속적인 개선 추구</td></tr>
<tr><td>노동계</td></tr>
<tr><td>• 기업 안전문화, 안전절차, 훈련에 따른 행동
• 정보 습득, 정보 제공 및 경영진에 정보 피드백하는 모든 노력 경주
• 공동체에 선제적 정보 전달과 교육 지원</td></tr>
</table>

(출처) OECD chemical accident PPR guiding principles. 209. 재작성.

2) 쟁점 또는 이슈

화학사고와 관련한 쟁점 중 하나는 개도국에 소재하는 선진국 기업의 위험설비로 인한 대규모 화학사고에 관한 것이다. OECD는 회원국에게 "비회원국가에 설치되는 위험한 설비에 대한 투자와 기술이전 및 상호 기술적·재정적 지원에 대해서, 회원국은 PPR 지도원칙을 적절하게 적용하고 SPI 지표를 적극적으로 사용"할 것을 권고함으로써 위험 설비가 안전장치 없이 선진국에서 개도국으로 이전되지 않도록 할 것을

요구한다.[52]

2011년 동일본 대지진으로 인한 후쿠시마 원자력발전소 사고와 기후변화로 인한 이상기후의 증가 등으로 자연재난과 기술재난이 합쳐진 복합재난인 '자연재해 촉발 기술재난(Natech, natural hazards triggered technological accidents)'에 대해 정책적 관심이 증가하고 있다. Natech은 지진이나 쓰나미 등 자연재해로 촉발되는 산업사고 또는 기술재난을 의미하는데, 2010년 중반 이후 화학사고 분야에서 Natech 위험에 대응하기 위한 국제적 노력이 지속되고 있다.[53]

5. 화학물질 관련 정보의 공개 원칙

1) 주요 내용

화학물질 평가와 안전성 확보 또는 그밖에 사람의 건강이나 환경 보호 목적을 위해 자료의 공개와 교환을 촉진하고, 이를 위하여 가치가 있는 자료를 비기밀성으로 분류한다는 원칙이다. 이는 화학물질에 대한 자료의 개발에 있어 불필요한 중복을 피하고 기존 데이터를 더 잘 이용하여 부족한 전문가 인력을 효과적으로 활용하는 한편 화학물질 평가를 위한 시험에 사용되는 동물 수를 줄이기 위해서도 필요하다.[54]

비기밀성(non-confidential)이란 정부 간 자료의 교환이나 일반 공개에 어떠한 제한도 없다는 의미이다. 자료가 비기밀성으로 분류되더라도 지적재산소유권에는 영향을 주지 않는다.[55] 비기밀성 자료의 종류는 상황에 따라 달라질 수 있으나, 일반적으로 시장 출시 전 최소자료(MPD)와 유사한 유형의 자료이다.

정보 공개의 필요성에도 불구하고 산업계에서는 특정한 화학물질 정보를 기업 비밀로 유지할 필요가 있다. 비밀성, 상업적 가치성, 비밀 관리성 등이 요구되는 정보는 중요한 영업비밀이 될 수 있는데,[56] 산업체는 당국에 제출한 자료 중 이러한 자료를 기업비밀로 관리하도록 요구할 수 있다. 일례로 미국의 TSCA는 '화학물질이나 혼

52 OECD. Recommendation of the Council concerning chemical accident prevention, preparedness and response. ibid.

53 OECD. Natech risk management: 2017–2020 project results. Series on chemical accidents no. 32. OECD Environment Directorate; 2020.

54 OECD. Recommendation of the Council concerning the OECD list of non-confidential data on chemicals [cited Sep 2, 2021]. Available from: https://legalinstruments.oecd.org/en/instruments/OECD-LEGAL-0205.

55 Ibid.

56 이호용·박선아. 「EU, 미국, 일본의 화학물질관리법 주요 쟁점 비교 연구」. 『법과 정책 연구』. 2017;17(4):31–65.

합물의 제조나 가공에 사용되는 공정이 나타나는 자료 또는 혼합물의 경우 혼합물에 포함된 화학물질의 함량비' 등을 EPA가 공개하지 않도록 규정하고 있으며, 이에 근거해 기업이 특정 정보의 영업비밀(CBI, confidential business information) 유지를 요청하면 EPA는 이를 검토해 공개 또는 비공개 결정을 한다.[57] 우리나라의 화학물질 관련 제도에서도 영업비밀 보호 제도를 운영하고 있다.

2) 쟁점 또는 이슈

정책 현장에서는 국민들의 알 권리(right to know)와 기업의 영업비밀(CBI) 유지 필요성 간의 균형이 쟁점이다. 2016년 이전 미국 TSCA 체제에서 사업자는 CBI 내용을 구체화하지 않은 상태에서 기업비밀 유지를 신청할 수 있었다. 그 결과 EPA가 화학물질 평가 등을 목적으로 해당 물질에 대한 자료를 요청해도 기업이 영업비밀 보호를 명목으로 거부하는 사례가 발생하는 등 영업비밀 보호 조항이 화학물질 안전관리 제도의 운영목적을 훼손하였다.[58]

미국은 과도하게 기업비밀을 보호하는 폐단을 막기 위해 2016년 TSCA를 개정하여, 주 정부나 지방자치단체의 정보 접근권을 보장하고, 보건전문가나 환경전문가가 비밀유지서약을 체결한 후 영업비밀에 접근할 수 있도록 하였다. 화학사고가 발생한 경우에는, 초기 대응자나 보건전문가가 대응, 치료 및 진단 등을 위해서 영업비밀에 접근할 수 있도록 인정하고 있다.[59]

57 US EPA. Confidential business information under TSCA [cited Sep 2, 2021]. Available from: https://www.epa.gov/tsca-cbi

58 US House of Representatives. Memorendum (13 Apr 2015). 4.

59 김성배, 「최근 미국 TSCA의 개정과 그 시사점」, 『환경법연구』, 2016;38(3):65-107.

제2장

화학물질의 위해성 분석

1 위해성 분석체계

1. 위해성의 이해

화학물질 관리정책의 목적은 화학물질이 사람의 건강과 환경에 미치는 피해를 예방하고 관리하는 것, 즉 화학물질의 위해성(risk)[60]을 관리하는 것이다. 화학물질 관리정책을 이해하려면 위해성의 개념과 위해성 평가-관리-소통으로 구성된 의사결정체계인 위해성 분석(risk analysis)체계를 이해할 필요가 있다.

1) 리스크의 개념

리스크(risk)의 사전적 정의는 '불편한 일이 발생할 가능성' 또는 '불편하거나 바람직하지 않은 결과'이다.[61] 일반적으로 리스크는 어떤 부정적인 결과나 피해가 발생할 확률로 표현된다.[62]

오래전부터 인류는 위험을 감수하거나 회피하면서 살아왔다. 과거에는 리스크의 감수 혹은 회피가 개인의 선택 문제였다면 현대 사회의 리스크는 부의 창출에 수반되고

60 Risk를 분야에 따라 위험(경제/금융/기타), 위해성(환경) 등으로 번역하거나 영어 발음대로'리스크'라고 부르기도 한다. 이 글에서는 환경과 관련해서는 위해성으로, 보다 광범위한 일반적인 개념으로는 리스크라고 하되, 필요한 경우 혼용해서 사용한다.

61 Collins Cobuild Advanced Learner's English Dictionary.

62 Adams J. *Risk*. London: Routledge; 2001.

지구적으로 발현되는 등 개인의 의도와는 무관하고 예측하기 어려운 파급효과를 낳는다.[63] 리스크 연구는 도박 결과의 최적화를 위한 수학 퍼즐 개발에서 시작되어 경제학과 금융 분야로 확산·성숙되었다. 20세기 후반에 리스크 개념은 거의 모든 사회 분야로 퍼져나갔다.

2) 리스크의 유형

① 자발적 vs 비자발적 리스크

리스크는 위험에 노출되는 주체가 스스로 선택한 것인지에 따라, 즉 자발성을 기준으로 자발적(voluntary)–비자발적(involuntary) 리스크로 나눌 수 있다.[64] 자발적 위해성은 흡연이나 음주, 자동차 경주와 같이 스스로 선택해 노출되는 위험이고, 비자발적 위해성은 화재, 홍수, 태풍 등 자연재해를 만나거나 오염된 공기를 마시는 것과 같이 선택권이 (거의) 없이 노출되는 위험이다.

사람들은 보통 비자발적 리스크를 더 불편해하고 수용하기 어려워한다. 이는 비자발적 리스크는 스스로 통제·관리하기 어렵기 때문인데 사람들은 결과가 달라질 수 있는 대안이나 선택권이 있을 때 더 많은 위험을 감수하는 경향이 있다.[65] 화학물질과 오염물질로 인한 위해성은 대부분 비자발적인 위해성으로 분류되므로 화학물질 관리정책의 정책적·소통적 측면에서 이를 고려할 필요가 있다.

② 확실한 vs. 불확실한 리스크

리스크가 직접적인 관찰과 통계학적으로 검증 가능하고 구체적인 확률로 표현되는지 여부에 따라, 즉 과학적 확실성을 기준으로 확실한(certain) 리스크와 불확실한(uncertain) 리스크로 구분할 수 있다. 리스크 자체가 확률을 의미하기 때문에 확실

---

63 Beck U. *Risk society towards a new modernity*. Ritter M, translator. London: Sage Publications; 1992.

64 리스크의 특성에 따라 수용성 또는 수인성(tolerance) 등이 달라진다. 주요한 정성적 특성은 개인 또는 기관의 통제 가능성, 자발성, 친숙성, 공포, 위해와 편익의 불평등한 배분, 위해성 기원의 인위성, 비난 가능성 등이다. (출처) Renn O. 「Risk *communication: insights and requirements for designing successful communication programs on health and environmental hazards*」, In: Heath RL, O'Hair HD, Editors. *Handbook of risk and crisis communication*. Taylor & Francis; 2009. 88–89.

65 Starr C. 「Social benefit versus technological risk」. 『Science』 1969;165:1232–1238.; Fischihoff B, et al. 「How safe is safe enough? a psychometric study of attitudes towards technological risks and benefits」. 『Policy Sciences』 1978;9:127–152.

한 리스크가 존재한다는 것이 반드시 특정 시점에 부정적 영향이 발생한다는 것을 의미하지 않는다.[66]

리스크를 인과관계와 발생확률을 기준으로 단순(simple)·복잡(complex)·불확실(uncertain)·모호(ambiguous)한 리스크 등으로 구분하기도 한다. 단순 리스크는 룰렛 게임의 손실 리스크와 같이 인과관계와 발생확률이 명확한 것이다. 복잡 리스크는 상호 연계된 기술체계(예 : 전기전송그리드)의 붕괴 위험과 같이 인과관계와 발생확률의 파악이 복잡한 것이다. 불확실 리스크는 지구 위의 인간이 떨어지는 운석에 맞을 리스크와 같이 인과관계는 확실하나 발생확률을 알 수 없는 것을 의미하고, 모호한 리스크는 도입 예정인 신규물질의 장기 건강 피해와 같이 인과관계를 알 수 없는 것을 말한다.[67]

확실한 리스크에 대해서는 그 심각도와 크기에 따라 적정 자원을 투입해 리스크 저감 대책을 추진할 수 있지만, 불확실한 리스크에 대해서는 다른 차원의 접근이 필요하다는 점에서 과학적 확실성을 기준으로 한 리스크 구분은 정책적인 쓸모가 있다.

③ 시스템 리스크

현대 사회는 인구 구조의 변화, 기후변화 등 환경문제가 가시화되고, 기술 발전과 상호 연결성이 증대되는 등의 변화로, 예전과는 다른 성격의 리스크에 직면하고 있다. 현대 세계가 직면한 리스크는 단순히 리스크가 증가하는 문제가 아니라 공간, 시간, 사회적 차원에서 리스크의 경계가 해제(de-bounding)되어 통제불가능해 지는 것이다.[68] 이러한 리스크를 시스템 리스크(systemic risk)라고 하는데, 과학적으로 측정하기가 매우 어렵고 위해성 평가-관리체계에 기반한 기존의 방법으로는 대응하기 어렵다.[69]

새로운 리스크의 핵심에는 문제의 경계, 위해성의 근원, 용량-반응 관계, 위해성 저감 대안 및 그 비용, 결과의 심각성과 가역성 등에 대한 불확실성이 있다. 이러한 리스크는 서로 다른 이해관계를 가진 집단이 관련되기 때문에 논쟁으로 이어질 잠재성이 높다.[70]

---

66 Zander J. *The application of the precautionary principle in practice. 3rd ed.* New York: Cambridge University Press; 2010. 8–17.

67 International Risk Governance Council (IRGC). White paper; risk governance towards an integrative approach. 2005. [IRGC white paper]

68 Beck U. The terrorist threat: world risk society revisited. 『Theory, Culture and Society』 2002;19(4):39–55.

69 OECD. *New emerging risk in the 21st century–an agenda for action.* Paris: OECD; 2003. 29–62.

70 Vlek C. Judicious management of uncertain risks: I. Developments and criticisms of risk analysis and precautionary reasoning. 『Journal of Risk Research』 2010;13(4):517·543.

2. 화학물질의 위해성

1) 정의

화학물질 관리정책에서 위해성(risk) 개념은 일반적인 리스크 개념에 비해 잘 정립된 편이다.[71] 화학물질의 위해성은 "특정 상황에서 화학물질의 노출로 사람의 건강이나 환경에 부정적 영향이 발생할 확률"로 정의할 수 있다.[72] 우리나라[73] 및 미국, EU 등 다른 국가와 주요 국제기구의 정의도 유사하다.[74]

위해성은 유해성과 노출의 함수이다. 유해성(hazard)은 사람이나 환경 중 생물이 어떤 물질에 노출되었을 때 악영향을 유발할 가능성이 있는 그 물질 고유의 특성, 즉 발생할 수 있는 피해의 심각도를 의미한다. 노출은 특정한 환경에서 그 물질에 대한 실제 또는 예상 노출 정도이다. 화학물질의 위해성도 유해성과 노출의 두 요소에 의해 결정된다.[75]

위해성 (Risk) = 유해성 (Hazard) × 노출

예를 들어 피부 자극성이 높은 화학물질을 밀폐된 공정에서 제품 생산의 중간재로만 사용한다면, 유해성이 있지만 그 위해성은 낮다. 이와 달리 동일한 물질을 가정용

71 International Programme on Chemical Safety (IPCS). *IPCS Risk assessment terminology*. Geneva: WHO; 2004. IPCS는 용어집을 마련하게 된 배경을 다음과 같이 설명한다; 과거 여러 국가에서 화학물질 위해성과 관련한 용어와 절차가 다양해 핵심 용어의 정의가 일치하지 않는 문제가 발생하였다. 국제사회는 이러한 불일치가 위해성 평가를 상호 이해하는데 장애가 되고 국가 간 위해성 평가 결과의 공유 가능성을 축소시킬 것이라는 우려를 해소하기 위해 IPCS가 OECD 및 관련 전문가들과 협력하여 정책결정자와 위해성 분야 전문가들이 참고할 수 있도록 마련한 것이다.

72 IPCS RA terminology. 14. ibid.
원문은 "The probability of an adverse effect in an organism, system, or (sub)population caused under specified circumstances by exposure to an agent"이다. 정책 영역에서 '사람의 건강이나 환경'으로 부르는 수용체(receptors)를 "유기체, 계, (아)개체군"으로 규정하고 있다. 이는 사람 이외의 수용체인 '환경'이 대기, 수질, 물 등의 무기적 환경이 아니라 환경 중의 생물 개체와 그들로 구성된 여러 수준의 개체군, 군집, 계 등을 포괄한다는 점을 명확히 기술한 것이다. 이 글에서는 '유기체, 계, (아)개체군'을 '사람과 환경' 또는 '사람과 환경 중 생물체'로 칭한다.

73 유해성은 "화학물질의 독성 등 사람의 건강이나 환경에 좋지 아니한 영향을 미치는 화학물질 고유의 성질"이고, 위해성은 "유해성이 있는 화학물질이 노출되는 경우 사람의 건강이나 환경에 피해를 줄 수 있는 정도"이다. (출처) 화학물질등록평가법 제2조

74 Calow P, 「Environmental risk assessment and management: the whats, whys and hows?」 In: Calow P, editor. *Handbook of environmental risk assessment and management*. Maiden: Blackwell Science; 1998. 1–8.; World Health Organization (WHO), Food and Agriculture Organization (FAO). *Food safety risk analysis: a guide for national food safety authorities*. Geneva: WHO; 2006.

75 Royal Society. *Risk analysis, perception and management*. London: The Royal Society; 1992.

세제로 사용한다면 물질 자체의 유해성은 같지만 위해성은 커진다.

2) 화학물질 위해성의 유형

① 피해 유형

화학물질 위해성은 건강 피해의 유형에 따라 발암 위해성과 비발암 위해성으로 구분한다. 발암 위해성과 비발암 위해성은 그것을 평가하는 과학적 접근법이 다르다. 「환경보건법」[76]은 위해성 평가 결과를 바탕으로 환경유해인자의 위해성 존재 여부를 판단하는 기준(위해성 기준)을 발암 위해도와 비발암 위해도로 구분해 제시하고 있다.

② 피해 대상

화학물질 위해성은 피해 대상에 따라 인체 위해성과 환경 위해성으로 나뉜다.

인체 위해성과 환경 위해성은 평가방법 등의 유사성에도 불구하고 주안점을 두는 피해의 유형이 다소 다르다. 전통적인 인체 위해성 평가는 개체(individuals)에서 사망률(mortality)·이환율(morbidity)[77] 등에 초점을 두는 반면, 생태 위해성 평가는 개체군(population)·군집(community)[78]에서 폐사율(mortality)·번식력(fecundity)에 관심을 둔다.[79]

환경 위해성은 화학물질 등 환경유해인자가 사람을 제외한 생태계 내의 생물체에 미치는 위해성을 말한다. 환경 중의 생물체와 개체군, 군집 등 생태계에 초점을 둔다는 점에서 생태 위해성(ecological risk)이라고도 한다.[80]

환경보건 영역에서 화학물질 위해성은 인체와 환경 위해성을 모두 다루는 반면, 산

---

76 환경보건법 제11조 및 같은 법 시행규칙 별표 1.

77 어떤 일정한 기간 내에 환자의 수를 인구수로 나눈 비율로 나타낸 지표이다. 발생률과 유병률이 있다.

78 생태계(ecosystem)는 빛, 온도, 물, 공기, 토양과 같은 비생물적인 환경 요소와 생물적 요소로 구성되는데, 생물적 요소는 개체군(population)과 군집(community) 등의 하부 개념으로 정의된다.
① 개체군(population) : 같은 생태계에서 생활하는 같은 종의 생물 집단
② 군집(community) : 같은 생태계에서 생활하는 여러 개체군의 모임. 군집은 영양 단계(tropic level)에 따라 생산자(무기물로부터 유기물 합성하는 식물), 소비자(유기물을 섭취해 살아가는 생물), 분해자(동식물의 사체나 배설물을 분해해 살아가는 생물, 주로 미생물)로 구성

79 US EPA. Generic ecological assessment endpoints (GEAEs) [cited Sep 2, 2021]. Available from: https://www.epa.gov/risk/generic-ecological-assessment-endpoints-geae-ecological-risk-assessment)

80 미국 EPA는 '생태위해성 평가'를, EU의 화학물질 위해성 평가 관련 지침은 '환경 위해성 평가'라는 용어를 사용한다.

업보건과 식품안전 영역의 화학물질 위해성은 인체 위해성에 초점을 둔다.

3) 화학물질 위해성의 불확실성

① 불확실성의 개념

화학물질의 위해성을 평가·결정하는 모든 과정에 불확실성이 따른다. 불확실성(uncertainty)은 과학적 자료의 고유한 이질성과 다양성으로 인한 변동성(variability)과는 구분되는 개념이다.[81]

불확실성은 정보의 부족이나 불완전성이 원인이다. 불확실성은 자료의 질과 양, 적절성, 모델·가정의 신뢰성과 적절성에 따라 결정된다. 불확실성은 정성적일 수도 정량적일 수도 있다. 예를 들어, 환경 매체 중 화학물질 농도를 측정한 자료 대신 가정(assumption)에 기초한 모사법을 활용했다면 그 값의 불확실성이 커진다.[82]

다른 한편, 변동성은 어떤 연구 대상 자체의 이질성이나 다양성으로 인한 진정한 차이이다. 변동성은 분산, 표준편차 등 통계적 수치로 제시함으로써 위해성의 신뢰성을 높일 수는 있지만, 위해성을 분석하는 과정에서 이를 줄일 수는 없다.[83]

② 불확실성에 대한 대응

불확실성과 변동성은 계산값이 참값과 차이가 나는 정도를 확률분포 등을 사용해 정량적으로 제시하거나 자료 격차(data gap)를 확인하는 방식으로 표현한다. 어떤 경우에는 전문가 판단을 활용한 주관적인 결정 또는 사례를 설명하는 방식으로 처리한다.

과학적 불확실성을 줄이려면 정보가 더 확보되어야 한다. 불확실성의 원인이 되는 자료나 정보의 부족이 화학물질의 유해성, 노출 등 여러 영역에 걸쳐 있을 수 있으므로 핵심적으로 필요한 정보가 무엇인지 파악하여, 필요한 영역에서 자료의 양과 질을 개선하여야 불확실성을 줄일 수 있다.[84]

정보가치(value of information, 이하 'VOI') 개념을 활용하면 일정한 정보 확보로 해소되는 불확실성이 최종 결정에 어떠한 변화를 주는지를 평가해 편익이 큰 정보가

81 NRC. *Science and decisions: advancing risk assessment*. Washington DC: National Academies Press; 2009. [NRC Silver book]
82 NRC Silver book. 6–7. ibid.
83 NRC Silver book. 6–7. ibid.
84 NRC Silver book. 97–121. ibid.

어떤 것인지 파악할 수 있다. 이를 이용하여 투자·개발할 필요가 있는 정보의 우선순위를 정할 수 있다. 생산된 정보가 항상 완벽하지 않으므로 이 개념이 모든 상황에 적용될 수 없겠으나 유용한 정책적 논리가 될 수 있다. 예를 들어, 추가 연구를 통해 현재의 불확실성이 해소된다면 정책결정자들이 정책을 변경할 것인지, 정책 결정의 질(규제 강도와 속도 등)이 개선될 수 있는지 등을 기준으로, 추가 연구의 필요성과 우선순위를 검토해 한정된 자원을 효율적으로 투입할 수 있다.[85]

3. 위해성 분석의 개념과 구성

위해성 분석(risk analysis)은 "사람이나 환경이 유해성에 노출되는 상황을 통제하기 위한 과정"으로 위해성 평가(risk assessment), 위해성 관리(risk management), 위해성소통(risk communication) 등 3개 요소로 구성된다.[86]

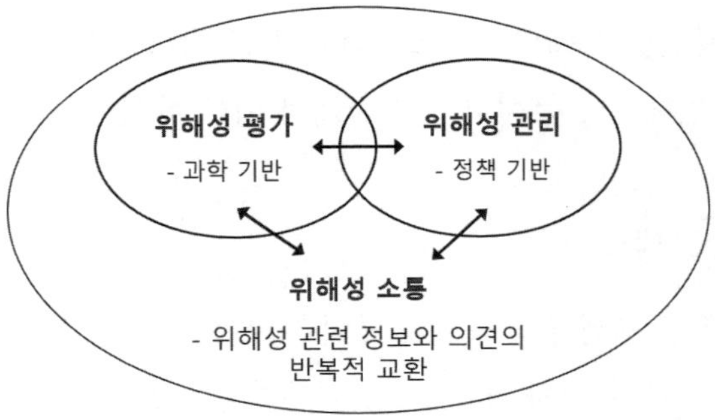

[그림 2-2] 위해성 분석체계

(출처) WHO and FAO. *Food safety risk analysis : a guide for national food safety authorities*. Geneva: WHO; 2006.

위해성 분석은 [그림 2-2]에서 보듯이 위해성 평가를 통해 유해인자가 사람이나 환경에 미치는 피해의 확률(위해성)을 결정하고, 그에 맞는 위해성 관리 대안을 마련해

85 Keisler JM, Collier ZA, Chu E, Linkov I. 「Value of information analysis: the state of application」. 『Environment Systems and Decision』 2014;34:3–23.

86 과거 일부 연구는 위해성 분석을 어떤 판단을 개입하지 않고 위해성과 확률을 정량적으로 계산하는 것을 의미하는 단어로 정의하였다. IPCS는 용어 표준화 과정에서 위해성 분석의 정의에 대한 전문가 의견을 수렴하였고, 다수 전문가들이 위해성 분석은 위해성 평가, 위해성 관리, 위해성 소통을 포함하는 WHO (Application of risk analysis to food standard issues: report of the joint FAO/WHO expert consultation. Geneva, WHO (Series WHO/FNU/FOS/95). 1995)의 정의가 적절하다는 의견을 밝혔다. (출처) IPCS RA terminology. 71.

각 대안이 미치는 편익, 규제비용, 사회·경제적 측면 등의 영향을 고려해 의사결정을 한다. 위해성 평가와 관리 전 과정에서 위해성 소통이 중요한 역할을 한다. 위해성 분석체계는 1980년대 이후 환경보건 분야뿐만 아니라 산업보건, 식품·의약품 안전 등 다양한 분야에서 널리 활용되고 있다.[87]

1) 위해성 평가

① 개념

위해성 평가(risk assessment)는 "노출 대상 및 관심 물질의 고유 특징을 감안하여 특정 물질에 노출된 이후 사람이나 환경에 대한 위해성을 계산·예측하는 과정(불확실성 확인 포함)"으로 정의된다.[88]

위해성 평가는 정책적 의사결정을 하기 위해 과학적 검토를 수행하는 객관적 과정으로, 그 결과는 배출·노출 통제와 같은 규제조치를 결정하는 과학적 근거가 된다. 위해성 평가는 개념적으로 그 후속 단계인 위해성 관리(의사결정 및 이행 등)와 별개의 과정이나 정책적으로 밀접히 연계된다.

② 단계

전통적인 위해성 평가는 유해성 확인(hazard identification), 용량-반응 평가(dose-response assessment) 또는 유해성 결정(hazard characterization), 노출 평가(exposure assessment), 위해도 결정(risk characterization) 등 4단계로 구성된다.[89]

유해성 확인은 화학물질의 고유 특성인 사람의 건강이나 환경에 미치는 악영향의 유형과 정도(유해성)를 확인하는 과정이다. 용량-반응 평가는 유해성을 정성·정량적으로 기술하는 과정으로 사람이나 환경에 노출된 화학물질의 양(dose)과 그에 반응해 나타나는 변화(response)의 관계를 분석한다. 노출 평가는 수용체가 화학물질에

---

87 IRGC white paper. ibid.

88 IPCS RA terminology. 10–15. ibid.

89 NRC. *Risk assessment in the federal government: managing the process*. Washington DC: National Academies Press; 1983. [NRC Red book]; IPCS RA terminology. 10–15. ibid.
NRC Red book은 두 번째 단계를 용량-반응평가로 부르지만, IPCS RA terminology는 유해성 판단의 기준값(용량-반응값 등)이 이 단계에서 도출된다는 점을 강조해 유해성 결정(hazard characterization)으로 부른다. 두 용어는 개념적으로는 거의 동일하다. 이하에서는 용량-반응 평가로 통일하여 사용한다.

노출되는 여러 시나리오에서 노출 경로를 파악하고 노출량을 예측하는 과정이다. 위해도 결정은 결정된 유해성과 확인된 노출량을 기초로 실제 또는 예측된 노출로 인해 사람의 건강이나 환경에 특정 악영향이 발생할 확률과 평가와 관련한 불확실성을 계량화한다.[90]

2) 위해성 관리

① 개념

위해성 관리(risk management)는 위해성에 대응하는 규제적 및 비규제적 대안을 개발·분석·비교하여 적절한 규제 방안을 선택하는 의사결정 과정이다. 위해성 평가 정보와 함께 정치·사회·경제 및 기술적 요소를 함께 고려한다.[91]

위해성 관리 단계에서는 위해성 평가 결과 외에 기술적 요소 및 법적·경제적·사회적 제반 사항(효율성, 적시성, 형평성, 행정적 집행 용이성, 일관성, 공공 수용성, 기술적 실행 가능성 및 규제 조치의 법적 특성 등)을 함께 고려한다.

② 단계

위해성 관리는 위해성 평정(risk evaluation), 배출·노출 통제(emission and exposure control), 위해성 모니터링(risk monitoring)의 3단계로 구성된다.

위해성 평정은 물질 노출로 인한 위해성과 편익 간의 정성적 또는 정량적 관계를 확립하는 것으로 유해성·위해성의 중요성뿐 아니라 화학물질이 가져오는 편익의 중요성을 결정하는 복합적 과정을 수반한다. 배출·노출 통제는 위해성에 대응하여 화학물질의 배출과 노출을 줄이고 관리하는 조치이다.[92] 위해성 모니터링은 특정 유해성과 관련하여 위해성 방지 또는 저감이 보장되는지 확인하기 위하여 위해성 관리체계 내에서 의사결정과 대응 조치를 추적하는 것이다.[93]

---

90 IPCS RA terminology. 10–15. ibid.

91 IPCS RA terminology. 14. ibid.

92 IPCS RA terminology는 배출·노출 통제에 대한 별도 정의를 두지 않았다. 사전적인 의미로 이해한다. ibid.

93 IPCS RA terminology. 10–15. ibid.

3) 위해성 소통

① 개념

위해성 소통(risk communication)은 위해성 평가자, 위해성 관리자, 언론매체, 이해관계자 및 일반 대중 간에 위해성 정보를 서로 교환하는 것이다. 위해성 소통은 위해성 평가와 관리의 모든 단계에서 적용된다.[94]

전통적인 위해성 평가–관리 체계는 지역사회나 이해관계자의 폭넓은 참여 없이 기술 우위적 관점에서 운용되었다. 그러나 정책 형성과 이행 과정에서 정책에 영향을 받는 사람들에게 정보를 제공하고, 설명하고, 설득하거나 이해시키는 일이 점점 더 필요해졌고, 이해관계자들을 정책 파트너로 참여시키는 방향으로 발전하였다.[95]

위해성 소통은 시민과 산업계에 잠재적인 위해성을 알려 사전주의적인 대책에 투자하도록 유도하고 그 위해성을 줄이거나 전환하도록 장려하는 조치라고도 할 수 있다. 이러한 점에서 위해성 소통을 위해성에 대한 이해의 증진, 인식의 변화, 위해성대응행동 준비를 목적으로 하는 소통이라고 할 수 있다.[96]

위해성 소통은 정보제공을 넘어 참여 주체들의 행동을 변화시키고 적극적으로 위해성 저감에 대해 책임을 지도록 하는 목적을 지닌다. 이러한 이유로 위해성 소통은 위해성 관리의 필수 요소이다.

② 고려사항

정책과 관련된 이해관계자와 피영향집단, 그리고 일반 대중은 위해성을 전문가들과 다르게 인식하는 경향이 있다. 위해성 소통의 방법과 전략을 결정할 때 이러한 위해성 인식(risk perception)의 차이를 중요하게 고려해야 한다. 위해성 논쟁의 내용(과학적 논쟁인지 또는 제도적, 가치적 논쟁인지 등)과 사회 문화적 특징, 그리고 소통의 대상이 되는 청중에 따라서도 위해성 소통의 접근법이 달라진다.[97]

---

94 IPCS RA terminology. 14. ibid.

95 Leiss W.「Three phases in the evolution of risk communication practice」. In: *Annals of the American Academy of Political and Social Science*. Sage Publications; 1996. pp.85–94; Sexton K.「Evolution of public participation in the assessment and management of environmental health risks: a brief history of developments in the United States」.『J Public Health Res』2013;2(e18):106–112.

96 OECD. *Trends in risk communication policies and practices*. Paris: OECD; 2016.

97 Renn. Risk communication. ibid.

신뢰는 위해성 소통에서 중요한 인자 중 하나이다. 특히, 정부와 공공부문의 신뢰도는 위해성 소통의 성과를 좌우한다. 신뢰도를 높이려면 지식과 전문성, 개방성과 정직성 등 여러 측면에서 신뢰 증진 방안이 마련되어야 한다.[98]

4. 위해성 분석체계의 발전과 통합

1) 전통적 위해성 분석체계

초기의 위해성 분석체계는 위해성 평가 및 위해성 관리라는 독립적이고 분리된 두 단계로 구성되었다. 이를 정책에 적용하는 과정에서 위해성 평가와 위해성 관리의 연계 강화, 그리고 위해성 소통의 필요성이 대두되었다.

특히, 화학물질 관리 등 환경보건 분야의 위해성 분석체계는 미국 국립과학아카데미(National Academy of Science, 이하 'NAS')[99]에서 수행한 일련의 연구들을 계기로 발전해 왔다. 이 연구들은 미국 EPA 등 연방정부의 위해성 관리정책을 지원하기 위한 것이었지만, 전 세계 위해성 관리정책에 큰 영향을 끼쳤다. NAS의 연구 흐름을 중심으로 위해성 분석체계의 발전 연혁을 살펴본다.

① 위해성 분석체계의 확립 : Red book (NRC 1983)

위해성 평가–위해성 관리 체계의 도입

1983년 NAS의 Risk Assessment in the Federal Government: managing the process (Red book)[100]는 위해성 정책 분야의 지평을 연 것으로 평가받는다.[101]

Red book은 효율적인 위해성 관리를 위해 위해성 평가 및 위해성 관리 두 단계로 구성된 의사결정 모형을 제시하였다. 이것은 이 책의 1편에 있는 [그림 1–5]와 같이 과학자들이 연구자료 등을 활용해 위해성을 과학적으로 규명하고(위해성 평가), 그

---

98 OECD trends in risk communication. ibid.

99 미국 국립과학아카데미(NAS, National Academy of Sciences)는 과학기술 관련 이슈에 대한 독립적이고 객관적인 자문을 제공할 목적으로 1863년 설립된 기관이다. 과학 관련 학술단체로는 영국왕립학회와 더불어 세계에서 가장 권위 있는 기관으로 현재 과학 관련 정책에 큰 영향력을 발휘하고 있다. 산하에 국가연구위원회(National Research Council, NRC)를 두고 있다.

100 미국 NAS의 위해성 분석 관련 주요 저서는 관행적으로 도서의 표지 색깔을 기준으로 불린다.

101 US EPA. About risk assessment – history of risk at EPA [cited Sep 2, 2021]. Available from: https://www.epa.gov/risk/about-risk-assessment#tab-2

후 정책결정자들이 위해성 평가 결과와 사회·경제·정치적 요소를 종합적으로 고려해 규제 조치를 결정(위해성 관리)하는 체계(이하 '전통적 위해성평가/위해성관리 체계')이다.

이 체계에서는 정책 결정 과정에서 정책적 선호가 과학적 판단 과정인 위해성 평가에 영향을 주는 것을 막아 위해성 평가의 본질인 과학적 자문의 신뢰성을 유지하기 위해 위해성 평가와 위해성 관리를 분리한다는 원칙, 소위 '분리주의'를 주창하였다. 이후 미국 내 다수의 연방 기구와 국제기구들이 화학물질 관리에 이러한 위해성 평가–위해성 관리체계를 채택하였다.

전통적 위해성평가/위해성관리 체계의 한계

전통적 위해성평가/위해성관리 체계는 정책 현장에서 여러 한계를 드러냈다. 특히, 일반 대중이나 산업계 등의 인식이나 의견이 전문가들의 위해성 판단과 다르거나 충돌하는 경우가 자주 발생하였다.[102] 이를 해결하기 위해 위해성 분석단계에서 새로운 과학적 사실에 대한 해석과 이에 대한 일반 대중의 이해, 규제 정책을 둘러싼 이해관계자의 입장을 충분히 조율하는 참여적 과정이 필요하다는 의견이 대두되었다.[103]

특히, 위해성 평가–관리의 분리적 관계는 현실에서 적용되기 어려울 뿐 아니라 참여 주체 간 소통의 장애 요인으로 작용하였다. 이론과 달리 현실에서 과학적 작업은 과학자들 자신의 가치, 당시의 지배적인 과학적 · 윤리적 패러다임, 인접영역과 상호작용 등에 늘 영향을 받기 때문에 가치나 선호를 배제한 완전히 객관적인 위해성 평가가 존재하기 어렵다. 위해성 정보의 생산자와 사용자 간의 소통과 이해 측면에서도 정책결정자들이 선호하는 단순한 용어로 위해성 평가 결과를 전달하면 과학적 사실이 지나치게 단순화되거나 잘못 해석되어 정책 결정의 오류로 이어질 수 있고, 반대로 이슈와 큰 관련이 없더라도 위해성 평가 단계의 모든 정보를 정책결정자에게 제공하면 위해성 분석 과정에 대한 신뢰를 훼손할 수 있다.[104]

102 이러한 논쟁이 발생한 것은 분석기술 등 과학기술의 발전으로 잠재적 유해물질을 감지하는 능력과 역학조사 등 피해를 예측하는 과학적 기술이 크게 향상되었고, 동시에 건강 보호에 대한 공공의 기대와 우려가 커졌으며, 규제 정책의 비용과 편익이 이해집단 간에 불평등하게 배분된다는 사실 등에 기인한다고 볼 수 있다. (출처) Leiss W, *In the chamber of risks– understanding risk controversies*, McGill–Queen's University Press, 2001.

103 NRC, *Understanding risk: informing decisions in a democratic society*, Washington DC: National Academies Press, 1996. [NRC Orange book]

104 현재환·홍성욱, 「STS 관점에서 본 위험 거버넌스 모델: 위험분석과 사전주의원칙을 중심으로」, 과학기술학연구, 2005;15(1): 281–325. NRC Orange book. ibid.

② 위해성 평가-위해성 관리 간 연계 및 소통 강조 : Orange book (NRC 1996)

NAS는 1994년 *Science and judgment in risk assessment* (Blue book) 및 1996년 *Understanding risk: informing decisions in a democratic society* (Orange book) 등 위해성 분석 체계와 관련한 보고서를 발표하였다.

이 연구들은 종전 위해성 평가의 한계점들을 극복하기 위해 여러 정책 권고를 제안하였다. 특히, 그간의 위해성 평가가 그 정보를 의사결정자 또는 일반 대중이 활용할 수 있는 형태로 전환하는 위해도 결정 단계에서 실패했다고 평가하면서, 위해성 평가는 과학적·기술적 평가만으로 이루어질 수 없고 평가 이후 위해성 관리 단계의 성과를 환류(feedback)해 개선해야 한다고 진단하였다.[105]

NAS는 위해성 평가 과정이 애초의 목적에 부합하고 이해 가능한 방식으로 진행되기 위해서는 평가의 범주, 불확실성, 한계, 필요성 등을 사전에 충분히 확인하고, 평가 결과를 활용하는 의사결정자와 위해성 평가자 사이의 반복적인 분석-숙의 과정(analytical-deliberative process)이 중요하다는 점을 강조하였다.[106]

③ 의사결정체계 내 위해성 평가의 효용성 강조 : Silver book (NRC 2009)

2009년 발간된 NAS의 *Science and decisions: advancing risk assessment* (Silver book)에서는 위해성에 대한 이해도에 따라 위해성 관리가 크게 달라진다고 보며 위해성 평가는 그 자체가 최종 목표가 아니며 다양한 정책 대안의 상대적 이점을 평정하여 과학과 정책을 연결하는 수단으로 이해해야 한다고 지적하였다.

특히, 위해성 분석체계 내에서 위해성 평가의 효용성을 극대화하기 위해 위해성 관리자, 평가자, 이해관계자들이 위해성 평가가 답해야 하는 정책 이슈를 더 잘 결정할 수 있도록 위해성 평가의 설계(design)와 계획 단계에 초점을 둬야 한다고 보았다. 전통적 위해성평가/위해성관리 체계를 [그림 2-3]과 같이 문제 형성 및 범위 설정(problem formulation and scooping), 위해성 평가의 계획 및 수행(planning and conducting risk assessment), 위해성 관리 등의 3단계로 확장해 제안하였다.[107]

105 NRC Orange book. ibid.
106 NRC Orange book. ibid.
107 NRC Silver book. ibid.

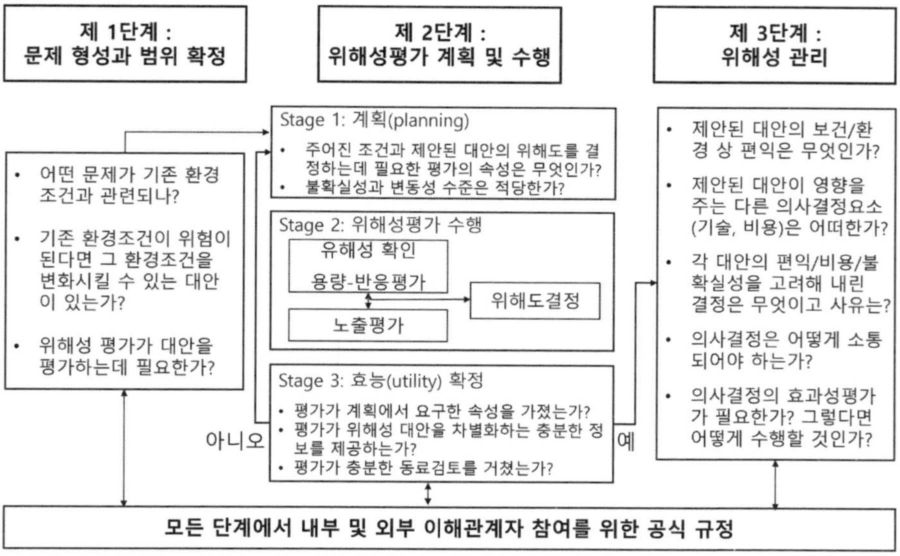

[그림 2-3] 위해성 평가 효능을 최대화하는 위해성 기반 의사결정 체계

(출처) NRC. *Science and decisions: advancing risk assessment*. Washington DC: National Academies Press; 2009. (NRC Silver book)

2) 통합적 관점의 위해성 분석체계

① 필요성

전통적 위해성평가/위해성관리 체계 내에서는 위해성 관리를 위해성 평가 결과와 함께 비용편익분석 등 사회경제적 영향을 고려해 정책 대안을 결정하는 기술적(technical) 과정으로 이해하였다. 그러나 시간이 지나면서 위해성 기반 의사결정(risk-based decision)은 가용한 과학적 정보뿐 아니라 지역주민, 산업계, 환경단체 등 이해관계자와 피영향집단의 지식, 가치, 선호를 고려해야 한다는 점이 명확해졌다.[108]

현실에서 부딪히는 위해성 이슈는 불확실하거나 모호해서 위해도를 정확히 결정하기 어렵다. 위해성 평가자들이 명확하고 공정한 방식으로 제시한 위해성 평가 결과에 대해서도 일반인들은 종종 전문가와 다른 인식을 보인다. 특히, 인과관계가 복잡하거

108 OECD new emerging risk in the 21st century. ibid.; Sexton K. Evolution of public participation in the assessment and management of environmental health risks: a brief history of developments in the United States. ibid.

나 전문가들이 고려하지 않은 영역이 존재하는 등 자료의 공백이 있는 경우 현상에 대한 이해에서부터 큰 격차가 발생하기도 한다. 이러한 불확실성은 종종 과학적 논쟁과 함께 나타나는데 정책결정자가 이를 해결하기 매우 어렵고[109] 위해성 평가 초기 단계에서부터 소통 과정을 통합함으로써 해소될 필요가 있다.

사회경제적 평가 단계에서도 위해성 소통 노력이 필요하다. 현실의 위해성 이슈가 불확실하고 위해성 규제의 편익도 정확히 계산하기 어려운 경우가 많다. 화학물질 정책 대안들이 갖는 사회경제적 영향에 대해서도 과학적 불확실성과 가치에 대한 사회적 합의가 없다면 분석 수단이 제 역할을 하기 어려워지고 결국 비용편익분석의 목적인 자원의 효율적 활용도 어려워진다.[110] 위해성은 일정 정도 윤리적 고려를 수반하고, 다수의 다양한 견해는 적절하고 적법한 것이며, 상충되는 다양한 관점이 위해성 관리의 한 부분이라는 인식이 필요하다.

따라서 위해성 소통을 위해성 분석체계 전체를 관통하는 상호 보완적인 병행 과정으로 이해하고 이를 위해성 분석체계에 유기적으로 통합할 필요가 있다.[111] 이에 따라 위해성 평가–관리–소통 등 상대적으로 독립된 구성요소를 정책적 맥락에서 통합한 위해성 분석체계가 대두하였다.

② 통합적 위해성 분석체계 : IRGC의 위해성 거버넌스 체계

대표적인 통합적 위해성 분석체계는 국제위해성 거버넌스위원회(International Risk Governance Council, 이하 'IRGC')가 제시한 위해성 거버넌스 체계이다. 이는 위해성에 대한 과학적 지식의 수집, 위해성 평가, 위해성 관리의 과정과 위해성 소통의 관계를 기술한 다학제적 체계로 [그림 2–4]와 같이 위해성 분석 과정을 리스크 관리 고리(risk handling chain)로 보면서, 예비 평가–위해성 사정–위해도 결정–위해성 평정–위해성 관리 등 5단계로 이어지는 정책의 순환 고리로 해석한다. 모든 단계에서 소통 과정이 병행된다.[112]

109 OECD new emerging risk in the 21st century, 16–18, ibid.
110 OECD new emerging risk in the 21st century, 63–98, ibid.
111 Leiss RC evolution, 85–94, ibid.
112 IRGC white paper, ibid.

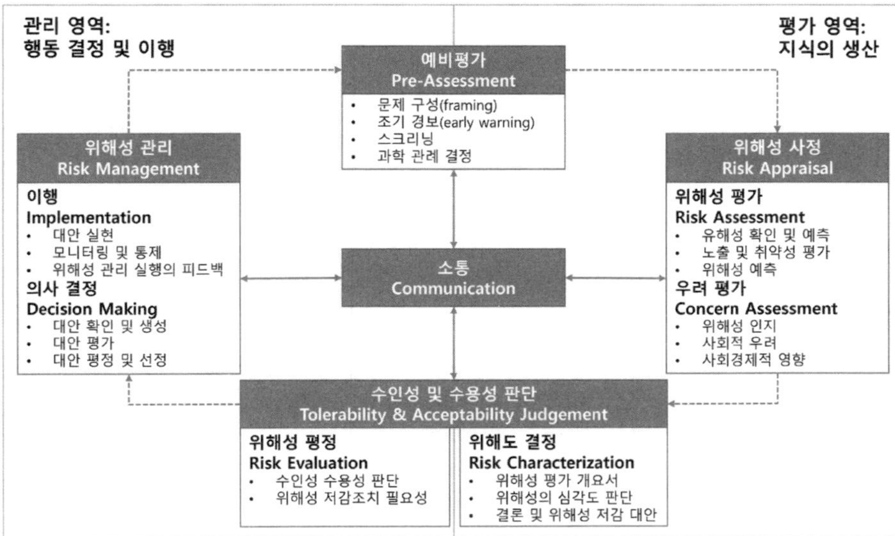

[그림 2-4] 국제위해성거버넌스위원회(IRGC)의 위해성거버넌스체계

(출처) IRGC. Risk governance towards an integrative approach. 2005. (IRGC White paper)

이 체계는 기존 위해성 분석체계에 위해성 소통을 포함한 사회적 맥락을 포괄하고 기관 내외부의 역할 등 새로운 위해성 관련 요소들을 유형화했다는 점이 특징이다.[113] 전체 구조를 보면 주체와 기능이 서로 구분되는 위해성 평가와 위해성 관리의 영역이 남아 있다고 볼 수 있으며, 이러한 의미에서 1983년 Red book의 구분을 이어받아 보완한 체계라고도 볼 수 있다.[114]

2 위해성 평가

1. 위해성 평가의 개념과 유형

1) 정의와 목적

공공보건 영역에서 위해성 평가(risk assessment)는 화학물질 등 유해인자에 노

113 Renn. Risk communication, ibid.

114 현재환. ibid.

출된 사람이나 생태계의 피해 정도를 결정하기 위해 정보를 분석하는 과정이다. 위해성 평가를 '유해한 영향이 나타날 확률의 예측치(위해성)'라는 질적으로 다른 유형의 정보를 생산할 목적으로 기존 정보를 정리·구조화하고 해석하는 방법론으로 보기도 한다.[115]

위해성 평가의 최종 목적은 위해성 관리(risk management)라는 의사결정 과정에 필요한 과학적 정보와 근거를 제공하는 것이다. 정책결정자는 위해성 관리 단계에서 위해성 평가 결과와 함께 사회·경제·기술 및 정치적 상황 등을 종합적으로 고려해 가장 적절한 대안을 선택한다.[116] 따라서, 위해성 평가 결과 일정한 수준 이상의 위해성이 확인되더라도 반드시 그 위해성에 따라 해당 유해인자의 관리 여부를 결정하지는 않는다. 이러한 측면에서 위해성 평가가 의사결정의 필요조건이지만 충분조건은 아니라고 할 수 있다.

2) 의미와 활용

위해성 평가는 소위 증거 기반(evidence-based) 또는 위해성 기반(risk-based) 의사결정에 필요한 과학적 토대를 제공한다.[117] 위해성 평가의 목적이 그 자체의 과학적 완결성이 아니라는 점에 유의해야 한다. 위해성 평가는 정책적 이슈에 대해 직접적인 해법을 제공하지 않지만, 그 과학적 분석결과가 의사결정을 위한 정책적 질문에 대해 해답을 제시할 수 있는 효용성을 가져야 한다.[118]

위해성 평가는 주요 국가의 정부와 국제기구, 산업계, 학계 및 공중보건 및 환경적 피해 우려를 평가하는 이들에게 중요한 정책수단으로 활용되고 있다.[119] 위해성 평가는 광범위한 유해인자 또는 위험을 이해하고 그에 적절하게 대응하는 데 도움을 준다. 위해성 평가는 화학물질 관리 등 환경보건 영역에서부터 식품, 의약품, 소비자용 제품 안전에 이르는 다양한 정책 영역에서 기술적 의사결정과 정책 결정에 필요한 과학적 정보를 제공할 뿐 아니라 관련 연구의 우선순위를 결정하고 규제 정책의 비용편

115 NRC Red book. ibid.; Heyvaert V. 「Reconceptualizing risk assessment」. 『Reciel』. 1999;8(2):135–143.
116 NRC Red book. ibid.
117 European Environment Agency (EEA). Environmental risk assessment approaches experiences and information sources. 1998. ibid.
118 NRC Silver book. ibid.
119 1992년 리우회의에서 채택된 UN 의제 21에 '위해성 평가'가 총 30회 이상 언급될 정도로 환경과 지속가능발전 관련 이슈의 인식과 해결에 위해성 기반 접근법이 강조되고 있다. (출처) UN General Assembly. Agenda 21.

익분석 방법을 개발하는 데 기여해 왔다.[120]

3) 위해성 평가의 유형

정책 영역에서 활용되는 위해성 평가의 유형은 그 활용 범위와 목적에 따라 다양하다. 평가의 목적과 대상 유해인자, 수용체의 특성, 자료의 가용성 등에 따라 다양한 모델과 가정이 활용된다. 단순한 이슈에 대해서는 상대적으로 빨리 진행되는 컴퓨터 연구(desktop study) 또는 스크리닝 연구로도 충분하지만, 중대한 보건상 위협이 있는 경우 큰 규모의 복잡한 위해성 평가가 필요하다.[121]

① 평가 목적에 따라

위해성 평가는 그 시행 시점과 피해의 구체성을 기준으로 예방적(protective)·대응적(reactive), 진단적(diagnostic)·대응적, 진단적·선제적(proactive) 등 세 유형으로 구분할 수 있다.[122]

예방적(protective)·대응적(reactive) 평가는 위해성이 높은 것으로 평가된 개별 화학물질에 대해 예방적 기준을 설정하기 위한 평가이다. 대기나 수질 등 환경 매체에서 개별 오염물질 별 환경기준의 설정을 위한 위해성평가, 우선순위가 높은 신규 및 기존화학물질에 대한 위해성 평가 등이 대표적인 적용 사례이다.

진단적(diagnostic)·대응적(reactive) 평가는 화학물질이나 유해인자에 노출된 인구집단이나 생태계에서 그 집단이나 생태계의 특성을 고려해 정량적으로 위해성을 평가하는 것이다. 화학사고 등으로 오염된 지역의 주민과 생태계에 대한 영향조사 등이 그 적용 사례가 될 수 있다.

진단적(diagnostic)·선제적(proactive) 평가는 상대적으로 문제가 될 가능성이 낮은, 즉 위해성이 낮을 것으로 인식되는 화학물질에 대한 평가이다. 시장에 이미 유통

---

120 NRC Silver book. ibid.

121 NRC Orange book ibid.; NRC Silver book ibid.; Commonwealth of Australia. Environmental health risk assessment: guidelines for assessing human health risks from environmental hazard. Enhealth; 2012.

122 McCarty LS, Borgert CJ, Posthuma L. 「The regulatory challenge of chemicals in the environment: toxicity testing, risk assessment, and decision-making model」. 『*Regul Toxicol Pharmacol*』. 2018;99:289–295.
McCarty 등은 화학물질의 생태 위해성 평가 유형의 분류로 이를 제안하였는데, 이는 화학물질의 위해성 평가 전반에 적용할 수 있다고 보았다. 위해성 평가의 시점을 기준으로 화학물질 노출 이전에 이루어지는 예방적(protective) 평가와 이후에 이루어지는 진단적(diagnostic) 평가로 구분하고, 피해 가능성과 관련해서는 화학물질로 인한 구체적인 피해 우려가 있어 이에 대응하는 대응적(reactive) 평가와 피해 우려가 구체화되지 않는 경우의 선제적(proactive) 평가로 기준을 나누었다.

되고 있는 다수의 기존화학물질을 사전 스크리닝하여 위해 가능성이 있는 우선순위 물질을 도출하는 예비적 평가가 이에 해당한다.

② 계량화 수준에 따라 : 정량적 vs. 정성적 vs. 반정량적 위해성 평가

위해성 평가는 산출되는 위해도의 계량화 정도에 따라 〈표 2-5〉와 같이 정량적, 정성적, 반정량적 방법으로 구분된다.[123]

〈표 2-5〉 계량화 수준 별 위해성 평가의 주요 분석기법

구분	주요 분석기법
정성적 방법 (qualitative)	정성적 S-P-R 분석(qualitative S-P-R analysis) 순위법(ranking method), 정성적 사건나무(qualitative event tree)
반정량적 방법 (semi-quantitative)	순위법(ranking), 점수법(scoring), 지표법(indexing) 인과관계 기준(causal criteria), 논리 기반 체계(logic-based systems)
정량적 방법 (quantitative)	정량적 노출평가(quantitative exposure assessments) 정량적 fault-tree analysis(quantitative fault-tree analysis) 위해도 예측치 결정(simple deterministic risk estimation) 몬테카를로 모의 기법(Monte Carlo simulation techniques)

(출처) Linkov A, et al. 「Weight-of-evidence evaluation in environmental assessment: Review of qualitative and quantitative approaches」. 『Sci Total Environ』. 2009;407:5199-5205.

정성적 방법은 그 실행이 단순하고 비용-효과적이지만 정량적 방법보다 주관적이다. 정성적 방법은 위해도의 크기를 결정하는데 유용성이 떨어지지만, 정량적 위해성 평가 등 추가적인 분석의 당위성을 제시할 수 있다.

반정량적 접근은 위해성 우선순위 선정이 필요할 때 일관되고 체계적인 방법으로 사용되기도 하나, 정량적 방법과 비슷하게 선택적이다. 이 방법은 설계와 운영방법에 따라 분석결과가 달라지므로 과학적 증거에 근거해 위해성을 판단하도록 주의를 기울여야 한다.

정량적 방법은 관련 자료 및 전문가 판단으로부터 값을 도출한다. 만약 평가 모델이 소프트웨어로 되어 있어서 새로운 평가마다 단순히 값을 입력하는 형태라면 큰 데

123 Linkov A, Loney D, Cormier S, et al. 「Weight-of-evidence evaluation in environmental assessment: Review of qualitative and quantitative approaches」. 『Sci Total Environ』 2009;407:5199-5205.; Gormley A, Pollard S, Rocks S. Guidelines for environmental risk assessment and management. Department of Environment, Food and Rural Affairs (UK DEFRA); 2011.

이터베이스에 기초한 방법이라도 사용자 입장에서는 자료를 충분히 활용하지 못하는 결과가 된다. 정량적 방법은 선택된 자료의 가공 방법이 결과에 큰 영향을 미친다. 특히, 낮은 수준의 노출에 대해서는 정확한 값을 도출하기 어렵고 노출 조건의 복잡성, 화학물질의 특성, 노출 인구의 변동성, 그리고 독성학적 자료의 내재적인 한계 등으로 부정확할 수 있으므로, 모든 단계에서 불확실성을 고려해야 한다.[124]

③ 수용체에 따라 : 인체 vs. 환경(생태) 위해성 평가

인체 위해성 평가

인체 위해성 평가는 화학물질 등 환경유해인자가 인체에 미칠 수 있는 피해를 평가하는 것이다. 이는 구체적인 개인이 아니라 인구 집단 전체의 특성을 고려하며, 특히 인구집단 중 가장 민감한 구성원(집단)에 초점을 두는 것이 일반적이다.

인체 위해성 평가는 대상 인구집단에 대한 위해성 예측치를 개별 위해성(individual risk) 또는 집단 위해성(population risk)으로 도출한다. 개별 위해성은 평균적 개인 또는 최대로 노출된 가상적 개인(hypothetical person)에서 나타나는 건강 피해의 확률로 표현된다. 집단 위해성은 하나의 인구집단이 특정 조건(특정 기간, 위치 또는 하부집단에 일정 비율로 노출 등) 에서 유해인자에 노출될 때 발생하는 건강 영향(예 : 사망률, 암발생 또는 질환)으로 표현된다.[125]

인체 위해성 평가는 독성 기작에 따라 발암 위해성 평가와 비발암 위해성 평가로 구분한다. 발암성(변이원성)이 있는 화학물질은 작은 노출이라도 발암 확률을 증가시켜 역치(threshold)[126]가 없다는 가정 하에 선형(linear) 모델을 기본값(default)으로 사용한다. 비발암 독성은 체내 항상성 유지와 적응 기작을 감안해 역치가 존재한다는 가정 하에 비선형(non-linear)[127] 모델을 사용한다.[128]

124 UK DEFRA RA/RM guidelines ibid.; Australian EHRA guidelines. ibid.

125 Australian EHRA guidelines. ibid.

126 역치(threshold)는 "그 수준 이하에서 유해한 영향이 발생하지 않을 것으로 기대되는 용량"을 말한다. (출처) 국립환경과학원고시 제2021-13호, "화학물질 위해성 평가의 구체적 방법 등에 관한 규정", 위해성평가연구과 (2021. 2. 4.) [국립환경과학원 화학물질 위해성 평가방법 고시] 제2조.

127 여기서 비선형이라는 용어는 수학에서 쓰이는 것보다 좁은 의미로 사용되는데, 제로 용량에서 역치까지 기울기가 0 이었다가 역치 이후 기울기가 변화하기 때문에 비선형이라고 부른다.

128 US EPA. Conducting a human health risk assessment [cited Sep 2, 2021]. Available from: https://www.epa.gov/risk/conducting-human-health-risk-assessment#tab-2

환경(생태) 위해성 평가

환경(생태) 위해성 평가는 사람이 아닌 환경에 미치는 부정적 영향이 발생할 가능성을 예측하고 구체화하는 과정이다. 보통 생태계 내에서 영양 단계를 대표하는 여러 생물종에 대한 시험자료를 활용해 평가한다.

환경(생태) 위해성 평가는 수질 유해물질 관리 차원에서 물벼룩 독성을 사용하는 사례와 같이 특정 위해성의 조기 경고 등에 적용하면 유용하다. 그러나 표준 시험종을 생태계 전체를 대표하는 수용체라고 가정하고 종말점으로 사용하므로 먹이사슬과 생물간 상호작용으로 인한 영향을 과소평가하게 되는 문제점이 있다. 이를 극복하기 위해 종민감도분포 방법 등을 활용한다.[129]

2. 위해성 평가의 방법론[130]

위해성 평가는 유해성 확인(hazard identification), 용량-반응 평가(dose-response assessment),[131] 노출 평가(exposure assessment), 위해도 결정(risk characterization)의 4단계[132]로 진행한다.[133] 위해성 평가는 국내외 화학물질 관리정책에서 기존·신규화학물질의 등록·평가, 화학사고 예방·대비·대응, 특정유해화학물질의 관리 등 전 분야에서 활용되고 있다.[134]

---

129 Suter GW. 「Introduction to ecological risk assessment for aquatic toxic effects」. In: Rand GM, editor. *Fundamentals of aquatic toxicology effects, environmental fate, and risk assessment*. 2nd ed. 1995.; Solomon KR, Takacs P. 「Probabilistic risk assessment using species sensitivity distributions」. In: Posthuma L, Suter GW II, Traas TP, editors. *Species sensitivity distributions in ecotoxicology*. CRC Press; 2002.; Hope BK. 「An examination of ecological risk assessment and management practices」. 『Environ Int』 2006;32(8):983–995.

130 이 항에서 위해성 평가의 과학적 과정을 이해하기 위한 목적으로 화학물질(화학적 환경유해인자)에 대한 전통적인 위해성 평가를 중심으로 그 세부 내용을 설명한다.

131 환경 위해성 평가 영역에서는 이 단계를 '노출량(exposure)'-반응평가 또는 '농도(concentration)'-반응평가라고 부른다.

132 EU의 신규 및 기존화학물질의 위해성 평가 체계는 NRC Red book의 4단계를 참고해 구축되었다. 진단적·대응적 위해성 평가인 특정지역 평가(site-specific assessments) 또는 공정·사업장 평가(process·plant assessment)의 경우 이 4단계가 잘 맞지 않으며 유해물질 등의 환경 유입 방법, 유입 사유 및 시점 등을 조사하는 추가적인 단계가 필요하다. (출처) EEA ERA apporaches. ibid.

133 NRC Red book ibid.; EEA ERA approaches. ibid.

134 국내 화학물질등록평가법에 따른 허가·제한·금지 물질 지정 단계에서 실시하는 위해성 평가와 화학제품안전법에 따른 안전확인대상생활화학제품 지정을 위한 위해성 평가 등이 제도 내에서 위해성 평가를 직접 활용하는 사례이다. 위해성 평가의 방법론은 그외 화학물질 정책과 제도, 현장 관리 등에 활용되는데, 화학물질관리법에 따른 화학사고 발생 이후 실시하는 사고영향조사 단계의 위해성 검토 등이 대표적인 사례이다. 기업들은 자체 조사한 사업장 배출 화학물질의 양(배출량 조사 결과)을 활용하여 자체적으로 위해성 평가를 할 수 있는데, 정부는 이를 지원하는 지침(사례 : 화학물질 배출량 정보를 위한 초기위해성 평가 해설서, 환경부 2010)을 마련하였다.

1) 유해성 확인

첫 단계인 '유해성 확인'은 화학물질의 본질적 특징을 조사해 일종의 '화학물질 ID 카드'를 작성하는 과정이다. 이 단계에서는 자료 취합·평가 및 시험을 거쳐 물리·화학적 성질(예: 끓는점, 밀도, 부식성 등)과 각종 독성(예 : 발암성, 생식독성) 등 여러 측면에서 화학물질의 특징을 파악한다.[135]

인체 위해성 평가의 경우 역학연구 결과나 동물을 대상으로 한 연구자료를 활용하고, 환경 위해성의 경우 대표 생물종을 대상으로 한 시험결과를 활용해 유해성을 확인한다. 화학물질의 독성 작용기작[136]도 살펴본다. 화학물질의 흡수·분포·대사·제거(absorption·distribution· metabolism·excretion) 과정을 연구하는 독성동태학(toxicokinetics) 및 인체에 미치는 화학물질의 효과에 집중해 독성영향의 분자적 기전[137]과 상호작용을 연구하는 독성동역학(toxicodynamics) 자료 등도 보충적으로 검토한다.[138]

이 단계에서는 유해인자가 유발하는 중요한 영향의 유형과 크기, 즉 독성종말점(toxicological endpoint)[139]을 결정할 핵심 자료를 선정하는 것이 중요하다. 보통은 복수의 독성종말점에 대해 무영향관찰용량(NOAEL) 등을 산출하는 기초 자료를 선정하는데 이는 이후 단계인 용량-반응 평가에서 활용된다.[140]

유해성 확인단계에서는 자료의 질과 적절성[141]을 판단하고 그 증거 가중치(weight of evidence)[142]를 결정한다. 이 단계의 주요 결과물은 최소영향관찰용량(LOAEL)[143]

---

135 Heyvaert. ibid.

136 작용기작(mode of action)은 화학물질이 세포와 상호작용 하는 것에서 시작해 기능적·해부학적 변화로 진전되어 암 등 질환이 발생하기까지 일련의 현상과 과정을 말한다. 하나의 물질이 하나 이상의 작용기전(mechanism of action)으로 움직여 동일한 부위 또는 다른 부위에 악영향을 유발할 수도 있다. (출처) 국립환경과학원 화학물질 위해성 평가방법 고시 제2조.

137 작용기전(mechanism of action)은 작용기작(mode of action)과 구분되는 개념으로, 화학물질이 수용체에서 특정한 영향을 나타내는 과정에서 나타나는 분자생물학적인 변화(예를 들면 세포 내 이온 농도의 변화 등)를 의미한다.

138 US EPA. Risk assessment 2021.

139 독성종말점(endpoint)을 "화학물질 위해성과 관련된 특정한 독성을 정성 및 정량적으로 표현한 것"으로 정의한다. (출처) 국립환경과학원 화학물질 위해성 평가방법 고시 제2조.

140 US EPA risk assessment.

141 일례로 환경 위해성 평가의 경우 시험자료의 노출시간, 독성조정계수(toxicity modifying factor), 용량 특정 기준(dose-metrics), 인과관계(causation) 등을 정확히 해석하는 것이 중요하다. (출처) McCarty. ibid.

142 증거가중치 방법(weight-of-evidence approach)은 모든 가용 증거를 수집하고, 그 질을 평가하며, 자료를 통합하고, 가중치를 부여해 (미리)정의된 신뢰 수준을 가진 특정한 특징에 대해 결론짓는 단계적 과정 또는 연구법이다. (출처) 한국과학기술정보연구원, 『건강과 생태 위험의 정성·정량적 평가』, 2009.

143 최소영향관찰용량/농도(Lowest Observed Adverse Effect Level/ Lowest Observed Effect Concentration, LOAEL/LOEC)란 "용량-반응시험에서 노출집단과 적절한 무처리 집단간 악영향의 빈도나 심각성이 통계적으로 또는 생물학적으로 유의성 있는 차이를 보이는 노출량 중 처음으로 영향이 관찰되기 시작하는 가장 최소의 노출

과 같이 유의미한 농도 수준으로 제시되거나, 발암 위해성 분류[144]와 같은 기술어(descriptor)를 사용해 정성적으로 제시할 수도 있다.[145]

2) 용량–반응 평가

이 단계에서는 확인된 정보를 바탕으로 유해물질의 노출량과 유해한 영향의 발생 정도 간의 관계를 규명한다. 이 단계는 자료(data)로부터 정보(information)를 도출하는 과정으로, 특히, 실험실 기반의 독성과 노출 정보를 실제 수용체의 특징과 노출 조건으로 외삽[146]하는 과정이 위해성 평가에서 매우 중요하다.[147]

용량–반응 평가 시 유해인자의 작용 기작, 노출 기간 등에 따라 다른 모델이 적용된다. 특히, 실제 사람에 노출(예상)되는 낮은 농도에서 사람을 대상으로 한 자료 확보가 거의 불가능하고, 역학조사도 대개 일부 용량 구간만을 포괄하기 때문에 대부분 고용량에서 관찰한 결과를 평가에 활용한다. 자료로부터 실제 수용체에서 반응을 예측하기 위해 적정한 농도–반응 지점, 즉 시작점(POD, point of departure)에서 고용량→저용량, 동물→인체로 외삽 과정이 필요하다.[148]

량"을 말한다. 무영향관찰용량/농도(No Observed Adverse Effect Level/ No Observed Effect Concentration, NOAEL/NOEC)란 "만성독성 등 노출량–반응시험에서 노출집단과 적절한 무처리 집단 간 악영향의 빈도나 심각성이 통계적으로 또는 생물학적으로 유의한 차이가 없는 노출량 또는 노출농도"를 말한다. 이는 시험자료를 통해 확인되는 값이다. (출처) 국립환경과학원 화학물질 위해성 평가방법 고시 제2조.

144 참고로 WHO 국제암연구센터(2006) 및 미국 EPA(2005)에서 제시한 발암위해성 분류는 아래의 표와 같다.

국제암연구센터(IARC, WHO 산하의 전문기관) (2006)			미국 EPA (2015)
그룹	내용 기술어		내용 기술어
1	인체 발암성 carcinogenic to humans	인체발암성 증거자료가 충분	인체 발암성 carcinogenic to humans
2A	인체 발암 유력 물질 probably carcinogenic to humans	인체발암성 자료는 제한적 실험동물 발암성 자료 충분	인체 발암 유력 물질 likely to be carcinogenic to humans
2B	인체 발암 가능 물질 possibly carcinogenic to humans	인체발암성 자료가 제한적 실험동물 발암성자료 불충분	발암력을 암시하는 증거 suggestive evidence of carcinogenic potential
3	인체 발암 여부 분류 곤란 cannot to be classified as carcinoge–nicity to humans	인체, 실험동물 모두에서 발암성 자료가 불충분	발암력 평가에 부적절한 정보 inadequate information to assess carcinogenic potential
4	인체 비발암 유력 물질 probably not carcinogenic to humans	인체발암성이 없음	인체 비발암 유력 물질 Not likely to be carcinogic to humans

(출처 : 미국 발암성 위해성 평가 지침 및 IARC 홈페이지)

145 US EPA risk assessment. ibid.

146 외삽(extrapolation)은 "관찰할 수 없는 저농도 화학물질의 위해수준을 관찰 가능한 범위로부터 추정"하는 것을 말한다. 외삽은 일반적으로 일정 구간 범위 밖의 사항을 함수 등을 활용해 추정하는 과정을 말하고, 통상 종간 외삽을 포함하는 개념으로 사용된다. 이 글에서는 동물–인체, 즉 종간 외삽을 포함하는 의미로 사용한다. (출처) 국립환경과학원 화학물질 위해성 평가방법 고시 제2조.

147 Heyvaert ibid.; McCarty. ibid.

148 US EPA risk assessment. ibid.

역치가 있는 비발암 위해성의 경우 시작점(NOAEL/LOAEL 또는 BMDL)[149] 값을 불확실성계수(UF)와 조정계수(MF)[150]로 나누어 독성준거치(RfD 또는 RfC)를 도출한다. 역치가 없는 발암 위해성의 경우 기준용량하한값(BMDL) 또는 발암반응을 확인한 최소 농도의 신뢰구간 상한 등의 시작점에서 선형 외삽[151]하고 그 기울기값을 사용해 발암잠재력(CSF, cancer slope factor)[152]을 계산한다.

환경 위해성 평가에서는 각 영양 단계를 대표하는 여러 생물종 대상 시험결과에서 도출한 독성종말점의 누적분포인 종민감도분포(species sensitivity distributions, SSD)를 활용해 시작점(POD)을 도출한다. 시험자료가 부족할 경우 가장 민감함 생물종을 대상으로 한 시험자료의 NOEC 또는 ECx[153]를 활용하기도 한다. POD(5% 생물종이 영향을 받는 SSD 상의 농도인 '5% SSD' 또는 NOEC/ECx)를 평가계수(AF)[154]로

---

149 비발암물질의 비선형 용량-반응값 도출 시 시험자료로부터 도출되는 외삽 시작점은 크게 NOAEL/LOAEL 활용과 BMDL 활용으로 구분된다.(우측의 그림 참조)

실제 시험에서 사용된 투여용량 중 통계적으로 반응이 관찰되지 않는 가장 고용량인 NOAEL을 활용하고 시험에서 NOAEL이 없으면 LOAEL 활용한다. 시험자료값을 직접 사용하는 이 방법은 시험설계의 영향을 많이 받고 용량 증가에 따른 반응의 기울기를 고려하지 않는다는 단점이 있다.

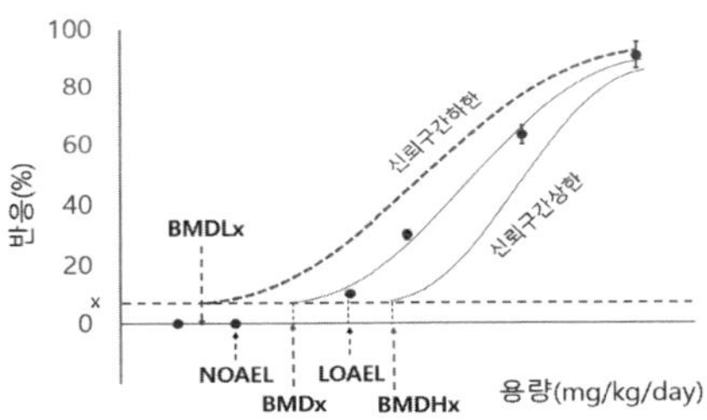

이를 보완한 것이 기준용량하한값(BMDL Benchmark Dose Lower bound) 활용하는 방법이다. 기준 용량(Benchmark Dose, BMD)이란 시험결과 반응을 보인 3개 이상의 용량을 사용해 수학모델링으로 구축한 용량-반응곡선을 기준으로 독성영향이 대조집단에 비해 5% 또는 10%와 같은 특정 증가분이 발생했을 때 이에 해당되는 노출량을 추정한 값인데, 이 값의 95% 신뢰구간 하한값을 BMDL이라고 한다.

(출처) 국립환경과학원 화학물질 위해성 평가방법 고시 제2조; US EPA risk assessment;. ECHA. ECHA guidance on information requirements and chemical safety assessment

150 불확실성 계수(UF, Uncertainty Factor)는 용량-반응평가시 활용한 자료의 불확실성을 반영하고 조정 계수(MF, Modifying factor)는 용량-반응평가 시 활용한 자료의 질(quality)을 반영해 산정한다.

약어	불확실성 계수	크기	설 명
UFa	동물-인체계수	× 10	동물시험자료에 근거해 POD 확립시
UFh	인체 상이성 계수	× 10	사람의 개체간 민감도의 차이 등 고려
UFs	아만성-만성 계수	× 10	NOAEL이 만성독성자료에 근거하지 않았을 때
UFl	LOAEL-NOAEL계수	× 10	NOAEL이 아닌 LOAEL을 활용할 때
MF	자료의 질을 반영	0~10	MF 〈 1 양질, 기본값(default) 1, MF 〉 1 질 낮음

(출처) ECHA CSA guidance. 재구성

151 POD를 시작으로 원점까지 선형모델을 적용한다. 선형다단계 모델(linear multistage model, LMS) 등이 주로 사용된다.

152 발암잠재력(cancer slope factor, CSF)은 선형 외삽된 용량-반응 함수의 기울기로서 한 개체가 기대수명 동안 해당 화학물질에 하루 kg 체중 당 1 mg 용량에 경구 노출되었을 때 증가하는 발암확률의 신뢰구간 상한값을 의미한다. 발암잠재력 대상 인구집단이 물 또는 공기 오염수준 단위(μg/L 또는 μg/m^3) 증가 시마다 발암확률이 증가하는 정도를 나타내는 단위위해도(unit risk)로 환산할 수 있다. 단위위해도에 환경 매체 중 오염농도를 곱하면 해당 인구집단의 발암 확률을 계산할 수 있다.

153 ECx는 x%의 생물체에 영향을 미치는 물질의 농도를 말하는데, 영향-농도 곡선에서 도출한다.

154 평가계수(AF, Assessment Factor)는 가용한 시험자료의 불확실성과 자료의 질을 검토해 결정한다. 시험조건-자연조

나누어 예측무영향농도(PNEC, Predicted No Effect Concentration)를 산출한다.[155]

용량-반응 평가 단계의 최종 결과물은 시험자료로 확인·외삽된 용량-반응 관계(곡선)로부터 얻은 용량-반응값이다. 이 값은 노출 평가 단계에서 측정·예측된 노출량과 비교해 (예상) 노출 수준이 유해한지를 결정하는 준거값으로 사용된다.

> 화학물질의 용량-반응평가 결과 도출되는 주요 용량-반응값의 정의
>
> - 독성참고치 (reference dose/concentration, RfD/ RfC) : 식품 및 환경 매체 등을 통하여 화학물질이 인체에 유입되었을 경우 유해한 영향이 나타나지 않는다고 판단되는 노출량
>   (계산식 : [NOAEL 또는 BMDL]÷[UFa*UFh*(...)*MF])
> - 발암잠재력 (cancer slope factor, CSF) : 평균 체중의 건강한 성인이 기대수명 기간 동안 화학물질의 단위 노출량에 노출되었을 경우 그로 인해 발생할 수 있는 초과발암확률
> - 예측무영향농도 (Predicted No Effect Concentration, PNEC) : 인간 이외의 생태계에 서식하는 생물에게 유해한 영향이 나타나지 않는다고 예측되는 환경 중 농도
>   (계산식 : [5% SSD 또는 L(E)C50 또는 NOEC]÷AF)
>
> (출처) 국립환경과학원 화학물질 위해성 평가방법 고시 재구성.

3) 노출 평가

노출 평가는 특정 유해인자에 노출된 인구집단이나 생태계의 크기와 특징, 노출된 시간과 양(농도)을 정량적 또는 정성적으로 예측하는 단계이다.

건 간 차이(10), 장-단기 영향차이(10) 등에 따라 차등 적용한다. EU REACH의 AF의 일부를 아래의 표로 제시하였다.

PNEC유형	가용 시험자료					AF
	시험생물종*/군집		시험결과 개수	노출기간	종말점 유형	
	영양단계/군집	종 개수				
PNEC-물 PNEC-토양	1개 영양단계	1	최소 1	단기	L(E)C50	1000
	1개 영양단계	1	1	장기	NOEC, EC10	100
	2개 영양단계	2	2	장기	NOEC, EC10	50
	3개 영양단계	최소 3	최소 3	장기	NOEC, EC10	10
	종민감도분포(SSD)법				모든 유형 가능	1-5
	현장자료 또는 생태계 모델링법					사안별 결정
PNEC-저질	저서생물군	1	1	장기	NOEC, EC10	100
		2	2	장기	NOEC, EC10	50
		3	3	장기	NOEC, EC10	10

*영양단계 대표생물은 조류-어류-물벼룩(물), 지렁이-식물-미생물(토양) 등임(출처) ECHA CSA guidance. 재구성

155 ECHA CSA guidance. ibid.

인체 위해성 평가의 노출 평가 단계에서는 배출원에서 인체에 도달할 때까지 매체와 노출 경로(exposure pathway), 물질이 인체로 들어가는 노출 루트(exposure route)[156]를 고려하고 특정 물질이나 지역에 대해 개인이 현실적으로 경험하는 노출 수준을 감안해 평가한다. 인체를 중심으로 모든 경로로부터 노출되는 노출량을 종합해 예측노출량(EED, estimated exposure dose)을 결정한다.[157]

환경 위해성 평가에서는 측정 자료와 발생 가능한 최악의 시나리오와 예측 모델링 기법을 사용해 예측환경농도(PEC, predicted environment concentration)[158]를 산정한다. 이 과정에서 화학물질의 배출·분해·이동·제거 등 환경 중 거동, 노출 과정(환경 매체로의 배출) 및 분배 경로를 고려하는 것이 중요하다.[159]

노출평가 단계의 최종 결과물은 인체위해성 평가의 경우 특정 인구집단에 대한 EED 또는 노출된 인구의 규모이고, 환경위해성 평가의 경우는 PEC이다.

4) 위해도 결정

위해성 평가자는 위해도 결정 단계에서는 시험결과와 자료, 이전 단계에서 결정된 예측값들을 결합해 평가 대상 물질이 사람의 건강이나 환경에 피해를 유발할 확률을 결정해 정책결정자 등이 이해할 수 있도록 투명하고 명확하며 일관되고 합리적으로 제시해야 한다.[160] 이 단계는 위해성의 정량적 예측값 산출, 불확실성의 서술, 위해성 예측값의 제시, 위해성 분석 결과의 소통 등의 단계로 진행되며, 위해성 평가 전 과정에서 의사결정에 필요한 정보를 제공하여야 한다.[161]

이 단계에서 진행하는 정량적 위해도 예측값 산정은 용량–반응평가 결과값(RfD, 발암잠재력 또는 PNEC 등)과 예측노출량(EED 또는 PEC)을 비교해 정량적 위해도 수준을 제시하는 방식으로 진행된다. 위해도 수준은 노출한계(margin of exposure,

---

156 노출루트는 신체 밖에서 안으로 들어오는 섭취(intake)와 직접 조직으로 들어오는 흡수(uptake)로 구분한다. 섭취는 먹거나 마시거나 흡입하는 것이고 흡수는 눈과 피부처럼 직접 조직에 흡수되는 것이다. (출처) US EPA Exposure assessment guideline.

157 US EPA risk assessment. ibid.

158 예측환경농도(Predicted Environment Concentration, PEC)를 "예측모형에 의해 추정된 환경 중 화학물질의 농도"로 정의한다. (출처) 국립환경과학원 화학물질 위해성 평가방법 고시 제2조.

159 ECHA CSA guidance. ibid.

160 미국 EPA는 위해도 결정의 원칙으로 TCCR(transparent, clear, consistent, and reasonable)을 강조한다. (출처) US EPA. *Risk characterization handbook*. Washington DC: US EPA; 2001, pp.14–18.

161 NRC. *Science and Judgment in Risk Assessmen*. 1994. [NRC Blue book].

이하 'MOE'),[162] 유해지수(hazard quotient, 이하 'HQ')[163] 또는 초과발암확률[164] 등으로 계산된다. 이 값은 정책적으로 결정한 위해성 기준과 비교해 현재 또는 예측되는 위해도의 정도를 결정하는 데 활용된다.

> 화학물질 위해성 평가에 사용되는 정량적 위해도 결정 값
>
> 1. 인체 비발암위해도의 정량적 결정
> • 유해지수(HQ) = 예측노출량(EED)÷독성기준치(RfD 또는 RfC)
> • 노출한계(MOE) = NOAEL 또는 BMDL÷예측노출량(EED)
> • 유해지수 또는 노출한계(MOE)의 확률분포
>
> 2. 인체 발암위해도의 정량적 결정
> • 대상집단의 초과발암확률 = 발암잠재력 × 예측노출량(EED)
> • 노출한계(MOE) = BMDL÷예측노출량(EED) *mg/kg-day
>
> 3. 환경위해도의 정량적 결정
> • 생태위해도를 별도의 확률 분포로 예측
> • 별도의 확률분포로 나타내지 아니할 경우 유해지수 활용
> 유해지수(HQ) = 예측환경농도(PEC)÷예측무영향농도(PNEC)
>
> (출처) 국립환경과학원 화학물질 위해성 평가방법 고시 제8조. 재구성.

3. 위해성 평가의 한계와 과제

공중보건 영역에서 적용되는 위해성 평가는 제한된 과학적 자료로 정책 결정에 필

162 비발암 위해성의 노출한계(MOE)는 "무영향관찰용량(NOAEL), 무영향관찰농도(NOAEC) 또는 기준용량 하한 값(BMDL)을 노출수준으로 나눈 비율(값)"을 말하며 비발암 노출한계(MOE) 값이 기준(benchmark) MOE(동물-사람, 사람간 편차 고려시 기준 MOE값은 100, 고용량-저용량 외삽한 POD를 활용한 경우 1,000) 보다 작으면 관리 측면에서 관심이 필요한 물질로 본다. 발암 위해성의 노출한계(MOE)는 기준 MOE 값으로 10,000을 적용한다. (출처) 국립환경과학원 화학물질 위해성 평가방법 고시 제8조.; S.Barlow. Risk assessment of substances that are both genotoxic and carcinogenic report of an International Conference organized by EFSA and WHO with support of ILSI Europe. 2006.

163 유해지수(hazard quotient)란 "화학물질의 위해도를 표현하기 위해 인체 노출량을 RfD로 나누거나 PEC을 PNEC으로 나눈 수치"를 말한다. 유해지수는 그 값이 1 이상이면 위해성 관리 측면에서 관심이 필요한 수준으로 본다. 독성기준치(RfD)는 이미 불확실성을 반영한 수치이기 때문에 노출량과 그대로 비교할 수 있다. (출처) 국립환경과학원 화학물질 위해성 평가방법 고시 제8조.

164 초과발암확률의 경우 보통 위해성 관리 측면에서 기준이 되는 발암확률은 10^{-4}~10^{-6} 수준이며, 10^{-4} 이상이면 대책이 필요한 수준으로 보고 10^{-6} 이하이면 그렇지 않은 것으로 본다. (출처) 국립환경과학원 화학물질 위해성 평가방법 고시 제8조.

요한 새로운 정보를 생산하는 복잡한 행위이다. 위해성 평가는 정책과 과학의 특징을 모두 가지고 있으며, 이 두 관점에서 개선의 필요성이 제기되어 왔다.

1) 위해성 평가 방법론 비판

① 불확실성(uncertainty) : 근거없는 과학

위해성 평가에서 중요한 난관 중 하나는 불확실성이다. 위해성 평가는 평가 대상과 노출 조건에 정확히 부합하는 과학적 자료와 정보가 부족한 상황에서 이루어지므로 위해성 평가의 모든 단계에 불확실성이 내재된다.[165]

유해성 확인 단계에서 인체 위해성 평가를 위해 사용하는 동물시험 결과를 인체로 외삽하는 규칙이 과학적으로 입증된 것은 아니다. 환경 위해성 평가에도 몇몇 대표 생물종이 전체 생태계를 대표한다고 보는 가정 자체에 많은 불확실성이 존재한다. 인체 역학연구의 경우 매우 낮은 확률의 피해를 발견하기 어렵고 관찰된 건강 피해를 유발할 수 있는 다른 외부 요인들의 영향을 배제하기 쉽지 않아 오류의 여지가 있다. 용량–반응 평가와 노출 평가 단계는 모델, 예측 및 가정 등에 기초해 진행되기 때문에 많은 불확실성이 수반된다. 위해도 결정 단계는 이전 단계에서 생산된 정보를 취합하기 때문에 모든 불확실성이 내재화된다.[166]

이로 인해 위해성 평가는 근거 없는(mythological) 과학적 위장(a charade)이라고 비난받기도 한다.[167] 따라서 위해성 평가의 모든 단계에서 불확실성에 대한 검토와 분석에 더 많은 주의를 기울여야 한다.[168]

② 보수성(conservatism) : 나쁜 과학

위해성 평가 방법론은 보수적(conservative)이다. 정책적 요구에 따라 과학적 자료가 부족한 상황에서 가용한 자료와 가정에 기반해 결론을 내야 하는 위해성 평가자

---

165 NRC Orange book; Yoe C. *Principles of risk Analysis: decision making under uncertainty*. CRC Press; 2011.

166 본문에서 기술한 사항 이외에도 위해성 평가의 신뢰성과 관련한 이슈는 다양하게 제기되고 있다. 대표적인 것이 비현실적인 기본값(default value)과 가정으로 불확실성이 심화되고 그 결과 기본값이 너무 보수적이거나 또는 충분히 보수적이지 않아 위해성이 과대 또는 과소평가되는 문제, 기본값의 사용과 가정이 너무 경직되어 상황에 맞는 자료를 활용할 수 없는 문제, 혼합물 등 물질 간 상호작용과 개체 간 반응의 변동성이 충분히 연구되지 않아 이를 충분히 고려하기 어렵다는 문제 등이다. (출처) Australian EHRA guidelines. ibid.

167 Heyvaert. ibid.

168 NRC Silver book ibid.; EEA ERA approaches. ibid.

는 그 불확실성을 평가·관리함에 있어 안전한 방향으로 오류를 범하는 경향의 보수적 접근을 취한다.[169]

위해성 평가는 그 과정에서 사용되는 보정 요소(불확실성계수, 조정계수, 안전계수 등)들로 인해 최종 도출된 정량적 위해도 예측값을 '유해지수(HQ)가 1보다 크면 유해성이 있다'는 식으로 위해도를 결정하므로 실제 위해도를 판단하는 값으로 100% 신뢰하기 어렵다는 측면에서 불완전한 과학적 평가이다.

과도한 보수성은 체계적으로 위해성을 과대평가하는 결과를 낳고 이는 규제 당국이 유해물질을 과잉 규제하고 많은 자원을 소비하게 한다.[170] 이러한 명시적인 보수성으로 인해 위해성 평가는 과학 행위로서 자격을 상실한 나쁜 과학(bad science)이라고 비난받기도 한다.[171] 그러나 위해성 평가 결과에 기초해 수립된 많은 환경기준들이 예방적 기준으로 잘 작동하고 있는 사례들은 위해성 평가의 보수성이 정책적으로 효율적이라는 점을 보여주고 있다.[172]

결론적으로 평가자, 사용자, 규제 당국 및 일반 대중이 위해성 평가가 절대적이거나 결정적인 결과를 제시하는 것이 아니라는 점을 인식하는 것이 중요하다.[173]

③ 과학적 엄격성 : 부적절한 과학

이것은 위해성 평가자들이 유해물질과 영향 간 인과관계를 확정할 때 적용하는 과학적 입증 기준이 규제 목적에 비해 너무 엄격하다는 것이다. 과학자들은 실제 위해성이 없으나 있다고 판단하는 오류(거짓양성, type I)를 더 심각하게 보고, 위해성이 있지만 없다고 보는 오류(거짓음성, type II)에 관대한 경향이 있다.[174] 과학의 영역에서는 거짓양성이 더 심각할 수 있지만, 사람과 환경을 보호하는 정책적 관점에서는 거짓음성이 더 심각하다. 따라서 위해성 평가가 과학적 입증 기준을 지나치게 엄격하

169 위해성 평가 시 평균이나 전형적인 값이 아닌 최악의 상황(worst case)이나 변수분포의 상위 백분율의 값을 활용해 위해도를 예측하거나 노출과 관련해 실제 수용체가 노출되는 값(일시적 노출 또는 시간에 따른 농도 감소 등)을 고려하지 않고 평생 동안 일정한 농도로 노출되는 것을 가정해 산정하는 점 등이 보수성의 사례이다.

170 보수적 위해성 평가를 통해 도출된 규제 기준값이 현재의 분석기술로 분석할 수 있는 수준보다 훨씬 낮아 현장 적용 시 기준 준수 여부를 확인할 수 없어 정책적 활용이 불가능하거나, 배경농도보다도 낮은 값이 도출되기도 한다. (출처) Australian EHRA guidelines. ibid.

171 Heyvaert. ibid.; Australian EHRA guidelines. ibid.

172 McCarty. ibid.

173 Australian EHRA guidelines. ibid.

174 Heyvaert. ibid.

게 적용하면 규제 목적을 충분히 달성하기 어려워진다.[175]

또 다른 이슈는 위해성 평가가 복잡하여 평가하는데 과도한 자원과 시간이 투입되는 것이다. 위해성 평가는 화학물질 규제에 대해 일차적인 논거를 제공하기 때문에 과학적·정치적 및 일반 여론의 철저한 검토를 거친다. 그 결과 혼합물 노출, 복합 노출, 민감 집단 등과 같은 다양한 이슈에 대응하기 위해 위해성 평가의 과학이 복잡해졌다. 미국 EPA는 트리클로로에틸렌, 폼알데하이드, 다이옥신 등 몇 가지 화학물질은 평가를 완료하기까지 10년 이상이 걸렸다. 이러한 복잡성으로 인하여 일부 소수의 화학물질에 많은 자원이 투입되고 그 외 나머지 많은 화학물질의 평가 속도가 더뎌진다.[176]

④ 참여 제한 : 비민주적 과학

전통적 관점에서 위해성 평가는 기술적·분석적·객관적 과정이기 때문에 일반 대중의 개입이 필요 없다고 본다. 그러나 위해성이란 유해성과 노출량의 함수일 뿐 아니라 위해성의 사회적 수용성에 영향을 주는 사회적 가치도 위해성을 결정하는 중요한 요소이다. 대중의 위해성 인식은 위해성의 근원, 자발성, 친숙도 등 다양한 요인에 의해 영향을 받는다. 특히, 대응적(responsive) 위해성 평가는 이러한 사회적 가치를 통합하고 반영해야 하지만, 전통적 위해성 평가에는 이러한 비과학적 요소의 통합과정이 거의 없다.[177]

2) 화학물질 위해성 평가의 성과와 과제

화학물질 위해성 평가는 지난 1980년대 이후 화학물질 관리정책 분야에서 널리 활용되었다. 화학물질 위해성 평가는 정책결정자가 화학물질 노출로 인한 질병발생 피해를 최소화하는 대책을 수립하는데 과학적 토대를 제공해 왔다.

그러나 최근의 연구결과, 화학물질로 인한 심혈관계 질환 등 인구집단의 질환을 예측하여 예방하는 데 한계가 있고, 동물시험으로부터 사람에게 안전할 것으로 예측했던 노출 수준에서도 인체 영향을 확인한 역학연구 결과가 제시[178]되는 등 전통적 화학

175 Cranor CF. 「The normative nature of risk assessment: features and possibilities」. 『Risk』. 1997; 8: 123.

176 NRC Silver book. ibid.

177 Heyvaert. ibid.

178 Kaufman JD, Adar SD, Barr RG, et al. 「Association between air pollution and coronary artery calcification within six metropolitan areas in the USA (the Multi-Ethnic Study of Atherosclerosis and Air Pollution): a longitudinal cohort study」. 『Lancet』. 2016;388(10045):696-704.

물질 위해성 평가는 여러 가지 문제를 노정하고 있다.

이를 극복하기 위해 환경성 질환을 유발하는 화학물질의 환경 노출을 최소화한다는 정책 목표에 부합하도록 화학물질 위해성 평가를 재설계할 필요성이 제기된다. 모든 범위의 가용 자료를 활용하고 다양한 자료 스트림(data stream)[179]을 통합하는 혁신적 방법으로, 인구집단에서 관찰되는 건강 상태를 보다 민감하게 반영하는 건강 종말점을 고려할 필요가 있다.[180]

4. 최근 화학물질 위해성 평가의 동향

1) 위해성 평가의 과학적 접근법 변화

① 새로운 과학적 발전의 활용

2000년대 후반 이후 화학물질 등의 유해성 평가에 정보를 제공할 수 있는 분자생물학적 기전(mechanistic) 증거의 가용성과 효용성은 증가해 왔지만, 사람이 노출되는 화학물질 중 일부에 관해서만 역학 연구나 동물시험이 가능하였다. 미국 NAS는 분자생물학적인 연구과 정보통신기술의 발전이 위해성 평가에 미치는 변화에 대한 여러 보고서를 발표하였다. 이 변화의 큰 흐름은 분자생물학적 기전 연구를 위해성 평가에 통합하는 방향, 그리고 동물시험 및 실측 자료 등에 의존하던 종전의 평가 방식을 넘어 광범위한 과학적 성과를 위해성 평가의 기반으로 활용하는 것으로 요약된다. 이는 위해성 평가의 효율성과 적시성을 높이고 시험동물 사용을 최소화할 수 있는 계기가 된다.[181]

위해성 평가 관련 주요 과학적 진전과 적용

NAS는 최근의 위해성 평가와 관련한 과학적 진전을 노출 과학(exposure science), 독성학(toxicology) 및 역학(epidemiology)으로 나누어 기술하면서, 이러한 과학적

---

179 비시험자료, 분자생물학적 자료(omics 자료 등), 동물시험자료, 인체자료, 노출자료, 디지털 자료 등이다.

180 Gwinn MR, Axelrad DA, Bahadori T, et al. 「Chemical risk asssessment: traditional vs public health perspectives」. 『Am J Public Health』 2017;107(7):1032–1039.

181 NRC. *Toxicity testing in the 21st century: a vision and a strategy*. Washington DC: National Academies Press; 2007.;
NRC. *Review of EPA's integrated risk information system (IRIS) process*. Washington DC: National Academies Press; 2014.; NRC 21th century science. ibid.

성과가 위해성 평가 과정에 도움을 줄 수 있을 것으로 보았다. 특히, 짧은 시간에 많은 분자생물학적 자료를 생산하는 고속대량스크리닝(HTS) 기술 및 [그림 2-5]와 같이 유사한 다른 화학물질로부터 해당 물질의 독성 등을 예측하는 유사체 기반 방법(analogue-based method) 등의 활용 가능성을 구체적으로 제시하였다.[182]

> 고속대량스크리닝(HTS), 대량정보기법(HCM), 독성발현경로(AOP) 등의 개념
>
> - 고속대량스크리닝(High-throughput screening, HTS): 많은 생화학적·유적전·약물학적 시험을 빠르게 수행할 수 있는 자동운영플랫폼으로 화합물 분주/희석/스크리닝/성분 혼합/배양 및 검출/분석/결과보고 등 일련의 과정을 신속 효율적으로 처리해 하루 1만 종 이상의 화합물의 스크리닝이 가능한 기술.
> - 대량정보기법(High-content Method, HCM): 세포 집단으로부터 정량적 자료를 확보하기 위해 자동화 현미경, 다지표이미지가공 및 시각화 수단을 사용하는 분석법의 총칭. 세포 내 다양한 표적에 대해 살아있는 세포를 대상으로 고해상도의 형광 영상을 얻고 이를 컴퓨터프로그램을 이용해 시공간적으로 분석해 복합적 정보를 스크리닝하는 기술. HCS(High-content screening) 또는 HCA(high-content analysis)라고도 함.
> - 독성발현경로(Adverse Outcome Pathway, AOP)는 사람이나 동물이 화학물질 노출 이후부터 독성 영향이 나타나기까지 분자, 세포, 조직, 개체, 개체군 등 생물체의 여러 수준에서 인과관계로 연결되어 나타나는 현상들을 논리적 순서대로 기술한 것을 말함. 독성종말점(endpoint)에 특이적이며, 따라서 여러 물질에 적용 가능함.
> - 시험·평가 통합연구법(Integrated approach to testing and assessment, IATA): 잠재적 유(위)해성, 추가 시험 필요성에 대한 정보를 제공할 수 있는 모든 관련 자료들을 전략적으로 통합하고 가중하는 구조화된 접근 방법.
>
> (출처) OECD. Overview of concepts and available guidance related to integrated approaches to testing and assessment (IATA). OECD Environment Directorate; 2020.; ECHA non-animal approach report. 재정리.

182 NRC 21th century science. ibid.

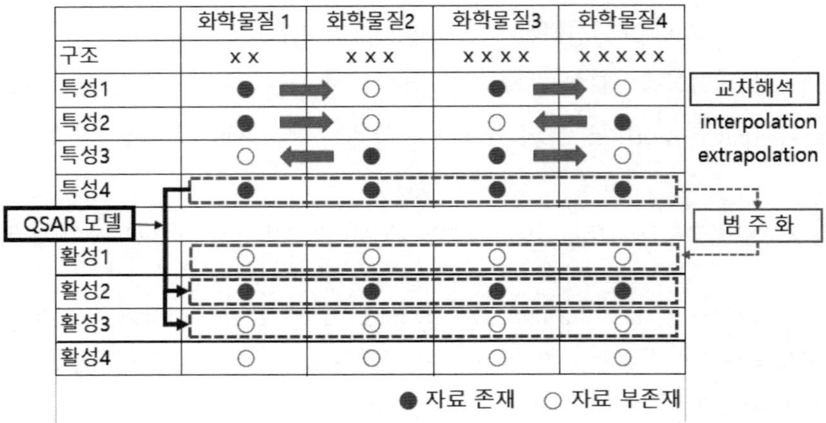

[그림 2-5] 화학물질 간 유사성에 기초한 비시험적 방법의 기본 개념

(출처) Ha MH, Kim S.「Current uses and research activity regarding non-testing methods Including (Q)SARs in various chemical regulatory programs」.『Journal of Environmental Toxicology』 2009;24(3): 261-270.

화학물질 관리 분야에서 새로운 기술의 적용

위해성 평가가 적용되는 분야중 화학물질의 우선순위 선정, 화학물질 평가, 특정 오염지역 평가, 신규화학물질 평가 시에 새로운 기술을 적용할 수 있는 가능성이 높다.[183]

우선순위 선정은 새로운 기술이 가장 먼저 적용될 수 있는 분야이다. HTS 프로그램을 적용해 수천 개의 화학물질에 대한 독성자료를 생산하고 고속대량방법(high throughput)으로 정량적 노출(예측)량을 제공받아 노출한계(MOE, 독성예측치/노출량)를 계산하면 짧은 시간에 많은 화학물질에 대한 우선순위를 정할 수 있다.

화학물질 평가도 새로운 기술 적용의 잠재력이 큰 분야이다. 정보를 얻고자 하는 화학물질과 구조, 대사, 생물활성 등이 유사한 화학물질로부터 교차해석(read-across)[184] 방식으로 POD를 계산해 준거치를 결정할 수 있다. 예측 모델링을 포함한 컴퓨터 노출 평가도 노출 잠재력, 환경잔류성 또는 생물농축성 등 중요한 자료를 제공할 수 있다.

유해물질 누출 또는 유해폐기물 오염지역 등 특정 지역에 대한 평가에도 새로운 기

183 NRC 21th century science. ibid.

184 교차해석 또는 상관성 방식(read-across)은 어떤 화학물질의 특성 또는 활성 정보를 이용해 유사하다고 판단되는 다른 화학물질의 동일한 성질을 정성적/정량적으로 예측하는 과정이다. (출처) ECHA. Non-animal approaches-current status of regulatory applicability under the REACH, CLP and biocidal products regulations. 2017.

술이 적용될 수 있다. 오염지역에 존재하는 화학물질의 확인과 정량화에 표적 분석화학 기술 및 비표적 분석을 활용할 수 있고, 유사체-기반 방법에 HTS 또는 HCS 방법을 사용해 자료가 없는 화학물질의 독성을 확인할 수 있다.

신규화학물질 평가 분야에서는 화학물질 평가와 비슷한 방법으로 새로운 기술을 적용할 수 있다. 다만, 기존 물질과 달리 신규 물질의 경우 유사한 물질을 찾기 어렵거나 관련 독성자료가 없을 수 있다. 시험관 내(in vitro) 독성시험과 노출과학의 방법이 신규화학물질의 특성을 파악하는 데 도움을 줄 수 있다.

분자생물학적 기전 연구를 위해성 평가에 통합하는 움직임은 2019년 말 개정된 WHO 산하 국제암연구센터(IARC)의 발암성 기준에서도 확인된다. 2006년 종전 기준에서는 ① 인체 발암 및 ② 시험 동물에서의 발암을 발암성 확인의 증거 축으로 제시했으나, 2019년 기준에는 이에 ③ 기전적 증거(mechanistic evidence)를 추가해 분자생물학적 연구자료를 증거로 활용하였다.[185]

② 비동물 및 비시험 자료의 제도적 활용

전술한 과학적 진전과 함께 동물복지에 대한 관심이 높아지고 효율적인 화학물질 평가의 필요성이 대두되면서 동물 시험(in vivo)을 최소화하고 시험관 내(in vitro) 시험과 구조활성관계 등 컴퓨터 기반(in silico) 방법 등이 위해성 평가의 공식 수단으로 속속 도입되고 있다.[186]

화학 구조 또는 작용 기전 등이 유사한 화학물질 정보로부터 평가 대상 화학물질의 특성을 예측하는 비시험적 방법[그림 2-6]은 여러 국가에서 제도화되어 있다. 구조

185 Samet JM, Chiu WA, Cogliano V, et al. 「The IARC Monographs: updated procedures for modern and transparent evidence synthesis in cancer hazard identification」, 『*J Natl Cancer Inst*』 2020:112(1):30-37.

186 독성학 발전의 초기에는 다양한 유형의 동물시험 자료에 의존해 유해성을 확인하였다. 1970년대에 돌연변이와 DNA 피해 가능성을 평가하는 시험관내 시험(in vitro)이 개발되어 동물시험결과를 보완하였다. 우리나라는 1990년대 초 유해화학물질관리법 제정 당시부터 Ames시험법 등 시험관 내 변이원성 시험을 유해성 심사 자료로 활용하였다. 대표적인 컴퓨터 기반(in silico) 방법인 QSAR에 대한 국제적 논의는 1990년대 초반에 시작되었다. OECD 차원에서 2004년 QSAR 모델의 검정 원칙이 합의되고 2007년 관련 지침 문서가 마련되면서 국제적으로 본격 활용되기 시작하였다.
(출처) ECHA non-animal approaches.ibid.; OECD History of the OECD (Q)SAR Project

활성관계((Q)SAR),[187] 교차해석(read across), 범주화(grouping)[188] 등이 이에 해당한다. 이 방법들은 독성 기작이 상대적으로 단순한 저단계 종말점에서 주로 활용된다.[189] 대표적 사례가 OECD 시험지침에 포함된 피부 부식성/자극성, 심각한 눈의 피해/안자극성 및 피부 민감성에 대한 in vitro시험과 IATA AOP 개념을 활용한 비동물 연구법이다.[190] 국내에서도 화학물질 등록 시 QSAR 등 비시험 자료를 활용할 수 있다.[191]

2) 위해성 평가의 문제 해결 기여도(효용성) 제고

① 문제 형성 단계의 도입

전통적 위해성평가/위해성관리 체계 내에서 위해성 평가가 과학성을 추구하는 동안 정책결정자는 의사결정에 필요한 과학적 정보를 적시에 제공받지 못하였다. 그 결과 위해성 평가가 생산하는 정보와 정책결정자가 필요로 하는 정보가 내용과 시점에서 괴리가 발생하면서 의사결정 지원수단으로서 위해성 평가의 효용성이 낮아졌다.

이러한 문제를 해결하려면 위해성 평가의 계획, 수준, 복잡성을 정책결정자의 정보 수요와 일치시키는 과정, 즉 위해성 평가의 설계(design)에 더 많은 주의를 기울여야 한다. 이를 위해 전통적인 위해성 평가/위해성 관리 체계를 확장해 위해성 평가 초기 단계에 '문제 형성 및 범위 설정'(problem formulation and scoping) 단계를 포함하는 위해성 기반 의사결정 체계가 제안되었다. 이는 본격적인 위해성 평가 '이전'에 이해관계자들이 참여하여 위해성 평가를 통해 답을 구해야 하는 정책적 질문들을 구체화하고 평가 계획에 반영할 요소들을 조정하기 위한 것이다.[192]

현재 미국 EPA뿐 아니라 영국, 호주 등은 위해성 평가의 첫 단계로 문제 형성

187 구조활성관계(SARs, Structure Activity Relationships)는 구조가 유사한 화학물질은 물리화학적 특징과 생물활성이 유사하다는 기본 전제 하에 화학물질의 구조적 특징으로부터 물리화학적·생물학적·환경적 성질들을 정성/정량적으로 예측하는 방법이다. 정량적 구조활성관계를 QSARs라고 한다. (출처) 국립환경과학원 화학물질 위해성 평가방법 고시 제2조..; ECHA non-animal approaches, ibid.

188 범주화(Grouping, Categorization)는 물리화학적 특성 및 유해성 특성을 고려하여 화학물질을 유형화하는 과정으로 전문가 판단이 개입되며 SARs 또는 교차해석(read cross)의 사전 작업이다. (출처) ECHA non-animal approaches, ibid.

189 ECHA non-animal approaches, ibid.

190 국립환경과학원,『독성평가를 위한 동물대체시험법 적용성 연구』, 2016.

191 국내 화학물질 등록 시비슷한 구조와 유해성을 갖는 화학물질은 하나의 군으로 구분되며, 이 경우 상대독성계수(toxic equivalency factors)를 적용한 위해성 평가 방법을 이용할 수 있다. 상대독성계수는 화학물질 중 독성이 유사한 동종계(同種系) 화합물을 대상으로 이성체 중 가장 독성이 강한 물질의 독성을 기준으로 하여 각 이성체의 상대적인 독성 값을 나타낸 계수를 말한다. (출처) 국립환경과학원 화학물질 위해성 평가방법 고시 제2조.

192 NRC Silver book, ibid.

(problem formulation) 또는 이슈 확인(issue identification)을 포함하고 있다.

② 해법에 초점을 둔 대안적 평가 방법의 제안

위해성 평가가 정책 대안을 선택하는 데 직접적으로 효용성을 갖도록 하는 방법으로 해법 중심 위해성 평가(solution-focused risk assessment, 이하 'SfRA')가 제안되기도 하였다. SfRA는 "유해하다고 인식이 되면, 과학적인 유해성 분석 과정을 건너뛰고, 위해도 저감을 위한 정책대안과 관련된 정보를 먼저 제공하고자 하는 위해성 평가"라고 정의할 수 있다. 이는 정책적 해법의 탐색 시점뿐 아니라 정책의 내용에도 강조점을 둔다.[193] 보다 근본적인 변화를 고려하는 대안적 평가방법(예: 화학물질 대안 평가, chemical alternatives assessment)도 제시되고 있는데, 이는 위해성 평가 체계로는 화학물질의 생산·사용을 전환하는 등의 근본적 대안을 고려하기 어렵다는 문제 인식에 기초해 있다.[194]

SfRA는 정책적 대안을 위해성 저감을 넘어 '근본적인 전환(녹색화학 및 대체물질 개발)'으로 확장해 검토함으로써 지속가능성, 사전주의 원칙, 환경정의 및 녹색화학 등에 기초한 유사 방법론과 명확한 구별이 어렵다고 지적되는 등 그 개념과 정책적 가치에 대한 의문이 제기되기도 한다.[195] 그러나, 의사결정을 지원하는 위해성 평가의 기능을 강화하기 위해서는 위해성 저감과 지속가능발전에 초점을 둔, 보다 포괄적인 해법을 강조할 필요가 있다는 점에는 공감대가 있다.[196]

③ 체계적 문헌 고찰(systematic review) 방법의 적용

체계적 문헌 고찰(systematic review)은 의료행위(환자 치료법 등) 등과 관련한 특정한 질문에 초점을 두고, 관련된 개별 연구결과들을 확인, 선정, 평가, 요약하기 위하여 명시적이고 사전에 정해진 과학적 방법에 따라 수행하는 체계적 조사이다.[197] 이

---

193 Finkel AM, 「"Solution-Focused Risk Assessment": a proposal for the fusion of environmental analysis and action」, 『*Hum Ecol Risk Assess*』, 2011;17(4):754-787.; Zijp MC, Posthuma L, Wintersen A, et al. 「Definition and use of Solution-focused Sustainability Assessment: a novel approach to generate, explore and decide on sustainable solutions for wicked problems」, 『*Environ Internat*』, 2016;91:319-331.

194 Whittaker MH, 「Risk assessment and alternatives assessment: comparing two methodologies」, 『*Risk Anal*』, 2015;35(12):2129-2136.

195 Goldstein BD, 「Solution-focused risk assessment」, 『*Curr Opin Toxicol*』, 2018;9(35):35-39.

196 Zijp MC, et al. Loc. cit.; Goldstein. Ibid; McCarty. ibid.

197 US Institute of Medicine, Finding what works in health care: standards for systematic reviews, 2001.

것은 의료 및 공중보건의 다양한 분야에서 의사결정을 위해 가용한 증거들을 평가하는 방법이라고 할 수 있다.[198]

미국 EPA는 2010년대 초반 이후 위해성 평가 과정에 체계적 문헌 고찰 방법을 채택해 왔다. 최근에는 2016년 TSCA 개정법에 근거한 기존화학물질 검토에 체계적 문헌 고찰 방법을 적용하고 2018년 TSCA 위해성 평정에서 체계적 문헌 고찰의 적용이라는 보고서로 그 결과를 발표하였다. EPA는 유해성 평가 단계뿐 아니라 노출 평가, 물리·화학적 특징 검토 등 위해성 평가 전 과정에 체계적 문헌 고찰 방법을 적용하는 시도를 하였지만, 미국 NAS는 EPA의 새로운 접근법에 대해 전면적인 재검토를 권고하였다.[199] 이후 EPA는 2018년 방법을 사용하지 않기로 하고 새로운 'TSCA 체계적 문헌고찰 프로토콜'을 개발하는 절차에 착수하였다.[200]

주요 국가의 정부 기관이나 국제기구 차원에서 화학물질 관리 분야의 체계적 문헌검토 사용 지침 등은 아직 개발되지 않았지만, 미국 EPA뿐 아니라 세계보건기구(WHO) 등을 중심으로 화학물질 유해성 평가에 체계적 문헌 고찰 방법을 적용하려는 노력이 진행되고 있다.[201]

3 위해성 관리

1. 위해성 관리의 개념과 전략

1) 위해성 관리의 개념

위해성 관리(risk management)는 대안적 규제 방안들을 강구하고 그 중 최적안을 선택하는 과정이다.[202] 의사결정자는 한정된 자원, 불완전한 과학적 이해수준, 그리고

198 NRC. *The use of systematic review in EPA's Toxic Substances Control Act risk evaluations*. Washington DC: National Academies Press; 2021.

199 Ibid.

200 US EPA. The application of systematic review under TSCA risk evaluations [cited Dec 1, 2021]. Available from: https://www.epa.gov/assessing-and-managing-chemicals-under-tsca/application-systematic-review-tsca-risk-evaluations

201 World Health Organization. *Human health risk assessment toolkit: chemical hazards*. 2nd ed. WHO; 2021.

202 NRC Red book. ibid.

이해관계자 간 의견 충돌이 존재하는 상황에서 공동체 관점에서 적절한 위해성 수준을 결정한다.[203] 이때 위해성 평가 결과라는 과학적 정보 또는 판단 이외에 정치·사회·경제적 요소를 고려할 수밖에 없다. 이는 위해성 평가만으로 의사결정하기 어려운 현실적·가치적·절차적으로 고려할 사항들이 있기 때문이다.

첫째, 여러 정책사례에서 확인되듯이 현실의 정책 현장에서 과학적인 위해성 평가 결과만으로는 이해관계자나 일반 대중을 설득하기 어렵다.[204] 둘째, 한정된 자원으로 어떤 위해성을 먼저 관리할 것인지를 선택하는 과정에서 비용-편익, 다른 위해성의 상충(trade-offs) 및 일반 대중의 여론 등 사회적·경제적·윤리적 측면의 다른 가치들을 함께 고려할 수밖에 없다.[205] 셋째, 위해성 관리 단계는 높은 수준의 적법성과 책임성을 요구하며, 시민들은 위해성과 그 규제 수준을 결정하는 사람들에게 책임을 물을 권리가 있다. 정치인이나 공무원과 달리 과학자들은 이러한 책임을 지지 않는다. 따라서 최종 결정은 확립된 민주적 체계의 책임 구조 내에서 이루어지는 것이 불가피하다.[206]

2) 위해성 관리의 단계

전통적 관점에서 위해성 관리는 위해성 평정(risk evaluation), 배출·노출 통제(emission & exposure control) 및 위해성 모니터링(risk monitoring) 등의 단계로 구성된다. 위해성 평정은 물질 노출로 인한 위해성과 편익 간의 정성적 또는 정량적 관계를 확립하는 것이다. 배출·노출 통제는 위해성에 대한 대응 조치로서 화학물질의 배출과 노출을 줄이고 관리하는 조치이다. 위해성 모니터링은 특정 유해성과 관련하여 위해성 방지 또는 저감이 달성되는지 확인하기 위해 위해성 관리체계 내에서 의사결정과 대응 조치를 추적하는 과정이다.[207]

위 단계는 화학물질 관리정책의 결정-이행-평가 단계로 이해할 수 있다. 위해성 평정은 정책 결정 과정에, 배출·노출 통제와 위해성 모니터링은 각각 정책 이행 및 정책

203 OECD new emerging risk in the 21st century. ibid.

204 Covello VT. 「Risk communication」. In: Calow P, editor. *Handbook of environmental risk assessment and management*. Blackwell Science; 1998. 520-522.

205 Viscusi WK. *Rational risk policy*. New York: Oxford University Press; 1998.

206 Zander. 8-32. ibid.

207 IPCS RA terminology. ibid.

평가 단계에 해당한다. [그림 2-6]은 위해성 분석의 주요 단계와 정책 단계를 IRGC의 통합 위해성 거버넌스 체계에 대입하여 도식화한 것이다. 위해성 분석 또는 위해성 거버넌스 체계 내에서 위해성 관리 각 단계와 정책의 결정·이행·평가 단계가 밀접히 관련됨을 확인할 수 있다.

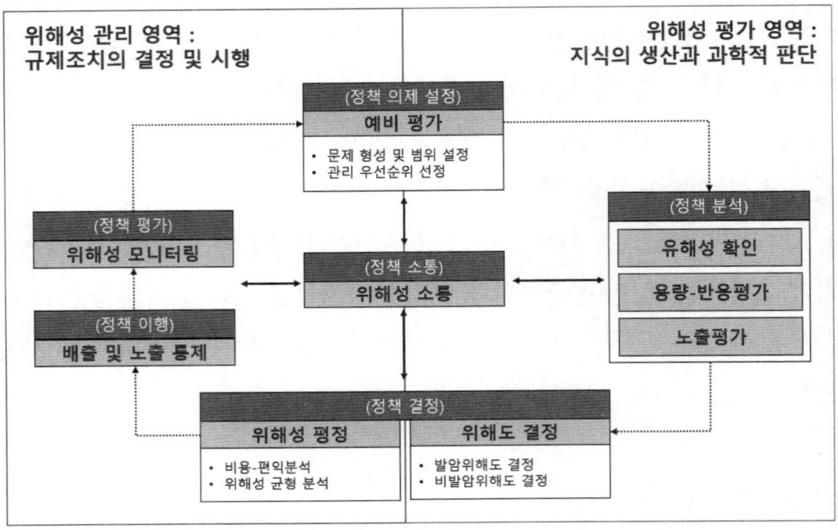

[그림 2-6] 정책 과정과 연계한 화학물질 위해성 분석체계

(출처) IRGC white paper; IPCS RA terminology. 재구성.

3) 위해성 관리의 전략

이상적이고 완전한 위해성 평가는 위해도에 대한 계량적인 예측값을 제시한다. 그러나 현실에서 부딪히는 위해성은 다양한 종류의 불확실성과 모호성을 내포하므로 위해성 관리정책은 현실의 위해성이 나타내는 이러한 불확실성을 다루어야 한다. 아울러, 화학물질의 노출 상황과 정치·사회·경제적 여건에 따라 가변성이 크기 때문에 일반적으로 합의된 전략이 존재하기 어려우며, 개별 국가들은 정책 상황과 여건에 따라 다른 위해성 관리전략을 취한다.[208]

전통적인 위해성평가/위해성관리 체계 내에서 위해성 관리는 위해성 정보에 기초한 관리전략을 의미한다. 그러나 실제 관리대상이 되는 위해성은 언제나 크고 작은 불

208 Zander. 8–32. ibid.

확실성을 내포하기 때문에 불확실한 위해성에 대한 관리 전략을 함께 모색해야 한다.

〈표 2-6〉은 위해성 관리의 접근 방법에 따라 위해성 관리 전략을 위해성 정보 기반(risk-informed) 전략, 주의적/사전주의적(cautionary/precautionary) 전략, 담론적(discursive) 전략 등 3개 유형으로 구분한 것이다. 실제 정책 영역에서 이러한 전략들은 혼재되어 활용된다.

〈표 2-6〉 위해성 관리의 주요 전략

전략 구분	개념	사례
위해성 정보 기반 (risk-informed) 전략	확인된 위해성에 대응하는 전략으로 위해성 평가 결과를 활용해 위해성을 관리하는 전략	위해성 회피, 저감, 이전, 보유 등 통상적인 위해성 관리 대책
주의적/사전주의적 (cautionary/ precautionary)전략	위해성을 사전주의적으로 관리하거나 未知의 위해성 구간을 견뎌낼 견고성(robustness) 또는 복원력(resilience)을 구축하는 전략	누출 봉쇄, 대체물질 개발 안전계수 추가 적용 보호장치·장비 중복적용
담론적(discursive) 전략	불확실성 감소, 사실관계 명확화, 피영향집단의 참여, 숙의 및 책임성 강화 등을 통해 확신과 신뢰 구축을 도모하는 전략	

(출처) Aven T. 「Risk Assessment and risk management」. 『European Journal of Operational Research』 2016;253(1):1–13.

위해성 관리전략을 위해성의 특징에 따라 구분하기도 한다. 위해성은 그 원인물질과 피해 발생 간 인과관계의 확실성과 피해발생 확률의 정확도에 따라 단순(simple), 복잡(complex), 불확실(uncertain) 및 모호한(ambiguous) 위해성으로 유형화할 수 있는데, 이 유형별로 적용되는 관리 전략과 수단, 위해성 소통 방법이 다르다〈표 2-7〉.[209]

개별 국가들은 규제수단을 제도화할 때 과학적 증거에 선택적으로 가중치를 부여하는 방식으로 정책의 우선순위를 조정할 수 있다.[210] 개별 국가들이 어떤 전략으로 위해성을 관리할 것인지, 예를 들면 위해성 정보에 기초해 적정 수준의 예방조치를 취할 것인지 또는 사전주의 전략을 적용해 여러 겹의 안전장치를 둘 것인지 등은 정책 당국의 결정에 달려 있다.[211] 실제 화학물질 관리 분야의 많은 정책들은 위해성 기반 관리 전략과 수단에만 의존하지 않으며, 위해성뿐 아니라 위해성에 내포한 불확실성, 위해

209 IRGC white paper. ibid.

210 Aven T. 「Risk Assessment and risk management」. 『*Eur J Oper Res*』. 2016;253(1):1–13.

211 대표적인 사례가 미국과 유럽의 사전주의 원칙의 이해와 적용의 차이이다. 자세한 내용은 1편의 설명을 참고한다.

성을 바라보는 사회적 인식 등 다양한 요소를 고려해 이루어진다.

〈표 2-7〉 위해성 특성 분류 및 분류별 의사결정에 함의

위해성 분류	관리 전략	적정 수단	이해관계자 참여
단순한 위해성 (simple) 인과관계 : 명확 피해발생확률 : 명확	통상 절차 기반 (routine-based) (수인성·수용성 판단)	→ 전통적(traditional) 의사결정 • 위해-편익분석 • 위해성 절충(risk trade-offs)	도구적 대화 (instrumental discourse)
	(위해성 저감)	• 시행착오(trial and error) • 기술적 기준(standard) • 경제적 인센티브 • 교육/표식/정보 • 자발적 협약	
복잡한 위해성 (complex) 인과관계 : 복잡 피해발생확률 : 복잡	위해성 기반 (risk informed) (인과관계 확인)	→ 가용한 증거의 특성화 • 전문가합의 추구 수단 · 델파이 또는 합의회의 · 메타분석 · 시나리오 구축 등 • 결과는 통상절차로 투입	인식론적 대화 (epistemological discourse)
	견고성 중심 (robustness focused) (위해성 흡수체계)	→ 위해성 완충(buffering)능력 증진 • 추가적인 안전계수 • 안전장비의 중복/중첩 배치 • 대응역량 개선 • 신뢰성 높은 기관 구축	
불확실한 (uncertain) 위해성 인과관계 : 확실 피해발생확률 : 불확실	사전주의 기반 (precaution based) (위해 인자)	→ 위해성 예측의 대체지표(잔류성, 범용성 등)로서 유해 특성 활용 • 아래의 수단 활용 · 봉쇄(containment) · ALARA[212] 또는 ALARP[213] · BACT[214]	사색적 대화 (reflective discourse)
	복원성 중심 (resilience focused) (위해성 흡수체계)	→ 예상하지 못한 상황(surprise)에 대한 대응능력 개선 • 바람직한 편익 달성수단 다양화 · 고취약성 회피 · 유연한 대응 허용 · 적응을 위한 대비	

위해성 분류	관리 전략	적정 수단	이해관계자 참여
모호한 (ambiguous) 위해성 인과관계 : 모름 피해발생확률 : 모름	대화(discourse) 기반	→ 합의 도달 또는 위해성 평가 결과 수용 및 관리대안 선택을 위한 갈등해소기법 적용 • 결론 도달 과정에 이해 관계자의 참여 • 의사소통과 사회적 대화에 강조	참여적 대화 (participative discourse)

(출처) IRGC white paper.

2. 화학물질의 위해성 관리

1) 정책 대안의 도출

화학물질의 위해성 관리는 화학물질의 유해성 자체를 줄이거나 노출의 특징과 범위를 통제하는 방식으로 화학물질이 사람의 건강과 환경에 미치는 부정적 영향을 줄이는 다양한 정책을 포괄한다. 화학물질 관리의 정책에는 규제적 접근과 비규제적 접근이 포함되며, 교육·훈련도 작업자와 일반 대중의 인식을 높이고 안전기준을 준수하도록 촉구한다는 점에서 중요한 정책요소로 본다.[215]

① 규제적 접근[216]

규제적 접근은 정책 대상자에게 유해물질 또는 취급시설의 안전관리에 필요한 사항을 준수하도록 법령 등에 근거해 명령 또는 통제하는 방식의 직접적인 관리정책을 말한다. 화학물질의 금지 또는 제한, 화학물질의 함량 기준 설정, 배출 및 노출 통제, 안전기준 준수 의무 등, 널리 적용되는 정책들이 이에 속한다.

화학물질 관리에서 법령에 따른 규제적 접근이 핵심 수단인 것이 사실이지만, 그것만으로 화학물질의 위해성을 관리하기에 충분하지 않다. 규제조치의 이행에는 최소한 규제 당국, 그리고 그 이행을 담보할 인력과 자원이 필요할 뿐 아니라 규제 당국이

212 As Low As Reasonably Achievable.
213 As Low As Reasonably Practicable.
214 Best Available Control Technology.
215 UNITAR. ibid.
216 Ibid.

모든 규제대상을 일일이 모니터해 관리한다는 것이 불가능하기 때문이다. 따라서 경제적 유인수단이나 교육·훈련 등 다른 방법이 병행되어야 한다.

② 비규제적 접근[217]

비규제적 접근은 화학물질 사용을 통제하기 위해 시장(market) 기반 접근 또는 경제적 유인책을 활용하거나 자발적 협약 및 교육·훈련 프로그램 등을 적용하는 간접적 비통제적인 관리정책을 말한다. 배출량에 부과하는 세금 또는 부과금, 오염물질 저감분에 대한 경제적 보상, 오염물질 배출권거래제, 희생자에 대한 보상체계, 시장 내 구매기준(일정 수준 이하의 유해물질 기준) 설정 등이 이에 속한다.

이러한 조치들은 법적 근거 없이 자발적·자율적으로 운영되기도 하고 법령에 근거를 두고 운영되기도 한다. 민간에서 운영되는 자발적인 조치[218]들도 법령에 근거한 제도와 유사하게 운영되나 강제력을 갖지 않는다는 점에서 차이가 있다.

2) 정책의 결정

화학물질 규제와 관련한 정책 결정은 (위해성 평가 과정인) 위해도 결정과 (위해성 관리 과정인) 위해성 평정(사회경제적 영향 분석 등) 결과를 종합해 화학물질 위해성을 수용 또는 감내할 것인지 또는 규제조치 등을 통해 저감하거나 회피할 것인지, 그렇다면 어떠한 정책대안을 활용할 것인지 등을 판단하는 과정이다.[219] 이 단계에서는 특정 화학물질의 위해성을 관리할지 여부, 그리고 관리가 필요하다면 어떠한 정책수단을 적용할 것인지를 결정하는 것이 핵심이다.

① 관리가 필요한 위해성의 판단 기준

화학물질의 위해성 평가가 완료되면 해당 위해성을 통제 또는 관리할지를 판단해야 한다. 위해성 평가 결과 도출된 위해도 예측값이 수용할 수 있는 수준인지를 판단하는 기준이 중요한 요소 중 하나이다.

미국 TSCA는 사람이나 환경에 '불합리한 위해성(unreasonable risk)'의 존재 여부를 그 기준으로 한다. 2016년 개정된 TSCA는 불합리한 위해성에 대한 정의를 구체

217 Ibid.

218 화학산업계에서 운영하는 Responsible Care™가 대표적이다. (출처) UNITAR. ibid.

219 OECD trends in risk communication. ibid.

화하였는데, 불합리한 위해성을 결정할 때 ① 규제의 비용–편익을 고려하지 않고 사람과 환경 보호를 강조하고, ② 화학물질이 현재 사용되는지, 그리고 어떻게 사용되는지에 초점을 두며, ③ 잠재적 노출 또는 취약 집단에 대한 위해성을 명시적으로 고려 하도록 한다.[220] 과거에는 불합리한 위해성 존재 여부를 판단할 때 '비용'과 '최소부담'요건을 반드시 고려하도록 했으나, 2016년 이후 환경보건 측면을 우선 고려한다는 점은 큰 변화이다.[221]

최근 EPA의 기존화학물질 위해성 평정 사례를 보면, 화학물질의 세부 용도별로 위해성 평가를 실시해 불합리한 위해성 존재 여부를 결정(risk determination)하였다. 메틸렌클로라이드의 경우 총 53개 용도별로 위해도 예측값(risk estimates)과 기준(benchmark) 위해도 예측값을 비교해 6개 용도에서는 불합리한 위해성이 없으나 47개 용도에서는 불합리한 위해성이 있어 대책이 필요하다고 보았다.[222]

우리나라 「환경보건법」은 환경유해인자의 위해성 평가 결과 산출된 위해도 예측값에 따라 관리대책을 마련해야 하는 위해성 기준을 두고 있다.[223] 이는 미국의 불합리한 위해성 기준과 유사한 개념이지만, 법적 기준으로 반영했다는 점이 특징이다.

이러한 기준(benchmark) 위해도의 규범화는 정부가 일정 수준 이상의 위해도를 나타내는 화학물질을 관리하도록 강제한다는 점에서는 의미가 있다. 그러나 미국의 '불합리적 위해성'은 기준위해도 초과 여부만 아니라, 노출집단의 특징, 피해의 심각도 등도 반영한다는 점을,[224] 우리 제도에서도 고려할 필요가 있다.

---

220 Schmidt CW. 「TSCA 2.0–new era in chemical risk management」. 『Environ Health Perspect』. 2016:124(10);182–186.

221 Bergeson LL, Campbell LM, Rothenberg L. 「TSCA and the future of chemical regulation」. 『*EPA Admin Law Rptr*』. 2000;15(4):1·23.; Schmidt CW. Ibid.

222 US EPA. Final risk evaluation for methylene chloride. Assessing and managing chemical under TSCA. 2022

223 「환경보건법」 제11조(환경유해인자의 위해성 평가 및 관리) ① 환경부장관은 환경유해인자의 위해성 평가를 실시하고, 환경부령으로 정하는 위해성기준을 초과하는 환경유해인자를 관리하기 위한 대책을 마련하여야 한다.

224 Schmidt CW. Loc. cit.

위해성 기준

1. 초과발암위해도를 적용할 경우 위해성기준은 10^{-6}~10^{-4}의 범위에서 환경부장관이 정한다.
2. 초과발암위해도를 적용할 수 없는 경우 위해성기준은 위험지수 1로 한다.

비고

1. "초과발암위해도"란 독성역치(독성을 보이는 최소한의 수준)가 없는 환경유해인자에 평생 노출되었을 때 이로 인하여 추가적으로 암이 발생할 수 있는 확률을 말한다.
2. "위험지수"란 독성역치가 있는 환경유해인자에 대한 노출 수준을 동일 노출기간의 최대 허용 노출량으로 나눈 값을 말한다.

(출처) 환경보건법 시행규칙 제3조 관련 별표 1

② 위해성 이외의 의사결정 기준

위해성 관련 의사결정은 위해성 평가 결과와 비용–편익 분석, 위해성 절충 분석과 같은 정책분석 수단을 활용해 예측한 사회경제적 영향 등을 함께 고려한다. 다양한 대안들 가운데 최적 안을 결정할 때, 각 행동 노선의 정치, 경제, 문화적 요인과 기술, 사회, 재정, 법률, 제도적 맥락을 고려해야 한다.[225] 〈표 2–8〉은 주요 화학물질 규제에서 관찰되는 오염관리 철학 또는 논리에 따른 규제방식의 차이를 보여준다. 유사한 정보와 지식 기반을 가진 화학물질이라도 국가마다 접근하는 규제 원칙에 따라 규제의 수준과 방법이 달라진다.

〈표 2–8〉 주요 화학물질 규제에서 관찰되는 위해성관리 철학의 비교

위해성 관리 철학	철학적 기초	장점	단점	사례
0 또는 최소 위해성	공약	목표가 명확	편익의 포기; 규제비용 무시	DDT, PCB, 페인트의 납
환경 기준	모든 사람의 건강 보호	이행점검 용이; 수용체간 형평성	수용체 노출 미고려	다이옥신의 환경기준
배출 기준	오염자간 공정경쟁	이행점검 용이; 배출자간 형평성	배출과 피해가 간접적으로만 관련	수질오염물질 배출 기준

225 OECD. *Assessing the economic valuation of the benefits of regulating chemicals: lessons learned from five case studies*. OECD; 2018.

위해성 관리 철학	철학적 기초	장점	단점	사례
기술–기반 관리	인정된 기술의 사용	표준화; 기술혁신 장려	고비용; 탄력성; 기술후퇴 불가	최적가용기술 (BAT) 사용
위해성–기반 관리	과학적 시뮬레이션	분석 툴이 있음; 미지의 상황 예측	많은 자료가 필요; 용량–반응, 노출평가의 불확실성	발암물질 등 역치없는 오염물질의 관리
효용성–기반 관리	효용성(utility) 이론	규제의 비용과 편익을 모두 고려	특정 철학에 고정; 편익 산정 등 방법론상 문제	BATNEEC(과도한 비용 수반없는 BAT)
복합적 접근	다양	형평성, 효용성 등 여러 속성을 수용	여러 속성간 균형 조절 어려움; 방대한 지식 필요; 논쟁되기 쉬움	ALARP/ALARA(합리적으로 달성가능한 최소 수준)

(출처) Ball DJ, 「Environmental risk assessment and the intrusion of bias」, 『*Environ Internat*』, 2002;28:529–44. 재구성

3) 정책 모니터링 : 화학물질 위해성 모니터링

위해성 모니터링은 특정 위해성이 방지 또는 저감되는지를 확인하기 위해 위해성 관리체계 내에서 의사결정과 대응 조치를 추적하는 과정이다.[226]

화학물질 위해성 모니터링의 목적은 환경 중 오염물질의 수준과 잠재적으로 노출된 인구집단의 건강을 확인하고, 정책 대상이 해당 법령을 잘 준수하는지 확인하는 것이다. 대상은 목적에 따라 규제 대상(사업장, 제품, 물질 등) 또는 수용체·환경 매체가 된다. 우선순위는 자원의 가용성과 위해성의 특징·정도를 고려해 선정한다. 빈도는 위해성의 우려 정도와 관련되는데, 예를 들면 수용 한도에 근접한 오염물질은 모니터링 횟수를 늘리거나 상시화하는 것이다. 모니터링 결과는 특정 인구 또는 지역에서 발생한 화학물질 노출 유형과 수준을 보여주고 정책의 검토, 평가, 비교 및 개선을 위한 기초 정보를 제공한다.[227]

① 수용체와 환경 매체 모니터링

수용체와 환경 매체에 대한 모니터링은 수용체(인체 내부나 환경 중 생물체) 또는 환경 매체(물·대기·토양 등)에서 화학물질 농도를 주기적으로 조사하는 것이다. 이러

226 IPCS RA terminology, ibid.
227 UNITAR, ibid.

한 모니터링은 화학물질 관리정책의 성과를 직접 확인하고 필요한 경우 정책을 개선할 수 있는 기초 정보를 제공한다.[228]

특히, 수용체의 생체 시료(혈액, 뇨, 타액, 모발 등)에서 화학물질 수준을 직접 측정하는 바이오모니터링(biomonitoring)은 화학물질을 수용체 관점에서 관리하는 데 매우 중요하다. 바이오모니터링은 물, 공기 등 모든 노출 경로를 통해 체내로 흡수된 화학물질 누적량, 즉 체내 부하(body burden) 예측값을 제공한다. 바이오모니터링은 서로 다른 집단에서 시간에 걸친 노출 수준의 차이를 보여주고 화학물질 노출과 인체 영향의 관계를 결정하는 역학조사에서도 중요하다.[229] 국내 「환경보건법」에 따른 국민환경보건기초조사는 미국[230]과 유럽[231] 등의 바이오모니터링과 같이 매우 의미 있는 위해성 모니터링 정책이다.

대기, 수질, 토양 등 환경 매체에서 화학물질 모니터링은 「잔류성 오염물질 관리법」에 따른 잔류성오염물질 모니터링과 개별 매체를 관리하는 환경법령에 따른 환경오염물질 모니터링 제도 등을 통해 전국 단위로 실시되고 있다.

② 규제 대상 모니터링

화학물질을 취급하는 사업장, 화학제품, 화학물질 등에 대한 모니터링은 화학물질 위해성 규제가 현장에서 잘 준수되고 있는지를 확인하는 것을 목적으로 한다. 이러한 모니터링은 종종 제도적 미비점을 확인해 개선하는 계기가 된다.[232]

우리나라는 화학물질관련법령에 따라 일반 소비자에게 노출 가능성이 높고 위해 우려가 있는 제품군에 대해서는 안전표시기준 등의 준수 여부를 시장 모니터링하고 있다. 유해화학물질 취급 사업장에 대한 안전관리기준 점검, 대기 및 수질오염물질 배출시설 등의 배출기준 준수 여부 등도 관련 법령에 따라 모니터링한다.

---

228 Ibid.

229 EEA. Living health in a chemical world [cited Sep 2, 2021]. Available from: https://www.eea.europa.eu/signals/signals-2020/articles/living-healthily-in-a-chemical-world;

230 미국 EPA는 어린이 건강 보호에 중점을 두고 임산부 및 어린이를 대상으로 일부 특정 유해물질의 바이오모니터링 사업을 진행하고 있다. (출처) US EPA. America's children and the environment (ACE) biomonitoring [cited Sep 2, 2021]. Available from: https://www.epa.gov/americaschildrenenvironment/ace-biomonitoring

231 EU는 2017년 유럽 인체 바이오모니터링 이니셔티브(European human biomonitoring initiative, HBM4EU)를 출범했다. 독일 환경부 주관으로 30개 국가, 유럽환경청(EEA), 유럽집행위원회(EC) 등이 참여하는 공동사업으로 인체 바이오모니터링을 조정하고 발전시켜 시민들이 실제 노출되는 화학물질의 양에 대한 보다 정확한 정보를 제공하는 것 등을 목적으로 한다. (출처) HBM4EU. What to do [cited Sep 2, 2021]. https://www.hbm4eu.eu/what-we-do/

232 UNITAR. ibid.

3. 화학물질 관리정책의 영향 분석

1) 비용–편익 분석(Cost–Benefit Analysis)

① 개념

비용–편익 분석(Cost–Benefit Analysis, 이하 'CBA')은 '정량적 및 정성적 단위로 리스크 저감의 효과를 전체적으로 설명하는 것'으로 정의할 수 있다.[233] CBA의 첫 단계는 규제비용을 산정하는 것이고, 다음은 규제로부터 사회가 얻는 편익을 도출하는 것이다. 이때 유해성의 발생 확률은 잠재적 위험의 크기를 분석하는 데 중요한 값이 된다. 예측된 규제비용과 규제 편익을 비교해 비용–편익 결과값을 도출하고 이를 바탕으로 규제 편익이 그 비용을 정당화하는지를 검토한다.

CBA는 환경 분야에서 일반화된 의사결정 지원수단이다.[234] 우리나라에서도 「행정규제기본법」에 따라서 신설되거나 강화되는 화학물질 규제 정책에 대해서는 비용–편익 분석을 포함한 규제영향분석을 실시해야 한다.[235]

② 유용성과 한계

부적절한 과잉 규제를 방지하려면 규제의 편익이 규제비용을 정당화하는지를 기준으로 규제를 평가하는 것은 중요하다. 비용을 고려하지 않은 규제는 자원 낭비뿐 아니라 불필요한 생명의 손실로까지 이어질 수 있다. 규제비용을 등한시하는 경우 경미한 위해성을 제거하기 위해 터무니없이 많은 비용을 지불하게 된다. 어떤 경우 규제당국이 특정 위험의 마지막 10%를 제거하기 위해 전체 규제비용의 90%를 사용하는 소위 '90–10원칙' 문제가 발생한다.[236]

CBA는 규제에 수반되는 비용과 편익을 함께 고려함으로써 규제에 의한 사회 전체적인 이익을 담보할 수 있다는 장점이 있다. 아울러 잘 분석된 CBA는 시민들이 서

---

233 Sunstein C, *Risk and reason: safety, law, and the environment*. Cambridge University Press, 2002.

234 OECD, *Cost–benefit analysis and the environment: further developments and policy use*. Paris: OECD, 2018.

235 행정규제기본법령은 중앙행정기관의 장은 신설되거나 강화되는 규제에 대하여 규제영향분석을 하고 규제영향분석서를 작성하여야 한다고 명시하고 있다. 규제영향분석에는 '규제의 시행에 따라 규제를 받는 집단과 국민이 부담하여야 할 비용과 편익의 비교 분석'이 포함된다. 아울러 불가능한 경우를 제외하고는 규제영향분석은 가능한 계량화된 자료를 사용하여야 하고, 비용편익분석을 포함한 규제영향분석서를 입법예고 등 의견수렴 기간 동안 인터넷 홈페이지 등을 통해 공표하도록 하고 있다. (참고) 행정규제기본법 제7조 및 같은 법 시행령 제6조.

236 Viscusi WK. *Rational risk policy*. ibid.

로 다른 규제안의 비용과 편익을 합리적으로 비교할 수 있고 공식화된 사실을 수치로 표현해 위해성과 규제 내용을 객관적으로 이해할 수 있어 정책의 투명성을 높이는 장점이 있다.[237]

그러나, CBA가 환경 및 위해성 관리 분야에서 적용될 때 다음과 같은 한계가 있다. 첫째, 건강과 환경 피해의 저감이라는 규제의 편익을 정량적으로 산출하기 어렵다는 점이다.[238] 둘째, CBA의 가치 중립성과 객관성의 문제인데, 이는 분석 과정에서 미래 사건에 비용과 편익을 할당할 때 사용하는 할인율과 사회적 가치[239] 등 여러 계량적 수치들이 객관적·과학적 방법이 아닌 가치와 선호에 기초한다는 점이다.[240]

따라서, CBA가 해당 위해성 규제 여부에 대한 확정적인 답을 주는 것이 아니므로 의사결정자가 규제조치를 결정할 때 정보에 기초한 선택(informed decision)을 할 수 있도록 비용뿐만 아니라 편익을 함께 보여주는 수단으로 이해해야 한다.[241]

③ 화학물질 관리에 적용

활용 의의 및 한계

CBA는 세계 여러 국가들이 자국의 화학물질 관리 법령 하에서 사회경제적 분석수단으로 활용하고 있는 잘 확립된 정책수단이며, 화학물질 관리와 관련한 의사결정과 정책대안 선택 시 유용한 정보를 제공한다. 아울러 화학물질 관련 위해성 저감 분야에 대한 투자를 정당화하는 논리를 제공한다.[242]

OECD가 화학물질 관리정책에서 CBA를 활용한 사례를 분석한 결과, 화학물질 분야의 CBA도 과학적 증거 부족으로 인해 한계가 있다는 점을 확인하였다. 대부분의 평가에서 개별 화학물질 규제의 편익을 평가하기 위해서 유사한 모델을 사용[243]했으나, 노출 자료, 용량-반응함수 및 환경·인체 건강 종말점에 대한 적절한 자료가 부족하여 단순히 전문가 판단에 의존하는 방법을 자주 사용했다. 편익은 환경 영향보다

237 OECD CBA and the environment (2018). ibid.

238 Zander. 23. ibid.

239 지불의사법(willingness-to-pay, WTP)이 대표적이다. (출처) OECD. Cost-benefit analysis and the environment: recent developments. 2006.

240 OECD CBA and the environment (2018).; OECD CBA and the environment (2006).

241 OECD CBA and the environment (2018). ibid.

242 OECD Economic valuation of the benefits of regulating chemicals. ibid.

243 대부분의 평가에서 개별 화학물질 규제의 편익을 평가하기 위해서 영향-경로적 접근(impact-pathway approach, IPA) 또는 피해-함수적 접근(damage-function approach, DFA)를 사용하였다.

사람의 건강에 초점을 두었는데, 이는 환경과 생태계서비스에 미치는 영향에 대한 과학적 증거가 부족하기 때문이다. 특히, 위 사례연구는 화학물질 중 평가 자료가 가장 많은 수은에 대해서조차 관련 정보를 상세히 적용하지 못했고, 이환율과 일부 질환을 제외한 나머지 건강 피해(disutility) 비용은 무시하는 등 화학물질 규제의 편익 추정에 많은 과제가 남아 있음을 보여주었다.[244]

비용–편익 분석 적용성 제고

화학물질 관리 측면에서 CBA는 총 경제적 편익으로 사람의 건강뿐 아니라 환경상 편익을 확인·계량해 평가에 사용해야 하며, 편익 이전과 불확실성을 처리하는 방법을 개선할 필요성이 있다.[245] OECD는 회원국들과 함께 화학물질 관리정책 분야의 비용–편익 분석, 특히 사람의 건강과 환경 영향을 계량화하는 방법을 개선하기 위한 프로젝트[246]를 추진하고 있다.

2) 위해성 상충 분석 (Risk Trade–off Analysis)

① 개념

위해성 상충 분석(RTA, risk trade–off analysis)은 최소 비용으로 최대 안전을 확보할 수 있도록 드러나지 않은 위해성을 포함하여 모든 위해성을 확인하고 그 위해성들을 서로 형량해 순위를 부여하는 과정이다.[247]

위해성은 단독으로 나타나지 않는다. 저감 목표로 삼은 표적 위해성(target risk)을 제거하거나 줄이면 대항적 위해성(countervailing risk)이 발생할 수 있다. 예를 들면 특정 유해물질의 피해를 줄이기 위해 그 물질을 사용하지 않는 공정이나 제품으로

244 OECD Economic valuation of the benefits of regulating chemicals. ibid.

245 ibid.

246 The SWACHE 프로젝트(Surveys on Willingness–to–Pay to Avoid Negative Chemicals–Related Health Impacts)와 SACAME 프로젝트(Socio–economic Analysis of Chemicals by Allowing a better quantification and monetisation of Morbidity and Environmental impacts)이다. 전자는 화학물질 관련 건강 피해 관련 지불의사에 대해 국제적으로 비교 가능한 값을 확립하기 위한 조사사업이다. 후자는 화학물질 정책 평가 시 이환율과 환경 영향의 계량화 방법을 개선하고 화학물질의 경제적 계량화에 대한 가용한 방법론과 과제를 조사하는 사업이다. (출처) OECD Cost–benefit analysis in chemicals regulations [cited Sep 2, 2021]. Available from: https://www.oecd.org/chemicalsafety/risk–management/costs–benefits–chemicals–regulation.htm

247 Graham JD, Wiener JB. *Risk versus risk – tradeoffs in protecting health and the environment*. Cambridge: Harvard University Press; 1995.

대체한다면 해당 물질의 위해성 저감 차원에서는 의미 있는 접근이지만 대체된 공정이나 제품이 특정 환경에서 원래의 것보다 더 나쁜 영향을 미칠 수 있다. 〈표 2-9〉는 위해성이 우려되는 화학물질을 다른 물질로 대체했으나, 그 대체물질도 위해성이 우려되는 소위 '후회스러운 대체(regrettable substitution)'의 대표적 사례이다. 이러한 사례는 화학물질 관리의 정책 현장에서 드물지 않게 일어난다.[248]

〈표 2-9〉 후회스러운 대체의 사례로 문헌에 언급되는 물질

우려화학물질(기능)	우려화학물질의 유해성		대체물질	대체물질의 유해성
BPA (플라스틱생산 원료)	내분비계 교란	⇨	BPS, BPF	내분비계 활성
디에틸헥실프탈레이트, (DEHP, 가소제)	내분비계 교란	⇨	디이소노닐프탈레이트, DINP	발암성, 내분비계 교란 가능
염화메틸렌 (접착제 용제운반체)	급성독성, 발암성	⇨	1-브로모프로판 (nPB)	발암성, 신경독성
염화메틸렌 (브레이크 세척제)	급성독성, 발암성	⇨	n-헥산	신경독성
폴리브롬화디페닐에테르, (PBDE, 난연제)	잔류성, 신경독성, 생식독성, 발암성(펜타/데카)	⇨	트리스(2,3-디브로모프로필)포스페이트	발암성, 수생태독성
삼염화에탄 (TCE, 금속탈지액)	발암성	⇨	nPB	신경독성, 발암성

(출처) UNEP Global chemical outlook II.

특정 물질의 위해성 제거나 저감을 목표로 하는 규제의 긍정적 효과는 그 결과로 발생하는 새로운 위해성에 의해 상쇄되는데 이를 위해성 상충(trade-off)이라고 한다. 위해성 상충은 〈표 2-10〉에서 제시된 바와 같이 동일한 집단에서 하나의 위해성이 다른 위해성으로 대체될 수도 있고, 다른 집단에서 새로운 잠재적 영향으로 나타날 수도 있다. 규제의 목표가 전체 시민들을 위한 총괄적인 안전을 달성하는 것이라면 정책 결정 시 이러한 모든 요소들을 고려해야 한다. 정량적 또는 정성적 방법으로 위해성 상충이 확인되면 표적 리스크와 대항 리스크를 평가하고 영향을 받는 인구집단을 예측해야 한다.[249]

248 UNEP Global chemical outlook II. ibid.
249 Graham. ibid.

〈표 2-10〉 표적 위해성과 대항 위해성에서 위해성 상충의 종류

구 분		표적 위해성과 대항 위해성의 유형	
		동일 유형	다른 유형
표적위해성과 대항위해성이 영향을 주는 집단	동일 집단	위해성 상쇄 (risk offset)	위해성 대체 (risk substitution)
	다른 집단	위해성 이전 (risk transfer)	위해성 전환 (risk transformation)

(출처) Graham & Winener. 1995.

② 의의 및 활용

최저 비용으로 최고의 안전을 확보하기 위해 모든 위해성을 확인하고 상호 형량해 중요한 것부터 관리할 수 있도록 순위를 매기는 위해성상충분석 과정은 비용-편익 분석의 보충적 성격을 가진다. 위해성상충분석을 활용하면 분석의 범위를 개별 위해성에서 전체 위해성으로 전환해 특정 위해성을 감소하려는 노력이 새로운 위해성이나 위해성 전환 현상으로 이어지는 것을 막을 수 있다. 즉, 위해성상충분석은 하나의 위해성을 줄이려다 발생할 수 있는 다른 측면의 심각한 위해성을 방지하고, 규제대상이 아닌 위해성뿐 아니라 규제의 숨은 파급효과를 포착하는 데 도움을 준다.[250]

위해성상충분석의 순위 선정은 비용 효과성에 따라 할 수도 있고 비용과 무관하게 공동체 전체의 안전을 기준으로 할 수도 있다. 미국에서는 규제영향분석 시 위해성상충분석을 종종 수행한다.[251] 우리나라 규제영향분석은 위해성상충분석의 활용을 명시적으로 규정하고 있지 않다.

4 위해성 소통

1. 위해성 소통의 개념

1) 위해성 소통의 정의와 중요성

위해성 소통(risk communication)은 위해성 평가자, 위해성 관리자, 언론, 이해관

250 Zander. 8-32.; Ehlers RU. 「Cost-benefit, risk and trade-off analysis of regulation」. In: Ehlers RU, editor. *Regulation of biological control agents*. Dordrecht: Springer; 2011.
251 Zander. 8-32. ibid.

계자 및 일반 대중 간 위해성 정보를 교환하고 상호 소통하는 과정이다.[252] 위해성 이슈를 과학자들의 전유물로 인식했던 과거와 달리 현대 사회에서는 위해성 이슈에 대해 언론, 이해관계자, 일반 시민들, 그리고 종종 다른 분야의 과학자들도 관심을 표현하고 논박하는 일이 증가하면서 위해성을 관리하는 정책적 대응에 있어 위해성 소통이 필수 요소로 등장하였다.[253]

위해성 소통이 잘 되지 않으면 일반 대중이 특정 위해성을 과소평가해 예방 조치를 불충분하게 하거나 다른 위해성을 과대평가해 더 많은 자원을 배분하게 된다. 효과적인 위해성 소통이 되려면 기업, 시민사회단체 등 민간 주체뿐만 아니라 모든 수준의 공공 주체들이 참여해야 한다.[254]

2) 위해성 소통의 기능[255]

첫째, 교육과 이해를 증진하는 기능으로서, 위해성과 그 위해성의 관리에 대해 알리는 것이다. 이때 위해성 소통은 사회의 위해성 인식(risk perception)을 고려해야 한다. 효과적인 위해성 소통은 불확실성과 모호성을 포함해 밝혀진 사실을 이해할 수 있도록 만든다.

둘째, 위해성 대응 훈련과 행동의 변화를 유도하는 것이다. 위해성 소통은 사람들이 위해성에 잘 대응하도록 도울 수 있다. 즉, 개개인이 위해성을 줄이기 위해 일상의 행동과 습관을 바꾸게 할 수 있다. 위해성 소통자는 위해성에 대응하기 위해 사람의 행동을 변화시킬 수 있는 다양한 프로그램을 설계할 필요가 있다.

셋째, 위해성 평가 및 관리제도에 대한 신뢰를 증진시키는 것이다. 위해성 소통과정은 기존 거버넌스 구조가 효과적, 효율적, 공정하고 수용 가능한 방식으로 위해성 문제를 다룬다는 점을 사람들이 인식할 수 있는 기회가 된다. 신뢰는 위해성 소통자가 주는 메시지의 영향력을 좌우하는 중요한 요소이다.

넷째, 위해성 관련 결정과 갈등 해소에 기여할 수 있다. 위해성 소통은 이해관계자 및 공공의 대표자에게 위해성 평가 과정에 참여하고 관련 갈등 해소에 관여할 기회를 제공한다. 참여와 관여의 주 목적은 의사결정의 질을 개선하고 불필요하고 소모적인

252 IPCS RA terminology. ibid.
253 OECD trends in risk communication. ibid.
254 ibid.
255 ibid.

대치를 줄이는 것이다. 이해관계자가 관여하는 깊이와 범위는 논쟁의 주제와 정도에 따라 달라진다는 점을 고려할 필요가 있다.

3) 위해성 소통 시 고려사항

① 위해성 인식

위해성 소통 시 위해성 정책의 대상이 되는 이해관계자와 피영향 집단, 그리고 일반 대중 등의 위해성에 대한 인식을 주요 요소로 고려하여야 한다. 일반인들은 위해성을 전문가들과는 다르게 이해하며, 특히 그것이 제시되는 방법에 따라 달리 인식하는 경향이 있다.[256] 〈표 2-11〉과 같이 위해성 인식(risk perception)은 위해성의 원인, 노출 방식과 빈도, 위해성 규모, 그 발현 시점 등을 기준으로 큰 차이를 보인다. 화학물질 위해성 소통 시에도 이러한 인지적 특성이 고려될 필요가 있다.

〈표 2-11〉 위해성 특징에 따른 위해성 인식 차이

구 분	위해성이 낮다고 인식	위해성이 높다고 인식
물질 특성	천연(natural)	인공(manmade)
노출 방식	자발적(voluntary)	비자발적(involuntary)
노출 빈도	주기적(regular)	간헐적(occasional)
위해성 규모	일상적(ordinary)	재난적(catastrophic)
위해성 발현 시점	지연 효과(delayed)	즉각 효과(immediate)
통제 여부	통제(controlled)	통제 불능(uncontrolled)

(출처) Cothern CR. 「An overview of environmental risk decision making: values, perceptions, and ethics」. In: Cothern CR, editor. *Handbook for environmental risk decision making: values, perceptions & ethics*. Boca Raton: CRC Press; 1996. 표로 재구성

특히 일반 대중들은 위해성을 구조화하는 경향이 있다. 즉 사람들은 대부분 위해성을 있는냐 없느냐의 양자택일의 문제로 이해하며 제로 리스크가 가능하다고 믿는다. 그러나 현실에서 과학이 제시하는 값은 불확실성이 수반된 예측값이고 완전한 제로 리스크 상태란 존재하지 않기 때문에 이러한 위해성 인식의 특성을 고려한 소통 전

256 Renn. Risk communication. ibid.

략이 필요하다.[257]

② 정책 소통자의 신뢰

현대 사회에서 일반 대중은 위험 정보를 개인적 경험이 아니라 간접적 학습을 통해 습득한다. 화학물질 관리 분야에서 더욱 그러하다. 산업현장에서 적용하는 기술이 복잡해지고 극미량의 유해물질도 감지할 수 있을 정도로 과학적 분석방법이 발전하면서 과거 개인적 경험(중독사고 등)을 통해 인식하던 위해성을 점차 정보를 통해 인지하게 되었고, 과거에는 개인이 스스로 조심하던 것에서 제도적으로 위해성을 통제하는 방식으로 전환되었다. 그 결과, 사람들은 위해성 정보를 제공하는 메신저의 신뢰성과 진실성에 더 많이 의존하게 되었고, 메신저의 공공 신뢰(trust)는 위해성 관리에서 중요한 요소가 되었다.[258]

신뢰 구축에서 기본은 경청과 쌍방향 소통이다. 정보를 제공하는 것만으로는 충분하지 않으며 체계적인 환류와 대화가 필요하다.[259] 특히, 화학물질의 위해성 소통 시 신뢰성이 높은 객관적인 기관이 과학적으로 정확하고 특정 이해관계에 치우치지 않는 정보를 제시하는 것이 이상적이다. 사람들은 종종 과학적이고 정량적인 위해성 평가보다 〈표 2-12〉와 같이 능력, 공정, 선의 등에 더 관심을 기울이고 이런 점에 기반하여 신뢰감을 형성한다. 한번 잃어버린 신뢰는 다시 얻는 것이 거의 불가능하다는 점에 유의해야 한다.[260]

〈표 2-12〉 신뢰(trust)의 구성요소

구성 요소 구분	주요 내용
인지된 능력 (perceived competence)	제도적 권한 사용시 기술적 전문성 수준
객관성 (objectivity)	정보와 성과 측면에서 제3자가 인지하는 편견이 없음
공정성 (fairness)	관련된 다양한 모든 견해를 인정하고 적절하게 대표함
일관성 (consistency)	과거 경험과 이전의 소통 노력에 비추어 주장과 행동이 예측 가능함

257 Sunstein CR. *Laws of fear beyond the precautionary principle*. Cambridge; 2005.
258 OECD. *Guidance document on risk communication for chemical risk management*. Paris: OECD Environment Directorate; 2002.
259 OECD RC guidance for chemical management. ibid.
260 UNITAR. ibid.

구성 요소 구분	주요 내용
진실성 (sincerity)	정직하고 개방적임
믿음 (faith)	성과와 소통에 있어 '선의'가 느껴짐

(출처) OECD RC guidance for chemical management. 51.

③ 논쟁의 수준과 갈등 양상

위해성 분석체계 내에서 발생할 수 있는 위해성 논쟁에서 갈등 이슈는 크게 기술적, 제도적 및 가치적 수준으로 구분되며, 그에 따라 위해성 소통이 필요한 내용도 〈표 2-13〉과 같이 달라진다.[261] 이러한 소통의 수요는 위해성 평가-관리 전체 과정에서 통합적으로 해결되어야 한다.

〈표 2-13〉 위해성 논쟁의 수준별 소통 수요 및 평가 범주

수준	갈등 이슈	소통 수요	평가 범주
1	기술적 영역	정보 전달	- 청중에 접근 - 이해가능성(comprehensibility) - 공공 관심에 대한 집중 - 문제 형성의 인정
2	경험/신뢰성	대화	- 이해관계자·일반 대중의 기대치와 정부기관 성과 간 일치 - 공공 수요에 대한 개방성 - 주기적 협의 - 위기 상황에 대한 공통적으로 합의된 절차
3	가치/세계관	대화 숙의	- 모든 피영향 당사자들의 공평한 대표성 - 논쟁에 참여한 모든 당사자들의 관심에 대응 - 주요 이해관계자의 관여 - 투명하고 포용적 형태의 의사결정

(출처) Renn. Risk communication.

④ 주변 소통(peripheral communication) 요소

위해성 소통은 이해관계자의 관심 사항을 주제로 하여 쉽게 이해되는 방법으로 진행되어야 한다. 특히, 전문적이고 복잡한 화학물질 이슈를 다룰 때는 소통 대상(일반 대중 vs. 언론 vs. 전문가)에 따라 소통의 효과가 잘 구현될 수 있는 소통의 방식을 채

261 Renn. Risk communication. ibid.

택하는 것이 중요하다.[262]

핵심 정보를 직접 전달하는 중심 경로(central route) 소통 외에 〈표 2-14〉와 같은 주변 경로(peripheral route)를 통한 소통도 이해관계자가 의견이나 입장을 정하는 데 영향을 준다.[263]

〈표 2-14〉 주변부 소통 관련 단서

유형	예시
출처(source) 관련	신뢰도, 평판, 사회적 관심, 인지된 공정성
메지시(message) 관련	길이, 쟁점의 수, 포장(색, 종이, 그래픽적 요소 등)
전달자(transmitter) 관련	인지된 중립성, 전달자의 과거 성과, 인지된 신뢰도, 평판
맥락(context) 관련	위기 상황, 갈등 상황, 시대 가치, 사회·문화적 배경, 전달 환경

(출처) Renn O, Levine D. 「Trust and credibility in risk communication」. In: Kasperson R, Stallen PJ, editors. *Communicating risk to the public*. Dordrecht: Kluwer; 1991. 175–218.

2. 위해성 평가-관리-소통의 통합

1) 위해성 분석체계에서 위해성 소통의 중요성

위해성 분석체계는 그 일관성을 유지하면서도 위해성에 내재된 불확실성과 상충하는 가치 및 이해관계를 다루기 위해 사전주의(precaution) 개념의 활용, 의사결정의 다양한 측면을 체계적으로 평가하는 의사결정 분석의 적용, 넓은 스펙트럼의 피해와 손실에 대한 평가, 참여 주체 간의 이해와 태도 차이에 대한 인식 등을 고려하는 통합적인 체계로 변모할 필요가 있다.[264]

위해성 소통은 이러한 변화를 가능하게 하는 핵심 구성요소로, 위해성 분석 전 과정에서 이뤄진다. 효과적인 위해성 소통은 이해관계자들이 위해성을 더 효과적으로 관리하고, 누가 위험을 부담하고, 위해성 관리 순환고리의 다른 단계에서 그들의 역할이 무엇인지를 인식하게 한다.[265]

262 OECD RC guidance for chemical management. ibid.
263 ibid.
264 OECD new emerging risk in the 21st century. ibid.
265 Höppner C, Buchecker M. Risk communication and natural hazards. CapHaz-Net WP5 Report, Swiss Federal Research Institute WSL; 2010. Available from: http://caphaznet.org/outcomes-results/CapHaz-Net_WP5_Risk-Communication.pdf

위해성 분석 과정에 이해관계자 참여하게 되면 의사결정의 질이 높아지고 의사결정 단계 또는 그 이후 시간 소모적이고 피해가 큰 대치 상황을 피하는 데 도움이 된다. 이해관계자의 참여 정도와 범위는 논쟁의 수준에 따라 다르나 참여 시점은 의사결정 이전이어야 하지만, 의사결정 과정의 어느 시점부터 참여하여야 하는지는 대응하고자 하는 위해성의 유형에 따라 다르다. 아울러, 참여적 과정을 통해 의사결정을 하면 합의에 도달하지 못했을 때도 일부 집단이 최종 결정을 지지할 가능성이 커진다.[266]

2) 위해성 유형별 참여의 방식

해당 위해성의 유형과 논쟁의 수준에 따라 이해관계자의 참여 방식도 달라진다〈표 2-7〉. 논의하고자 하는 위해성이 어떤 유형에 해당하는지를 스크리닝하기 위해 위해성 평가자와 관리자 및 관련 이해관계자 대표가 참여하는 대화를 '설계대화'(design discourse)라고 한다.[267]

① 단순한 위해성 : 도구적(instrumental) 대화

단순한 위해성의 경우에는 모든 이해관계자 집단이 참여하는 복잡한 접근이 필요하지 않다. 협력적 전략 관점에서 관계 공무원, 직접 영향을 받는 집단 및 집행인력 등이 참여하면 된다. 그러나 단순해 보이는 위해성이 처음과 달리 더 복잡하고 불확실하거나 모호하다고 판명될 수 있으므로 주기적인 재검토와 주의 깊은 결과에 대한 모니터링이 필수적이다.[268]

② 복잡한 위해성 : 인식론적(epistemological) 대화

복잡한 위해성은 그 인과관계와 발생 확률을 이해하기가 복잡하므로 충분한 인식론적 대화가 필요하다. 이를 위해 위해성 평가 시에 내렸던 주관적 판단, 비용과 편익 산출을 위한 기초 지식 등에 대하여 투명하게 대화하는 것이 필요하다. 학계, 정부,

---

266 Renn O. *Risk governance: coping with uncertainty in a complex world*, London: Earthscan; 2008. 278–230.
267 IRGC white paper. ibid.; Renn, O. 「The challenge of integrating deliberation and expertise: participation and discourse in risk management」. In: McDaniels TL, Small MJ, editors. *Risk analysis and society: an interdisciplinary characterization of the field*, Cambridge: Cambridge University Press; 2004. 289·366.
268 IRGC white paper. ibid.

산업계 또는 시민사회단체 등이 참여하여 위해성에 대한 최선의 예측값을 찾는 것을 목표로 델파이, 그룹 델파이와 합의워크숍 등을 추진할 수 있다.

③ 불확실한 위해성 : 사색적(reflective) 대화

위해성의 과학적 불확실성이 높은 경우에는 상황이나 피해의 심각도를 판단하기 어려운 상황에서 의사결정을 내려야 하는 처지가 된다. 이때 위해성 관리자는 주요 이해관계자를 평정 과정에 포함시켜 재난을 피하는 대가로 얼마를 투자할 의향이 있는지 등 추가 안전역에 대한 합의를 도출한다. 이런 형태의 숙의가 사색적 대화이다. 사색적 대화의 형태로는 원탁회의, 개방공간에서 하는 포럼, 협상된 규칙 결정, 숙의 또는 과학자와 이해관계자가 포함된 혼합 자문위원회 등이 있다.

④ 모호한 위해성 : 담론적(discursive) 대화

위해성이 모호한 경우에 평정 과정은 새로운 형태의 숙의 과정에 부칠 필요가 있다. 정말 위해성의 문제인지 등 적절한 프레이밍 질문을 다시 함으로써 모호성의 범주에 대한 합의를 확인하는 것이 필요하다. 모호성이 높다면 직접 영향을 받는 집단뿐 아니라 간접적으로 영향을 받는 사람들도 이 논쟁에 기여할 부분이 있으므로 참여 범위와 방법 측면에서는 가장 넓고 참여적이다. 참여적 대화란 서로 다른 주장, 신념 및 가치가 공개적으로 토론되는 플랫폼을 말한다. 숙의 과정이 동반된 참여적 대화의 방법으로 시민패널, 시민배심원, 합의회의, 옴부즈만, 시민자문위원회 등이 있다.

3. 화학물질 관리에서 위해성 소통

화학물질 관리 분야에서 위해성 소통은 크게 개인이나 일반 대중이 사용하는 소비자용 화학제품 관리 분야와 산업현장의 화학물질 관리 분야에서 이루어진다. 두 분야는 이해관계자들의 위해성 인식, 소통 주체의 관여 정도, 정책 형성과 이행 과정의 개입 정도 등이 달라 서로 다른 소통 전략이 필요하다.

1) 소비자용 화학제품 관리에서 위해성 소통

화학제품과 관련된 위해성 소통의 가장 큰 장애물은 소비자들이 위해성을 직관적으로 인식한다는 점이다. 사람들은 개개인의 가치나 선호와 무관하게 화학물질을 오염물질이나 독성물질로 생각하고, 제품 중 화학물질 이슈를 건강 문제로 받아들이는 경향이 강하다. 또한, 발암성 등 심각한 유해성을 지닌 화학물질이 아주 미량이라도 제품에 포함되어 있으면 함량과 무관하게 심각한 위험으로 느낀다. 특히, 정부나 산업계의 위해성 소통 노력이 기득권을 보호하는 방향, 즉 사전주의적인 조치를 회피할 목적으로 이루어진다고 인지되면 대중의 신뢰도가 급격히 낮아진다.[269]

화학제품의 위해성은 대체로 비자발적이고, 공포심을 유발하고, 개인적으로 통제하기 어려우며, 친밀도가 낮은 특성을 지니는데, 위해의 결과는 심각하나 발생확률이 낮은 경우라면 위해성 소통이 매우 어려워진다. 이런 문제를 해결하려면 비자발적 특성을 극복할 수 있는 민주적인 의사결정 과정과 개인적으로 통제하기 어려운 점을 보완할 수 있는 제도를 독립적이고 공정하게 운영하는 것이 매우 중요하다.[270]

전문적이고 복잡한 화학제품의 위해성을 다룰 때는 위해성의 특징에 따라 대상(일반 대중, 언론, 제도적 이해관계자)별로 소통의 효과가 잘 구현되는 소통방식을 사용하는 것이 중요하다. 화학제품에 대한 위해성 정보는 주로 간접적으로 습득되고 언론 매체가 주된 전달자의 역할을 한다는 점을 고려할 때 언론과 소통하는 방식이 특히 중요하다. 〈표 2-15〉는 OECD가 제시한 화학제품 관련 위해성 소통 시 활용할 수 있는 위해성의 성격 및 소통대상, 위해성 관리 단계별 소통방법이다.[271] 논쟁 가능성이 높은 위해성에 대해서는 의사결정 이전 가능한 빠른 시점에 일반 대중과 전문가 대상으로 한 참여적 소통방법이 강조된다. 불확실성이 높은 위해성에 대해서는 의사결정 단계에서 향후 영향을 모니터링해 부정적 영향이 가시화되는 경우 결정을 번복하거나 사전주의적 예방 조치를 취할 것 등을 결정할 수 있는 합의적 소통 절차가 강조된다.

269 Renn O, Kastenholz H. *Risk communication for chemical product risks–an OECD background paper.* Berlin: Bundesinstitut für gesundheitlichen Verbraucherschutz und Veterinärmedizin; 2000.

270 Ibid.

271 OECD RC guidance for chemical management. ibid.

〈표 2-15〉 위해성의 성격 및 소통 대상, 위해성 관리 단계 별 소통 방법

위해성 관리 단계		소통 대상		
		개인 및 일반 대중	언론 매체	제도적 이해관계자
1. 통상적인 위해성				
	1단계: 문제 확인	A, O, P		C
	2단계: 목적 수립	E		C, M
	3단계: 정책 권고	A, C, D	I	C, M
	4단계: 이행/평가	R, S	P	P
2. 불확실성이 높은 위해성				
	1단계: 문제 확인	A, B, C, O, P		M
	2단계: 목적 수립	E, F	P	K1–K 2
	3단계: 정책 권고	A, B, C, O, P	I, J	K3–K 4
	4단계: 이행/평가	R, S	P	Q, T
3. 논쟁 가능성이 높은 위해성				
	1단계: 문제 확인	A, B, C, O, P	I, P	L
	2단계: 목적 수립	G, H	I, P	K1–K4
	3단계: 정책 권고	A, B, C, D, Q, R, S	J, P	N
	4단계: 이행/평가	Q, R, S, T	P	Q, T

A 소책자, B 인터넷 자료, C 공공 발표 및 토론, D 과학센터 전시회 및 학교 방문 등
E 설문조사·집중그룹, F 시민자문위원회(옴부즈만 등), G 시민합의회의, H 시민패널 또는 배심원
I 보도자료, J 기자회견
K 제도적 이해관계자를 대표하는 전문가와 상호작용
K1. 전문가공청회 / K2. 전문가위원회 / K3. 전문가합의회의 / K4. 델파이실행
L. 이해관계자공청회, M 원탁회의(자문위원회, 협상규칙 마련), N 조정(중재, 대안적 분쟁해결법)
O 자료 또는 대화 절차의 사전 시험, P 소통자료 사용자로부터의 체계적 피드백, Q 실험 설계
R 설문조사와 투표, S 인터넷 대화방, T 지도 감독 및 훈련
(출처) OECD RC guidance for chemical management. 재구성.

2) 화학물질 안전관리에서 위해성 소통

화학물질 안전관리는 기본적으로 정부 기관, 산업계, 근로자, 비정부기구(NGO) 및 일반 대중 간의 폭넓은 협력을 요구한다. 산업 현장의 관계자와 지역 주민 등의 이해관계자들은 화학물질 정보가 필요할 뿐 아니라 일반 대중에 비해 정보를 습득하고자 하는 적극성이 높은 편이다.

① 화학물질 정보의 공유

화학물질 안전관리를 위해서는 화학물질 사용과 화학사고의 잠재적 위해성에 대해 인식하고 화학물질 안전 사용법 등을 이해하는 것이 필요하다. 이를 위해서 의사결정자, 작업자 및 일반 대중은 기업의 합법적 영업비밀을 제외한 화학물질과 제품에 대한 정보에 접근할 수 있어야 한다. 사고 발생 시 위해성 소통은 일반 대중에게 자문을 해주고 정보를 제공하는 기능을 한다.[272]

국내에서도 화학물질 최초 도입 시 정보를 제출하고 이후 유통단계별로 정보를 전달하는 것을 의무화하고 있으며, 화학사고에 대비한 사고예방계획서를 해당 지자체 및 지역주민과 공유하는 등 제도적으로 정보 접근성을 보장하고 있다.

② 공공 인식의 제고

일반 대중이 화학물질의 위해성에 대하여 제대로 인식하여야 화학물질을 안전하게 사용하고, 안전한 화학물질의 사용이 주는 편익에 대한 공동체의 확신을 높이며, 장·단기적으로 화학물질이 미치는 환경과 건강 문제를 해결할 수 있다. 이 과정은 건강과 환경 보호라는 공동의 목표를 향해 함께 작업하는 협력적 과정이며, 중앙·지방 등 여러 수준에서 진행될 수 있다. 학교 환경교육 중 화학물질 안전교육이나 기업의 주민 대상 시설방문 프로그램 등이 좋은 사례이다. 언론 매체도 중요한 정보 전달자이다.[273]

국내에서는 화학물질 인식 제고를 위해서 화학안전주간을 운영하고 취급시설 안전관리를 위한 캠페인을 주도하는 등 다양한 프로그램을 운영한다. 중앙 정부 이외에도 여러 주체들이 중심이 되는 화학안전 프로그램이 실시되고 있다.

③ 교육 및 훈련

위해성 소통 프로그램을 다른 정보의 전파 및 훈련 활동과 연계하는 것도 효과적이다. 공공기관은 모니터링과 이행점검 활동 등 화학물질 안전정책과 프로그램을 이행할 핵심적인 훈련인력이 필요하다. 사업장관리자와 근로자는 화학물질의 적절한 관리, 안전취급, 비상 및 일반 상황 시 행동방법 등에 대해 초기 및 지속 교육이

272 UNITAR. Ibid.
273 Ibid.

필요하다. 소방인력 등 비상대응 인력은 화학사고 대응을 위한 교육과 훈련이 필요하다.

국내에서도 화학물질 관리와 관련한 다양한 공공 및 민관기관에서 관련 교육 훈련 서비스를 제공하고 있다. 우리나라 화학물질관련법령은 산업계의 화학물질 관리 담당자에 대한 화학사고예방 교육과 훈련을 의무화하고 있다.

제3장

화학물질 등록·평가제도

1 제도의 개요

1. 취지와 배경

1) 개념과 취지

화학물질 등록·평가제도는 화학물질을 제조·수입하려는 자로 하여금 화학물질의 정보를 작성해 제출하도록 하여 구체적인 안전정보를 사전에 파악하고 그 위해성을 평가해 해당 물질의 시장 유통 단계에서 그 유해성 또는 위해성 정도에 따라 적정 관리하는 제도이다. 이 제도는 '화학물질의 정보 없이는 시장 유통 금지(no data, no market) 원칙'을 구현한 화학물질 관리의 핵심 제도이다.[274]

화학물질 등록·평가제도는 종전 (구)「유해화학물질관리법」에 따른 화학물질의 유해성 심사 및 안전성 평가 제도를 통합해 전면 개편한 것으로 「화학물질등록평가법」[275]에 근거한다.

2) 도입 배경

화학물질 관리제도가 도입되기 이전부터 기초적인 유해성 자료도 없이 시장에 유통되던 수만 종 이상의 화학물질에 대한 평가와 관리는 대부분 국가에서 매우 더디게 진행되었고〈표 2-16〉, 사람의 건강과 환경 보호에 잠재적인 위협이 된다고 생각

274 환경부, 『화학물질 등록 및 평가 등에 관한 법률 해설서』, 2019.
275 「화학물질등록평가법」은 2012년 발의되어 2013년 5월 제정·공포된 이후 준비 기간을 거쳐 2015년 1월부터 시행되었다.

하기에 이르렀다.[276] 이에 따라 전 세계적으로 과거의 화학물질 관리체계를 정비해야 할 필요성이 커졌다.

국내에서는 2010년대 이후 가습기살균제 사고 및 구미 불산가스 누출사고를 계기로 화학물질 관리를 강화해야 한다는 인식이 크게 높아졌다. 특히, EU의 REACH 시행 등 화학물질 관리를 강화하는 국제적 추세는 국내 화학산업의 경쟁력 확보 차원에서도 화학물질 관리에 관심을 두는 계기가 되었다.[277]

화학물질 등록·평가제도는 공통적으로 ① 공공에게 정보를 제공하고, ② 화학산업계가 평가과정에 더 많이 관여하며, ③ 위험한 화학물질의 사용을 줄이고 안전한 대체물질 사용을 촉진하도록 규제조치를 활용하는 것 등을 목적으로 한다.[278]

〈표 2-16〉 주요 국가의 과거 법 체계에서 평가 완료된 기존화학물질 현황

국가/지역	기존화학물질의 수 (개괄적 수치)	과거 화학물질관리체계에 따라 평가 완료된 기존화학물질의 수
호주	36,000	20년 간 180개 (평균 매년 9개 평가)
캐나다	23,000	10년 간 69개 (평균 매년 6.9개 평가)
뉴질랜드	70,000 (화학물질 및 제품 포함)	6년 간 35개 (평균 매년 5.8개 평가)
유럽연합	100,000	30년 간 330개 (평균 매년 11개 평가)
일본	28,000	40년 간 생분해성 약 560개, 생물농축성 약 1,020개, 인체독성 약 1,000개, 생태독성 약 600개
한국	44,000	25년간 1,121종 (평균 매년 44개 평가)

(출처) OECD Policy drivers influencing decision making chemical management.; 환경부. 제1차 화학물질 평가 등에 관한 기본계획(2016-2020). 2015. 재구성.

2. 체계와 주요 내용

화학물질 등록·평가제도의 기본 체계는 [그림 2-7]과 같다. ① 화학물질을 제조·수입하려는 자는 제조·수입 전에 환경부장관에게 화학물질을 등록하고(화학물질의 등

276 OECD, Preliminary analysis of policy drivers influencing decision making in chemical management, *Series on Risk Management* No.28, OECD Environment Directorate; 2015.

277 화학물질의 등록 및 평가 등에 관한 법률 (법률 제11789호, 2013. 5. 22.). 제정 사유.

278 OECD, Policy drivers influencing decision making chemical management, Ibid.

록), ② 환경부장관은 그 유해성과 위해성을 평가하여(화학물질의 유해성심사 및 위해성 평가) ③ 해당 물질을 유독물질, 허가물질, 제한물질·금지물질 등으로 지정(유해화학물질의 지정)하는 단계로 구분된다.[279]

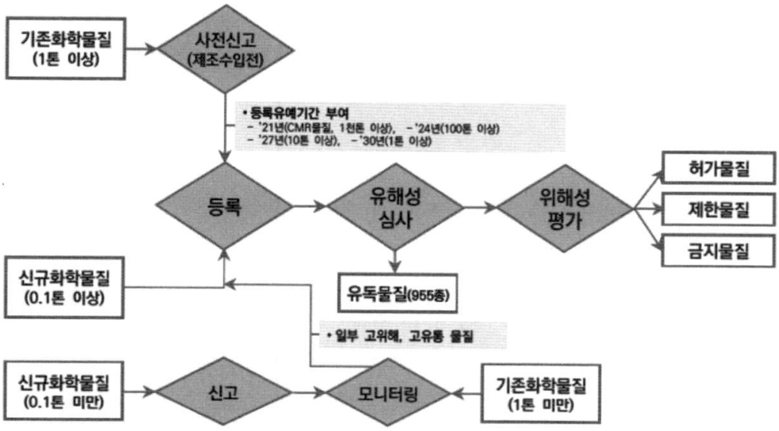

[그림 2-7] 국내 화학물질 등록·평가제도 체계도

(출처 : 환경백서 2020.)

이 제도의 근거법인 「화학물질등록평가법」은 〈표 2-17〉과 같이 총 8개 장으로 구성되어 있다. 이중 제6장 화학물질 함유제품의 관리를 제외한 모든 장이 화학물질 등록·평가제도와 직접 관련된다.

〈표 2-17〉 「화학물질등록평가법」 장별 주요 내용

장	장 제목	주요 내용
1	총칙	목적·정의·적용범위, 화학물질평가 등 기본계획, 평가위원회
2	화학물질의 등록	등록 제출자료·절차, 등록 면제, 변경등록·신고, 신청 자료 공동 활용, 척추동물시험 최소화 및 관련 자료 특례
3	화학물질의 유해성심사 및 위해성 평가	유해성심사 절차, 유해성평가 대상 및 절차, GLP시험기관 위해성 평가의 대상과 절차
4	허가물질 등의 지정·변경	허가물질, 제한물질, 금지물질의 지정 및 해제
5	화학물질의 정보 제공	하위사용자 등에 대한 화학물질 정보제공 내용 및 절차

279 환경부, 『화학물질등록평가법 해설서』, Ibid.

장	장 제목	주요 내용
6	화학물질 함유제품 관리	제품에 함유된 중점관리물질의 신고 및 정보 제공
7	보칙	국외 제조·생산자 등록신청, 녹색화학센터, 산업계지원, 자료보호
8	벌칙	벌칙, 양벌규정, 과태료

3. 제도의 특징

1) 평가 우선순위의 선정

화학물질 등록·평가제도는 국가에 따라 수만~수십만 종의 화학물질을 그 관리 대상으로 한다. 한정된 예산과 인력, 시간으로 모든 물질의 위해성을 상세히 평가하는 것은 불가능하므로 평가·관리가 필요한 우선순위를 선정하는 것이 이 제도의 핵심 중 하나이다.[280]

국가들은 보통 노출 가능성 또는 독성이 높은 물질(CMR, PBT, HVP 등)[281] 등에 중점을 두고 다양한 우선순위 부여 방법[282]을 활용해 우선순위 화학물질을 선정한다.

국가들이 우선순위를 선정할 때 공통적으로 겪는 어려움은 유해성과 노출 관련 정보가 부족하다는 것이다. 이를 해결하는 방법은 국가별로 다르다. 어떤 국가는 최악(worst-case)의 시나리오를 가정하고, 다른 국가는 그 반대로 최선(best-case)의 시나리오를 가정한다. 적절한 유해성 자료 또는 노출 자료가 부족한 경우 해당 화학물질에 대한 우선순위 선정을 중지하는 경우도 있다.[283]

우선순위 결정은 유해성에 기초해야 하고, 자료가 부족하다는 것이 어떤 화학물질의 우선순위를 낮게 책정하게 되는 이유가 되어서는 안 된다. 특히, 분류·표시와 같은

280 『화학물질등록평가법 해설서』, Ibid.

281 CMR은 발암성·변이원성·생식독성(Carcinogenic, Mutagenic or toxic to Reproduction)을 PBT는 환경잔류성·생물농축성·고독성(Persistent, Bioaccumulative, Toxic)을 갖는 것으로 분류된 물질을 말한다. HPV(High-Production Volume)은 대량생산화학물질로 OECD에서는 적어도 한 국가나 지역에서 연간 1,000 톤 이상 제조 또는 수입되는 화학물질을, 미국에서는 연간 1백만 파운드 또는 200톤 이상 제조 또는 수입하는 화학물질을 말한다.

282 호주의 다단계 평가 및 우선순위 매김 목록(IMAP), 유럽연합의 NORMAN 우선순위 부여 체계, 핀란드의 위해성 기반 우선순위 부여 매트릭스, 뉴질랜드의 FRCaST(Flexible Reassessment Categorisation Screening Tool), 미국의 TSCA 화학물질 우선순위 부여 과정 등이 그 사례이다. (출처) OECD, Policy drivers influencing decision making chemical management, Ibid.

283 OECD, Policy drivers influencing decision making chemical management, Ibid.

관리 수단은 직접적인 유해성에 기반하여 이루어지므로 자료의 확인은 중요하다.[284]

2) 산업계에 대한 책임 부여

모든 국가가 화학물질의 등록 및 평가 과정에서 산업계가 참여할 수 있도록 노력한다. 산업계의 책임 강화는 국제적으로 화학물질 관리에서 주요한 흐름을 이룬다.

화학물질 등록·평가 또는 이와 유사한 제도를 운영하는 국가 대부분에서 산업계에 화학물질 평가에 활용할 정보를 제공할 책임(비용 부담을 포함)을 부여한다. 그러나 해당 물질의 위해성 평가에 대한 산업계의 책임 수준은 국가별로 다르다. 일본은 정부가 위해성 평가의 책임을 지지만, 반대로 EU의 REACH체계는 산업계가 등록 과정의 일부로 자신들의 화학물질에 대한 위해성 평가의 책임을 진다.[285]

3) 정보 공개와 녹색화학 전환 촉진

화학물질등록평가 제도를 통해 화학물질 관련 정보가 축적되고 유해화학물질 사용자에게 명확한 책임을 부여하면 유해화학물질을 다른 안전한 물질 또는 방법으로 대체하는 과정이 촉진된다. REACH와 같은 제도 운영을 통해 녹색화학을 견인하는 효과를 기대할 수 있다.[286]

국내에서도 화학물질 등록·평가제도를 통해 새로운 친환경물질의 시장 선점을 위한 기술개발 촉진, 고부가 가치 화학산업으로 전환 등 화학산업의 경쟁력이 강화될 것으로 기대하고 있다.[287]

---

284 OECD, Policy drivers influencing decision making chemical management, Ibid.

285 Ibid.

286 UNEP, UN environment guidance on national authority for chemicals control: structure and funding 2019.; OECD, International best practices for identification of priorities within chemicals management systems, *Series on testing and assessment no. 314*. OECD Environment Directorate; 2019.

287 「환경백서」, 2020, Ibid.; 화학물질의 등록 및 평가 등에 관한 법률 (법률 제11789호, 2013. 5. 22.). 제정 사유.

2 화학물질의 등록·평가·지정

1. 화학물질의 등록

1) 등록의 주체와 대상

① 등록의 주체

화학물질의 등록 주체는 [그림 2-8]과 같이 화학물질을 국내 시장으로 도입하는 제조 또는 수입자이다.[288] 제조·수입자는 화학물질을 등록할 때 물질의 종류, 제조·수입량, 분류·표시, 용도, 유해성, 노출량 등의 화학물질 정보를 제출하여야 한다.[289] 하나의 화학물질에 여러 제조·수입자가 있는 경우 협의체를 구성해 화학물질의 유해성 시험자료 등의 등록 신청자료를 공동으로 제출한다.[290]

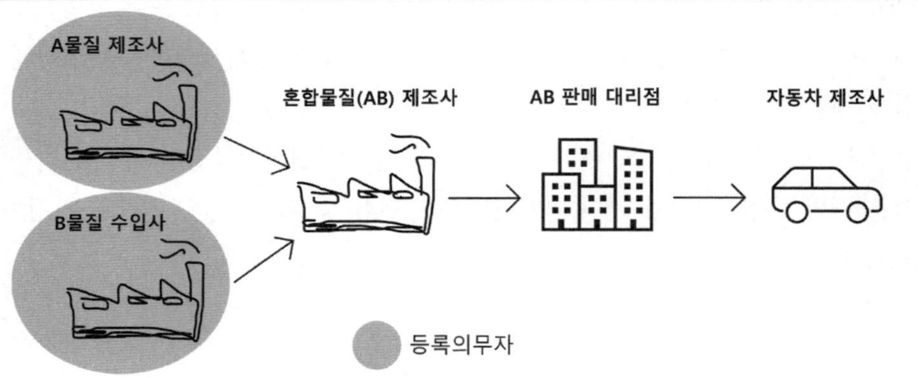

- 제조된 A화학물질과 수입된 B화학물질로 혼합물질(AB)이 제조되어 대리점을 거쳐 자동차제조사에 납품된다고 할 때, 화학물질의 등록·신고 의무는 A물질 제조사와 B물질 수입사에만 있다.
- 만약, A물질 제조사와 B물질 수입사에서 등록·신고를 하지 않은 경우, 하위 사용자인 혼합물질(AB) 제조사는 화학물질 A와 B를 사용하거나 판매할 수 없다.

[그림 2-8] 화학물질 등록의 주체 예시

(출처) 환경부. 화학물질 등록 및 평가 등에 관한 법률 해설서.

288 화학물질등록평가법 제10조 제1항.
289 화학물질등록평가법 제10조 제3항.
290 화학물질등록평가법 제15조 및 제16조.

② 등록 대상 화학물질

신규화학물질(0.1 톤 이상)과 기존화학물질(1톤 이상) 모두가 등록 대상이다. 제조·수입량 등이 적어 등록 대상에서 제외된 물질도 신고 또는 모니터링을 거쳐 유통량 등이 증가하는 경우 등록 대상에 포함될 수 있다.[291]

「화학물질등록평가법」 시행 이전에는 신규화학물질의 경우 그 제조·수입자가 유해성 자료를 제출하고 기존화학물질은 정부가 유해성 자료를 확보하였으나, 법 시행 이후에는 기존화학물질에 대한 유해성 자료 제출 책임이 사업자에게 전환되었다. 기존화학물질에 대한 사업자 책임의 강화는 화학물질 등록·평가제도의 가장 큰 특징이다.

기존화학물질과 신규화학물질의 정의
• 기존화학물질 : 최초 기존화학물질((구)유해화학물질관리법이 제정·시행된 1991년 2월 2일 이전 국내에서 상업 유통된 물질) + 추가 기존화학물질(1991년 2월 2일 이후 종전 법에 따라 유해성심사를 완료한 물질) • 신규화학물질이란 기존화학물질을 제외한 모든 화학물질
(출처) 화학물질등록평가법 제2조

화학물질의 물리·화학적 특성, 제품의 성상이나 용도(국외수출용, 시험연구용, 고분자화합물) 등을 보아 위해성이 낮은 화학물질은 그 유형에 따라 면제 확인 절차를 거치거나 별도의 절차 없이 등록을 면제한다.[292]

2) 사전 등록 의무화

화학물질은 사전 등록이 원칙이다. 신규화학물질은 최초로 제조하거나 수입하기 이전에 등록한다. 하지만, 시장에 이미 유통되고 있는 기존화학물질은 1톤 이상 제조 수입하는 경우에 한해 최장 2030년까지 등록하도록 단계적인 유예기간을 부여하였다.[293]

---

291 화학물질등록평가법 제10조 제1항.; 주285) 화학물질등록평가법 해설서.

292 화학물질등록평가법 제11조

293 연간 1 톤 이상 제조·수입되는 물질 중 사람 또는 동물에게 암, 돌연변이, 생식능력 이상을 일으키거나 일으킬 우려가 있는 물질(CMR) 및 연간 1,000 톤 이상 제조·수입되는 물질은 2021년, 100톤 이상~1,000톤 미만은 2024년, 10톤 이상~100톤 미만은 2027년, 1톤 이상~10톤 미만은 2030년까지 등록 완료해야 한다. (출처) 화학물질등록평가법 해설서.

등록 유예기간 중에 있는 기존화학물질이나 0.1톤 미만의 소량 신규화학물질을 제조 또는 수입하려는 자는 유해성 시험자료를 제외한 기본 정보(물질량, 제조수입량, 용도의 범주 등)를 해당 물질의 제조·수입 이전에 신고하여야 한다.[294]

화학물질 등록(신고·등록면제 확인 포함) 없이 국내 시장에 해당 물질을 제조, 수입, 사용, 판매해서는 아니 된다. 사전 등록 의무를 위반한 경우 행정조치가 따른다. 관계 당국은 해당 미등록 화학물질의 제조, 수입, 판매자뿐만 아니라 그 물질의 하위 사용자에게도 제조, 수입, 사용, 판매의 중지 또는 회수하도록 하거나 필요 시 해당 물질을 파기하도록 명령할 수 있다.[295] 이를 통해 유해성 확인 없이 화학물질이 시장에 유통되는 것을 차단할 수 있다.

3) 등록 신청 시 제출자료

사업자가 화학물질의 등록을 신청할 때 기본정보(제조·수입자 정보, 화학물질 정보, 용도, 분류표시 등), 안전관리지침 이외에 물리·화학적 특성과 인체 및 환경 유해성에 관한 자료를 제출하여야 한다.[296] 유해성에 관한 자료의 제출 범위는 〈표 2-18〉과 같이 유통량에 따라 달라진다. 화학물질의 분류표시 자료 또는 해당 시험자료를 기준으로 유해성이 분류되지 않거나 낮은 기존화학물질에 대해서는 등록 서류를 간소화하고 있다.[297]

〈표 2-18〉 화학물질 등록 신청시 제출 자료(물리·화학적 특성 및 유해성 부문)

구 분	물리·화학적특성(13)	인체유해성(15)	환경유해성(19)
1~10톤 (A=15)	1) 물질의 상태 2) 물용해도 3) 녹는점/어는점 4) 끓는점 5) 증기압 6) 옥탄올/물분배계수 7) 밀도 8) 입도분석	1) 급성경구독성 (급성흡입독성) 2) 복귀돌연변이 3) 피부자극성/부식성 4) 피부과민성	1) 어류급성독성 2) 이분해성 3) 물벼룩급성독성

294 화학물질등록평가법 제10조 제4항.
295 화학물질등록평가법 제13조.
296 화학물질등록평가법 제14조 제1항.
297 화학물질등록평가법 해설서.

구 분	물리·화학적특성(13)	인체유해성(15)	환경유해성(19)
10~100톤 (A포함, B=26)	9) 인화성 10) 폭발성 11) 산화성	5) 급성경피독성 또는 급성흡입독성 6) 눈자극성/부식성 7) 염색체이상 8) 유전독성 9) 반복투여독성(28일) 10) 생식 및 발달독성 스크리닝	4) 담수조류성장저해 5) pH에 따른 가수분해
100~1000톤 (B포함, C=37)	12) 점도 13) 해리상수	11) 추가유전독성 (생식세포유전독성 등)	6) 본질적분해성 7) 분해산물확인 8) 어류만성독성 9) 물벼룩만성독성 10) 육생식물급성독성 11) 육생무척추동물급성독성 12) 활성슬러지호흡저해 13) 흡착 및 탈착
1000톤 이상 (C포함, D=47)	–	12) 반복투여독성(90일) 13) 최기형성 14) 2세대생식독성 15) 발암성	14) 환경거동·동태추가정보 15) 육생식물만성독성 16) 육생무척추동물만성독성 17) 흡착 및 탈착에 대한 추가 정보 18) 저서생물만성독성 19) 생물농축성

(출처) 환경부. 화학물질 등록 및 평가 등에 관한 법률 해설서. 2019. 재구성.

2. 화학물질의 유해성·위해성 평가

국내 화학물질 등록으로 확보된 유해성 자료 등을 바탕으로 화학물질의 유해성과 위해성을 평가하는 과정이다. 국내 제도에서 평가의 주체는 정부(환경부)이다. 이는 산업계에 위해성 평가의 책임을 부여하는 EU REACH와는 다른 점이다.

1) 유해성 심사 및 유해성 평가

유해성 심사 또는 유해성 평가는 화학물질의 유해성(hazard)을 평가해 그 물질의 유해성 정도에 따라 적정하게 관리하기 위한 절차이다. 유해성 심사·평가는 국제적인 유해성 평가(hazard assessment) 개념[298]에 부합하는 과정으로 화학물질의 유해성을

298 IPCS RA terminology. 위 용어집에서는 유해성 평가(hazard assessment)를 위해성 평가(risk assessment)와 구

결정하도록 설계된 과정이라고 할 수 있다.

「화학물질등록평가법」에 따른 유해성 심사와 유해성 평가는 심사·평가의 대상 물질과 시점에서만 차이가 있고, 심사·평가의 방법, 항목, 고려사항 등 기술적 검토 요소와 심사·평가 결과의 활용방법은 유사하다.[299]

① 유해성 심사

유해성 심사는 '제조·수입자가 등록한 화학물질'에 대해서 '그 제조·수입 이전'에 정부가 수행하는 유해성 평가 절차이다.[300] 유해성 심사 결과 화학물질이 유독물질의 지정기준에 해당하는 유해성이 있으면 유독물질로 지정한다.[301] 아울러 유해성 심사 결과는 등록한 제조·수입자에게 통지되고, 화학물질의 명칭, 유해성, 유독물질에 해당하는지 여부 등은 원칙적으로 일반에 공개된다.[302]

등록 화학물질에 대한 유해성은 제출 자료의 적정성과 신뢰성, 유독물질 지정 대상에 해당되는지 여부, 화학물질 분류 및 표시에 관한 사항을 평가·심사해 결정한다. 유해성 심사는 화학물질을 유해성 기준에 따라 사전 분류하고 그에 따라 적정한 안전 표시 방법 등을 제시하는 기능을 한다.

② 유해성 평가

「화학물질등록평가법」에 따른 유해성 평가는 사업자의 화학물질 등록 신청에 따라 진행되는 유해성 심사와 달리 사업자의 등록 없이 정부가 필요에 따라 수시로 화학물질의 유해성을 평가하는 과정을 말한다.

유해성 평가 대상 화학물질의 종류는 국가별로 분담해 유해성 자료를 확보하고 공동 활용하는 국제 협력사업의 대상이 되는 화학물질 등으로 법령에 규정되어 있다. 구체적인 평가 대상 물질은 국내 제조·수입량 및 수출량, 유해성의 정도, 수용체에 대한 피해 발생 여부 등을 고려해 우선순위를 설정해 추진하되, 시급히 필요한 화학물질은 우선 평가한다.[303]

분하여 '유해성'에 초점을 둔 과정으로 유해성 확인과 유해성 결정(용량–반응평가)을 포함하는 단계로 정의한다.

299 화학물질등록평가법 해설서. ibid.

300 화학물질등록평가법 제18조.

301 화학물질등록평가법 제20조.

302 화학물질등록평가법 제18조 및 제21조.

303 화학물질등록평가법 제19조 제1항.

유해성 평가 대상 물질

1. OECD 등 국제기구에서 유해성을 평가하는 화학물질 중 우리나라가 평가하기로 한 화학물질
2. 국제협약 이행을 위한 화학물질
3. 국외로 전량 수출하기 위하여 제조하거나 수입하는 화학물질
4. 유해성을 판단할 수 있는 화학물질(시행령 제13조제3호~ 제6호)
   - 제조·수입하려는 화학물질의 양이 연간 10톤 미만으로서 국제적으로 인정된 구조 활성관계 예측 프로그램(QSAR models)으로부터 얻어진 결과를 통하여 사람의 건강이나 환경에 대한 유해성을 판단할 수 있는 화학물질
   - 국제적으로 인정된 시험관 내 시험방법으로 얻은 결과를 통하여 사람의 건강이나 환경에 대한 유해성을 판단할 수 있는 화학물질
   - 같은 금속을 포함하는 금속화합물 등 구조와 물리적·화학적 특성이 유사한 화학물질로부터 얻어진 결과를 통하여 사람의 건강이나 환경에 대한 유해성을 판단할 수 있는 화학물질
   - 국제적으로 인정된 시험방법과 동등한 수준의 신뢰성이 있는 결과를 통하여 사람의 건강이나 환경에 대한 유해성을 판단할 수 있는 화학물질
5. 화학물질의 물리적·화학적 특성 및 유해성에 관한 시험방법을 개발하기 위한 화학물질
6. 사람의 건강이나 환경에 피해를 입히거나 입힐 우려가 있는 화학물질
7. 「중소기업기본법」에 따른 중소기업이 제조하는 화학물질
8. 나노물질

(출처) 화학물질등록평가법 시행령 제16조

사업자는 환경부장관의 승인을 받아 정부가 유해성 평가를 위해 생산한 유해성 시험자료를 국내 화학물질 등록 신청이나 국내외 법령에 따른 화학물질의 등록 또는 유해성 심사 신청 목적으로 사용할 수 있다.[304]

유해성 평가는 유해성 정보의 일부를 정부가 주도적으로 확보하고 기존 자료를 활용해 적극적으로 그 유해성을 평가함으로써 유해성에 따른 화학물질 관리를 가능하게 하고 유해성 심사와 위해성 평가 과정을 원활히 하는 데 도움을 준다.

2) 위해성 평가

「화학물질등록평가법」에 따른 위해성 평가는 유통량이 많거나 일반 또는 민감계층

304 화학물질등록평가법 제19조 제2항.

의 건강에 위협을 줄 가능성이 있는 화학물질에 대한 위해성 관리대책 등을 검토하기 위해 그 위해성을 종합 평가하는 과정이라고 할 수 있다.[305]

① 위해성 평가의 대상과 절차

대상 화학물질은 등록한 화학물질 중 제조·수입량이 연간 10톤 이상이거나 유해성 심사결과 위해성 평가가 필요하다고 인정하는 화학물질이다. 연간 10톤 이상 유통되는 물질은 그 제조·수입량에 따라 단계적으로 평가한다. 국립환경과학원장은 제조·수입자가 화학물질 등록 시 제출한 자료와 국내외 정보, 그밖에 가용한 자료를 종합적으로 활용해 해당 물질의 위해성을 평가한다. 위해성 평가가 완료되면, 그 결과는 해당 화학물질을 등록한 자에게 통지된다. 정부는 평가 결과에 따라 위해성을 최소화하는 조치를 할 수 있다.[306]

② 위해성 평가의 우선순위

실제 평가 대상 물질은 법적 평가 대상 화학물질 중 국내 제조·수입량, 해당 물질의 유해성과 용도·사용행태, 일반 국민 및 민감 계층에 대한 피해 발생 가능성, 국제적 규제조치 등을 고려해 선정한다.

위해성 평가 대상물질 선정

- 국내 제조·수입량이 많아서 다른 화학물질에 비해 인체·환경 노출 우려가 높은 화학물질
- 발암성, 유전독성(변이원성), 생식독성, 내분비장애독성, 환경잔류성, 생물농축성 및 생물확장성으로 인해 사람과 환경에 중대한 문제를 일으킬 수 있는 화학물질
- 용도상 규모가 큰 집단에 노출될 수 있거나 환경에 직접 살포될 (가능성이 있는) 화학물질
- 영유아 등과 같은 위해가 클 수 있는 민감 대상에게 노출되는 화학물질
- 동물시험자료, 노출량-반응평가 결과 등 위해성 평가에 이용 가능한 자료가 충분한 물질
- 기타 국제협약 규제대상물질 등 국제적으로 관심이 있는 화학물질

(출처) 국립환경과학원고시 제2021-13호, "화학물질 위해성 평가의 구체적 방법 등에 관한 규정", 위해성평가연구과 (2021. 2. 4.), 제3조

305 화학물질등록평가법 해설서. ibid.
306 화학물질등록평가법 제24조.

③ 위해성 평가의 방법

위해성 평가는 제조·수입자가 화학물질 등록 시 제출한 자료와 국내외 정보, 그밖에 가용한 위해성 자료를 종합적으로 활용해 유해성 확인 → 용량–반응 평가/종민감도분포 평가 → 노출 평가 → 위해도 결정의 순서로 진행한다.[307]

유해성 확인단계에서 건강 영향을 검토할 때 역학연구 결과 등 타당한 인체자료가 있을 경우 이를 우선 검토하고, 동물시험 자료와 시험관 내(in vitro) 자료는 보충 자료로 이용한다.[308] 대체시험법 자료도 인정하나, EU REACH가 다양한 방법(WoE, read–across, QSAR)을 활용하는 반면, 국내에서는 교차해석(read–across)을 활용한 사례가 대부분이고 그 활용비율도 낮다.[309]

국내 위해성 평가는 신뢰할 만한 기존 자료를 적극 활용한다. 특히, 위해도 산정에 활용되는 독성참고치 및 독성자료의 경우가 그러하다. 유럽, 미국, IPCS, WHO 등이 작성한 유해성 평가 보고서는 독성기준치, 발암잠재력, 예측무영향농도(PNEC) 또는 이에 준하는 용량–반응값을 포함하는데 위해성 평가 시 이 기존 자료를 우선 활용할 수 있다. 유효한 기존 자료가 없다면 역학조사나 동물시험 자료를 바탕으로 용량–반응 관계를 새로이 추정한다.[310]

기존 자료 활용의 우선순위

1. 세계보건기구 등의 국제기구와 식약처, 미국 환경청, 유럽연합 등 국내·외 정부기관에서 제안된 독성참고치 및 독성자료로 국내·외에서 통용될 수 있는 자료
2. GLP 인증[311]을 받은 기관에서 생산된 독성자료
3. 국제공인 시험법에 따라 독성자료가 제시된 논문 및 보고서(내용 충실, 전문가 검토 실시)

(출처) 국립환경과학원 화학물질 위해성 평가방법 고시 제5조

위해성 평가 결과 도출된 발암 위해도와 비발암 위해도를 환경보건법에 따른 위해성 기준과 비교하여 위해도를 판단한다〈표 2–19〉.[312]

---

307 국립환경과학원 화학물질 위해성 평가방법 고시 제4조.
308 국립환경과학원 화학물질 위해성 평가방법 고시 제5조.
309 국립환경과학원. 화학물질 유해성 심사체계 개선 연구·지능형 심사체계(Ⅲ). 2020.
310 국립환경과학원 화학물질 위해성 평가방법 고시 제6조.
311 우수실험실 운영규정이란 "시험기관에서 행해지는 시험의 계획·실행·점검·기록·보고되는 체계적인 과정과 이와 관련된 전반적인 사항을 규정"한 것으로 OECD에서 정한 "Good Laboratory Practice"(GLP)를 원칙으로 한다. (출처) 국립환경과학원 화학물질 위해성 평가방법 고시 제2조.
312 환경보건법 제11조.; 국립환경과학원 화학물질 위해성 평가방법 고시 제8조.

〈표 2-19〉 위해도 예측값 지표 및 위해가 있다고 판단하는 기준

구분	지표	위해 판단 기준	비고
비발암 독 성	노출한계(MOE)	100 이하	만성독성 시험의 NOAEL 사용 시
	유해지수(HQ)	1 이상	
발 암 독 성	노출한계(MOE)	10,000 이하	
	초과발암확률	10^{-4} 이상	
		10^{-6}～10^{-4}	자연 존재수준, 분석감도, 저감기술 등 종합 고려해 판단

(출처) 국립환경과학원 화학물질 위해성 평가방법 고시 제8조. 표로 재구성.

3. 유해화학물질의 지정

1) 유해화학물질의 정의와 지정

「화학물질등록평가법」 제2조에 따라 유해화학물질은 "유독물질, 허가물질, 제한물질 및 금지물질"로 정의된다.

유해화학물질에 해당되는 물질의 정의

- 유독물질 : 유해성 심사결과 유해성이 있는 화학물질
- 허가물질 : 위해성이 있다고 우려되는 화학물질로서 환경부장관의 허가를 받아 제조·수입·사용하도록 고시한 것
- 제한물질 : 특정 용도로 사용되는 경우 위해성이 크다고 인정되는 화학물질로서 그 용도로의 제조, 수입, 판매, 보관·저장, 운반 또는 사용을 금지하기 위하여 고시한 것
- 금지물질 : 위해성이 크다고 인정되는 화학물질로서 모든 용도로의 제조, 수입, 판매, 보관·저장, 운반 또는 사용을 금지하기 위하여 고시한 것

(출처) 화학물질등록평가법 제2조. 재구성

환경부장관은 유해화학물질의 유해성 심사·평가 및 위해성 평가를 거쳐 관련 기준과 절차에 따라 유독물질, 허가물질, 제한물질, 금지물질 등을 지정한다[그림 2-9]. 유독물질은 유해성 심사·평가를 거쳐 바로 지정·고시하지만, 허가·제한·금지물질은 추가로 위해성 평가를 거치고 그 결과 허가·제한·금지 등이 필요한 경우 관계 중앙행정기관과의 협의와 '화학물질평가위원회'의 심의를 거쳐 결정·고시한다.

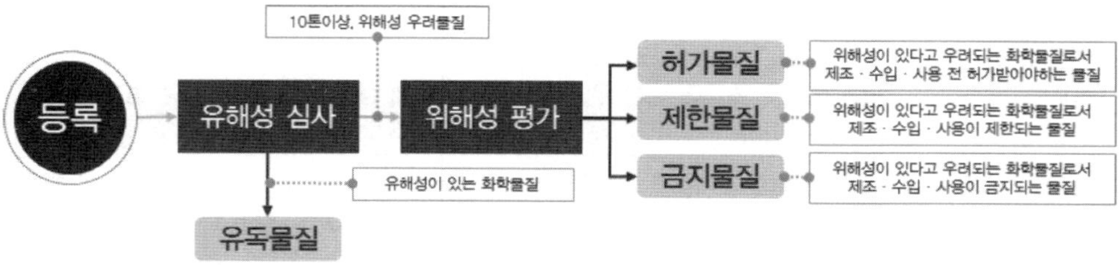

[그림 2-9] 유해화학물질의 지정 절차

(출처) 환경부. 화학물질 등록 및 평가 등에 관한 법률 해설서. 2019.

2) 유독물질의 지정

유독물질은 유해성 심사·평가를 거쳐 지정한다. 등록 신청된 화학물질의 유해성심사 결과 해당 화학물질이 〈표 2-20〉의 지정 기준에 해당하는 유해성을 갖는 경우 바로 유독물질로 지정된다. 유독물질로 지정되면 그 유해성에 따라 관리와 취급 시 주의가 필요한 물질을 분류·표시하고 그에 따라 관리해야 한다.[313] 유독물질의 지정 자체가 해당 물질의 시장 진입이나 특정 용도로 사용되는 것을 제한하지 않는다.

2021년 12월 말 현재 1,080여 종이 지정되어 있다.[314]

〈표 2-20〉 유독물질 지정 기준

구분		지정 기준
설치류에 대한 급성독성	경구	LD50 300mg/kg 이하
	경피	LD50 1,000mg/kg 이하
	흡입	1) 증기·기체 노출 시 LC50(4hr) 2,500ppm 또는 10mg/L 이하 2) 분진·미립자 노출 시 LC50(4hr)가 1.0mg/L 이하
피부부식성 /자극성		피부에 3분 노출 시 1시간 이내에 표피에서 진피까지 괴사(壞死) 야기
생태 급성독성		1) 어류 : LC50(96hr)가 (1.0mg/L) 이하인 화학물질 2) 물벼룩 : 시험물벼룩 수의 반에게 유영저해를 일으킬 수 있는 농도(EC50, 48hr)가 1.0mg/L 이하인 화학물질 3) 조류(藻類) : 시험조류의 생장률을 반으로 감소시킬 수 있는 농도(IC50, 72hr 또는 96hr)가 1.0mg/L 이하

313 화학물질등록평가법 해설서. ibid.
314 국립환경과학원 화학물질 위해성 평가방법 고시. ibid.

구분	지정 기준
생태 만성독성	어류, 물벼룩, 조류에 대한 무영향농도 또는 이에 상응하는 영향을 주는 농도(ECx)가 0.01mg/L 이하
반복노출독성	1) 사람에 대한 사례연구 또는 역학조사로부터 반복 노출에 의해 사람에게 중대한 독성을 일으킨다는 신뢰성 있고 양질의 증거가 있는 화학물질 2) 시험동물을 이용한 적절한 시험으로부터 일반적으로 낮은 수준의 노출농도에서 사람의 건강과 관련된 중대하거나 또는 강한 독성영향을 일으켰다는 소견에 기초하여 반복 노출에 의해 사람에게 중대한 독성을 일으킬 가능성이 있다고 추정되는 화학물질
변이원성	1) 사람에 대한 역학조사연구에서 양성인 증거가 있는 물질로서 사람의 생식세포에 유전성 돌연변이를 일으키는 것으로 알려진 화학물질 2) 포유동물을 이용한 유전성 생식세포 변이원성시험에서 양성인 화학물질 3) 포유동물을 이용한 체세포 변이원성시험에서 양성이고, 생식세포에 돌연변이를 일으킬 수 있는 증거가 있는 화학물질 4) 사람의 생식세포에 변이원성 영향을 보여주는 시험에서 양성인 화학물질
발암성	1) 사람에게 발암성이 있다고 알려져 있는 물질로서 주로 사람에게 충분한 발암성 증거가 있는 화학물질 2) 사람에게 발암성이 있다고 추정되는 물질로서 주로 시험동물에게 발암성 증거가 충분한 물질이거나 시험동물과 사람 모두에게서 제한된 발암성 증거가 있는 화학물질
생식독성	1) 사람에게 성적기능, 생식능력이나 발육에 악영향을 주는 것으로 판단할 만한 증거가 있는 화학물질 2) 사람에게 성적기능, 생식능력이나 발육에 악영향을 주는 것으로 추정할 만한 동물시험 증거가 있는 화학물질
기타	1) 위의 가목부터 사목까지의 규정에 해당하는 유독물질을 1퍼센트 이상 함유한 화합물 또는 혼합물 2) 위의 아목부터 차목까지의 규정에 해당하는 유독물질을 0.1퍼센트 이상 함유한 화합물 및 혼합물

※ LD50 또는 LC50 : 시험동물 수의 반을 죽일 수 있는 양(경구/경피독성) 또는 농도(흡입 독성)

(출처) 화학물질등록평가법 시행령 제3조 별표 1

3) 허가, 제한, 금지물질의 지정

허가·제한·금지물질의 지정은 특정 화학물질을 취급 또는 사용할 경우 사람이나 환경에 악영향을 미칠 우려가 있거나 위해성이 크다고 인정되어 사전에 허가를 받아 제조·수입·사용하거나 물질 자체의 시장 진입을 제한하거나 특정한 용도로 제한하는 등의 더 강력한 조치로서 화학물질 관리정책에서 사용하는 대표적인 위해성 관리대책이다.[315]

315 UNEP, Guidance on national authority for chemicals control, ibid.; OECD, Identification of priorities within chemicals management systems, ibid.

유독물질과 달리 허가·제한·금지물질은 [그림 2-10]과 같이 위해성 평가 이후 관계 행정기관과 협의하고 '화학물질평가위원회'의 심의를 거쳐 지정·고시된다. 국내외에서 위해성이 있다고 인정되는 경우, 국제협약 등에 따라 금지 또는 제한되는 경우, 허가물질로 지정되었으나 대체할 수 있는 물질 또는 신기술이 개발되어 사용하지 아니하여도 되는 물질(지정 해제 허가물질) 등은 제한물질 또는 금지물질로 지정하도록 하고 있다.[316] 제한 또는 금지물질을 지정하려면 그 제한 또는 금지 등의 조치로 인한 사회경제적 영향을 고려해야 한다. 긴급대응이 필요한 경우가 아니라면 그 화학물질의 명칭과 지정 예정 시기를 미리 예고한다.[317] 이는 금지 또는 제한물질을 사용하고 있는 산업 공정이나 제품개발 과정에서 대체물질 개발이나 성분 교체 등에 필요한 시간을 부여하기 위함이다.

2021년 현재 제한물질은 13종, 금지물질은 60종이 지정되어 있다.[318]

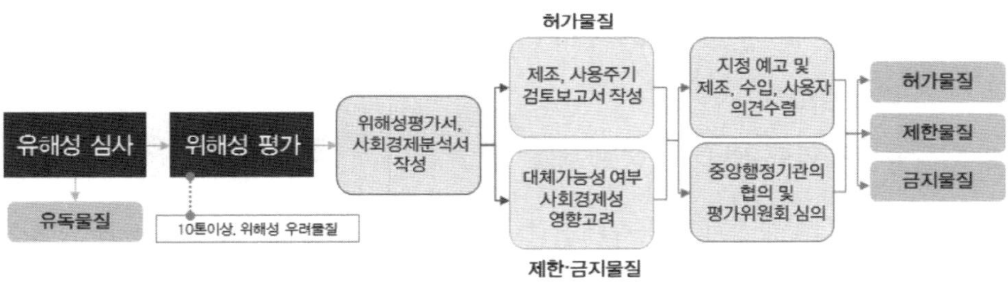

[그림 2-10] 허가 제한 및 금지물질의 지정 절차

(출처) 환경부, 『화학물질 등록 및 평가 등에 관한 법률 해설서』, 2019.

---

316 화학물질등록평가법 제25조 내지 제27조.

317 「환경정책기본법」 제31조는 배출허용기준의 예고에 대한 사항을 명시하고 있는데, 국가가 관계 법령에 따라 환경오염에 관한 배출허용기준을 정하거나 변경할 때에는 이를 해당 기관의 인터넷 홈페이지 등을 통하여 사전에 알리도록 의무화하고 있다. 화학물질의 허가 등이 배출허용기준 변경과 동일하지는 않지만 그와 유사하게 공정 변경이나 제품 개발 등에 시간이 소요된다는 측면에서는 동일하다.

318 환경부고시 제2019-214호, "제한물질·금지물질의 지정", 화학물질정책과 (2019. 11. 25.).

3 화학물질 정보의 제공 및 관련 제도

1. 유통단계별 정보 제공 의무

1) 개요

국내 시장에 들어오기 이전에 등록 또는 신고된 화학물질이 국내 화학물질 유통망 내에서 안전하게 관리되기 위해서는 시장 내 주체 간 화학물질 안전정보가 공유되어야 한다.

화학물질안전정보를 일차적으로 확보하는 주체는 화학물질의 제조·수입자이다. 제조·수입자는 화학물질 양도-양수 과정에서 그 하위사용자[319] 및 판매자에게 화학물질 안전정보를 제공하고, 동시에 하위사용자 및 판매자에게 화학물질을 사용하면서 인지 또는 취득하는 정보를 제조·수입자가 요청 시 양수받을 수 있도록 해 화학물질 등록 정보가 갱신될 수 있도록 하는 것이 주요 내용이다.[320]

2) 화학물질의 양도-양수 시 정보 제공

등록 신고된 화학물질과 등록유예기간 동안 등록되지 않은 기존화학물질 중 유해화학물질(일정 함량 이상의 혼합물 포함)을 양도하려는 자는 물질을 양도하기 이전이나 양도하는 시점(반복 양도의 경우 최초 양도 시)에 양수자에게 해당 화학물질에 대한 정보를 작성해 제공해야 한다.[321] 화학물질이 국외에서 수입되어 오는 경우 국외 제조·생산자로부터 화학물질의 등록·신고를 위해 선임된 자가 정보를 제공해야 한다.[322]

제공되어야 할 화학물질의 정보는 해당 화학물질의 등록번호, 명칭, 유해성 및 위해성에 관한 정보, 안전사용 정보 등의 '화학물질안전정보'이다. 「산업안전보건법」에 따른 물질안전보건자료(MSDS)[323]를 제공하여야 하는 경우 해당 정보를 MSDS에 기록해 제공할 수 있다.[324]

319 하위사용자는 영업활동 과정에서 화학물질 또는 혼합물을 사용하는 자(법인의 경우에는 국내에 설립된 경우로 한정한다)를 말한다. 다만 화학물질 또는 혼합물을 제조 수입 판매하는 자 또는 소비자는 제외한다. (출처) 화학물질등록평가법 제2조.

320 화학물질등록평가법 제29조 및 제30조.; 화학물질등록평가법 해설서. ibid.

321 화학물질등록평가법 제29조.

322 화학물질등록평가법 제38조 및 같은 법 시행령 제21조.

323 Material Safety Data Sheet.

324 화학물질등록평가법 제29조 및 같은 법 시행규칙 제35조 제1항.

건강 및 환경 유해성 물질로 분류되지 않는 화학물질이나 안전정보 제외 승인을 받은 화학물질의 경우에는 예외적인 경우에 해당하지 않는 한 해당 화학물질의 구성성분, 함유량 등 「부정경쟁방지 및 영업비밀보호에 관한 법률」에 따라 영업비밀에 해당하는 정보를 정보제공 대상에서 제외할 수 있다.[325]

3) 하위사용자 등의 정보 제공

화학물질 또는 혼합물의 하위사용자와 판매자는 제조·수입자가 등록 또는 신고를 위해 요청한 경우 그 제조·수입자에게 사용·판매 중인 화학물질의 용도, 노출정보, 사용량·판매량, 안전사용 여부 등의 정보를 제공해야 한다. 반대로 제조·수입자는 하위사용자 및 판매자가 요청한 경우 화학물질의 특성, 용도, 제조량·수입량, 안전사용 정보 등을 제공하여야 한다.[326]

2. 화학물질등록평가의 기반적 제도

1) 화학물질 확인제도

화학물질[327] 제조·수입자가 제조·수입하려는 화학물질이 기존화학물질, 신규물질, 유해화학물질 등에 해당하는지를 확인해 그 내용을 제출하도록 하는 제도[328]로 「화학물질관리법」에 근거를 두고 있다.

화학물질은 단일 성분으로 시장에 출시되기도 하지만 대부분 혼합물이나 제품으로 유통된다. 이 제도는 국내 시장에 유통하고자 하는 제품이 어떤 관리 대상 물질을 포함하고 있는지를 그 유통 이전에 확인 함으로써 제조·수입 이후 유통 단계에서 화학물질의 관리를 가능하게 한다.

2) 화학물질 통계조사

2년마다 환경부장관이 실시하는 화학물질의 취급과 관련된 취급현황, 취급시설 등

325 화학물질등록평가법 시행규칙 제35조 제2항.
326 화학물질등록평가법 제30조.; 환경부. 하위사용자의 화학물질안전정보 활용 실무가이드. 2019.12–14.
327 고체 형태의 제품에 들어있어서 사용 중 유출되지 않거나 시험연구검사용 시약이나 시범생산용 등으로 사용되어 시장에 출시되지 않는 경우는 제외한다. (출처) 화학물질관리법 제9조 제2항.
328 화학물질관리법 제9조.

에 관한 통계조사를 말한다.[329] 근거법은 「화학물질관리법」이다.

이는 평가 대상 화학물질의 우선순위 선정 등 화학물질 관리정책의 수립과 집행에 필수적인 정보를 제공한다. 통계조사는 화학물질 취급자가 필요한 자료를 관할 행정청에 제출하고 관할 행정청은 이를 검토·조사·확인하는 방식으로 이루어진다.

3) 시험기관 지정·관리 및 시험방법 개발

① 화학물질 시험기관의 지정 및 관리

환경부장관은 화학물질의 물리화학적 특성 및 유해성에 관한 시험을 수행할 수 있는 시험기관을 지정하여야 한다.[330] 이는 화학물질 등록 평가 시 우수시험실운영(GLP)을 원칙을 준수하는 시험기관에서 생산된 시험자료를 활용해 자료의 신뢰성을 유지할 수 있고 국가 간 자료의 상호 인정을 가능하게 한다.

국내 화학물질 등록에 필요한 시험을 할 수 있는 시험기관은 OECD GLP 원칙에 따라 지정, 운영, 관리되고 있다. 2021년 7월말 기준 화학물질 분야의 국내 GLP 기관은 총 20개이며 기관별 시험항목은 기관에 따라 적게는 한 개 항목에서 수십 개 항목에 이른다.[331]

② 화학물질 시험방법의 개발

화학물질 등록 신청자료 중 물리·화학적 특성, 생태영향 시험, 분해성 및 농축성 시험, 건강영향 시험 분야에 대해 표준화된 시험방법을 마련해 고시하고 있다.[332]

특히, 화학물질등록평가법은 척추동물시험의 최소화 원칙을 명시하고 있고[333] 국제적으로도 동물복지를 고려하는 추세가 가속화되면서 척추동물시험대체시험법 또는 비시험법 등 새로운 화학물질 시험방법을 개발해 이를 표준적인 시험법으로 제정하려는 노력이 국내외적으로 활발히 진행되고 있다.[334]

329 화학물질관리법 제10조.

330 화학물질등록평가법 제22조 및 제23조.

331 국립환경과학원 화학물질정보시스템. 국내 GLP 현황 [cited Sep 2, 2021]. Available from: https://ncis.nier.go.kr/bbs/bbsEtcView.do?bbsId=0009

332 국립환경과학원 고시 제2021-87호, "화학물질의 시험방법에 관한 규정", 위해성평가연구과 (2021. 12. 14).

333 화학물질등록평가법 제16조의2.

334 김종란·임경민, 「동물대체시험법」, 『KISTEP 기술동향브리프』 2020-8호, 한국과학기술기획평가원, 2020.

제4장

살생물제와 생활화학제품의 안전관리 제도

1 제도의 개요

1. 배경과 관리 분야

생활화학제품 및 살생물제 안전관리 제도는 소비자용 생활화학제품과 살생물제를 노출 대상(소비자) 및 물질 특성(유해생물을 억제·사멸하는 생물 활성) 등을 고려해 체계적으로 평가·관리하는 제도이다.[335] 이 제도는 생활화학제품의 위해성 평가, 살생물물질(殺生物物質) 및 살생물제품의 승인, 살생물처리제품의 기준 등에 관한 사항을 규정함으로써 국민의 건강과 환경을 보호하고 가습기살균제 유사 사고의 재발을 막는 것을 주된 목적으로 도입되었다.[336]

근거법인 「생활화학제품 및 살생물제의 안전관리에 관한 법률」(이하 '화학제품안전법')은 2018년 3월 제정되어 2019년 1월부터 시행되었다.

생활화학제품 및 살생물제 안전관리는 관리대상에 따라 살생물제 승인 및 관리, 생활화학제품 안전기준 적합 및 확인, 그리고 중점관리물질 함유제품 신고 등으로 구분할 수 있다.

살생물제 승인 · 관리 및 생활화학제품 안전기준적합 확인제도는 「화학제품안전법」에 근거를 두고 있다〈표2-21〉. 중점관리물질 함유제품 신고제도는 「화학물질등록평가법」에 근거를 두고 있다.[337] 이 제도를 유해성이 높은 물질을 관리하는 제도로 이해

335 2021년 5월 개정되어 2021년 12월 31일 시행되는 화학제품안전법 개정법률은 살생물제품 피해구제 제도를 신설하고 법 목적에도 피해구제를 추가하였다. 이 내용은 피해구제 편에서 다룬다.

336 화학제품안전법 법률 제15511호 (2018. 3. 20). 제정 사유.

337 생활화학제품 안전관리는 당초 「화학물질등록평가법」에 근거를 두고 있으나, 「화학제품안전법」 시행 이후 종전 생

할 수도 있으나, 그 관리대상이 소비자용품이고 관리체계가 생활화학제품과 유사하므로 이 장에서 설명한다.

〈표 2-21〉 화학제품안전법 장별 주요 내용

장	장 제목	주요 내용
1	총칙	목적·기본원칙·정의·적용범위, 기본계획, 위원회
2	생활화학제품의 관리 등	실태조사, 위해성 평가 등, 안전기준, 안전기준의 확인 및 표시기준, 정보공개, 제조·수입 금지 등
3	살생물제의 안전관리	제1절 살생물제의 승인(신청, 절차, 물질동등성 인정, 승인유예 등) 제2절 살생물제품의 승인 및 살생물처리제품의 관리 등 제3절 정보의 공개 및 자료의 보호 등
4	생활화학제품 및 살생물제의 사후관리 등	표시광고 제한, 판매 등 금지, 품질관리의무, 회수명령, 과징금 등
5	생활화학제품 및 살생물제 안전관리의 기반조성	시험검사기관의 지정·관리, 교육훈련 및 홍보, 중소기업 지원, 안전센터의 지정, 정보망 구축, 관련 단체 등과의 협력 등
6	보칙	기록·보고, 권리의무 승계, 수수료, 포상금, 국외제조자 승인신청
7	벌칙	벌칙, 양벌규정, 과태료

2. 제도의 특징

살생물제와 생활화학제품 관리는 화학물질의 위해성을 평가·관리한다는 측면에서는 화학물질 등록·평가제도와 유사하나, 노출 특성(일상 생활공간에서 소비자가 사용)과 생물 활성이 갖는 양면성(유해생물 사멸 vs. 살생물활성 자체의 독성) 등을 고려할 때 시장 진입, 유통, 사후관리 단계에서 다른 접근이 필요하다. 주요 국가[338]에서는 살생물제 또는 생활화학제품에 대한 별도 관리체계를 두고 있다.

활화학제품 안전관리 중 소비자용품 중 '유해화학물질 함유 제품 신고'는 '중점관리물질 함유제품 신고제도'의 조문으로 「화학물질등록평가법」 제6장에 존치되었고 소비자용품 중 '위해우려제품의 안전관리'는 「화학제품안전법」 제2장으로 이관되었다.

338 EU의 Biocidal Products Regulation(BPR), 미국의 FIFRA(Federal Insecticide, Fungicide, and Rodenticide Act), 일본의 유해물질 함유 가정용품 규제에 관한 법률 등이 대표적이다.

1) 위해성 상충관계(trade–off) 고려

효과적인 살생물제 관리를 위해서는 위해성 상충관계(trade–off)를 고려해야 한다. 가장 먼저 고려해야 하는 관계는 유해생물로 인한 위해성(살생물제 미사용 시)과 살생물제 노출 시 위해성(살생물제 사용시)를 비교·형량하는 것이다. 유행하는 감염병 예방 등을 목적으로 하는 살생물제의 사용은 살생물제 노출로 인한 위해성 증가보다 바이러스 등 유해생물의 사멸로 얻는 위해성 감소 효과가 더 크기 때문에 정당화된다.[339] 그러나 일반 생활공간에서 소비자들이 사용하는 살생물제에 대한 위해성 상충관계의 평가는 이보다는 훨씬 더 복잡하다.

이러한 위해성 상충관계는 살생물처리제품으로 확대하면 보면 더 복잡해진다. 살생물처리제품은 그 처리제품의 수명을 늘리나 그 사용 중 어떤 시점에서는 유해물질을 함유한 폐기물이 된다. 일례로 방부 처리 목재의 경우 순환 경제 측면에서는 유익하나 그 목재의 생산과 폐기과정에서 살생물제로 인한 위해성을 유발한다는 측면에서는 문제가 된다. 이렇듯 살생물제의 관리는 제품의 긴 생명주기 유지와 잠재적인 유해물질의 물질순환 과정에 유입 차단이라는 두 목적 간의 상충관계를 고려해야 한다.[340]

2) 화학물질 등록·평가제도와 차이

① 시장 도입단계

'시장 도입 이전 승인 또는 확인' 과정은 살생물제의 안전한 사용을 위한 기본적인 조치이다.[341] 화학물질 등록·평가제도의 중심 원칙이 '정보 없는 시장유통 금지(no data, no market)'라면, 살생물제와 생활화학제품 관리의 중심 원칙은 '안전 확인 없는 시장유통 금지(no safety, no market)'라고 할 수 있다.

살생물제를 적용하는 용기·포장 등의 설계, 제작, 유지 방식은 위해성 저감에 중요하므로 살생물제품을 담는 용기·포장 등의 품질을 보장하는 제도적 장치가 필요하다. 용기·포장 등이 부적절하거나 잘 관리되지 않으면 제품 손실이 발생하거나(스프레이 날림) 불필요한 고농도 노출이 발생할 수 있다(자동투여기 오작동).[342] 국내에서는 제

339 OECD. Towards a Sustainable Use of Biocides. Series on Biocides no. 17. 2021.

340 ibid. p.14.

341 ibid. pp.9–10.

342 OECD Sustainable use of biocides. 7. ibid.

품승인 과정에서 용기·포장의 적정성을 검토한다.

② 시장 유통단계

살생물제 또는 생활화학제품의 유통 단계에서는 표시 및 광고 규제가 따른다. 살생물제를 광고하면서 유해생물을 제거하는 위생적 측면이나 물질 보호 기능만을 강조하는 경우 살생물제를 불필요하게 많이 사용해 더 많이 노출되게 된다. 따라서 살생물제 등의 광고에는 과학적으로 규명된 주장만 알리도록 강제할 필요가 있다.[343] 국내 화학제품안전법은 살생물제 등에 대해 '무독성', '환경친화성' 등의 문구 사용을 금지한다.

소비자에 대한 정보 제공 방식도 다르다. 생활화학제품과 살생물제품에 제품명과 주의사항 등을 표시해야 하고, 중점관리물질 함유 제품의 경우 해당 물질 함유 여부를 표기해야 한다. 이는 소비자들이 해당 제품의 사용 시 주의를 기울이거나 유해물질이 없는 다른 제품을 선택하도록 유도하기 위함이다.[344]

③ 시장 유통 이후 단계

살생물제와 생활화학제품 관리에서는 시장 유통 이후의 사후 관리와 시장 모니터링을 강조한다. 이는 불법 또는 관리되지 않은 제품이 소비자에게 직접 노출되는 것을 막기 위함이다.

정부는 시장에서 유통 중인 살생물제와 생활화학제품의 모니터링을 실시한다. 이 과정에서 불법 제품 등이 확인될 경우 그 회수·폐기 등의 조치를 명령하고 그 제품을 일반 소비자에게 공개해 해당 제품으로부터 소비자를 보호한다. 또한, 시장 모니터링을 통해 국내외 다양한 유통망을 통해 국내로 유입되는 새로운 유형의 생활화학제품 중 관리의 사각지대에 있는 것을 찾아내 조치한다.[345]

343 OECD Sustainable use of biocides. 16. ibid.

344 ECHA. Strategy to promote substitution to safer chemicals through innovation. Helsinki: ECHA; 2018.

345 국가기술표준원 공고 제2020-230호, "제품안전관리에 관한 종합계획"(2020. 7. 17.). 38.

2 살생물제 승인 및 관리 제도

1. 제도의 개요

1) 살생물제의 정의

살생물제는 사람이나 동물에게 직접적 또는 간접적으로 해로운 영향을 주는 생물, 즉 '유해생물'에 대해 활성을 갖는 물질이나 제품이라고 할 수 있다. 화학제품안전법은 살생물물질, 살생물제품 및 살생물처리제품의 정의를 두고 있다.[346]

살생물제(殺生物劑) 등의 정의
• 살생물제 : 살생물물질, 살생물제품 및 살생물처리제품 • 살생물물질 : 유해생물을 제거, 무해화(無害化) 또는 억제(이하 "제거 등")하는 기능으로 사용하는 화학물질, 천연물질 또는 미생물 • 살생물제품 : 유해생물의 제거 등을 주된 목적으로 하는 제품으로 ㉮한 가지 이상의 살생물물질로 구성되거나 살생물물질과 살생물물질이 아닌 화학물질·천연물질 또는 미생물이 혼합된 제품 또는 ㉯화학물질 또는 화학물질·천연물질 또는 미생물의 혼합물로부터 살생물물질을 생성하는 제품 • 살생물처리제품 : 제품의 주된 목적 외에 유해생물 제거 등의 부수적인 목적을 위하여 살생물제품을 사용한 제품
(출처) 화학제품안전법 제3조

2) 살생물제 관리 단계

살생물제의 관리는 시장 도입 전 '사전 승인'을 원칙으로 한다. 모든 살생물물질과 살생물제품은 승인을 받은 이후 시장에 유통될 수 있다. 특히, 승인은 [그림 2-11]과 같이 살생물물질의 승인(물질승인)과 살생물제품에 대한 승인(제품승인)의 단계로 나뉜다. 승인받은 살생물물질과 살생물제품을 시장에 유통할 때에는 안전기준과 표시기준 등을 준수하여야 한다.

---

346 화학제품안전법 제3조.

[그림 2-11] 살생물제 관리 체계도

(출처 : 환경백서 2020. 437)

2. 살생물물질의 승인

1) 물질승인의 대상 및 신청

살생물제품에 사용하기 위하여 살생물물질을 제조 또는 수입하려는 자는 해당 물질에 대하여 환경부장관의 승인을 받아야 한다.[347] 다만, 위해성이 낮다고 인정되어 관리위원회[348]의 심의를 거쳐 환경부장관이 고시한 화학물질은 승인을 받지 않아도 된다.[349] 2021년 12월 기준 총 23종이 고시되어 있다.[350]

「화학제품안전법」 시행(2019년 1월 1일) 이전부터 국내에서 유통된 기존 살생물물질은 유예기간 이내에 승인을 받아야 한다. 승인유예기간은 기존살생물물질의 유해성·위해성, 사용되는 살생물제품의 유형 등을 고려하여 최대 10년 이내의 범위에서 설정되어 있다.[351]

살생물물질의 승인을 받으려면 해당 살생물물질이 사용될 수 있는 제품의 유형, 해당 살생물물질에 관한 자료(물리·화학·생물적 특성, 노출 정보, 유해성·위해성, 효과·효능, 분류·표시) 등을 갖추어 환경부장관(국립환경과학원장)에게 승인을 신청하여야 한다.[352]

승인신청 시 포함해야 하는 살생물제가 사용될 수 있는 살생물제품의 유형은 〈표

347 화학제품안전법 제12조 제1항.

348 화학제품안전법 제6조에 따른 생활화학제품 및 살생물제 관리위원회를 말한다. 이하 이 장에서 같다.

349 화학제품안전법 제12조 제1항 단서.

350 국립환경과학원 고시 제2021-64호, "위해성이 낮은 살생물물질", 화학물질연구과 (2021. 9. 27.).

351 국립환경과학원 고시 제2021-32호, "승인유예대상 기존살생물물질의 지정", 화학물질연구과(2021. 6. 25.). 살생물물질이 사용되는 제품 유형별에 따라 유예기간은 3년에서 최대 10년이다. 살균제, 살조제, 살서제, 살충제, 기피제 등 5종의 제품 유형에 사용되는 살생물물질은 2022년 12월 31일까지(3년), 목재용 보존제, 기타 척추동물 제거제, 기타 무척추동물 제거제 등 3종의 제품 유형에 사용되는 살생물물질은 2024년 12월 31일까지(5년), 제품보존용 보존제, 제품표면처리용 보존제, 섬유·가죽류용 보존제 등 3종의 제품유형에 사용되는 살생물물질은 2027년 12월 31일까지(8년), 건축자재용 보존제, 재료··장비용 보존제, 사체·박제용 보존제, 선박·수중 시설용 오염방지제 등 4종의 제품 유형에 사용되는 살생물물질은 2029년 12월 31일까지(10년)이다.

352 화학제품안전법 제13조.; 국립환경과학원 고시 제2021-7호, "살생물물질과 살생물제품 승인신청자료의 작성범위 및 작성방법 등에 관한 규정", 화학물질연구과 (2021. 1. 26.).

2-22〉와 같다. 이는 EU의 살생물제 규정(biocidal products regulation)과 유사하다.

〈표 2-22〉 국내 화학제품안전법 및 EU 살생물규정(BPR)에 따른 살생물제품 유형의 비교

살생물제품 유형		
화학제품안전법(15개)		유럽연합 BPR(21개)
살균제류 (소독제류)	1. 살균제	(1. human hygiene)
	2. 살조제	2. Disinfectants and algaecides not intended for direct application to humans or animals (3. veterinary hygiene) (4. food and feed area) (5. drinking water)
	3. 살서제	14. rodenticides
	4. 기타 척추동물 제거제	15. avicides 17. piscicides 20. control of other vertebrates
구제제류	5. 살충제	18. Insecticides, acaricides and products to control other ar-thropods
	6. 기타 무척추동물제거제	16. molluscicides, vermicides and products to control other in-vertebrates
	7. 기피제	19. Repellents and attractants
보존제류 (방부제류)	8. 제품보존용 보존제	6. preservatives for products during storage
	9. 제품표면처리용 보존제	7. film preservatives
	10. 섬유·가죽류용 보존제	9. fiber, leather, rubber and polymerixed materials preservatives
	11. 목재용 보존제	8. wood preservatives
	12. 건축자재용 보존제	10. cnstruction material preservatives
	13. 재료·장비용 보존제	11. preservatives for liquid-cooling and processing systems 12. slimicides 13. working or cutting fluid preservatives
	14. 사체·박제용 보존제	22. embalming and taxidermist fluids
기타	15. 선박·수중 시설용 오염방지제	21. antifouling products

비고 : EU BPR의 제품 유형 중 괄호로 표시된 부분은 국내 화학제품안전관리법이 적용되지 않는 유형을 의미함.

(출처) 화학제품안전법 제13조 제1항 제3호 및 같은 법 시행규칙 제9조 제1항 별표 1.; Regulation (EU) No 528/2012 of the European Parliament and of the Council of 22 May 2012 concerning the making available on the market and use of biocidal products.(2012) OJ L 167, 105.

2) 물질승인 기준

살생물물질의 유해성·위해성, 효과·효능, 유해생물 내성(耐性) 및 불필요한 척추동물 고통 유발 여부 등의 항목에 대한 승인기준으로 승인 여부를 검토한다. 각 승인기준 항목 별 세부 승인기준은 별도로 고시되어 있다.[353]

> 살생물물질의 승인 기준
>
> - (유해성·위해성) 살생물물질 또는 그 잔류물이 사람·동물의 건강 또는 환경에 부정적인 영향을 미치지 아니할 것
> - (효과·효능) 살생물물질의 유해생물 제거 등의 효과·효능이 충분할 것
> - (내성) 살생물물질이 제거 등의 목적이 되는 유해생물에게 내성(耐性)이 생기게 하지 아니할 것
> - (척추동물에 불필요한 고통) 살생물물질이 척추동물의 제거 등을 목적으로 사용될 경우 제거 등의 과정에서 척추동물에게 불필요한 고통을 유발하지 아니할 것
>
> (출처) 화학제품안전법 제12조

승인을 받으려는 살생물물질의 사용 목적과 용도가 제한적이어서 사람 또는 환경에 노출될 가능성이 적거나 승인신청을 한 살생물물질을 대체할 유해성이 더 낮은 물질이 없어 해당 살생물물질의 사용이 국민의 건강 및 환경에 필요한 경우 승인기준의 일부 또는 전부를 완화해 적용할 수 있다.[354] 이는 위해성 상충관계를 고려하는 살생물제 관리의 특징을 보여주는 것으로 제품승인 기준을 적용할 때에도 마찬가지로 적용된다.[355]

3) 물질승인의 절차 및 물질등등성의 인정

환경부장관은 물질승인 신청을 받은 경우 해당 살생물물질이 승인기준을 갖추었는지를 평가하고, 기준의 완화 적용 대상에 해당하는지를 확인한다. 이 평가가 완료되면 평가서 초안을 작성해 승인신청자에게 열람하고 의견을 제출할 수 있는 기회를 부여

353 화학제품안전법 제12조제2항; 국립환경과학원 고시 제2021-8호, "살생물물질과 살생물제품의 승인기준", 화학물질연구과(2021. 1. 26.)

354 화학제품안전법 제12조제3항.

355 화학제품안전법 제20조 제4항.

한 이후 관리위원회 심의를 거쳐 승인여부를 결정한다.[356] 제품 승인의 경우에도 같다.

이미 승인을 받은 살생물물질과 다른 살생물물질 간에 물질동등성의 인정을 신청할 수 있다. 이때 다른 사람이 이미 제출한 자료의 소유자에게 그 사용 동의를 받아 해당 자료를 활용할 수 있다. 물질동등성 인정을 받은 물질 또는 제품은 해당 승인을 받은 것으로 본다.[357]

4) 물질승인의 유효기간

살생물제는 그 승인의 유효기간을 두고 있다. 승인 유효기간이 종료된 후에도 계속 해당 살생물제를 제조 또는 수입하려면 유효기간 종료 전까지 승인을 다시 받아야 한다.[358] 살생물제의 유효기간은 시장에 유통된 이후 실제 노출 정보와 위해성 가능성 등을 반영해 살생물물질이나 제품을 다시 평가하기 위한 장치이다.

살생물제의 유효기간은 승인 단계에서 기준의 적용 정도, 해당 살생물물질의 유해성 등을 감안해 10년 이내의 범위에서 정할 수 있다. 살생물물질의 유효기간은 〈표 2-23〉과 같다.

〈표 2-23〉 살생물물질의 승인 유효 기간

구분		승인 유효 기간
A 및 B를 제외한 승인 살생물물질		10년
A	물질승인기준이 완화되어 적용되는 살생물물질	A, B 하나에 해당: 7년 A, B 모두에 해당: 5년
B	호흡기에 민감한 영향을 끼치는 살생물물질 잔류성, 생물축적성 또는 독성 중 둘 이상의 성질을 가진 살생물물질	

(출처) 화학제품안전법 12조 제4항 및 같은 법 시행령 제9조, 재구성

2. 살생물제품의 승인

1) 제품승인의 대상 및 신청

살생물제품을 국내에 판매하거나 유통하기 위하여 제조 또는 수입하려는 자는 해당

356 화학제품안전법 제14조.
357 화학제품안전법 제16조.
358 화학제품안전법 제12조 제4항 및 제20조 제5항.

제품에 대하여 환경부장관의 승인을 받아야 한다.[359] 「화학제품안전법」 시행일 이전부터 국내에서 유통된 살생물제품의 경우 제품에 포함된 기존살생물물질의 승인 유예기간이 종료된 날[360]로부터 2년 이내에 승인을 받아야 한다.[361]

살생물제품의 승인을 받으려면 해당 제품에 들어있는 물질에 관한 자료(성분과 배합비율, 사용 목적, 용도 등)와 제품에 대한 자료(물리·화학·생물학적 특성, 노출, 유해성·위해성, 효과·효능, 분류·표시 및 용기·포장 등) 등을 갖추어 환경부장관(국립환경과학원장)에게 신청해야 한다.[362]

2) 제품승인 기준

살생물제품은 승인기준에 따라 승인 여부를 검토한다. 제품 승인기준은 물질 승인기준의 4개 항목(유해성·위해성, 효과·효능, 유해생물에 대한 내성 유발 여부, 척추동물에 불필요한 고통 유발 여부 등)에 추가해 '제품에 들어있는 살생물물질의 조건' 및 '안전용기 또는 포장'에 관한 승인기준 등이 규정되어 있다.

살생물제품에 들어있는 모든 살생물물질이 물질승인(또는 승인 유예신고)이 완료된 물질이거나 위해성이 낮다고 인정·고시된 물질이어야 한다. 살생물제품의 용기 또는 포장은 내용물의 손실과 물질의 변형 등을 방지하고 안전사고를 예방하는 어린이 보호 포장 등의 기준을 준수하여야 한다.[363] 제품승인기준 항목 중 유해성·위해성 및 효과·효능 항목은 물질승인기준과 항목 자체는 중복되나 그 세부 승인기준은 다소 차이가 있다〈표 2-24〉.

359 화학제품안전법 제20조제1항.
360 승인유예기간이 서로 다른 둘 이상의 승인유예대상 기존 살생물물질이 함유된 경우에는 해당 살생물제품의 유형으로 지정·고시된 기존살생물물질의 승인유예기간 종료일 중 마지막에 도래하는 종료일을 말한다.
361 화학제품안전법 (법률 제15511호, 2018.3.20.) 부칙 제3조.
362 화학제품안전법 제21조.; 국립환경과학원 고시 "살생물물질과 살생물제품 승인신청자료의 작성범위 및 작성방법 등에 관한 규정".
363 화학제품안전법 시행규칙 제19조.; 환경부 고시 제2019-37호, "살생물제품 안전용기 및 포장에 관한 규정", 화학제품관리과 (2019. 2. 1.).

〈표 2-24〉 살생물물질 및 살생물제품의 승인기준 중 공통항목 비교

<table>
<tr><th rowspan="2">승인기준
(제품법)</th><th colspan="2">구체적 승인 기준 (승인기준고시)</th></tr>
<tr><th>살생물물질</th><th>살생물제품</th></tr>
<tr><td rowspan="6">유해성
위해성</td><td colspan="2">(유해성정보/분류표시 검토결과) 다음 영향 중 어느 하나도 확인되지 않을 것</td></tr>
<tr><td>1. 다음의 유해성구분 중 하나로 분류
발암성 1
생식독성 1 /
생식세포 변이원성 1

2. 내분비계 장애특성 판명 시

3. 잔류성·생물축적성·독성(PBT) 또는 고잔류성·고생물축적성(vPvB)으로 분류되는 경우</td><td>1. 다음의 유해성구분 중 하나로 분류
발암성 1
생식독성 1
생식세포 변이원성 1
급성경구/경피/흡입독성 1,2,3
특정표적장기 독성-1회노출 또는 반복노출 1

2. 내분비계 장애특성 판명 시
3. 발달 신경독성 또는 면역독성 영향
4. 제품에 의도적으로 첨가된 수은(화합물) 함유 시

5. PBT 또는 vPvB의 분류기준을 만족하는 물질로 구성되어 있거나 해당 물질을 생성하는 경우</td></tr>
<tr><td colspan="2">(인체위해성 자료 검토결과) 다음 부정적 영향 중 어느 하나도 확인되지 않을 것</td></tr>
<tr><td colspan="2">1. 비발암위해도
가. 노출한계(MOE)가 100 이하인 경우: 이때 사용된 NOAEL값은 반복투여독성(12개월 이상) 시험에 의해 얻어진 값을 말함.
나. 유해지수(HQ, Hazard Quotient)가 1 이상인 경우
2. 무역치를 가정한 발암위해도
가. 발암위해도의 경우 노출한계(MOE)가 10,000 이하인 경우
나. 초과발암위해도가 10^{-4} 이상인 경우 : 초과발암위해도가 10^{-6} 이하인 경우 부정적 영향이 없다고 판단하며 기타의 경우는 자연에서의 존재 수준, 분석감도, 현실적으로 적용가능한 최적의 위해저감방안의 반영 여부 등을 종합 고려해 판단한다.
3. 물질(제품)의 유해영향의 특성과 노출에 취약한 계층(민감 집단)의 특성을 고려하여 노출한계와 유해지수는 조정될 수 있다.</td></tr>
<tr><td colspan="2">(환경위해성 자료 검토결과) 다음의 부정적인 영향이 확인되지 않을 것</td></tr>
<tr><td colspan="2">1. 정량적 생태위해도를 유해지수(HQ)로 나타낸 경우 HQ가 1보다 클 경우</td></tr>
<tr><td rowspan="2">효과
효능</td><td colspan="2">(효과·효능 자료 검토결과) 다음의 조건을 모두 만족할 것</td></tr>
<tr><td>1. 살생물물질이 유해생물 제거 등의 살생물기능을 나타냄을 입증 시
2. 살생물물질이 사용될 수 있는 살생물제품의 사용용도를 고려하여 시험한 결과 사용목적과 용도에 효과적이고 적합함을 입증 시</td><td>1. 표준사용량, 사용방법의 조건에서 사용목적과 용도에 효과적이고 적합함을 입증한 경우
2. 살생물제품의 분류·표시 및 포장에 나타낸 효과·효능에 관한 정보와 시험결과가 부합하는 경우</td></tr>
</table>

승인기준 (제품법)	구체적 승인 기준 (승인기준고시)	
	살생물물질	살생물제품
유해생물 내성	(효과·효능 자료 검토결과) 다음 조건 중 어느 하나를 만족할 것	
	1. 제거 등의 목적이 되는 유해생물에 대한 (교차)내성을 나타낼 가능성이 없는 경우 2. 제거 등의 목적이 되는 유해생물에 대한 (교차)내성을 나타낼 가능성이 있으나 이를 충분히 저감할 수 있는 경우	
불필요한 척추동물 고통	(효과·효능 자료 검토결과) 다음 조건 중 어느 하나를 만족할 것	
	1. 제거 등을 목적으로 하는 척추동물이 지속적인 고통 없이 의식이 사라짐과 동시에 처리되는 경우 2. 살생물물질 사용 즉시 신속하게 처리되는 경우 3. 명백한 고통 없이 생체 기능이 서서히 저하되는 경우	

(출처) 국립환경과학원 고시 "살생물물질과 살생물제품의 승인기준". 재구성

살생물제품의 승인 기준

- (유해성·위해성) 살생물제품 또는 그 잔류물이 사람·동물의 건강 또는 환경에 부정적인 영향을 미치지 아니할 것
- 살생물제품에 들어있는 모든 살생물물질이 다음의 어느 하나에 해당되는 살생물물질일 것
  - 물질승인 등을 받은 범위에서 사용되는 살생물물질
  - 위해성이 낮다고 인정되어 심의를 거쳐 환경부장관이 고시한 화학물질
  - 신고를 받고 고시한 승인유예대상 기존살생물물질
- (효과·효능) 살생물물질의 유해생물 제거등의 효과·효능이 충분할 것
- (내성) 살생물물질이 제거 등의 목적이 되는 유해생물에게 내성(耐性)이 생기게 하지 아니할 것
- (척추동물에 불필요한 고통) 살생물물질이 척추동물의 제거 등을 목적으로 사용될 경우 제거 등의 과정에서 척추동물에게 불필요한 고통을 유발하지 아니할 것
- 살생물제품의 취급 또는 사용에 따른 안전사고를 방지하기 위한 기준에 따른 안전용기 또는 포장을 사용할 것

(출처) 화학제품안전법 제20조 제2항.

관계 당국이 살생물제품의 승인기준을 적용할 때에 살생물제품의 최대 위해성 정도와 그 사용·폐기 과정에서의 부정적 환경 영향, 살생물제품에 들어있는 살생물물질이 다른 살생물물질 및 화학물질 등과 상호 작용하여 일으키는 효과, 살생물제품이 살생

물처리제품에 사용되는 경우 그 살생물처리제품의 종류 및 사용방법의 적정성 등을 고려한다.[364] 살생물제품에 포함되는 살생물질이 이미 물질승인 등을 거쳤으므로 제품승인 단계에서는 살생물물질 자체보다는 제품의 사용·폐기 과정에서 발생할 수 있는 사람의 건강과 환경상 문제에 중점을 둔다.

3) 제품승인의 절차 및 제품유사성의 인정

제품승인의 절차는 전술한 물질승인의 절차와 같다. 살생물물질의 물질동질성 인정과 유사하게 이미 승인을 받은 살생물제품과 다른 살생물제품 간에 제품유사성 인정을 신청할 수 있고 그 인정을 받은 제품은 해당 승인을 받은 것으로 본다.[365]

4) 제품승인의 유효기간

제품승인의 유효기간은 승인 단계에서 기준의 적용 정도, 해당 살생물물질의 유해성 등을 감안해 10년 이내의 범위에서 〈표 2-25〉와 같이 정해져 있다. 제품승인의 유효기간이 물질승인의 그것보다 짧은데 이는 소비자의 제품 사용형태 등 실제 노출정보 등을 평가에 반영하기 위해서이다.

〈표 2-25〉 살생물제품의 승인 유효 기간

<table>
<tr><th colspan="2">구분</th><th>승인 유효기간</th></tr>
<tr><td colspan="2">A 및 B를 제외한 승인 살생물제품</td><td>10년</td></tr>
<tr><td>A</td><td>제품승인기준이 완화되어 적용되는 살생물제품</td><td rowspan="2">A, B 하나에 해당 : 5년
A, B 모두에 해당 : 3년</td></tr>
<tr><td>B</td><td>아래의 살생물물질이 들어있는 살생물제품
- 물질승인기준이 완화되어 적용되는 살생물물질
- 호흡기에 민감한 영향을 끼치는 살생물물질
- 잔류성, 생물축적성 또는 독성 중 둘 이상의 성질을 가진 살생물물질</td></tr>
</table>

(출처) 화학제품안전법 제20조 제5항 및 같은 법 시행령 제17조. 재구성

364 화학제품안전법 제20조 제3항.
365 화학제품안전법 제25조.

5) 살생물제품의 승인 특례 및 긴급 허용

살생물제품에 들어있는 모든 살생물물질이 위해성이 낮다고 인정·고시된 물질이고, 살생물물질 이외의 물질들이 유해(우려)물질(중점관리물질, 나노물질, 유해화학물질, 잔류성오염물질 등)이 아니며, 유해생물 제거 등 효과·효능이 충분하고, 취급·사용 시 개인보호장비가 필요하지 아니한 경우 제품승인의 특례에 따른 제품승인을 신청할 수 있다.[366]

아울러 살생물제품이 공중보건 등에 긴급히 필요하고 대체할 수 있는 제품이 없는 경우 관계 중앙행정기관의 장이 요청하면 해당 제품에 들어있는 살생물물질을 한시적으로 승인 없이 제조 또는 수입하도록 허용할 수 있다.[367]

6) 살생물제품의 표시

제품승인을 받은 살생물제품을 국내에 판매·유통할 목적으로 제조·수입하려면 해당 제품의 겉면에 구매자가 알아보기 쉽게 표시를 하여야 한다. 그 표시내용은 모든 살생물물질의 성분과 배합비율, 제조·수입자 정보, 제품 사용 시 위험성과 응급조치, 유통기한 및 폐기방법 등이다.[368] 살생물제품에 사용할 목적으로 제조 또는 수입하는 살생물물질에 대해서는 살생물제품과 같은 소비자를 위한 표시의 의무를 두고 있지 않다.

4. 살생물처리제품의 관리

1) 살생물처리제품의 안전기준 및 표시기준

살생물처리제품은 "제품의 주된 목적 외에 유해생물 제거 등의 부수적인 목적을 위하여 살생물제품을 사용한 제품"이다.[369] 살생물처리제품에 대해서는 승인절차 대신 '안전기준'과 '표시기준'을 준수하도록 한다.[370]

366 화학제품안전법 제24조 제1항 및 제2항.
367 화학제품안전법 제24조 제4항.
368 화학제품안전법 제27조.; 환경부 고시 제2018-242호 "살생물제품 표시에 관한 규정", 화학제품관리과 (2018. 12. 28.).
369 화학제품안전법 제3조.
370 화학제품안전법 제28조.

살생물처리제품을 판매·유통할 목적으로 제조·수입하는 자는 해당 살생물처리제품에 사용되는 살생물제품이 제품승인을 받은 것으로서 해당 제품승인을 받은 범위에서 사용되도록 하는 등 '안전기준'을 준수하여야 한다.[371]

<table>
<tr><td>

살생물처리제품의 안전 기준

- 살생물처리제품에 사용되는 살생물제품이 ① 제품승인을 받았거나 ② 제품유사성 인정으로 제품승인을 받은 것으로 보는 것으로서 해당 제품승인을 받은 범위에서 사용될 것
- 살생물처리제품을 수입하는 경우에는 ① 제품승인을 받은 살생물제품과 ② 아래의 유사성 기준을 충족하는 살생물처리제품이 사용된 것으로서 해당 제품승인을 받은 범위에서 사용될 것

  * (유사성 기준)

  - 살생물제품에 함유된 모든 살생물물질이 승인받은 살생물물질(승인받은 제품 유형으로 사용), 위해성은 낮은 것으로 인정·고시된 물질, 외국 정부의 승인·확인을 받아 해당 제품유형으로 사용될 경우에 대한 안전성을 공식적으로 인정받은 살생물물질에 해당할 것
  - 외국정부의 승인·확인 등을 통해 살생물처리제품에 사용된 살생물제품의 안전성이 인정되었을 것
- 그 밖에 살생물처리제품의 안전관리를 위하여 환경부령으로 정하는 사항을 준수할 것

(출처) 화학제품안전법 제28조 제1항. 및 같은 법 시행령 제23조.

</td></tr>
</table>

살생물처리제품 제조·수입자가 해당 살생물처리제품의 유해생물 제거 등에 대한 효과·효능을 구매자에게 알리려는 경우에는 살생물제품이 사용되었다는 사실 등을 해당 살생물처리제품의 겉면에 구매자가 알아보기 쉽게 표시하여야 한다.[372]

371 화학제품안전법 제28조 제1항.

372 화학제품안전법 제28조 제2항.

살생물처리제품에 표시하여야 하는 사항
• 살생물제품이 사용되었음을 알리는 문구 • 살생물처리제품에 사용된 살생물제품에 들어있는 모든 살생물물질의 명칭 및 기능 • 살생물처리제품에 사용된 살생물제품에 나노물질이 의도적으로 들어있는 경우 나노물질이 들어있다는 사실 • 살생물처리제품에 사용된 살생물제품의 위험성 및 취급 시 주의사항 (출처) 화학제품안전법 제28조 제2항. 및 같은 법 시행규칙 제27조.

2) 살생물처리제품 안전기준 등에 관한 경과조치

살생물제품승인 유예기간이 종료하는 날부터 2년 내의 기간까지는 안전기준 및 표시기준을 준수하지 아니하고 해당 살생물처리제품을 제조 또는 수입할 수 있다. 이 기간 이내에 안전기준 등을 준수하기 어려운 사유가 있는 경우 1년의 범위 내에서 경과조치를 연장하여 적용할 수 있다.[373] 이는 기존살생물물질의 승인이 최대 10년까지의 유예기간을 두고 단계적으로 진행되고, 기존살생물제품의 승인도 순차적으로 진행되는 상황을 감안한 것이다.

5. 살생물제의 사후 관리

1) 제품 정보 공개

환경부장관은 승인을 받은 살생물물질과 살생물제품의 명칭, 승인유효기간, 유해성·위해성, 사업자 정보 등을 인터넷홈페이지 등을 통해 공개하여야 한다. 살생물처리제품의 경우 해당 제품을 구매한 자가 살생물처리제품을 제조·수입하는 자에게 해당 살생물처리제품에 사용된 살생물제품에 대한 정보의 제공 또는 열람을 청구할 수 있다.[374]

373 화학제품안전법 법률 제171035호 (2020. 3. 24). 부칙 제4조.
374 화학제품안전법 제29조.

2) 표시·광고의 제한

살생물제품을 제조·수입·판매·유통하는 자는 해당 제품을 포장하거나 광고하는 경우에는 사람·동물의 건강과 환경에 미치는 부정적 영향에 대한 오해를 일으키지 아니하도록 '무독성', '환경·자연친화적', '무해성' 또는 '인체·동물친화적' 등의 문구 또는 이와 유사한 표현을 사용하지 못한다(환경표지의 인증을 받은 경우 해당 표지의 부착은 가능).[375]

아울러 제품의 사용으로 인한 위해를 방지하기 위하여 제품명 및 제품의 종류를 확인할 수 있는 문구, 제품의 사용방법 및 사용상 주의사항을 지킬 것을 권유하는 문구, 살생물제품 승인 통지서에 기재된 제품의 효과·효능을 알리는 문구를 명확하고 알아보기 쉽게 제품의 광고에 포함시켜야 한다.[376] 제품승인 등을 받지 않은 제품을 살생물제품 또는 살생물처리제품으로 표시·광고하거나 그렇게 오인될 우려가 있는 표시·광고하여서는 아니 된다.[377]

3) 판매 등의 금지 및 회수 명령 등

승인받지 않은 살생물물질이나 살생물제품, 표시를 하지 않은 살생물 제품, 안전기준과 표시기준을 준수하지 아니한 살생물처리제품 등은 판매가 금지된다.[378]

환경부장관은 판매 금지된 물질이나 제품을 제조·수입·판매·유통한 자에게는 해당 물질이나 제품을 회수, 폐기 등의 필요한 조치를 명령할 수 있다. 명령을 받은 자가 회수, 폐기 등의 명령을 이행하지 않는 경우 환경부장관이 직접 필요한 조치를 취할 수 있으며(소요 경비는 해당 사업자의 부담), 미승인 등 불법적으로 유통한 살생물제의 판매금액에 상당하는 금액을 과징금으로 부과할 수 있다.[379] 행정처분이 확정된 자에 대한 처분 내용과 해당 제품의 명칭 등 위반사실은 공표한다.[380]

4) 새로운 위해성 등에 대한 보고 및 조치 권고

살생물제의 승인을 받은 사업자 또는 살생물처리제품을 제조·수입하는 자가 살생

375 화학제품안전법 제34조 제1항 제1호 같은 법 시행규칙 제34조 제1항.
376 화학제품안전법 제34조 제1항 제2호 및 같은 법 시행규칙 제34조 제2항.
377 화학제품안전법 제34조 제2항.
378 화학제품안전법 제35조.
379 화학제품안전법 제37조 및 제38조.
380 화학제품안전법 제40조.

물제의 유해성·위해성에 관한 정보 또는 살생물물질 또는 살생물제품의 효과·효능이 충분하지 아니하다는 정보를 새로 알게 된 경우 지체 없이 환경부(유역지방환경청)에 보고하여야 한다. 생명, 신체 및 재산상의 위해를 방지하기 위해 필요한 경우 살생물제를 제조·수입하는 자에게 수거·파기·수리·교환·환급·개선조치 또는 그 밖에 필요한 조치를 권고할 수 있다.[381]

3 생활화학제품의 안전관리

1. 제도의 개요

1) 생활화학제품의 정의

생활화학제품은 "가정, 사무실, 다중이용시설 등 일상적인 생활공간에서 사용되는 화학제품으로서 사람이나 환경에 화학물질의 노출을 유발할 가능성이 있는 것"을 말한다.[382]

살생물제가 '유해생물 억제 등'이라는 구체적인 용도를 가진 물질·제품이라면 생활화학제품은 그와 달리 용도와 범위가 매우 다양해 다른 정책영역에서 관리하는 제품(의약용, 수의용, 일반 소비자제품 등)과 구분이 어려운 경우가 많다. 특히, 융복합형 제품개발 기술의 발전과 소비자들의 새로운 수요, 해외 직접구매 등으로 현행 제도로 관리되지 않는 새로운 유형의 제품, 소위 '비관리' 제품들에 대해 주의 해야 한다.[383]

2) 생활화학제품 관리 체계

생활화학제품의 관리체계는 [그림 2-12]와 같다. 정부가 생활화학제품 실태조사를 거쳐 위해성이 우려되는 제품에 대한 위해성 평가를 실시한다. 그 결과 위해성이 있다고 인정되는 제품을 '안전기준확인대상생활화학제품(관리대상제품)'으로 지정·고

381 화학제품안전법 제36조.
382 화학제품안전법 제3조.
383 국가기술표준원 공고 제2020-230호, "제품안전관리에 관한 종합계획"(2020. 7. 17.), 38.

시하고 그 품목별로 안전·표시기준을 설정한다. 그 후 관리대상제품을 제조 또는 수입하려는 사업자는 시험검사기관으로부터 안전기준 적합확인을 받고 제품정보를 환경부에 신고한다. 관리대상제품 중 안전기준이 고시되지 않은 경우는 안전기준 적합확인 대신 환경부장관(국립환경과학원장)의 승인을 받아야 한다.

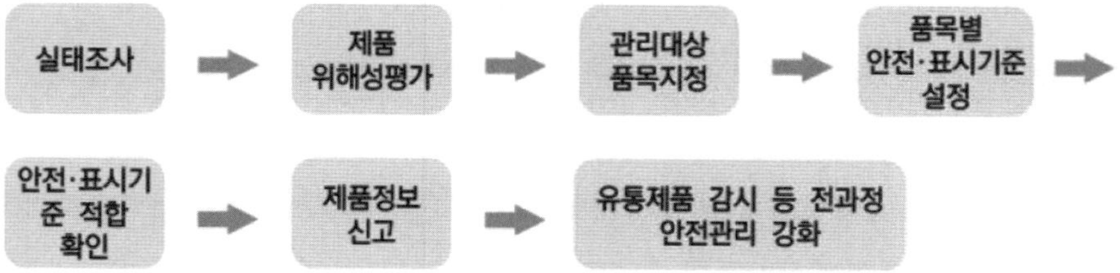

[그림 2-12] 생활화학제품 안전관리의 단계

(출처) 환경부, 『환경백서』, 2020.

2. 안전확인대상제품의 지정 및 안전기준의 설정

1) 실태조사 및 위해성 평가

환경부장관(한국환경산업기술원장)은 안전확인대상생활화학제품의 지정 여부 결정에 필요한 자료 수집 등을 위하여 생활화학제품을 제조·수입·판매 또는 유통하는 자를 대상으로 생활화학제품의 종류와 유통량, 용도, 성분·배합비율 및 유해성 등에 대한 실태조사를 할 수 있다.[384]

실태조사 결과 위해성이 우려되거나 국내외에서 위해성이 크다는 우려가 제기되는 화학물질이 들어있는 생활화학제품에 대해서는 위해성 평가를 실시한다.[385] 한국환경산업기술원장은 생활화학제품에 대하여 매년 평가계획을 수립하여 그 계획에 따라 평가를 실시하는데, 이 경우 해당 생활화학제품의 위해성에 대한 우려 및 평가의 시급성 등을 고려하여 위해성 평가 대상의 우선순위를 정한다.[386]

384 화학제품안전법 제7조.
385 화학제품안전법 제8조.
386 화학제품안전법 시행규칙 제4조 제1항.

생활화학제품의 위해성 평가 우선순위

- 화학물질등록평가법에 따라 신규 등록된 화학물질로서 제품에 사용되는 물질
- 생물에 대한 유해성(독성)이 큰 것으로 알려진 물질
- 소비자가 많이 사용하는 제품에 함유되어 있거나, 제품 내 함유량이 많아 인체와 환경에 노출 가능성이 높은 물질
- 국제적 규제 또는 관심물질로서 제품에 포함될 가능성이 높은 물질

(출처) 국립환경과학원 고시 제2021-37호, "생활화학제품 위해성 평가의 대상 및 방법 등에 관한 규정", 제5조.

생활화학제품의 위해성평가는 생활화학제품에 함유된 ①화학물질의 유해성 확인(유해성 확인), ②생활화학제품에 함유된 화학물질의 인체·환경에 대한 노출 허용수준의 결정(용량-반응 평가/종민감도분포 평가), ③생활화학제품에 함유된 화학물질의 인체·환경에 대한 노출수준의 평가(노출 평가), ④생활화학제품의 위해성 정도 결정 (위해도 결정), ⑤(위해성이 있다고 결정되는 경우) 안전기준 및 표시기준의 설정 방향 도출 등의 단계로 진행한다.[387]

생활화학제품의 위해성 평가는 과학적인 위해도 결정값을 제시하는 수준을 넘어 위해성에 대한 판단과 정책 권고까지 요구한다는 점에서 화학물질 등록·평가제도의 그것과 다르다. 평가의 방법에서는 유해성 확인, 용량-반응평가, 위해도 결정 단계는 화학물질 등록·평가제도의 평가와 유사하나, 노출 평가 단계는 생활화학제품의 특성을 반영해 노출 경로(흡입, 경피, 경구 등)와 제품 유형별 노출 특성을 감안한 노출량 예측 방법을 규정하는 등 세부 내용에 있어 차이가 있다.[388]

2) 안전확인대상생활화학제품의 지정

위해성 평가를 한 결과 위해성이 있어 안전기준이나 표시기준의 설정이 필요하다고 인정하는 경우에는 관계 중앙부처와 협의 및 관리위원회 심의를 거쳐 해당 생활화학제품을 안전확인대상생활화학제품으로 지정·고시한다.[389] 제품승인을 받은 살생물제

387 화학제품안전법 시행규칙 제4조 제2항.

388 화학제품안전법 시행규칙 제4조 제1항. 국립환경과학원고시 제2021-37호, "생활화학제품 위해성 평가의 대상 및 방법 등에 관한 규정", 화학물질연구과 (2021. 6. 24.).

389 화학제품안전법 제9조 제1항 내지 제3항.

품은 안전확인대상생활화학제품에서 제외한다.[390] 2021년 9월 현재 안전확인대상 생활화학제품은 총 39개 품목이 지정되어 있다〈표 2-26〉.[391]

〈표 2-26〉 안전확인대상 생활화학제품 (13개 분류 39개 품목)

<table>
<tr><th>분류(품목수)</th><th>품목</th><th>행정절차</th></tr>
<tr><td>세정제품(2)</td><td>세정제 / 제거제</td><td rowspan="10">확인
및
신고</td></tr>
<tr><td>세탁제품(3)</td><td>세탁세제 / 표백제 / 섬유유연제</td></tr>
<tr><td>코팅제품(5)</td><td>광택코팅제 / 특수목적코팅제 / 녹 방지제 / 윤활제 /
다림질보조제</td></tr>
<tr><td>접착·접합제품(2)</td><td>접착제 / 접합제</td></tr>
<tr><td>방향·탈취제품(2)</td><td>방향제 / 탈취제</td></tr>
<tr><td>염색·도색제품(2)</td><td>물체 염색제 / 물체 도색제</td></tr>
<tr><td>자동차 전용 제품(2)</td><td>자동차용 워셔액 / 자동차용 부동액</td></tr>
<tr><td>인쇄·문서 관련 제품(3)</td><td>인쇄용 잉크·토너 / 인주 / 수정액 및 수정테이프</td></tr>
<tr><td>미용제품(2)</td><td>미용 접착제 / 문신용 염료</td></tr>
<tr><td rowspan="2">살균제품(4)</td><td>살균제 / 살조제</td></tr>
<tr><td>가습기용 항균·소독제 / 감염병예방용 방역 살균·소독제</td><td rowspan="2">승인</td></tr>
<tr><td rowspan="2">구제제품(5)</td><td>보건용 살충제 / 보건용 기피제 / 감염병예방용 살충제 /
감염병예방용 살서제</td></tr>
<tr><td>기피제</td><td rowspan="3">확인
및
신고</td></tr>
<tr><td>보존·보존처리제품(2)</td><td>목재용 보존제 / 필터형 보존처리제품</td></tr>
<tr><td rowspan="2">기타(5)</td><td>초/습기제거제/인공 눈 스프레이/공연용 포그액</td></tr>
<tr><td>가습기용 생활화학제품</td><td>승인</td></tr>
</table>

비고 : 안전기준 미고시 7 품목을 포함함. 이들 품목은 확인·신고 대신 승인절차를 거침

(출처) 환경부, 한국환경산업기술원. 생활화학제품 안전관리 이행 지원 매뉴얼. 2021.

위해성 평가를 한 결과 위해성이 매우 커서 그 위해를 막기 위하여 긴급한 조치가 필요하다고 인정하는 경우에는 지정·고시하기 전에 그 제품의 제조 또는 수입의 금

390 화학제품안전법 제9조 제3항 단서.
391 환경부 고시 제2021-150호, "안전확인대상생활화학제품 지정 및 안전·표시기준", 화학제품관리과 (2021. 7. 30.).

지를 명할 수 있다.[392]

3) 안전기준의 설정

안전확인대상생활화학제품에 대한 안전기준은 해당 제품의 시장 유통 가능 여부를 결정하는 기준이 된다. 안전확인대상생활화학제품에 대하여 종류별로 위해성 등에 관한 안전기준을 정하여 고시하는데, 이 경우 안전기준을 고시하기 전에 관계 중앙행정기관의 장과 협의하고 '생활화학제품 및 살생물제 관리위원회'의 심의를 거쳐야 한다.[393]

안전기준은 위해성 평가 결과와 국내외 위해성 평가 결과와 관련한 자료를 근거해 설정한다. 제품 내에 산(pH)조절제로 사용되어 중화되는 등 사용 과정에서 국민 건강이나 환경에 위해 우려가 적다고 인정되는 경우에는 화학물질의 안전기준에서 제외할 수 있다. 제품 중 비의도적으로 유래되어 기술적으로 완전한 제거가 불가능한 경우 위해성 기준을 초과하지 않는 범위에서 검출 허용한도를 설정할 수 있다.[394] 안전기준은 크게 품목별 화학물질에 관한 안전기준, 용기 또는 포장, 중량에 관한 안전기준, 어린이보호포장에 관한 안전기준 등으로 구분된다.[395]

안전확인대상생활화학제품의 안전기준의 내용

- 안전확인대상생활화학제품에 들어있으면 아니 되는 화학물질
- 안전확인대상생활화학제품에 들어있는 화학물질의 함유량, 용출량 또는 발산량에 관한 기준
- 용기·포장 또는 그 내용물의 누출로 인한 위해성이 우려되는 경우 그 용기 또는 포장에 관한 기준(어린이, 임산부 등 해당 제품으로부터 발생하는 화학물질 등의 노출에 취약한 계층의 안전사고 방지를 위한 내용을 포함한다)
- 그 밖에 안전확인대상생활화학제품의 안전관리를 위하여 환경부장관이 필요하다고 인정하는 사항

(출처) 화학제품안전법 제9조 제2항.

392 화학제품안전법 제9조 제4항.
393 화학제품안전법 제9조 제1항.
394 환경부 고시 제2021-150호, "안전확인대상생활화학제품 지정 및 안전·표시기준", 화학제품관리과 (2021. 7. 30.). 제4조.
395 위의 고시. 제5조.

4) 안전기준의 확인, 안전기준 미고시 제품의 승인 및 표시

안전기준이 고시된 안전확인대상생활화학제품을 제조 또는 수입하려는 자는 전문 시험·검사기관으로부터 해당 안전확인대상생활화학제품이 안전기준에 적합한지 확인을 받아야 하고, 제품정보·성분 및 함량 등을 환경부장관에게 신고하여야 한다.[396] 확인의 유효기간은 확인을 받은 날로부터 3년으로 유효기간 종료 이후에도 계속 제조 또는 수입하려면 다시 확인을 받아야 한다.[397]

안전기준이 고시되지 아니한 안전확인대상생활화학제품을 제조·수입하려는 자는 해당 제품에 들어있는 화학물질의 용도, 유해성, 노출정보 등에 관한 자료를 제출하여 환경부장관의 승인을 받아야 한다.[398] 현재 안전기준이 고시되어 있지 않은 7개 항목의 제품이 그 대상이다〈표 2-26〉.

안전확인대상생활화학제품을 제조하거나 수입하여 국내에 판매 또는 유통시키려는 자는 해당 제품 겉면 또는 포장에 제품의 명칭, 사업자 정보, 사용 시 주의사항, 안전기준 확인 신고(승인) 등의 사항을 표시하여야 한다.[399]

5) 생활화학제품의 정보 공개

환경부장관은 신고 또는 승인을 받은 안전확인대상생활화학제품의 명칭과 제조·수입자 정보, 해당 제품의 주요 성분, 해당 제품에 사용된 유해화학물질, 중점관리물질 및 살생물물질의 명칭 등을 공개하여야 한다.[400]

시장에서 유통되는 화학제품의 종류와 수가 많고, 화학제품 구성성분이나 함량 비 등은 기업의 영업 비밀에 해당하는 경우가 많다. 따라서 정부 단독의 정보공개나 모니터링만으로 화학제품의 안전성을 담보하기 쉽지 않으며 기업의 자발적인 노력과 소비자의 관심과 감시를 끌어낼 필요가 있다.

정부는 2017년 기업-시민단체-정부 간 협업으로 생활화학제품의 제조 유통사가 제품 안전 정책을 강화하고 제품의 전 성분 정보를 국민에게 공개하는 것을 핵심 내용으로 하는 '생활화학제품 안전관리 자발적 협약'을 체결하였다. 2019년 6월에는 2

396 화학제품안전법 제10조 제1항 및 제4항.
397 화학제품안전법 제10조 제2항 및 제3항.
398 화학제품안전법 제10조 제6항.
399 화학제품안전법 제10조 제8항.
400 화학제품안전법 제10조의2 및 같은 법 시행규칙 제7조의2; 환경부 고시 제2021-21호, "안전확인대상생활화학물질의 정보공개에 관한 고시", 화학제품관리과 (2021. 7. 1.).

기 자발적 협약을 체결하고 전 성분 공개 확대와 제품 내 원료에 대한 자발적 평가를 추진하고 있다.[401]

6) 안전확인대상생활화학제품의 사후 관리

안전확인대상생활화학제품의 사후관리는 살생물제 사후관리와 같은 정책수단을 활용한다.

무독성 등의 문구를 사용하는 표시·광고가 제한되고, 금지 또는 미확인(미승인)·미신고 또는 표시기준 위반 안전확인대상생활화학제품은 유통이 금지되며, 새로운 위해성을 인지한 경우 이를 보고해야 하고, 확인 또는 승인받은 대로 품질을 유지 관리하기 위한 기준을 준수하여야 한다.[402]

관계기관은 신고 이후 시장에 유통되는 안전확인대상생활화학제품의 안전성을 확보하기 위해 표시기준 위반 여부를 모니터링하고, 해당 제품에 대한 안전성을 조사해 기준 등을 위반한 제품은 제조 또는 수입을 금지하거나 회수명령을 내리거나 과징금을 부과하는 등의 행정조치를 실시하며, 그 위반사실을 공표한다.[403]

3. 중점관리물질 함유제품의 신고제도

1) 제도의 취지

중점관리물질 함유제품 신고제도는 화학물질의 고유한 특성으로 위해 우려가 있는 화학물질이 소비자가 최종적으로 사용하는 제품에 포함되는 경우 이를 신고하고 해당 정보를 소비자 등에 공개하도록 하는 제도이다.[404]

유해성이 높은 화학물질 함유제품을 신고하고 관련 정보를 공개하면 소비자의 알 권리를 확대하고 현명한 제품 선택을 유도할 수 있다. 이를 통해 중점관리물질 등 유해성이 높은 물질을 대체할 수 있는 물질의 개발과 사용을 활성화하고 안전한 대체물질 수요를 증가시켜 화학물질로 인한 위해성 저감을 기대할 수 있다.[405]

---

401 이준철, 「생활화학제품 관련 기업의 책임 이행 현황과 과제」, 『한국환경보건학회지』, 2019;45(4):321–325.
402 화학제품안전법 제34조 내지 제37조.
403 화학제품안전법 제37조 내지 제40조.
404 환경부, 『제품함유 중점관리물질 신고 실무가이드』, (2차 개정판), 환경부, 2019.
405 환경부, 『제품함유 중점관리물질 신고 실무가이드』, ibid.; ECHA, Strategy to promote substitution to safer

2) 중점관리물질의 지정

중점관리물질은 화학물질이 가지는 고유한 특징으로 인해 위해성을 야기할 우려가 있는 물질이다. 국내 중점관리물질은 〈표 2-27〉과 같이 발암성·돌연변이유발성, 생식독성 물질, 내분비계 장애물질, 환경잔류성·축적성 물질, 반복노출 특정장기독성 물질 등을 그 범주로 한다. 이는 국제적으로 잠재적인 피해의 우려가 높은 유해성 범주와 일치한다.

중점관리물질은 위 범주에 해당하는 화학물질 중 위해성이 있다고 우려되는 경우 화학물질평가위원회의 심의를 거쳐 고시한다.[406] 현재 672종이 고시되었고, 그중 204종은 2019년 7월부터, 나머지 468종은 2021년 7월부터 시행된다.[407]

〈표 2-27〉 화학물질등록평가법의 중점관리물질 범주와 EU REACH의 고우려물질 범주의 비교

화학물질등록평가법의 중점관리물질	EU REACH의 고우려물질(SVHC)*
사람 또는 동물에게 암, 돌연변이, 생식능력 이상을 일으키거나 일으킬 우려가 있는 물질	CMR (carcinogenic/mutagenic/reproductive toxicity)
사람 또는 동물에게 내분비계 장애를 일으키거나 일으킬 우려가 있는 물질	ED (endocrine-disrupting chemicals) :
사람 또는 동식물의 체내에 축적성이 높고, 환경 중에 장기간 잔류하는 물질	PBT(persistent, bioaccumulative and toxic) vPvB(very persistent and very bioaccumulative)
사람에게 노출되는 경우 폐, 간, 신장 등의 장기 손상을 일으킬 수 있는 물질	STOT RE (specific target organ toxicity repeated exposure)
사람 또는 동식물에게 위와 유사한 수준 또는 그이상의 심각한 위해를 줄 수 있는 물질	Equivalent level of concern RS (respiratory sensitisation)

*SVHC: Substances of very high Concern

(출처) 화학물질등록평가법 제2조.; ECHA, Transparent progress in addressing substances of concern Integrated regulatory strategy annual report. 2021. 48-50.

3) 중점관리물질 함유제품의 신고

중점관리물질이 들어있는 제품을 제조·수입하는 자는 제품당 개별 중점관리물질 함량이 0.1중량%를 초과하고 동시에 해당 제품 전체에 들어있는 중점관리물질의 물질

chemicals through innovation. ibid.

406 화학물질등록평가법 제2조.

407 환경부 고시 제2018-233호, "중점관리물질의 지정", 화학물질정책과 (2018. 12. 28.).

별 총량이 연간 1톤을 초과할 경우 해당 제품에 들어있는 중점관리물질의 명칭, 함량 및 유해성 정보, 노출정보, 제품에 들어있는 중점관리물질의 용도를 그 생산 또는 수입 전에 환경부장관(지방환경관서의 장)에게 신고하여야 한다.[408]

다만, 제품을 통상적 용법으로 사용할 경우 인간 또는 환경에 대한 노출을 차단할 수 있거나 해당 제품의 용도로 화학물질 등록 또는 신고를 하였거나 등록 또는 신고가 면제된 화학물질은 신고 대상에서 제외한다.[409]

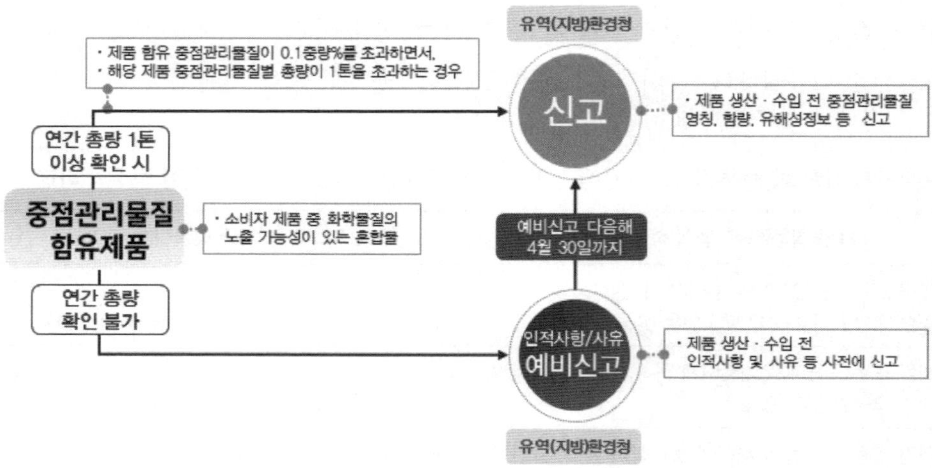

[그림 2-13] 중점관리물질 함유제품의 관리체계

(출처) 환경부, 『제품함유 중점관리물질 신고 실무가이드』, 2019.

4) 중점관리물질 함유제품의 정보제공

중점관리물질 함유제품을 양도하는 자는 해당 중점관리물질의 명칭, 용도, 조건 등의 정보를 해당 제품을 공급망 내에서 제품을 양수하는 자, 도·소매업자, 일반소비자를 대행한 사업자 및 최종적으로 사용하는 소비자에게 제공한다. 이는 제품을 받은 사람이 그 사용 과정에서 중점관리물질에 대해 알지 못하거나 잘못 사용하여 발생할 수 있는 사고를 예방하기 위함이다.[410]

공급망 내에서 제품을 양수하는 자에게는 제품 양도 이전 또는 양도와 동시에 정보

408 화학물질등록평가법 제32조 제1항.
409 화학물질등록평가법 제32조 제2항.
410 환경부, 『제품함유 중점관리물질 신고 실무가이드』, 2019, pp.70-71.

가 제공되어야 한다.[411] 사업장이 아닌 곳에서 일반소비자를 대행하여 제품을 최종적으로 이용·사용하는 사업자(페인트 시공업체, 도배업체 등 전문사용자)에게도 마찬가지이다.

중점관리물질 함유제품을 양도하는 자는 제품 소비자가 정보 제공을 요청하는 경우 해당 정보를 제공하여야 한다.[412] 도·소매업자(종합상사, 전문상사, 백화점,슈퍼마켓, 편의점 등)가 정보를 요청하는 경우에도 마찬가지이다.

제품명, 제품내 함유된 중점관리물질의 명칭과 함량, 제품의 사용가능한 용도 및 제한 용도, 올바른 사용방법과 사용조건, 제품 노출시 대처방법 등 취급시 주의사항 등을 서식에 따라 작성해서 제공해야 한다.[413]

411 화학물질등록평가법 제35조 제1항.

412 화학물질등록평가법 제35조 제2항.

413 화학물질등록평가법 시행규칙 제45조 및 제46조.; 국립환경과학원 고시 제2019-4호, "제공대상 화학물질 정보의 작성방법에 관한 규정", 위해성평가연구과(2019. 2. 8.)

제5장

화학물질 안전관리와 화학사고 대비·대응 제도

1 제도의 개요

1. 배경 및 주요 내용

1) 배경과 개념

화학물질 안전관리 및 화학사고의 대비·대응 제도는「화학물질관리법」에 근거한다. 「화학물질관리법」은 구미 불산가스 유출사고[414] 등의 경험에서 얻은 교훈을 바탕으로 (구)「유해화학물질관리법」 중 화학 안전과 관련한 내용을 화학사고의 예방·대비·대응 체계로 전면 개편한 것으로 화학물질 안전관리의 중심 법제이다.

일반적으로 화학사고(chemical accidents)는 “사람의 건강, 환경 또는 재산에 피해를 주거나 줄 수 있는 누출, 배출, 화재, 폭발 등의 유해물질과 관련된 계획하지 않은 모든 사건”으로 정의되며, 만성적인 환경오염과 같은 장기적 사건을 포함하지 않는다.[415]

414 구미 불산가스 유출사고는 “2021년 9월 27일 구미공단 소재 LCD 액체세척제 제조사업장에서 이동용 탱크로리에 담긴 불화수소를 사업장 내 불화수소 희석설비로 이송하기 위하여 이송호스 연결 작업 중 작업자 실수로 탱크로리 이송배관 밸브가 개방되어 불화수소 약 8톤이 누출”된 사고이다. 사고로 인해 “사고 발생과 동시에 근로자 5명이 사망하고 인근 주민 등 12,243명이 건강검진을 받았고 212ha에 달하는 농지에 벼, 멜론, 대추 등의 잎과 열매가 누렇게 말라죽는 등 농작물 피해와 인근 농가의 소가 콧물을 흘리는 이상증세를 보이는 등 가축 3,943두 피해, 1,958대 차량부식 등 물적 피해가 발생”하였다. 정부는 이 사고를 계기로 관계부처별 점검 및 국무조정실 주관 합동특별점검을 실시하고 점검결과를 토대로 2012년 12월 “사전예방적·통합적 관리체계 구축, 사고 초동대처 능력 제고 등을 주요 목표로 하는 유해화학물질 안전관리 개선대책”을 마련하고, 관련 화학물질관리법을 제정하여 유해화학물질 영업허가제를 도입하였다. (출처)『환경백서』, 2020, pp.438–439.

415 OECD, chemical accident PPR guiding principles, ibid.

화학사고의 정의는 분야별로 다소 다르다. 「화학물질관리법」[416]은 이를 "시설의 교체 등 작업 시 작업자의 과실, 시설 결함·노후화, 자연재해, 운송사고 등으로 인하여 화학물질이 사람이나 환경에 유출·누출되어 발생하는 모든 상황"으로 정의한다. 「재난 및 안전관리 기본법」은 '유해화학물질 유출 사고'를 사회재난의 하나로 규정하고, "육상에서 발생한 유해화학물질의 유출로 인하여 발생하는 일체의 상황으로서 국가 및 지방자치단체의 대처가 필요한 사고"로 이를 정의한다.[417] 「산업안전보건법」은 '중대산업사고'를 "유해·위험설비로부터 위험물질 누출, 화재, 폭발 등으로 인하여 사업장 내의 근로자가 사망 및 부상을 입을 수 있거나, 인근 지역의 주민이 인적 피해를 입을 수 있는 사고"로 정의한다.[418]

이처럼 화학사고의 정의는 화학물질 관리에서는 화학물질이 사람이나 환경에 유출·누출되는 상황을 중심에 두는 반면, 재난 관리에서는 국가와 지자체의 대처가 필요한지를 기준으로 개입 필요성을 판단하며, 산업보건에서는 근로자의 피해에 초점을 둔다. 화학사고로 인한 피해 영향과 그 정책적 접근법의 다양성으로 화학물질 안전관리 제도는 환경보건, 재난 관리, 산업보건과 밀접히 관련되고 중첩된다.

2) 법령의 체계

「화학물질관리법」은 화학사고 예방·대비·대응체계를 체계적으로 정비한 법률이다 〈표 2-28〉. 화학물질등록평가법이나 화학제품안전법의 적용이 배제된 화학물질도 화학안전 및 화학사고 대응에 관하여 관계 법률에 다른 특별한 규정이 있는 경우를 제외하고는 「화학물질관리법」에 따른 취급기준을 적용받는다.[419] 이는 화학안전 측면에서 화학물질 관리의 사각지대를 방지하고자 하는 제도의 특징을 보여준다.

〈표 2-28〉 화학물질관리법 장별 주요 내용

장	장 제목	주요 내용
1	총칙	목적·정의·적용 범위, 기본계획, 위원회, 조례의 제정

416 화학물질관리법 제2조.
417 재난 및 안전관리 기본법 제3조; 환경부,「유해화학물질 유출사고」 위기관리 표준매뉴얼, 2018.
418 산업안전보건법 제44조.
419 화학물질관리법 제3조 제3항.

장	장 제목	주요 내용
2	화학물질의 통계조사 및 정보공개 등	화학물질확인, 통계조사 및 정보체계 구축 운영, 배출량조사, 배출저감계획서의 작성 제출, 조사결과 및 정보의 공개
3	유해화학물질의 안전관리	제1절 유해화학물질의 취급기준 등 (취급기준, 표시, 제조·수입 사용 허가 등, 수출입 신고·승인 등) 제2절 유해화학물질 취급시설의 설치·운영 등 (화학사고예방관리계획서의 작성·제출·이행, 시설관리기준 등)
4	유해화학물질 영업자	제1절 유해화학물질 영업구분 및 영업허가 (영업 구분, 영업 허가, 통신판매, 시약판매업 신고 등) 제2절 유해화학물질 영업자에 대한 관리 (유해물질 취급 도급신고, 관리자, 안전교육, 허가취소, 과징금 등)
5	화학사고의 대비 및 대응 등	제1절 사고대비물질의 지정 등 (사고대비물질 지정, 관리기준) 제2절 화학사고의 대응 등 (발생신고, 현장 대응, 사고영향조사등)
6	보칙	종합정보시스템 구축 운영, 서류의 기록 보존, 자료 보호 등
7	벌칙	벌칙, 양벌규정, 과태료

3) 제도의 주요 내용

「화학물질관리법」에 따른 화학사고 예방·대비·대응 체계는 [그림 2-14]와 같다.[420]

① 화학물질 안전관리와 화학사고 예방

예방(prevention) 조치는 화학물질의 유통 및 취급단계에서의 안전관리를 의미한다. 화학물질 취급시설을 설치부터 폐기에 이르는 전 과정에서 그 관리·운영·통제 과정에서 화학사고 발생을 막는 조치라고 할 수 있다.[421] 유해성에 따른 화학물질의 차등적 유통 관리, 취급시설의 안전기준, 사업장 관리 등이 이에 해당한다.

② 화학사고 대비

대비(preparedness) 조치는 화학물질 사고가 발생할 경우 그 피해를 최소화할 수 있도록 미리 계획하거나 준비하는 조치를 말한다. 화학사고 발생에 대비한 계획, 주

420 이는 「재난 및 안전관리 기본법」에 따른 재난 관리의 예방, 대비, 대응, 복구 단계로 이해할 수도 있다.
421 OECD chemical accident PPR guiding principles, ibid.

민과의 소통, 그리고 사고 발생에 대비해 완충지대를 설계하는 등 시설 설치 단계의 입지계획이 포함된다. 우리나라의 화학사고예방관리계획 작성·이행제도가 이에 해당한다.

③ 화학사고 대응 및 복구

대응(response) 조치는 사고 발생 이후 사람과 환경, 재산 상에 긴급한 위험이 있을 때 이를 완화하는 행동을 의미한다. 현장 응급조치, 주민 대피 등과 같은 현장 대응·수습 조치 및 현장수습조정관 파견이 이에 해당한다.

복구(recovery) 조치는 사고 수습 이후 원인을 파악하고 피해를 복구하는 것을 의미한다. 사고 보고와 영향조사, 후속 의료조치, 오염 복구 등이 해당한다.

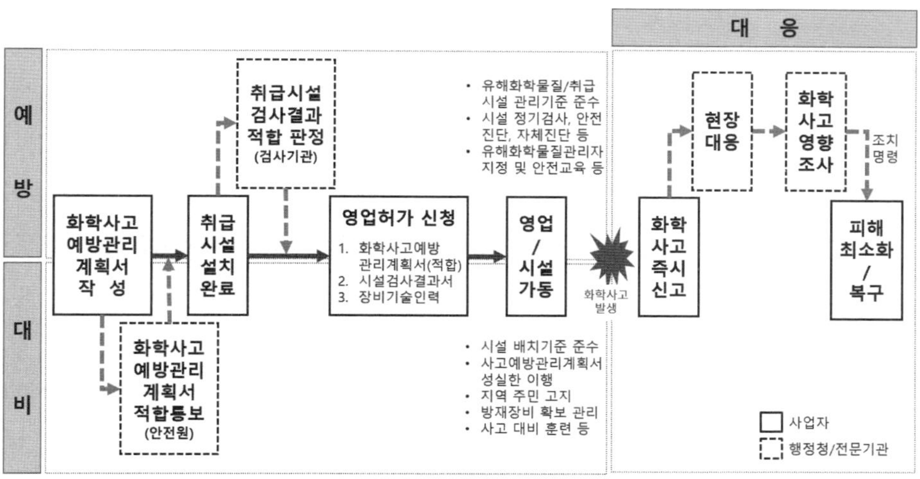

[그림 2–14] 화학물질안전관리체계도

(출처) 환경부, 『환경백서』, 2020, 2020년 이후 법률 개정사항 반영해 재구성.

2. 제도의 특징

화학사고는 확산성, 비가시성, 유해성과 함께 복합재난의 특징을 가지고 있다.[422] 따

422 화학사고가 발생하면 누출된 화학물질은 사업장 경계를 넘어 여러 환경 매체와 지역사회로 확산된다(확산성). 많은 경우 화학물질은 눈에 보이지 않아 대응이 어렵다(비가시성). 화학물질 자체가 부식성이나 발암성 등이 있어 장단기적으로 사람의 건강과 재산에 피해를 주고, 환경 중 오래 잔류하여 장기적인 환경피해의 원인이 되기도 한다(유해성). 화학사고는 종종 누출과 화재, 화재와 폭발, 누출과 폭발 등 여러 사고의 복합 유형으로 나타나고 서로 다른 화학물질이 동시에 누출되거나 자연재난(지진, 태풍 등)과 화학사고가 함께 발생하기도 하고, 다른 사회재난

라서 모든 이해관계자를 아우르는 보다 종합적이고 체계적인 제도 설계와 함께 관련 주체들의 선제적·자발적 대응과 협력이 필요하다.

1) 지역 거버넌스에 의존적

화학사고의 예방, 대비, 대응의 모든 단계에서 해당 사업장뿐 아니라 지자체 및 지역주민 등과의 거버넌스 구축이 필요하다. 화학물질등록평가 또는 살생물제 관리 등의 화학물질 관리제도가 제조 수입자로부터 물질 정보 공유를 중심으로 한 소통에 중점을 둔다면, 화학사고는 시설 계획 단계에서부터 기업-지자체-주민 간 예방조치, 사고대비 상황, 사고 발생 시 행동 요령 등의 정보를 공유하고 모의 훈련을 실시하는 등 긴밀한 협력체계를 요구한다.

2) 자발적·선제적 대응과 안전문화 강조

화학사고의 예방, 대비, 대응이 성공하려면 기업의 자발적이고 선제적인 안전관리가 중요하다. 현실적으로 정부가 위험 설비의 안전 운영을 책임질 수도 없을 뿐아니라 바람직하지도 않다. 기업이 안전과 관련해 정부의 규제를 최소한의 요건으로 보고 스스로 내재적 안전기술(inherently safer technology)을 위험설비의 설계 및 운용에 반영하는 등 앞선 노력을 기울여야 한다.[423] 특히, 사업장 내 안전문화를 행동 규범으로 한 실천 노력이 중요하다. 국내에서 진행한 작업 전 사고 가능성이 높은 공정 부문의 이상 유무를 확인하는 "밸브-플랜지-스위치(밸프스)" 캠페인 등이 대표적 활동 사례이다.[424]

3) 재난 및 위기대응체계와의 연계

화학사고 대비 및 대응단계에서 재난 및 위기 대응체계와 연계가 필수적이다. 특히, 화학사고가 가지는 확산성, 비가시성, 유해성, 복합성 등의 특성으로 인해 사고 초기 대응과 재난 비상대응기구 운용에 있어 전문성이 요구된다. 재난/위기 대응기

(건물 붕괴 등)과 화학사고가 연계되기도 한다(복합재난). 복합적 피해가 발생하는 경우 피해 규모가 확대될 가능성이 크다. (출처) 행정안전부. 지방자치단체 화학사고 대응요령.

423 OECD chemical accident PPR guiding principles. ibid.; UNEP. A flexible framework for addressing chemical accident prevention and preparedness: a guidance document, 2010.

424 환경부, 『제2차 화학물질관리기본계획(2021-2025)』, 2020, p.60.

관과 전문기관 간의 유기적인 협력 및 대응체계는 사고로 인한 피해를 최소화하는데 매우 중요하다.

국내에서는 〈표 2-29〉와 같이 화학물질 또는 피해 특성에 따라 주관부처에서 해당 분야에 대한 총괄 책임을 지되, 사고 발생 시 대응과 복구는 재난 관련 법령과 매뉴얼 등에 따라 유관기관이 공동으로 대응한다.

〈표 2-29〉 국내 화학사고 관련 법령체계

구분	관련 법령	관련 부처	비고	주요관리 범주
화학물질	화학물질관리법	환경부	유해화학물질	전 분야
	산업안전보건법	고용노동부	유해위험물질	전 분야
	고압가스 및 안전관리법	산업통상자원부	독성가스	전 분야
재난	재난 및 안전관리기본법	행정안전부		대응, 복구
	민방위기본법	행정안전부		대응, 복구
	소방기본법	소방청		대응
	산업직접활성화 및 공장설립에 관한 법률	산업통상자원부		대응
	국가위기관리기본지침(대통령훈령)	국가안보실	대통령훈령	대응, 복구

(출처) 행정안전부, 지방자치단체 화학사고 대응 요령, 2019.

4) 상호 학습을 통한 예방 효과 기대

다른 화학사고 경험으로부터 학습을 통해 제도를 개선하고 긴장감을 유지하는 것은 화학사고 예방에서 중요하다. 주요 국제기구들은 〈표 2-30〉과 같이 화학사고 예방, 대비, 대응 등과 관련한 지침을 제공하는 등 국제적 협력 노력을 지속해왔다. 특히, 중대사고 보고체계(OECD/UNECE의 eMARS, Major Accident Reporting System) 등을 통해 사고 발생 내용과 그 원인 분석결과를 국제적으로 공유함으로써 유사한 사고의 재발을 방지하고자 한다.

〈표 2-30〉 화학사고의 예방·대비·대응 및 후속조치 등에 대한 국제적 도구 및 지원수단

기구	예방	대비	대응	사고후 조치	학습
OECD	화학사고 예방·대비·대응 지침원칙				중대사고 보고체계(eMARS)
UNECE*	산업화학사고의 월경성 영향에 관한 협약				
EU	세베소Ⅲ 지침, 시민보호메커니즘			환경책임지침	eMARS
UNEP	탄력적체계, APELL, 책임생산도구				
UNISDR*	재난위험저감을 위한 센다이 체계(2015–2030)				
WHO		국제 보건 규정			환경관리체계(EMS)
	화학사고의 공중보건 관리				

□ 정책(policy), 개입(intervention) 없음 ■ 개입 기반 ■ 규정/법령/협약

*UNECE : 유엔 유럽경제위원회(UN Economic Comission for Europe)
*UNISDR : 유엔 국제재난저감전략(UN International Strategy for Disaster Reduction)
eMARS: Major Accident Reporting System(중대사고보고체계), APELL: Awareness and Preparedness for Emergencies at Emergencies at Local Level(지역사회비상대응대책)
(출처) The Inter-Agency Coordination Group for industrial and chemical accidents prevention, preparedness and response. International efforts for industrial and chemical accidents prevention, preparedness and response. OECD 7.

2 화학물질의 안전관리 및 화학사고 예방

1. 유해화학물질 취급·유통 관리

「화학물질관리법」은 화학물질등록평가법에 따른 유해화학물질(유독물질, 허가물질, 제한물질, 금지물질)에 추가하여 사고대비물질,[425] 그 밖에 유해성 또는 위해성이 있거나 그러할 우려가 있는 화학물질도 유해화학물질로 관리한다.

425 화학사고 발생의 우려가 높거나 화학사고가 발생하면 피해가 클 것으로 우려되는 아래의 어느 하나에 해당하는 화학물질 중 사고대비물질은 지정·고시한다. 사고대비물질을 지정·고시하려는 경우 화학물질등록평가법에 따른 화학물질평가위원회의 의견을 듣고 화학물질관리법에 따른 화학물질관리위원회의 심의를 거쳐야 한다. 현재 총 97종이 지정되어 있다.
1. 인화성, 폭발성 및 반응성, 유출·누출 가능성 등 물리적·화학적 위험성이 높은 물질
2. 경구(經口) 투입, 흡입 또는 피부에 노출될 경우 급성독성이 큰 물질
3. 국제기구 및 국제협약 등에서 사람의 건강 및 환경에 위해를 미칠 수 있다고 밝혀진 물질
4. 그 밖에 화학사고 발생의 우려가 높아 특별한 관리가 필요하다고 인정되는 물질
(출처) 화학물질관리법 제39조 및 같은 법 시행령 제17조.; 환경부 고시 제2021-75호, "사고대비물질의 지정", 화학안전과 (2021. 4. 21.).

1) 유해화학물질의 취급기준 등

① 유해화학물질의 취급

누구든지 유해화학물질을 취급하는 경우에는 그 취급기준을 준수해야 한다.

> 유해화학물질 취급기준
>
> 1. 유해화학물질 취급시설이 본래의 성능을 발휘할 수 있도록 적절하게 유지·관리할 것
> 2. 유해화학물질의 취급과정에서 안전사고가 발생하지 아니하도록 예방대책을 강구하고, 화학사고가 발생하면 응급조치를 할 수 있는 방재장비(防災裝備)와 약품을 갖추어 둘 것
> 3. 유해화학물질 보관·저장 시 종류가 다른 유해화학물질을 혼합해 보관·저장하지 말 것
> 4. 유해화학물질을 차에 싣거나 내릴 때나 다른 유해화학물질 취급시설로 옮길 때는 해당 물질 운반자·작업자 외에 유해화학물질관리자 또는 관련 안전교육 이수자가 참여하도록 할 것
> 5. 유해화학물질을 운반하는 사람은 유해화학물질관리자 또는 관련 안전교육 이수자일 것
> 6. 1~5호에 준하는 사항으로 유해화학물질의 안전관리를 위해 필요하다고 인정하여 환경부령으로 정하는 사항 (「화학물질관리법」 시행규칙 별표 1에 취급시설 적정 유지 관리, 화학사고 예방 및 응급조치, 보관 저장, 상하차 및 용기 포장, 운반 등에 관한 세부기준을 규정하고 있음)
>
> (출처) 화학물질관리법 제13조.

기체의 유해화학물질을 취급하거나, 액체 유해화학물질에서 증기가 발생할 우려가 있는 경우 또는 고체 상태의 유해화학물질에서 분말이나 미립자 형태 등이 체류하거나 날릴 우려가 있는 경우 등 필요한 경우에 그 취급자는 해당 유해화학물질에 적합한 개인보호장구를 착용해야 한다.[426]

화학사고의 위험을 낮추기 위해 유해화학물질의 진열·보관량을 제한한다. 일정량 이상의 유해화학물질을 진열 보관 또는 운반하는 경우 사전에 계획서를 작성해 지방환경관서의 장의 확인을 받아야 한다.[427]

426 화학물질관리법 제14조.; 화학물질안전원 고시 제2017-7호, "유해화학물질 취급자의 개인보호장구 착용에 관한 규정", 사고총괄훈련과 (2017. 12. 1.).

427 화학물질관리법 제15조.

② 사고대비물질의 취급기준

사고대비물질은 화학테러 등에 악용되거나 사고의 위험이 높아 그 관리에 특별한 주의를 요구한다. 사고대비물질의 취급자는 그 취급시설이 연구실인 경우를 제외하고는 외부인 출입관리기록 보존 등 아래와 같이 사고대비물질 관리기준을 지켜야 한다.

사고대비물질의 관리기준

1. 니트로벤젠, 황산, 질산, 산화질소, 니트로메탄, 질산암모늄, 헥사민, 과산화수소, 염소산칼륨, 질산칼륨, 과염소산칼륨, 과망간산칼륨, 염소산나트륨, 질산나트륨, 사린, 염화시안 취급자 및 도난·전용 위험 등이 있어 환경부장관이 고시한 사고대비물질의 취급자는 다음 각 목의 사항을 준수해야 한다.
   가. 해당 사고대비물질을 인계하는 자는 인수자의 신분증을 확인하여 제56조에 따라 해당 사항을 화학물질 관리대장에 기록하고 보존해야 한다.
   나. 취급시설 및 판매시설의 출입자와 방문차량을 확인하여 제56조에 따라 해당 사항을 화학물질 관리대장에 기록하고 보존해야 한다.
   다. 해당 사고대비물질에 대한 취급시설 운영자·관리자 또는 관계자가 아닌 사람의 접근을 엄격히 차단하고 저장·보관시설, 진열·보관장소 및 운반차량에 경보장치 또는 잠금장치 등 물리적인 보안장치를 설치하여 정상적으로 작동하도록 관리해야 한다.
   라. 해당 사고대비물질을 「청소년 보호법」 제2조제1호에 따른 청소년에게 판매해서는 안 된다. 다만, 실험 등의 용도로 사용하려는 경우로서 보호자의 동의서를 제출하는 때는 제외하며, 5년간 동의서를 보존해야 한다.
   마. 해당 사고대비물질을 도난당하거나 분실한 때에는 그 내용을 즉시 경찰서, 국가정보원 또는 화학물질안전원에 신고해야 한다.
2. 그 밖에 사고대비물질의 안전한 관리 및 화학사고 예방·대응을 위하여 필요한 세부 관리기준은 화학물질안전원장이 정하여 고시한다

(출처) 화학물질관리법 제40조.; 같은 법 시행규칙 제44조 및 별표 9.

2) 유해화학물질의 표시

유해화학물질 취급자는 해당 유해화학물질의 용기나 포장(소량으로 나누어 판매하는 경우 포함), 취급시설과 취급현장, 유해화학물질을 보관·저장 또는 진열하는 장소, 유해화학물질 운반차량 등에 유해화학물질에 관한 표시를 하여야 한다. 유해화학물질 표시에는 유해화학물질이나 제품의 명칭, 유해성 정보(유해·위험 문구, 위험·경

고를 표시하는 신호어, 유해성을 나타내는 그림문자), 예방조치 문구, 공급자 정보 및 국제연합번호(유해·위험물질 및 제품의 국제적 운송 보호를 위하여 UN이 지정한 물질분류번호) 등이 포함되어야 한다.[428]

유해화학물질은 〈표 2-31〉의 물리적 위험성, 건강 유해성, 환경 유해성 등의 유해성 항목에 따라 구분하여 표시해야 한다. 화학물질의 분류 표시 관련 고시[429]에는 각 유해성 항목별로 유해성 정도의 구분에 따른 그림문자, 신호어, 유해위험 문구, 예방조치 문구 등이 세부적으로 규정되어 있다.

〈표 2-31〉 분류 표시의 유해성 항목

대분류	유해성 항목
물리적 위험성 (16)	① 폭발성 물질, ② 인화성 가스, ③ 에어로졸, ④ 산화성 가스, ⑤ 고압가스, ⑥ 인화성 액체, ⑦ 인화성 고체, ⑧ 자기반응성, ⑨ 자연발화성 액체, ⑩ 자연발화성 고체, ⑪ 자기발열성, ⑫ 물 반응성 물질 및 혼합물, ⑬ 산화성 액체, ⑭ 산화성 고체, ⑮ 유기과산화물, ⑯ 금속부식성 물질
건강 유해성 (10)	① 급성독성 물질, ② 피부 부식성 또는 자극성 물질, ③ 심한 눈 손상 또는 눈 자극성 물질, ④ 호흡기 또는 피부 과민성 물질 ⑤ 생식세포 변이원성, ⑥ 발암성 물질, ⑦ 생식독성 물질, ⑧ 특정 표적장기 독성물질(1회노출) ⑨ 특정 표적장기 독성물질(반복노출), ⑩ 흡인 유해성 물질
환경 유해성(2)	① 수생환경 유해성 물질, ② 오존층 유해성 물질

(출처) 화학물질관리법 시행규칙 제12조 제3항 별표 3. 표로 재구성.

3) 유해화학물질 유통 시 신고·허가 등

유해화학물질은 그 제조, 수입, 취급 등의 단계에서 〈표 2-32〉와 같이 신고 등의 절차를 거쳐야 한다. 금지물질은 시험·연구·검사용 시약 용도 외의 취급이 금지되고 제한물질은 허용된 용도 외의 취급이 금지된다. 제한물질과 금지물질은 PIC 협약 이행을 위해 수출 시에는 승인절차를 거치도록 하고 있다.[430]

428 화학물질관리법 제16조.
429 국립환경과학원 고시 제2021-104호, "화학물질의 분류 및 표시 등에 관한 규정", 위해성평가연구과 (2021. 7. 12.). 위 고시는 화학물질등록평가법에 따른 유해화학물질의 분류 표시에도 적용된다.
430 화학물질관리법 제19조 내지 제21조. PIC 협약이란 '특정유해화학물질 및 농약의 국제교역시 사전통보승인 절차에 관한 로테르담협약'(Rotterdam Convention on the Prior Informed Consent Procedure for Certain Hazardous Chemicals and Pesticides in International Trade)을 말한다.

〈표 2-32〉 유해화학물질의 유통단계의 필요 행정절차

구 분	물질 유통 단계	필요 절차
유독물질	수입	신고
허가물질	제조·수입·사용	허가
제한물질	허용되는 용도 이외의 취급 허용되는 용도로 수입 수출	금지 허가 승인
금지물질	취급 (예외) 시험연구검사용 시약용 제조·수입·판매 수출	금지 허가 승인

(출처) 화학물질관리법 제19조 내지 제21조. 표로 재구성.

2. 유해화학물질 취급시설 관리

1) 유해화학물질 취급시설의 배치·설치 및 관리기준

유해화학물질 취급시설은 배치·설치·관리기준에 따라 설치·운영해야 한다.[431]

유해화학물질 취급시설 배치 기준의 목적은 취급시설과 주변의 보호하려는 대상 간 안전거리 확보이다. 유해화학물질 취급시설을 설치할 때 보호 대상의 유형(건축물, 보호지역 등)과 물질의 특성에 따라 수십~수백 미터 범위의 안전거리를 두도록 한다.[432] 유해화학물질 취급시설의 배치와 관련한 의사결정은 크게 지역개발계획의 구획 획정(zoning) 등을 통해 시설 전반의 입지를 결정하는 단계[433]와 개별 취급시설들을 최적의 안전성을 확보하며 배치하는 단계에서 이루어지는데, 「화학물질관리법」에 따른 취급시설의 배치 기준은 후자에 가깝다.[434]

「화학물질관리법」은 유해화학물질 취급시설의 유형에 따라 그 설치 및 관리기준을 규정하고 있다.[435]

431 화학물질관리법 제24조 제1항.; 화학물질관리법 시행령 제22조.

432 화학물질관리법 시행규칙 제21조 제1항.; 환경부 고시 제2021-64호, “유해화학물질 취급시설 외벽으로부터 보호대상까지의 안전거리 고시”, 화학안전과 (2021. 4. 1).

433 도시계획 단계에서 유해화학물질 배출 시설 등이 주변 지역에 미치는 영향을 최소화하기 위한 토지이용계획과 산업단지 입지 등의 검토는 해당 개발계획의 환경영향평가 제도를 통해 수행된다. 이 단계는 주로 정부의 책임에 속한다.

434 UNEP A flexible framework for PPR, 82-83. ibid.

435 화학물질관리법 시행규칙 제21조 제2항 및 별표 5.

2) 취급시설의 검사, 점검 및 안전 진단

취급시설의 설치를 마친 자는 취급시설의 가동 전에 전문기관[436]에서 검사를 받고 그 결과를 지방환경관서의 장에게 제출해야 한다.[437] 유해화학물질 영업 허가를 받으려는 사업자는 그 결과를 영업 허가를 신청할 때 구비서류로 제출한다.[438]

유해화학물질 취급시설을 설치·운영하는 자는 주 1회 이상 해당 취급시설 및 장비 등에 대하여 정기적으로 자체 점검을 실시하고,[439] 취급시설 별로 전문기관의 정기검사 및 수시검사를 받고 구조물이나 설비가 침하, 균열, 부식 등으로 안전상의 위해가 우려되거나 설치 후 일정 기간이 지난 경우 안전진단을 받아야 한다.[440]

3. 유해화학물질 영업 허가 및 영업자 관리

1) 유해화학물질 영업 허가

유해화학물질의 제조, 판매, 보관·저장, 운반 및 사용 등의 영업[441]을 하려면 영업 허가를 받아야 한다. 영업 허가를 받으려면 구비서류와 취급시설·장비·인력 요건 등을 갖추어 허가를 신청하여야 한다. 그중 핵심 구비서류인 화학사고예방관리계획서와 유해화학물질 취급시설 등은 사전에 검토 또는 검사를 거쳐 적합하다는 전문기관의 확인을 거친 이후 영업 허가를 신청하도록 하고 있다.

---

436 「한국환경공단법」에 따른 한국환경공단, 「한국산업안전보건공단법」에 따른 한국산업안전보건공단, 「고압가스 안전관리법」에 따른 한국가스안전공사 등이다. (출처) 화학물질관리법 시행규칙 제22조.

437 화학물질관리법 제24조 제2항.

438 화학물질관리법 제28조 제1항.

439 화학물질관리법 제26조.

440 화학물질관리법 제23조 제3항. 화학물질관리법 제23조 제5항.

441 유해화학물질 영업은 아래와 같이 구분한다.
1. 유해화학물질 제조업: 판매할 목적으로 유해화학물질 중 허가물질 및 금지물질을 제외한 나머지 물질을 제조하는 영업
2. 유해화학물질 판매업: 유해화학물질 중 허가물질 및 금지물질을 제외한 나머지 물질을 상업적으로 판매하는 영업
3. 유해화학물질 보관·저장업: 유해화학물질 중 허가물질 및 금지물질을 제외한 나머지 물질을 제조, 사용, 판매 및 운반할 목적으로 일정한 시설에 보관·저장하는 영업
4. 유해화학물질 운반업: 유해화학물질 중 허가물질 및 금지물질을 제외한 나머지 물질을 운반(항공기·선박·철도를 이용한 운반은 제외한다)하는 영업
5. 유해화학물질 사용업: 유해화학물질 중 허가물질 및 금지물질을 제외한 나머지 물질을 사용하여 제품을 제조하거나 세척(洗滌)·도장(塗裝) 등 작업과정 중에 이들 물질을 사용하는 영업
(출처) 화학물질관리법 제27조.

유해화학물질 영업 허가시 구비서류 등

- (사전에 작성하여 화학물질안전원의 검토 결과 적합 통보를 받은) 화학사고예방관리 계획서
- (유해화학물질 취급시설 설치를 마치고 전문기관 검사결과 적합 판정을 받은) 유해화학물질 취급시설 검사결과서
- (취급시설 기준에 부합하는) 유해화학물질별 취급시설의 명세서
- (장비·기술인력 기준에 부합하는) 장비·기술인력 명세서 등

(출처) 화학물질관리법 제28조 제1항 및 제2항

지방환경관서의 장은 유해화학물질 영업을 허가한 때에는 취급시설 소재지를 관할하는 소방관서에 알리고, 유해화학물질 취급시설 설치 현황을 소방관서와 지방자치단체 등 화학사고 대응기관에 제공한다.[442]

기계장치에 내장된 유해화학물질 관련 영업 또는 시험·연구·검사용 시약 영업, 항만, 역구내(驛區內) 등 일정한 구역 내의 운반, 소량의 유해화학물질의 영업 등 은 영업 허가를 면제한다.[443] 유해화학물질의 통신판매 시 판매자에게 구매자 정보를 확인할 의무를 부여하고,[444] 영업 허가를 면제받아 시약을 판매하는 사업자에게는 시약판매업을 신고하고 "시약 등의 용도로만 사용하여야 하고 유해화학물질 취급기준을 준수해야 한다"는 사항을 구매자에게 고지하도록 한다.[445]

2) 유해화학물질 영업자 관리

유해화학물질 영업자가 해당 유해화학물질의 취급을 도급하는 경우 도급 사유와 도급계획, 화학사고 안전관리계획 등을 신고하여야 한다. 특히, 도급받은 수급인이 도급받은 업무와 관련하여 「화학물질관리법」을 위반한 경우 법 위반에 따른 효과가 도급인에게도 미친다.[446]

유해화학물질 영업자는 취급시설의 안전 확보와 물질의 위해 방지에 관한 직무를

442 화학물질관리법 제28조 제7항 및 제8항.
443 화학물질관리법 제29조.
444 화학물질관리법 제28조의2.
445 화학물질관리법 제29조의2 및 제29조의3.
446 화학물질관리법 제31조.

수행하게 하기 위해 사업 개시 전에 유해화학물질 관리자를 선임하고 취급시설의 기술인력과 유해화학물질 관리자 등이 안전교육을 받게 해야 한다.[447]

3 화학사고의 대비 및 대응

1. 화학사고의 대비

1) 화학사고예방관리계획의 작성·이행·고지

① 화학사고예방관리계획 개요

화학사고예방관리계획서 작성·이행·고지 제도는 유해화학물질 취급시설의 안전성을 확보하고, 화학사고 발생으로 사업장 주변 지역의 사람이나 환경 등이 미치는 영향을 사전에 평가하고, 사고 시 피해를 최소화할 수 있도록 비상대응체계를 구축·운영하도록 하는 제도이다. 이는 종전 유해화학물질 화학사고 장외영향평가서 및 위해관리계획서 제도를 하나로 통합한 것이다.[448]

화학사고예방관리계획서는 화학사고 발생으로 사업장 주변 지역의 사람이나 환경 등에 미치는 영향을 사전에 평가하고 그 피해를 최소화하기 위한 계획을 담은 서류이다. 화학사고예방관리계획서는 그 작성·제출, 이행, 지역사회 고지 등 일련의 절차를 통해 사업장, 지자체, 지역 주민 등이 화학사고에 대비·대응할 수 있는 정보와 체계를 제공한다.

② 화학사고예방관리계획의 작성·검토

유해화학물질 취급시설을 설치·운영하려는 자는 그 설치 이전에 화학사고예방관리계획서를 작성하여 화학물질안전원장에게 제출하여야 한다.[449] 연구실, 학교 및 작성

447 화학물질관리법 제32조 및 제33조.
448 종전 유해화학물질 화학사고 장외영향평가서와 위해관리계획서는 작성 의무 사업장과 작성 서류가 중복되는 측면이 있어 사업장의 서류제출 부담을 완화하기 위하여 두 제도를 통합하였다. (출처) 화학물질관리법(법률 제17182호, 2020. 3. 31) 개정 이유.
449 화학물질관리법 제23조 제1항.

필요성이 낮은 사업장은 제외된다.[450] 유해화학물질 별로 취급 수량이 상위 규정수량[451]을 넘는 주요 취급시설은 5년마다 계획서를 갱신해야 한다.[452]

화학사고예방관리계획서는 취급 물질과 시설·공정에 대한 기본 정보뿐 아니라 화학사고 발생 시 긴급 대응에 필요한 방재 시설·장비에 관한 정보, 사고대응기관(소방)의 최초 상황 판단에 필요한 공정안전과 안전담당 조직에 대한 정보, 화학사고 발생 시 유출시나리오, 피해 범위 확인 및 주민의 소산 계획, 화학사고 이후 피해 최소화 및 복구 계획 등의 내용을 포함해야 한다.[453]

화학물질안전원장은 사업자가 제출한 화학사고예방관리계획서를 검토한 후 이를 제출한 자에게 해당 유해화학물질 취급시설의 위험도[454] 및 적합 여부를 통보한다. 화학사고예방관리계획서의 검토는 서류검토, 현장조사, 기초지방자치단체의 비상대응 분야 검토 단계로 진행한다. 화학사고예방관리계획서의 서류 검토 시 「산업안전보건법」에 따른 공정안전보고서 또는 「고압가스 안전관리법」에 따른 안전성향상 계획서를 활용할 수 있다.[455]

③ 화학사고예방관리계획의 이행 및 주민 고지

화학사고예방관리계획서를 제출하여 유해화학물질 취급시설을 설치·운영하는 자는 해당 계획서를 성실히 이행하고 그 이행 여부를 정기적으로 점검해야 한다.[456] 아울러 인근 지역주민에게 물질의 유해성 정보 및 화학사고 위험성, 화학사고 발생 시 환경 영향 범위, 화학사고 발생 시 조기경보 전달방법, 주민 대피 등 행동요령을 알기 쉽게 명시하여 고지하여야 한다.[457]

---

450 구체적으로 연구실, 학교 및 군사·의료·항만·철도·항공 분야에서 보관·운송되거나 취급방법이 환경 누출 가능성이 낮은 화학물질은 제외된다. 유해화학물질의 하위 규정 수량 이하로 취급하는 시설도 제외된다. (출처) 화학물질관리법 제23조제1항 단서 및 같은 법 시행규칙 제19조 제2항 및 별표 3의2.

451 규정수량은 화학물질의 제조·사용시설과 보관·저장시설에서 최대로 체류(일시적으로 체류하는 경우도 포함한다)할 수 있는 양을 말하는데, 하위 규정수량과 상위 규정수량을 각각 정하고 있다. (출처) 화학물질관리법 시행규칙 별표 3의2.

452 화학물질관리법 제23조 제4항.

453 화학물질관리법 제23조 제2항.

454 유해화학물질 취급시설의 위험도는 위험성 및 사고발생 가능성 등에 따라 가위험도·나위험도 및 다위험도로 구분한다. (출처) 화학물질관리법 시행규칙 제19조의2.

455 화학물질관리법 제23조 제5항.; 화학물질안전원 고시 제2021-8호, "화학사고예방관리계획서 검토 등에 관한 규정" 사고예방심사과 (2021.4.27.).

456 화학물질관리법 제23조의2.

457 화학물질관리법 제23조의3.

화학사고예방관리계획서에 포함된 주요 내용의 이행을 위해서는 지자체–주민–사고대응기관의 유기적인 협력이 필요하다. 현장에서는 일반적으로 사업장 내부 또는 외부 관계자를 포함하는 여러 수준의 사고대비 훈련을 통해 응급조치계획과 주민 소산계획 등을 훈련하고 점검한다.

화학물질안전원장은 주요취급시설에 대해 해당 계획서의 이행 여부를 정기적으로 점검하고 개선·보완이 필요한 경우 시정조치 등을 명령할 수 있다.[458]

2) 지역화학사고대응계획 수립 및 현장대응체계 강화

① 지역화학사고 대응계획 수립 등

지방자치단체의 장은 관할 지역에서 화학사고가 발생하는 경우에 대비하기 위하여 화학사고 발생 시 주민 대피에 관한 사항, 긴급구호물자 지급 및 응급의료지원 등 화학사고와 관련된 복구 및 지원에 관한 사항 등을 포함하는 지역화학사고대응계획을 수립할 수 있다.[459] 지역 단위의 사고대응계획은 각종 재난 발생시 일차적인 대응 주체 중 하나인 지자체가 화학사고 발생 및 복구 등에 필요한 자원과 인력을 사전에 검토하고 주민 대피에 관한 사항을 현장에 맞게 사전 준비하게 함으로써 사고 대비 대응의 책임성과 실효성을 높이는 기능을 한다.

환경부장관은 화학사고 발생에 따른 현장 대응을 강화하기 위하여 산업단지 등 화학사고 발생 우려가 높은 지역을 그 지역을 관할하는 시도지사와 협의하여 '화학사고 특별관리지역'으로 지정할 수 있다.[460]

② 사고 대응 인프라 및 훈련

화학재난합동방제센터는 체계적인 화학사고 현장지원을 위해 화학사고 예방·대비·대응·복구를 통합적으로 수행하는 현장대응 조직이자, 관할 구역 내 화학물질 취급사업장의 합동 지도·점검, 화학물질 정보의 공동 활용하는 부처 간 협업 조직이다. 화학물질안전원과 7개 산업단지 내에 관계부처(환경부, 산업통상자원부, 고용부, 소방청,

---

458 화학물질관리법 제23조의2 제2항 내지 제4항.; 같은 법 시행령 제22조.
459 화학물질관리법 제23조의4.
460 화학물질관리법 제47조.

지자체 등) 합동으로 설치해 운영 중이다.[461]

화학사고 시 화학물질 누출 범위 등을 예측해 초동 대응에 도움을 주는 화학사고 대응을 위한 정보시스템인 화학물질사고대응정보시스템(CARIS, Chemical Accident Response Information System)을 구축하고, 사고대응 담당자에 대한 교육·훈련 강화와 기업의 자발적인 안전관리를 유도하는 프로그램도 지속적으로 운영되고 있다.[462]

2. 화학사고 발생 시 대응과 후속 조치

화학사고는 예방이 최선이지만, 일단 사고가 발생했다면 피해를 최소화하는 대응조치가 중요하다. 화학사고 피해의 규모와 심각도는 사고 발생 이후 응급조치와 현장대응에 따라 크게 달라진다.[463] 신속한 화학사고 대응을 위해서는 ① 사고 발생 즉시 이루어지는 응급조치 ② 사고 발생 즉시 신고를 통한 소방 등의 조속한 현장출동, ③ 일사불란한 지휘체계가 가동되어야 한다.

1) 화학사고 대응체계 및 사고 대응 절차

화학사고가 국가 또는 지자체 차원의 대처가 필요한 인명 또는 재산의 피해를 유발하면 「재난 및 안전관리 기본법」에 따른 대응체계가 작동한다. 재난관리를 주관하는 기관은 화학물질의 유형 및 부처별 역할에 따라 환경부(유해화학물질), 산업통상자원부(독성가스) 또는 고용노동부(중대산업사고)가 된다.[464]

대규모 환경피해가 우려되는 사고가 발생한 때에 재난관리주관기관이 중앙사고수습본부를 구성해 사고 대응과 수습을 지휘하고, 사고 현장의 수습을 위해 지역사고수습본부(중앙부처의 지역유관기관)와 지역재난안전대책본부(지자체)를 구성한다. 초동대응(지자체/소방), 사고로 인한 환경피해 범위 예측과 영향조사(유역지방환경청), 전문대응 정보 제공(화학물질안전원) 등 분야별로 관련 기관이 주관 또는 지원한다.[465]

화학사고가 발생했을 때 사고 대응 절차는 〈표 2-33〉과 같다.

461 『환경백서』, 2020, pp.441-445.; 국회입법조사처, 『화학재난합동방재센터의 운영실태와 개선과제』, 2015.
462 『환경백서』, 2020, pp.441-445. ibid.
463 화학사고 골든타임은 30분이라고 알려져 있다. (출처) 국회입법조사처, 『화학재난합동방재센터의 운영실태와 개선과제』, 2015.
464 재난 및 안전관리 기본법 시행령 별표 1의3.
465 환경부, 『제2차 화학물질관리 기본계획』, 2020.; 행정안전부, 『지방자치단체 화학사고 대응 요령』, 2019.

〈표 2-33〉 화학사고 발생 시 사고대응 절차

구분	주요 내용
1단계 사고발생	• 인지 및 119 신고(최초 발견자) • 현장 응급조치 및 상황보고(현장근무자 및 안전관리자)
2단계 초동조치	• 화학구조대원 및 구급대원 등 전문요원 현장 출동(관할 소방서) • 인근주민 피난 유도 등 인명피해 확대 방지(지자체) • 사고지역 피해범위 예측 및 사고물질방제정보 제공(환경부)
3단계 현장대응	• 현장긴급구조활동 및 주민보호조치 시행(지자체 및 소방서) • 차량 및 주민접근 통제(관할 경찰서) • 오염확산 방지 및 방재활동(지자체, 군 등 유관기관 협력)
4단계 사후관리	• 사고지역 내 오염물품 수거, 폐기(사업주, 지자체) • 사고 후 영향조사 및 복구(지자체, 환경청)

(출처) 화학물질안전원. 화학사고 대응 개요.

2) 화학사고 응급조치 및 발생신고

「화학물질관리법」은 화학사고가 발생하거나 발생할 우려가 있으면 해당 화학물질을 취급하는 자는 즉시 화학사고예방관리계획서에 따라 위해방제에 필요한 응급조치를 하도록 한다. 화학사고의 중대성·시급성이 인정되는 경우에는 취급시설의 가동을 중단하여야 한다.[466]

화학사고가 발생하면 해당 화학물질을 취급하는 자는 즉시 관할 지자체, 지방환경관서, 국가경찰관서, 소방관서 또는 지방고용노동관서에 신고해야 한다.[467]

3) 화학사고 현장 대응

화학사고가 발생하면 일차적인 현장대응은 소방 등 재난대응 기관이 담당한다.[468] 다만, 화학사고는 사고물질의 유해성, 설비의 특성, 기상 조건 등에 따라 주민 대피 결정 등 현장 대응과 수습 상황이 변화하고 사고 전개가 빠르므로 부처 간 이견 조정, 필요한 자원 동원 등의 역할을 할 컨트롤타워가 필요하다. 이를 위해 화학사고 현장에 과학적 판단을 기초로 사고수습 등의 업무를 조정 지원하는 현장수습조정관(환경

466 화학물질관리법 제43조 제1항.
467 화학물질관리법 제43조 제2항.
468 행정안전부, 『지방자치단체 화학사고 대응 요령』, 2019.

부장관이 파견) 제도를 도입하였다.[469]

현장수습조정관은 해당 화학사고 발생현장에서 화학사고 대응 관련 업무를 수행하고 필요한 경우 해당 화학물질 취급시설에 대한 가동중지를 명령할 수 있다.[470]

4) 화학사고 피해 최소화와 복구

환경부장관은 화학사고의 원인 규명, 사람의 건강이나 환경 피해의 최소화 및 복구 등을 위하여 필요한 경우 관계기관과 협의하여 영향조사를 실시한다. 환경부장관은 영향조사를 수행하기 위해 현장수습조정관을 단장으로 하는 화학사고 조사단을 구성·운영할 수 있다.[471]

환경부장관은 해당 화학사고의 원인이 되는 사업자에 대하여 사람의 건강이나 환경에 대한 피해의 최소화 및 제거 조치와 화학물질로 오염된 지역의 복구를 명령할 수 있다.[472]

4 화학물질 배출량조사 및 배출저감 제도

1. 화학물질 배출량조사

1) 제도의 개요

화학물질 배출량조사는 화학물질을 취급하는 사업장이 해당 화학물질을 취급하는 과정에서 환경(대기, 수계, 토양, 폐기물 등)으로 배출되는 화학물질을 조사하고 이를 공개하도록 하여 자발적인 화학물질 배출 저감을 유도하는 제도이다.[473]

이 제도를 통해 일반 대중은 잠재적인 화학물질 노출과 위해성을 확인하고 해당 배출시설의 개선 상황을 모니터링할 수 있고, 사업장은 제품과 원료물질의 손실을 줄여 효율성과 생산성을 높이고 주기적으로 그 변화 추세를 점검할 수 있다. 정부는 오염

469 『환경백서』, 2020, ibid.; 화학물질관리법 제44조.
470 화학물질관리법 제44조의2.
471 화학물질관리법 제45조.
472 화학물질관리법 제46조.
473 화학물질관리법 제11조.

물질 배출과 폐기물 발생 추세를 측정하고 기관의 성과를 예측할 수 있고, NGO, 연구자, 언론, 학계 등은 배출량 조사결과를 관련 연구 조사의 기초 자료로 활용할 수 있다.[474]

한국은 OECD의 PRTR(pollutant release and transfer registers) 규정[475] 이행 차원에서 1996년 배출량 조사제도를 도입하였다. 미국의 TRI(toxics release inventory), 캐나다의 NPRI(national pollutant release inventory), 영국의 PI(pollution inventory) 등 많은 국가에서 화학물질의 배출량 조사를 실시하고 있다.[476]

2) 조사 대상 및 방법

화학물질 배출량조사(2020년 조사 기준)는 화학업종 등 40개 업종의 사업장을 대상으로 총 415종의 화학물질을 대상으로 한다.[477]

조사 대상 사업자는 매년 사업장 내에서 조사 대상 화학물질을 취급하는 시설로부터 직접측정법, 물질수지법, 배출계수법, 공학적 계산법 등을 사용해 배출량(대기·수계·토양), 자가매립량, 이동량(폐수·폐기물) 등을 배출량 등을 조사하고 그 결과를 제출한다.[478]

3) 조사결과의 공개

화학물질 배출량조사를 완료한 때에는 사업장별로 사업장별 조사 결과를 화학물질 종합정보시스템(https://icis.me.go.kr)에 공개한다. 다만, 공개할 경우 국가안전보장·질서유지 또는 공공복리에 현저한 지장을 초래할 것으로 인정되는 경우, 조사 결과의 신뢰성이 낮아 그 이용에 혼란이 초래될 것으로 인정되는 경우, 기업의 영업비밀과 관련되어 일부 조사 결과를 공개하지 아니할 필요가 있다고 인정되는 경우 등은 비공개로 할 수 있다.[479]

474 OECD. Guidance document on elements of a PRTR: part I. Series on pollutant release and transfer registers, no. 17. OECD Environment Directorate; 2014.

475 OECD. Recommendation of the Council on Establishing and Implementing Pollutant Release and Transfer Registers (PRTRs) [cited Sep 2, 2021]. Available from: https://legalinstruments.oecd.org/en/instruments/OECD-LEGAL-0440

476 OECD, Guidance document on elements of a PRTR, ibid.

477 환경부, 화학물질안전원, 「화학물질 배출량 조사 지침」, 2021.

478 환경부 고시, 화학물질의 배출량조사 및 산정계수에 관한 규정.

479 화학물질관리법 제12조.

2. 화학물질 배출 저감제도

1) 제도의 취지

화학물질 배출 저감제도는 배출량 조사대상 사업장 중 유해성이 높은 화학물질을 일정량 이상 배출하는 사업장이 배출저감계획서를 작성해 전문기관(화학물질안전원)의 검토를 거쳐 제출하도록 하고 이를 지자체를 통해 지역사회에 공개함으로써 사업장의 배출 저감 노력을 강화하기 위한 제도이다.[480]

이 제도는 화학물질 배출량조사 결과 위해성이 높은 발암물질의 배출량이 지속적으로 증가하고 이에 대한 언론과 지역사회의 우려가 커지면서 유해성이 높은 화학물질에 대해 배출 저감 조치를 강화해야 할 필요성이 대두됨에 따라 2017년 11월「화학물질관리법」 개정 이후 2년 유예기간을 거쳐 2019년 11월 시행되었다.[481]

2) 대상 물질 및 사업장

화학물질 배출저감계획서 작성은 배출량 조사대상 물질 중 어느 하나를 연간 1 톤 이상 배출하는 30인 이상 사업장이 대상이 된다. 해당 사업장은 5년마다 화학물질 배출저감 계획서를 작성하여 환경부에 제출하여야 한다. 환경부장관은 이를 검토하여 적합 여부를 통보(필요한 경우 수정 보완을 요청)하며 사업장이 계획에 따라 배출저감 이행을 하지 않아도 강제하는 규정은 없다. 다만, 배출저감계획서는 지자체와 공유한다. 기업의 영업비밀 등을 제외하고 그 내용은 공개된다.[482]

480 환경부 보도자료,「화학물질 배출에 대한 기업의 자발적 저감 노력 본격화」, 화학안전과 (2019. 11. 28.).
481 화학물질관리법 법률 제15105호 (2017. 11. 28.). 개정 사유.
482 화학물질관리법 제11조의2 및 같은 법 시행규칙 제5조의 2.

제6장

국제 협력과 새로운 정책 이슈

1 화학물질 분야 국제 협력 주요 내용

1. 주요 경과와 연혁

화학물질 관리는 국제사회 공동의 노력과 유기적 협력을 요구한다. 잔류성유기오염물질이나 유기수은과 같은 화학물질은 고유한 특성으로 인해 멀리 이동하면서 전지구적 환경문제를 야기한다. 유해한 성분의 화학제품은 국제적 거래를 통해 국경을 넘는다. 대규모 화학사고는 사고가 발생한 국가뿐 아니라 이웃 나라의 국민 건강과 재산, 생태계에 치명적인 영향을 미치기도 한다.

화학물질 관리 분야에서 진정한 의미의 국제 협력은 1972년 스톡홀름 유엔인간환경회의(UN Conference on the Human Environment, UNCHE)[483]와 이어진 유엔환경계획(UNEP)의 창설 및 국제기구들의 화학물질 관리 프로그램에서 시작되었다고 할 수 있다.[484]

이후 1992년 브라질 리우데자네이로에서 개최된 유엔환경개발회의(UN Conference on Environment and Development, UNCED)[485]의 '리우 선언', 2002년 남아프리카공화국 요하네스버그 지속가능발전세계정상회의(World Summit on Sustainable Development, WSSD)의 '요하네스버그 선언' 및 2015년 유엔 총회(UN General

483 UNCHE는 '국제사회의 공적 정치영역에 환경문제가 최초로 등장한 계기'로 평가된다. (출처) 외교부, 『기후환경외교편람』, 2021.

484 Wexler P, van der Kolk J, Mohapatra A, Agarwal R, editors. *Chemicals, environment, health: a global management perspective*. CRC Press; 2011.

485 UNCED는 '지구정상회의(Earth Summit)'라고도 불린다.

Assembly)의 '지속가능발전목표' 등 이정표적인 국제 환경 합의를 바탕으로 화학물질 관리 분야의 국제 협력도 진전되어 왔다.[486]

〈표 2-34〉 화학물질 관리 분야와 관련된 주요 국제 환경회의와 성과

연도 등	회의	채택된 전략/합의문	화학물질 관련 내용
1972년 스톡홀름	유엔인간환경회의 (UNCHE)	스톡홀름 선언 (인간환경선언)	환경법의 기본 골격과 방향 제시 국제 화학물질 프로그램 태동
1992년 리우	유엔환경개발회의 (UNCED)	리우 선언 및 의제21	의제 21 제19장 및 제20장
2002년 요하네스버그	지속가능발전세계정상회의(WSSD)	요하네스버그 선언 및 이행계획	요하네스버그 이행계획 제23절
2015년 뉴욕	UN총회	지속가능발전목표 (SDGs)	목표 3.9, 목표 12.4 등

(출처) Wexler P, van der Kolk J, Mohapatra A, Agarwal R, editors. *Chemicals, environment, health: a global management perspective*. CRC Press; 2011.; UNEP Global chemicals outlook II 2019. 재작성

2. 1972년 스톡홀름 회의 후속체계

1) UNEP의 창설

스톡홀름 선언은 화학물질 관리에 직접 적용되는 방향성이나 전략을 규정하고 있지는 않다. 하지만 환경법의 기본 골격과 방향을 제시함으로써 국제 화학물질 프로그램을 추동하고 세계 주요 국의 환경법과 제도의 진전에 큰 영향을 주었다. 특히, UNCHE 이후 1972년 UN 산하에 창설된 UNEP은 화학물질 및 폐기물 분야의 프로그램을 포함해 생물다양성 등 다양한 환경문제를 환기시키며 UN 산하 기관들의 환경 관련 사업에 대한 조정자 역할을 수행해왔다.[487]

2) IPCS의 출범

화학물질 관리 차원에서 특히 중요한 활동은 '화학물질안전에 관한 국제 프로그

486 UNEP Global chemical outlook II. ibid.
487 외교부, 「기후환경외교편람」, 2020, p.14.

램'(IPCS, International Programme on Chemical Safety)의 출범이다.[488] IPCS는 UN 산하의 환경보건안전(EHS) 전문기관인 UNEP, 세계보건기구(WHO), 국제노동기구(ILO) 간 협력 프로그램으로 1980년 설립되었다.[489]

IPCS의 기능은 크게 두 가지이다. 첫째는 화학물질 노출이 사람의 건강과 환경에 미치는 위해성을 평가하는 과학적 기초를 확립하는 것이고, 둘째는 화학물질관리의 국가 역량 강화를 위한 기술 지원을 제공하는 것이다. IPCS는 화학물질 관리의 이론, 방법, 화학물질별 보고서 등 많은 수의 간행물과 정보를 제공한다.[490]

IPCS는 세계적으로 특히, 개도국의 화학물질 안전관리 역량을 강화하기 위한 과학적·기술적 지원을 중심으로 한다.[491]

3) OECD EHS 프로그램 가동

선진국 중심의 경제협력개발기구(OECD)는 1971년부터 화학물질 관리 사업(EHS)을 시작하였다. 초기에는 수은, PCBs 등 몇 가지 유해물질에 초점을 둔 화학물질 프로그램을 운영했으나, 이러한 방식으로는 세계 시장으로 유입되는 수많은 화학물질의 유해성을 적절하게 관리하기에 한계가 있었다. OECD는 이러한 한계를 극복하기 위해 1981년 시험자료의 상호인정 규정을 마련하는 등 오늘날 일반화된 화학물질 관리체계를 마련하였다.[492]

3. 1992년 리우 정상회의 후속체계

UNCED의 리우 선언은 원인자부담원칙, 알 권리(right-to-know), 사전주의적 접근 등 화학물질 관리에도 적용될 수 있는 원칙과 정책접근의 방향을 세웠다.[493] 특히,

---

488 UNEP Global chemical outlook II. ibid.

489 WHO. International Programme on Chemical Safety [IPCS factsheet].

490 IPCS factsheet. ibid.

491 IPCS는 개도국의 화학물질 역량 강화의 중요성을 다음과 같이 설명한다. "세계보건기구의 Global Health Burden Report 등에서 전세계적으로 화학물질 노출로 인한 건강 문제를 보건학적 지표(DALY 등)로 예측하고 있지만, 많은 개도국들은 화학물질 관리에 필요한 적절한 자료를 수집하고 기록·분석·보고하는 수단이 부족해 실제 영향은 이보다 더 크리라 예상된다. 특히 화학물질의 국제교역 증가로 개도국의 화학물질 생산과 사용이 증가할 것으로 전망되기 때문에 개도국의 화학물질 안전관리 역량은 더욱 중요하다."(출처) IPCS factsheet. ibid.

492 OECD 40 Years of chemical safety ibid.; OECD Work on chemical safety. ibid.

493 United Nations (UN). A/CONF.151/26 (Vol. I) Rio Declaration on Environment and Development. 1992.

의제 21의 제19장과 제20장[494]에 포함된 핵심 가치, 지침 및 정책 권고는 이후 국제협약[495] 및 자발적 합의[496] 등 여러 화학물질 관리체계의 근간을 형성하고 리우 정상회의 이후 화학물질의 피해에 대응하는 여러 국제적 활동을 주도했다.

1) IOMC의 출범[497]

화학물질의 건전한 관리를 위한 기구간 프로그램(Inter-Organization Programme for the Sound Management of Chemicals, IOMC)은 1992년 UNCED의 권고, 특히 독성 화학물질에 대한 의제21 제19장의 권고에 따라 화학물질 안전 관리를 촉진하기 위하여 1995년 설립되었다.

국제식량농업기구(FAO), 국제노동기구(ILO), 유엔환경계획(UNEP), 유엔산업개발기구(UNIDO), 세계보건기구(WHO) 및 경제개발협력기구(OECD)가 처음부터 가입하였고, 1997년 유엔훈련조사연구소(UNITAR), 2010년 세계은행(World Bank), 2012년 유엔개발계획(UNDP)이 합류하였다.

IOMC의 목적은 화학물질 분야에서 국제협력을 강화하고 기구의 국제 화학물질 프로그램의 효율성을 높이는 것이다. 화학물질 관리 의사결정을 위한 IOMC toolbox를 개발해 보급함으로써 여러 국가들의 화학물질 관리를 지원하고 있다.

2) IFCS의 구성

리우 정상회의 후속 조치의 일환으로 1994년 '화학물질 안전에 관한 정부간 포럼'(Intergovernmental Forum on Chemical Safety, IFCS)[498]이 구성되었다. IFCS

494 UN. Agenda 21. Environmentally sound management of hazardous wastes, including prevention of illegal international traffic in toxic and dangerous (and hazardous wastes)

495 오존층을 파괴하는 물질에 대한 몬트리올 의정서(1989 발효), 유해폐기물의 국경간 이동 및 폐기의 통제에 대한 바젤 협약(1992 발효), ILO 협약 C170 – 화학물질 협약(1993 발효) 및 C174-중대산업사고 예방 협약(1997 발효), 국제 거래에서 특정유해화학물질 및 농약의 사전통보승인에 대한 로테르담 협약(2004 발효), 잔류성유기오염물질(POPs) 협약(2004 발효), WHO 국제건강규정(IHR) (2005) (2007 발효), 미나마타수은협약(2017 발효) 등의 국제협약이 대표적이다.

496 대표적 사례는 1992년 국제기구이사회가 채택한 '국제적으로 조화된 화학물질의 분류표시체계(GHS, Globally Harmonized System of Classification and Labelling of Chemicals)'로 구속력은 없지만, 2002년 요하네스버그 이행계획에서도 2008년까지 완전 운영되도록 하겠다는 목표로 제시되는 등 국제적으로 널리 채택되고 있다.

497 van der Kolk J. Inter-Organizational Programme for the Sound Management of Chemicals. In: Wexler et al. editors. 2011. 355-358. ibid.

498 IFCS는 2009년 제2차 국제화학물질관리회의(ICCA)가 IFCS를 SAICM으로 통합하지 않기로 결정함에 따라 그 운영이 중지되었다. (출처) van der Kolk J. Intergovernmental Forum on Chemical Safety. *Encyclopedia of*

는 모든 이해당사자들이 참여하여 화학물질 안전관리를 촉진하는 열린 포럼[499]으로 2000년 화학물질 안전관리에 관한 바히아 선언(Bahia Declaration)을 이끌어내 국제 화학물질 관리전략(Strategic Approach to International Chemicals Management, SAICAM) 마련에 기여하였다.

4. 2002년 요하네스버그회의 후속체계

2002년 지속가능발전 세계정상회의(WSSD)에서 채택된 요하네스버그 선언과 이행계획은 "2020년까지 환경과 사람의 건강에 대한 부정적 영향을 최소화하는 방식으로 화학물질이 제조·사용되도록 하는 것을 달성"하겠다는 목표(2020 목표)를 제시하였다.[500]

1) 국제 화학물질 관리전략(SAICM) 마련

국제 화학물질 관리전략(SAICM)은 WSSD에서 채택된 '2020 목표' 중 화학물질의 안전 관리 분야의 목표 달성을 지원하기 위해 마련되었다. 2003-2005년 동안 3차례 준비협상을 통해 초안을 마련하였고, 2006년 두바이에서 개최된 제1차 국제화학물질관리회의(International Conference on Chemical Management, ICCM)에서 이를 채택하였다.[501]

SAICM의 목표는 2020년까지 화학물질의 생산과 사용이 사람의 건강과 환경에 미치는 악영향을 최소화하고 기존 국제협약을 보완하는 자발적이며 법적 구속력이 없는 포괄적 화학물질 관리규범을 수립하는 것이다.[502]

SAICM은 국제 화학물질 관리에 관한 두바이 선언,[503] 최우선 정책전략(Overarching Policy Strategy, OPS) 및 지구 행동 계획(Global Plan of Action)으로 구성되어 있

---

toxicology. 3rd ed. 2014. 1065-1066.

499 Weinsberg J. The International Forum on Chemical Safety. In: Wexler et al. editors. 2011. 329-342.

500 이 2020 목표는 2012년 개최된 Rio+20회의에서 다시 제시되었다.

501 SAICM. Overview [cited Sep 2, 2021]. Available from: https://www.saicm.org/About/Overview/tabid/5522/language/en-US/Default.aspx

502 외교부, 「국제화학물질관리회의(ICCA) 참석결과 보고」(2007. 1. 29.)

503 Dubai Declaration on International Chemicals Management. 2020년 목표 달성을 위한 정치적 의지를 담은 선언이다.

다. SAICM의 역할은 크게 위해성 저감, 지식과 정보, 거버넌스, 역량구축과 기술협력 및 불법 국제교역 억제 등 5개의 주제에 걸쳐있다.[504]

2) 국제화학물질관리회의(ICCA) 개최

국제화학물질관리회의(ICCM)은 SAICM을 주기적으로 검토하는 역할을 한다. 2007년 1차 회의 이후 2009년, 2012년, 2015년 총 4차례의 회의를 개최하여 SAICM의 진행 상황 등을 점검하고 국제 화학물질 이슈 등을 논의하였다.[505]

5. 2015년 유엔총회 : 지속가능발전목표 채택

2015년 9월 개최된 제70차 유엔총회는 지속가능한 발전을 위한 국제적 약속으로 지속가능발전목표(United Nations Sustainable Development Goals, UN SDGs)를 채택하였다. '2030 의제'라고도 불리는 SDGs는 인간, 지구, 번영, 평화, 파트너십이라는 5개 영역에서 인류가 나아가야 할 방향성을 17개 목표(goals) 및 169개 세부 목표(targets), 그리고 그 이행 정도를 측정·평가할 수 있는 지표(indicators)로 제시하였다.[506]

UN SDGs는 과거 지속가능발전체계(Millennium Development Goals, MDGs)와 달리 선진국과 개도국 모두에 적용되는 목표이다. 세계 각국은 UN SDGs를 이행하기 위한 다각적인 노력을 하고 있다. 한국도 정부의 각종 정책 및 관련 법 등을 통해 UN SDGs의 개별 목표 이행을 위해 노력하고 있다.[507]

1) UN SDGs 중 화학물질 관리

UN SDGs의 목표 3과 12는 화학물질 관리를 직접 언급하고 있다〈표 2-35〉. 화학물질 관리는 지속가능발전의 전제 조건으로 생물다양성 보존, 깨끗한 물과 위생, 청

504 SAICM. Overview. ibid.
505 SAICM. International Conference on Chemicals Management
506 환경부. 지속가능발전포털. 지속가능발전의 국제적 배경 [cited Sep 2, 2021]. Available from: http://ncsd.go.kr/background?content=1
507 환경부. 지속가능발전포털. ibid.

정에너지에 접근, 기후 행동 등 다른 UN SDGs 분야와도 관련된다. 특히, 교육, 재정 및 파트너십 등과 같은 UN SDGs는 화학물질 안전관리 목표를 달성하는 데 필수적이다.

〈표 2-35〉 화학물질 관리와 직접적으로 관련있는 지속가능발전목표(UN SDGs)

목표(goals)	세부 목표(targets)	지표(indicators)
3. 건강·웰빙	3.9 2030년까지 유해화학물질, 대기·수질·토양오염과 오염물질로 인한 사망 및 질병 건수를 상당한 수준으로 감소	3.9.1 집과 그 주변 대기오염 기인 사망률 3.9.2. 안전하지 않은 물, 하수처리 및 위생 시설 부족으로 인한 사망률 3.9.3 의도하지 않은 중독에 의한 사망률
12. 지속가능한 소비·생산	12.4 2020년까지 합의된 국제체계에 따라 화학물질과 폐기물의 생애주기 친환경 관리를 달성하고 사람 건강과 환경에 끼치는 부정적 영향을 최소화하기 위해 대기·수질·토양으로의 배출을 상당한 수준으로 감소	12.4.1. 유해폐기물과 기타 화학물질 관련 국제 환경협약에 참여하여 각 규정에서 요구되는 정보전달의 약속과 의무를 이행하는 당사국의 수 12.4.2. 1인당 유해폐기물 발생량, 유형별로 처리되는 유해폐기물 비율

(출처) UNEP Global chemical outlook II.

2) 후속 논의

2015년 UN SDGs 채택 직후 개최된 ICCM4에서는 ICCM5(당초 2020년 예정)에서 결론짓는 것을 목표로 '2020 이후' 화학물질 안전관리 전략과 관련한 권고안을 마련하는 절차를 개시하였다.[508] 2021년 초반 ICCM5를 개최하여 2020년 이후(post-2020) 화학물질 관리 전략 등을 논의할 계획이었으나, 코로나19 대유행 지속으로 연기되었다.[509]

508 SAICM. Strategic approach and sound management of chemicals and waste beyond 2020 – the Intersessional Process [cited Sep 2, 2021]. Available from:https://www.saicm.org/Beyond2020/IntersessionalProcess/tabid/5500/language/en-US/Default.aspx

509 SAICM. Fifth session of the International Conference for Chemicals Management (ICCM5) [Postponed] [cited Sep 2, 2021]. Available from: https://www.saicm.org/About/ICCM/ICCM5/tabid/8207/language/en-US/Default.aspx

2 화학물질 분야 국제협약

유엔 또는 지역 단위로 채택된 환경 관련 국제협약은 총 18개 분야에 이르는데, 그 중 화학물질 관리와 직접 관련되고[510] 한국이 비준한 주요 협약은 로테르담 협약, 스톡홀름협약, 미나마타 협약 등이다.

1. 로테르담 협약(PIC 협약)

1) 개요

「특정 유해화학물질 및 농약의 국제교역에 있어서 사전통보승인에 관한 로테르담 협약」[511]은 한 국가에서 사람의 건강이나 환경 보호의 목적으로 사용을 금지하거나 엄격히 제한하는 화학물질을 다른 나라에 수출할 때 수출 이전에 수입국에 미리 알려 승인을 받도록 한다. PIC 협약으로도 부른다.[512]

화학물질의 국제교역이 증가하면서 유해화학물질의 유해성에 대해 국가 간 정보교환이 필요하다는 인식이 높아졌다. PIC 절차가 진행되면 한 국가에서 사용이 금지되거나 엄격히 제한된 유해화학물질(농약 포함)을 수출하고자 할 때 그 화학물질 규제와 관련한 의사결정 정보가 수입국에 전달되기 때문에 수입 국의 유해화학물질 관리 능력을 키울 수 있다. 사전 통보 내용을 바탕으로 수입국은 해당 유해화학물질에 대한 수입 허용 여부를 결정한다. 수출국은 수입국의 결정에 반해 해당 화학물질을 수출할 수 없다.[513]

PIC 협약은 1996년 3월 이후 5차례 정부 간 협상회의를 거쳐 1998년 채택되었다. 한국은 1999년 9월 서명하고 2003년 8월 비준하였다. 협약의 발효일은 2004년 2월 24일이며, 협약 당사국의 수는 2021년 8월 기준 총 164개이다.[514]

---

510 UN Treaty collection. United Nations treaty series online [cited Sep 2, 2021]. Available from: https://treaties.un.org/Pages/AdvanceSearch.aspx?tab=UNTS&clang=_en

511 Rotterdam Convention on the Prior Informed Consent Procedure for Certain Hazardous Chemicals and Pesticides in International Trade

512 Prior Informed Consent.

513 UNEP Rotterdam Convention. Overview [cited Sep 2, 2021]. Available from: www.pic.int/TheConvention/Overview. 1989년 UNEP과 FAO가 도입한 자발적 PIC절차는 2004년 2월 로테르담 협약 발효로 구속력 있는 절차가 개시되었다.

514 UN Treaty collection. United Nations treaty series online [cited Sep 2, 2021].

2) 협약의 주요 내용

협약 대상 물질은 '금지 또는 엄격히 제한된 화학물질과 고유해성 농약제재'이다.[515] 각 당사국이 한 물질을 금지 또는 엄격히 제한하는 조치를 하면 그 조치의 효력이 발생한 이후 90일 이내에 서면으로 관련 유해성 자료 및 규제 사유 등을 첨부하여 사무국에 통보한다. 사무국은 6개월마다 이를 모든 당사국에 통보하며, 특정 물질에 대해 2개 PIC 권역에서 최소한 1개씩 통보서를 접수한 경우 해당 물질을 부속서 III(사전에 수입 허용 여부를 결정하는 목록)에 수록할지를 당사국 총회에서 결정하게 된다.

부속서 III에 수록된 물질[516]에 대해서는 각 당사국이 향후 해당 물질의 수입 허용 여부에 대한 입장(허용, 불허, 조건부 허용 등)을 미리 결정해 사무국에 통보하고, 사무국은 접수한 결정 내용을 취합해 모든 당사국에 공유한다. 협약 당사국들은 자국의 수출자들이 부속서 III에 수록된 물질을 수출할 때는 수입국의 의사를 준수하도록 법적·행정적 조치를 취해야 한다.

한 국가에서 부속서 III에 수록되지 않은 금지·제한 물질을 수출하는 경우 해당 물질에 대한 유해성 자료 등을 첨부한 수출 통보서를 매년 첫 수출 전에 수입 당사국에 제공해야 한다.

3) 국내 이행 조치

정부는 산업용 화학물질은 환경부, 농약은 농촌진흥청을 국가 이행기관으로 각각 지정하였고, PIC 협약 이행을 위해 금지·제한물질의 수출 승인 절차를 「화학물질관리법」과 「농약관리법」에 각각 법제화하였다. 아울러 신규로 부속서에 등재되는 물질 등 결정사항을 지속적으로 파악해 국내 제도에 참고하고 관련 법령에 반영하고 있다.

515 폐기물, 마약, 향정신성물질, 방사성물질, 화학무기, 의약품, 식품첨가물, 연구·분석 및 개인적인 사용 목적의 물질은 협약의 적용을 배제한다. (출처) UNEP Rotterdam Convention. Overview. ibid.

516 UNEP Rotterdam Convention. Annex III chemicals [cited Sep 2, 2021]. Available from: http://www.pic.int/TheConvention/Chemicals/AnnexIIIChemicals. 2021년 8월 기준 부속서 III에 등재된 물질은 농약과 산업용 화학물질을 포함해 총 52개이다.

2. 스톡홀름 협약(POPs협약)

1) 개요

잔류성유기오염물질(Persistent Organic Pollutants)은 DDT, PCB, 다이옥신 등과 같이 그 자체로 독성이 강하고 환경에서 잘 분해되지 않아 오랜 기간 잔류하며 생물에 농축되어 인간과 생태계에 장기간에 걸쳐 위해를 주는 물질이다.

POPs는 환경 중에 오래 남아 지구의 공기 흐름을 따라 증발했다가 비 또는 눈과 함께 지표로 낙하하면서 북반구와 남반구의 추운 지방으로 이동한다. 이러한 POPs의 지구적 확산을 메뚜기 효과(grasshopper effect)라고 한다. 거의 원시적 자연 상태에서 살아왔기 때문에 POPs 물질을 사용한 적이 없는 극지방 사람들의 식탁에서도 POPs가 확인되고 있다.[517]

국제사회는 POPs 문제 해결에 국제 협력이 필수적이라는 점을 인식하고 이들 물질의 생산과 사용의 금지 또는 배출 저감 등을 주 내용으로 하는 「잔류성유기오염물질에 관한 스톡홀름 협약」(이하 'POPs 협약' 또는 '스톡홀름 협약')을 채택하였다.[518]

스톡홀름 협약은 1998년 이후 5차례 정부 간 협상회의를 거쳐 2001년 채택되었고 2004년 5월 17일 발효되었다. 한국은 2001년 10월 서명하고 국내 준비 기간을 거쳐 2007년 1월 비준하였다(국내 발효일 2007년 4월 25일). 2021년 8월 기준 당사국의 수는 총 184개이다.[519]

2) 협약의 주요 내용

의도적인 POPs는 국제적으로 제조·수출입·사용을 금지하거나 특정 용도의 사용을 제한한다. 최초 POPs로 등재된 물질 중에서는 유기염소계 농약류와 PCBs 등이 이에 해당한다. 소각이나 산업공정의 부산물로 생성되는 비의도적 POPs는 배출을 최소화하기 위한 이행계획을 수립하고, 신규 배출원에 대해 최적가용기술(Best Aailable Tchniques, BAT)과 최적환경관리방안(Best Environmental Practices, BEP)을 적용한다. 다이옥신과 퓨란 등이 대상이다. 재고로 남아 있는 POPs 및 POPs 함유 폐기

517 UNEP. Grasshopper effect serves pollutants onto plates of Arctic peoples (Nov 16, 2018)
518 UNEP Stockholm Convention. Overview [cited Sep 2, 2021]. Available from: http://www.pic.int/TheConvention/Overview/tabid/1044/language/en-US/Default.aspx
519 UN Treaty collection. ibid.

물은 환경적으로 건전한 방법으로 처리하여야 한다.[520]

2020년 현재 POPs 등재 물질은 총 30종으로 금지물질(부속서 A) 26종, 제한물질(부속서 B) 2종, 비의도적 생산물질(부속서 C) 7종 등이다.[521] 협약 발효 당시에는 총 12종이었으나, 2009년 협약 발효 이후 최초로 과불화화합물(PFOS) 및 브롬화난연제 등 9가지 규제물질이 추가되었다. 그후 2011년부터 2019년까지 엔도설판, 헥사브로모사이클로도데칸(HBCD), 폴리클로리네이티드나프탈렌(PCNs), 헥사클로로부타디엔(HCBD), 펜타클로로페놀과 그 염 및 에스테르(PCP), 상업용 데카브로모디페닐에테르(BDE-209), 단쇄염화파라핀(SCCPs), 과불화옥탄산(PFOA), 디코폴(dicofol) 등 9종이 추가 등재되었다. 초기 등재물질은 대부분 농약류였으나 신규 등재물질은 대부분 산업용 화학물질이다.[522]

3) 국내이행조치

POPs 협약의 국내 이행을 위하여 동 협약에서 규정하는 사항을 규정하는 「잔류성유기오염물질 관리법」을 제정하였다. 2007년 1월 제정되고 2008년 1월부터 시행된 이 법은 국내 POPs 관리를 위한 기본적인 이행체계를 규정하고 있다. 물질별 관리는 그 관리 목적에 따라 개별 부처별로 실시한다.[523]

국내에서는 스톡홀름 협약 비준 이전부터 다이옥신 및 PCBs 등 일부 POPs 물질을 관리하였다. 1997년부터 폐기물 소각시설의 다이옥신 배출을 관리해 왔으며, 2001년부터는 철강, 비철금속 등 다이옥신이 배출되는 산업 배출시설을 포함해 배출원별 다이옥신 국가배출량을 산정하고 저감 대책을 마련하기 위한 실측사업 등을 추진하였다. 2004년부터 폐변압기에 포함된 PCBs 를 처리하기 위한 노력도 진행되어 2010년 말까지 그간 적체되어 있던 폐변압기를 전량 처리하고 2015년에는 잔류성유기오염물질관리법령을 개정해 PCBs 함유폐기물 처리방안을 구체화하였다.[524]

환경부는 협약에 등재된 POPs 물질 30종을 국내 관련 법령에 따른 잔류성유기오

520 UNEP Stockholm Convention. Overview. ibid.

521 UNEP Stockholm Convention. All POPs listed in the Stockholm Convention 2020. 부속서 A와 C의 등재물질 중 5개 물질이 중복된다.

522 UNEP Stockholm Convention. New POPs under the Stockholm Convention 2020.

523 환경부는 협약 총괄 및 화학물질 관리, 해수부는 해양환경, 식약처는 식의약품, 산업부는 제품관리, 농진청은 농약, 소방방재청은 포소화약제 등과 관련된 POPs를 관리한다. (출처) 환경부, 「제3차 잔류성오염물질 관리 기본계획」, 2021.

524 『환경백서』, 2020, pp.423-426.

염물질로 지정하였고,[525] 2008년부터 국가 잔류성오염물질 측정망을 운영하여 현재 전국 171개 지점에서 23개 항목의 POPs에 대한 환경 중 오염 및 잔류실태를 조사하고 있다.[526]

3. 미나마타 협약(수은 협약)

1) 개요

수은은 다량 섭취할 경우 환경성 질환을 유발하는 고독성 중금속이다. 수은은 여러 혼합물의 형태로 중추신경계, 갑상선, 신장, 폐, 면역계 등 다양한 장기에 심각한 인체 영향을 끼친다. 수은이 환경에 배출되면 물, 대기, 저질, 토양 및 생물체 사이를 다양한 형태로 순환하며 잔류한다. 대기를 통해 장거리로 이동할 수 있고 미생물에 의해 메틸수은으로 전환되면 먹이사슬을 통해 농축된다. 이러한 수은의 특징으로 인해 수은으로 인한 환경피해를 해결하기 위해서는 국제적 공동대응이 필요하다.[527]

국제사회는 수은의 이러한 특성을 고려해 수은의 공급 및 교역을 규제하고 수은 첨가 제품의 사용을 단계적으로 금지·감소하는 등을 주 내용으로 하는 「수은에 관한 미나마타 협약」(이하 '수은 협약' 또는 '미나마타협약')에 합의하였다.

미나마타협약은 2010년 이후 5차례 정부 간 협상회의를 거쳐 2013년 10월 채택되고 2017년 8월 발효되었다. 한국은 2014년 9월 서명하고 2019년 11월 비준하였고 국내에서는 2020년 2월 20일 발효되었다. 2021년 8월 기준 협약 당사국의 수는 총 132개이다.[528]

2) 협약의 주요 내용

수은 공급원과 그 교역을 통제한다. 1차 광산의 수은 채광을 금지하고 수은 사용 공정의 폐쇄로부터 나오는 수은은 허용된 목적, 친환경적 처리 목적으로만 공급할 수 있다. 수은을 국제적으로 교역하려면 당사국 간 허용된 목적으로 사용 또는 친환경적

525 환경부 고시 제2020-191호, "잔류성오염물질의 종류", 화학물질정책과 (2020.9.11.).

526 환경부, 『잔류성유기오염물질 환경모니터링 백서』, 2021.

527 UNEP, Minamata Convention on mercury; text and annexes, 2019.; UNEPp, At a glance: Minamata Convention on mercury 2021.

528 UN Treaty collection, ibid.

수은 처리를 담보하는 서면동의가 필요하다.[529]

제품과 공정 중의 수은을 단계적으로 철폐하거나 사용을 줄인다. 수은첨가제품은 단계적으로 퇴출되는데 단계적 금지 제품군(전지, 스위치·계전기, 형광등(고압수은증기램프 등), 농약, 화장품, 계측기기 등)은 2020년 이후 제조·수출입이 불허된다. 사용 저감 제품군(치과용 아말감)은 저감조치를 담은 국가계획을 수립한다.

석탄화력발전이나 폐기물소각과정 등 연소 과정에서 대기오염물질로 배출되는 수은에 대해서는 배출허용기준이나 최적가용기술을 적용하는 등 저감대책을 수립하고 수질이나 토양 배출원에 대해서는 배출허용기준을 적용하는 등 저감조치를 수행한다. 수은 공급과 관련된 수은 및 수은 화합물은 환경친화적 처리지침 및 기준에 따라 일시적으로만 저장할 수 있다.

3) 국내이행조치

우리나라는 미나마타 협약에 대응하고 국내 수은관리 실태를 평가하기 위해 2010년부터 전문가 및 산업계의 의견을 수렴해 2014년 9월 '국제 수은협약 대응계획'을 수립하고, 2015년 12월에는 제3차 수은관리종합대책(2016-2020)을 마련하였다. 2016년 1월 「잔류성유기오염물질 관리법」의 관리대상을 수은 및 수은화합물까지 확대하고, 법명을 「잔류성오염물질 관리법」으로 변경하는 등 미나마타협약 발효에 대비한 국내 이행체계를 정비하였다. 미나마타 협약이 2019년 11월 비준을 거쳐 2020년 2월 국내 발효됨에 따라 그에 맞추어 「잔류성오염물질 관리법」도 시행되었다.[530]

3 새로운 국제적 화학물질 정책 이슈

1. 국제적 관심 이슈

1) ICCM의 새로운 관심 화학물질/제품 이슈

국제화학물질관리회의(ICCM)의 기능 중 하나는 새롭게 제기되는 정책 문제에 대

529 UNEP. At a glance: Minamata Convention on mercury. ibid.
530 『환경백서』, 2020, ibid.

해 적절한 조치를 요청하고 공동 행동의 우선순위에 대해 합의를 이끌어 내는 것이다.[531] ICCM은 제2차(ICCM2)에서 제4차(ICCM4)에 걸쳐 새로이 부상하는 정책 이슈(Emerging Policy Issues of concern, 이하 'EPI')를 채택해 왔다.

2009년 ICCM2에서 2015년 ICCM4까지 페인트 중 납, 제품 중 화학물질, 나노기술과 제조나노물질, 과불화화합물, 전기전자제품 생애주기 유해물질, 내분비계장애물질, 제약오염물질과 맹독성농약 등 총 8개의 EPIs가 채택되었다.[532] 이 정책 이슈의 상당 부분은 국내외 노력으로 정책적 진전을 이루었는데, 일부 과불화화합물은 스톡홀름 협약의 대상 물질로 등재되었고 OECD 주도로 회원국이 참여하여 제조나노물질 유해성 평가방법 등이 개발[533]된 것이 대표적 사례이다.

〈표 3-36〉 ICCM의 부상하는 정책이슈(EPIs) 및 이행조치

회의	EPIs	이행조치(UNEP GCOII 참고)
ICCM2 (2009)	페인트 중 납	모든 나라가 납 페인트의 퇴출 목표로 법적 구속력 있는 통제 조치를 긴급히 가동
	제품 중 화학물질	공급망에 걸쳐 화학물질 정보를 수집, 관리, 보고 및 소통하는 표준화된 프로토콜 개발
	나노기술 및 제조나노물질	표준화된 시험법의 추가 개발을 통한 제조 나노물질 위해성의 체계적인 평가 가능
	과불화화합물(PFASs) 및 안전한 대체물질로 전환	짧은 사슬 PFASs 및 비불화 대체물질에 대한 추가적 지식 창출 및 국제적 행동 추구
ICCM3 (2012)	전기전자제품 생애주기 유해물질	모든 나라가 자발적 행동을 추진하면서 작업자, 소비자, 재활용 관계자 보호를 위한 규제를 가동(국가별 법령 개정 등)
	내분비계장애물질 (EDCs)	국가 화학물질 관리체계에서 과학 자료요구와 평가를 이행함으로써 체계적인 EDCs 스크리닝과 확인 가능
ICCM4 (2015)	환경잔류성제약오염물질 (EPPPs)	녹색 및 지속가능 제약 추진을 위한 인센티브 구조 제공
	맹독성농약 (HHPs)	비화학 대체물질 개발·사용 및 다른 우수농업관행을 포함한 통합농약관리(IPM)와 농약-생태적 접근의 강화

EDCs: Endocrine Disrupting Chemicals.
EPPPs: Environmentally Persistent Pharmaceutical Pollutants.
HHPs: Highly Hazardous Pesticides.

(출처) UNEP. Global Chemicals Outlook II. 2019.

531 SAICM Overarching Policy Strategy (paragragh 24.j)에 규정되어 있다.

532 SAICM. SAICM Emerging Policy Issues and Other Issues of Concern [cited Sep 2, 2021]. Available from:http://www.saicm.org/Implementation/EmergingPolicyIssues

533 한국도 관계부처 합동으로 OECD 제조나노물질 협력 사업에 참여하였다. (출처) 환경백서 2020, pp.428-430.

2) UNEP의 화학물질과 다른 분야간 협력 이슈

UNEP은 화학물질 분야가 SDGs(2030 목표) 전반에 걸쳐 관련되어 있으므로 다른 분야와 협력하면 화학물질 정책과 다른 정책의제가 연결되어 시너지를 창출할 수 있다고 보고 관련 국제 프로그램과 연계 가능성을 검토하였다. 화학물질 분야와 상호 연계되는 분야는 보건, 산업보건, 기후변화, 생물다양성, 농업과 식량, 지속가능 생산·소비 등이다.

〈표 3-37〉 보건, 산업보건, 농업 이외의 화학물질 관리와 연계 가능 분야 개요

연계분야	고려사항	국제적 연계 가능 전략/프로그램 등
기후변화	빙하 소실로 인한 화학물질 재이동, 화학산업의 온실가스 감축, 화학의 적응·완화 해법 개발 등 관련성 다양	화학산업과 하부 분야의 파리협정 이행 노력
생물 다양성	화학물질과 환경오염 관리는 생물다양성 전략의 핵심적 역할 인식(생물다양성 전략계획, 2011-2020에 포함)	2020 이후 생물다양성 체계
지속가능 소비·생산	화학물질 관리는 경제성장과 자원 사용(그로 인한 환경영향) 간의 비동조화 필요성에 대한 이해 필요 개인, 회사, 기관이 직간접적으로 관련	지속가능 소비·생산 프로그램의 10년 프레임워크

(출처) UNEP. Global Chemicals Outlook II. 2019.

전통적으로 화학물질 관리와 밀접히 관련되는 보건, 산업보건, 농업과 식량 등의 영역 이외에 기후변화, 생물다양성, 지속가능 생산·소비 부문에서도 협력 이슈가 고려된다는 점은 주목할 만하다. 분야 간 협력 이슈는 2020 이후 화학물질 관리체계에서 구체적으로 논의될 것으로 전망된다.

2. 최근 국제적으로 부상하는 정책 이슈

국제사회에서는 2015년 이후 녹색화학 및 환경잔류성제약오염물질에 관한 논의가 활발하게 진행되고 있다.

1) 녹색화학

① 개념

녹색화학(green chemistry)은 유해물질의 사용과 발생을 줄이거나 제거하는 화학제품과 공정의 설계이며, 설계, 제조, 사용 및 최종 폐기에 이르는 화학제품의 전 생애주기에 적용된다.[534] 이와 유사한 개념인 지속가능한 화학(sustainable chemistry)은 인간의 화학제품과 서비스에 대한 수요를 충족하기 위한 자연자원의 사용에 있어 효율성 제고를 추구하는 과학적 개념[535]으로 녹색화학보다 더 포괄적인 개념이다.[536]

녹색화학의 개념은 12원칙을 통해 처음으로 구체화되었다. 녹색화학 12원칙은 ① 폐기물 방지, ② 원자 경제[537] 극대화, ③ 유해성이 낮은 화학물질 합성 설계, ④ 더 안전한 화합물질 및 제품 설계, ⑤ 안전한 용매와 보조물질 사용, ⑥ 고에너지 효율 설계, ⑦ 재생가능 원료의 사용, ⑧ 화학 유도체 회피, ⑨ 화학양론적 시약 대신 촉매 사용, ⑩ 사용 후 분해되도록 화학물질 및 제품 설계, ⑪ 오염 예방을 위한 실시간 분석 및 ⑫ 사고 예방을 위한 내재적으로 더 안전한 화학 등이다.[538]

미국 EPA는 녹색화학을 ① 분자 수준에서 오염을 예방하고, ② 화학의 특정 한 분야가 아니라 화학 전 분야에 적용되는 철학이며, ③ 실제 환경문제에 대한 혁신적인 화학적 해법을 적용하고, ④ 오염 발생을 방지하기 때문에 결과적으로 배출원을 줄이며, ⑤ 사람의 건강과 환경에 대한 화학제품과 공정의 부정적 영향을 저감하고, ⑥ 기존 제품과 공정의 위해성을 저감 또는 제거하며, ⑦ 고유한 유해성을 줄이는 화학제품과 공정의 설계라고 설명한다.[539]

---

534 US EPA. Basics of green chemistry [cited Sep 2, 2021]. Abailable from: https://www.epa.gov/greenchemistry/basics-green-chemistry#definition

535 OECD. Sustainable chemistry [cited Sep 2, 2021]. Available from: https://www.oecd.org/chemicalsafety/risk-management/sustainablechemistry.htm,

536 Kümmerer, 「K. Sustainable chemistry: a future guiding principle」. 『Angew Chem Int Ed』 2017;56:16420·16421.; 미국 EPA는 녹색 화학과 지속가능 화학을 동일한 개념으로 보며 '녹색 화학'이라는 용어를 사용한다. OECD는 '지속가능한 화학'을, UNEP는 '녹색 및 지속가능한 화학'을 주로 사용한다. 이 책에서는 국내 법령에서 녹색화학센터 등의 조문을 두고 있다는 점을 고려해 '녹색 화학'이라는 공식 용어를 사용한다.

537 최종제품에서 시작물질들이 최종 물질에 최대 비율로 함유하도록 설계하는 것을 말한다. 즉 버려지는 물질이 최소화되도록 설계하는 것을 말한다.

538 Anastas PT, Warner JC. *Green chemistry: theory and practice*. Oxford University Press; 1998.

539 US EPA. Basics of green chemistry. ibid.

② 중요성 및 혜택

녹색화학은 국제사회의 공동 목표인 UN SDGs 달성에 기여한다. 녹색화학이 가진 혁신 잠재력을 고려하면 SDGs의 여러 목표 달성에 도움이 된다. 녹색화학이 직접적으로 기여할 수 있는 부문은 무(zero) 기아(SDG2), 건강 및 웰빙(SDG 3), 깨끗한 물과 위생(SDG 6), 확보가능하고 청정한 에너지(SDG 7), 지속가능한 소비 및 생산(SDG 12) 및 기후변화(SDG 13), 화학물질 유해성을 저감 또는 제거함으로써 기여할 수 있는 작업 조건개선과 경제성장(SDG 8) 등이며, 그 외 다른 목표 달성에도 기여할 수 있다.[540]

녹색화학은 잔류성, 생물농축성, 독성 및 기타 유해성을 지니는 물질들의 사용을 피하고, 재생가능 자원을 사용하고 비재생 자원 소비를 줄이며, 화학공정과 제조의 부정적 환경영향을 최소화하고 산업계에 이익이 될 수 있고 경제적으로 경쟁력 있는 기술을 제공한다.[541]

③ 국내외 동향

2019년 개최된 제4차 유엔환경총회(United Nations Environment Assembly, UNEA)는 녹색화학의 중요성에 주목하고 UNEP로 하여금 녹색화학의 우수사례를 분석하도록 요청하였다. UNEP는 산업계, 학계, 정부, 국제기구 및 NGO 등과의 협의를 거쳐 2020년 녹색화학 및 지속가능화학의 체계에 관한 매뉴얼을 발간하였는데, 녹색 및 지속가능 화학의 10개 목표와 지침적 고려사항을 제시하고 있다.[542]

OECD는 녹색화학과 관련한 구체적 연구사업 등을 추진하고 있는데, 화학물질 리스(chemical leasing)[543]와 플라스틱 설계 개선(better design of plastics)이 대표적 사업이다.

주요 선진국들도 녹색화학에 대한 연구개발을 지원하고 있다. 일례로 미국은 녹색

---

540 UNEP. Green and sustainable chemistry framework manual. 2020.

541 OECD. Sustainable chemistry.

542 UNEP. Green and sustainable chemistry framework manual.

543 화학물질 리스는 화학물질을 양을 기준으로 판매하는 것이 아니라 화학물질 서비스에 대해 비용지불함으로써 화학물질 사용자와 공급자 간의 이해를 일치시키는 서비스 중심의 사업 모델이다. 화학물질의 양에 따른 거래를 할 때는 공급자는 판매하는 양에 비례해 이익을 얻기 때문에 화학물질을 적게 사용하는 사용방법에는 관심이 적을 수밖에 없다. 그러나 화학물질 리스를 활용하면 화학물질 공급자는 더 적은 화학물질로 동일한 서비스를 제공하면 되기 때문에 화학물질 사용이나 배출을 최소화할 수 있다. (출처) OECD. Economic features of chemical leasing. Series on risk management no. 37. OECD Environmental Directorate; 2017.

화학과 관련해 학계와 중소기업의 연구개발을 지원하고 관련 기술정보와 교육자료, 수단 등을 제공하고 있다. 녹색화학 분야에 기여한 산업계, 학계, 분야별 연구자를 발굴해 매년 녹색화학상을 수여하고 있다. 국내에서도 화학물질등록평가법에 따라 녹색화학센터를 지정할 수 있으며, 관계부처와 합동으로 연구개발, 교육자료 마련 등을 지원할 수 있다.

2) 환경잔류성 제약오염물질

① 정의와 개념

화학물질은 사람의 건강 유지에 매우 중요한 역할을 한다. 의약품뿐만 아니라 소독제, 청정제, 실험용 시약, 멸균제, 의약품 등으로 사용될 수 있고 의료기기와 장비 내에도 포함되어 있기도 하다. 의약 및 수의약 분야에서도 마찬가지이다. 보건 분야의 화학물질 사용은 인류의 건강에 큰 편익을 제공하는 것이 분명하지만, 의약품과 관련된 화학물질이 제대로 관리되지 않으면 환경과 사람의 건강에 영향을 미칠 것이라는 우려가 커지고 있다. 실제로 매년 수십 개의 새로운 의약품이 시장에 들어오고, 수천 개 이상의 활성 물질이 개발 중이며, 소비자용 제품에도 광범위하게 사용되고 있다.[544]

사람이나 동물의 몸을 통과하면서 천천히 분해되거나 잘 분해되지 않도록 설계된 의약품이 배설 또는 폐기과정을 통해 환경에 들어오면 오래 잔존하거나 확산되어 특별한 위해성을 보일 수 있다. 이러한 물질을 환경잔류성 제약오염물질(environmentally persistent pharmaceutical pollutants, EPPPs)이라고 한다. 일부 의약품은 환경 중에서 분해됨에도 불구하고 지속적으로 배출되어 환경 중에 일정한 농도로 잔존하기도 하는데, 이러한 오염물질을 소위 가(假)잔류성제약오염물질(pseudo-persistent pharmaceutical pollutants)라고 부른다.[545]

② 관리 필요성

의약품이 생물체에 약물학적 효과를 유발하도록 특별히 설계된 생물학적 활성물질인 점을 고려하면 환경적으로 적정하게 처리하지 않으면 야생생물과 생태계에 영향

544 UNEP Global chemical outlook II.

545 SAICM knowledge. Pharmaceutical pollutants [cited Sep 2, 2021]. Available from: https://saicmknowledge.org/program/pharmaceutical-pollutants

을 미칠 수 있다. 활성제약성분(active pharmaceutical ingredients, APIs)은 의약품 내에서 생물학적으로 활성을 가진 물질로, 전세계의 환자용 최종제품을 생산하는 제약회사에 판매된다. 약 4,000개의 APIs가 전세계적으로 처방 조제, 일반 판매, 수의약품의 형태로 투여되고 있다.[546]

OECD 국가에서는 '소비' 활동이 의약품의 수생생태계(aquatic environment) 부하에서 가장 큰 비중을 차지한다고 본다. 경구 투여된 의약품의 30-90%까지 환자의 대변과 소변에서 활성물질의 형태로 하폐수로 배출되고 하수도를 거쳐 처리시설에 도달하게 된다. 하폐수 처리시설은 주로 생분해가 가능한 물질과 영양염류를 처리하도록 설계되어 있어서 의약활성물질을 완벽하게 제거할 수 없다. 따라서 이러한 잔류물은 하폐수 처리장 등의 방류수를 통해 호수와 강 등의 지표와 지하수 대수층을 통해 물 순환 체계로 들어오게 되며, 최종적으로 음용수에서 저농도로 검출되기도 한다.[547]

동물 사육 시 쓰이거나 비료인 거름에 사용되는 가축용 의약품은 토양과 더 넓은 환경에 배출된다. 이들은 토양오염을 유발하고 농작물을 통해 흡수되어 다른 생명체로 오염이 확장된다. 의약품의 환경 배출은 제약과정, 환자 및 동물의 배설물, 양식(aquafarming), 하수처리 및 미사용 또는 유효기간 만료 의약품 폐기과정에서 직접 배출을 통해서 이루어진다.[548]

2016년 세계 여러 지역의 환경 중 EPPPs 농도를 측정한 연구들을 검토한 결과 5개 UN지역[549] 모두에 걸쳐 총 71개 국가의 환경 매체에서 조사 대상 의약물질 총 731개 중 631개 물질과 그 전환 부산물이 검출되었다. 특히, 여러 국가에서 특정 물질의 환경 중 검출농도가 무영향관찰농도(PNEC)를 초과하는 것으로 나타나 EPPPs로 인한 생태위해성도 우려되는 상황이다.[550]

이러한 상황들은 항생제 저항 미생물(특히 세균)의 환경 저장고를 만들어 약품내성을 발현하는 계기가 되는데, 이는 의약품 환경 잔류의 가장 우려되는 결과 중 하나이다. WHO는 미생물의 항생제 내성을 공중보건을 위협하는 문제로 보고 일상적인 감

---

546 UNEP Global chemical outlook II. ibid.

547 OECD. *Pharmaceutical residues in freshwater: hazards and policy responses*. OECD Publishing; 2019.

548 UNEP Global chemical outlook II. ibid.

549 UN은 전체 회원국을 아프리카 지역, 아시아태평양 지역, 동유럽 지역, 라틴아메리카와 카리브해 지역(GRULAC), 서유럽과 기타지역(WEOG) 등 5개의 지역으로 분류한다.

550 aus der Beek T, Weber FA, Bergmann A, Grüttner G, Carius A. *Pharmaceuticals in the environment: global occurrence and potential cooperative action under the Strategic Approach to International Chemicals Management (SAICM)*. German Environment Agency; 2016.

염과 사소한 부상이 치명적인 결과를 낳을 수 있는 항생제 이후(post-antibiotic) 시대를 경고하였다.[551] 환경으로 배출된 EPPPs의 생물 활성이 야생생물과 같은 비표적 생물체에 직접 악영향을 끼치고 생태계 건강과 복원력에 장기적으로 나쁜 영향을 줄 수 있다.[552]

③ 국내외 동향

2015년 ICCM4는 의약품이 주는 편익을 인지하면서도 EPPPs의 위해 우려에 대해 대처하기 위해서 EPPPs에 대한 정보 확산과 인식 제고라는 목적과 함께 관련 정보의 가용성과 접근성을 개선하는 것이 우선순위라는 점을 지적하였다.[553]

미국과 유럽 등은 의약품의 환경 위해성을 사전 검토하는 체계를 운영 중이다. 미국 국가환경보호법(National Environmental Protection Act, NEPA)은 식품의약품청(FDA)이 의약품 및 생물활성물질의 환경적 영향을 의약품 규제의 중요한 부분으로 고려하도록 한다. 그에 따라 FDA는 의약품 인허가 신청서의 일부로 환경평가서를 제출받아 검토하고 있다.[554]

EU의 경우 2001년 이후 유럽의약품청(Environmental Risk Assessment, EMA)이 인체의약품 지침[555]과 동물용의약품 지침[556] 등에 따라 의약품 및 수의약품의 환경 위해성 평가를 수행하고 있다. EC는 2019년 3월 EPPPs에 대해 유럽연합 차원의 새로운 전략 문서[557]를 발표하고, 인식 제고, 신중한 사용 촉진, 훈련 및 위해성 평가 개선, 모니터링 자료 수집, 녹색 설계에 대한 인센티브 부여, 제조단계의 배출 저감, 폐기물 감소 및 폐수 처리 개선 등 총 6개 분야 30개의 과제를 설정하고 이를 속도감 있

551 Reardon, S. WHO warns against 'post-antibiotic' era. Nature, News 2014.

552 UNEP Global chemical outlook II.

553 SAICM knowledge. Pharmaceutical pollutants [cited Sep 2, 2021]. Available from: https://saicmknowledge.org/program/pharmaceutical-pollutants

554 US Food and Drug Administration (FDA). Guidance document: Environmental Assessment of Human Drug and Biologics Applications [cited Sep 2, 2021]. Available from: https://www.fda.gov/regulatory-information/search-fda-guidance-documents/environmental-assessment-human-drug-and-biologics-applications

555 Directive 2001/83/EC of the European Parliament and of the Council of 6 November 2001 on the Community code relating to medicinal products for human use. (2001) OJ L 311. 67.

556 Directive 2001/82/EC of the European Parliament and of the Council of 6 November 2001 on the Community code relating to veterinary medicinal products. (2001) OJ L 311. 1.

557 EC. Communication from the Commission to the European Parliament, the Council and the European Economic and Social Committee, European Union Strategic approach to pharmaceuticals in the environment COM(2019) 128 final. 2019.

게 추진하고 있다.[558]

우리나라 환경 중 의약물질 관리는 항생제 내성 관리와 환경 중 배출 저감 차원에서 환경 중 의약물질 모니터링과 폐의약품 관리대책에 초점을 두고 있다. 정부는 범정부 항생제 내성 관리대책의 일환으로 2000년대 후반 이후 하천수, 퇴적물 등의 환경 매체에서 의약물질을 모니터링하고 환경으로 항생제 유출 가능성이 높은 가축분뇨 처리시설, 하폐수 처리시설 등 배출원 모니터링과 항생제 내성연구 등을 추진하고 있다.[559] 아울러 가정에서 하수구나 폐기물로 버려지는 폐의약품으로 인한 환경오염을 방지하기 위해 2017년 「폐기물관리법」을 개정하여 폐의약품을 '생활계 유해폐기물'로 관리하고 있다. 다만, 앞서 설명한 미국이나 유럽과 같이 의약활성물질의 인허가 단계에서 환경잔류성 등 환경영향을 기준으로 의약활성 물질을 사전 스크리닝하는 제도는 공식적으로 논의되고 있지 않다.

558 EC news announcement. Pharmaceuticals in the environment: new report shows good progress in implementing the strategy to reduce their adverse effects (25 Nov 2020). Directorate-General for Environment.

559 2021년 11월 수립된 관계부처 합동의 「국가 항생제 내성 관리대책」은 '사람·동물·환경의 항생제 내성 관리를 통해 국민의 지속가능한 건강 달성'을 비전으로 2021-2025년에 추진할 항생제 적정 사용, 내성균 확산 방지, 감시체계 강화, 연구개발 확충, 항생제 내성관리 협력체계 활성화 등 5개 분야 총 19개 중점과제를 제시하고 있다. (출처) 보건복지부 보도자료. "항생제 내성균으로부터 국민의 건강을 지킨다 - 관계부처 합동으로 제2차 국가 항생제 내성 관리대책 수립", 질병정책과 (2021. 11. 7.).

참고 문헌

〈논문〉

김성배, 「최근 미국 TSCA의 개정과 그 시사점」, 환경법연구, 2016;38(3): 65-107.

이준철, 「생활화학제품 관련 기업의 책임 이행 현황과 과제」, 한국환경보건학회지, 2019;45(4): 321-325.

현재환, 홍성욱, 「STS 관점에서 본 위험 거버넌스 모델: 위험분석과 사전주의원칙을 중심으로」, 과학기술학연구, 2005;15(1): 281-325.

Aven T, 「Risk Assessment and risk management, European Journal of Operational Research」, 2016;253(1):1-13.

Ball DJ, 「Environmental risk assessment and the intrusion of bias」, Environment International, 2002;28:529-44.

Bergeson LL, Campbell LM, Rothenberg L, 「TSCA and the future of chemical regulation」, EPA Administrative Law Reporter, 2000;15(4):1-23.

Cranor CF, 「The normative nature of risk assessment: features and possibilities」, Risk, 1997;8:123.

Finkel AM. 「"Solution-Focused Risk Assessment": A Proposal for the Fusion of Environmental Analysis and Action」, Human and Ecological Risk Assessment: An International Journal, 2011;17(4):754-87.

Fischihoff B, Slovic P, Lichtenstein S, Read S, Combs B, 「How safe is safe enough? a psychometric study of attitudes towards technological risks and benefits」, Policy Sciences, 1978;9:127-152.

Gwinn MR, Axelrad DA, Bahadori T, Bussard D, Cascio WE, et al, 「Chemical risk assessment: traditional vs public health perspectives」, Am J Public Health, 2017;107:1032-1039.

Heyvaert V, 「Reconceptualizing risk assessment」, Reciel, 1999;8(2):135-143.

Kaufman JD, Adar SD, Barr RG, et al, 「Association between air pollution and coronary artery calcification within six metropolitan areas in the USA (the Multi-Ethnic Study of Atherosclerosis and Air Pollution): a longitudinal cohort study」, Lancet, 2016;388(10045):696-704.

Keisler JM, Collier ZA, Chu E, Linkov I, 「Value of information analysis: the state of application」, Environment Systems and Decision, 2014;34:3-23.

Kushman ME, Kraft AD, Guyton KZ, Chiu WA, Makris SL, Rusyn I, 「A systematic approach for identifying and presenting mechanistic evidence in human health assessments」, Regulatory Toxicology and Pharmacology, 2013;67(2):266-277.

Leiss W, 「Three phases in the evolution of risk communication practice」, Annals of the American Academy of Political and Social Science, 1996:1;85–94.
Linkov A, Loney D, Cormier S, Satterstrom FK, Bridges T, 「Weight-of-evidence evaluation in environmental assessment: Review of qualitative and quantitative approaches, Science of the Total Environment, 2009;407:5199–5205,
Lofstedt RE, 「Risk vs hazard: how to regulate in the 21st century, European Journal of Risk Regulation, 2011;2(2):149–167.
Samet JM, Chiu WA, Cogliano V, Jinot J, Kriebel D, et al, 「The IARC Monographs: Updated Procedures for Modern and Transparent Evidence Synthesis in Cancer Hazard Identification」, Journal of Nattional Cancer Institute, 2020;112(1):30–37.
Schmidt CW, 「TSCA 2.0 – new era in chemical risk management」, Environmental Health Perspectives, 2016:124(10);182–186.
Sexton K, 「Evolution of public participation in the assessment and management of environmental health risks: a brief history of developments in the United States」, Journal of Public Health Research, 2013;2(e18):106–112.
Starr C, 「Social benefit versus technological risk」, Science, 1969;165:1232–1238.

〈책〉

Adams J, *Risk*, Routledge, 2001.
Anastas PT, Warner JC, 1998, *Green chemistry: theory and practice*, Oxford University Press, 1998.
Beck U, 『Risk society towards a new modernity』, Sage Publications, 1992.
Calow P, 「Environmental risk assessment and management: the whats, whys and hows?」 In: Calow P, editor, *Handbook of environmental risk assessment and management*, Blackwell Science, 1998.
Cothern CR, 「An overview of environmental risk decision making: values, perceptions, and ethics」, In: Cothern CR, editor, *Handbook for environmental risk decision making: values, perceptions & ethics*, CRC Press, 1996.
Covello VT, 「Risk communication」, In: Calow P, editor, *Handbook of environmental risk assessment and management*, Blackwell Science, 1998.
Ehlers RU, 「Cost-benefit, risk and trade-off analysis of regulation」, In: Ehlers RU, editor, *Regulation of biological control agents*, Springer, 2011.
Graham JD, Wiener JB, 『Risk versus risk – tradeoffs in protecting health and the environment』, Harvard University Press, 1995.
Joesten MD, Wood JL, Castellion ME, *World of chemistry essentials*(3rd ed), Brooks/Cole Publishing Company, 2004.
National Research Council of the National Academies (NRC), *Risk assessment in the*

federal government: managing the Process, National Academies Press, 1983.

NRC, *Review of EPA's integrated risk information system (IRIS) process*, National Academies Press, 2014.

NRC, *Science and decisions: advancing risk assessment*, National Academies Press, 2009.

NRC, *The use of systematic review in EPA's Toxic Substances Control Act risk evaluations*, National Academies Press, 2021.

NRC, *Toxicity testing in the 21st century: a vision and a strategy*, National Academies Press, 2007.

NRC, *Understanding risk: informing decisions in a democratic society*, National Academies Press, 1996.

NRC, *Using 21st century science to improve risk-related evaluations*, National Academies Press, 2017.

OECD, *Trends in risk communication policies and practices, OECD reviews of risk management policies*, OECD Publishing, 2016.

Renn O, 「Risk communication: insights and requirements for designing successful communication programs on health and environmental hazards」, In: Heath RL, O'Hair HD, Editors, *Handbook of risk and crisis communication*, Taylor & Francis, 2009.

Renn O, *Risk governance: coping with uncertainty in a complex world*, Earthscan, 2008.

Royal Society, *Risk analysis, perception and management*, The Royal Society, 1992.

Royal Society, *Risk Assessment: report of a Royal Society Study Group*, Royal Society, 1983.

Smrchek JC, Zeeman MG, 「Assessing risks to ecological systems from chemicals」, In: Calow P, editor, *Handbook of environmental risk assessment and management*, Blackwell Science, 1998.

Sunstein C, 「Risk and reason: safety, law, and the environment」, Cambridge University Press, 2002.

Suter GW, 「Introduction to ecological risk assessment for aquatic toxic effects」, In: Rand GM, editor, *Fundamentals of aquatic toxicology effects, environmental fate, and risk assessment*(2nd ed), CRC Press, 1995.

Viscusi WK, *Rational risk policy*, Oxford University Press, 1998.

Wexler P, van der Kolk J, *Mohapatra A, Agarwal R, Chemicals, environment, health: a global management perspective*, CRC Press, 2011.

Yoe C, *Principles of risk Analysis: decision making under uncertainty*, CRC Press, 2011.

Zander J, 『The application of the precautionary principle in practice』(3rd ed), Cambridge University Press, 2010.

〈보고서 및 웹문서〉

국립환경과학원, 「OECD GLP 원칙 및 테스트가이드라인 이해」, 국립환경과학원, 2016 [cited Sep 2, 2021]. Available from: https://ecolibrary.me.go.kr/nier/#/search/detail/5638926

국립환경과학원, 「독성평가를 위한 동물대체시험법 적용성 연구」, 2016.

국립환경과학원, 「화학물질 유해성 심사체계 개선 연구 – 지능형 심사체계(Ⅲ)」, 국립환경과학원, 2020 [cited as Sep 2, 2021]. Available from: https://library.me.go.kr/#/search/detail/5708375?offset=1

국회입법조사처, 「화학재난합동방재센터의 운영실태와 개선과제」, 국회입법조사처, 2015.

외교부, 「2021 기후환경외교편람」, 외교부, 2021 [cited Sep 2, 2021]. Available from: https://www.mofa.go.kr/viewer/skin/doc.html?fn=20210402022400777.pdf&rs=/viewer/result/202111

윤창인, 「OECD의 권고 이행평가 및 향후 과제: 환경」, 대외경제정책연구원(KIEP), 2000 [cited Sep 2, 2021]. Available from: https://www.kiep.go.kr/gallery.es?mid=a10101030000&bid=0001&list_no=402&act=view

행정안전부, 「지방자치단체 화학사고 대응 요령」, 행정안전부, 2019 [cited Sep 2, 2021]. Available from: https://nics.me.go.kr/

환경부 화학물질안전원, 화학물질배출량 조사제도, 화학물질안전원, [cited Sep 2, 2021], Available from: https://icis.me.go.kr/prtr/main.do

환경부, 한국환경산업기술원(KEITI), 「생활화학제품 안전관리 이행 지원 매뉴얼」, 2021, [cited Dec 15, 2021], Available from: https://chemp.me.go.kr/cop/bbs/selectBoardArticle.do

환경부, 「생활화학제품 및 살생물제의 안전관리에 관한 법률(화학제품안전법) 교육자료」, [modified Jul 28, 2020, cited Sep 2, 2021], Available from: http://www.me.go.kr/ndg/web/board/read.do?menuId=3246&boardMasterId=160&boardCategoryId=174&boardId=1387730

환경부, 「제1차 생활화학제품 및 살생물제 관리에 관한 종합계획(2021–2025)」, 환경부, 2021.

환경부, 「제1차 유해화학물질관리기본계획(2000~2005)」, 환경부, 2000.

환경부, 「제1차 화학물질 평가 등에 관한 기본계획(2016–2020)」, 환경부, 2015.

환경부, 「제1차 화학물질관리기본계획(2016–2020)」, 환경부, 2015.

환경부, 「제품함유 중점관리물질 신고 실무가이드, 2nd ed」, 환경부, 2019.

환경부, 「화학물질 등록 및 평가 등에 관한 법률 해설서」, 환경부, 2019.

환경부, 「환경백서 2020」, 환경부, 2020.

환경부, 「제2차 화학물질관리기본계획(2021~2025)」, 환경부, 2020.

aus der Beek T, Weber FA, Bergmann A, Grüttner G, Carius A, 「Pharmaceuticals in the environment: global occurrence and potential cooperative action under the Strategic Approach to International Chemicals Management (SAICM)」, German Environment Agency, 2016 [cited Sep 2, 2021]. Available from: http://www.umweltbundesamt.de/publikationen

Commission of the European Communities (EC), 「White paper: strategy for a future chemicals policy」, EC, 2001 [cited Sep 2, 2021]. Available from: https://eur-lex.europa.eu

Commonwealth of Australia, 「Environmental health risk assessment: guidelines for assessing human health risks from environmental hazard」, Enhealth, 2012.

European Chemical Agency (ECHA), 「Non-animal approaches-current status of regulatory applicability under the REACH, CLP and biocidal products regulations」, ECHA, 2017.

European Environmental Agency (EEA), 「Chemicals for a sustainable future」, EEA, 2017 [cited Sep 2, 2021]. Available from: https://www.eea.europa.eu/about-us/governance/scientific-committee/reports/chemicals-for-a-sustainable-future

European Chemical Agency (ECHA), 「ECHA guidance on information requirements and chemical safety assessment」, ECHA, 2017 [cited Sep 2, 2021]. Available from: https://echa.europa.eu/guidance-documents/guidance-on-information-requirements-and-chemical-safety-assessment

European Chemicals Agency (ECHA), 「Strategy to promote substitution to safer chemicals through innovation」, ECHA, 2018 [cited Sep 2, 2021]. Available from: https://echa.europa.eu/documents/10162/13630/250118_substitution_strategy_en.pdf/bce91d57-9dfc-2a46-4afd-5998dbb88500

European Environment Agency (EEA), 「Environmental risk assessment: approaches, experiences and information sources」, ECHA, 1998 [cited Sep 2, 2021]. Available from: https://www.eea.europa.eu/publications/GH-07-97-595-EN-C2

European Environment Agency (EEA), 「Living health in a chemical world」, ECHA, 2020 [modified May 17, 2021. cited Sep 2, 2021]. Available from: https://www.eea.europa.eu/signals/signals-2020/articles/living-healthily-in-a-chemical-world

Gormley Á, Pollard S, Rocks S, 「Guidelines for environmental risk assessment and management」, Department of Environment, Food and Rural Affairs (UK DEFRA), 2011 [cited Sep 2, 2021]. Available from: https://assets.publishing.service.gov.uk/government/uploads/system/uploads/attachment_data/file/69450/pb13670-green-leaves-iii-1111071.pdf

International Programme on Chemical Safety (IPCS), 「IPCS Risk assessment terminology」, WHO, 2004 [cited Sep 2, 2021]. Available from: https://www.who.int/

publications-detail-redirect/9241562676

International Risk Governance Council (IRGC). 「Risk governance towards an integrative approach」. IRGC. 2005 [cited Sep 2. 2021]. Available from: https://irgc.org/wp-content/uploads/2018/09/IRGC_WP_No_1_Risk_Governance__reprinted_version_3.pdf

OECD. 「Cost-benefit analysis and the environment: further developments and policy use」. OECD. 2018 [cited Sep 2. 2021]. Available from: https://www.oecd.org/governance/cost-benefit-analysis-and-the-environment-9789264085169-en.htm

OECD. 「Assessing the economic valuation of the benefits of regulating chemicals: lessons learned from five case studies」. OECD. 2018 [cited Sep 2. 2021]. Available from: http://dx.doi.org/10.1787/9a061350-en

OECD. 「Cost-benefit analysis and the environment: recent developments」. OECD. 2006 [cited Sep 2. 2021]. Available from: https://www.oecd.org/environment/tools-evaluation/cost-benefitanalysisandtheenvironmentrecentdevelopments2006.htm

OECD. 「International best practices for identification of priorities within chemicals management systems. Series on testing and assessment no. 314」. OECD Environment Directorate. 2019 [cited Sep 2. 2021]. Available from: https://www.oecd.org/chemicalsafety/testing/series-testing-assessment-publications-number.htm

OECD. 「New emerging risk in the 21st century」. OECD. 2003 [cited Sep 2. 2021]. Available from: https://www.oecd.org/futures/globalprospects/37944611.pdf

OECD. 「OECD guiding principles for chemical accident prevention. preparedness and response: guidance for industry (including management and labour). public authorities. communities and other stakeholders」. OECD. 2003 [cited Sep 2. 2021]. Available from: https://www.oecd.org/chemicalsafety/chemical-accidents/Guiding-principles-chemical-accident.pdf

OECD. 「OECD work on chemical safety: 2021-2024」. OECD. 2020 [cited Sep 2. 2021]. Available from: https://www.oecd.org/env/ehs/work-on-chemical-safety-and-biosafety-2021-24.pdf

OECD. 「Pharmaceutical residues in freshwater: hazards and policy responses」. OECD. 2019 [cited Sep 2. 2021]. Available from: https://doi.org/10.1787/c936f42d-en

OECD. 「Overview of concepts and available guidance related to integrated approaches to testing and assessment (IATA)」. OECD Environment Directorate. 2020 [cited Sep 2. 2021]. Available from: https://www.oecd.org/chemicalsafety/testing/series-testing-assessment-publications-number.htm

OECD. 「40 Years of Chemical Safety at the OECD: Quality and Efficiency」. OECD. 2011

[cited Sep 2, 2021]. Available from: https://www.oecd.org/env/ehs/48153344.pdf
OECD, 「Guidance document on risk communication for chemical risk management」, OECD Environment Directorate, 2002 [cited Sep 2, 2021]. Available from: https://www.oecd.org/officialdocuments/publicdisplaydocumentpdf/?doclanguage=en&cote=env/jm/mono(2002)18

OECD, 「Guiding principles for chemical accident prevention, preparedness and response」, OECD, 2003 [cited Sep 2, 2021]. Available from: https://www.oecd.org/env/ehs/48153344.pdf

OECD, 「New emerging risk in the 21st century–an agenda for action」, OECD, 2003 [cited Sep 2, 2021]. Available from: https://www.oecd.org/futures/globalprospects/37944611.pdf

OECD, 「Towards a sustainable use of biocides」, OECD Environment Directorate, 2021 [cited as Sep 2, 2021]. Available from: https://www.oecd.org/chemicalsafety/pesticides-biocides/biocides-publications-chronological-order.htm

OECD, 「Preliminary analysis of policy drivers influencing decision making in chemical management, Series on risk management no. 28」, OECD Environment Directorate, 2015 [cited Sep 2, 2021]. Available from: https://www.oecd.org/env/ehs/risk-management/series-on-risk-management-publications-by-number.htm

Reardon, S. 「WHO warns against 'post-antibiotic' era」, Nature, 2014 [cited Sep 2, 2021]. Available from: https://doi.org/10.1038/nature.2014.15135

United Nations Environment Programme (UNEP), 「A flexible framework for addressing chemical accident prevention and preparedness: a guidance document」, UNEP, 2010.

United Nations Environment Programme (UNEP),, 「Green and sustainable chemistry framework manual」, UNEP, 2020, [cited Sep 2, 2021], Available from: https://www.unep.org/explore-topics/chemicals-waste/what-we-do/policy-and-governance/green-and-sustainable-chemistry

United Nations Environment Programme (UNEP),, 「Global chemical outlook II」, UNEP, 2019 [cited Sep 2, 2021]. Available from: https://www.unep.org/explore-topics/chemicals-waste/what-we-do/policy-and-governance/global-chemicals-outlook

United Nations Environmental Programme (UNEP), 「UN environment guidance on national authority for chemicals control: structure and funding」, UNEP, 2019 [cited Sep 2, 2021], Available from: https://wedocs.unep.org/bitstream/handle/20.500.11822/28403/ChemContAut.pdf?sequence=1&isAllowed=y

United Nations Institute for Training and Research (UNITAR), 「Key elements of a national programme for chemicals management and safety」, UNITAR, 1998 [cited Sep 2, 2021]. Available from: https://cwm.unitar.org/publications/publications/

cw/inp/key_elements.pdf

United States Environmental Protection Agency (US EPA a), 「Risk Assessment」, [modified Aug 24, 2021, cited Sep 2, 2021], Available from: https://www.epa.gov/risk

United States Environmental Protection Agency (US EPA), 「America's children and the environment (ACE) Biomonitoring」, [modified Jun 10, 2021, cited Sep 2, 2021], Available from: https://www.epa.gov/americaschildrenenvironment/ace-biomonitoring

United States Environmental Protection Agency (US EPA), 「World at a glance: a directory of international chemical programs」, US EPA, 1995, [cited Sep 2, 2021], Available from: https://nepis.epa.gov/EPA/html/Pubs/pubalpha_W.html

United States Environmental Protection Agency (US EPA), 「Risk Assessment Guidances」, [cited Sep 2, 2021], Available https://www.epa.gov/risk/risk-assessment-guidance

World Health Organization (WHO), 「Food and Agriculture Organization (FAO), Food safety risk analysis : a guide for national food safety authorities」, WHO, 2006 [cited Sep 2, 2021]. Available from: https://apps.who.int/iris/handle/10665/43718

World Health Organization (WHO), 「Human health risk assessment toolkit: chemical hazards, 2nd ed」, WHO, 2021 [cited Dec 15]. Available from: https://apps.who.int/iris/bitstream/handle/10665/350206/9789240035720-eng.pdf?sequence=1

제3편

환경과 유해인자 관리

제1장

환경과 건강

1 환경과 생명

1. 생명체와 인류의 탄생

현재까지 인간이 인식하는 한에서, 이 우주(universe) 안에서 지구 이외에는 생명체가 존재하는 곳은 아직 없다.[1] 생명체는 지구의 환경변화와 밀접하게 관련되어 진화·생존해 왔다. 지구가 속한 태양계는 우리 은하계의 중심에서 적당히 떨어져 있어 초신성폭발[2]의 위험으로부터 비교적 안전하며 지구라는 행성은 여러 가지 고유한 특징을 가지고 있어 생명체가 출현할 수 있는 조건이 되었다.[3]

46억 년 전에 탄생한 지구에는 35억 년 전에 최초의 생명체[4]가 바다에서부터 출현하였다. 생명체는 육지로 진출하면서 공기 중의 이산화탄소를 흡수하고 산소를 내보내며 오존층을 만들면서 동시에 생명체의 육지진출이 가능한 조건을 만들어 냈다. 육지까지 진출한 생명체는 진화와 분화를 겪으며 지구환경의 변화에 따라 번성과 멸종

1 신시아 브라운 저, 이근영 옮김, 『세상이 궁금할 때 빅히스토리』, 해나무, 2020, p.137.

2 ibid. p.118. 초신성폭발(supernova explosion)이란 거대한 별이 생을 마감하면서 만들어 내는 마지막 폭발을 말하는데, 이때 방출되는 에너지의 양은 태양이 평생 방출하는 양보다 많고 강력하여 우주 전체로 새로운 종류의 원소들이 퍼져나간다. 만약 지구에서 500광년이내에서 초신성폭발이 일어난다면 지구는 잿더미가 된다.

3 ibid, pp.145–152. 지구가 생명이 태어날 가능성이 있는 거주가능지역(habitable zone)이 된 조건으로는, 1) 태양과의 거리가 적절하여 표면의 물이 모두 증발하거나 얼어버리지 않고, 2) 층상구조(내핵–외핵–맨틀–지각–해양 구조)로 인해 형성된 자기장이 우주선(높은 에너지의 양성자, 중성자 등)으로부터 지구표면을 보호하는 효과가 있으며, 3) 대기권과 물이 표면에 존재할 수 있을 정도의 중력을 만들어내는 적절한 지구의 크기, 4) 자전축이 적당하게 기울여져 있어 기후(계절 등)와 순환이 이루어지는 표면환경의 조성 등으로 설명되고 있다.

4 ibid. pp.178–182. 오랜 지구의 역사에서 생명체는 단 한번 우연히 나타난 하나의 기원세포(모든 생명체의 공통 선조, the Last Universal Common Ancestor, LUCA)에서 유래하여 진화하였다. 지구상의 모든 생명체가 동일한 유전자 암호(DNA와 RNA)를 가지고 있는 것이 그 증거이다.

의 부침을 겪는다. 주어진 환경에서 더 잘 살아남은 개체는 자손을 퍼트리는 데 성공할 확률이 높다. 이처럼 오랜 시간을 거치면서 생명체가 가진 다양한 유전자형 중에 주어진 환경에서 생존에 더 유리한 유전자형이 선택적으로 살아남는 방식으로 진화하고 번성하였다.[5]

이러한 지구 생명체의 진화는 수십억 년간 반복되다가 약 20만 년 전에 인간종이 탄생하였다. 인간종은 특히 인지력의 진화가 두드러져, 주변환경을 인지하여(자신이 인지하고 있다는 사실까지 인지), 자신의 생존에 유리하게 환경을 변화시키는 능력으로 모든 지구의 생명체 중 최상위에 올랐다.

2. 환경-유전자의 비균형

지구는 약 1만 년 전에 마지막 빙하기를 벗어나 여러 대륙에서 온화한 기후를 나타낸다. 인류는 최초의 터전인 아프리카를 벗어나 세계 각지로 지리적 대이동을 시작하고, 다른 한편 농경과 목축이 시작되어 정착생활을 하면서 국가와 문명이 탄생하게 된다. 이러한 '지리적 대이동'으로 인한 (상대적으로)급격한 주변 자연환경의 변화와 '국가와 문명의 탄생'에 따른 새로운 사회환경의 출현으로, 지난 20만 년에 걸쳐 진화·적응해온 인간종이 가진 유전자와 환경 사이의 균형이 깨어지게 된다.[6]

특히 산업혁명 이후 인간이 만든 급속한 도시화·산업화와 많은 오염물질의 배출로 인해 유례없이 새로운 환경이 조성되었다. 자연선택의 기전으로 20만년에 걸쳐 환경에 적응·진화해 온 유전자가 1만년정도의 짧은 시간에 일어난 이처럼 급격한 환경의 변화에 적응하기는 어렵다. 이에 따라 감염병의 창궐을 포함하여 선행 인류에서 없었던 만성질환들(예, 고혈압, 당뇨, 암 등)이 현행 인류에서 나타나기 시작한 것이다. 실제로 많은 나라에서 주요 감염성질환 사망률은 항생제 등 치료법이 개발·도입되기 훨씬 이전부터 급격하게 감소하는데, 이것은 깨끗한 물 공급, 주거환경, 위생 등 더 나은 사회환경의 개선에 의한 것이었다.[7] 즉, 주요 감염병의 창궐은 인간이 조성한 '사회환경'이 큰 영향을 미쳤음을 나타낸다.

5 ibid. p.174. 찰스 다윈은 『종의 기원』에서 이를 진화(evolution)라고 하였으며, 자연선택(natural selection), 변형을 통한 계승(descent with modification)으로 설명하였다.

6 홍윤철, 『질병의 탄생』, 사이, 2014, pp.12-13.

7 Celentano and Szkio 저·한국역학회 번역, 『고디스 역학』, 범문에듀케이션, 2020, pp.17-19.

이처럼 인류는 문명을 창출하여 자신의 생활환경에 급속한 변화를 초래하고 질병을 탄생시켰다. 그러나 이에 그치지 않고, 인류는 지구상의 압도적인 우세종이 되어 지구의 자원을 독점적으로 남용하고 엄청난 양의 오염물질(예: 온실가스)을 양산하여 기후위기를 초래함으로써, 인간을 포함한 지구 전체 생명체의 생존에 커다란 위협을 조성하고 있다.

2 환경노출의 건강영향

1. 환경성 질병부담

WHO에 의하면 전 세계 사망의 24%(1370만 명, 5세 미만에서는 28%), 전체 질병부담[8]의 23.1%(6억200만 년)가 환경요인에 의한다.[9] 환경요인이 건강에 미치는 영향은 생물학적·사회경제적으로 취약한 집단에서 더욱 크게 나타난다. 환경요인이 특정 질병에 기여한 정도를 평가한 것을 환경성질병부담(Environmental Burden of Disease, EBD)이라 하며,[10] EBD가 큰 질병은 뇌졸중, 허혈성심질환, 암, 신생아기 건강문제, 우울증 등이다[그림 3-1].

질병부담을 전문적으로 산출하는 기관인 IHME[11]에서는 사회의 발전이 진행될수록 환경적 요인이 질병부담에 기여하는 정도가 행동적 및 대사적 위험요인에 비하여 상대적으로 적어지는 것으로 예측하였다[그림 3-2]. 이는 발전수준이 낮은 사회일수록 유해 환경 노출에 더 취약하며, 발전수준이 높아 사회적 자원이 풍부한 곳은 유해 환경 노출에 대한 적응력과 회복력이 더 크다는 것을 말한다.

---

8 질병부담(Burden of Diseases, BOD)이란 특정 질병으로 인해 정상적인 수명을 누리지 못하고 조기에 사망한 연수(years of life lost, YLL)와 장애로 인하여 건강을 상실한 연수(years lost due to disability, YLD)를 합한 것.

9 WHO. Preventing disease through healthy environments: a global assessment of the burden of disease from environmental risks. 2016 (updated data table). https://www.who.int/publications/i/item/9789241565196

10 WHO는 2007년 환경 유해인자 중 예방이 가능한 8개의 범주에 대하여 환경성질병부담을 산출, 2016년에 개정함. 우리나라는 환경부에서 2009, 2016년에 환경성질병부담을 산출한 바 있다. (출처)『예방의학과 공중보건학』, ibid.

11 미국 워싱턴대학의 IHME(Institute of Health Metrics and Evaluation)는 빌과멜린다 재단과 워싱턴주의 지원으로 2007년에 설립되었다. 질병부담을 전문적으로 산출하는 기관으로 매년 세계적 수준의 질병부담과 위험요인들의 기여율 등을 산출하고 있다. https://www.healthdata.org/

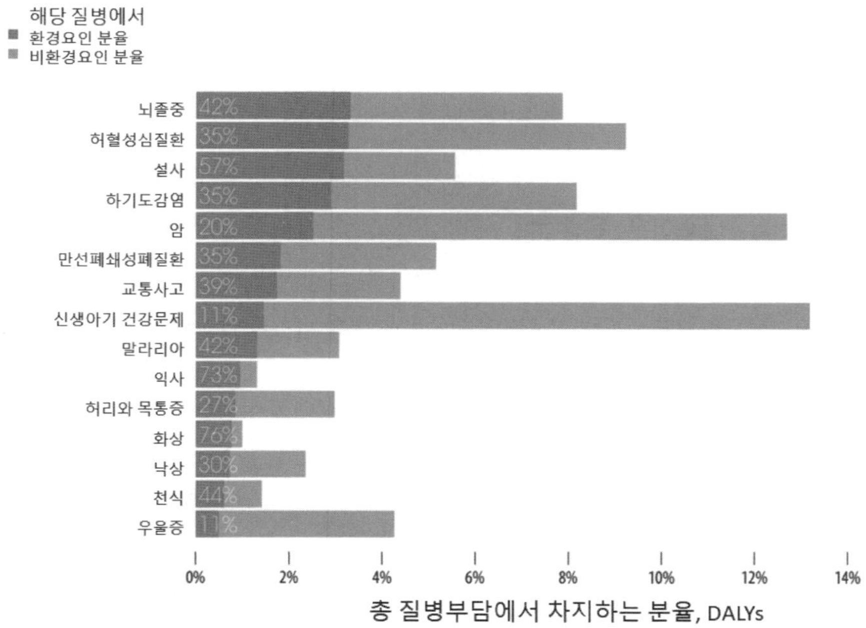

[그림 3-1] 전세계에서 환경요인의 질병부담이 큰 질병군, 2012년

(출처) WHO. Preventing disease through healthy environments: a global assessment of the burden of disease from environmental risks. 2016

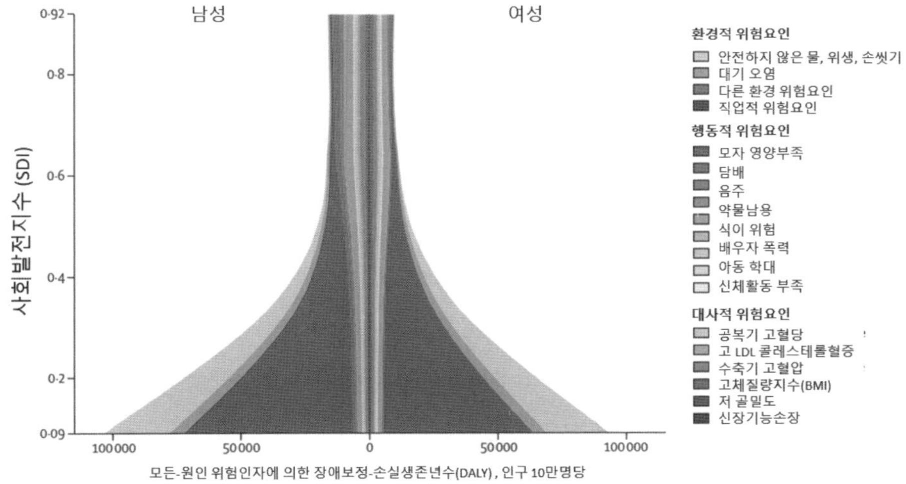

[그림 3-2] 사회발전수준에 따른 전연령, 모든 원인 위험인자에 의한 장애보정손실생존년수(DALY)예측, 1990-2017.

y-축: SDI:Socio-Demographic Index, GBD에 참여한 모든 국가와 지역의 지수. SDI는 25세 미만 여성의 총출산율, 15세 이상 인구의 교육년수, 일인당 소득수준 등을 종합적으로 반영한 지수로 0~1 사이의 값을 가지며 클수록 사회발전의 수준이 높음을 의미. DALYs=disability-adjusted life-years, GBD=Global Burden of Diseases, Injuries, and Risk Factor Study.
(출처) 『The Lancet』 2018;392;1923-1994.

2. 건강의 환경적 결정요인

1) 환경시스템과 질병발생의 설명모형

여러 환경 위해 요인은 다차원의 환경시스템을 통해 건강에 영향을 미친다[그림 3-3]. 각각의 유해요인은 독립적으로 건강에 영향을 미치지만, 서로 상호작용하며 함께 건강에 영향을 미치기도 한다. 또 각각의 유해요인의 변화는 여러 차원의 환경 시스템에 영향을 주므로, 개별 유해요인과 다차원의 시스템의 변화로 인한 영향을 함께 고려하여야 한다.[12]

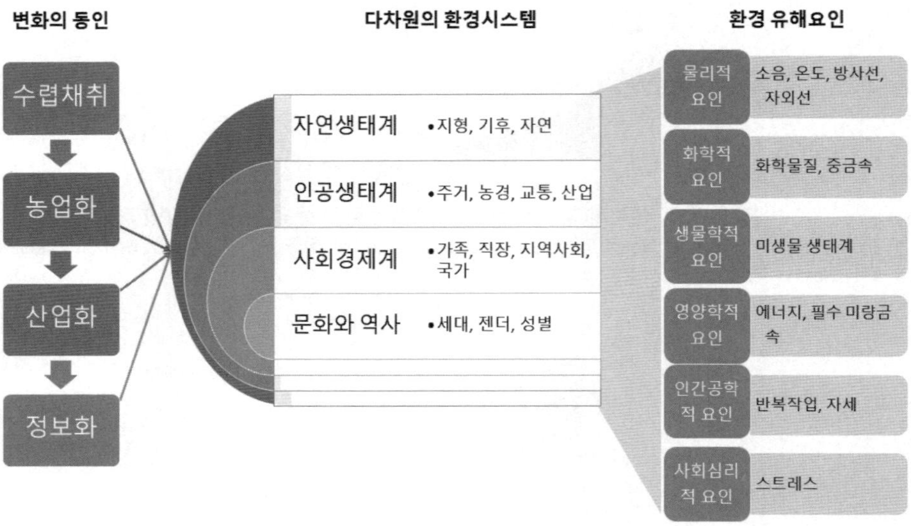

[그림 3-3] 환경변화의 동인, 다차원의 환경시스템과 환경 유해요인

(출처) 『예방의학과 공중보건학』(4판), p.589. 그림 1-3-1.

주체의 입장에서 보자면, 환경은 외부와 내부 환경으로, 또 사적 및 공용 환경으로 나눌 수 있다. 나이, 성별, 유전요인 등은 주체의 내부 환경이다. 개체의 생활양식은 사적인 환경에 속하나 지역사회의 기반시설, 경제, 산업, 시장 등과 이를 둘러싼 공기, 물, 토양 등 자연환경, 건물·도로·도시와 같은 건축환경(built environment), 인

12 곤충에 영향을 주는 살충제가 먹이사슬을 통해 조류의 생식에 영향을 미치는 효과(창발효과, emergent effect)처럼 개별요인들간의 상호작용 및 배경이 포함된 전체를 파악하고자 하는 것을 통합주의적 접근법(wholism)이라 하며, 기존에 개별요인을 중심으로 파악한 환원주의적 접근법(reductionism)과 구별된다. (출처) 『예방의학과 공중보건학』. ibid.

간의 활동으로 이루어진 환경, 나아가 기후, 생물다양성과 같은 지구환경이 둘러싸고 있다. 이러한 여러 차원의 환경시스템이 서로 연결된 하나의 체계를 이루며 건강과 질병에 영향을 미치고 있다.

이처럼 '질병은 인간을 포함한 생태계 여러 구성요소 간의 상호작용의 결과로 인간에게 나타난 현상'으로 이해하는 설명 모형을 생태학적 모형(ecological model)이라 한다. 여기에는 대표적으로 3가지 모형, 역학적 삼각형, 거미줄 모형, 그리고 수레바퀴 모형이 있다[그림 3-4]. 역학적 삼각형 모형(epidemiological triangle)은 생태학적 모형 중 비교적 널리 사용되어 왔는데, 병인, 숙주, 환경의 3요소간의 상호관계에서 평형이 깨지면 질병발생이 증가 혹은 감소하는 것으로 본다. 거미줄 모형(web of causation)은 여러 가지 요인이 직·간접적으로 얽혀서 복잡한 작용기전으로 질병발생에 영향을 주는 것으로 설명한다. 수레바퀴 모형(wheel model)에서는 인간이 속한 생태계를 큰 동심원으로 표현하고 중심부에 숙주인 사람이 있고 그 핵심에는 유전적 소인이 자리한다. 숙주 주변은 생물학적, 물리·화학적, 사회적 환경이 둘러싸고 있다.[13]

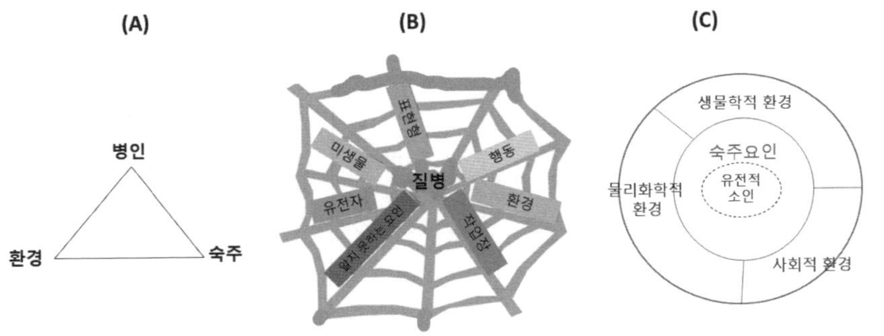

[그림 3-4] 질병발생의 원인을 설명하는 생태학적 모형 (ecological model)

(A) 역학적 삼각형 모형, (B) 거미줄 모형, (C) 수레바퀴 모형.
(출처) 『예방의학과 공중보건학』(4판), pp.61-62. 내용을 수정 보완함.

2) 건강의 환경적 결정요인

WHO는 건강 결정요인을 크게 3가지로 구분하는데, 사회적·경제적 환경, 물리적 환경, 개인의 특성과 행동이 그것이다〈표 3-1〉. 물리적 환경에 포함되는 내용들이 좁은 의미의 환경 및 직업적 유해인자라 할 수 있다.

---

13 대한예방의학회, 『예방의학과 공중보건학』(4판), 계축문화사, 2021.

〈표 3-1〉 건강 결정요인

건강 결정요인	종 류	설 명
사회경제적 환경	소득과 사회적 처지	소득과 사회적 처지가 높을수록 더 건강하며. 격차가 심할수록 건강 격차도 심함
	교육	교육 수준이 낮을수록 건강 상태가 나쁘며, 스트레스가 많고 자존감이 낮음
	사회적 지지 네트워크	가족, 친구 지역사회로부터 지지가 클수록 건강이 좋음
	문화	가족과 지역사회의 전통과 관습, 신념이 건강에 영향을 미침
	보건 서비스	서비스 이용과 접근성은 질병을 예방, 치료함으로써 건강에 영향을 미침
물리적 환경	안전한 물과 깨끗한 공기	오염된 물은 수인성 감염병을 포함한 질병의 위험을 높이며, 대기오염과 실내공기오염은 호흡기계. 심혈관계를 포함한 다양한 질병의 위험을 높임
	건축환경(built environment)	안전한 가옥, 건물, 도로, 소송 등의 환경은 건강에 영향을 미침
	건강한 작업장, 고용 및 근로조건	작업장 유해 물질, 야간, 교대작업, 고용상태 및 직무스트레스 등은 건강에 영향을 미침
개인의 특성과 행동	나이와 성	남녀 간 호발 질병과 호발 연령대가 다름
	유전	유전은 수명, 건강성, 특정 질병의 발생 가능성을 결정하는데 일정한 역할을 함
	개인의 행동과 극복기술	균형 있는 식사, 활동성 유지, 흡연, 음주, 생활스트레스와 위기를 해결하는 방식은 건강에 영향을 미침

(출처) WHO. Determinants of health. 내용을 정리.

사는 지역, 환경 상태, 소득과 교육수준, 유전적 특성, 친구와 가족관계는 건강에 매우 큰 영향을 미치며, 반면 보건의료 서비스의 접근성이나 이용은 상대적으로 적은 영향을 미친다.[14]

다른 한편, 미국의 Johnson과 Lichtveld[15]는 환경정책과 공중보건의 관점에서 건강에 영향을 미치는 환경유해인자를 이미 알려진 것과 앞으로 더욱 중요하게 대두되는 것으로 구분하기도 한다〈표 3-2〉.

14 WHO. Determinant of health. (2017.2.3.Q&A) https://www.who.int/news-room/questions-and-answers/item/determinants-of-health

15 Johnson & Lichtveld. *Environmental policy and public health*. Third edition. Boca Raton : Taylor & Francis, 2020.

〈표 3-2〉 환경정책과 공중보건의 관점에서 중요한 환경 유해인자

범 주	종 류
기존 환경유해인자	기후변화 공기질, 수질과 물안보, 식품안전과 식량안보 담배제품, 전자담배, 대마초흡연 환경 독성물질
대두하는 환경유해인자	환경–관련성 감염병 (예, 코로나) 고형 및 유해 폐기물 약물과 술, 총기 폭력, 소음과 빛 공해 교통(수송), 건축 환경(built environment)

(출처) Johnson & Lichtveld. *Environmental policy and public health*. Third edition. Boca Raton : Taylor & Francis, 2020.의 목차를 재구성

한편, WHO는 기존의 축적된 과학적 근거를 종합해 볼 때 건강영향에 관한 확실한 근거를 보여주는 요인들로 수송(transport), 식품과 농업(food and agriculture), 가옥(housing), 폐기물(waste), 에너지(energy), 산업(industry), 도시화(urbanization), 물(water), 방사선(radiation), 영양과 건강(nutrition and health)을 제시하였다. 따라서 프로젝트, 개발사업, 프로그램, 정책 등을 계획하는 단계에서 건강영향을 평가(health impact assessment)할 때 이 요인들은 반드시 고려해야 한다고 주장한다.[16]

3) 환경유해인자 관리정책

환경유해인자 관리정책에서 우선순위는 해당 나라의 지리적 및 자연환경뿐 아니라 사회적경제적 수준과 상태, 그리고 정치적 및 문화적 발전수준에 따라 다를 수 있다. 우리나라의 경우, 건강에 영향을 미치는 환경 유해요인을 여러 부처에서 나누어 관리하고 있으며, 정부의 정책변화에 따라 부처간 책임의 영역이 변화하기도 한다. 환경부는 환경매체의 오염(물, 공기, 토양 등)과 화학적 요인, 그리고 물리적 유해요인의 일부를 담당하고 있다. 현재 우리나라 환경보건정책에서 제도적으로 관리하고 있는 환경유해인자는 2편에서 기술한 화학물질 이외에 소음과 진동, 석면, 빛공해, 실내공기질이다.

그러나 거주가옥, 건물, 도로, 수송 등과 같은 도시의 구조와 밀접한 관련을 가지

16 WHO. Determinants of health. ibid.

는 건축환경(built environment)과 건강관련성에 대한 연구와 정책개발은 매우 부족하다. 또한, 일반적인 환경정책(폐기물관리, 대기질 및 수질관리 등)과 기후변화완화정책(에너지전환, 전기차확대, 생물다양성 및 자연보전 정책 등)이 건강에 미치는 영향 및 공동편익에 대해서 과학적 근거를 마련하여 정책을 견인·조정하는 역할을 높여야 할 필요가 있다.

제2장

소음·진동

1 소음·진동 관리제도

1. 소음·진동의 개념과 건강영향

1) 정의

소리는 매개체의 진동으로 인해 일어나는 대기의 압력변화, 즉 발생원의 진동면에서 발생한 공기압력의 파동(wave)이 전파되어 귀에 도달하여 청각신경을 자극하는 감각이다. 소리, 즉 음파(sound wave)는, 크기인 음량(loudness)과 높이인 음고(pitch)의 성분을 가지고 있다.[17] 소리의 높이는 주파수(frequency)에 의해 결정되는데, 주파수는 단위시간 당 파동 수를 말하며 헤르츠(Hz) 단위를 사용한다. 주파수가 클수록 음고가 높다. 소리의 크기는 파동의 높낮이인 진폭(amplitude)에 따라 결정되는데, 이것은 소리파동 주위 공기의 압력변화로서 음압(sound pressure)이라 하며 데시벨(dB, decibel) 단위를 사용한다.

사람이 정상적인 귀로 들을 수 있는 가장 작은 소리가 0dB이며, 최대 120dB까지 들을 수 있고, 10dB 증가할 때마다 소리의 크기가 10배 증가하는 것으로 느낀다(대수선형 관계). 사람 귀의 달팽이관(cochlea)은 대략 20 ~ 20,000Hz 범위의 주파수를 감지할 수 있다. 사람의 말소리는 300~3,000Hz 범위에 해당한다[그림 3-5].

17 소리를 구성하는 3요소는 음량, 음고, 음색으로, 이중 음색(timbre)이란 연속되는 소리에서 주파수 스펙트럼, 음파의 배열(harmonics, 배음)에 의해 구분하여 느낄 수 있는 감각적 특성이다(예, 피아노와 바이올린 소리).

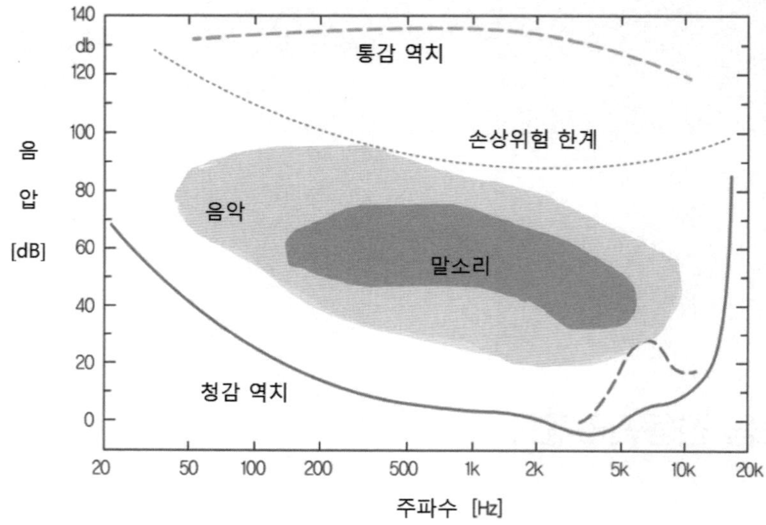

[그림 3-5] 사람이 들을 수 있는 소리의 분포

(출처) 대한직업환경의학회편. *직업환경의학*. 계축문화사. 2014. p.65.

물리학에서는 규칙적인 파형을 낙음(樂音)이라 하고 불규칙하고 반복되지 않는 파형을 소음(騷音)이라 하나, 소음의 보건학적인 정의는 '원하지 않는 소리' 또는 '정신적, 신체적으로 인체에 유해한 소리'로 다분히 주관적이다. 듣는 사람의 심리상태나 때와 장소에 따라 낙음을 소음으로 또는 소음을 낙음으로 느낄 수 있다. 그러나 주관적인 느낌과는 무관하게, 너무 큰 소리는 인체에 여러 가지 장해를 유발한다.

「소음·진동관리법」에 의하면, 소음이란 '기계·기구·시설, 그 밖의 물체의 사용 또는 공동주택 등 환경부령으로 정하는 장소에서 사람의 활동으로 인하여 발생하는 강한 소리'이며, 진동은 '기계·기구·시설 그 밖의 물체의 사용으로 인하여 발생하는 강한 흔들림'이다(소음·진동관리법 제2조). 즉 「소음·진동관리법」은 사람의 활동에 의해 발생하는 소리로서, 인체에 장애가 초래될 수 있는 큰 소리를 규제한다.

2) 소음·진동의 건강영향

소음이 수면에 영향을 미치기 시작하는 건 40dB(A)부터이며, 50dB(A)부터는 불쾌감(성가심)을 호소하는 사람들이 크게 늘어나므로 주거지역의 옥외 환경소음 기준으로 정해져 있다. 60dB(A)부터는 건강에 직접적인 영향이 나타나기 시작한다[그림 3-6].

[그림 3-6] 노출 소음 수준과 건강영향

(출처) 국가소음정보시스템.

소음 노출에 의한 건강영향은 청각 및 비청각 영향으로 구분될 수 있다. 청각영향으로는 난청(hearing loss)와 이명(tinnitus)이 포함되며, 장기적 노출로 유발되는 비특이적인 스트레스에 의해 비청각 건강영향이 발생될 수 있다. 비청각 영향은 심리적, 생리적인 부담을 줄 뿐 아니라 개체의 항상성을 교란하고 스트레스로 인한 신체의 마모(allostatic loads)가 커지는 것에 의해 발생한다. 여기에는 심혈관계질환, 어린이의 인지발달장애, 수면방해, 성가심 등이 포함된다〈표 3-3〉.[18]

〈표 3-3〉 소음발생원별 유럽-가이드라인 설정의 기반이 된 건강영향

건강영향	소음발생원	연관성	근거수준
영구적 난청, 이명	항공기, 도로 교통	소음발생원 주변지역 주민들에서 청력이 더 떨어지는 소견	낮음
	휴대용음향기기	큰소리의 음악을 장기간 청취 시 난청과 이명의 위험이 증가	
	폭발음 (예, 장난감 총기, 폭죽)	비폭발음보다 청력기관에 더 위험하나, 질적 기준을 충족하는 역학연구가 없음	

18 WHO 유럽사무소에서는 난청과 이명을 포함한 이들 건강영향을 'critical health effects'로 분류하여 소음 가이드라인 설정에 근거로 사용하였다. 가이드라인 설정에 반영하지 않은 건강영향은 'important health effects'로 분류하고, 출생결과, 삶의 질과 정신건강, 당뇨병, 비만을 포함하였다. (참고) WHO, Regional Office for Europe, Environmental noise guidelines for European Region, 2018.

건강영향	소음발생원	연관성	근거수준
성가심	항공기	소음도가 높을수록 '성가심 정도'가 높음(상관계수 0.44). 소음10dB 증가당 '매우 성가심' 발생 위험도 4.0~4.8배 증가	중간
	철도	소음10dB 증가당 '매우 성가심' 발생위험도 3.2~3.5배 증가	
	도로교통	소음도와 '성가심정도'의 상관계수 0.33. 소음10dB 증가당 '매우 성가심' 발생 위험도 2.7~3.0배 증가	중간 /높음
	풍력발전기	소음도와 성가심 정도의 관련성 불명확	낮음
어린이 인지	항공기	읽기 이해력과 장기 기억력에 영향을 미침 주의력이나 수행능력과는 관련성 없어 보임	중간
	철도, 도로교통	여러가지 인지관련 건강지표와 관련성이 확실하지 않음	낮음
심혈관계 질환	도로교통	소음10dB(L_{den})증가당 허혈성심장질환 발생 위험 8% 증가	높음
수면방해	항공기	소음10dB 증가당 고도수면방해 위험 1.94배 증가, 잠깰 위험 1.35배증가	중간
	도로교통	소음10dB 증가당 고도수면방해 위험 2.13배 증가, 잠깰 위험 1.36배 증가	
	철도	소음10dB 증가당 고도수면방해 위험 3.06배 증가, 잠깰 위험 1.35배 증가	
	병원소음	병원소음과 환자들의 수면방해 정도가 관련성 있어 보이나 연구간 결과 불일치	낮음

(출처) WHO Environmental noise guidelines for the European Region: Systemic Reviews; 『Int J Environ Res Public Health』 2018, 15(3).pii:E519, 15(2).pii:E285, 14(2).pii:1539, 14(10).pii:E1139, 15(2).pii:E379를 재구성.

그 외, 중요한 건강영향으로는 임산부의 노출과 출생결과(저체중, 조기분만, 부당경량아, 선천성기형 등), 어린이의 정서 및 행동문제를 포함한 삶의 질과 정신건강, 당뇨병과 비만 등 대사성 질환이 보고되었으나, 연구의 수와 질적 수준이 충분하지 않아 향후 연구가 필요한 것으로 평가되었다.[19]

질병부담연구에 따르면 서구유럽인에서 매년 백만년 정도의 건강수명이 주로 교통소음에 의해 상실되는 것으로 추정되어[20] 소음은 공중보건정책에서 우선순위를 차지하고 있다. 또, 수송소음(도로교통, 철도, 항공기 소음)에 대한 소음감소대책은 대책의 유형(발생원 대상, 발생경로 대상, 기반구조 대상 등)과 무관하게 모두 건강영

19 WHO, Regional Office for Europe. Environmental noise guidelines for European Region, 2018. Annex 4.
20 WHO, Regional Office for Europe. Environmental noise guidelines for European Region, 2018.

향을 감소시키는 효과가 있는 것으로 평가되었으며, 특히 성가심 감소효과가 컸다.[21]

2. 제도 현황

소음·진동 관련 제도는 환경기준을 정한「환경정책기본법」과, 공장, 사업장, 도로, 철도 등의 발생원별 소음·진동 관리를 위한「소음·진동관리법」이 있다. 다른 부처에서 관장하는 법으로는, 주택의 층간소음 등 관리를 위한「공동주택관리법」과 주상복합 등 집합건물의 소유자와 입주자간 소음·진동 분쟁조정을 위한「집합건물법」, 공항소음방지를 위한「공항소음방지법」, 군 비행장 등의 소음방지 및 보상을 위한「군소음보상법」이 있다〈표 3-4〉.

1) 제도 도입의 배경

소음과 진동의 발생은 산업화 및 도시화, 인구의 도시집중화와 교통량 증가 등 생활양식의 변화에 따라 크게 증가하였다. 환경소음은 신체적, 정신적 건강과 안녕에 위협을 가하는 중요한 환경유해인자이다. 특히 정온한 환경과 생활의 질을 원하는 수요가 더욱 높아지면서 소음과 진동에 대한 노출은 중요한 사회적 및 공중보건학적 문제가 되고 있다.

「소음·진동관리법」은 1991년 2월에「환경정책기본법」및「유해화학물질관리법」과 함께 시행된, 환경보건분야 최초의 법이라 할 수 있다. 1990년 당시「환경보전법」의 소음·진동 관련 조항이 분리되어「소음·진동규제법」이라는 개별법으로 정비되었다. 이후, 2009년에「소음·진동관리법」으로 법률의 제명을 바꾸어, 소음 · 진동이 관리의 대상임을 명확히 하였다. 이 법의 목적은 소음·진동배출시설 이외에 건설, 교통, 생활, 항공기 등 소음·진동의 발생원별 관리·규제를 통해 정온한 환경에서 국민들이 생활할 수 있도록 하려는 것이다.[22]

---

21 Brown and Kampp,「WHO environmental noise guidelines for the European Region: A systemic review of transport noise interventions and their impacts on health」,『*Int J Env Res Pub Health*』. 2017:,4,873.

22 국가법령정보센터, (제정이유, 1990.8.1) 소음·진동규제법.

〈표 3-4〉 소음·진동 관리 관련 법령 현황

소관부서	법령	주요 내용
환경부	환경정책기본법	소음 환경기준의 설정
	소음·진동관리법	공장, 생활, 교통 등의 소음·진동관리
국토부	공동주택관리법	층간소음의 방지, 층간소음 분쟁조정기구, 관리규약에 층간소음 관리 포함
	공항소음방지법	민간공항 소음대책지역 지정
법무부	집합건물법	주상복합 등 집합건물의 소유자·입주자간 소음·진동 등의 분쟁조정
국방부	군소음보상법	군용 비행장 주변지역의 소음대책지역 지정 및 관리, 소음피해 방지 및 보상

2) 소음의 환경기준

「환경정책기본법」 제12조(환경기준의 설정)와 시행령 제2조(환경기준)에 따라, 소음의 환경기준이 설정되어 있다. 일반지역과 도로변지역을 나누어 일반지역의 경우 낮 50~70, 밤 40~65dB(A), 도로변지역의 경우 낮 65~75, 밤 55~70dB(A)이다〈표 3-5〉. 소음의 환경기준은 국제표준화기구(ISO)의 기준을 참조하여 설정되었으며, 영국과 대체로 유사하고, 일본이나 독일(주거지역)보다는 5dB(A)정도 완화되어 있다.[23]

〈표 3-5〉 소음의 환경기준

(단위: dB(A))

		대상지역			
지역구분	시간대	가 (전용주거)	나 (일반주거)	다 (상업)	라 (공업)
일반지역	낮 (06:00~22:00)	50	55	65	70
	밤 (22:00~06:00)	40	45	55	65
도로변 지역	낮 (06:00~22:00)	65		70	75
	밤 (22:00~06:00)	55		60	70

대상지역은 「국토의 계획 및 이용에 관한 법률」 및 「초중등교육법」, 「의료법」, 「도서관법」에 따라 구분.
가: 녹지지역, 보전관리지역, 농림지역 및 자연환경보전지역, 전용주거지역, 종합병원의 부지경계로부터 50미터 이내의 지역, 학교의 부지경계로부터 50미터 이내의 지역, 공공도서관의 부지경계로부터 50미터 이내의 지역
나: 생산관리지역, 일반주거지역 및 준주거지역
다: 상업지역, 계획관리지역, 준공업지역
라: 전용 공업지역 및 일반공업지역
도로란 차선이 2개 이상 있는 도로. 항공기소음, 철도소음 및 건설작업 소음에는 미적용.

(출처) 환경정책기본법 시행령 제2조.

23 박영민·강유진, 「국가별 소음 환경기준 및 규제기준 분석」, 『추계학술대회논문집』, 한국소음진동공학회, 2012, pp.200-201.

환경소음은 어디에서 측정하느냐에 따라 결과가 많이 달라질 수 있어, 이를 분명하게 정하여 고시하고 있다. 환경소음의 측정지점은 옥외측정을 원칙으로 한다. 일반지역의 경우 당해지역의 소음을 대표할 수 있는 장소로 하되 가능한 반경 3.5m 이내에 장애물이 없는 지점으로 하고, 도로변지역은 소음으로 인하여 문제를 일으킬 우려가 있는 장소를 택하되 도로단으로부터 차선수×10m 이내 혹은 150m 이내에서 측정한다. 공장, 건설사업장, 비행장, 철도 등의 부지 내에서는 측정하지 않는다.[24]

3) 발생원별 소음·진동 관리

구체적으로 공장, 건설공사장, 도로, 철도 등으로부터 발생하는 공장소음, 생활소음, 교통소음과 항공기소음, 그 외 가전제품, 철도차량, 휴대용음향기기에 대한 규제와 관리내용을 정하고 있는 것은 「소음·진동관리법」이다〈표 3-6〉.

〈표 3-6〉 소음·진동 관리법의 체계

장	장 제목	주요 내용
1	총칙	목적과 정의 국가와 지방자치단체의 책무, 종합계획의 수립 소음 측정망 설치계획, 소음지도 작성
2	공장 소음·진동관리	공장 소음·진동 배출허용기준, 준수 의무 배출시설의 설치 신고 및 허가 방지시설의 설계와 시공, 설치 개선명령, 조업정지명령, 허가의 취소, 위법시설 폐쇄조치 등 환경기술인의 임명과 역할, 의무
3	생활 소음·진동관리	생활소음·진동의 규제, 층간소음 기준 등 특정공사의 사전신고 등 공사장 소음측정기기의 설치 권고 규제기준을 초과한 자에 대한 조치명령 등 이동소음의 규제 폭약의 사용으로 인한 소음·진동의 방지

24 국립환경과학원고시 제2020-27호. 소음·진동 공정시험기준. 환경기준 중 소음측정방법.

장	장 제목	주요 내용
4	교통 소음·진동관리	교통 소음·진동의 관리기준, 관리지역의 지정 자동차 운행의 규제 방음·방진시설의 설치 등 제작차 소음허용기준, 제작차에 대한 인증 자동차용 타이어 소음허용기준 기준초과에 따른 시정명령 등 운행차 소음허용기준, 수시점검, 정기검사, 개선명령
5	항공기 소음의 관리	항공기 소음의 관리
6	방음시설의 설치 기준 등	방음시설의 성능과 설치기준 등
7	확인검사대행자	확인검사대행자의 등록, 결격사유, 등록취소 등
8	보칙	소음도 검사, 가전제품 저소음표시 등 소음도 검사기관의 지정 및 취소 철도차량에 대한 소음기준 권고 휴대용음향기기의 최대음량기준 환경기술인 교육
9	벌칙	벌칙, 양벌규정, 과태료

공장 소음·진동의 배출허용기준,[25] 생활 소음·진동(층간소음 및 공사장 소음, 이동소음, 폭약의 사용으로 인한 소음 등),[26] 교통 소음·진동(제작차소음, 자동차용타이어 소음, 운행차 소음 등),[27] 그리고 항공기 소음[28]에 관한 허용기준을 대상지역의 종류와 시간대별로 정하고 있다. 뿐만 아니라 가전제품에 저소음표시제,[29] 철도차량에 대한 소음기준 권고,[30] 휴대용음향기기의 최대음량기준(100데시벨)[31]도 정하고 있다.

① 소음 측정망과 소음지도

환경부장관과 시·도지사는 전국적인 그리고 해당지역의 소음·진동의 실태파악을 위해 측정망을 설치하여 상시 측정하여야 한다(법 제3조). 2020년 현재 전국에 소음·

25 소음·진동관리법 제7조 및 시행규칙 제8조
26 동법 제21조, 제21조의2 및 시행규칙 제20조
27 동법 제26조, 제30조, 제34조의2, 제35조 및 시행규칙 제25조, 제29조, 제39조의2, 제40조
28 동법 제39조 및 시행령 제9조
29 동법 제44조의2, 시행규칙 제60조의2
30 동법 제45조의2
31 동법 제45조의3, 시행규칙 제63조의3

진동 측정망을 2,005개소에서 운영하고 있다. 이중 환경소음 측정망이 1,828개(자동 62개, 수동 1,766개), 항공기소음 측정망 90개, 철도소음 측정망 41개, 도로진동 측정망이 46개이다. 측정 결과는 지도화하여 공개하고 있으며 현재 12개 지자체에서 작성하고 있다.[32] 소음지도는 도시개발, 도로건설, 도시계획 등 수립 시, 또는 교통소음 관리대책 수립 시 활용하도록 하는 것이 목적이다.

② 공장 소음·진동의 관리

공장소음을 규제하기 위한 체계로, 소음·진동배출시설을 설치하고자 하는 자는 해당 지자체의 장에게 신고하여야 한다. 그러나 학교, 종합병원, 도서관, 주거지역, 요양병원, 어린이집 등의 주변과 같이 정온을 요하는 지역에 소음·진동배출시설을 설치하고자 할 때는 신고가 아니라 허가를 받아야 한다.[33] 이 법에서는 '공장소음·진동 배출허용기준'[34]을 규정하여, 사업자에게 이를 준수할 의무와, 방지시설을 설치하고 배출·방지시설을 운영·관리할 수 있는 환경기술인을 임명할 의무를 부여하였다. 이러한 의무를 위반할 경우 지자체의 장은 필요한 조치에 대한 개선명령, 조업정지명령, 허가의 취소, 위법시설에 대한 폐쇄조치를 내릴 수 있다.

③ 생활 소음·진동의 관리

생활 소음·진동 관리기준

주민의 생활환경을 침범하는 사업장 및 공사장 등에서 발생되는 소음·진동을 규제하기 위해 생활소음·진동을 지역별, 소음원별 및 시간대별로 기준을 정하여 관리하고 있다〈표 3-7〉.

공사의 규모가 크거나 심한 소음이 발생되는 기계장비를 사용하여 소음·진동이 발생할 수 있는 특정공사[35]는 사전에 지자체의 장에게 신고하여야 하며, 신고서류에는 방음·방진시설 설치와 소음·진동 저감대책이 포함되어 있어야 한다. 자자체의 장은 공사장에 소음측정기 설치를 권고할 수 있으며, 기준을 초과한 소음·진동을 발생시킨 자에 대해서는 작업시간의 조정, 소음·진동 발생행위의 분산·중지, 방음·방진시

32 국가소음정보시스템. (2021.12) http://www.noiseinfo.or.kr/index.jsp
33 동법 제8조, 시행령 제2조
34 동법 제7조, 시행규칙 제8조 별표5
35 소음·진동관리법 시행규칙 제21조, 별표9

설의 설치 등 필요한 조치, 해당 규제대상의 사용금지, 해당 공사의 중지 또는 폐쇄를 명할 수 있다. 확성기, 스피커 등 이동소음원에 대해서는 '이동소음규제지역'을 지정하여 사용금지 혹은 사용 시간을 제한하는 조치를 한다. 또 폭약의 사용으로 인한 소음·진동 피해를 방지할 필요가 있는 경우, 폭약을 사용하는 자에게 필요한 조치를 요청할 수 있다.

〈표 3-7〉 생활 소음·진동 규제기준

소 음 (단위: dB(A)) ~이하					
대상 지역	소음원 \ 시간대별		아침, 저녁 (05:00~07:00, 18:00~22:00)	주간 (07:00~18:00)	야간 (22:00~05:00)
가. 주거지역, 녹지지역, 관리지역 중 취락지구 ·주거개발진흥지구 및 관광·휴양개발진흥지구, 자연환경보전지역, 그 밖의 지역에 있는 학교·종합병원·공공도서관	확성기	옥외설치	60	65	60
		옥내에서 옥외로 소음이 나오는 경우	50	55	45
	공장		50	55	45
	사업장	동일 건물	45	50	40
		기타	50	55	45
	공사장		60	65	50
나. 그 밖의 지역	확성기	옥외설치	65	70	60
		옥내에서 옥외로 소음이 나오는 경우	60	65	55
	공장		60	65	55
	사업장	동일 건물	50	55	45
		기타	60	65	55
	공사장		65	70	50

진 동 (단위: dB(V)) ~이하		
대상지역 \ 시간대	주 간 (06:00~22:00)	심 야 (22:00~06:00)
가. 주거지역, 녹지지역, 관리지역 중 취락지구·주거개발진흥지구 및 관광·휴양개발진흥지구, 자연환경보전지역, 그 밖의 지역에 소재한 학교·종합병원·공공도서관	65	60
나. 그 밖의 지역	70	65

(출처) 소음·진동관리법 시행규칙 제20조3항 별표8

층간소음의 관리

층간소음 갈등은 공동주택의 시공상의 문제[36]와 공동체의식의 부족이 결합되어 발생하는 것으로 알려져 있다. 이에 따라 층간소음의 관리도 크게 두 가지 방향으로 이루어지고 있다. 하나는 층간소음을 실질적으로 감소시킬 수 있는 공동주택의 건축기준 등에 관한 제도의 개선과 정비, 또 하나는 이웃에 대한 이해와 배려를 높이기 위한 교육과 문화적 접근이다.

2013년에 환경부와 국토교통부가 공동으로 '층간소음기준'을 정하고〈표 3-8〉,[37] 환경부장관은 전문기관을 정하여 층간소음의 측정, 피해사례의 조사상담 및 피해조정지원을 실시하도록 하는 조항이 「소음·진동관리법」에 신설되었다(법 제21조의2).

〈표 3-8〉 층간소음의 기준

층간소음의 구분		층간소음의 기준[단위: dB(A)]	
		주간 (06:00 ~ 22:00)	야간 (22:00 ~ 06:00)
1. 제2조제1호에 따른 직접충격 소음	1분간 등가소음도(Leq)	39*	34*
	최고소음도(Lmax)	57	52
2. 제2조제2호에 따른 공기전달 소음	5분간 등가소음도(Leq)	45	40

* 개정계획 발표('22.8.23). 현행은 주·야간 각각 43, 38 임 (출처) 공동주택 층간소음의 범위와 기준에 관한 규칙 제2조

이에 따라 층간소음을 관리하는 전문기관으로 환경부에는 층간소음이웃사이센터(한국환경공단)와 층간소음상담지원센터(환경보전협회)가 설치되었다. 또, 환경분쟁조정위원회가 층간소음 관련 분쟁의 조정에 관여하고 있다. '층간소음이웃사이센터'에서는 층간소음 민원을 접수하여 전화나 인터넷으로 상담하고 현장을 방문하여 상담 및 소음측정, 피해를 조정하는 활동을 한다.

국토부에는 LG 중앙공동주택관리지원센터, 공동주택관리분쟁조정위원회가 설치

36 아파트 건물은 (사무실 건물이 기둥식구조인 것과는 달리) 벽식구조로(벽을 두껍게 만들어 벽 자체가 건물의 무게를 떠받을 수 있게 함) 벽 위에 판(슬라브)를 깔고, 다시 그 위에 벽을 올린다. 이처럼 벽 자체가 위 아래로 연결된 한 몸이라 바닥을 치면 벽을 따라 소리가 이동하게 되어 층간소음의 발생을 피하기 어렵다. 벽식구조는 1990년대 신도시가 개발되면서 낮은 층간높이, 저렴한 건축비, 빠른 시공기간 등의 장점으로 아파트 건설분야에 정착되었다. (출처) 오마이뉴스 기사(2021.5.12.). 유독 아파트에서 층간소음 심한 이유, 이것 때문이었다.

37 아파트 건설사들은 경제성이 높아 층고높이를 낮게 유지하려고 하므로, 벽식구조 공법을 고수하는 대신 특정 부분의 슬러브 두께를 높이거나 성능이 좋은 층간차음제를 개발·사용하는 등으로 대응한다. (출처) ibid.

되어 있다. 지자체가 설치한 관리기관으로는 서울이웃분쟁조정센터(2016.7), 광주마을분쟁해결센터(2015.9), 광명시갈등해소지원센터(2013.7), 평택시이웃분쟁조정센터(2020.6) 등이 있다. 자치기구로서는 입주자대표회의와 아파트관리사무소 및 층간소음관리위원회 등이 있다. 각 관리기관별 법적 책무와 관련규정은 다음과 같다〈표 3-9〉.

〈표 3-9〉 층간소음의 관리기관별 법적 책무와 규정

<table>
<tr><th colspan="2">관리기관</th><th>법적 책무</th><th>관련 규정</th></tr>
<tr><td rowspan="2">환경부</td><td>층간소음
전문기관</td><td>· 전문기관으로 하여금 층간소음 조정 지원
· 층간소음 측정, 피해사례조사·상담 및 피해조정 지원
* 한국환경공단, 환경보전협회</td><td>· 소음진동관리법 제21조의2
· 소음진동관리법 시행령 제3조</td></tr>
<tr><td>환경분쟁
조정위원회</td><td>· 환경피해 관련 분쟁 조정, 피해예방 상담, 정책 연구 등
* 중앙(환경부) 및 광역 시·도에 설치</td><td>· 환경분쟁조정법 제5조</td></tr>
<tr><td rowspan="2">국토부</td><td>공동주택
관리분쟁
조정위원회</td><td>· 층간소음 피해 사실조사, 심의·조정
* 중앙(국토부) 및 시·군·구에 설치</td><td>· 공동주택관리법 제71조</td></tr>
<tr><td>중앙공동주택
관리지원센터</td><td>· 공동주택관리 지원기구를 통해 층간소음 방지 등에 필요한 조사 또는 상담지원
* 한국토지주택공사</td><td>· 공동주택관리법 시행령 제92조</td></tr>
<tr><td>공동주택
관리주체</td><td>아파트
관리사무소</td><td>· 입주자등에게 층간소음 발생 중단 또는 소음차단 조치 권고 요청, 확인 조사, 예방교육 실시
* 입주자 등은 관리주체의 조치 및 권고에 협조</td><td>· 공동주택관리법 제20조</td></tr>
<tr><td>자치기구</td><td>층간소음
관리위원회</td><td>· 층간소음에 따른 분쟁의 예방, 조정, 교육 등을 위하여 자치적인 조직 구성·운영
· 층간소음 관리위원회의 설치·운영 권고 등</td><td>· 공동주택관리법 제20조
· 조례, 공동주택 관리규약</td></tr>
<tr><td>경찰청</td><td>인근소란처벌</td><td>· 악기 등 지나치게 크게 소리를 내거나 큰소리로 떠들거나 노래를 불러 이웃을 시끄럽게 한 사람을 10만원 이하의 벌금 등 처분</td><td>· 경범죄 처벌법 제3조 21항</td></tr>
</table>

층간소음은 입주자 또는 사용자의 활동으로 인하여 발생하는 소음으로서 다른 입주자 또는 사용자에게 피해를 주는 소음이다. 욕실, 화장실 및 다용도실 등에서 급수·배수로 인하여 발생하는 소음은 제외된다.

④ 교통 소음·진동의 관리

기차, 자동차, 전차의 운행으로 도로 및 철도로 부터 소음·진동에 대하여 환경부령으로 관리기준을 정하고 있다〈표 3-10〉.

〈표 3-10〉 교통 소음·진동 관리기준

<table>
<tr><th rowspan="2">대상지역</th><th rowspan="2">구 분</th><th rowspan="2">시간대</th><th colspan="2">한도</th></tr>
<tr><th>도로</th><th>철도</th></tr>
<tr><td rowspan="4">가. 주거지역, 녹지지역, 보전관리지역, 관리지역 중 취락지구 ·주거개발진흥지구 및 관광·휴양개발진흥지구, 자연환경보전지역, 학교·병원·공공도서관 및 입소규모 100명 이상의 노인의료복지시설·영유아보육시설의 부지 경계선으로부터 50미터 이내 지역</td><td rowspan="2">소 음
(LeqdB(A))</td><td>주간</td><td>68</td><td>70</td></tr>
<tr><td>야간</td><td>58</td><td>60</td></tr>
<tr><td rowspan="2">진동
(dB(V))</td><td>주간</td><td>65</td><td>65</td></tr>
<tr><td>야간</td><td>60</td><td>60</td></tr>
<tr><td rowspan="4">나. 상업지역, 공업지역, 농림지역, 관리지역 중 산업·유통개발진흥지구 및 관리지역 중 가목에 포함되지 않는 그 밖의 지역, 미고시지역</td><td rowspan="2">소 음
(LeqdB(A))</td><td>주간</td><td>73</td><td>75</td></tr>
<tr><td>야간</td><td>63</td><td>65</td></tr>
<tr><td rowspan="2">진 동
(dB(V))</td><td>주간</td><td>70</td><td>70</td></tr>
<tr><td>야간</td><td>65</td><td>65</td></tr>
</table>

(출처) 소음·진동관리법 시행규칙 제25조 별표11

필요한 경우 지자체의 장은 일정지역을 '교통소음·진동관리지역'으로 지정하고, 표지판 설치, 자동차 운행 시 속도의 제한·우회 요청, 방음·방진시설의 설치 요청 등 필요한 조치를 하여 관리할 수 있다.

또 자동차의 경우, 제작차(가속주행소음, 배기소음, 경적소음)와 운행차(배기소음, 경적소음)의 소음허용기준[38]을 정하여 관리하고 있는데, 점점 그 기준이 강화되고 있다. 제작차는, 소음기준에 적합하다는 환경부장관의 인증을 받아야 한다. 운행차는 정기검사 및 수시점검을 받아야 하며, 소음허용기준을 초과하거나, 소음기나 소음덮개를 떼어버리거나 경음기를 부착하는 등의 행위에 대해서는 환경부장관이 개선명령 혹은 사용정지 명령을 내릴 수 있다.

환경부 장관은 철도차량의 소음기준을 고시하여〈표 3-11〉, 철도차량을 제작하거나 수입하는 자에게 권고할 수 있다(법 제45조의2).

38 동법 제30조, 시행령 제4조, 시행규칙 제29조(제작차), 법 제35조, 시행령 제8조, 시행규칙 제40조(운행차)

〈표 3-11〉 철도차량의 소음권고기준

구분 (단위)	전기동차 (EMU)	기관차	디젤동차 (DMU)	객차	화차	고속철도차량
정차소음 ($L_{eq}\ dB(A)$)	88	75	78			
주행소음 ($L_{eq,T_p}\ dB(A)$)	81	85	82	80	82~87	92

(출처) 환경부고시 제2019-189호 제4조 별표2

⑤ 항공기 소음의 관리

항공기소음에 대해서는 기본적으로 「공항소음 방지 및 소음대책지역 지원에 관한 법률」(약칭: 공항소음방지법)에 따라 관리되나, 항공기소음의 한도[39]를 초과하여 주변의 생활환경이 손상된다고 인정되는 경우 환경부장관이 관계기관의 장에게 필요한 조치를 요청할 수 있다.

4) 최근 제도의 변화

① 타이어소음 신고 및 등급표시제

도로 교통 소음과 관련된 민원은 폭증하고 있는 추세로,[40] 자동차에서 발생하는 소음을 관리해야 할 필요성이 커졌다. 자동차 소음은 타이어소음이 차지하는 비중이 크다.

최근 법 개정을 통해서(2018년) '타이어 소음허용기준'이 마련되었다. 타이어 제작 혹은 수입자는 이에 적합하도록 자동차용 타이어를 제작하거나 수입하고, 타이어의 소음을 측정하여 환경부장관에게 신고하며, 타이어의 보기 쉬운 곳에 이를 표시하여야 한다〈표 3-12〉.[41] 2020년 신차 승용차부터 순차적으로 적용하여 2029년에는 타이어 전 모델에 적용하게 된다.

39 소음·진동관리법 시행령 제9조(항공기 소음의 한도 등) ① 법 제39조제1항에 따른 항공기 소음의 한도는 공항 인근 지역은 항공기소음영향도(WECPNL) 90으로 하고, 그 밖의 지역은 75로 한다.

40 2014년 기준 1,058건으로 2009년 대비 60% 증가 (출처) 국가소음정보시스템.

41 동법 제34조의2, 34조의3, 시행규칙 제39조의2

〈표 3-12〉 타이어 소음허용기준 및 표시기준

타이어 소음허용기준	
공칭단면폭(mm)	소음 기준(dB)
≤185	70
〉185 ～≤254	71
〉245 ～≤275	72
〉275	74

타이어 소음 표시기준	
소음도 등급	소음도(dB)
AA	소음도≤ 소음허용기준–3dB
A	소음허용기준–3dB 〈 소음도 ≤ 소음허용기준

② 항공기소음

항공기소음의 평가 단위를 '공기소음영향도(WECPNL)'에서 '가중등가소음도(L_{den} dB(A))'로 변경하여, 생활소음 등 다른 소음과 쉽게 비교되게 하였다〈표 3-13〉.

〈표 3-13〉 항공기소음 평가 단위의 비교

	단위	설명	소음 한도	
			공항인근	그 외
현행 ('06.1 시행)	공기소음영향도 (WECPNL)	Weighted Equivalent Continuous Perceived Noise Level, 항공기의 최고소음도로 계산된 1일 항공기소음 노출지표	90	75
개정 ('23.1 시행)	가중등가소음도 (L_{den} dB(A))	Level day, evening, night: 등가소음도로 도출된 1일 소음도	75	61

(출처) 소음·진동 관리법 시행령 제9조

다른 한편, 군용비행장 및 군사격장의 소음에 대해서는 「군용비행장·군사격장 소음 방지 및 피해 보상에 관한 법률」(약칭: 군소음보상법)이 제정·시행되어(2020년11월), 인근주민의 소음피해를 방지하고 소음피해에 대한 보상금 지급의 근거가 마련되었다.

③ 소음관리의 범위 확대 및 기준 강화

생활소음의 대부분의 원인을 차지하는 공사장 소음 저감을 위해서, 소음발생건설기계에 대한 소음관리기준을 추가(발전기, 콘크리트절단기, 2019.2)하고, 기존의 기준을 강화(굴착기, 로더, 2020.10)하였다.

풍력발전소 등 생활 주변에서 발생할 수 있는 저주파 소음에 대해서, '저주파 소음 관리 가이드라인'(2018.8)을 마련하였다. 실내골프연습장업, 야구장업 등 최근에 새롭게 등장하는 업종들도 동일건물 내 소음의 관리 적용대상이 될 수 있도록 소음·진동관리법 시행규칙을 개정(2019.12)하였다. 복합건물의 소유자와 입주자간 소음·진동·악취 등과 관련된 분쟁조정을 위하여 「집합건물의 소유 및 관리에 관한 법률」을 개정하여(2020.2), 관리조직의 업무, 조정절차 등이 마련되었다. 또 「집회 및 시위에 관한 법률」 개정(2020.9)을 통해 심야(00시~07시) 집회 시 소음기준을 강화하였다(60→55 dB(A)).

2 소음·진동 발생 현황[42]

1. 소음·진동 배출업소

2019년12월 현재, 우리나라 전국에서 소음배출업소는 48,210개소, 진동배출업소는 10,965개소이다.[43] 학교, 공동주택, 종합병원 등 정온을 요하는 지역의 배출업소(허가대상)는 2001년 이후 지속적으로 감소하고 있는 추세이다[그림 3-7]. 지역적으로는 소음·진동배출업소의 수는 경기도에 47.7%, 경남 10.9%, 충남 9.7% 순으로 집중되어 있다.

42 환경부, 「2019년 소음·진동관리시책 시도별 추진실적」, 2020.7. www.me.go.kr (법령/정책)을 참조.

43 이중 허가 또는 신고 대상이 아닌 시설은 소음 6,913개소(14.3%), 진동 1,393개소(12.7%).

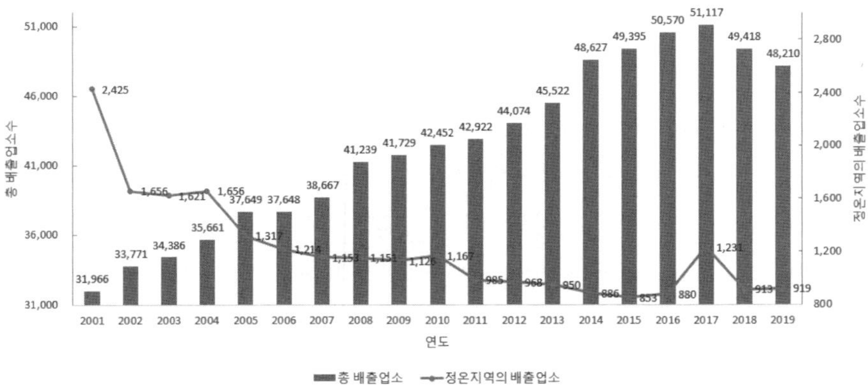

[그림 3-7] 전국의 소음·진동 배출업소 수 현황

(출처) 환경부, 2019년 소음·진동관리시책 시도별 추진실적, 2003~2020, 자료를 재구성.

2. 소음·진동 민원

지자체를 통해 접수된 소음·진동 민원건수(2019)는 143,181건으로 전체 환경관련 민원(286,250건)의 50%를 차지한다. 지역별로는 서울(36.9%), 경기(21.6%) 등 수도권 지역과 부산(8.4%), 인천(8.1%) 등 대도시에서 민원이 많았다. 수도권지역 등 대도시의 경우 토지이용 밀도가 높아 소음원에 대한 노출인구가 많고, 재건축, 택지개발 등 공사장 소음, 사업장, 확성기 소음 등에 자주 노출되기 때문이다. 민원건수는 연도별로 계속 증가하는데, 이는 생활수준의 향상에 따라 정온한 생활환경에 대한 기대수준이 높아지고 있음을 의미한다[그림 3-8].

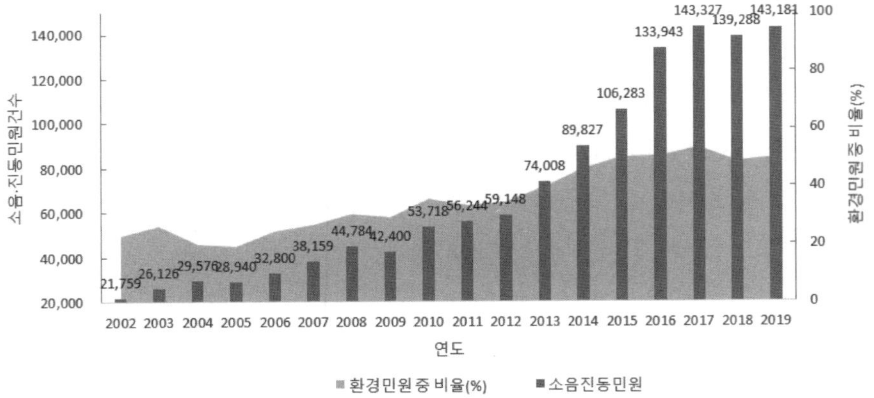

[그림 3-8] 소음·진동 민원 발생 건수 추이

(출처) 환경부, 2019년 소음·진동관리시책 시도별 추진실적(2003~2020), 자료를 재구성.

다른 한편 재정, 조정, 합의 등의 준사법적 구제제도로서 '중앙환경분쟁조정위원회'가 설치된 1991년부터 2020년 12월까지 접수된 총 5천여건의 환경분쟁 신청건수 중 84.3%를 소음·진동으로 인한 분쟁이 차지하고 있다.[44]

소음을 발생원별로 생활소음(공사장, 사업장, 확성기, 이동소음, 기타)과 공장소음, 교통소음, 항공기소음으로 구분하면, 이 중 생활소음이 98.4%로 민원의 대부분을 차지한다. 생활소음 중에는, 공사장(75.3%), 사업장(11.6%), 확성기(4.7%) 순으로 민원이 많았다. 공장소음(13.4% 감소)과 항공기소음(63.2% 감소)으로 인한 민원은 감소하였다[그림 3-9]. 기타로 분류된 생활소음에는 배출업소이외의 공장, 동물소음, 동일건물 소음, 층간소음,[45] 폭음형 유해조수퇴치기 등의 소음이 포함된다.

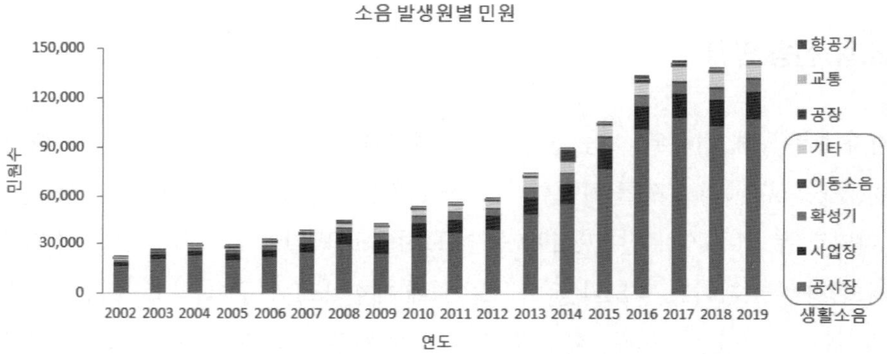

[그림 3-9] 소음 발생원별 민원 건수 추이

(출처) 환경부, 2019년 소음·진동관리시책 시도별 추진실적(2003~2020), 자료를 재구성.

2020년 현재, 교통소음·진동 관리지역으로 지정된 곳은 총 584개로 1,433km에 달한다. 전국의 104개 시·군·구에서 이동소음을 규제하는 지역을 지정하고 있으며, 방음벽이 설치된 곳은 총 5,484개소(1,535km), 저소음노면 포장도로를 설치한 곳은 총 893개소(2,378km)이다. 특정공사 신고접수는 41,823건이며 이 중 50,212건의 지도점검을 통해 3,522건의 위반사항을 발견하였다.

44 환경부, 환경분쟁사건 처리 등 통계자료(2020.12.30.기준)

45 층간소음은 '층간소음이웃사이센터'가 한국환경공단에 설치되면서 별도로 민원을 접수하여 관리하고 있으나, 이곳을 통하지 않고 지방자치단체를 통해 들어온 일부의 층간소음 민원이 포함.

3. 층간소음

1) 층간소음 발생의 배경

우리나라는 1961년부터 시작된 아파트 건설이 1980년대부터 급증하여 2019년 현재 전국민 주거유형의 50.1%를 차지하고 있다.[46] 그런데 그간에 아파트건설업자들이 분양가격을 고려하여 물량 위주로 건설하면서 주택법상의 주택건설기준을 준수하지 않거나, 준수하였더라도 층간소음이 효과적으로 흡수되지 못하는 등의 시공상의 문제가 있었다. 특히 고층아파트를 활발하게 건설하던 시기에는 주택난이 심각하던 시대였다. 고층아파트 건설 시, 하중을 줄이기 위해 두께가 얇은 층간 슬래브나 경량 소재를 사용하면서도 비용 절감 등을 이유로 소음 차감 효과가 떨어지는 저가 바닥재를 고수할 뿐 아니라, 건설시공 기간과 비용을 줄일 수 있는 벽식구조를 채택하면서 층간소음에 취약해졌다. 이러한 사정으로, 층간소음으로 인한 민원 및 분쟁이 지속적으로 증가하였다.[47]

2) 층간소음 민원

층간소음과 관련된 민원은 아파트(78.4%)뿐 아니라, 공동주택인 다세대주택(12.7%), 연립주택(6.3%) 및 주상복합건물(1.4%)에서도 발생하며, 공동주택 내 아래층(80.2%)에서 가장 많이 발생한다.[48] 층간소음은 이웃 간 갈등과 분쟁을 넘어 폭력이 동반되고 강력범죄로 비화하기도 하는 등 심각한 사회문제가 되어 왔다.

환경공단에 지정된 '층간소음이웃사이센터'의 층간소음 민원 상담과 현장소음측정 건수는 지속적으로 증가하여, 2020년에는 42,250건에 이르렀다[그림 3-10].

46 통계청(https://kosis.kr/index/index.do) 국내통계/주거실태조사.

47 양형우, 「아파트(공동주택)의 층간소음에 대한 분양회사의 법적 책임」, 『재산법연구』 2014;31(1):91-124.

48 '12년부터 '20년까지 층간소음 이웃사이센터에서 현장진단을 접수한 60,061건 분류.

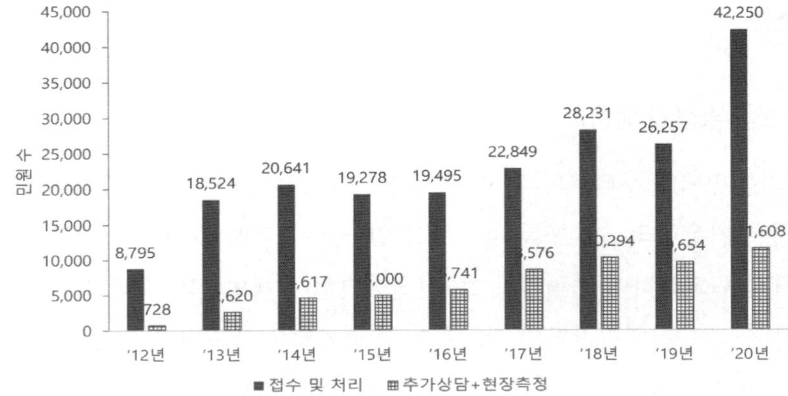

[그림 3-10] 층간소음이웃사이센터의 층간소음 사례 접수 및 처리 현황

(출처) 국가소음정보시스템, http://www.noiseinfo.or.kr/floorinfo/info.do

2020년에 층간소음 상담건수가 폭증한 것은 2019년말부터 시작된 코로나-19 판데믹으로 인한 영향으로 분석된다. 사회적 거리두기 정책으로 재택근무, 외출자제 등 이동제한의 여파로 집안에 머무는 시간이 많아지고 이에 따라 층간소음 문제도 더 심각해졌다. 이 시기에 전국민의 88%는 층간소음으로 스트레스를 받은 적이 있다고 했다.[49]

층간소음의 주요 발생원은 뛰거나 걷는 소리(67.6%)가 가장 많은 비중을 차지하였고, 망치질소리(4.3%), 가구를 끌거나 찍는 소리(3.7%), 문을 여닫는 소리(2.0%), 가전제품(TV, 청소기, 세탁기) 소리(2.8%), 피아노 등 악기(1.5%)가 뒤를 이었다.

3 소음·진동 관리의 전망

1. 소음·진동 관리 만족도

우리 국민의 소음·진동에 관한 체감 만족도는 특히 2010년 중반 이후로 조금씩 증가하고 있는 추세이다[그림 3-11].[50] 정온한 생활에 대한 국민기대 수준이 날로 높아

49 국민권익위원회, 3,040명 국민대상 층간소음 조사결과, 2020 [출처] 대한민국 정책브리핑(www.korea.kr)

50 통계청, 사회조사. https://kosis.kr/statHtml/statHtml.do?orgId=101&tblId=DT_1SSEN014R&conn_path=I3

지고 특히 2020년 코로나-19로 인하여 층간소음 민원 건수가 폭증하였음에도, 소음·진동에 대한 국민이 체감하는 만족도가 증가하는 경향을 보이는 것은, 1991년에 「소음·진동관리법」이 시행된 이후 지난 30년간의 소음·진동 관리정책의 성과로 평가할 수 있다.

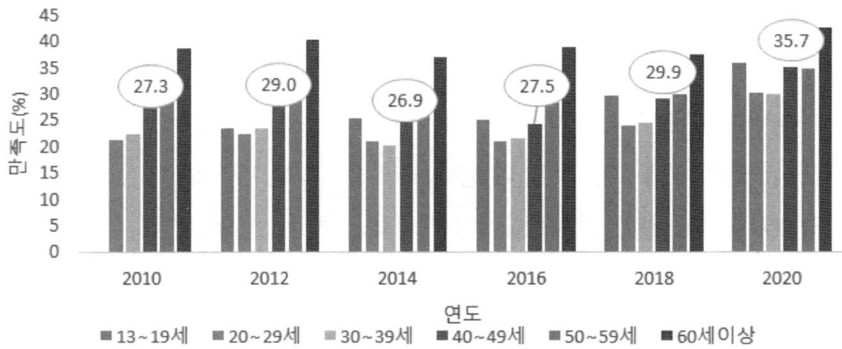

[그림 3-11] 소음·진동에 대한 국민체감도

원안의 숫자는 전체 연령의 체감도(%), 매우 좋다와 약간 좋다로 응답한 수의 합.

정부의 소음·진동관리 정책은 5년단위로 수립되는 종합계획을 통해 파악할 수 있는데, 2021~2025년까지의 제4차 계획이 현재 시행되고 있다. 4차 계획의 정책목표는 소음·진동 국민만족도 40% 달성과 소음·진동 노출인구 10% 감소로 잡고, 건강영향 중심의 소음·진동 관리기반 구축, 신기술을 활용한 소음·진동 측정 선진화, 국민체감형 소음·진동 관리체계 구축 및 소음·진동 관리역량 강화 등 전략을 제시하고 있다.[51]

2. 소음·진동 관리의 방향

1) 건강영향에 기반한 관리

소음관리의 궁극적인 목표는 성가심을 비롯한 소음노출로 인한 건강영향을 예방하고 저감하는 것에 있다. 세계보건기구 등 유럽 대부분의 나라에서는 소음의 건강영향에 대한 사회적 부담을 산출하여 이를 관리정책에 활용하고 있다. 소음·진동의 관리

51 환경부, 제4차 소음진동관리종합계획(2021~2025), 2021.

는 기존의 소리와 진동의 크기 중심에서, 감각공해로 인한 건강영향 중심의 체계로 전환되어야 한다. 이를 위해서는 소음노출량과 건강영향간의 연관성과 양-반응관계 도출, 사회적 비용 산정방안 개발, 소음의 질병부담 산출 등 건강영향에 기반한 정책 우선순위 평가의 체계를 마련하는 것이 필요하다.

소음의 급성 건강영향은 직접적으로는 심혈관계 및 대사계에, 간접적으로는 대뇌 피질하 경로와 청각피질을 통해 발생한다. 급성 건강영향의 주요 기전은 스트레스 호르몬 분비와 혈관수축으로 인한 혈압상승인데 이러한 생물학적 영향은 심지어 수면 중에도 일어나는 것으로 알려져 있다. 장기간 반복적으로 소음에 노출되면 교감신경의 자극과 비정상적 호르몬 분비, 수면장애가 장기화될 것으로 예상되나 이와 관련한 연구는 아직 부족하다. 또, 어린이에서 소음노출의 급성건강영향과 성장 후의 장기 건강영향, 소음에 특별히 민감한 사람이 소음유발 심혈관계 질환 발생 위험도가 더 높은지에 대한 연구도 필요하다.[52] 소음·진동 노출에 의한 건강영향의 평가지표는 개발계획 평가[53]에 활용되어 소음·진동 노출을 사전에 저감하고 노출로 인한 사회적 비용을 줄일 수 있다.

2) 신기술을 이용한 소음·진동 측정

현재 2,005개 지점 소음측정망의 96%가 수동측정으로 이루어지고 있다. 수동측정은 노동집약적 방식으로 측정지점 확대에 한계가 있고 결과산출 시점도 늦어 측정망 데이터의 정책활용도가 낮다. 최신의 사물인터넷, 인공지능 등 발전된 기술을 활용하여 자동측정지점을 확대하고, 측정데이타를 실시간으로 처리하여 구체적인 소음원을 찾아내며, 지도로 표현·공개할 수 있어야 할 것이다. 이를 통해 소음측정망 자료가 실제 소음관리 정책에 잘 활용될 수 있을 것이다.

정온한 생활을 위협하는 공사장소음과 층간소음 등 주요 소음원 관리를 보다 정교하게 강화하는 한편, 도시 재생과 건설의 기본계획 단계에서부터 음풍경(Soundscape)[54]

52 World Health Organization Regional Office for Europe. Biological mechanisms related to cardiovascular and metabolic effects by environmental noise. 2018.

53 「환경영향평가법」에 따라 개발사업 전 환경영향평가 시 위생·공중보건 항목 중 하나로 소음·진동발생을 예측하여 국가환경기준에 따라 평가하고 있음.

54 1970년대 캐나다 작곡가, 교육가이자 환경운동가인 메레이 세이퍼(Raymond Murray Shafer)가 다양한 생활소음을 조율함으로써 인간공동체와 음환경의 바람직한 균형이 필요하다고 주장한 이래, 음풍경의 개념이 정립 · 발전되어 왔다. 음풍경은 음(sound)과 풍경(scape)의 합성어로, 자연음, 인공음, 기계음 등 인간을 둘러싼 모든 종류의 소리를 하나의 풍경으로 인식한다. (출처) 조아현 등, 「사운드위킹을 통한 도심지역 음풍경조사」, 『한국음향학회지』

을 고려할 수 있도록 하여야 한다. 이러한 체계적인 소음진동의 관리를 위하여 '(가칭) 국가소음진동통합관리센터' 와 같은 기관을 설치할 필요가 있다.

3) 발생원 중심의 선제적 소음관리

소음은 공사장소음, 사업장 및 공장소음, 도로, 철도, 항공기 등 교통소음, 층간소음을 포함한 생활소음 등 다양한 발생원이 있어 이에 따른 세심하고 구체적인 맞춤형 저감대책이 마련되어야 국민이 체감할 수 있는 소음저감이 이루어질 수 있다. 휴일에는 더욱 강화된 소음기준을 적용하는 방안 등 국민들의 생활패턴에 맞춘 관리기준 적용 시간대의 개선도 검토가 필요하다.[55] 도시 개발이나 재건축 등으로 공사장소음이 소음민원의 주요빈도를 차지하는 만큼 이를 차단하는 다양한 기술개발도 이루어져야 한다.

층간소음은 공동주택의 바닥충격음 차단성능을 실제 시공된 이후 사용검사 전에 확인하는 사후확인제도[56]의 시행을 앞두고 있다('22년). 또, 성가심을 충분히 반영하지 못하고 있는 층간소음의 기준(현행 기준은 43dB이나 민감정도 10%에서 매우 성가심을 느끼는 수준은 39dB),[57] 도로소음, 자동차소음, 철도소음의 경우에도 규제기준을 재검토할 필요가 있다. 도심재생이나 시설물 설치 시에 음풍경(soundscape) 개념을 도입하여 도시소음을 계획적·능동적으로 관리할 필요가 있다.

또, 드론 활용이 활성화될 계획임에 따라 드론에 의해 발생할 수 있는 신규 소음원을 예측하고 선제적으로 대응할 수 있는 법제도적 방안을 마련할 필요가 있다. 또, 철도 주변 주민의 정온한 생활을 위하여 철도소음에 대한 환경관리기준 마련도 검토되어야 할 것이다.[58]

2021;40(6):593-606.

55 박영민·이병권·김경민, 「국민건강 보호와 생활환경 변화 대응을 위한 소음진동 법체계 선진화 방안」, 『한국환경연구원 연구보고서』, 2021-04.

56 공동주택 바닥충격음에 대해서는 사전인정제도를 통해 성능을 관리해 왔으나(바닥자재의 시료를 실험실 등에서 시험하여 평가) 공동주택의 구조, 면적, 바닥 두께 등 다양한 바닥 충격음 영향요소들을 감안하지 못하고 바닥자재 중심으로만 평가되고, 실험실과 실제 주택환경 간 성능차이가 발생하는 등 층간소음관리에 한계가 있었음('05년 대비 경량 충격음은 약 8.2dB감소하였으나 중량 충격음은 약 0.5dB 저감에 그침). 이에 실제 시공 후 충격음 차단 성능을 평가하는 사후확인제도를 '22년까지 도입할 예정. (출처) 2020.6.9. 국토교통부보도자료. 아파트 층간소음, 시공 후 성능확인으로 줄인다.

57 환경부보도자료(2022.8.23), 「공동주택 층간소음 생활불편 줄인다 – 공동주택 층간소음의 범위 및 기준에 관한 규칙 개정안 마련」. 현행 주간 기준 43db에서 39db로, 야간 기준 38db에서 34db로 강화 예정임을 발표하였다.

58 박영민·이병권·김경민, ibid.

제3장

실내공기질

1 실내공기질 관리제도

1. 실내공기 오염과 건강

1) 실내공기질의 중요성

한국인은 하루 중 21시간 이상(87.5%)을 실내에서 생활하여, 특히 어린이(10대 91.7%)와 전업주부(89.9%), 노인(70대 90.5%) 등 환경유해물질에 생물학적으로 취약한 계층들은 대부분의 시간을 실내공간에서 지내므로,[59] 실내공기질이 건강에 미치는 잠재적 영향은 크다.

일찍이 실내공기를 오염시키는 요인으로 지목된 것은 흡연으로 인한 담배연기이다. 담배연기는 4,000여 가지가 넘는 물질을 함유하고 있으며, 이 중에는 40여종 이상의 발암물질이 포함되어 있다.[60] 세계보건기구에 의하면, 흡연은 매년 8백만여 명이상의 사망을 초래하며, 이중 7백만 명은 흡연자이며, 1.2백만 명은 비흡연자로서 간접흡연에 의한 것이다. 전세계 흡연자 1억3천만 명 중 80%가 중·저소득 국가에 산다.[61] 우리나라에서는 흡연과 담배연기는 보건복지부와 식품의약품안전처에서 관리한다.

두 차례의 석유파동을 겪던 1970년대 이후, 단열의 효율성을 고려한 건축물들에서 밀폐 정도가 높아지면서 새집증후군[62]이 크게 사회문제화되었다. 새집증후군을 일으

59 환경부 국립환경과학원, 「국민 일일 활동시간 양상에 따른 개인노출평가 연구」, 2009.

60 WHO. Second-hand smoke impacts health. (2022.1.12.) http://www.emro.who.int/tfi/quit-now/secondhand-smoke-impacts-health.html

61 WHO. Factsheet. Tobacco. 2021.7.26.

62 새집증후군은 새집의 건축자재로부터 방출되는 각종 유해물질에 노출되어 두통, 현기증, 메스꺼움, 집중력 감소 등

키는 오염물질은 대부분 실내 건축자재에서 방출된다. 콘크리트는 라돈, 일반주택과 공공건물에 많이 사용되는 단열재인 우레아폼과 합판은 폼알데하이드, 페인트와 접착제는 휘발성 유기화합물을 포함하고 있다.

2013년에 세계보건기구 산하 국제암연구소(IARC)는 미세먼지를 1군 발암물질로 분류하면서 미세먼지의 건강위해성에 대한 국민들의 우려가 높아졌다. 환경부는 고농도 미세먼지가 발생할 때 외출을 가급적 자제하라는 지침을 발표하였고,[63] 이와 함께 실내공기 중의 미세먼지 농도에 대한 관심과 우려도 커졌다. 실내공기 미세먼지는 외부에서 오염된 대기가 유입되는 것 이외에도, 흡연, 세탁, 조리과정[64]에서 발생하여 오염도가 높아질 수 있다.

2) 실내공기 오염물질의 건강 위해성

① 미세먼지(PM_{10})와 초미세먼지($PM_{2.5}$)

먼지는 입자의 크기에 따라 인체에 미치는 영향이 다르다. 직경이 10㎛ 이하의 작은 먼지(미세먼지, PM_{10})는 상부기도에서 걸러지지 않고 폐까지 도달할 수 있어 유해하다. 특히 직경이 2.5㎛ 이하인 초미세먼지($PM_{2.5}$)는 황산염, 질산염, 중금속 등의 성분을 상대적으로 많이 함유하고 있고, 폐 깊숙한 곳까지 침투할 수 있다.

미세먼지와 초미세먼지에 노출되면 단기적으로는 눈, 코, 피부, 인후부 등에 자극증상과 기침, 가습답답함 등의 호흡기증상, 그리고 천식, 폐렴, 기관지염 등을 유발할 수 있다. 장기적으로 노출되면, 폐에 침착된 유해성분이 유발하는 염증반응과, 작은 입자가 폐포-모세혈관장벽을 통과하여 전신에 도달하여 유발하는 염증반응 등의 기전에 의하여, 각종 만성질환의 발생과 사망 위험을 높인다. 대표적으로 심혈관계질환, 호흡기계질환, 신경계질환과 암 등이 있다.[65]

과 아토피성 피부염 등 피부질환을 유발·악화시키는 증상이다. (출처) 환경부, 보도자료, 새집증후군 예방하는 방법 3가지(2016.4).

63 에어코리아. 고농도 미세먼지 7가지 대응요령. (2022.1.12.). https://www.airkorea.or.kr/web/contents/contentView/?pMENU_NO=176&cntnts_no=23

64 특히 저개발국에서 등유, 바이오메스(나무, 동물분뇨, 농작물 폐기물 등), 석탄 등을 원료로 하여 실내에 있는 개방된 화덕에서 조리를 함으로써 약 2억6천명이 미세먼지에 노출되고, 이로 인해 약 4백만명이 폐렴, 뇌졸중, 허혈성심장질환, 만성폐색성폐질환, 폐암 등으로 조기사망한다. (출처) WHO Factsheet. Household air pollution and health. 2021.9.22; 우리나라는 최근 급식실 조리사의 폐암이 산재로 인정되어, 2021년 12월 현재까지 47건에 이른다.

65 대한예방의학회 편저, 『예방의학과 공중보건학』(4판), 계축문화사, 2020.

② 휘발성유기화합물(VOCs, volatile organic compounds)

휘발성유기화합물은 수백종의 휘발성 화학물질의 집합체로, 벤젠, 사염화탄소, 클로르포름 등 일부 물질은 발암성을 띈다.[66] 이것은 새집증후군의 원인 물질로서, 건축자재로부터 시공 후 초기에 다량 방출될 수 있다.

휘발성유기화합물에 노출되면, 현기증, 호흡기 자극증상, 피부자극 증상이 생길 수 있으며, 고농도에서는 의식상실, 마비 혹은 사망에까지 이를 수 있다. 만성노출 시에는 감각이상, 시각 및 청각 장애, 기억력 감퇴, 수면장애, 우울감, 말초신경장애 등이 초래될 수 있다.

③ 폼알데하이드(Formaldehyde)

휘발성유기화합물과 함께 새집증후군의 원인물질로 알려져 있는 폼알데하이드는 자극성 냄새와 폭발의 위험성이 있는 휘발성유기화합물의 일종이다. 우레아폼 단열재와 같은 건축자재, 실내가구의 칠, 가스난로의 연소과정, 접착제, 흡연, 생활용품이나 의약품 등에서 발생될 수 있다.

노출시 눈, 코와 호흡기 점막에 만성적인 자극을 유발하며, 정서적 불안정, 기억력 상실, 집중력 저하 등 신경학적 장애를 일으킨다. 호흡기나 피부를 통해 흡수될 수 있고, 국제암기구(IARC)에 의해 인체에서 암을 일으키는 물질로 분류되어 있다.[67]

④ 일산화탄소

일산화탄소는 무색, 무취, 무자극의 가스로, 낮은 농도에서도 인체에 치명적 영향을 줄 수 있다. 탄소성분이 포함된 물질이 불완전하게 연소되는 과정에서 발생한다. 우리나라에서는 과거 1960년대부터 1980년 중반까지 가정에서 주로 난방과 취사를 위해 연탄을 사용하면서 일산화탄소 중독사고가 만연하여 한해에 수백명씩 사망하는 등 한국사회의 심각한 문제이었던 때가 있었다.[68] 일산화탄소는 적혈구의 헤모글로빈

---

66 환경부. 수도권대기환경청. VOC물질별 위해성. (2022.2.28.) https://www.me.go.kr/mamo/web/index.do?menuId=3755

67 IARC Classifies fromaldehyde as carcinogenic. Oncology Times 2004; 26(13):72. 흡입노출을 통해 비인두암에 대한 충분한 과학적 근거 및 비강암 등에 대한 제한된 근거에 기반하여 이전에 Group2A 였던 것을 Group1 으로 재 분류함.

68 김옥주·박세홍, 「1960년대 한국의 연탄가스중독의 사회사: 부주의로 인한 사고에서 사회적 질병으로」, 『의사학』 2012; 21(2): 279–344.

과 결합하여 적혈구의 산소운반 능력을 상실하게 만든다. 그 결과 인체의 모든 조직에서 산소가 부족하여 질식상태가 초래된다. 만성적 영향으로는 신경성장애, 만성호흡기 질환 등을 유발한다.

⑤ 이산화탄소

이산화탄소는 무색, 무취, 무미의 기체로 사람의 대사작용의 결과로 생산되어 호흡기로 배출되거나, 연료가 연소되면서 생성된다. 또 식물이 광합성을 할 때 이산화탄소를 이용하므로, 공기 중에는 일정한 농도의 이산화탄소가 유지되어 왔다. 그러나 환기상태가 좋지 않은 실내에서 각종 난방시설에서 연료가 연소되거나, 사람이 밀집한 좁은 실내공간에서 사람의 호흡기에서 배출되어 실내공기 중 이산화탄소의 농도가 매우 높아질 수 있다. 따라서 이산화탄소의 농도는 실내공기오염의 지표가 된다. 사람이 불쾌감을 느끼는 이산화탄소 농도는 1,000~2,000ppm 범위이며, 이때 호흡과 맥박이 빨라지고 혈압 및 맥압(수축기혈압과 이완기혈압의 차이)이 상승하며, 두통, 권태, 현기증, 구토 등의 증상이 생긴다.

⑥ 라돈

라돈(^{222}Rn)은 토양과 암석에 자연적으로 존재하는 우라늄(^{238}U)이 방사성 붕괴를 하는 과정에서 생성되는 기체이다[그림 3-12].

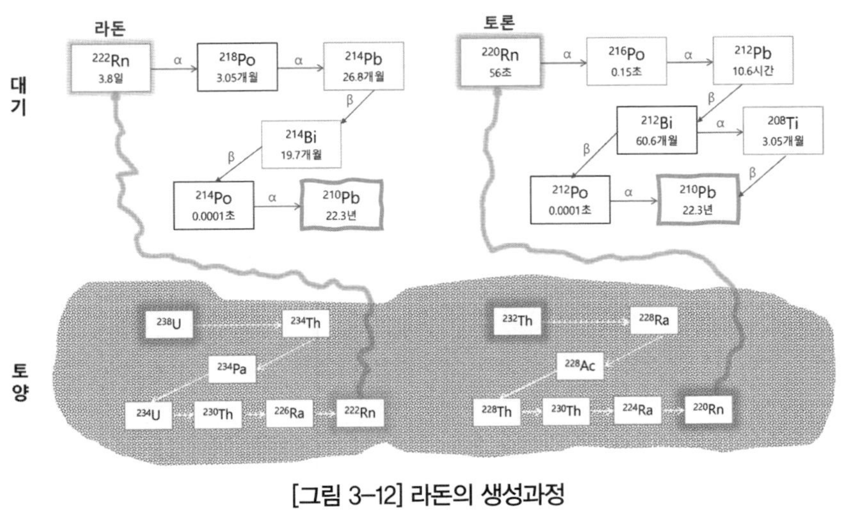

[그림 3-12] 라돈의 생성과정

(출처) 한국원자력학회/대한방사선방어학회 편, 라돈바로알기, 2020.

라돈은 무색, 무취, 무미의 비활성 기체로, 다른 물질과 화학적 반응을 하지 않으며, 방사선을 방출하며 붕괴한다. 토론(^{220}Rn)은 토륨(^{232}Th)이 붕괴하여 생성되는 라돈의 동위원소이다. 라돈의 반감기는 3.82일인데 반하여, 토론은 55.6초로 매우 짧아서 실내공기 중에 체류할 가능성이 낮아, 라돈과는 달리 인체 위해성이 낮고 따라서 대부분의 국가에서 별도로 관리하고 있지 않다.

라돈은 건물의 균열, 연결부위 혹은 배수관이나 오수관 등 틈새를 통해 실내로 유입된다. 라돈은 1군 발암물질로, 호흡기로 들어가 침착한 후 방사성 붕괴를 하면서 방출되는 알파선에 의해 세포에 손상을 유발한다. 수십년간 지속적으로 고농도 라돈에 노출되면 폐암이 발생될 수 있다.[69]

⑦ 이산화질소(NO_2)

이산화질소는 등유히터, 담배연기 등 연소과정에서 발생하거나 (주로 자동차 배기가스) 외부로부터 유입될 수 있다. 이산화질소는 주로 눈, 코, 호흡기 점막에 자극을 주며, 고농도 노출시에는 폐수종을 유발한다. 만성적으로 고농도에 노출되는 경우 급성 혹은 만성 기관지염이 유발될 수 있으며, 저농도 노출시에는 천식환자의 기관지반응을 증가시키거나 만성폐질환자의 폐기능저하와 어린이의 호흡기감염 위험을 높인다.[70]

⑧ 총부유세균, 곰팡이

실내공기 중 바이오에러로졸(bioaerosol)에는 내독소, 감염성균, 알레르겐 등 자극성 물질이 포함되어 비염, 알레르기 등을 유발할 수 있다.

실내에서 애완동물, 음식물, 이불, 옷 등이 세균의 영양원 역할을 하며, 청소를 하는 등 일상적인 활동에 의해 세균이 공기 중으로 확산된다. 또, 실외에서 공기의 흐름에 따라 세균이 유입될 수 있다. 그 밖에 건축물이나 구조물에 서식하는 세균이 공기 중으로 확산되는 경우도 있다. 부유세균은 가습기열, 천식과 같은 질환과 관련성이 제

69 라돈노출이 폐암발생에서 차지하는 기여분율, 세계평균 (남/녀) 3.5%/3.3%, 우리나라 6.7%/4.7%, (출처) Kim JH, Ha M. 「The disease burden of lung cancer attributable to residential radon exposure in Korean homes」. 『J Korean Med Sci』 2018;33(29):e223, and Jin YW, Seo S. Comment in, 『JKMS』 2018; 33(29):e210.

70 US EPA. Basic information about NO_2. (2022.1.28.) https://www.epa.gov/no2-pollution/basic-information-about-no2#What%20is%20NO2

기되어 실내공기오염의 관리 지표로 이용되고 있다.[71]

곰팡이는 섭씨 20~30도, 60% 이상의 습도에서 가장 잘 증식한다. 겨울철 건물 단열이 미흡한 경우, 실내공기와 벽의 온도차가 15℃ 이상이 되면서 고온다습한 공기가 차가운 벽에 부딪혀 이슬이 생기고 곰팡이가 잘 발생하게 된다. 곰팡이 노출은 알레르기 반응이나 천식, 호흡기 증상 등을 유발할 수 있다.[72]

2. 실내공기질 관리제도 현황

1) 제도의 연혁

실내공기질 관리는 1996년에 「지하생활공간 공기질관리법」이 제정되는 것에서 시작되었다. 이 법은 지하역사와 지하도 상가 등 다수인이 이용하는 지하생활공간에서 공기오염이 환경문제로 대두되어, 이를 관리하기 위한 제도적 장치를 마련하기 위한 것이었다.[73] 지하생활공간의 공기오염물질 측정에 관한 공정시험방법을 고시하고, 공기질 유지기준을 설정하며, 시설관리자가 환기설비와 공기정화설비를 설치하는 등 기준을 준수토록 하고, 기준 초과 시에는 개선과 대체 명령을 내릴 수 있도록 하였다.

2003년에 제명을 바꾸어 「다중이용시설 등의 실내공기질관리법」으로 전부 개정하여, 법의 대상을 지하생활공간에서부터 많은 사람이 이용하는 다중이용시설(일정규모 이상의 여객터미널, 도서관, 의료기관 등과 신축 공동주택)로 확대하였다. 다중이용시설 관리책임자의 교육 의무화, 유해오염물질을 방출하는 건축자재의 사용제한, 새로 짓는 공동주택 시공자가 주민입주 전 실내공기질을 측정하여 공고하도록 의무화하는 등의 내용이 보완되었다. 이후 다중이용시설과 공동주택의 범위를 조금씩 더 확대하는 여러 차례의 개정을 거쳐, 2015년에 「실내공기질관리법」이 되었다.

2016년부터 시행된 「실내공기질관리법」에는, 「공중위생관리법」에 있던 공중이용시설을 다중이용시설로 일원화하고 적용대상 다중이용시설을 법률로 상향 규정하며,

71 전병학·황인영. 「다중이용시설의 실내공기 중 총부유세균 농도와 종류」. 『한국산학기술학회논문지』 2015;16(1): 868-876.

72 US EPA. 10 things you should know about Mold. (2022.1.28) https://www.epa.gov/mold/ten-things-you-should-know-about-mold

73 국가법령정보센터.(제·개정이유. '96.12.30). https://www.law.go.kr

실내공기질 실태조사 및 위해성평가의 실시근거를 마련하고, 오염물질 방출 건축자재의 관리를 강화하며, 실내 라돈을 체계적으로 관리하기 위한 제반 규정이 추가되었다. 이후 부처간 실내공기질 관리기준과 정책을 협의·조정하기 위한 '실내공기질 조정협의체'의 신설, 측정결과의 공개, 오염물질방출 건축자재 사용제한을 위반한 경우 벌칙 부과 등이 추가되었다. 2019년에는 실내 미세먼지에 대한 국민적 우려를 고려하여, 생물학적으로 취약한 어린이 시설에 대한 관리대상의 확대와 보다 엄격한 기준의 적용, 지하역사 실내공기질 측정기기부착 의무화, 대중교통차량의 실내공기질 측정 등 실내공기질 관리를 전반적으로 강화하여, 오늘에 이르게 되었다.

2) 실내공기질관리법 체계

실내공기질관리법은 다음과 같이 구성되어 있다〈표 3-14〉.

〈표 3-14〉 실내공기질관리법의 체계

체계 구분*		조	내 용
총론과 기준		1~3조	목적, 정의, 적용대상
		4조	국가 등의 책무, 다른 법률과의 관계 실내공기질 관리 기본계획, 시행계획 실내공기질 실태조사 측정망 설치, 측정기기의 부착, 운영·관리 등 위해성평가의 실시 실내공기질 관리 조정협의체의 설치 및 운영
		5조, 10조	실내공기질 유지기준 등, 개선명령
		6조	실내공기질 권고기준
		7조	다중이용시설의 소유자 등의 교육 등
시설 관리	신축공동주택	9조	신축 공동주택의 실내공기질 관리
	대중교통차량	9조의2~3	대중교통차량의 실내공기질 측정, 관리
	대중교통시설, 지하역사	9조의4~5	대중교통시설의 실내공기질 관리 지하역사의 실내공기질 관리

* 「실내공기질관리법」은 장구분이 없어, 각조의 명칭을 고려하여 저자가 구분함.

체계 구분*		조	내 용
오염원 관리	건축자재	11조	오염물질 방출 건축자재의 사용제한 등
		11조의2~6	시험기관의 지정, 결격사유, 지정 취소, 준수사항 등, 건축자재의 표지
	실내라돈	11조의7~10	실내라돈조사의 실시, 라돈지도의 작성 라돈관리계획의 수립·시행 등 라돈저감공법의 사용 등 권고
측정		12조	실내공기질의 측정
보칙		12조의2~13조3	취약계층 이용시설 등에 대한 지원 실내환경관리센터의 지정 실내공기질 관리 종합정보망의 구축·운영 보고 및 검사, 청문, 권한의 위임과 위탁
벌칙		13조의4~16조	벌칙, 규제의 재검토, 양벌규정, 과태료

실내공기질 관리체계는 크게 시설중심 관리와 오염원중심 관리로 구분할 수 있다. 관리대상 시설은 다중이용시설이라 정의하며, 여기에는 이전에 「공중위생관리법」의 관리대상이었던 공중이용시설이 포함되어 있다.[74] 오염원 관리는 건축자재와 실내라돈 관리가 포함된다.

3) 적용대상

「실내공기질관리법」은 다중이용이설, 신축되는 공동주택, 대중교통차량의 실내공기질을 대상으로 하고 있다(실내공기질관리법 제3조). 다중이용시설의 종류는 24개로, 지하역사와 상가, 터미널 대합실, 박물관과 미술관, 의료기관, 산후조리원, 노인요양시설, 어린이집과 놀이시설, 대규모점포, 장례식장, 영화관, 학원, 전시시설, 실내주차장, 실내체육시설, 실내공연장, 목욕장 등이 포함된다. 신축 공동주택에는 아파트, 연립주택, 기숙사가 포함되며, 대중교통차량에는 일정규모이상의 철도 및 버스가 해당된다.

74 국가법령정보센터, 「공중위생관리법」(개정이유.'15.12.22). "...현행법에서 '공중이용시설'로 규정한 업무시설, 공연장 및 실내 체육시설 등을 「다중이용시설 등의 실내공기질관리법」의 '다중이용시설'에 포함시키고, 현행법의 '공중이용시설'에 관한 규정을 삭제하여 실내공기질의 규제대상을 모두 다중이용시설로 일원화함으로써 실내공기질에 대한 효과적인 관리가 이루어질 수 있도록 하려는 것임."

정부는 실내공기질을 관리하기 위한 기본계획을 매5년마다 수립하여야 하며, 정부와 광역지자체는 매년 시행계획을 수립·시행하여야 한다. 특히 지하역사의 경우, 하루 일천만 명 이상이 사용하는 시설이라는 점을 고려하여, 별도로 5년마다 지하역사 공기질 개선대책을 수립·시행하도록 하고 있다(제9조의5). 계획 수립을 위해 실내공기질관리에 관한 실태조사를 실시하거나, 다중이용시설과 대중교통차량에 측정망을 설치하거나 시설소유자 등에게 설치·운영을 권고할 수 있다.

4) 관리기준

실내공기질의 기준은 유지기준과 권고기준으로 구분되어 있는데, 전자는 의무적인 것이며 준수하지 않을 경우 과태료가 부과 될 수 있고, 개선명령을 이행하지 않을 경우 벌칙이 주어진다. 반면 후자는 강제력 없이 시설의 관리자가 자발적으로 활용할 수 있도록 하는 것이다〈표 3-15〉. 미세먼지와 초미세먼지, 이산화탄소, 폼알데하이드, 총부유세균과 일산화탄소는 유지기준으로 관리되는 유해물질이며, 이산화질소, 라돈, 휘발성유기화합물과 곰팡이는 권고기준으로 관리되는 유해물질이다.

〈표 3-15〉 실내공기관리질법에서 유지기준과 권고기준

실내공기질관리법*					국외 기준			
항목			일반 시설	민감 시설	WHO	대만	일본	
							일반건물	학교
유지 기준	미세 먼지 (μg/㎥)	PM_{10}	100	75	50	75	150	100
		$PM_{2.5}$	50	35	25	35	–	–
	이산화탄소 (ppm)		1,000	1,000	–	1,000 (8시간)	1,000	–
	폼알데하이드 (μg/㎥)		100	80	100 (30분)	98 (0.08 ppm)	100	100
	총부유세균 (CFU/㎥)		–	800	–	1,500	–	–
	일산화탄소 (ppm)		10	10	31 (1시간) 9 (8시간)	9 (8시간)	10	10

<table>
<tr><th colspan="4">실내공기질관리법*</th><th colspan="4">국외 기준</th></tr>
<tr><th colspan="2" rowspan="2">항목</th><th rowspan="2">일반 시설</th><th rowspan="2">민감 시설</th><th rowspan="2">WHO</th><th rowspan="2">대만</th><th colspan="2">일본</th></tr>
<tr><th>일반건물</th><th>학교</th></tr>
<tr><td rowspan="4">권고 기준</td><td>이산화질소 (ppm)</td><td>0.1</td><td>0.05</td><td>0.1 (1시간)
0.02 (연간)</td><td>–</td><td>–</td><td>0.06</td></tr>
<tr><td>라돈 (Bq/㎥)</td><td>148</td><td>148</td><td>100 (연간)</td><td>–</td><td>–</td><td>–</td></tr>
<tr><td>휘발성 유기화합물 (㎍/㎥)</td><td>500</td><td>400</td><td>–에틸벤젠
22,000 (연간)
–스티렌
260 (1주)
–톨루엔
260 (1주)
–테트라클로로에틸렌
250 (연간)</td><td>2,110
(0.56 ppm, 톨루엔 환산)</td><td>400
잠정
목표값</td><td>–</td></tr>
<tr><td>곰팡이 (CFU/㎥)</td><td>–</td><td>500</td><td>500</td><td>1,000</td><td>–</td><td>–</td></tr>
</table>

* 민감시설에는 의료기관, 산후조리원, 노인요양시설, 어린이집, 실내어린이 놀이시설이 포함.
실내주차장과 실내체육시설 등은 일반시설보다 완화된 별도의 기준을 적용함(시행규칙 참조).

5) 오염원 관리

실내공기질을 관리하기 위해서는 무엇보다 오염원을 관리하는 것이 중요하다. 법에서 관리하는 실내공기의 오염원은 크게 두 가지로, 실내에 존재하는 오염원이 있어서 이로부터 오염물질이 방출되는 경우와 실외에서 오염물질이 실내로 유입되는 경우이다. 전자의 경우 오염물질을 방출할 수 있는 건축자재가, 후자는 토양에서 기인하여 건축물의 틈새를 통해 실내로 유입되는 라돈가스가 해당된다.

① 건축자재

실내공기질관리법 제11조는 정해진 기준 이상의 오염물질을 방출하는 건축자재의 사용을 제한하고 있다〈표 3-16〉.

〈표 3-16〉 건축자재의 오염물질 방출기준

건축자재 구분	오염 물질 (~이하)		
	폼알데하이드	톨루엔	총휘발성 유기화합물
1. 접착제	0.02	0.08	2.0
2. 페인트	0.02	0.08	2.5
3. 실란트	0.02	0.08	1.5
4. 퍼티	0.02	0.08	20.0
5. 벽지	0.02	0.08	4.0
6. 바닥재	0.02	0.08	4.0
7. 목질판상제품	0.05 (0.12)*	0.08	0.4 (0.8)*

방출 오염물질의 측정단위는 ㎎/㎡·h, 단, 실란트는 ㎎/m·h. *괄호 안 수치는 2021년12월31일까지 적용되었던 기준.
(출처) 실내공기질관리법 환경부령 제918호

건축자재를 제조·수입하고자 하는 자는 사전에 건축자재의 오염물질 방출을 확인하는 검사를 지정된 시험기관에서 실시한 후, 해당 건축자재가 방출기준을 준수하였음을 확인하는 표지를 붙여야 한다(건축자재 사전적합확인제도). 방출기준을 초과한 건축자재를 사용하면 벌칙이 주어지며, 확인 표지를 부착하지 않으면 과태료가 부과된다.

② 실내라돈

「실내공기질관리법」11조의7~10에서는 환경부장관이 실내라돈조사의 실시 및 라돈지도를 작성할 수 있도록 하고, 라돈으로 인한 건강피해가 우려되는 지역의 시·도지사에게 5년단위의 라돈관리계획을 수립·시행하도록 요청할 수 있다. 요청받은 시·도는 반드시 이에 따라야 하며 추진실적을 환경부에 보고하여야 한다. 또 시·도지사는 해당 시·도내에서 다중이용시설 또는 공동주택을 설치하는 자에게 라돈저감공법의 사용 권고 등을 할 수 있으며, 이들 소유자 등에게는 정해진 기준(148 Bq/m^3)에 맞게 실내라돈 농도를 관리하도록 권고할 수 있다.

건축자재와는 다르게 라돈은 자연방사선 물질이라는 점에서 현재 강제적인 기준에 의해서가 아니라 자율성에 기반한 권고기준으로 관리되며, 위반 시에도 벌칙이나 과태료 부과 등이 따르지 않는다.

③ 차량 내부 마감재

대중교통차량의 경우 차량의 제작·설계·개조 시의 내부 마감재와 환기설비, 공기정화설비 등에 대하여 지침을 마련하여 대중교통차량의 제작자에게 권고하고 있다.[75] 폼알데히드, 벤젠, 톨루엔, 에틸벤젠, 자일렌, 스티렌의 함량 또는 방출량이 최소화된 내부 마감재를 사용하고, 이산화탄소 권고기준을 충족하도록 하고, 또 미세먼지의 유입이 최소화되도록 하는 환기설계와 장비의 설치를 권고하고 있다.

6) 실내공기질의 측정

① 시설 관리자·시공자의 측정 의무

다중이용시설

다중이용시설의 소유자 등은 실내공기질을 주기적으로 측정하여 그 결과를 10년동안 기록·보존하여야 할 의무가 있다(법 제12조). 측정대상 오염물질은 17가지 항목이며, 측정주기는 유지기준에 해당되는 항목은 일년에 한번, 권고기준에 해당되는 항목은 2년에 한번이다. 측정 의무를 위반하거나 거짓기록을 하는 등의 경우에는 과태료가 부과된다.

신축공동주택

신축공동주택의 시공자는 시공이 완료된 공동주택의 실내공기질을 측정하여 그 결과를 지자체장에게 제출하고, 입주 개시 7일전부터 60일간 입주민들이 잘 볼 수 있는 장소에 공고하여야 한다(제9조). 측정결과를 제출받은 지자체장은 이를 환경부장관에게 보고하여야 하며, 신축공동주택의 실내공기는 권고기준에 의해 자율적으로 관리한다〈표 3-17〉. 다만, 입주 전 측정결과를 제출·공고하지 않거나 거짓으로 제출·공고한 경우에는 과태료가 부과된다.

75 실내공기질 관리를 위한 대중교통차량의 제작·운행 관리지침, 환경부고시 제2020-64호.

〈표 3-17〉 신축공동주택의 실내공기질 권고기준

오염 물질	권고기준 (㎍/㎥)
1. 폼알데하이드	210
2. 벤젠	30
3. 톨루엔	1,000
4. 에틸벤젠	360
5. 자일렌	700
6. 스티렌	300
7. 라돈	148 Bq/㎥

(출처) 실내공기질관리법 시행규칙, 환경부령 제918호.

대중교통차량

대중교통차량의 운송사업자 또한 차량내 공기질을 측정하여 그 결과를 기록·보존하여야 하는데, 만일 차량 내부에 측정기기를 설치한 경우에는 그러하지 아니하다. 또 측정결과를 지방자치단체장에게 제출하여야 한다(제9조의2).

측정대상 오염물질은 초미세먼지($PM_{2.5}$)와 이산화탄소 두 가지이며〈표 3-18〉, 운송사업자가 소유한 전체 편성의 20%의 차량에 대하여, 1년에 한번 측정하고, 10년간 결과를 보존한다.

〈표 3-18〉 대중교통차량의 관리·운행 권고 기준

오염물질	시간대	기준	비고
초미세먼지	항상	50 ㎍/㎥	혼잡시간대란 도시철도:주중 7:30~9:30, 18:00~20:00, 철도 및 시외버스: 토일요일, 설날 및 추석날 등 명절과 공휴일, 비혼잡시간대란 혼잡시간대 외의 시간대. 권고기준은 노선1회 운행 시 평균값(각 노선의 출발지~도착지까지 연속으로 측정한 값의 평균).
이산화탄소	혼잡	2,500 ppm	
	비혼잡	2,000 ppm	

(출처) 실내공기질 관리법 시행규칙

② 지자체의 오염도 검사와 공개

시·도지사 또는 지방자치단체장은 필요한 경우 다중이용시설, 대중교통차량 및 신축공동주택에서 오염도 검사를 실시하고 시·도지사와 환경부장관에게 보고하여야 한다. 오염도 검사결과는 공개할 수 있으며, 유지기준을 초과하는 경우 공개가 의무화된다(제13조).

7) 취약계층 이용시설 등에 대한 지원

어린이와 노약자들은 하루 중 실내에서 생활하는 시간이 성인에 비하여 훨씬 길 뿐 아니라, 생물학적으로도 유해물질 노출에 더 취약하여, 실내공기오염으로 인한 건강피해를 더 크게 입을 우려가 있다.

오염물질에 노출될 경우 건강피해 우려가 큰 취약계층이 이용하는 시설에서 미세먼지 등 오염물질에 대해서는 더욱 엄격한 유지기준을 정하도록 하고 있다(제5조 2항).[76]

또한, 환경부와 시·도지사가 이러한 취약계층이 주로 이용하는 다중이용시설의 소유자 등에게 실내공기질 관리를 위하여 재정적·기술적·행정적 지원(컨설팅, 기술 및 자금지원 등)과 취약계층의 행동지침 등을 개발하여 교육·홍보 등의 지원을 할 수 있도록 하고 있다(제12조의2).

8) 실내공기질 관리 종합정보망의 구축과 운영

환경부장관은 실내공기질의 종합적 체계적인 관리를 위하여 종합정보망을 구축하여 운영할 수 있다(제12조의4). 종합정보망(https://www.inair.or.kr)에서는 국가 및 지자체가 운영하는 실내공기질 자동측정망에서 측정되는 결과를 실시간으로 구현하여 공개하며, 건축자재 사전적합확인제도에 따른 인증체계 관리, 자가측정 및 오염도 검사 결과 관리 등을 위한 플랫폼을 운영하고 있다.

2 실내공기질 관리 현황

1. 관리대상의 확대

다중이용시설의 수는 지속적으로 증가하여, 2020년에 총 49,102개소가 되었다.

---

76 시설로는 의료기관, 산후조리원, 노인요양시설, 어린이집, 실내 어린이놀이시설이며, 오염물질로는 미세먼지(PM_{10}), 초미세먼지($PM_{2.5}$), 폼알데하이드이다(「실내공기질관리법」 시행령 제4조의3).

〈표 3-19〉 실내공기질 관리법의 대상 시설인 다중이용시설의 연도별 증가 추이

	전체 다중이용시설		(기존) 다중이용시설		공중이용시설*	
시설군수	26		22		4	
연도	시설수	전년대비 증감율	시설수	전년대비 증감율	시설수	전년대비 증감율
2014	17,815		17,815			
2015	19,306	8.4%	19,306			
2016	19,802	2.6%	19,802			
2017	42,487	114.6%	20,999		21,488	
2018	45,817	7.8%	22,232	5.9%	23,585	9.8%
2019	48,161	5.1%	23,405	5.3%	24,756	5.0%
2020	49,102	2.0%	24,107	2.0%	24,995	1.0%

(출처) 관계부처합동, 제4차 실내공기질 관리기본계획(2020~2014)

* 공중이용시설은 기존의 「공중위생관리법」에서 2016년 「실내공기질관리법」으로 이전된 시설로, 업무시설, 실내공연장, 실내체육시설, 복합용도건축물이 해당되며, '20년 시설현황은 각각 5,261, 108, 113, 19,513개소임. 자가측정 및 교육 의무가 없음.

자가측정의무가 있는 22개 다중이용시설군은, 실내주차장(5,792개소, 24%), 어린이집(5,761개소, 23.9%), 의료기관(3,247개소, 13.5%), PC영업시설(1,974개소, 8.1%) 순으로 시설 수가 많다. 2019년 대비 가장 많이 증가한 시설은 2020년부터 새롭게 다중이용시설로 지정된 실내어린이놀이시설(292개소)과 PC영업시설(17.9% 증가)이다.

2. 실내공기질 실태 및 관리 현황

1) 다중이용시설

① 오염도 검사결과

지자체 공무원들이 실내공기질관리 대상 시설에서 직접 오염도를 측정하는 오염도 검사는 전체 관리대상 다중이용시설(공중이용시설을 제외한 다중이용시설 24,107개소) 중 약 8%에서 이루어지고 있다. 평균보다 더 높은 비율로 검사가 이루어지고 있는 시설은 지하역사와 지하도상가, 자동차나 공항, 항만 여객 터미널, 철도역사 등인

데 20%~30% 검사율을 보인다. 항목별 평균오염도는 모두 기준치 이내이었다.

실내공기질 유지기준을 초과하는 비율은 2020년 (오염도 검사를 실시한 1,962개소 중) 2.2%를 차지하였다. 유지기준 초과시설은 대부분 수도권 소재(67.4%)이었으며 어린이집(48.3%)이 가장 많았다. 미세먼지와 초미세먼지는 지하역사, PC영업시설, 의료기관에서 초과되는 경우가 나왔고, 이산화탄소는 지하도상가, 실내주차장, 의료기관, 어린이집에서 나왔다. 폼알데히드 초과 사례는 PC영업시설, 어린이집과 산후조리원에서, 총부유세균 초과 사례는 의료기관, 어린이집, 노인요양시설, 산후조리원에서 나왔다[그림 3-13].

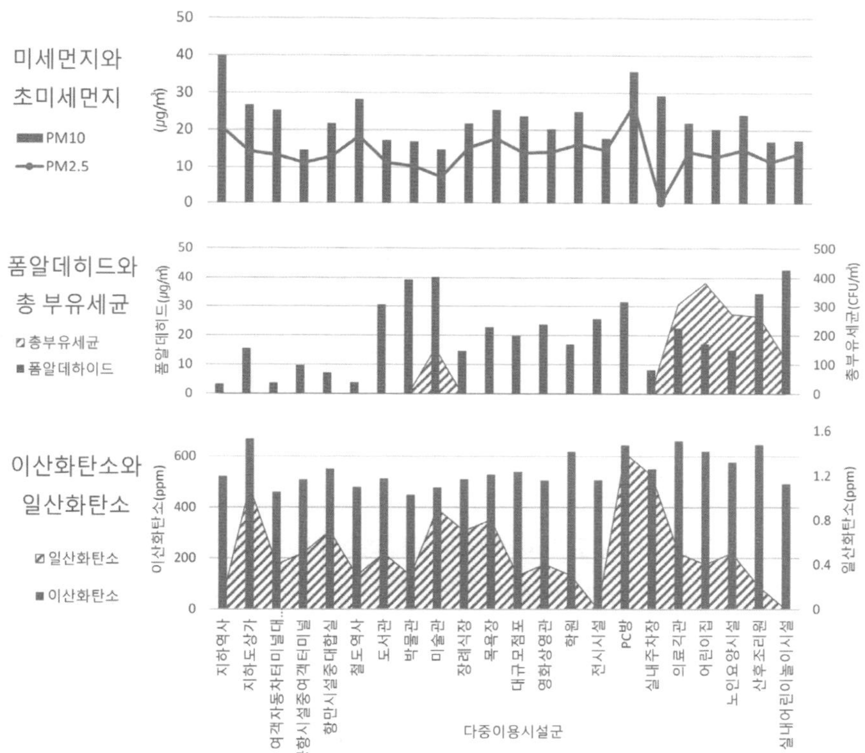

[그림 3-13] 다중이용시설군별 유지기준 항목 평균오염도, 2020

(출처) 환경부 생활환경과. 2020년 다중이용시설, 신축공동주택, 대중교통차량 실내공기질 지도·점검 결과 보고.

전체 다중이용시설(24,107개소)에 대한 점검결과, 유지기준을 초과하거나 실내공기질을 측정하지 않거나, 교육을 이수하지 않는 등 법령을 위반한 시설의 비율은 전체의 0.3%(67개소)이었다. 이는 2019년에 비하여 위반시설의 수가 5개소 감소한 것으로, 유지기준 초과사례는 매년 감소하고 있다.

② 지하역사 초미세먼지 자동측정 결과

전국의 658개 지하역사 승강장에 초미세먼지 자동측정망이 설치되어 2021년 4월 1일부터 결과가 실시간으로 공개되고 있다. 2021년 10월 전국 평균값은 25.72 ug/m^{3}이다[그림 3-14]. 월평균 농도에서 기준치인 50ug/m^{3}을 초과한 경우는 없었다. 지역별로는 서울이 가장 높고 부산이 가장 낮았다. 시기별로는 봄에 높고 여름에 낮아, 외부 대기의 오염도 추세와 유사하였다.

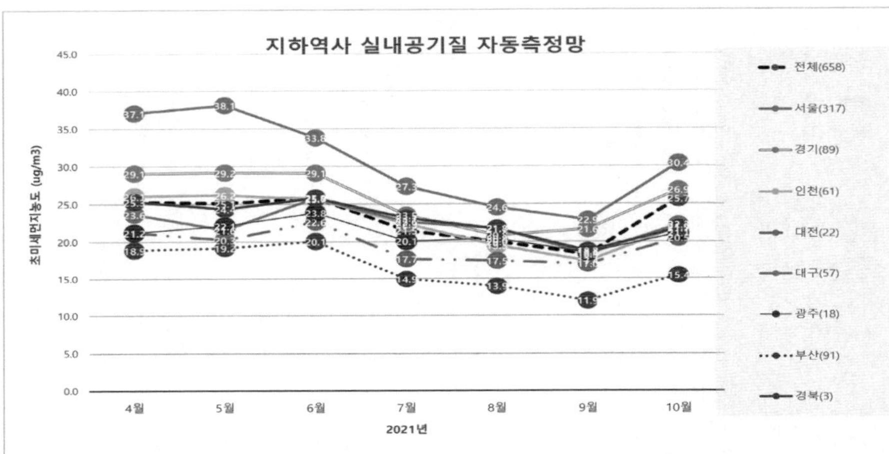

[그림 3-14] 지하역사 실내공기질 자동측정망을 통해 측정된 초미세먼지 농도 추이('21, 4~10월)

(출처) 실내공기질 관리 종합정보망, https://www.inair.or.kr. 괄호안 숫자는 각 지역 지하역사의 측정지점 수.

2) 신축공동주택

① 오염도 검사결과

100여개 신축공동주택의 1,000여 개 지점에서 오염도 검사결과, 7가지 물질에 대한 권고기준 초과율이 매년 조금씩 감소하는 추세를 보였다. 2020년에는 10% 초과하였고(2014년 14.7%, 2016년 13.2%, 2018년 11.8%), 이 중 톨루엔의 기준 초과율은 7.7%이었다. 평균오염도는 시간에 따라 감소하는 패턴을 보이지 않으나, 폼알데하이드와 스티렌은 감소하는 추세를 보였다[그림 3-15].

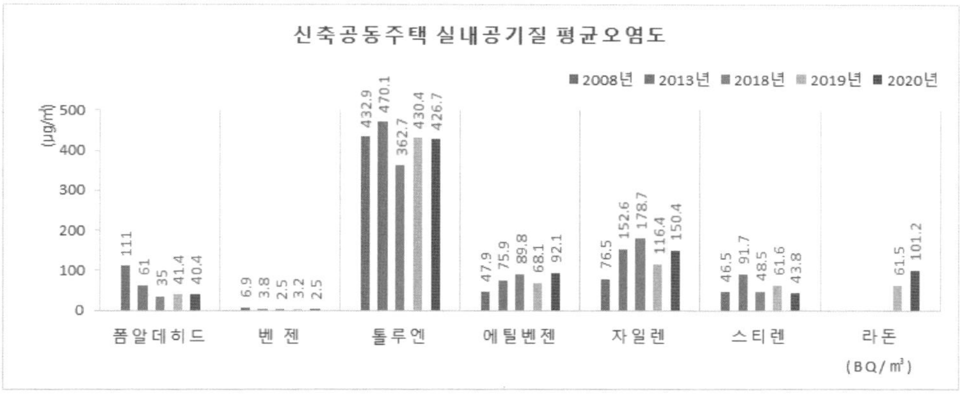

[그림 3-15] 신축공동주택 실내공기질 권고기준 항목의 평균 오염도 추세.

(출처) 환경부. 생활환경과. 다중이용시설, 신축공동주택, 대중교통차량 실내공기질 지도·점검 결과 보고. 2018, 2020.

② 실내라돈 조사결과

실내라돈조사는 법 제11조의7에 따라 환경부장관이 실시할 수 있으며, 이에 근거하여 국립환경과학원에서는 전국 라돈 실태조사 등을 하고 있다.

주택유형별로는 단독주택이 아파트 등의 공동주택에 비하여 실내라돈 농도가 더 높은 수준이다[그림 3-16]. 권고기준(148 Bq/m³)[77] 초과율은 단독주택이 20.8%로 가장 높고, 다음으로 공공건물이 높으며, 아파트가 가장 낮았다.

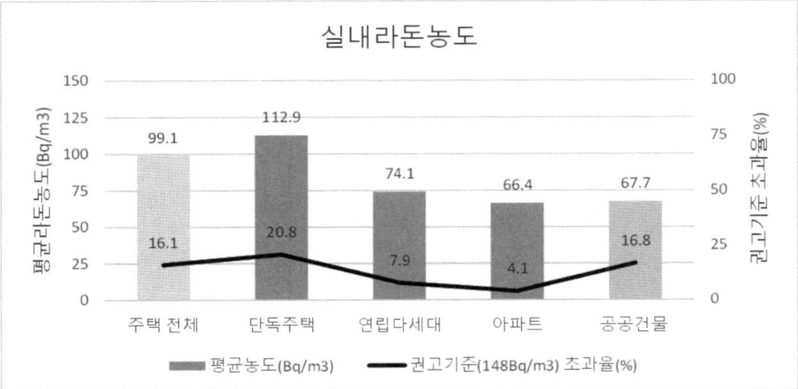

[그림 3-16] 실내 라돈 조사 결과 (2008~2018)

측정지점 수 단독주택 19,897, 연립다주택 6,266, 아파트 3,551, 공공건물 1101. 주택('11~'18), 공공건물('08~'09)조사 취합.
(출처) 국립환경과학원 환경데이터 https://nier.go.kr/NIER

---

77 신규 주택 실내라돈의 권고기준(Bq/m³)은, WHO(세계보건기구) 100, ICRP(국제방사선방호위원회) 300, 독일/영국 100, 미국/한국 148, 스웨덴/핀란드/체코 200.

그러나 최근 주택의 기밀성이 강화되고, 고급화를 위해 천연자재 사용이 증가하면서 아파트의 실내 라돈 문제가 지속적으로 제기되었다.[78] 이러한 민원과 분쟁은 예비입주자가 라돈 간이측정기를 이용하여 실내 건축자재의 표면농도를 측정(공기 중 농도가 아닌)한 것에서 비롯되었다.[79] 그러나 기존의 라돈대책은 토양에서 방출되는 라돈 관리에 집중되어, 공동주택의 경우에는 환기를 제외하면 건축자재로부터 방출되는 라돈 관리방안이 부재했다. 이에 대해 정부는 관계부처 합동으로 '건축자재 라돈 저감·관리 지침서'[80]를 제작하여 고농도 라돈 방출이 가능한 건축자재에 대해 사전 관리를 권고하였다. 권고의 주요 내용은 시공자가 건축 내장재로 사용되는 천연석 기반 자재에 포함된 천연방사성핵종의 방사능 농도를 분석하여 방사능 농도지수가 1을 초과하지 않는 자재를 사용하라는 것이다〈표 3-20〉.

〈표 3-20〉 건축자재 라돈 저감관리 지침서의 주요 내용

관리방안	공동주택의 시공자는 건축 내장재로 사용되는 천연석 기반 자재에 포함된 천연방사성핵종의 방사능 농도를 분석하여 지수값 1 초과 자재는 사용하지 않을 것을 권고 * 방사능 농도 지수 $I = \frac{C_{Ra226}}{300\,Bq/kg} + \frac{C_{Th232}}{200\,Bq/kg} + \frac{C_{K40}}{3000\,Bq/kg} \leq 1$ – C_{Ra226}, C_{Th232}, C_{K40}은 각각 라듐-226(^{226}Ra), 토륨-232(^{232}Th), 포타슘-40(^{40}K)의 방사능 농도(Bq/kg)
적용대상	공동주택에 건축 내장재로 사용되는 천연석 기반 자재 * (예시) 욕실 상판, 현관 바닥재, 아일랜드 식탁 등에 사용되는 화강석·대리석 등 석재
적용시점	2020년 6월 1일부터

78 언론보도('18.10 JTBC '추적! 하우스의 수상한 대리석', '19.4 KBS '끝나지 않은 라돈의 공포 아파트를 덮치다' 등) 등 아파트 라돈 문제 다수 제기

79 라돈은 실내공기 중에 가스 형태로 존재하며 흡입을 통해 체내로 들어와 주로 기관지와 폐에 침착하여 방사선을 방출하여 폐암 발생위험을 높인다. 라돈의 방사능붕괴과정에서 발생하는 α, β선은 특히 고형 매질 내에서 투과거리가 1cm 이내로 짧을 뿐 아니라, 라돈농도는 호흡기와 가까운 곳의 실내공기 중의 농도가 중요하므로 건축자재, 벽, 바닥, 천장으로부터 50cm이상 떨어뜨려 측정하는 것이 바람직하다. 건축자재 표면에는 라돈(^{222}Rn) 뿐 아니라 토론(^{220}Rn)도 고농도로 존재할 수 있다. 토론은 반감기가 55.6초로 방출 이후 즉시 확산되고 단기간에 방사성 붕괴를 거쳐 사라지므로 인체에 영향을 미칠 가능성이 낮다. (출처) 관계부처합동, 건축자재 라돈 저감·관리 지침서, 2019.11.

80 환경부, 국토부, 원안위 등 관계부처 합동으로 마련한 '건축자재 라돈 저감·관리 지침서('19.11)'에서 방사능 농도분석을 통한 건축자재의 사전관리를 권고.

3) 대중교통차량

2020년 현재 도시철도의 경우, 총15개 운송사업자가 41개 노선에 8,830대의 차량을 운영 중이다. 이중 수도권(서울·경기)에 70.7%(29/41)의 노선과 77.0%(6,864/8,830)의 차량이 집중되어 있다. 철도는 2개의 운송사업자가 104개 노선과 5,466대의 차량을 운영 중이다. 시외버스는 총 80개의 운송사업자(고속버스 11개, 직행버스 69개)가 7,994대(고속 1,909대, 직행 6,085대)의 차량을 운영 중이다.[81]

오염도 검사는 도시철도와 시외버스에 대해서만 실시되고 철도는 아직 실시되고 있지 않다. 2020년 도시철도 차량과 시외버스 차량의 오염도 검사결과, $PM_{2.5}$ 4건 초과(도시철도 3/132개, 시외버스 1/30대), 이산화탄소 3건(도시철도)이 초과하였다. 평균오염도는 $PM_{2.5}$ 18.0 ㎍/㎥, 이산화탄소 1,094ppm(혼잡 1,232, 비혼잡 989ppm) 이었다.

3 실내공기질 관리의 방향

우리 국민은 하루 24시간 중 14.23시간(59.3%)를 집에서, 6.80시간(28.3%)는 다른 공간의 실내에서 보내, 총 21.03시간(87.6%)을 실내에서 지낸다.[82] 따라서 실내공기질을 잘 관리하는 것은 매우 중요한 환경보건적 과제이다.

다른 한편 실내공기질은 대기질에 크게 의존하므로, 2019년 1~3월 대기 중 고농도 미세먼지 발생으로 인하여 실내 미세먼지에 대한 국민적 우려가 급증하였다.[83] 또한, 고농도 미세먼지나 극단적 폭염, 한파와 같은 기상현상 발생 시 환기 부족으로 라돈, 폼알데하이드 등 다른 실내오염 물질 관리에도 제약이 따랐다. 이로 인해 「실내공기질관리법」에 기반한 정책 이행으로 실내공기질이 개선추세에 있음에도 불구하고 국민체감도는 여전히 낮은 수준이다.

또, 실내공기질 관리정책이 여전히 법적 규제 위주로 이루어지고, 시설의 소유자나 관리자의 자율적인 관리를 효과적으로 유도하지 못하고 있는 실정이다.[84] 규제 중심

81 환경부 생활환경과, 「2020년 다중이용시설, 신축공동주택, 대중교통차량 실내공기질 지도·점검 결과 보고」, 2021.
82 양원호 등, 「한국인의 평일 및 주말의 국소환경 시간활동 양상」, 『한국실내환경학회지』, 2009; 6(4); 267–274.
83 '환기 안되는 실내, 미세먼지 허용기준의 100배 ↑(국민일보, '19.3.4), '지하철 승강장도 미세먼지 주의보'(동아일보, '19.3.5).
84 최현진·김유미·이병권, 「실내공기질 관리 및 개선을 위한 기초연구」, 한국환경연구원 연구보고서, 2019.

의 정책으로는 관리대상 시설이 지속 증가하고 있는 현실에서 실내공기질에 대한 높은 국민적 요구를 충족시켜 나가기는 어렵다.

다른 한편, 실내공기질과 관련된 기준 등이 강화되어 이를 준수하기 위한 부담이 증가하여, 소규모 영세사업자의 규제이행을 위한 지원과 투자가 필요한 상황이다. 특히, 어린이, 학생, 어르신 등 생물학적 건강 민감계층에 대하여는 공기정화설비 설치 등 지원이 어느 정도 이루어진 편이나, 사회경제적 취약계층의 건강보호를 위한 지원과 투자는 여전히 미흡하다.

제4차 실내공기질관리기본계획은 2020~2024년까지 관계부처가 함께 정부차원의 중장기적 실내공기질 관리정책의 추진방향을 제시하고 있다. 전략적 방향으로 공간별 맞춤형 관리, 민감취약계층 우선보호, 생활밀착형 정책의 시행을 제시하고 있다.[85]

1. 공간별 맞춤형 관리

현행 실내공기질 관리는 개별 공간의 특성에 대한 고려가 부족하여 일률적인 기준을 적용하고 있다. 향후에는 시설별 다중의 이용패턴, 오염원의 종류와 노출특성 등을 파악하여 공간의 특성이 반영된 공간 맞춤형 실내공기질 관리체계로 발전되어야 할 필요가 있다.

현행 유지기준과 권고기준으로 구분되어 있는 오염물질들에 대하여, 인체 건강영향 및 노출한계 등을 고려하여 재검토를 통해 시설기준별로 관리기준을 재조정할 필요가 있다.[86] 시설군별 특성을 고려하여 오염물질의 관리 우선순위를 설정하여 불필요한 측정비용 부담을 완화하는 방안도 고려되어야 할 것이다.

대중교통시설과 차량에 대한 실내공기질 관련 규제가 최근에 강화되었다. 그러나 고속철도 운행, 코로나19 판데믹 등으로 인한 승객의 급격한 감소와 인건비 상승 등 버스운송업계의 관리비용 부담은 증가하였다. 특히 환기·공조설비 등이 노후화된 버스터미널, 항만 대합실 등 대중교통시설과 시외버스차량 등에 대한 정부지원 방안이 검토되어야 할 것이다.

---

85 관계부처합동. 실내공기질 관리 기본계획 (2020-2024)-안심하고 머무를 수 있는 실내환경 조성-. 2020.1.

86 대표적으로 현행 유지기준으로 되어 있는 이산화탄소는 환기의 척도로 활용하는 지표로, 통상 다중이용시설에서 검출되는 수준의 농도에서는 낮은 인체위해성을 보이므로 권고기준으로 조정할 필요성이 제기된다. (출처) 실내공기질 관리 기본계획. ibid.

2. 민감취약계층 우선 보호

환경오염물질에 민감한 계층과 더불어 사회적 경제적 취약계층을 함께 보호할 수 있는 방향으로 정책이 이루어져야 할 필요가 있다.

강화된 실내 초미세먼지 기준(75→35㎍/㎥)으로 인해 소규모 영세시설의 행정적·재정적 부담을 덜어주기 위한 지원과, 실내 미세먼지 기준 준수를 위한 공기질 진단·개선 컨설팅을 확대·실시하고, 민감시설군별 '공기질 관리 가이드라인'을 개발·보급하는 것이 필요하다.

실내공기질 관리의 대상은 다중이용시설이다. 그러나 어린이, 가정주부와 노인 등 민감계층이 머무는 시간이 가장 많은 공간이 가정이므로 집의 실내공기질이 매우 중요한 역할을 한다. 그러나 주거환경 개선에는 상당한 비용과 노력이 필요하여 취약계층의 주거환경권 보장을 위한 정책이[87] 더욱 확대·강화되어야 할 것이다.

일반적으로 가정은 사적 공간으로서 규제 중심 정책으로 관리되기 어렵다. 가정내 실내공기 관리는 자율적인 실천방안의 제시와 인식향상과 교육이 중요하다. 이를 위하여, 국민환경보건기초조사 등에서 가정내 실내공기질 기초조사 및 모니터링을 추진하여 이를 위한 근거를 마련하는 것도 바람직하다.

3. 신기술을 활용한 생활밀착 관리

2021년부터 지하역사의 경우 IoT 기술에 기반하여 공기질을 모니터링하고 실시간 공개하고 있다. IoT 기반 공기질 모니터링은 지하역사 뿐 아니라 주요 다중이용시설로 확대할 필요가 있다. 또 환기설비 관리에서도 IoT 기술을 도입하여 효율적인 관리와 쾌적한 실내공기질이 항상 유지되도록 할 필요가 있다. 이를 위해서는 필터 성능 고도화 등을 포함하여 실내공기질 관리에 필수적인 조사연구와 기술개발을 활성화하고 관련 전문분야의 인력양성도 필요하다.

관리체계에 있어서는 현장에 대한 이해도가 높은 지방자치단체의 역할을 보다 강화하여 실효성 있는 실내공기질 관리시행계획이 수립되고 이행될 수 있어야 할 것이다.

87 2009년부터 환경부는 환경산업기술원과 함께 취약계층에 대한 주거환경 개선을 통한 환경성질환 예방사업을 실시하고 있다. 이 책의 3편-6장-1절-3 참조.

제4장

석면

1 석면 안전관리 제도

1. 석면이란?

1) 석면의 종류와 특성

석면은 호흡기 노출 후 20~40년의 잠복기를 거쳐 폐암, 악성중피종, 후두암, 난소암, 석면폐 등을 유발할 수 있어 세계보건기구(WHO)산하 국제암연구소(IARC)가 1군 발암물질로 지정하였다. 석면의 위해성에 대한 근거는 1900년초부터 축적되기 시작하였고, 1990년대 초반에는 많은 나라에서 석면사용이 전면 금지되었다. 현재까지 67개[88] 국가와 지역에서 모든 종류의 석면을 전면적으로 금지하고 있다.[89]

석면은 사문석 및 각섬석 광물에서 채취된 천연섬유이다. 백만년 전 화산활동에 의해 만들어진 화성암의 일종인 사문석, 각섬석이 특수한 환경에서 고온수와 작용하여 결정이 섬유상으로 성장하여 생성되었다.

석면은 내구성, 내열성, 내약품성 및 전기절연성 등이 뛰어나, 기원전 2500년부터 '불멸하는 것, 영원한 것'으로 인식되었고,[90] 특히 산업혁명 이후 석면 방적법이 개량되면서 석면포와 석면지가 대량 생산되기 시작하였으며, 2차 세계대전 시 전쟁에서 필요한 군함, 전차, 군용기 등에 두꺼운 단열재나 방독마스크의 필터(청석면)로 널리

88 International Ban Asbestos Secretariat http://www.ibasecretariat.org/chron_ban_list.php

89 2017년 현재, 석면을 사용하고 있는 나라는 25개국, 매년 1천 톤 정도 소비하고 있고, 주요 생산국은 브라질, 중국, 카자흐스탄과 러시아연방이다.(출처) WHO. Asbestos: economic assessment of bans and declining production and consumption. 2017.

90 Asbestos(석면)의 그리스어원은 a (not) + sbestos (quenchable or extinguishable) 의 합성어.

사용되었다. 이후 석면은 건축물 단열재, 자동차 브레이크라이닝 등 약 3,000여 종류의 공업제품에 사용되었다. 1970년대 중반에 세계 석면생산량은 약 500만톤으로 절정에 달했다.

석면은 종류에 따라 그 특성이 구분된다〈표 3-21〉. 형태에 따라 크게 곱슬곱슬한 사문석과 곧은 각섬석으로 나뉜다. 사문석에는 백석면이 대표적인데 세계 석면 소비량의 약 93% 이상을 차지하며 널리 사용되었다. 반면, 각섬석에는 청석면, 갈석면을 포함하여 여러 종류가 있으나 드물게 사용되었다.

〈표 3-21〉 석면의 종류와 특성

종류		색상	형태	특성	용도
사문석계 (serpentine)					
백석면 chrysotile $3MgO_2SiO_2 2H_2O$	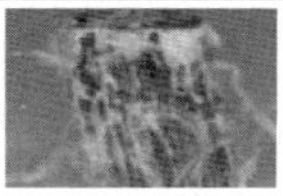	백색, 황색, 녹색	곱슬곱슬하며 가늘고 부드러움	전기절연성 강한 독성	건축자재, 마찰재 등
각섬석계 (amphibole)					
청석면 crocidolite $Na_2Fe(SiO_3)_2FeSiO_3H_2O$	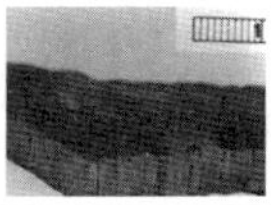	청색	곧음	강한 강도 강한 내산성 가장 강한 독성	브레이크의 마찰재 등
갈석면 amosite $(FeMg)SiO_3$	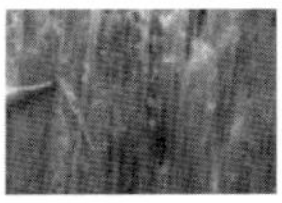	담화색, 갈색	곧음	내열성 외부압력에 쉽게 부스러짐 강한 독성	시멘트, 단열재, 지붕재 등
직섬석 anthophylite $(MgFe)_7Si_8O_{22}(OH)_2$		담화색, 갈색, 녹색	곧고 절단된 파편 형태	외부압력에 쉽게 부스러짐	타일
투각섬석 tremolite $Ca_2Mg_5Si_8O_{22}(OH)_2$	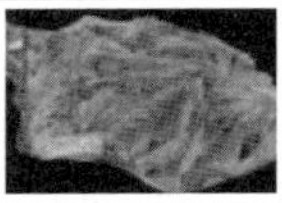	백색, 담갈색	곧고 절단된 파편 형태	외부압력에 쉽게 부스러짐	뿜칠
녹섬석 actinolite $Ca_3O_3(MgFe)O_4SiO_2$		담록색	곧고 절단된 파편 형태	외부압력에 쉽게 부스러짐	거의 사용 안함

(출처) 관계부처합동, 제2차 석면관리 기본계획, 2017. 을 참조하여 재구성.

2) 석면노출의 건강영향

전세계적으로 1억2천5백만명이 작업장에서 석면에 노출되고 있으며, 직업성암 사망의 50%정도와, 매년 수천명의 사망이 가정에서 석면노출에 의한 것으로 추정된다.[91]

공기중으로 비산된 작은 석면 섬유들은 호흡 시 호흡기계로 들어오게 된다. 폐에 침착하여 장기간 머물면서 주변 조직을 손상시키고 염증반응을 유발한다. 석면은 악성중피종, 폐암, 후두암 및 난소암의 발생위험을 높이며, 위암, 인두암, 대장·직장암은 석면과 관련성이 의심되고 있다.[92] 악성중피종의 80%이상은 석면이 그 원인을 차지한다.[93]

석면은 암뿐만 아니라, 폐섬유화증인 석면폐(asbestosis)[94]와, 흉막반(pleural plaques),[95] 흉막비후(pleural thickening), 흉막삼출(pleural effusion)[96] 과 같은 비악성 흉막질환을 유발한다. 석면노출로 인하여 발생한 흉막질환은 폐암의 위험을 증가시키는 것으로 알려져 있다.[97]

석면노출로 인한 암발생위험은, 노출량, 노출기간 등 노출관련 특성과 흡연과 같은 개인의 생활습관이나 기저질환의 유무, 유전적 소인 등에 따라 달라진다. 모든 종류의 석면이 유해하나, 각섬석계의 청석면이나 갈석면이 사문석계의 백석면보다 암발생 위험을 더 높이는데(특히 악성중피종), 이는 청·갈석면이 백석면보다 더 오랜 기간 폐에 머무를 수 있는 특성 때문이다.[98] 석면노출자가 흡연을 하는 경우 폐암발생의 위험은 상승적으로 증가하는 것으로 알려져 있다.

3) 우리나라 석면사용의 역사

세계보건기구의 자료에 의하면, 우리나라는 서구국가들이 석면사용의 정점을 보이던 때보다는 좀 더 늦은 시기인 1995년에 최고사용량을 보인 후 이후 급속하게 줄어

91 WHO. Fact sheets. Asbestos: elimination of asbestos-related diseases. (2018.2.15).

92 IARC Working Group on the Evaluation of Carcinogenic Risk to Humans. Arsec, Meatls, Fibres and Dusts. Lyon (FR): International Agency for Research on Cancer; 2012. (IARC Monographs on the Evaluation of Carcinogenic Risks to Humans, No. 100C.)

93 McDonald JC, McDonald AD. 「The epidemiology of mesothelioma in historical context」. 『Eur Respir J』 1996;9:1932-42.

94 석면폐는 염증반응으로 폐에 영구적인 손상이 초래되어, 숨가쁨, 기침 등의 증상을 동반하는 폐질환이다.

95 흉막반은 폐를 둘러싼 흉막 일부가 판처럼 딱딱해지는 변화를 말한다.

96 흉막삼출은 폐를 둘러싼 막과 흉강벽 사이에 비정상적으로 물(체액)이 차는 현상을 말한다.

97 O'Reilly KMA, et al. 「Asbestos-related lung disease」. 『American Family Physician』 2007; 75(5):683 · 688.

98 Agency for Toxic Substances and Disease Registry. Toxicological Profile for Asbestos. September 2001.

들었다[그림 3-17].

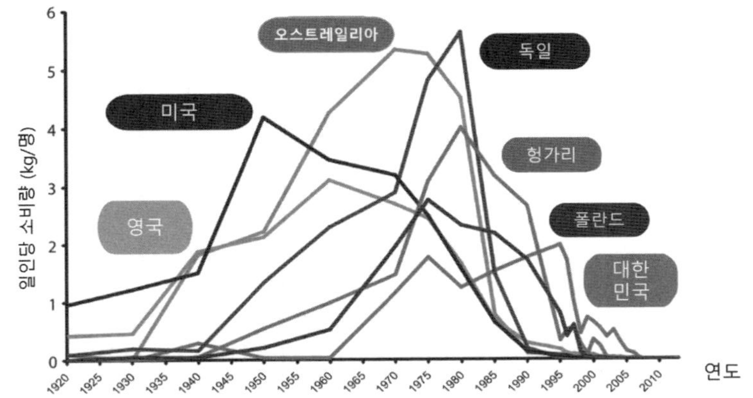

[그림 3-17] 국가별 국민 일인당 석면사용량(kg) 추세, 1920-2013

(출처) WHO. Asbestos: economic assessment of bans and declining production and consumption. 2017. Fig.7.

우리나라에서 석면은 2차 세계대전 시 일본군의 군수물자 조달을 위해 수요가 급증하여 1930년대 중반 전국에 걸쳐 석면광산 개발이 시작된 후 1990년까지 총 145,533톤이 생산되었다.[99] 또 확인가능한 수입량은 2006년까지 총 1,697,477톤이었다〈표 3-14〉.[100] 생산·수입된 석면의 대부분은 국내에서 건축자재(80%이상), 마찰재, 방직재 등으로 소비되었다.

99 대표적인 석면광산은 충남 홍성지방의 광천 석면광산이다. 1944년 백석면 4,815톤을 생산하여 우리나라 백석면 생산량의 90%를 차지. 남한에 최대 36개의 석면광산이 운영되었다는 기록이 있으나 이중 채광기록이 남아있는 광산은 21개이다. (출처) 환경부, 『석면관리총람』, 2009.

100 환경부, 『석면관리총람』, 2009.

[그림 3-17] 우리나라 석면 생산량, 석면원료 및 석면함유제품 수입량 현황

(출처) 환경부, 『석면관리총람』, 2009.을 참조하여 재구성.

국내로 수입되는 석면은 1988년 이후 종류가 구분되었는데, 마지막 수입이 있었던 2006년까지 자료에서 백석면이 99.7%로 대부분을 차지하였다. 수입되는 석면함유제품의 80% 이상이 건축자재의 원료로 사용되었다. 지붕재, 벽면재, 마감재, 방화용 벽과 천장에 분사 혹은 미장 바름이나 철골부재에 내화피복 등의 용도와, 단열과 보온재로서 급수관, 증기관, 덕트, 보일러 및 온수탱크, 기타 수장재로 비닐석면 바닥타일, 천장타일, 트랜사이트 또는 시멘트판, 벽판, 지붕용 슬레이트 등에 사용되었다.

1960~70년대 농어촌 지붕개량사업 시에는 전체 석면의 96%가 슬레이트로 사용되었다. 1990년대는 슬레이트와 보온 단열재 등으로 약 82.3%의 석면이 사용되었다.

석면 제조·허가를 받은 신규 사업장수는 1991년부터 2006년까지 총 81개로 브레이크라이닝 제조업체가 29.9%, 섬유제품 및 가스켓 제조업체 19.5%, 자동차부품 등 제조업체 14.3%였고, 경기 지역에 전체 사업장의 25.9%가 분포하였고 주로 브레이크라이닝 제조업체였다. 경남(전체 사업장의 14.8%)지역에서는 섬유제품과 가스켓 제조업체, 부산(전체 사업장의 13.6%)지역은 브레이크라이닝과 섬유제품 제조업체가 반반씩 차지하였다.

건축재의 석면함유 현황을 보기 위한 조사에서,[101] 천장재(27%), 벽체(16%), 보온단열재(9%), 가스켓(6%), 바닥재(4%), 방진재(1%), 방음재(0.3%)에서 석면이 검출되었

101 총 84개 사업장에서 채취한 1,870개 시료에 대한 분석결과임. (출처) 환경부, 『석면관리총람』, 2009.

다. 시공연도별로는 1970년대 이전에 시공된 건축물이 34%로 가장 많았으며, 1990년대(25%), 1980년대(18%), 2000년대(8%)의 순으로 석면이 검출되었다. 공공건물과 다중이용시설 건물은 이보다 훨씬 높은 비율로 검출되었다.

2. 석면 안전관리 제도

1) 제도의 연혁

우리나라 석면관리 정책은 1990년 7월「산업안전보건법」에서 허가대상 유해물질로 석면을 지정하면서 시작되었다〈표 3-22〉. 1991년부터 2007년에 걸쳐 환경법령(대기·폐기물 등), 산업안전보건법령 및 건축법령에서 석면규제가 강화되었고, 1997년5월부터 2007년에 걸쳐 산업안전보건법시행령에서 단계적으로 석면의 생산·수입·사용을 금지하였다. 2007년 1월부터는 건축용 석면시멘트 제품과 자동차용 석면마찰제품의 제조·수입·사용이 금지되었다. 2007년과 2009년에 정부는 석면관리종합대책을 수립하여, 2009년부터 일부 군수용을 제외하고 석면이 1%이상 함유된 제품의 수입·제조·사용을 금지하였다.

〈표 3-22〉 우리나라 석면 관리제도의 연혁

연월	법 령	내 용
1990.7	산업안전보건법 시행령 개정	사용허가 대상 유해물질에 석면 추가
1991.2	대기환경보전법 시행규칙 개정	특정대기유해물질에 석면 포함
1991.9	폐기물관리법 시행령 개정	특정폐기물에 석면 추가
1997.5	산업안전보건법 시행령 개정	제조 등 금지 유해물질에 청·갈석면 추가
1998.1	지하생활공간공기질관리법 시행규칙 개정	지하생활공간 공기오염물질에 석면 추가
1999.6	산업안전보건법 시행령 개정	제조 등 금지 유해물질에 1%이상 석면함유물질 추가
1999.8	폐기물관리법 시행령 개정	지정폐기물에서 슬레이트 제외
2003.6	산업안전보건법 시행령 개정	금지석면종류 확대(악티노, 안소필, 트레모라이트)
2003.7	산업안전보건법 시행규칙 개정	석면함유 건축물철거 허가제도 시행
2005.2	건축법 시행규칙 개정	건축물 철거시 석면함유 여부를 시·군·구 관할노동청에 신고

연월	법 령	내 용
2006.2	유해화학물질관리법 환경부 고시	**5개 물질을 금지물질로 지정**
2006~2007	산업안전보건법 시행령 개정	석면함유제품의 제조·수입·양도·제공·사용 금지
2008.1	유해화학물질관리법 제조·수입·사용 등을 금지·제한하는 화학물질에 관한 규정 개정	**백석면 및 이를 1%이상 함유한 혼합물석면시멘트제품(지붕, 천장, 벽 및 바닥재 용) 및 석면마찰제품(자동차용)의 용도로 제조·수입·사용 등을 금지**(환경부고시 2007-152호)
2008.7	폐기물관리법 시행령 개정	폐석면 지정폐기물 분류대상 확대 폐석면 수집·운반·보관·처리 방법 다양화 폐석면 매립 위한 지정폐기물 매립시설 설치기준 신설
2009.2	산업안전보건법 개정	**모든 석면의 제조·수입·양도·제공 또는 사용금지** 석면해체제거 업체의 등록제 도입 석면조사기관의 허가제 도입
2010.3	**석면피해구제법 제정**	비직업성, 환경성 석면피해자에 대한 구제제도 도입
2011.4	**석면안전관리법 제정**	개별법에 분산되어 있는 석면관리를 체계화하고 자연발생 석면을 포함하여 생활환경의 석면관리를 위한 제도 도입

(출처) 환경부, 『석면관리총람』, 2009. 표19를 재구성함.

이러한 전사를 거쳐 2011년에는「석면피해구제법」이,[102] 2012년에는 「석면안전관리법」이 시행되어[103] 건축물 철거 시 석면조사제도, 자연발생석면에 대한 조사와 슬레이트 사용실태조사 등의 정책이 시작되었다. 또 관계부처합동의 '슬레이트 관리 종합대책(2011~2021)'에 따라, 30년 이상된 노후 슬레이트주택 19만 동을 처리하는 것을 목표로 삼았다.

2) 석면안전관리제도

2012년에 시행된 「석면안전관리법」은 국가와 지방자치단체의 안전관리시책의 의무

102 국가법령정보센터. 석면피해구제법 (제정이유, 2010.3.22.) "...근로자의 경우 「산업재해보상보험법」에 따라 산재보상을 받을 수 있지만, 석면광산 또는 석면공장 주변에 거주하는 주민들을 비롯한 환경성 석면 노출로 인한 건강피해자는 구체적인 원인자를 규명하기 어려워 마땅한 보상과 지원을 받지 못하고 있는 실정이므로..."

103 국가법령정보센터. 석면안전관리법 (제정이유, 2011.4.28.) "...석면안전에 관한 사항이 「산업안전보건법」·「식품위생법」 등 개별법에 분산되어 있어 종합적이고 체계적인 대응이 미흡하고, 최근 재개발·재건축지역 인근 주민들의 석면피해와 지질대 등을 형성한 자연발생석면 등 새로운 석면발생원에 대한 효율적인 관리 필요성이 대두하고 있음에 따라 생활 전반에 광범위하게 사용되고 있는 석면에 대한 보다 근본적인 국가 차원의 안전관리를 위하여..."

와 사업자와 국민들이 이에 적극적으로 따를 의무를 명시하였다. 정부는 5년마다 '석면관리기본계획'을 수립·시행하여야 하며(제5조), 매년 이에 대한 부문별, 지역별 세부계획을 수립·시행하여야 한다(제6조). 석면관리기본계획수립을 위해 실태조사(정기조사의 경우 3년에 한번)를 실시하고 그 결과를 공개하여야 한다(제7조).

크게 4가지 관리분야로, 석면과 석면함유제품(석면 등)(제3장), 자연발생석면(제4장), 건축물석면(제5장), 석면해체 사업장의 주변환경(제6장)이 있다〈표 3-23〉.

〈표 3-23〉 석면안전관리법의 석면 안전관리 체계와 관리주체별 업무

장	장 제목	내용	관리주체별 업무
1장	총칙	목적, 정의, 국가 등의 책무 다른 법률과의 관계	
2장	석면관리 기본계획 등	석면관리 기본계획과 시행계획의 수립 등 실태조사	
3장	석면함유제품 등의 관리	석면 등의 사용금지 등 자가 측정 석면을 포함할 가능성이 있는 물질의 지정 석면함유가능물질의 관리	(환경부) 석면 사용금지, 석면함유가능물질 지정·관리 (고용부) 산업안전보건법에서 석면 및 석면함유제품(1%초과) 금지 (산업부, 국토부, 식약처) 화장품, 브레이크패드 등 소관제품 석면금지
4장	자연발생석면의 관리	지질도작성, 자연발생석면영향조사, 자연발생석면 관리지역의 지정, 관리계획의 수립과 시행, 관리지역의 지원 석면비산방지계획서의 제출, 석면비산방지시설의 설치 등 지정해제 등, 조례에 따른 자연발생석면 분포지역 관리	
5장	건축물 석면의 관리	건축물석면조사, 조사 결과에 따른 조치 석면건축물안전관리인의 지정과 교육 슬레이트 시설물 등에 대한 석면조사 슬레이트 처리에 관한 특례	(건물주) 건축물 석면조사, 석면지도 작성, 안정성조사(매 6개월) *공공시설물, 학교 · 유치원 및 다중이용시설은 석면조사 의무 (환경부, 지자체) 슬레이트 주택처리 지원 (교육부, 국방부) 학교, 군부대 석면건축물 관리

장	장 제목	내용	관리주체별 업무
6장	석면해체 사업장의 주변 환경 등 관리	석면해체·제거 작업의 공개 사업장 주변의 석면배출허용기준 준수, 작업중지 등 석면해체·제거작업의 감리인 지정, 등록, 등록 결격사유, 업무, 평가, 등록취소 등 발주자의 책임 등	(건물주) 건축물 해체·철거 전 석면조사, 석면함유 시 석면해체·제거 발주 (노동부) 석면해체·제거 작업장 관리 (환경부, 지자체) 감리인제도 운영, 주변 환경 비산정도 측정(시군구)
7장	보칙	전문인력의 육성 및 지원 석면환경센터의 지정·운영, 취소 석면관리 종합정보망의 구축·운영 토지 등의 수용 또는 사용 타인 토지의 출입 등 토지의 출입 등에 따른 손실 보상 대집행, 보고 및 검사, 청문, 위임 및 위탁	
8장	벌칙	벌칙, 양벌규정, 과태료	

(출처) 「석면안전관리법」과 관계부처합동. 제2차 석면관리기본계획(2018~2022). 2017. 을 종합하여 재구성.

① 석면 및 석면함유제품

우선, 누구든지 석면 등은 제조·수입·양도·제공·사용을 할 수 없다(제8조). 환경부장관은 자연적으로 석면을 포함할 수 있는 활석 등 광물질에 대해서는 석면포함여부와 위해성을 조사하여, '석면함유가능물질'로 지정·고시할 수 있다(제10조). 석면함유가능물질로 지정된 물질을 수입·생산하고자 할 경우에는 사전에 정부의 승인을 받아야 하는데, 석면함유 농도의 승인기준은 1%미만이다.

정부의 승인을 받고 석면함유가능물질을 가공하거나 변형하려고 하는 경우에 사전에 작업계획과 공정을 지자체장에게 신고하여야 하고, 작업과정에서 비산되는 석면의 '사업장주변석면배출허용기준'과 '가공·변형된 석면함유가능물질의 석면허용기준'을 준수하여야 한다〈표 3-24〉.

〈표 3-24〉 석면함유가능물질 유통 시 석면 허용기준

구분	기준
가공·변형을 위해 유통되는 경우	1%

구분			기준
최종제품으로 유통되는 경우	원석 그대로 또는 단순히 파쇄된 상태	분말제품 인체 직접접촉 용도 바닥골재(주차장, 운동장 등에 사용된 것)	불검출
		조경석	표면에 석면이 노출되지 않을 것
		기타	0.1%
	기타 가공·변형된 상태		0.1%

(출처) 환경부고시 제 2020-266호(고용노동부와 공동 고시).

이를 준수하지 않으면 지자체의 장이 작업중지를 명하거나, 환경부장관이 제품의 회수 또는 유통금지를 명하거나 관계행정기관의 장에게 제품의 회수나 유통금지를 요청할 수 있다.

② 자연발생석면

자연발생석면(Naturally Occurring Asbestos, NOA)이란 지구 내부 순환과정에서 지질작용 등의 자연활동의 결과로 생성되어 암석이나 토양에 존재하는 석면을 말한다. 개발사업에 수반되는 토지굴착 등에 의해 자연발생석면이 비산되는 문제를 예방하기 위하여 자연발생석면 관리제도가 도입되었다.

환경부장관은 지질도를 작성하여 공개하고, 환경부장관 혹은 시·도지사는'자연발생석면영향조사'를 하고 그 결과를 공고한다. 조사결과에 따라 환경부장관은 '자연발생석면 관리지역'을 지정·고시할 수 있다.[104] 자연발생석면관리지역이 지정되면 해당 시·도지사는 관리계획을 수립하여 시행하여야 하며, 환경부장관은 이를 위해 행정적·재정적 지원을 할 수 있다.

관리지역에서 개발사업을 하려는 사업자는 석면비산방지와 주민건강보호 사항이 포함된 '석면비산방지계획서'[105]를 작성하여 승인을 받아야 하며, 개발사업시행 시 '석면비산방지시설'을 설치하는 등의 필요한 조치를 하여야 한다.

104 지연발생석면 관리지역의 지정·고시에 관한 기준(환경매체 중 석면농도, 지역 주민의 건강피해 가능성 등을 평가)은 수립되어 있으나, 2021년 현재 아직 지정된 곳은 없다.

105 개발사업이 환경영향평가 등의 대상사업인 경우에는 환경영향평가서에 석면비산방지계획서를 포함가능(제17조2항).

시·도지사는 조례에 따라 자연발생석면이 분포하는 지역 중에 관리지역으로 지정되지 않은 곳에서 개발사업을 하려는 사업자에 대해서도 '석면비산방지계획서'의 제출과 '석면비산방지시설'의 설치를 명할 수 있다.

③ 건축물석면 관리

건축물의 소유자는 건축사용승인을 받은 날로부터 1년이내에 '건축물석면조사'[106]를 하여 결과를 기록·보존하고, 시·도지사에게 그 결과를 제출하여야 하는데, 조사결과 기준이상의 석면건축자재가 사용된 경우에는[107] 석면건축물로서 법적 의무를 준수해야 하는 관리대상이 된다. 법적 의무란 건축물석면조사결과와 함께 '건축물석면지도'를 함께 제출, 임차인·관리인 등 건축물 관계자 및 건축물의 양수인에게도 이를 알려주고, 석면건축물안전관리인을 지정하는 등 '석면건축물관리기준'[108]을 지켜야 하며, 시·도지사가 석면건축물의 소유자에게 석면 해체·제거, 석면비산방지 등에 관해 필요한 조치를 명하는 경우 이에 따르고 이행사항을 보고하는 것이다.

정부는 또 슬레이트가 사용된 건축물에서 석면사용실태와 인체에 미치는 위해성 등을 조사하고, 이들 시설물에 사용된 석면의 해체·제거·처리 및 개량 등에 드는 비용을 지원할 수 있다.

④ 석면건축물 해체·제거

건축물의 석면을 해체·제거하는 작업을 하는 경우 사업장 주변의 석면배출허용기준(0.01개/m^3)을 지켜야 한다. 사업의 발주자는 측정기관이 석면비산정도를 측정하도록 하고 그 결과를 시·도지사에게 제출하여야 한다.[109] 시·도지사는 석면배출허용기준이 지켜지지 않았음을 확인한 경우 지체없이 작업중지를 명하여야 하며, 발주자는 개선계획을 제출하여 승인받은 후에 해체·제거작업을 재개할 수 있다. 발주자는 작업개시 전까지 '석면해체작업감리인'을 지정하고 이를 시·도지사에게 신고하여야 한다.

---

106 석면조사기관에 의뢰하여 실시하며, 조사방법은 시행규칙(환경부령 제920호 별표3)에 따른다.

107 석면건축물의 기준은, 1) 석면건축자재가 사용된 면적의 합이 50m^2이상인 건축물, 또는 2) 석면건축자재 중 분무재 또는 내화피복재를 사용한 건축물 (시행령 제32조).

108 「석면안전관리법」 시행령 제33조. 석면건축물안전관리인의 지정, 6개월마다 석면건축물의 손상상태 및 석면의 비산가능성 조사, 2년마다 실내공기 중 석면농도측정 및 결과의 보존·기록, 0.01개/m^3 초과 시 보수, 밀봉, 구역폐쇄 등의 조치 등.

109 소규모 건축물(해체·제거하려는 석면건축자재가 사용된 면적의 합이 500제곱미터 미만인 건축물 또는 설비로 환경부령으로 정한 건축자재가 사용되지 않은 경우)은 예외(시행령 제39조).

석면해체작업감리인은 시·도지사에게 등록된 사람이어야 하며, 해체작업의 전체 과정에서 안전을 관리한다. 환경부는 이들에 대해 평가하고 결과를 공개하며, 부정한 방법을 사용하거나 평가기준미달 등의 사유에 따라 등록을 취소할 수 있다.

2 석면 안전관리 현황

석면안전관리법이 시행된 후 제1차 석면관리기본계획(2013~2017년)이 수립되었다. 1차계획의 이행으로 석면안전관리망의 기본이 다져졌다고 볼 수 있으나, 석면건축물 관리 부실, 대규모 석면해체·제거 사업장 및 자연발생석면 지역에서 석면노출 우려 등 국민불안감은 여전하였다.[110]

1. 석면건축물 관리

1) 석면건축물 현황

2007년부터 석면시멘트, 2009년부터 석면 건축자재 사용이 전면 금지되었으나 금지 이전에 석면이 사용된 건축물이 많다. 사용 중인 건축물 중 법적 석면조사 대상은 일정규모 이상의 공공건축물(500m^2 이상), 다중이용시설(시설별로 300~5천m^2 이상) 및 모든 학교, 유치원과 어린이집[111]이 해당되고, 의료시설, 노인 및 어린이시설(500m^2 미만)과 공장, 상업용 건축물은 제외되어 있다.

석면관리종합정보망[112]에서 확인할 수 있는 석면건축물은 전국적으로 총 20,942개로 파악되고 있으며, 용도별로는 공공건축물, 지역별로는 경기도에서 가장 많다. 석면건축물은 전체 조사대상 건축물(82,072)의 약 25.5%를 차지한다. 2021년 6월 시점에서 전국 학교(유치원, 초·중·고등학교)의 37.6%(7,778개)[113]에서 석면이 존재한다. 학교석면은 2008년에 마련한 '학교 석면관리 매뉴얼'(2019년까지 5차례 개정)에

110 관계부처합동 제2차 석면관리 기본계획 (2018~2022), 2017.

111 어린이집의 경우 건축물석면조사대상으로 430m^{2}이상 규모이었던 것을 2018년 시행령 개정 후 규모에 관계없이 모두 적용. ('13~'17 환경부의 430m^2 미만의 소규모 어린이집 석면안전진단 결과 약 38%가 석면건축자재 사용(3,347개소 중 1,263개소), '16년 430m^2 미만 어린이집은 전체 어린이집의 86.2% 차지(40,385개소 중 34,818개소)).

112 https://asbestos.me.go.kr/user/da/asblvtRstOpenViewList.do ('21.12.20에 접속). 유치원·초·중·고등학교 건축물은 교육부에서 관리하므로 제외되어 있음.

113 학교 석면철거에 따라 그 비율은 점차 감소해 왔음: '20년 46.3%, '17년 62.3%, '15년 70.7%.

따라 석면건축물을 관리하고 있다.

〈표 3-25〉 우리나라 석면건축물 현황

구 분		조사대상수 (A)	석면건축물 (B)	석면건축물 비율(B/A)%	전체석면건축물 중 비율(%)
공공 건축물	소 계	33,206	10,905	32.8	(38.0)
	행정기관(국가및지자체)	19,925	6,312	31.7	(22.0)
	공공기관	7,406	2,157	29.1	(7.5)
	특수법인	4,274	2,150	50.3	(7.5)
	지방공사/공단	1,499	283	18.9	(1.0)
	미분류	102	3	2.9	(0.0)
어린이집		23,958	2,295	9.6	(8.0)
대학교		8,925	4,200	47.1	(14.6)
다중이용시설		12,405	2,767	22.3	(9.6)
기타		3,578	775	21.7	(2.7)
유치원, 초·중·고등학교*		20,682	7,778	37.6	(27.1)
계		102,754	28,720	27.1	(100.0)

*교육부가 관리하는 유치원, 학교의 경우 석면건축물이 1개 기관에 여러 동이 있는 경우 1개소(기관수)로 ('21.6.30 기준), 그 외 지자체가 관리하는 석면건축물은 각각의 동수로 집계 ('21.8.31 기준).

2) 건축물의 석면조사와 석면지도

건축물의 석면조사는 고용노동부장관이 지정한 석면조사기관에서 수행하는데, 고용노동부장관은 석면조사기관을 지도하거나 교육할 수 있으며, 기관의 인력, 시설장비수준, 석면조사 및 농도측정의 신뢰도를 포함한 업무수행능력 등의 요건을 평가하고 그 결과를 공포할 수 있다.[114] 2021년 11월 석면조사기관은 전국에 걸쳐 222개소가 있다.

건축물 석면은 2016년까지 총 78,239동을 조사하여 이 중 38,553동을 석면건축물로 지정하였고, 이후 6개월마다 안정성평가 등을 실시해 왔다. 그러나 학교석면조

114 산업안전보건법 제120조, 시행령 제90조.

사 실태에 대한 감사원감사(2018.3~5)[115]와 언론의 학교석면지도 오류보도(2019.3, MBC) 등 건축물석면조사에 대한 신뢰성에 문제제기가 많았다. 학교건물 이외의 공공건축물과 다중이용시설도 석면조사 오류 실태를 조사한 중간결과, 약 22%정도에서 부실함이 확인된 바 있다.[116]

이에 따라 석면조사기관의 전문성 제고와 관리감독을 강화하기 위하여, 법에서 규정하는 조사방법을 따르지 않거나 건축물석면지도의 작성기준과 방법을 따르지 않은 석면조사기관에 대해 과태료를 부과하는 제도를 신설하고, 석면건축물안전관리인의 안전관리교육을 강화하였다(2018.5 시행).[117] 또 석면조사기관평가에도 이를 반영하게 되었다. 2019년 석면조사기관 171개소를 평가한 결과, 평균 689점(1000점 만점), 5개 등급 중 제일 낮은 등급은 38개소(22.2%)로,[118] 조사기관의 질적 수준이 제고되어야 할 필요성을 보여주었다.

다른 한편, 석면관리대상 건축물 전수에 대하여 석면지도 오류를 점검하기 위하여, 건축물안전관리인의 자체점검, 전문기관의 점검 등을 시작하여, 2022년 6월까지 점검을 완료할 계획이다.[119]

석면건축물 관리의 골자는, 석면건축물안전관리인을 지정하고, 6개월에 한번씩 상태평가를 하며, 2년에 한번씩 석면농도를 측정하여, 건축자재의 노후화 및 파손 등으로 인한 석면비산을 상시 예방하는 것이다.

2. 석면건축물 해체·제거

1) 슬레이트 건축물의 해체·제거

2010~2013년 연구 및 조사결과에 따르면 슬레이트를 사용 중인 건축물은 약 141만동이며, 그 중 46%인 약 65만동이 1970년대 이전에 만들어진 것이었다.[120] 이중 주택이 52%, 창고가 31.4%로 가장 높은 비중을 차지하였다[그림 3-19]. 슬레이트 주택

115 감사원 감사결과: '15 경기도 교육청 석면조사 타당성 조사결과 표본학교 152개중 15.8% 석면지도 오류를 발견하였으나 교육부가 적절한 조치를 취하지 않고 보고서를 조작, 석면해체공사기간동안 돌봄교실 운영, 석면해체제거공사완료된 142개 표본학교 중 20.4%에서 석면 검출 등.

116 '20.5~9, 약 750개소 점검 중 21.7% 부적합(무석면구역에서 석면검출).

117 교육의무기한을 1년에서 3개월로 단축, 교육시간 6시간에서 8시간으로 확대, 2년에 한번 4시간 보수교육 의무화.

118 한국산업안전공단, 「2019 석면조사기관 평가 석면조사기관 설명회 자료」, (출처) 환경부, 석면관리종합정보망.

119 공공건축물과 대학은 자체점검, 민간건축물은 자체점검 및 전문기관 점검, 유치원 및 학교는 전문기관점검.

120 환경부, 『환경백서 2020』.

은 무허가가 38.8%를 차지하고 있었다.

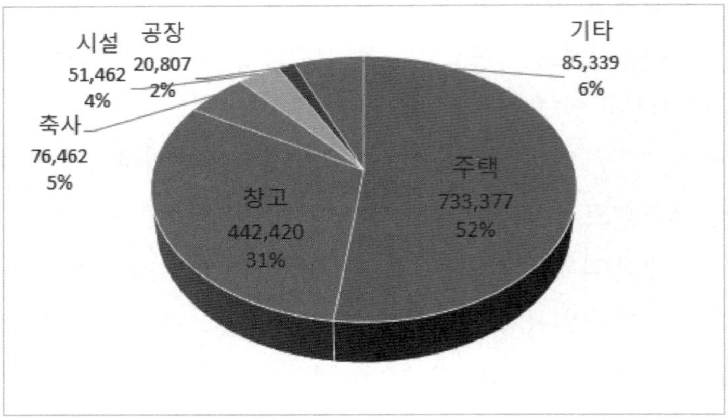

[그림 3-19] 전국 슬레이트 건축물 용도별 현황

숫자는 건축물 수. (출처) 환경부, 『환경백서 2020』.

'슬레이트 관리 종합대책(2011~2021)'에 따라 환경부는 국고보조사업을 통해 2011년부터 지자체의 주택 슬레이트 철거·처리 비용을 지원하고 있다. 전국의 슬레이트 주택 73만 동에 대해 2011년부터 2019년까지 18만8천 동을 철거하였고 2030년까지 총 52만 동을 처리할 계획이다(나머지 11만 동의 잔여량은 자체처리 등에 의해 제거될 것으로 전망).

2013년에서 2018년까지 전체 슬레이트 건축물의 8.8%가 해체·처리되었고, 가장 많은 비율로 처리된 것은 정부의 지원이 이루어지고 있는 주택이었다[그림 3-19].

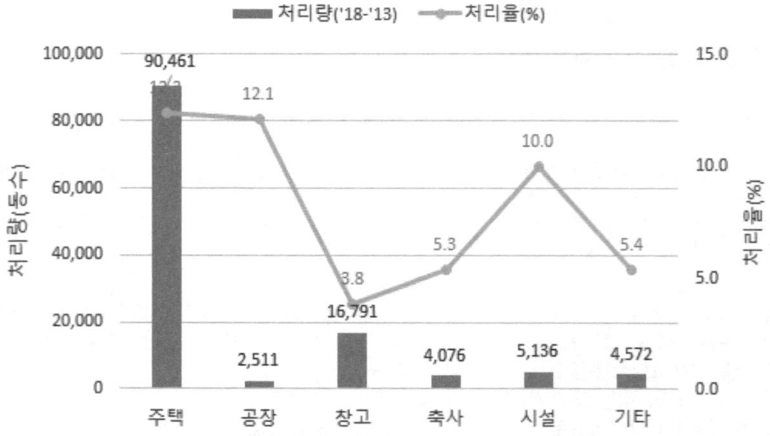

[그림 3-19] 슬레이트 건축물 해체처리 현황(2013부터 2018년까지)

(출처) 환경부, 「슬레이트 건축물 전수조사 결과」를 재구성함.

2019년에는 철거 후 지붕개량에도 예산을 투여하기 시작하였다. 이는 건축물 소유주들이 슬레이트 철거한 후에 새 지붕을 얹는데 필요한 비용 부담때문에 사업신청을 주저하므로 철거지원사업의 실효성이 떨어진다는 점을 감안한 것이다. 정부의 지원이 이루어지고 있지 않았던 비주택(창고, 축사 등)은 해체처리율이 낮아 비주택 슬레이트 건축물에 대한 전수조사를 거쳐 2020년부터는 소규모(50m^2 미만) 비주택의 철거도 지원하고 있다.[121]

슬레이트 처리사업은 농어촌 및 도심지역의 노후 슬레이트 주택에 거주하는 서민층의 건강 보호는 물론, 주거환경이 개선됨으로 해서 삶의 질 제고에 기여하고 있다.

2) 학교석면 해체·제거

교육부는 2027년까지 학교석면을 모두 제거할 목표를 가지고 있으며,[122] '학교석면 해체·제거 가이드라인'(2018년 최초 마련)에 따라 매 방학에 석면철거를 진행하고 있다. 학교 석면건축물은 2014.1월에 14,661개, 2019.6월에 9,936개, 2021.6월에는 7,778개(조사대상의 37.6%)로 2014년 대비 47%까지 감소하였다.

그러나 석면 해체공사 부실로 인하여 등교 거부와 같은 사태가 발생하는 등,[123] 학부모와 시민들의 우려가 컸다. 이에 대해 2018년부터는 학부모 등이 참여하는 학교석면 모니터단을 구성하여 잔재물 조사를 하고 조사결과 불합격 시 후속공정을 진행할 수 없게 하는 '석면잔재물 책임확인제'를 운영하고 있다.[124] 또 감리원이 현장을 이탈하는 등 1인 감리의 문제점이 제기되어, 석면해체감리인에 대한 관리를 강화하기 위해 석면해체작업감리인의 등록 및 평가제도가 도입되었다(2018년 12월 「석면안전관리법」 개정).[125] 2021.12 현재 등록된 감리인(2인 이상 감리원 보유)은 총 635개소로, 서울시(104개소)과 경기도(136개소)에 등록된 곳이 가장 많다.

---

121 선정된 사업대상에 대하여, 슬레이트 지붕 철거·처리(가구당 최대 344만원), 슬레이트 주택 지붕개량 비용(가구당 최대 427만원), 비주택 슬레이트 철거·처리비용(가구당 최대 172만원) 지원.

122 교육부. https://www.moe.go.kr/search/front/Search.jsp

123 '17~'18 서울과 경기도 학교 일부에서 석면해체 완료 후에 석면잔재물이 발견되는 등 학생들의 건강피해우려가 제기됨.

124 학교석면모니터단은 학부모, 학교장과 민간단체, 외부전문가가 참여하는 감시조직, 학교 석면공사(사전확인, 잔재물 조사 등) 전 과정을 관리 감시.

125 석면해체작업감리인 등록 및 평가제도의 주요 내용은, 석면해체작업감리인은 시·도지사에게 등록을 하여야 하며(제30조의2), 환경부장관은 석면해체작업감리인에 대해서 평가하고 그 결과를 공개하고(제30조의5), 거짓 또는 부정한 방법으로 등록하는 경우, 시·도지사는 시정명령 또는 6개월이내 영업정지를 명할 수 있도록 한 것이다(제30조의6).

3) 석면폐기물의 처리

연간 석면폐기물 발생량은 약 165톤으로 학교석면해체·제거 및 슬레이트 처리 등으로 지속적으로 증가할 전망이다. 그러나 석면폐기물을 매립할 수 있는 잔여 용량은 986톤(지정폐기물 매립시설)에 불과한 실정이어서 이에 대한 대책이 시급하다.

3. 자연발생석면

1) 자연발생석면의 분포

자연발생석면이 발견될 개연성이 있는 암석은 초염기성/사문암, 변성염기성암, 변성퇴암(변성 백운암/석회암)의 순으로 높고, 우리나라 총 국토면적의 약 5.5%에서 이들이 분포하고 있는 것으로 알려져 있다〈표 3-26〉.

〈표 3-26〉 자연발생석면 분포 가능 지역 (단위 Km^2)

구분	계	충청	강원	경기	경상	전라, 제주
암석지역	436.58	113.38	138.45	41.18	109.96	33.61
완충지역*	5,078.16	1,105.83	1,540.47	788.38	1,166.52	476.96
계	5,514.74	1,219.21	1,678.92	829.56	1,276.48	510.57

* 석면노출 가능성이 있는 지역으로, 암석지역의 경계에서 500m 영역.
(출처) 석면관리종합정보망.

2) 자연발생석면지질도 작성과 활용

자연발생석면지질도는 석면의 분포 및 지질 조사 결과를 나타낸 석면분포지도이며, 광역지질도와 상세지질도가 있다. 광역지질도는 지질학적 근거, 문헌자료, 개략적 현장조사 결과 등을 반영하여 자연발생석면이 함유될 가능성이 있는 암석의 분포 현황을 5만분의 1축적으로 전국 309개 도폭을 작성한 지도이다.

광역지질도는 자연발생석면을 함유할 가능성이 있는 암석이나 토양이 분포할 수 있는 지역에 대한 정보를 미리 제공하여, 개발사업 등을 시행할 시 당해 사업으로 인한 석면비산 영향 등을 사전에 예측·검토하고 적절한 석면비산 방지대책 등을 수립·시행하도록 지원하기 위한 목적을 가지고 있다.

자연발생석면의 관리는, 광역지질도작성→상세지질도작성 및 영향조사→관리지역 지정의 순으로 이루어진다. 전국을 5개 권역(충청권, 강원권, 경상권, 경기권, 전라제주권)으로 나누어 2010~2015년까지 지질학적 문헌조사, 개략적인 현장실태조사를 토대로 자연발생석면을 함유할 가능성이 있는 암석의 분포현황을 작성하였다. 현재 전국의 광역지질도는 모두 공개되어 있다.[126] 이후 자연발생석면이 실제 존재할 가능성이 높은 지역에 대해서는 지질조사, 시료채취분석 등을 통해 세부적인 분포 현황을 파악할 수 있는 정밀지질도를 작성하고 있다.[127]

「석면안전관리법」이 시행된 이후 현재까지 자연발생석면관리지역이 지정된 곳은 아직 없으며, 일부 지역에서 자연발생석면영향조사가 이루어지고 있다.

3 석면안전관리의 과제

석면은 세계적으로도 관리가 강화되고 있는 추세이다. 2011년 55개국, 2017년 61개국에서, 2021년에는 67개국이 석면을 금지하고 있다. 세계보건기구에 따르면, 석면을 대체하는 자재가 석면보다도 더 저렴하고, 석면을 사용함으로써 발생하는 건강문제에 대한 의료비용과 소송비 등 사회적 비용이 발생하지 않으므로, 석면의 전면금지가 경제적으로도 이익이 더 큰 것으로 확인되었다.[128]

따라서 석면은 노출됨으로서 발생한 피해에 대한 구제체계를 잘 갖추는 것과 함께, 과거에 광범위하게 사용되어 현재까지 남아있는 석면을 어떻게 안전하게 제거하고 또 관리하느냐가 관건이다. 석면건축물 관리, 석면건축물의 해체와 제거는 이러한 과거에 사용되었던 석면에 관한 문제이며, 석면함유가능제품과 자연발생석면은 현재와 미래에도 지속적으로 나타나는 문제이다.

1. 석면건축물의 안전관리

사용 중인 석면건축물의 안전성을 확보하기 위하여, 우선 건축물 석면조사 대상을

126 환경부, 석면관리종합정보망. https://asbestos.me.go.kr/user/ge/geologicMapStatViewListPopupp.do#
127 환경부, 『환경백서 2020』.
128 WHO. Asbestos: economic assessment of bans and declining production and consumption. 2017.

더욱 확대할 필요가 있다(면적기준 하향조정 등). 특히 취약계층이 많이 사용하는 시설은 면적에 관계없이 모두 관리되어야 할 것이며, 종국적으로는 2009년 이전에 지어진 모든 건축물로 확대되어야 할 것이다.

슬레이트와 학교석면의 해체 철거로 석면폐기물이 지속적으로 발생하고 있으며, 지정폐기물 매립장의 용량이 한계에 이르고 있으나 생활폐기물 매립장은 인근 주민들의 반발로 활용하지 못하고 있는 실정이다. 매립용량을 확보하고 석면폐기물 자체를 감축하는 방안마련이 시급하다. 석면폐기물을 용융 또는 열화학 변환 등을 통해 위해성을 제거하고 재활용할 수 있는 기술개발 등 기초연구에 대한 투자가 지속되어야 할 것이다.

2. 석면 해체·제거의 안전성 강화

우리나라는 2027년에는 학교석면 근절, 2030년에는 슬레이트 근절을 목표로, 석면 건축물의 해체·제거가 진행되고 있어, 석면 비산위험이 상존하고 있다.

석면해체감리인 등록평가제도를 정착시켜, 석면해체·제거 과정의 관리책임을 더욱 강화하고, 관리 투명성을 높여야 할 것이다. 한편, 「산업안전보건법」에 따라 석면 해체·제거하는 작업장에 대한 관리와, 「석면안전관리법」에 따라 작업장 주변 석면비산 측정 및 관리(감리)가 이원화되어 있으므로, 부처간 협력과 효율적인 제도의 융합도 필요하다.

건축물의 석면해체·제거 과정에서 지역주민설명회 및 '학교석면모니터단'과 같이 지역주민들이 전 과정에서 참여·감시할 수 있도록 하는 제도적 장치가 마련되는 것이 바람직할 것이다.

3. 자연발생석면 관리

자연발생석면은 무엇보다도 과학적 조사를 실시하고 지도화하여 제대로 공개하는 것이 중요하다. 개발사업 시 자연발생석면지질도를 고려하는 것이 의무화될 수 있도록 제도적 보완도 이루어져야 한다.

자연발생석면이 분포하는 지역의 지자체는 개발행위에 대한 관리기준 등을 규정한 조례를 제정하여 관리하는 것이 필요하다. 석면을 함유할 수 있는 암석이 분포하는 지역은 환경영향평가를 강화하고, 폐석면광산의 복원사업도 신속히 완료하여야 할 것이다.

4. 석면 및 석면함유제품 불법유통 근절

석면과 석면함유제품의 사용은 전면 금지되어 있으나, 여러 법령별로 관련 규정이 혼재되어 있어 현장 적용에서 혼란이 있을 수 있다. 규정을 정비하고, 개별법에 의하여 조사·측정된 결과는 상호 공유하여, 체계적이고 효율적으로 관리하여 사각지대가 없도록 할 필요가 있다.

제5장

빛공해

1 빛공해 관리제도

1. 정의와 개념

1) 빛공해의 정의

고전물리학에서 빛이란 매질에서 항상 일정 속도(2.9×10^8 m/초)로 이동하는 전자기파[129]의 하나이다. 빛은 원자나 분자가 높은 에너지 상태에서 낮은 에너지 상태로 이동할 때 생기며, 파동(wave)이자 일정한 에너지를 가진 입자(particle)의 이중적인 성질을 가진다. 빛은 직진성(straightness), 반사(reflection), 굴절(refraction), 분산(dispersion), 합성(synthesis), 산란(scattering), 회절(diffraction), 간섭(interference), 편광(polarization) 등 9가지 고유한 특성을 보인다.[130] 빛의 세기(intensity)는 전자기파의 진폭에 따라 결정되는데, 진폭이 크면 더 밝다. 빛의 색깔은 전자기파의 파장에 따라 결정된다.

129 전자기파(electromagnetic radiation)는 주파수에 따라 전파(극저주파, 저주파, 라디오파, 고주파, 초고주파), 적외선, 가시광선(빛), 자외선과 전리방사선(X-선, 감마선 등)의 스펙트럼을 가지며, 주파수가 커짐에 따라 에너지가 증가한다.

130 직진성은 매질이 없는 진공 혹은 같은 매질 내에서 무조건 직진을 하는 성질; 반사와 굴절은 빛이 어떤 매질의 표면에 입사하면, 일부는 매질의 표면에서 반사하여 되돌아 나오고, 나머지는 새로운 매질 속으로 투과(굴절)하는 성질; 분산은 파장에 따라 빛의 굴절률이 달라서 특정 매질을 통과하면서 백색광으로부터 여러 가지 파장의 서로 다른 색이 분리되어 보이는 현상(무지개); 합성은 분산과 반대로 두 가지 이상의 단색광이 합쳐져 다른 색으로 보이는 현상으로 섞을수록 백색광에 가까워지는 현상; 산란은 직진으로 가던 입자들이 불균질한 입자를 만나 경로를 벗어나는 현상; 회절은 파동의 진행방향에 장애물을 만났을 때 파면이 휘어지는 현상; 간섭은 두 개 이상의 파가 동시에 한점에 도달하였을 때 이들의 파가 더 강하게 합쳐지거나(진폭이 보강) 더 약하게 합쳐지는(소멸) 현상; 자연광(비편광된 빛)은 모든 방향으로 같은 세기로 진동하면서 진행하는 것에 반하여, 편광은 특정한 몇가지 방향으로만 진동하면서 진행하는 빛. (출처) 김민재. 빛이란 무엇인가?(2). 재독한국과학기술자협회.

국제천문연맹(International Astronomical Union, IAU)에 따르면, 빛공해(light pollution)란 인간이 만든 광원에 의해 밤하늘의 밝기가 자연상태의 빛 수준보다 8% 이상 더 높아지는 것을 의미한다.[131]

「인공조명에 의한 빛공해 방지법」(약칭: 빛공해방지법)에서 정의하고 있는 빛공해는 '인공조명의 부적절한 사용으로 인한 과도한 빛 또는 비추고자 하는 조명영역 밖으로 누출되는 빛이 국민의 건강하고 쾌적한 생활을 방해하거나 환경에 피해를 주는 상태'이다.

'과도한 빛(over-illumination)'이란 필요 이상의 빛을 사용하는 것을 일컬으며, '비추고자 하는 조명영역 밖으로 누출되는 빛'이란 잘못된 조명설계로 빛이 조명영역을 벗어나게 되는 것이다. 이렇게 벗어난 빛이 누군가의 영역(특히 개인적인 영역)을 침입하게 되면 이를 침입광(light trespass)이라 한다[그림 3-21].[132]

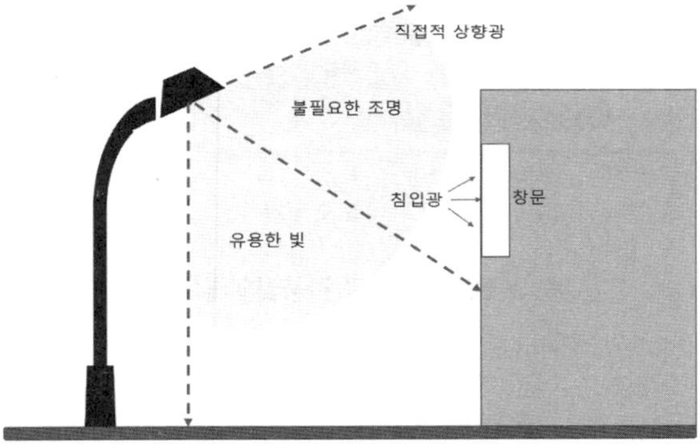

[그림 3-21] 침입광의 예시 가로등

(출처) 환경부 한국환경공단, 좋은 빛 정보센터.

불쾌감이나 피해를 유발할 수 있는 빛(obtrusive light) 중 침입광은 빛공해방지법의 '빛방사 허용기준'에 따라 관리되고 있으나, 눈부심(glare), 산란광(skyglow), 군집된 빛(light cluster)은 허용기준이 별도로 정해져 있지 않다. 눈부심은 눈이 순응하고 있는 정도보다 높은 휘도의 빛에 노출되어 순간적으로 시각이 마비되거나 불쾌감을 유발하는 것이며, 특히 운전자에서 사고의 위험을 높일 수 있다. 산란광은 위로 누출

131 Falchi et al, 「The new world atlas of artificial night sky brightness」. 『Sci. Adv』 2016:2e160377. 자연의 빛 수준은 22 mag/arcsec^2 혹은 1.74x10^{-4} cd/m^{2}를 말한다.

132 환경부, 한국환경공단, 좋은 빛 정보센터. (2022.1.29.) https://www.goodlight.or.kr/link.do

된 빛이 대기 중의 수증기나 먼지 등에 의해 굴절·산란되면서 하늘이 전체적으로 밝아지는 현상으로, 은하수나 별이 잘 보이지 않게 된다. 군집된 빛은 한 장소에 과도하게 조명이 사용되어 혼란을 유발하는 현상인데, 운전자의 사고위험을 높일 수 있다.[133]

법에서 다루는 빛공해에는 태양 등 자연광(달빛, 자연적인 대기광,[134] 별과 은하수 등 우주로부터의 빛)은 그 대상이 되지 않으며, 인공조명에 의한 피해만을 범주에 포함한다. 인공빛의 세기는 낮의 태양광이 가장 강할 때의 수준에 미치지는 못하지만 달빛이나 별빛에 비하여 더 강할 수 있다[그림 3-22]. 인공조명에는 가로등, 형광등, 보안등, 광고조명, 장식조명 등의 조명기구가 포함된다(법 제2조).

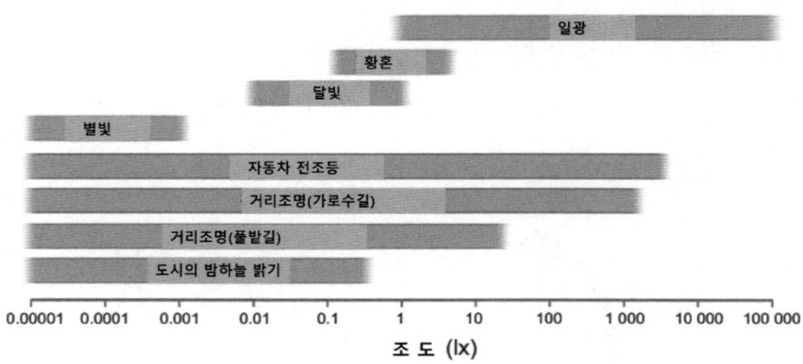

[그림 3-22] 자연빛과 인공빛의 밝기 비교

가로축은 로그 단위. 막대는 각 빛의 세기의 범위. (출처) Bennie J et al. 「Ecological effects of artificial light at night on wild plants.」 Journal of Ecology 2016:104:611–620. 의 그림1의 b.

조명기구의 빛의 특성을 표현하는 용어는 광속, 광도, 조도, 휘도가 있다[그림 3-23]. 광속(luminous flux)은 모든 방향으로 방출되는 빛의 양을 에너지로 표현한 것(단위는 루멘, lm)이며, 광도(luminous intensity)는 특정방향으로 나오는 빛의 양(단위는 칸델라, Cd)이다. 조도(illuminance)는 대상 물체(벽면, 바닥면 등, 통상 수평면)에 입사하는 빛의 양(단위는 룩스, lx 혹은 lux)이다. 1 lux 는 1 m^2면적에 1 lm의 광속이 비추는 것이다. 휘도(luminance)는 대상 물체에 반사되는 빛의 양, 즉 눈부심의 정도를 나타낸다(단위는 cd/m^2).

---

133 좋은 빛 정보센터, ibid.

134 대기광은 행성 대기에 의한 희미한 빛방출을 말함, Airglow: a glow in the night sky caused by radiation from the upper atmosphere (Oxford Dictionary of English)

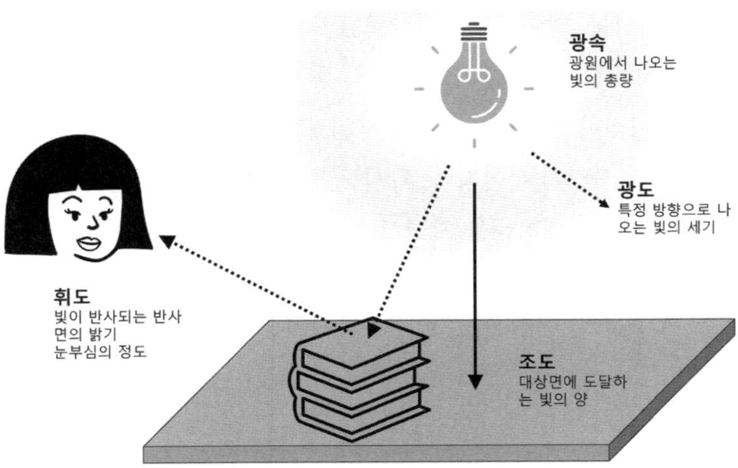

[그림 3-23] 인공조명의 빛 특성을 나타내는 용어

2) 빛공해의 생태계 영향

빛공해는 인간사회 뿐 아니라 동물계와 식물계에도 지대한 영향을 미친다. 또 인간이 자신이 살고 있는 우주를 인지하는 것(하늘과 우주를 관찰)을 방해한다.[135] 빛공해는 눈부심, 생체리듬 교란, 수면장애와 정신건강,[136] 암 등 건강영향을 초래할 수 있으며, 항공기나 선박의 항로표시나 해상안전등을 식별(visibility)하는데 영향을 주어 사고의 위험을 높인다.

야간의 인공빛이 인간과 생태계에 미치는 영향은 빛의 세기뿐 아니라 파장에 따라 다르다. 특히 에너지 효율성이 높아 가로등에 많이 사용되어 온 LED는 전체 빛의 20% 이상이 청색파장의 빛이며, 이는 사람에서 불면증과 질병발생의 위험을 높이고, 많은 종류의 야행성 생명체의 활동에 큰 교란을 일으키는 것으로 알려져 있다.[137]

① 인체 건강영향

밤의 빛공해는 무엇보다도 생체리듬(circardian rhythm)을 교란시킨다. 인체의 정

135 밤하늘의 전체 관측은 인간의 사고와 문화, 철학, 종교, 예술, 문학, 과학의 원천이었음 (출처) Cinzano et al. 「The first world atlas of the artificial night sky brightness」. 『Monthly Notices of the Royal Astronomical Society』 2001;328(3):689-707.

136 한국인에서 야간 빛조명과 우울, 자살생각 혹은 수면장애(수면제처방으로 측정)가 유의한 관련성을 가지고 있다는 보고가 있음 (Min and Min. J Clin Sleep Med. 2018;14(11):1903-1910 와 J Affect Disord. 2018;227:199-205)

137 American Medical Association(2016). Report of the Council on Science and Pulbic Health. Human and Environmental effect of LED community lighting. CSAPH Reprot2-A-16.

상적인 생체리듬에서는, 밤이 되면, 멜라토닌의 혈중농도가 높아지고, 체온이 떨어지며 졸음이 많아지고, 배고픔이 줄어드는 등의 생리적 현상이 나타난다. 저녁시간에 인공빛에 노출되면 이러한 생체리듬이 지연되고, 멜라토닌 분비가 감소하고, 잠자리에 든 후 잠에 들기까지 시간이 길어지며, 각성도가 증가한다. 특히 밝고(빛의 세기가 센) 파장이 짧은 청색빛이 생체리듬을 지연시키는 효과가 크다.[138] 이러한 효과는 어둡고 파장이 긴 빛(모닥불 혹은 낮은 와트의 백열전구)에 노출 시에는 나타나지 않는다. 청색파장의 빛은 수면의 질을 떨어뜨린다.[139] 만성적인 수면장애를 겪는 야간 교대근무자들에서 암, 당뇨, 심혈관계질환과 비만[140] 등의 위험이 증가한다는 것이 보고되었다.

② 동물계의 영향

30%의 척추동물과 60%의 무척추동물 종은 야행성이다.[141] 밤의 인공조명은 이들의 생존에 심대한 영향을 끼친다. 여러 종류의 새들은 달빛과 별빛을 따라 이동하는데, 건물의 유리창에 비친 야간의 인공빛이 이들을 혼란스럽게 하여 충돌과 사망을 초래한다. 또 많은 곤충들은 밤에 알을 까는데 인공빛 때문에 서로를 알아보질 못한다. 시각장애, 시간적 및 공간적 방향감이 교란되어, 집을 찾아가지 못하거나 포식자에게 쉽게 노출되고, 환경에 유익한 여러 종류의 곤충들은 특히 청색파장 빛에 현혹되어 주위를 돌다가 지쳐서 사망한다.[142] 해변가에 있는 인공조명으로 인한 밤하늘의 산란광 때문에 갓 부화한 새끼 거북이들이 안전하게 물가까지 도달하지 못하고, 거북이의 개체수가 급감하게 된다. 교각 위의 조명에 청색파장빛이 많으면, 연어처럼 알을 낳기 위해 상류로 거슬러 올라가는 물고기들의 이동이 교란된다. 이처럼 빛공해는 야행성 포유류, 양서류, 조류, 파충류, 곤충류 등 동물들의 생존능력을 떨어뜨리며 종의 수와 종내 개체수를 감소시킨다.[143]

---

138 Cho et al. 「Effects of artificial light at night on human health: a literature review of observational and experimental studies applied to exposure assessment」. 『Chronobiol Int』 2015;32(9):1294–310.

139 Min and Min. 「Outdoor Artificial Nighttime Light and Use of Hypnotic Medications in Older Adults: A Population-Based Cohort Study」. 『J Clin Sleep Med』. 2018;14(11).

140 Koo et al. 「Outdoor artificial light at night, obesity, and sleep health: cross-sectional analysis in the KoGES study」. 『Chronobiol Int』 2016;33(3):301–14.

141 Hölker et al. 「The dark side of light: A transdisciplinary research agenda for light pollution policy」. 『Ecology and Society』. 2010;15:13.

142 Owen and Lewis. 「The impact of artificial light at night on nocturnal insects: a review and synthesis」. 『Ecol Evol』 2018;8(22):11337–11358.

143 Owen and Lewis. ibid.

③ 식물계의 영향

빛공해는 식물의 생리·생태에도 영향을 미쳐, 광합성과 성장, 꽃눈형성에 영향을 주는 등으로 생산량을 감소시킬 수 있다.[144] 식물은 에너지원으로 또 정보원으로 빛을 사용한다. 빛에 대한 식물의 생리적인 반응과 동물과의 상호작용(초식동물, 수분) 방식은 24시간 주기의 안정적인 빛과 어둠의 체계, 그리고 적도 외 지역에서는 계절에 따라 변화하는 낮의 길이에 따라 진화해 왔다. 인공빛에 노출되면 식물의 계절에 따른 변화, 성장형태와 자원배분 등의 기능이 영향을 받는다. 인공빛은 또한 초식동물 뿐 아니라 꽃가루를 공급하는 식물들의 생리와 행동, 생태에도 영향을 미친다.[145]

2. 빛공해 관리제도 현황

1) 제도의 배경

지구의 밤하늘은 매년 평균 6%씩(지역에 따라 0~20%) 더 밝아지고 있으며, 이것은 도시화(urbanization)가 진행되는 속도와 일치한다.[146]

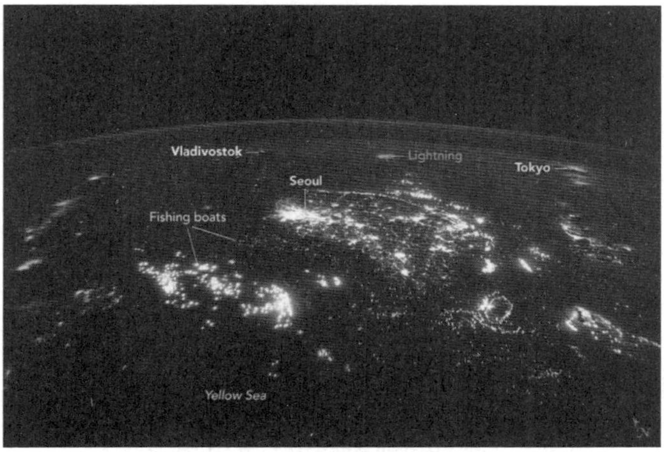

[그림 3-24] 우주정거장에서 바라본 서해

(출처) NASA earth observatory. (8/30/2021)
https://earthobservatory.nasa.gov/images/149388/yellow-sea-night-lights

---

144 환경부, 한국환경공단, 좋은빛정보센터, URL https://www.goodlight.or.kr/link.do

145 Bennie et al.「Ecological effects of artificial light at night on wild plants」.『Journal of Ecology』2016:104:611-620.

146 Elvidge et al.「National trends in satellite observed lighting」: 1992-2009. In Weng Q Ed. *Global urban monitoring and assessment through earth observation*. Boca Raton. Florida: CRC Press (2014).

「빛공해방지법」은 2012년에 제정되어 이듬해부터 시행되었다. 당시 지방자치단체 등에 의해 도시미관 등을 이유로 경관조명이 무분별하게 설치되어 인공조명에서 방사되는 과도한 빛이 사람에게 눈부심 현상을 유발시킬 뿐만 아니라 산란장소의 착오로 인한 번식률 저하, 농작물의 수확감소 등 생태적 피해까지 가져올 수 있다는 우려가 제기되어, 이를 관리하기 위하여 이 법이 제정되었다.[147]

2) 제도의 체계와 내용

「인공조명에 의한 빛공해 방지법」은 다음과 같은 체계를 갖추고 있다〈표 3-27〉.

〈표 3-27〉 빛공해방지법 체계

장	장제목	내 용
1	총칙	목적, 정의, 국가 등의 책무
2	빛공해방지계획의 수립 등	환경부 및 관계중앙행정기관의 빛공해방지계획의 수립 등 시·도 빛공해방지계획의 수립 등 빛공해방지위원회, 빛공해방지지역위원회
3	조명환경관리구역의 지정 등	조명관리구역의 지정 등과 지정해제 빛방사허용기준, 준수 의무, 초과한 자에 대한 개선명령 등
4	보칙	빛공해 관련 조사·연구 등 조명기구의 설치·관리기준 등 빛공해환경영향평가 빛공해 검사기관의 지정, 지정취소 등 청문, 보고 및 검사 권한의 위임과 위탁
5	벌칙	과태료

① 빛공해방지계획

법은 국가와 지방자치단체에 빛공해를 방지하기 위한 종합대책의 수립·시행과 필요한 기술개발·보급의 책무를 부여하고 있다(제2장). 환경부장관은 5년마다 빛공해방지계획을 수립하여야 하며, 여기에는 분야별 단계별 대책, 관련 기술의 개발촉진대책, 빛공해 영향평가, 교육홍보대책 등의 내용이 포함되어야 한다. 지방자치단체의

147 국가법령정보센터, 빛공해방지법 법제정이유.

장은 이에 따라 시·도의 빛공해방지계획을 수립하여야 한다. 계획 수립과 시행 등에 관한 사항을 심의하기 위하여 빛공해방지위원회(중앙 및 시도)를 둔다.

② 빛공해환경영향평가

시·도지사는 관할지역의 빛환경이 주변지역에 미치는 환경상 영향을 3년마다 1회 이상 평가하고, 그 결과를 환경부장관에게 보고하여야 할 의무가 있다(법 제16조). 평가결과를 반영하여 조명환경관리구역을 지정하거나, 시·도의 빛공해방지계획 수립에 참고하여야 한다.

평가항목에는, 지역환경현황(자연 및 생활환경, 토지이용 및 지역개발 계획, 빛공해실태)과 인공조명이 미치는 영향(동물·식물, 경관 등 자연환경, 주민의 주거, 안전, 건강 등 생활환경, 농림수산업의 영위, 천체관측)이 있다.

법 시행 이후 2013년부터 2019년까지 전국의 17개 광역지자체 모두 한 차례씩 빛공해환경영향평가를 실시하였다(서울은 두 차례).

③ 조명환경관리구역의 지정

시·도지사는 빛공해가 발생하거나 발생 우려가 있는 지역을 1~4종의 '조명환경관리구역'으로 지정할 수 있다〈표 3-28〉.

〈표 3-28〉 조명환경관리구역의 구분

구분	정 의	지 역	규제 수준
1종	과도한 인공조명이 자연환경에 부정적인 영향을 미치거나 미칠 우려가 있는 구역	보전녹지지역 자연녹지지역(국립공원, 도시자연공원, 생태경관보전지역, 야생생물보호구역, 묘지공원)	강
2종	과도한 인공조명이 농림수산업의 영위 및 동물·식물의 생장에 부정적인 영향을 미치거나 미칠 우려가 있는 구역	생산녹지지역 자연녹지지역(1종제외)	
3종	국민의 안전과 편의를 위하여 인공조명이 필요한 구역으로서 과도한 인공조명이 국민의 주거생활에 부정적인 영향을 미치거나 미칠 우려가 있는 구역	주거지역(전용, 일반, 준주거)	

구분	정 의	지 역	규제 수준
4종	상업활동을 위하여 일정 수준 이상의 인공조명이 필요한 구역으로서 과도한 인공조명이 국민의 쾌적하고 건강한 생활에 부정적인 영향을 미치거나 미칠 우려가 있는 구역	상업지역	약

(출처) 빛공해 방지법 제9조: 국토계획법 제6조 등 재구성

조명환경관리구역으로 지정된 곳은 공간조명, 광고조명, 장식조명 등 조명기구[148]에 대하여 '빛방사허용기준'의 적용을 받게 된다〈표 3-29〉. 조명기구의 소유자·점유자·관리자 등은 빛방사허용기준을 지켜야 할 의무가 있으며, 기준을 초과한 경우 개선명령을 받을 수 있고, 과태료가 부과될 수 있다.

또 환경부는 조명기구를 설치·관리하는 기준을 고시하여 참고기준으로 활용되도록 하고 있다.

〈표 3-29〉 빛방사허용기준

<table>
<tr><th colspan="2" rowspan="2">조명종류</th><th rowspan="2">구분</th><th rowspan="2">적용시간</th><th rowspan="2">기준값</th><th colspan="4">조명환경관리구역</th><th rowspan="2">단위</th></tr>
<tr><th>1종</th><th>2종</th><th>3종</th><th>4종</th></tr>
<tr><td colspan="2">공간</td><td>주거지 연직면 조도</td><td>해진 후 60분~ 해뜨기 전 60분</td><td>최대값</td><td colspan="3">10</td><td>25</td><td rowspan="2">lx (lm/m²)</td></tr>
<tr><td rowspan="5">광고</td><td rowspan="3">점멸, 동영상 변화가 있는 전광류 광고물</td><td>주거지 연직면 조도</td><td>해진 후 60분~ 해뜨기 전 60분</td><td>최대값</td><td colspan="3">10</td><td>25</td></tr>
<tr><td rowspan="2">발광표면 휘도</td><td>해진 후 60분~ 24:00</td><td rowspan="2">평균값</td><td>400</td><td>800</td><td>1000</td><td>1500</td><td rowspan="5">cd/m²</td></tr>
<tr><td>24:00~ 해뜨기 전 60분</td><td>50</td><td>400</td><td>800</td><td>1000</td></tr>
<tr><td>그밖의 조명기구</td><td>발광표면 휘도</td><td>해진 후 60분~ 해뜨기 전 60분</td><td>최대값</td><td>50</td><td>400</td><td>800</td><td>1000</td></tr>
<tr><td colspan="2" rowspan="2">장식</td><td rowspan="2">발광표면 휘도</td><td rowspan="2">해진 후 60분~ 해뜨기 전 60분</td><td>평균값</td><td>5</td><td></td><td>15</td><td>25</td></tr>
<tr><td>최대값</td><td>20</td><td>60</td><td>180</td><td>300</td></tr>
</table>

(출처) 빛공해방지법 시행령 제2조

148 공간조명(가로등, 보안등, 공원등), 광고조명(「옥외광고물법」 제3조에 따라 허가를 받아야 하는 옥외광고물), 장식조명(연면적 2천m²이상, 5층이상인 건축물 및 숙박, 위락시설, 교량 등).

2 빛공해 관리 현황

1. 빛공해 현황

생활패턴의 변화로 야간 유동인구가 증가하고,[149] 관리대상 조명기구의 숫자도 지속적으로 증가하고 있다.[150] 최근의 연구에 따르면, 전세계 인구의 80%이상이 빛공해에 노출되고 있으며, 은하수의 1/3이 인공빛에 의해 가려지고 있다.[151] 빛공해에 노출된 우리나라 국토면적의 비율은 89.2%로 이탈리아(90.3%)에 이어 세계 2위 수준으로 평가되었다.[152] 우리나라가 이처럼 빛공해 노출이 심한 이유로 좁은 국토에 인구가 대도시에 집중되어 있고 인공조명의 오·남용과 대기오염물질로 인한 산란광, 상향광의 영향 등이 제시되었다.

빛공해는 수면방해와 같은 직접적인 피해뿐 아니라, 조명을 단지 어둠을 밝히는 것에서부터 광고, 장식, 아름다운 경관조성 등 다양한 목적으로 사용함에 따라 미관훼손, 환경 부조화 등의 심미적인 영역에서 발생하는 간접적인 피해도 초래하고 있다.

인공빛을 공해로 인식하는 비율은 증가하고 있으며,[153] 빛공해 관련 민원도 증가하고 있다[그림 3-25]. 서울시의 경우 2018년에 민원건수가 정점을 찍은 이후 (2018년 2577건, 2019년 2168건, 2020년 1844건) 감소하는 추세를 보이고 있는데, 이는 서울시가 가장 앞서 2015년부터 조명환경관리구역을 지정하고 지속적으로 빛공해를 관리해 온 성과로 평가된다.[154]

149 한국 100대 상권에서 인구가 가장 많이 몰리는 시간은 저녁(18~22시)와 심야(22~07시)로 파악됨(매일경제, 2017).

150 서울시 가로등 설치 수 조사결과, '15년 256,256⟶ '18년 272,031로 매년 증가, 기존광원은 감소추세인 반면 LED 조명기구는 4년간 5.7배 증가 (출처) 관계부처합동, 빛공해 방지 종합계획(2019-2023).

151 Falchi et al., 「The new world atlas of artificial night sky brightness」. 『Sci. Adv.』 2016:2e160377.

152 Falchi et al. ibid. : G20 국가를 대상으로 위성사진을 통해 빛공해에 노출된 국토면적 비율 산출.

153 '16년 시민의식조사(1,219명) 61.9% 빛공해 피해경험이 있고, 52%는 관리필요성 제기; '20 서울시민여론조사(177명) 63.3% 빛공해 피해경험 있고, 45.8%는 빛공해가 증가한다고 인식.

154 서울시, 2020년 빛공해 민원현황 분석보고(수정).

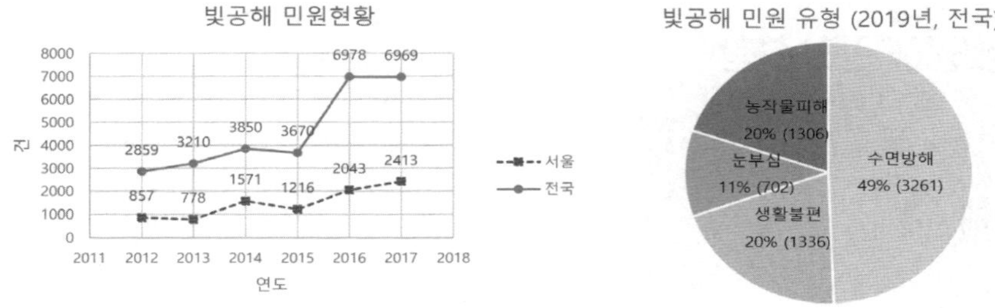

[그림 3-25] 빛공해 민원수와 유형

(출처) 관계부처합동. 빛공해방지종합계획(2019~2023); 서울시. 2020년 빛공해 민원현황 분석보고(수정).

2017년 전국 빛공해 실태조사 결과, 빛방사허용기준 초과율은 평균 45%수준이었으며, 공간조명 34.1%, 광고조명 50.4%, 장식조명 67.7% 순으로 높았다. 또 구역별로는 농촌, 산촌 및 교외전원지역인 2종 지역의 초과율이 가장 높아 51.2%였고, 주거지역인 3종이 49.8%로 그 뒤를 이었다[그림 3-26].

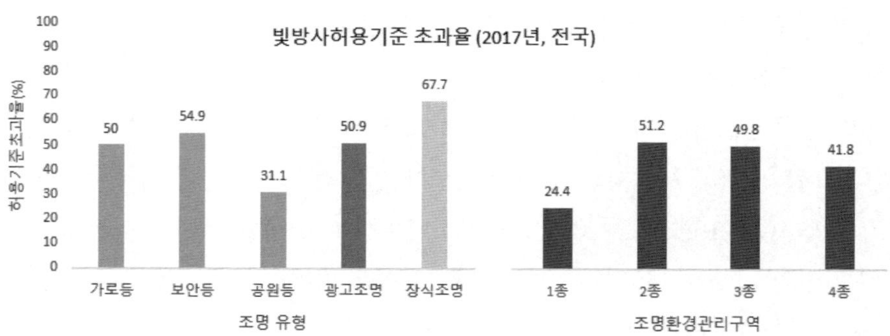

[그림 3-26] 전국 빛방사허용기준 초과율, 조명기구별 조명환경관리구역별, 2017년

(출처) 관계부처합동. 빛공해방지종합계획 (2019~2023). 2017.; 한국환경공단과 지자체 합동 전국빛공해 실태조사. 조명기구 총 42,447건과 이중 조명환경관리구역에 설치된 13,713건에 대한 결과.

2. 조명환경관리구역의 지정 현황

17개의 광역지방자치단체 중 조명환경관리구역이 지정된 곳은 2015년에 최초 서울특별시 이후 2021년까지 7개이며 2개 지역은 지정을 준비 중이다〈표 3-30〉. 기초지자체 단위로는 전국 229개 지자체 중 91개(39.7%)에서 조명환경관리구역을 지정하였고 국토면적으로는 11.9%이다.[155] 즉, 법 시행이후 10여년 동안 절반에 미치지 못하는 지자체에서, 빛공해가 제도적으로 관리되고 있거나 관리할 계획을 가지고 있다.

〈표 3-30〉 시·도별 조명환경관리구역 지정 현황

지정·고시(년)	시·도	시행(년.월)	지정면적(km^2)	비율	1종	2종	3종	4종
'15	서울특별시	'15.8	578.4	전역(100%)	19.4%	23.2%	53.0%	4.5%
'16	광주광역시	'17.1	501.2	전역(100%)	72.2%	6.4%	14.9%	6.5%
'17	인천광역시	'19.1	468.3	강화, 옹진군 제외	0.1%	46.2%	24.4%	17.6%
'18	경기도	'19.7	882.4	인구밀도가 100명/km^{2}미만인 가평, 연천군 제외	18.0%	73.6%	6.3%	2.1%
'20	부산광역시	'21.7	832.7	전역(100%)	11.4%	60.5%	17.3%	10.8%
'20	대구광역시	'22.1	883.5	전역(100%)	72.5%	7.0%	18.4%	2.1%
'21	대전광역시	'22.6	539.7	전역(100%)	59.1%	23.7%	13.1%	4.1%
'21	울산광역시	'23 예정						
'21	제주도	'23 예정						

(출처) 시·도별 조명환경관리구역 지정 고시문 및 보도자료를 종합하여 재구성함.

3 빛공해 관리의 전망

국외의 여러 국가에서도 빛공해 관리제도를 시행하고 있는데, 구체적인 규제내용에 차이가 있으나〈표 3-31〉, 공통적으로는 도시화와 산업화가 급속하게 진행되는 사회적 상황을 반영한 것이라 할 수 있다.

155 환경부 한국환경공단, 좋은빛 정보센터 (2022.1.31.) https://www.goodlight.or.kr/main.do

〈표 3-31〉 국가별 빛공해방지 제도 현황

국가	관련규정	관리방안	비고
한국	법령, 조례	– 조명환경관리구역별 빛방사허용기준 적용 – 조명용도별 조명기구 설치관리 권고기준 고시	지자체 중심
미국	조례	– 조명기구별로 면적당 최대 광속량을 제한 – 침입광을 차단할 수 있는 기구 사양 제시	주법+조례
	에너지 표준	장소별, 조명 영역별 면적당 에너지량 제한	
영국	법령	건강피해, 불쾌감을 주는 옥외조명을 범죄로 규정	환경법 포함
	가이드라인	국제조명위원회(CIE)[156]와 동일하게 분류	
슬로베니아	법령	공공영역에서 연간 전력소비량을 제한	단일법 규제
일본	가이드라인	– 지자체 차원에서 빛공해 규제, 관리 – 구속력없는 다양한 수단으로 빛공해 방지 유인	지자체 중심
	조례	– 천체관측이 양호한 지역의 빛환경 보존 – 투광기 사용금지 지역 지정	

(출처) 관계부처합동, 빛공해방지종합계획(2019~2023).

인공빛은 오·남용으로 인하여 공해가 되는 측면을 최소화하는 규제제도를 갖추는 것도 중요하지만, 다른 한편 인공빛은 산업화·도시화에 필수적인 요소이므로 소위 '좋은 빛'이 될 수 있도록 하는 기술개발도 중요하다. 관련 기술은 빛공해를 측정·평가하는 시스템과 이를 통한 효율적 빛공해 관리가 이루어지도록 하는데에도 필수적이다.

최근에는 배광이 잘 제어되는 LED 조명, 사물인터넷(IoT)기술을 연계한 조명제어 등의 기술이 발전하고 있다. LED 조명기술의 세계시장은 2025년까지 연평균 성장율 15%(융합조명시스템분야 2017년 209억불 대비), 국내시장은 2023년까지 15.3%(2018년 3조5930억원 대비)로 전망되고 있다.[157]

1차 빛공해방지종합계획(2013~2018)의 실시로, 제도적 기반이 자리를 잡았으나, 여전히 빛공해가 환경오염이라는 인식이 낮고, 지자체장의 관심이 부족하여 조명환경관리구역 지정이 되지 않은 지역이 많고 빛방사허용기준 초과율이 높은 형편이다. 반면 조명의 용도와 빛공해의 유형은 복잡하고 다양해지고 있어서 보다 세밀한 정책

156 국제조명위원회(International Commission on Illumination, 프랑스어: Commission internationale de l'éclairage)는 조명환경구역을 5개로 세분화(E0~E4)하여 상향광, 눈부심 기준을 신설하였다.

157 중소기업벤처부, 중소기업 기술로드맵(2021~2023). http://smroadmapp.smtech.go.kr/s0401/view/id/2432

이 요구되고 있다. 이에 제2차 빛공해방지종합계획에서는 다음과 같은 과제를 제시하고 있다.[158]

1. 사전예방적, 지역맞춤형 관리

우선 제도개선의 과제이다. 사전예방적 관리와 조명용도 및 지역특성에 맞춘 구체적인 관리방안의 도입이 필요하다. 현행제도는 조명이 설치된 이후 빛방사허용기준에 따라 사후적으로 규제하는 방식이어서, 빛공해로 인한 피해를 사전에 예방하지 못하고 있다. 따라서 조명기구 선정과 설치단계에서부터 빛공해를 평가·관리하는 '옥외조명 사전 심사제도'와 같은 예방적 제도를 도입할 필요가 있다.

또, 조도와 휘도기준으로 주로 눈부심을 방지하고자 하는 현행 허용기준은 점멸광이나 동영상 등 현란한 조명, 미디어파사드 등 새로운 조명에 대한 관리에는 한계가 있다. 현행 4종의 용도구역 구분은 지역의 구체적인 상황에 맞지 않는 경우도 있어, 도시, 농어촌, 자연환경보호지역, 천문관측소 등 지역 특성과 경관에 맞는 관리수단의 개발과 보급이 이루어져야 할 필요가 있다.

2. 빛공해 관리제도 집행역량 강화

지자체의 빛공해관리 집행능력을 제고하기 위하여 인력, 조직과 전문성을 강화하여야 한다. 중앙정부는 시·도의 빛공해환경영향평가와 빛공해방지계획의 수립, 조명환경관리구역의 지정 등 이행을 표준화된 기준으로 평가하여 지자체를 차등화하여 지원할 필요가 있다.[159] 또 빛 관련 전문인력양성과 업무교육 강화, 업무메뉴얼의 현행화, 관리체계의 확립과 전담 연구조직 설치 등을 통해 지자체의 빛공해관리 정책능력을 향상시켜야 한다.

158 관계부처합동. "편안하게 잠드는 밤 은하수가 보이는 하늘 조성을 위한" 빛공해 방지 종합계획(2019~2023). 2018.
159 환경부. 시도 빛공해방지업무 추진실적평가결과: 17개 시·도중 '19년 우수2, 보통2, '20년 우수3, 보통4, 평가구분(법정책무40점+방지업무40점+기타(적극성)20점, 우수(≥80), 보통(70~<80), 미흡(<70)), 시·도평균점수 '19년 57.2, '20년 64.8로 상승.

3. 과학적 관리기반 구축과 좋은 빛 문화 확산

인간이 만들어낸 인공조명은 도시화와 함께 과다한 인공빛을 집중적으로 사용되게 함으로써 빛공해를 유발하였다. 빛공해는 사람을 포함한 생태계에 유해한 영향을 미쳐 궁극적으로는 지구의 생물다양성과 생태계 균형에 균열을 가져오는 데 중요한 역할을 하고 있다.

인공빛의 세기, 파장 등 노출 특성에 따른 위해와 편익에 대한 기초적인 연구가 보다 심도있게 이루어져야 하며, 생태계 영향에 기반하여 빛공해를 관리하고, 좋은 빛, 건강한 빛을 개발·활용할 수 있도록 해야 할 것이다.

나아가 조명 및 방지기술, 빛 측정기술을 표준화하고, 빛공해 측정망 설치를 통해 감시체계를 구축하여 생태계 영향조사를 강화하고, 평가방법론을 개발하는 등 과학적인 빛공해 관리기반의 구축이 필요하다.

또 빛공해 연관 산업의 육성과 좋은 빛에 관한 다양한 행사, 홍보와 교육을 강화하여 좋은 빛 문화를 확산하는 것이 필요하다.

제6장

환경과 유해인자 관리의 확대

1 민감, 취약계층의 환경관리

어린이는 키가 작고 기어다니며 무엇이든 입에 넣는 행동으로 인해, 공기보다 무거운 유해물질에 노출될 기회가 어른보다 더 많다. 뿐만 아니라, 신체의 면역체계가 아직 성숙되지 않아 알레르기에 대한 반응성이 높으며, 단위 체중당 호흡량이 많고 신진대사에 의한 화학물질 제거 및 배출 능력이 약하여, 유해물질의 체내 축적율이 높다. 이러한 행동적 및 신체적 특성으로 인해 어린이들은 성인에 비하여 환경유해물질 노출에 더 민감하고 건강피해에 취약하다.

건강보호(건강영향 예방)라는 동일한 목적을 가지나 환경매체 관리와 관련된 다른 환경법들과는 달리 「환경보건법」은 명확히 수용체중심의 접근원칙을 가지고 있으며, 따라서 특히 유해환경에 민감한 어린이에 특별한 관심을 기울이고 있다〈표 3-32〉.

〈표 3-32〉 환경보건법의 체계

장	장 제목	내 용
1	총칙	목적, 정의, 적용범위, 기본이념, 국가 등의 책무 환경보건종합계획의 수립과 시행 환경보건위원회, 지역역환경보건위원회
2	위해성평가 등	환경유해인자의 위해성평가 및 관리 새로운 기술 및 물질의 적용 또는 사용 제한 건강영향 항목의 추가·평가 등

장	장 제목	내 용
3	환경 관련 건강피해의 예방·관리	국민환경보건기초조사 등 민감계층 활동공간 등에 대한 실태조사 환경 관련 건강피해의 건강영향조사 등 건강영향조사의 청원, 조사결과에 따른 조치 개인정보 등의 보호 환경성질환에 대한 배상책임, 국가 등의 지원 환경보건지표의 개발, 환경보건 정보와 통계의 관리
4	어린이 건강보호	어린이활동공간의 위해성 관리, 환경안심 인증 등 어린이용품 유해물질 관리, 자가관리계획의 수립 어린이 위해성 정보의 제공, 어린이에 대한 진료 지원
5	보칙	환경보건센터의 지정·운영, 평가, 지정취소 등 환경성질환 예방관리센터의 설치·운영 등 환경보건 전문인력의 육성 및 지원 환경보건종합정보시스템의 구축·운영 보고와 검사, 수수료, 청문, 위임과 위탁
6	벌칙	벌칙, 양벌규정, 과태료

1. 어린이 활동공간 안전관리

1) 제도의 현황

① 환경안전관리기준과 확인검사

어린이(13세 미만)가 주로 활동하거나 머무르는 공간으로 정의되는 어린이 활동공간에는, 어린이놀이시설, 어린이집 등 영유아 보육시설, 유치원의 교실, 초등학교의 교실과 학교도서관, 특수학교의 어린이가 사용하는 교실, 어린이에게 놀이로 제공하는 것을 업으로 하는 자의 영업소 등이 포함된다.[160]

우선, 환경부장관은 어린이 활동공간에 대하여 유해인자에 대한 노출을 평가하고, 환경안전관리기준을 마련하여야 한다〈표 3-33〉. 어린이 활동공간의 소유자 혹은 관리자는 이를 준수해야 하며, 신축하거나 일정 규모 이상으로 증축·수선한 경우 검사

160 환경보건법 시행령 제1조의2(정의). 관리대상 어린이 활동공간은 점차 확대되어, 2012년에는 2009.3 이전에 설치된 시설도 관리대상으로 포함되었고, 2019년에는 키즈카페가 포함되었다.

기관으로부터 기준에 적합한지에 대하여 '확인검사'를 받아야 한다.[161]

환경부장관은 어린이활동공간의 관리자나 소유자에게 환경보건에 관한 교육을 실시할 수 있다. 시·군·구 및 교육청에서는 이들에게 시설의 개선, 환경안전관리기준을 준수할 것과 확인검사를 하도록 명할 수 있다(23조5항, 9항).[162] 또 관계공무원으로 하여금 환경안전관리기준 준수 여부, 개선명령의 이행 여부, 확인검사명령의 이행 여부를 점검하고 관계서류나 시설·장비 등을 검사·보고하게 하는 등 지도할 수 있다(제29조1항).

〈표 3-33〉 어린이 활동공간에 대한 환경안전관리기준

<table>
<tr><th colspan="2">공간 내 대상</th><th>관리 기준</th></tr>
<tr><td colspan="2">시설물</td><td>녹이 슬거나 금이 가거나 도료(페인트 등)가 벗겨지지 않게 관리</td></tr>
<tr><td colspan="2" rowspan="2">도료, 마감재</td><td>물질기준
– 납, 카드뮴, 수은, 6가크롬의 합(총함량) ≤1,000mg/kg
– 납의 질량분율 ≤0.009%*</td></tr>
<tr><td>방출기준 (확인검사를 받아야 하는 실내활동공간)
–「실내공기질관리법」 11조1항 건축자재 오염물질 방출기준 초과하지 않을 것</td></tr>
<tr><td colspan="2">목재</td><td>금지 방부제:
– 크레오소트유 목재 방부제 1호 및 2호
– 크로뮴, 구리, 비소 화합물계 방부제 1호,2호,3호</td></tr>
<tr><td rowspan="2">바닥재</td><td>모래, 토양</td><td>– 납 200mg/kg, 카드뮴 4mg/kg, 6가크롬 5mg/kg, 수은 4mg/kg 및 비소 25mg/kg 이하이어야 할 것
– 기생충란이 검출되지 않을 것</td></tr>
<tr><td>합성고무 재질</td><td>– 표면재료에 들어 있는 납, 카드뮴, 수은 및 6가크롬의 합(총함량) ≤1,000mg/kg
– 표면재료의 폼알데하이드 방출량이 ≤75mg/kg
– 표면재료에 함유된 프탈레이트 가소제류의 총함량 ≤0.1%*</td></tr>
<tr><td colspan="2">실내공기질</td><td>– 폼알데하이드 농도 ≤80ug/m³
– 총휘발성유기화합물 농도 ≤400ug/m³</td></tr>
</table>

*2021년 6월 개정을 통해 납 함량 기준이 0.06%에서 0.009%로 강화되었고, 프탈레이트 가소제류 기준은 신설되었다.
(출처) 환경보건법 시행령(대통령령 제31875호) 별표2.

161 1. 신축 시 검사기관에서 현지확인 및 시료채취와 분석을 통해 검사한 결과를 시·도지사와 교육감에게 제출하여야 함. 2. 증축·수선 시의 확인검사제도는 2014년에 신설됨. 연면적 33m² 이상 증축시, 70m²이상 수선 시 확인검사를 받아야 하나, 단 환경표지 인증건축자재를 사용하거나, 행안부의 어린이놀이시설 설치검사에 합격한 경우에는 확인검사가 면제됨. 3. 확인검사를 받지 않은 경우에는 시설이용을 중지하여야 함.

162 2020.2.18.「지방자치 분권 및 지방행정체제개편에 관한 특별법」에 따라 자치분권위원회가 지방자치단체에 이양하기로 심의·의결하여, 환경부장관으로부터 시·군·구청장 및 교육감으로 권한이 이양됨.

② 환경안심인증제도

이 제도는 환경안전규정을 준수하고 있는 시설에 인증을 부여해 주는 것이다(법 제23조의4). 제도의 목적은 어린이집 등 어린이활동공간의 안전성에 대해 지속적으로 문제가 제기됨에 따라, 학부모의 불안감을 해소하고 시설의 선택권을 확대함으로써, 시설 소유자의 자발적인 안전관리와 시설개선을 유도하려는 것이다.

「영유아보육법」과 「유아교육법」에 따라 운영 중인 모든 어린이집과 유치원이 대상이 된다. 인증기준은 위에서 기술한 환경안전관리기준 및 이에 더하여 「실내공기질관리법」에 따른 미세먼지(100ug/m^3 이하), 총부유세균(800CFU/m^3 이하), 이산화탄소(1,000ppm 이하), 일산화탄소(10ppm 이하)의 기준을 충족하고, 「석면안전관리법」에 따른 석면건축물이 아니어야 하며, 최근 3년 이내 환경안심인증관련 법에 따른 행정처분을 받은 적이 없어야 한다.

2) 어린이 활동공간 관리 현황

우리나라 어린이·청소년들은 서구의 나라에 비해 실외활동이 월등히 적고 더 많은 시간을 실내에서 보내므로 실내 활동공간의 관리가 더욱 중요하다.

환경안심인증의 유효기간은 3년이며 이 기간동안 사후관리를 통해 지속적으로 환경기준 준수를 유도하고 있다. 2015년부터 매년 450여개소 내외가 인증을 받고 있는데 대부분이 어린이집이다.[163] 2020년 지도점검 대상 사업장 4,600개소 중 부적합 어린이 활동공간은 14%(645개소)이며, 이 중 절반 이상(322개소)이 개선명령을 이행하지 않은 경우에 속한다(2021년3월 기준).[164]

2. 어린이용품 환경유해인자 관리

1) 제도의 현황

환경부장관은 어린이가 주로 사용하거나 접촉하는 장난감, 문구용품, 일회용 기저귀, 물휴지 등('어린이용품'이라 한다)에 들어 있어 어린이의 건강에 영향을 주는 환

163 참고로 2020년 전국의 전체 어린이집 시설수는 35,352개소, 보육아동수는 1,244,396명이다. (출처) 보건복지부, 보육정책과, 보육통계, 2020년 12월말 기준.

164 환경부, 2021년 상반기 어린이활동공간 환경안전관리제도 설명회 자료.

경유해인자의 종류와 유해성 목록을 작성하여 고시할 수 있다.[165] 또 고시된 환경유해인자를 관리하기 위하여 위해성평가 실시 등 적절한 조치를 마련하여야 하며, 위해성평가결과 위해성기준을 초과하는 경우, 어린이용도로 사용·판매를 제한·금지하고 이를 고시할 수 있다. 현재 4종이 고시되어 있다〈표 3-34〉.

〈표 3-34〉 어린이용품으로 사용·판매가 제한·금지된 유해인자

환경유해인자 명칭 (영문명, CAS)	제한내용	용 도
다이-n-옥틸프탈레이트 (Di-n-octyl phthalate; DNOP, 000117-84-0)	경구노출에 따른 전이량 9.90×10^{-1}㎍/cm^2/min, 및 경피노출에 따른 전이량 5.50×10^{-2}㎍/cm^2/min을 초과하지 않아야	어린이용품 (플라스틱 제품)
다이이소노닐프탈레이트 (Diisononyl phthalate; DINP, 028553-12-0)	경구노출에 따른 전이량 4.01×10^{-1} ㎍/cm^2/min, 및 경피노출에 따른 전이량 2.20×10^{-2}㎍/cm^2/min을 초과하지 않아야	어린이용품 (플라스틱 제품)
트라이뷰틸 주석 (Tributyltin compounds, 688-73-3)	트라이뷰틸 주석 및 이를 0.1% 이상 함유한 혼합물질 사용을 금지	어린이용품 (목재 제품)
노닐페놀 (Nonylphenol, 025154-52-3)	노닐페놀 및 이를 0.1% 이상 함유한 혼합물질 사용을 금지	어린이용품 (잉크 제품)

어린이제품 공통안전기준(산업부고시 제2019-201호)」제3.1.3호의 프탈레이트 가소제 허용 기준을 준수한 어린이용품은 사용제한 환경유해인자(DNOP, DINP)의 제한 내용을 준수한 것으로 본다. (출처) 환경부고시 제 2019-230호. 어린이용품 환경유해인자 사용제한 등에 관한 규정. 별표.

고시된 기준을 지키지 아니한 자에게는 판매중지 혹은 회수를 명령할 수 있다. 위해성이 크다고 인정되면 그 환경유해인자를 제조·수입·판매하는 사업자에게 어린이 용도로 판매중지나 회수를 권고하거나 이러한 사실을 공표할 수 있으며, 혹은 관계행정기관의 장에게 판매중지나 회수권고를 하도록 요청할 수 있다.

어린이용품을 제조·수입하려는 자는 환경부장관이 고시한 환경유해인자의 함유 여부 및 함유량 등을 어린이용품에 알기 쉽게 표시하여야 한다.[166]

165 2022년 현재 263개의 환경유해인자의 목록이 마련되어 있다(환경부고시 제2019-125호, 별표. 위해성평가 실시 등의 대상이 되는 환경유해인자의 종류 및 유해성 목록)

166 플라스틱으로 만든 어린이용품은 다이-n-옥틸프탈레이트(DINP), 다이이소노닐프탈레이트(DNOP) 함유량을, 목재제품은 트라이뷰틸 주석(TBT)을, 잉크제품은 노닐페놀을 환경유해인자 공정시험기준에 따라 분석하여 그 함유량을 각각 표시. 다만, 「어린이제품 안전 특별법」에 따라 안전인증·안전확인신고·공급자적합성확인을 받은 제품과 「환경기술 및 환경산업 지원법」에 따라 환경표지 인증을 받은 제품은 「환경보건법」 기준을 적용받는 어린이용품 표

환경부장관은 어린이의 건강에 영향을 미치는 환경유해인자에 대한 독성 및 위해성 정보를 체계적으로 구축하고 인터넷 홈페이지 등을 이용하여 국민에게 알려야 한다(제25조).[167]

2) 어린이용품 관리 현황

환경부와 국립환경과학원은 2019년 7월에 어린이의 건강에 영향을 주는 환경유해인자 목록에 128종을 추가 지정하였다. 또 환경부와 산업부가 각각 다르게 적용하고 있던 프탈레이트 가소제의 안전기준을 상호인정하도록 제도를 개선(2019년12월 고시개정)해 기업부담을 해소하였다.

환경부와 한국환경산업기술원에서는 어린이용품관리를 위해 크게 3가지 사업을 하고 있다. 하나는, 어린이용품 함유 환경유해인자 실태조사이다. 이것은 시중에 유통되고 있는 어린이용품을 수거·구매하여, 함유가능한 환경유해인자의 시험분석과 위해성평가를 통해 유해성·위해성을 확인하고 회수 명령 등의 행정조치를 지원하는 것이다. 2016년부터 2022년1월 현재까지, 환경유해인자 기준을 초과한 것으로 적발된 제품은 총 572개로 이와 관련된 구체적인 내용이 모두 공개되어 있다.[168] 해외 어린이용품 중 리콜된 경우도 마찬가지이다.

두 번째는 어린이용품 환경안전 시장감시단운영이다. 시장감시단은 2019년에 15명으로 시작하여 환경보건법 위반제품이 시장에 유통되고 있는지를 조사하고 차단하며, 실태조사가 필요한 새로운 유형의 제품을 조사한다.

세 번째는 어린이용품 환경유해인자 자가관리를 지원하는 것이다(제24조의2). 이는 어린이용품 사업자가 스스로 환경유해인자 사용을 저감하여 관리할 수 있도록 전문 컨설턴트를 배정하는 등의 기술적·재정적인 재원을 하는 것이다.

최근 2021년 8월부터는 어린이용품 '그린워싱(Greenwashing)' 신고캠페인을 진행하고 있다.[169]

시 대상용품에서 제외.

167 환경부, 케미스토리, 어린이 환경과 건강포털. http://www.chemistory.go.kr/kor/index.do

168 케미스토리, ibid. http://www.chemistory.go.kr/user/com/kids/recall/selectRecallBBSList.do

169 그린워싱이란 실제로는 친환경적이지 않지만 마치 친환경적인 것처럼 홍보하는 위장 환경주의를 의미. 어린이용품에 구체적인 근거없이 '무독성', '인체무해', '무공해'와 같은 절대적 표현을 사용한 표시·광고가 대상이 됨.

3. 취약계층 환경성질환 예방사업

2009년부터 환경부는 한국환경산업기술원과 함께 취약계층에 대하여 주거환경 개선을 통한 환경성질환 예방사업을 시작하였다. 이 사업은 환경보건 전문인력이 저소득, 결손가정, 장애인, 홀몸노인 등 취약계층의 가구를 직접 방문하여 실내공기질을 진단하고 진단결과를 바탕으로 실내개선 및 진료지원을 제공하는 환경보건 서비스 사업이다.

1) 거주지 실내환경 진단과 컨설팅

대상 가구는 국민기초생활보장법에 따른 '수급권자 및 기준 중위소득 100분의 50 이하인 차상위계층, 결손가정, 장애인, 독거노인 가구로서 지자체에서 추천하는 가구'가 된다. 실내공기질 진단은 전문기관에서 실시하는데, 유해물질 7개 항목(미세먼지, 초미세먼지, 폼알데하이드, 총휘발성유기화합물, 집먼지진드기, 이산화탄소, 곰팡이)을 측정한다. 측정을 통해 거주지 실내환경의 유해인자에 대한 진단결과를 설명하고, 가구점검 설문조사, 환경성질환 위해요인과 생활실천수칙 등을 안내한다.

2) 실내환경 개선서비스

주거환경 컨설팅 결과에 기반하여 선정위원회를 통해 일부 가구를 선정하여, 사회공헌기업이 후원한 환경표지인증 제품(벽지, 장판, 페인트 등)으로 맞춤형 개선공사를 실시한다. 매년 500~600개 가구에서 주거환경개선 사업이 이루어졌다. 또 공기청정기를 설치하는 등의 물품지원도 한다.

실내환경 개선 및 물품지원 사업은 사회공헌기업이 제공한 각종 자원과 물품으로 추진된다. 사업이 시작된 이듬해부터 매년 20여 개 내외의 기업이 참여해왔다. 참여기업의 수가 늘어나면서 사업의 규모도 확대되어 왔다.

3) 환경성질환자 진료지원

거주지 실내환경 진단과 컨설팅 과정에서 환경성질환이 의심되는 사례가 있으면 전문병원 혹은 환경보건센터[170]로 의뢰하여 진료서비스(진찰과 검사)를 지원한다. 매년 300여명이 진료지원을 받고 있다. 진료지원은 2021년에 신설된 환경보건법제25조2에 의해 어린이에 대해서는 진료뿐 아니라 치료에 대한 지원도 가능하게 되었다.

2 유해인자 관리의 확대

1. 미세먼지

「환경보건법」제15조1항의3은 미세먼지 등 환경유해인자가 환경기준을 초과하는 등 환경오염이 현저하거나 현저할 우려가 있는 지역에 거주하는 주민이나 인구집단에 대하여 역학조사를 실시할 수 있도록 하고 있다. 이에 따라, 미세먼지 노출로 인한 건강영향에 대한 감시를 통해 예측을 위한 평가연구가 수행되고 있다.

실내 및 실외의 미세먼지에 대한 노출평가와 환경보건데이타베이스를 구축하고, 특히 미세먼지 구성성분에 따른 건강영향을 평가하며, 개인특성 및 지역특성을 고려한 취약성 요인을 분석할 예정이다. 이를 위해 국민건강보험자료 등 보건의료 데이터에 기반한 대규모 코호트 연구를 추진 중이다(2020~2029).[171] 이를 통해, 장기적인 건강영향을 예측하여 적절한 정책을 마련할 수 있도록 하고, 나아가 환경보건 중재(정책)의 효과를 평가할 수 있는 기반을 마련하도록 하였다.

2. 새로운 환경유해인자

제2차 환경보건종합계획에 따르면, 현장에서 신규 유해인자를 예측, 발굴하고 이에 대한 위해성평가(환경보건법 제11조)와 건강영향평가를 실시할 수 있도록 환경보건위원회 내 전문위원회를 구성하고, 국내외 연구결과를 종합적으로 분석하여 정책 추진에 필요한 과학적 근거를 마련할 수 있도록 환경보건센터의 기능을 강화할 계

170 「환경보건법」 제26조에 따라 지정한 국공립 연구기관 및 병원으로 전국에 16여개가 지정·운영 중.

171 환경부, 미세먼지 노출에 의한 중.장기 건강영향 평가연구(II). 2021.1. http://www.me.go.kr/home/web/board/read.do?menuId=290&boardMasterId=39&boardCategoryId=52&boardId=1426610

획이다.

1) 나노물질

나노물질의 인체위해성을 평가하고 관리하기 위하여, 화평법에 따라 나노물질의 등록을 실시하며(2021년부터~),[172] 유해성평가 결과에 따라 나노물질을 유독물질 또는 용도 제한물질로 지정하여 관리할 계획에 있다.

2) 미세플라스틱

미세플라스틱의 경우, 관련 측정기술이 아직 개발·표준화되어 있지 않으므로, 환경매체에서 검출, 측정을 위한 분석기술을 개발하고, 오염원별 미세플라스틱 배출 특성을 평가하고, 발생량을 예측하는 기술개발을 우선적으로 추진하고 있다(2020~2024). 더불어, 노출특성을 고려한 인체유해성 규명을 위한 기술개발(미세플라스틱의 인체 전이 평가기술, 흡입 경로 및 거동에 따른 노출평가 기술, 흡입독성평가 기술 등)도 병행하고 있다.[173] 또 하천 및 먹는 물 중의 미세플라스틱에 대한 관리와 감시도 확대해 나갈 방침이다.[174]

미세플라스틱 문제는 기본적으로 플라스틱의 남용과 이로 인한 오염의 문제이다. 최근(2022년2월)에 진행된 제5차 유엔환경계획(UNEP)의 환경장관회의에서는 '플라스틱 오염을 끝내기 위한 법적 구속력이 있는 국제협약을 위한 결의안'을 채택하였다.[175] 결의안에서는 해양환경에서 플라스틱 오염 및 미세플라스틱을 포함하여, 플라스틱 전주기를 다루는 구속력있는 국제협약 성안을 촉구하고 이를 위해 2024년까지 국제협약을 성안하는 것을 목표로 정부간 협상위원회를 2022년부터 구성하기로 하

---

172 관계부처합동, 제2차 환경보건종합계획('21~'30). 나노물질 등록 시 제출하는 시험자료목록을 확정(15개 항목, 입자크기 및 분포, 입자모양, 종횡비, 비표면적, 표면화학, 다공성, 표면전하, 화학조성, 응집·집적상태, 표면처리여부 및 처리물질, 결정상 및 결정크기)하여 화평법 시행규칙(별표1)개정 (2020.12), 나노물질의 특성을 나타내는 시험방법(OECD WPMN-나노물질작업반-에서 나노물질의 물리·화학적 특성 관련 19개 권고 항목 중 15개 항목의 시험 분석법을 고시와 지침으로 확정)을 추가하기 위해 고시 개정.

173 미세플라스틱 위해성 규명 및 관리기준 마련을 위하여, 범정부적 차원의 위해성평가 기술개발로 확대될 예정(다부처, '22~'29 예정)

174 4개 강 및 주요 호소 퇴적물 중 미세플라스틱 분포조사(국립환경과학원, '21~'25), 물환경내 미세플라스틱 표준시험법 마련('21), 정수장 유입·처리실태 조사('22~) 등.

175 결의안의 명칭, End Plastic Pollution: Towards an international legally binding instrument. (출처) 환경부, 보도자료(2022.3.3.). 제5차 유엔환경총회 폐막, 플라스틱 오염 대응 국제협약 마련 등 논의–환경부장관, 한국의 순환경제 노력 공유 및 국제사회와 연대 강화 강조–.

였다. 이번 합의는 플라스틱오염문제를 해양에 한정되지 않고 플라스틱의 전주기적(fully lifecycle) 관리를 중심에 두었다는 점, 플라스틱 오염대응에 대한 여러 이관계자들의 첨예한 입장대립에도 불구하고 마침내 합의에 도달하였다는 점에서, 전지구적 플라스틱 문제 대응의 전환점이 되었다고 평가받았다.

3. 환경 유해미생물 건강위해 모니터링

가축 매몰지역 침출수나 하수처리장 처리수 등에서 발생할 수 있는 유해미생물은 생태계와 공중보건에 위험을 초래할 가능성이 높다. 이들 환경유해미생물로 인한 건강위해를 선제적으로 차단하기 위해서는, 환경유해미생물을 분석하는 기술개발, 지역별로 특성화된 모니터링체계, 이에 기반한 위해성평가의 실시와 생물정보망을 구축하는 것이 필요하다.

제2차 환경보건종합계획에 따르면, 우선, 먹는 물과 하천, 실내공기 중에 미생물에 대한 기존의 모니터링 체계를 확대 강화할 계획이다. 뿐만 아니라, 신규 유해미생물의 독성과 위해성을 평가하고 관리기준을 설정하기 위하여, 환경매체 중 유해미생물 조사의 확대, 발생원인 파악, 검사기법 고도화 등에 관한 계획이 수립되어 있다.

다른 한편, 항생제 남용과 무분별한 폐기로 인하여 사람–동물(가축)에서 내성균이 발생할 뿐 아니라, 환경 내 미생물을 포함한 다양한 생명체에서 내성균이 발생할 수 있다는 우려가 있다.[176] 항생체 내성균 관리는 '원헬스 항생제 내성균 다부처 공동사업'과 '범부처 인수공통감염병 협의체'[177]에 참여하며, 지역별로 환경 내 내성 세균 모니터링을 위한 평가기법을 개발하는 등의 활동을 하고 있다. 이를 통해 인수공통감염병에 대한 모니터링을 강화하고, 질병관리청 및 농림축산검역본부와 연계하여 질병정보시스템을 구축한다.

원헬스 항생제 내성균 관련해서 중앙정부·지자체·기업간 협력적 거버넌스를 구축하는 것뿐 아니라, 국외 야생동물질병 전문기관 간 양해각서 체결 및 전문인력 파견, 정보공유 등 국제 협력체계도 강화하고 있다. 환경부의 소속기관으로 최근에 국립야

176 환경부, 국립환경과학원 보도자료 (2015.2.16.). 축산 농가 밀집지역 및 하수처리 지점뿐 아니라 보통 강물에서도 항생제 내성균이 다량 존재했다. 그러나 환경 중 항생제 잔류량과 항생제내성균의 분포간 상관관계는 발견되지 않았다.

177 [인수공통감염병대책위원회], 환경부 국립야생동물질병관리원, 질병관리청, 농림축산검역본부 공동주관.

생동물질병관리원이 개원하여(2020.9.29),[178] 야생동물 질병에 대해 상시 진단과 감시체계를 구축하고, 관련 기술개발 및 연구가 강화될 전망이다.

원헬스는 좁게는 인수공통감염병, 항생제내성, 식품안전 문제를 인식하는 개념이며, 넓게는 인간중심의 관점을 벗어나 인간–동물–환경이 하나의 건강공동체로서 전 지구적 환경문제와 지속가능한 발전이라는 실천적 전략을 포함한 개념이다.[179]

178 국립야생동물질병관리원, https://me.go.kr/niwdc/web/main.do

179 원헬스에 대한 정의는 기관마다 조금씩 다르다. 인수공통감염병, 항생제내성, 식품안전(WHO)이라는 개념에서부터, 감염병에 국한하지 않고 기후변화 등 전 지구적 환경문제로 인해 생태계(가축, 야생동물 뿐 아니라, 미생물, 식물 및 환경)와 사람의 운명·건강이 하나이며 지속가능한 발전(SDG)의 개념으로 확장되는 것에 이르기까지 여러 스펙트럼이 있다. (출처) 질병관리청. One Health 항생제내성균. http://www.kdca.go.kr/nohas/aboutOH/OHdefinition.do?menuCtg=ctg01&menuId=menu03_1;
Kevin Queenan et al.「Roadmap to a One Health Agenda 2030」.『CAB Reviews』 2017; 12(014). https://www.cabi.org/cabreviews

참고 문헌

〈논문〉

김옥주·박세홍, 「1960년대 한국의 연탄가스중독의 사회사 :부주의로 인한 사고에서 사회적 질병으로」, 의사학, 2012;21(2):279-343.

양원호·이기영·박경화·윤충식·손부순, 전준민 등, 「한국인의 평일 및 주말의 국소환경 시간활동 양상」, 한국실내환경학회지, 2009;6(4):267-74.

전병학·황인영, 「다중이용시설의 실내공기 중 총부유세균 농도와 종류」, 한국산학기술학회 논문지, 2015;16(1):868-76.

조아현 등. 사운드워킹을 통한 도심지역 음풍경조사. 한국음향학회지 2021;40(6):593-606.

Brown AL, van Kamp I, 「WHO Environmental Noise Guidelines for the European Region: A Systematic Review of Transport Noise Interventions and Their Impacts on Health」, Int J Environ Res Public Health, 2017;14(8):E873.

Cho Y, Ryu SH, Lee BR, Kim KH, Lee E, Choi J, 「Effects of artificial light at night on human health: A literature review of observational and experimental studies applied to exposure assessment」, Chronobiol Int, 2015;32(9):1294-310.

Cinzano P, Falchi F, Elvidge CD, 「The first World Atlas of the artificial night sky brightness」, Monthly Notices of the Royal Astronomical Society, 2001;328(3):689-707.

Falchi F, Cinzano P, Duriscoe D, Kyba CCM, Elvidge CD, Baugh K, et al, 「The new world atlas of artificial night sky brightness」, Sci Adv, 2016;2(6):e1600377.

Hölker F, Moss T, Griefahn B, Kloas W, Voigt C, Henckel D, et al, 「The Dark Side of Light: A Transdisciplinary Research Agenda for Light Pollution」, Policy, Ecology and Society, 2010;15(4).

Jonathan Bennie, Thomas W, Davies, David Cruse and Kevin J, Gaston, 「Ecological effects of artificial light at night on wild plants,」 Journal of Ecology, 2016;104:611-20.

Kim JH, Ha M, 「The Disease Burden of Lung Cancer Attributable to Residential Radon Exposure in Korean Homes」, Journal of Korean Medical Science 2018;33(29),e223.

Koo YS, Song JY, Joo EY, Lee HJ, Lee E, Lee S kun, et al, 「Outdoor artificial light at night, obesity, and sleep health: Cross-sectional analysis in the KoGES study」, Chronobiol Int, 2016;33(3):301-14.

McDonald JC, McDonald AD, 「The epidemiology of mesothelioma in historical context」, Eur Respir J, 1996;9(9):1932-42.

Min JY, Min KB, 「Outdoor Artificial Nighttime Light and Use of Hypnotic

Medications in Older Adults: A Population-Based Cohort Study」, J Clin Sleep Med, 2018;14(11):1903-10.
Min JY, Min KB, 「Outdoor light at night and the prevalence of depressive symptoms and suicidal behaviors: A cross-sectional study in a nationally representative sample of Korean adults」, J Affect Disord, 2018;227:199-205.
O'Reilly KMA, Mclaughlin AM, Beckett WS, Sime PJ, 「Asbestos-related lung disease,」 Am Fam Physician, 2007;75(5):683-8.
Owens ACS, Lewis SM, 「The impact of artificial light at night on nocturnal insects: A review and synthesis」, Ecol Evol, 2018;8(22):11337-58.
Queenan K, 「Roadmap to a One Health agenda 2030」, CAB Reviews 2017;12(014).
Stanaway JD, Afshin A, Gakidou E, Lim SS, Abate D, Abate KH, et al, 「Global, regional, and national comparative risk assessment of 84 behavioural, environmental and occupational, and metabolic risks or clusters of risks for 195 countries and territories, 1990-2017: a systematic analysis for the Global Burden of Disease Study 2017」, The Lancet, 2018;392(10159):1923-94.

〈책〉

대한예방의학회 편저, 『예방의학과 공중보건학』(제4판), 계축문화사, 2021.
대한직업환경의학회 편저, 『직업환경의학』, 계축문화사, 2014.
신시아 브라운 지음, 이근영 옮김, 『세상이 궁금할 때 빅 히스토리』, 해나무, 2020.
홍윤철, 『질병의 탄생-우리는 왜, 어떻게 질병에 걸리는가』, 사이, 2014.
Centre international de recherche sur le cancer, editor, 『A review of human carcinogens, Part C: Arsenic, Metals, Fibres, and Dusts』, Lyon: International agency for research on cancer, 2012. (IARC monographs on the evaluation of carcinogenic risks to humans),
David D, Celentano Moyses Szklo 지음, 한국역학회 옮김, 『고디스 역학』(6판), 범문에듀케이션, 2020.
Elvidge CD, Sutton PC, Baugh K, Ziskin DC, Ghosh T, Anderson S, 『National Trends in Satellite Observed Lighting: 1992-2009』, CRC Press, 2011.
Johnson, BL, Maureen Y, Lichtveld, 『Environmental Policy and Public Health』(2nd ed), Taylor & Francis, 2017.
World Health Organization Regional Office for Europe, 『Environmental noise guidelines for the European Region』, WHO, 2018.

〈보고서 및 웹문서〉

관계부처 합동, 「-석면 걱정없는 안심사회를 위한-제2차 석면관리기본계획 (2018~2022)」, 관계부처 합동, 2017. Available from: https://www.keco.or.kr/kr/business/research/

communityid/202/view.do?idx=28412

관계부처 합동, 「건축자재 라돈 저감·관리 지침서」, 관계부처 합동, 2019 [cited 2022 Apr 20]. Available from: https://policy.nl.go.kr/search/searchDetail.do?rec_key=SH2_PLC20190243666

관계부처 합동, 「빛공해 방지 종합계획(2019~2023)」, 관계부처 합동, 2018 [cited 2022 Apr 22]. Available from: http://www.me.go.kr/home/web/policy_data/read.do?pagerOffset=40&maxPageItems=10&maxIndexPages=10&searchKey=&searchValue=&menuId=92&orgCd=&condition.code=A8&condition.deleteYn=N&seq=7243

관계부처 합동, 「제2차 환경보건종합계획(2021~2030)」 관계부처 합동, 2020 [cited 2022 Apr 22]. Available from: https://www.me.go.kr/home/web/policy_data/read.do?pagerOffset=0&maxPageItems=10&maxIndexPages=10&searchKey=&searchValue=&menuId=10276&orgCd=&condition.toInpYmd=null&condition.code=A8&condition.fromInpYmd=null&condition.deleteYn=N&condition.deptNm=null&seq=7663

관계부처 합동, 「실내공기질 관리 기본계획(2020-2024)」, 관계부처 합동, 2019 [cited 2022 Apr 22]. Available from: https://policy.nl.go.kr/search/searchDetail.do?rec_key=SH2_PLC20200246011

박영민, 강유진, 「국가별 소음 환경기준 및 규제기준 분석」, 한국소음진동공학회 2012년 추계학술대회논문집, 200-201 [cited 2022 Apr 20]. Available from: http://lps3.www.dbpia.co.kr.libproxy.dankook.ac.kr/pdf/pdfView.do?nodeId=NODE02430543

김유미 최현진, 이병권, 「실내공기질 관리 및 개선을 위한 기초연구, 한국환경연구원, 2019 [cited 2022 Apr 20]. Available from: https://www.kei.re.kr

박영민, 이병권, 김경민, 「국민건강 보호와 생활환경 변화 대응을 위한 소음진동 법체계 선진화 방안」, 한국환경연구원, 2021 [cited 2022 Apr 20]. Available from: https://www.kei.re.kr

양원호, 「국민 일일 활동시간 양상에 따른 개인노출평가 연구」, 대구가톨릭대학교, 2009 [cited 2022 Apr 20]. Available from: http://scienceon.kisti.re.kr/srch/selectPORSrchReport.do?cn=TRKO201300008819

질병관리청, 「One Health AMR [Internet]. One Health 항생제 내성균」, [cited 2022 Apr 22]. Available from: https://www.kdca.go.kr/nohas/aboutOH/OHdefinition.do?menuCtg=ctg01&menuId=menu03_1

환경부, 「2020 환경백서」, 환경부 2021 [cited 2022 Apr 22]. Available from: https://www.me.go.kr/home/web/policy_data/read.do?pagerOffset=0&maxPageItems=10&maxIndexPages=10&searchKey=&searchValue=&menuId=10259&orgCd=&condition.toInpYmd=null&condition.fromInpYmd=null&condition.orderSeqId=7496&condition.rnSeq=316&condition.deleteYn=N&condition.deptNm=null&seq=7851

환경부, 「환경부 『석면관리총람』 」, 환경부, 2009 [cited 2022 Apr 22]. Available from: http://me.go.kr/home/web/policy_data/read.do?pagerOffset=1820&maxPageItems=10&maxIndexPages=10&searchKey=&searchValue=&menuId=92&orgCd=&condition.orderSeqId=4

410&condition.rnSeq=1929&condition.deleteYn=N&seq=4408

ATSDR. Asbestos | Toxicological Profile | ATSDR. [internet] [cited 2022 Apr 22]. Available from: https://wwwn.cdc.gov/TSP/ToxProfiles/ToxProfiles.aspx?id=30&tid=4

WHO. Asbestos: economic assessment of bans and declining production and consumption (2017)[internet] [cited 2022 Apr 22]. Available from: https://www.euro.who.int/en/publications/abstracts/asbestos-economic-assessment-of-bans-and-declining-production-and-consumption-2017

WHO. Determinants of health [internet]. [cited 2022 Apr 19]. Available from: https://www.who.int/news-room/questions-and-answers/item/determinants-of-health

International Ban Asbestos Secretariat (IBAS) .Voice of the global ban asbestos network [internet]. [cited 2022 Apr 22]. Available from: http://www.ibasecretariat.org/index.htm

WHO. Preventing disease through healthy environments: a global assessment of the burden of disease from environmental risks [internet]. [cited 2022 Apr 19]. Available from: https://www.who.int/publications-detail-redirect/9789241565196

WHO. Tobacco Free initiative. Second-hand smoke impacts health. World Health Organization - Regional Office for the Eastern Mediterranean. [internet]. [cited 2022 Apr 20]. Available from: http://www.emro.who.int/tfi/quit-now/secondhand-smoke-impacts-health.html

US EPA. Basic Information about NO2(2016) [internet]. [cited 2022 Apr 20]. Available from: https://www.epa.gov/no2-pollution/basic-information-about-no2

US EPA. Ten Things You Should Know about Mold [internet]. 2014 [cited 2022 Apr 20]. Available from: https://www.epa.gov/mold/ten-things-you-should-know-about-mold

WHO. Biological mechanisms related to cardiovascular and metabolic effects by environmental noise (2018) [Internet]. [cited 2022 Apr 20] p. 13. Available from: https://www.euro.who.int/en/health-topics/environment-and-health/noise/publications/2018/biological-mechanisms-related-to-cardiovascular-and-metabolic-effects-by-environmental-noise

WHO. 「Occupational and Environmental Health Team. Elimination of asbestos-related diseases」. World Health Organization. 2006 [cited 2022 Apr 22]. Available from: https://apps.who.int/iris/handle/10665/69479

김종성. 유독 아파트에서 층간소음 심한 이유, 이것 때문이었다. 오마이스타. 2021 May 12 [cited 2022 Apr 20]; Available from: http://star.ohmynews.com/NWS_Web/OhmyStar/at_pg.aspx?CNTN_CD=A0002742716

제4편

환경보건 감시와 조사

제1장

환경보건 감시와 건강영향조사

1 환경보건 감시

1. 환경보건 감시의 개념

1) 역학적 감시체계

감시(surveillance)는 사전적으로 '사람 혹은 장소를 주의 깊게 지켜보는 것'이다. 공중보건 영역에서 역학적 감시(epidemiological surveillance)는 감염병 관리를 위해 시작되어 오늘날에는 만성질병과 손상, 사망, 건강 상태, 그리고 위험요인과 환경 위해성까지 포함하여 그 범위와 대상이 확대되고 있다.

WHO는 감시체계를 '질병관리의 계획과 수행, 평가를 위해 역학적 정보를 체계적으로 수집, 분석, 사용하는 것'으로 정의한다. 공중보건감시(public health surveillance)는 지속적으로 건강과 질병에 관한 사건 정보를 수집하고 경향과 분포의 변화를 감지하여 필요한 조치를 하거나, 예방과 관리를 위한 대책과 방법을 개발하고자 하는 것이다. 따라서 자료의 정확성 뿐 아니라 일관성과 신속성, 실용성이 매우 중요하다.[1] 감시체계는 정보의 고리(loope)로, 감시 대상 사례의 발생에서 시작하여, 감시체계 운영자에게 신고·보고되고, 자료 분석과정을 거쳐 통계자료 등의 형태로 필요로 하는 사람들에게 배포된 후, 예방 및 관리 활동에 활용된다[그림 4-1][2].

---

1 대한예방의학회 편저, 『예방의학과 공중보건학』(제4판), pp.82-84.

2 WHO (2003). STEPS: A frame work for surveillance. The WHO STEPwise approach to Surveillance of noncommunicable diseases (STEPS). (accessed at 2021.12.4.) https://www.who.int/ncd_surveillance/en/steps_framework_dec03.pdf.

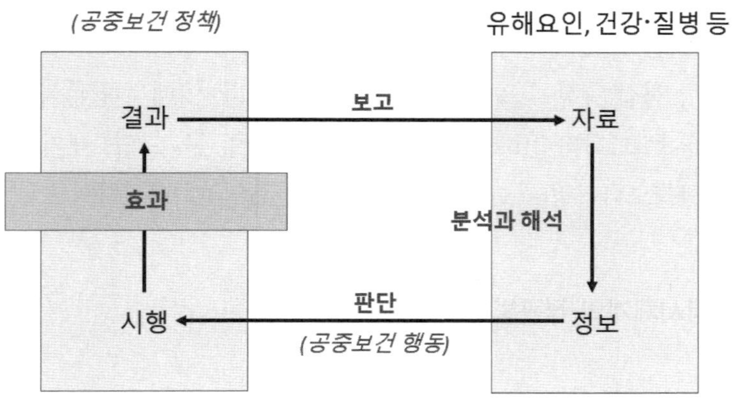

[그림 4-1] 감시체계의 고리

(출처) WHO (2003). STEPS: A framework for surveillance. p.28.

2) 환경보건 감시체계

환경보건 감시(environmental health surveillance)는, 역학적 감시체계의 특수한 분야라 할 수 있으며, 환경과 건강간 관련성에 대한 지식이 확대되면서 전통적인 역학적 감시체계로부터 발전되어 온 영역이라 할 수 있다. 환경보건 감시체계란 환경요인의 노출 실태와 이와 관련된 건강과 질병 사건 관련 자료를 지속적, 체계적으로 수집하여 경향과 변화를 분석하고, 결과를 배포하여 예방과 관리에 활용하는 조직적 체계로 정의할 수 있다.

전통적인 역학적 감시체계가 질병빈도의 변화를 모니터링하는 것이라면, 환경보건 감시는 질병에 영향을 미치는 환경요인의 변화를 평가하는 것이 중요한 목적 중 하나이다.[3] 미세먼지로 인한 대기오염, 대기 방사선 농도, 환경소음 모니터링, 물·토양·대기 중 잔류성유기오염물질 모니터링, 생체내 유해물질 농도 모니터링 등이 그것이다. 이러한 환경요인과 관련된 건강과 질병에 대한 모니터링을 통해, 환경성질환의 발생에 대한 조기 경고, 심각성 예측 및 이에 대한 예방대책 등을 수립·시행하는데 활용될 수 있다.

감시체계에서 자료 수집의 방법을 주로 표현하는 용어로서 서베이(survey)와 모니터링(monitoring)이 많이 사용된다. 서베이(survey)는 어떤 사건이나 상황, 인식과

---

3 이책의 1편-1장-3절에서 기술하고 있는 '건강영향 감시와 모니터링'이 곧 환경보건 감시체계이다.

태도에 대한 조사(examination)로 통상 설문조사로 수행되는 것을 말한다. 모니터링(monitoring)은 지속적, 체계적으로 자료 수집을 한다는 의미와 함께 일반적으로 시료 채취와 분석, 직접 측정이 포함되어 있음을 의미한다. 이때 수집분석 대상 시료가 생체인 경우 바이오모니터링(biomonitoring)이라 하며, 물, 토양, 대기 등을 대상으로 하는 것은 환경모니터링(environmental monitoring)이라 한다.

2. 환경보건 감시체계의 접근법

1) 수집 정보의 종류와 역할

환경보건 감시체계는 크게 두 종류의 정보, 환경노출 정보와 건강 및 질병 정보를 수집한다. 환경노출 정보에는 유해물질의 배출정보(예, 유해물질 배출원 및 배출량 조사자료, 배출시설 사업자의 자가측정자료 등), 환경매체의 유해물질 오염정보(예, 대기, 수질, 토양 등에서 측정된 유해물질 농도 자료)와 생체 내 유해물질 정보(예, 식물, 동물 및 사람의 세포 및 체액에서 측정된 유해물질 혹은 그 대사체의 농도 자료) 등에 이르기까지 다양한 수준의 정보를 수집·활용할 수 있다. 건강 및 질병 정보에는 출생, 질병, 사망, 건강 인식과 삶의 질을 포함한 다양한 수준의 건강 및 질병 상태의 정보를 수집·활용할 수 있다. 즉, 환경보건 감시체계에서는, 유해인자의 배출에서 질병 및 사망의 발생에 이르는 스펙트럼의 전 영역에서 정보가 수집·활용될 수 있다.

환경유해인자 노출과 건강·질병간의 상관성이 이미 확인된 경우라면, 감시체계는 조기경보 및 예방대책을 신속하게 수립·시행하는데 매우 중요한 역할을 할 것이다. 그러나 노출과 건강영향간의 상관성이 아직 규명되어 있지 않은 경우라면, 감시체계는 잠재적인 혹은 의심되는 건강유해인자의 상관성 규명을 위한 연구·조사의 기반을 제공 할 것이다. 후자의 경우는 통상 전통적인 역학적 감시체계에서 포함하고 있지 않다. 그러나 우리나라의 경우, 「환경보건법」의 사전주의의 원칙에 기반하여 후자의 목적으로도 '국민환경보건기초조사' 등의 환경보건 감시체계를 운영하도록 하여, 감시체계의 역할을 확대하고 있다.[4]

4 국가법령정보센터. (환경보건법 개정이유, 2021.1.5.) 중 가. 종전에는 환경보건종합계획 수립 및 기초조사 실시 등과 관련하여 환경성질환만 그 범위에 포함시키던 것을, 환경유해인자에 대한 적절한 시책 마련과 조치가 필요한 질환도 그 범위에 포함시키도록 함(제6조, 제14조 및 제27조의2).

2) 능동감시와 수동감시

감시체계는 자료수집의 주체에 따라 능동과 수동 감시체계로 구분된다. 능동감시체계(active surveillance)는 감시체계의 운영자가 직접 나서서 자료를 수집하는 것이다.[5] 국가가 운영하는 능동감시체계는 일반적으로 전국민에 대하여 혹은 특정 목적에 맞는 지역이나 인구집단을 대상으로 주기적인 서베이와 모니터링을 실시하는 방법으로 운영된다.

수동감시체계(passive surveillance)는 보건소와 의료기관의 의료인과, 환경노출과 관련된 실험실 등에서 연구자가 접촉, 발견하거나, 얻은 결과를 감시체계 운영자에게 주기적으로 보고 혹은 신고하여 자료가 수집된다. 보건분야의 감염병에 대한 법정 신고제도가 대표적인 수동감시체계이다.[6] 감시체계 운영자가 이들 의료 혹은 실험 현장이나 기관에서 수집된(신고·보고되지 않은) 자료나 기록을 검토하는 것을 통해 정보를 수집하는 것도 수동감시체계라 할 수 있다.

3) 빅데이터를 이용한 환경보건 감시체계

최근 정보의 디지털화가 가속화되면서 환경보건분야도 빅데이타의 활용이 현실화되었다. 최근 환경부는 건강보험공단과의 협업을 통해 환경보건빅데이터를 활용한 환경성 질환에 대한 감시체계를 구축하고 있다.[7] 기존 체계와 기관에 의해 산출되고 있는 대기모니터링자료 등 환경측정자료와 건강보험공단의 수진자료, 암등록자료 등 건강관련 자료를 연계하여〈표 4-1〉, 환경유해인자와 건강영향간의 상관성 분석, 환경성질환 현황, 환경보건상태 등을 평가하고, 이를 예방 및 관리정책에 활용할 수 있다.

---

5 능동적 환경보건 감시체계의 대표적 예는 '국민환경보건기초조사'이다. 운영자인 정부기관(국립환경과학원)이 직접 나서서 국민의 환경유해인자 노출 및 건강실태를 3년을 단위로 지속적으로 조사한다.

6 질병관리청, 감염병감시체계. 감염병 발생 시 의무적으로 지체없이 관할보건소에 신고토록 하는 전수감시체계(Mandatory Surveillance System)와 일정한 기준에 의해 참여하는 의료기관을 표본감시기관으로 지정하여 7일 이내에 관할보건소에 신고하도록 하는 표본감시체계(Sentinel Surveillance System)를 운영하고 있다. https://www.kdca.go.kr/contents.es?mid=a20301110100

7 환경부, 보도자료(2021.5.11.). 환경부-건강보험공단, 환경보건 빅데이터 체계 구축한다. 사전 예방적인 환경보건 디지털 감시체계 도입 기반 마련. http://me.go.kr/home/web/index.do?menuId=10525

〈표 4-1〉 환경보건 감시체계에서 활용 가능한 빅데이터의 예

범주	자료원	
환경노출	화학물질 배출량·이동량조사(PRTR) 특정수질유해물질 배출량조사 잔류성유기오염물질 측정망 자료 잔류성오염물질 배출원과 배출량조사 자료 대기오염측정망 자료 굴뚝 원격감시체계 자료 도로 재비산먼지 이동측정 자료	물환경 데이터 종합정보 환경위성 관측 자료 토양오염 측정망 자료 환경/교통/도로 소음진동측정망 자료 건축물/자연발생 석면 정보 실내공기질 자동측정망 자료
인체노출과 건강상태 (능동감시자료)	국민환경보건기초조사자료	어린이 환경보건출생코호트
건강상태	사망신고자료 건강보험자료 직장건강검진자료 병원자료(의무기록 등) 감염병 신고자료 암등록자료	건강조사자료 – 국민건강영양조사 – 청소년건강행태조사 – 지역사회건강조사 – 구강건강실태조사
인구	인구주택총조사자료(통계청) 주민등록인구자료(행정안전부)	
사회·문화 등	각종 국가통계 원자료(국가통계포털)	

2 건강영향 조사

1. 환경역학의 발전

1) 역학의 기원: 질병의 환경요인에 대한 탐구

역학(疫學, epidemiology)은 인구집단에서 건강과 질병의 상태와 분포, 그리고 그 결정요인을 규명하여, 질병의 예방과 관리에 활용하는 학문이다. 19세기 영국 의사 존 스노우는 역학조사를 통해 런던에 창궐하던 콜레라의 원인이 오염된 식수임을 밝혀냈다. 고대와 중세시대에는 질병의 원인을 천형이나 천벌로 이해하는 운명론이 주

를 이루었고, 당시까지도 장기설(miasma theory)[8]이 질병의 원인을 설명하는 정설로 받아들여지고 있었다. 세균의 존재를 아직 몰랐던 당시, 존 스노우의 역학조사 결과에 근거하여 오염된 식수가 공급되는 수도 펌프의 손잡이를 없애 식수 사용을 차단함으로써 콜레라의 창궐을 막아내는 데 크게 기여하였다.

이후 역학은 학문적 체계를 갖추어 발전하며 감염병 관리와 공중보건정책에서 중요한 역할을 해 왔다. 현대는 주요질병이 감염병에서 만성질환으로 옮겨오면서 역학의 대상도 세균 등 생물학적 요인에서부터, 흡연, 음주, 식이와 같은 개인의 생활습관 요인, 유해화학물질과 중금속오염과 같은 화학적 요인, 방사선, 소음, 이상기온 등의 물리적 요인 등으로 확장되었다. 역학이 다루는 환경요인에는 사회제도와 정치적 환경 등 사회환경[9]도 포함된다.

다른 한편, 생물의과학의 눈부신 발전에 따라 생체내에서 측정된 생물학적 지표(biomarker, 바이오마커)와 유전적 요인에 대해서도 역학적 방법론을 적용하는 분자역학(molecular epidemiology), 유전체역학(genomic epidemiology) 등이 발전하며, 개인의 분자적 및 오믹스[10] 정보와 환경요인들을 종합하여 개인맞춤형 의료[11]와 공중보건 정책[12]에 적용하고자 하고 있다.

8 물질이 부패하여 발생하는 '나쁜공기(miasma)'로 인해 콜레라, 흑사병 등 전염병이 발생한다는 주장. 19세기말 미생물 이론에 의해 폐기되기 전까지 유럽과 중국에서 널리 정설로 받아들여짐. (출처) https://ko.wikipedia.org/wiki/미아즈마.

9 건강의 '사회적 분포'와 '사회적 결정요인들'에 대하여 연구하는 역학의 한 분야를 사회역학(social epidemiology)이라 한다. 사회계층화, 위계구조, 노동과 고용조건, 지역사회환경, 성/인종에 근거한 차별과 사회적 배제, 사회네트워크와 지지 등 사회심리적 요인, 소득불평등, 복지체제와 사회정책, 세계화 등 다양한 사회·정치·경제적 요인들과 건강과의 관계를 다룬다.

10 기존의 유전학(genetics)은 유전자(DNA, gene) → 전사자(mRNA, transcript) → 단백질(protein) → 대사물(metabolite)의 과정에 있는 각 물질을 분석함으로써 생명현상을 설명하고자 하였다. 그런데 최근 분석기술의 발전으로, 수백~수천만개의 물질들을 한꺼번에 분석할 수 있게 됨에 따라, 유전체(genome), 전사체(transcriptome), 단백체(proteinome), 대사체(metabolome) 등에 대한 정보를 동시에 확보하여 활용할 수 있게 되었다. 이런 정보를 복수의 의미인 ·ome과 학문을 의미하는 ·ics 를 결합하여 오믹스(omics) 라 한다.

11 개인별로 확보된 유전자 대용량 자료(omics)를 유전학적으로 분류하고, 개인의 생애주기별 생활습관, 신체 등의 변화, 개인을 둘러싼 환경(대기, 수질 등)오염 모니터링 자료 등을 접목하여 질병의 발생, 조기진단, 치료, 예후예측 등에 활용하고자 하는 것이 개인맞춤형 정밀의료(precision medicine)이다. 이때 개인에 대하여 도출된 결과를 인구집단의 결과로 재분석하여 일반화하는 검증과정이 필요한데 이를 정밀역학(precision epidemiology)이라 한다. (출처) 대한예방의학회 편. 「예방의학과 공중보건학」(4판), 계축문화사, pp.269-274.

12 ibid. 정밀의학 등 개인의 기전 중심의 정보와 개인을 둘러싸고 있는 환경, 사회, 국가, 지구촌 영역까지 모든 다차원의 환경요인을 고려하여 포괄적·계통적으로 건강과 질병을 바라보아야 한다는 주장이 있으며, 이를 시스템 역학(systems epidemiology)이라 한다.

2) 오늘날의 환경역학

환경역학(environmental epidemiology)은 다양한 건강 결정요인 중 환경적 요인을 중심으로 하는 역학의 한 분야라 할 수 있다. 전통적으로 환경역학에서 다루는 환경은 질병의 원인으로서 유전적이지 않은 모든 요소들을 의미하였고, 여기에는 화학적, 물리적, 생물학적 요인들이 모두 포함되었다.[13] 또한, 환경역학에는 기후변화를 비롯하여 생태계의 영향, 홍수, 지진, 테러, 전쟁 등 재해로 인한 인구집단의 질병양상을 조사하는 것도 포함된다.[14]

다른 한편, 최근의 환경역학은 바이오마커와 오믹스 유전정보 등 개인단위의 빅데이터 정보를 활용하고 있어, 환경역학이 유전적인 요인을 다루지 않는다는 전통적 개념이 약해지고 있다. 특히, 후성유전학(epigenetics)은 유전자의 구조적인 변형(DNA 서열의 변형)이 발견되지 않음에도 불구하고 유전자가 손상된 경우와 유사한 결과가 초래되는 이유를 설명해 준다. 즉, 후성유전학적 지표는 환경유해요인 노출로 인하여 유전자 주변 물질들이나 유전자의 발현과정에 관여하는 물질들이 손상되거나 변화하고, 결과적으로 유전자의 기능변화가 초래되는 것을 보여준다. 이러한 기전을 통해 특히 어린시기의 유해한 환경노출은 성인기의 질병위험을 높이며,[15] 다음 세대로 유전(inherit)되기도 한다. 이는 외부 환경요인의 노출에 대한 생체의 반응 혹은 손상을 나타내며〈표 4-2〉, 최근 들어 환경역학(및 환경독성학) 분야에서 중요하게 다루어지고 있다.[16]

---

13 우리나라의 경우 감염요인과 생활습관요인은 주로 보건복지부 질병관리청 및 식품의약품안전처에서, 실내라돈을 제외한 방사선과 관련된 요인은 여러 부처에서 다루고 있다. 전리방사선은 원자력안전위원회, 보건복지부, 식약처에서, 비전리방사선은 과학기술정보통신부(고주파 전자기파)와 산업통상부(저주파 전자기파)에서 다룬다.

14 재해와 재난의 경우 사상자수를 포함한 피해규모 파악은 행정안전부 등에서 담당하고 있으나, 역학조사는 재해와 재난의 성격에 따라 담당부처가 분산되어 있거나 명확한 책임이 규정되어 있지 않아 전문성 부족 및 사각지대의 발생이 우려되고 있다. 일례로, 2019년 강원도의 산불대란 시, 산불로 인해 발생하는 각종 건강유해인자의 발생, 노출현황 및 이로 인한 건강영향에 대한 조사평가 및 이에 근거한 예방 및 사후관리를 위한 환경보건대책이 없었다. 최근 기후변화로 인해 자연재해가 빈발하는 상황에서 재해재난 관련 환경보건정책의 중요성이 커지고 있다.

15 후성유전지표에는 DNA methylation, histon tails 의 post-translational modification (acetylation, methylation, phosphorylation 등), nucleosomes 주변에서 DNA의 packing 차수 증가 등이 있다. (출처) Dolinoy et al. 「Epigenetic gene regulation:Linking early developmental environment to adult disease」. 『Reproductive Toxicology』 2007;23:2970307.

16 최근 환경부의 '환경성질환 예방관리 핵심기술개발사업'에는 〈유전체 분석기반 환경성질환 민감성 예측기술개발〉, 〈오믹스 기반 영유아기 환경유해인자 영향 분석기술개발〉 등을 추진하고 있다. (출처) 한국환경산업기술원, 환경기술개발사업추진계획, 2022.1.11. https://ecoplus.keiti.re.kr:9443/pms/rin/main/rin_0302.jsp

〈표 4-2〉 환경요인이 후성유전 기전을 통해 미치는 건강 영향

시기	수정란, 태아, 영유아기	성인기
환경요인	모체의 생활습관과 환경 모체와 태반(자궁내환경)의 표현형(상태) 등	거주지역, 직업적 환경 약물복용, 식이, 운동, 음주, 흡연 등 생활습관 석면, 방사선, 화학물질 등 노출 여부
	↓	↓
환경요인이 안전하게 작용할 경우	정상적 발달과 성장	노화지연, 정상적인 생존과 발달
환경요인이 유해하게 작용할 경우	성인기에 대사성 질환, 정신적 질환 등 발생위험 증가	노화촉진, 암 발생 등 건강위험 증가
	→	대사성 질환, 정신적 질환 등 발생위험 증가

(출처) Aguilera et al. 「Epigenetics and environment: a complex relationship」. J Appl Physiol 2010;109:243-251. Fig3을 재구성함.

2. 환경역학 조사

1) 노출평가

① 환경노출의 특성

환경요인에 대한 노출은 대부분 비자발적으로 이루어지며, 노출되는 인구가 어린이와 노인 등 취약한 계층을 포함하여 광범위하다는 점에서 중요한 공중보건적 의미를 가진다.

환경적 노출은 작업장과 같은 특수한 조건의 노출수준에 비하여 낮은 농도로 노출되나, 작업시간 등 특정시간에 제한되지 않고 장기간 지속적으로 이루어진다는 특징이 있다. 또한 여러 가지 요인에 동시에 노출되는 경우가 많으며, 동일 발생원에서 나오는 유해인자라 하여도 시간과 조건에 따라 성분과 발생량이 달라질 수 있다(예, 공장 굴뚝 배출). 노출 후에 질병이 발생하기까지 시간이 걸리므로(잠복기), 과거 노출이 원인인 경우 노출자료 확보가 어려울 수 있으며, 역으로 현재 노출에 대해서는 잠복기가 충분히 경과하지 않아 질병 발생을 확인할 수 없는 경우도 흔하다.[17]

17 대한예방의학회 편저, 『예방의학과 공중보건학』(4판), 2020, 계축문화사, p.591.

② 환경노출 정보

환경요인에 대한 노출정보는 개인수준, 지역 및 집단수준에서 모두 확보할 수 있다. 일반적으로는 개인수준의 노출정보(예, 개인의 생체시료 중 중금속 농도)가 집단수준의 노출정보(예, 특정지역의 대기 중금속 농도)에 비해 더 정확하다고 할 수 있으나, 개인간 차이는 적으나 지역간 차이가 큰 경우 또는 환경보건정책이 지역적·집단적으로 시행되는 경우에는 집단수준의 정보가 훨씬 유용하다.

노출수준은 유해인자와 건강영향간의 양–반응 관계를 살펴보는 데 매우 중요하다. 환경유해인자의 노출수준은 농도, 기간, 횟수, 시점, 노출에 영향을 주는 개인의 행태 등으로 평가할 수 있다.[18] 노출의 직접 지표가 아니라 대리지표(surrogate)를 사용할 경우(예, 가습기살균제노출의 대리지표로서 가습기살균제 구매한 사실)에는 노출정보가 부정확할 수 있으므로(구매를 하였더라도 사용하지 않아 노출되지 않음에도 노출자로 포함), 건강영향과의 관련성이 희석되어 나타날 수 있다.

③ 환경노출평가 방법

환경노출평가 방법에는, 개인노출의 측정이나 생물학적 모니터링과 같은 직접적인 방법과, 설문지를 이용한 노출조사와 환경모니터링(측정) 또는 환경농도 모델링과 같은 간접적인 방법이 있다[그림 4–2].[19]

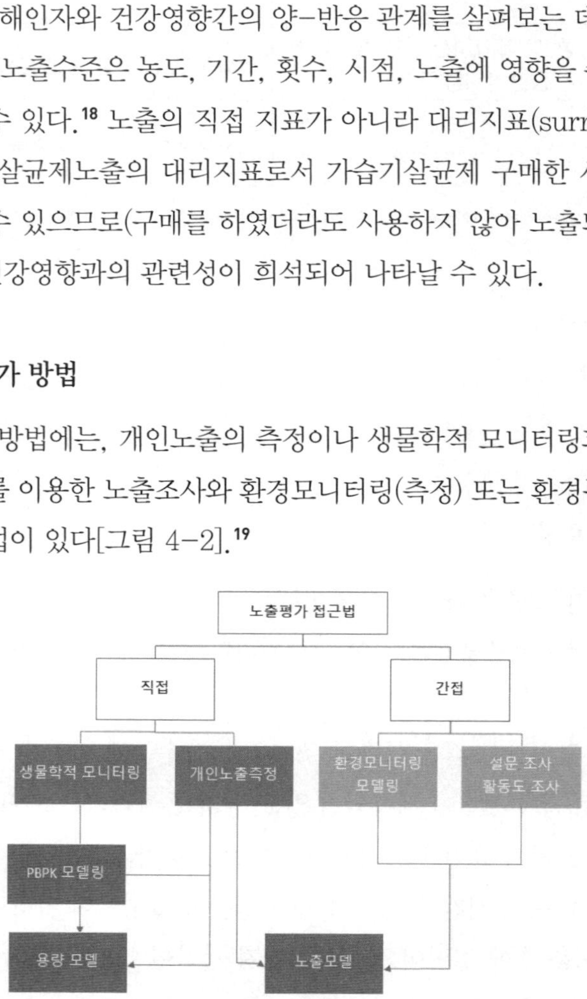

[그림 4–2] 역학연구에서 노출평가 접근법

(출처) 환경부 국립환경과학원, 「가습기살균제노출과 질환 간 역학적 상관관계 검토보고서」, 2021.

18 ibid.
19 환경부 국립환경과학원, 「가습기살균제노출과 질환 간 역학적 상관관계 검토보고서」, 2021, p.244.

이중 생물학적 모니터링은 사람의 생체시료(소변, 혈액, 땀 등)에서 유해인자의 농도를 측정하는 것으로, 호흡기, 소화기, 피부접촉 등 모든 경로를 통해 노출된 통합적 노출정보를 제공해 준다. 개인노출의 측정은 유해인자가 유입되는 신체부위에 포집기나 측정기를 부착하여, 유입부근에서 유해인자의 양과 노출 속도를 분석·측정한 값을 인체의 노출수준으로 가정하는 것이다. 간접적인 방법 중 환경모니터링 또는 모델링은 공기, 물과 같은 매체에서 유해인자를 직접 측정하거나 오염농도를 추정하는 것을 말한다. 설문조사를 이용한 노출평가는 특히 대규모의 역학조사에서 흔히 사용되는 방법이다. 과거 노출의 경우, 과거에 수집·저장된 생체시료나 개인측정의 기록이 존재하지 않는다면 간접적인 노출평가 방법만 사용할 수 있다.

노출정도가 개인의 행태나 활동도에 따라 달라지는 경우는, 설문 혹은 활동도 조사를 통해 개인의 행태를 파악할 수 있다. 설문을 이용한 평가는 개인단위의 노출을 평가할 수 있으나 응답자들의 기억에 의존하므로 회상비뚤림(recall bias)[20]의 가능성이 있다. 따라서 설문지를 체계적으로 구성해야 할 뿐 아니라 조사요원의 숙련도도 정보의 질을 결정하는 중요한 요인이 된다.

2) 건강결과 평가

① 건강결과의 정의

건강결과는 생화학적·생리적인 변화로 감지되는 조기 영향부터 임상증상, 질병, 사망에 이르기까지 질병발생경로의 시점에 따라 표현될 수 있다. 증상이 발현되기 전에 일어나는 생체내의 변화들을 관찰하면, 질병발생을 조기에 진단하여 예방하는데 유용하게 활용될 수 있다. 또 건강 결과는 인체의 생리·생화학적 변화나 세포 수준의 변화인 미시적 결과에서, 질병과 같은 장기(organ)수준의 결과, 사망과 같은 개체 전체에서 일어나는 결과로도 표현될 수 있다.

다차원적 건강결과는 측정방법도 다양하다. 각종 신체계측과 이학적 검사, 임상검

20 과거노출을 기억에 의존하여 정보를 수집하는 경우 단순히 기억이 소실되어 정보의 정확성이 떨어질 수 있는데 이를 기억소실비뚤림(memory decay bias)이라고 하며, 특정 질병과 관련된 노출요인의 경우 질병이 있는 사람이 없는 사람보다 기억을 더 잘 하게 되어 질병유무에 따라 기억하는 정도가 다르게 나타나는 것을 회상비뚤림(recall bias)이라 한다. 전자의 경우, 질병유무와는 관련이 없어 무차별적 오분류라 하고 노출-건강결과간의 관련성이 희석된다. 후자의 경우는 질병유무에 따라 차별적인 오분류가 발생하고 이때는 관련성이 과장되기도 하고 희석되기도 하여 그 결과를 신뢰하기 어렵다. (출처) 대한예방의학회 편저, 『예방의학과 공중보건』, ibid. p.163.

사(생화학적, 영상의학적, 병리학적 검사 등), 문진 혹은 설문을 통한 증상, 경험 및 과거력 조사를 단독으로 혹은 동시에 활용하여 평가할 수 있다. 또한 의무기록, 건강보험수진자료, 암등록자료와 사망자료를 포함한 생정통계자료를 이용하여 건강상태, 질병과 사망을 파악할 수 있다.

이처럼 건강결과는 여러가지 차원에서 표현될 수 있으므로 조사 시에는 조사대상이 되는 건강결과 혹은 질병에 대하여 구체적으로 정의하고[21] 이를 명시적으로 기술해 주는 것이 반드시 필요하다. 일관성과 국제적 비교를 위해서는 표준화된 국제기준을 사용하여 질병을 정의하는 것이 바람직하다.

건강결과는 노출 후 비교적 단기간에 나타나는 급성결과와 수년~수십년 후에 나타나는 만성결과으로 구분될 수 있다. 급성건강결과의 경우 노출요인-결과 간의 인과성을 파악하기가 비교적 쉽다. 그러나 대부분의 환경성질환은 만성건강결과로, 노출싯점을 정확하게 파악하기 어려워 질병발생의 시작싯점을 결정하기가 어렵다. 노출 후 시간이 오래 경과한 후에 질병이 발생하면(긴 잠복기), 노출요인과 질병간의 관련성을 밝히는 것이 어려워진다.

② 건강결과의 비특이성

악성중피종의 대부분이 석면노출에 의해 발생하는 경우처럼 특정 환경유해인자가 특정한 건강결과를 나타내는 경우도 있으나(특이성),[22] 일반적으로 특정 건강문제는 여러 환경유해인자와 관련되어 있다(비특이성). 또 동일한 환경유해인자라 하여도 노출수준과 패턴에 따라 여러 종류의 건강결과를 나타낸다. 따라서 다양한 건강문제를 고려하여 조사를 하는 것이 필요한 경우가 많다. 특히 아직 건강영향이 알려져 있지 않은 새로운 환경요인과 관련한 역학조사에서는 여러 가지 유형의 건강결과를 고려하는 것이 중요하다.

21 운영상 정의(operational definition)이라 한다.

22 완벽한 인자-질병의 1:1 대응 관계를 가지는 경우는 현실에서 존재하지 않는다. 특이성(specificity)이란 특정 질병의 여러 가지 원인요인 중에 질병발생에 기여하는 정도가 얼마나 큰가의 문제 (원인점유율, 혹은 기여분율)로 이해되어야 한다. 중피종에서 석면의 기여분율은 80%로 알려져 있다.

3) 환경역학 조사의 특성

① 환경역학 조사 설계의 특징

모든 환경요인이 노출시 인체에 유해한 효과를 초래하는 것은 아니지만, 일반적으로 환경역학조사의 대상이 되는 경우는 환경요인의 노출과 유해한 건강영향간의 관련성을 밝혀내기 위하여 실시된다. 따라서 통상 요인-결과간의 인과성을 규명하는데 있어서 가장 높은 수준의 근거를 제시할 수 있는 무작위임상시험(RCT, randomized clinical trials)[23]을 수행할 수 없다. 환경역학 조사는 일반적으로 관찰적인 방법으로 조사가 이루어진다. 전통적인 역학적 개념에서는 무작위임상시험과 같은 실험적연구에 비하여 관찰적 연구가 제시할 수 있는 인과성의 근거수준이 더 낮다고 보았다(1편1장3절표5 참조). 그러나 최근에는 관찰적인 설계이라 하더라도, 실험연구와 유사한 인과성 수준의 결과를 얻을 수 있는 다양한 역학연구의 설계가 개발되어 사용되고 있다.

기술역학(descriptive epidemiology)은 환경요인 노출, 건강영향 및 질병의 분포와 규모를 인적, 시간적, 공간적 특성에 따라 살펴보는 것으로, 노출과 건강결과간 관련성을 탐색하는 데 도움을 준다. 분석역학(analytical epidemiology)은 노출된 환경요인과 건강결과간 관련성을 본격적으로 확인하는 과정인데, 전통적인 다양한 역학연구의 설계들인 생태학적 조사설계, 단면조사, 환자-대조군, 코호트연구 등이 사용될 수 있다.

전통적인 조사설계 이외에, 코호트내 환자-대조군 연구(nested case control study), 환자-코호트 연구(case-cohort study) 설계로 자료분석과 생체시료 활용에서 효율성을 높일 수 있다. 시간대별로 측정된 환경요인노출 및 건강정보를 이용한 시계열연구(time-series study)나 패널연구(panel study)도 환경역학에서 흔히 사용된다. 또 환경노출과 건강영향의 지역적·공간적인 변이를 살펴보는데 공간분석(spatial analysis)기법도 사용된다. 동일한 사람에서 노출전 시기와 노출후 시기를 비교하는 반사실 모델(counterfactual model)을 활용할 수 있는데, 이것은 자기자신을 비교함

23 두 집단 중 하나는 요인(예, 신약)에 노출시키고, 다른 집단은 노출시키지 않는(혹은 기존약이나 가짜약 투여) 처치를 가한 후, 결과(예, 사망)를 관찰하여 비교함으로써, 요인과 결과간의 관련성을 규명하고자 하는 연구 설계이다. 이때 대상자를 어느 집단에 배정할 것인지를 결정할 때 난수표 등을 이용한 '무작위' 방법에 의한다. 무작위배정은 연구자의 의식적·무의식적인 의도를 배제하고 두 집단에서 모든 제3의 요인의 분포를 유사하게 만들어 줌으로써, 두 집단간 결과의 차이가 노출(처치)요인에 의한 것이라는 해석을 가능하게 해 준다.

으로써 비교성이 극대화될 수 있다. 또 노출정보가 개인단위 뿐 아니라 지역단위로 측정되어 확보되는 경우가 많아 다수준분석(multi-level analysis)도 활용된다. 환경노출은 직업노출에 비하여 일반적으로 낮은 농도로 장기적으로 일어나며, 건강영향의 크기도 작은 경우가 많아서 더 큰 표본수가 필요하다.[24]

② 제3의 변수

환경유해인자와 건강영향간 관련성을 평가할 때 제3의 변수들을 반드시 고려하여야 한다. 성, 연령, 직업, 소득, 개인의 생활습관과 같은 인구사회학적 요인, 질병력 및 유전적 감수성, 다른 환경요인의 동시 노출 등과 같은 요인들은 특정 환경유해인자와 건강영향간 관련성에 교란변수(confounding factor)[25]로서 영향을 미칠 수 있다. 동시에 노출되는 여러 환경유해인자들은 그들간의 상호작용으로 인하여 건강영향이 더 커지거나 혹은 적어질 수 있다(effect modification). 이러한 제3의 요인을 고려하여 다양한 각도로 자료를 탐색하는 것을 통해, 환경유해인자의 노출에 더욱 민감한 집단, 지역, 시기 혹은 이와 관련된 특정한 감수성 요인(susceptability)을 발견할 수 있다. 따라서 주요관심 노출 요인뿐 아니라, 건강영향과 관련성에 영향을 미치는 제3의 변수들도 반드시 함께 조사하여야 한다.

제3의 요인은 개인단위로 측정될 수도 있으나, 거주지역(예, 산업단지주변, 농촌, 대도시 등)과 같은 요인들은 집단단위로 측정된다. 이 경우 자료의 분석과 결과의 해석을 다수준으로 하게 되면, 관리대책 또한 해당 요인의 단위(개인 혹은 집단)에 따라 적용하는데 직접적인 근거를 제공할 수 있다.

3. 환경보건 감시와 건강영향조사 체계

우리나라의 환경보건 감시와 건강영향조사 체계에 대해서는 이 책의 제1편 제1장 제3절 환경보건정책의 주요수단 편에서 기술하였다[그림 1-2]. 요약하자면, 위해성 평가 방법에 근거한 사전 환경보건 감시로 개발사업 전 환경영향평가의 일환으로 진행되는 건강영향평가가 있고, 역학조사 방법에 근거한 건강영향조사로서, 감시와 모니

24 대한예방의학회 편저, 『예방의학과 공중보건학』, 계축문화사, 2021.
25 교란변수는 건강문제의 또다른 원인 요인이면서, 노출요인과 연관되어 있어서(즉, 비교하고자 하는 두 집단에서 그 분포가 다름), 노출요인과 건강문제간 관련성에 대한 결과를 교란시키는 변수이다.

터링, 역학조사, 건강피해 조사로 구분하여 볼 수 있다.

본 편에서는, 환경보건감시제도(제2장)로서 개발사업전 건강영향평가와 건강영향 감시체계(유해인자관련, 취약지역관련), 그리고 건강영향조사와 피해조사(제3장)를 다룬다.

또한, 최근 전 지구적 차원의 중요하고 시급한 문제인 기후변화에 대한 대응과 관련하여, 여러 부처에서 추진 중이거나 필요한 환경보건 감시와 조사에 관한 내용을 기술하였다(제4장).

제2장 환경보건 감시 제도

1 개발사업 전 건강영향평가

1. 제도의 개요

1) 목적과 대상

건강영향평가(Health impact assessment, HIA)제도는 2010년에 처음 시행되어 조금씩 보완되어 왔다. 이것의 목적은 '개발계획이나 사업 등의 시행이 야기하는 건강결정요인의 변화로 인해 특정 인구집단의 건강에 미치는 잠재적 영향을 확인하고, 인체건강에 미치는 긍정적인 영향은 최대화하고 부정적 영향과 건강불평등을 최소화하여 사업계획을 조정하거나 대책을 마련하도록 의사결정권자에게 정보를 제공하기 위한 것'이다.[26]

건강영향평가는 환경영향평가(Environmental impact assessment) 내 위생·공중보건 항목으로 수행되고 있다. 환경영향평가는 1993년부터 시행된「환경영향평가법」에 따라 환경에 영향을 미치는 계획이나 사업을 수립·시행할 때 해당 사업이 환경에 미치는 영향을 미리 예측·평가하여 환경보전방안 등을 마련할 수 있도록 하는 제도이다. 2009년에 시행된「환경보건법」제13조에 따라, '전략환경영향평가' 또는 '환경영향평가'[27]의 대상이 되는 계획이나 개발사업 중 특정 사업에 대해서는 국민건강에 미

26 환경부, –환경영향평가서 내 위생·공중보건 항목 작성을 위한– 건강영향 항목의 추가·평가 매뉴얼, 2021.

27 '전략환경영향평가'란 환경에 영향을 미치는 계획을 수립할 때에 환경보전계획과의 부합 여부 확인 및 대안의 설정·분석 등을 통해 환경적 측면에서 해당 계획의 적정성 및 입지의 타당성 등을 검토하여 국토의 지속가능한 발전을 도모하는 것. '환경영향평가'란 환경에 영향을 미치는 실시계획·시행계획 등의 허가·인가·승인·면허 또는 결정 등을 할 때에 해당사업이 환경에 미치는 영향을 미리 조사·예측·평가하여 해로운 환경영향을 피하거나 제거 또는

치는 영향에 대한 평가를 추가하여야 한다.

건강영향평가 제도실시 이후, 현재까지 이루어진 약 1300여건의 환경영향평가 중 건강영향평가가 수행된 경우는 60%이상이며 그 비중이 해마다 증가하고 있는 것으로 보인다.[28]

2) 체계와 내용

일반적으로 건강영향 항목의 평가 절차는 사업분석부터 스크리닝과 스코핑, 평가 후 저감방안 수립과 사후 모니터링 계획을 수립하는 과정이다[그림 4-3].

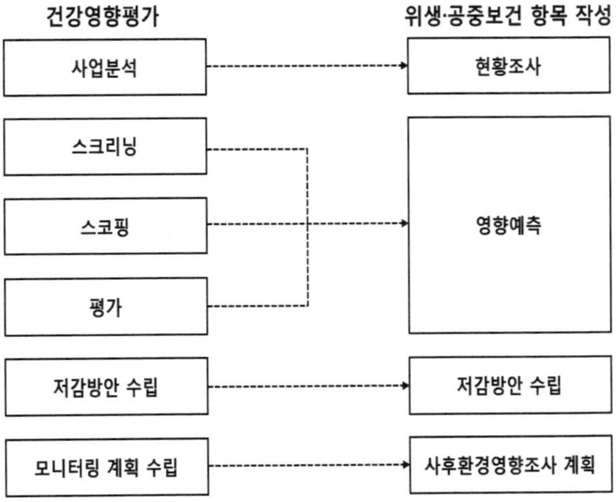

[그림 4-3] 건강영향 항목의 평가 절차

(출처) 환경부, 건강영향 항목 추가평가 매뉴얼, 2021, 그림3.

건강영향평가 제도의 체계와 내용은 다음과 같다〈표 4-3〉.

감소시킬 수 있는 방안을 마련하는 것. '소규모 환경영향평가'란 환경보전이 필요한 지역이나 난개발이 우려되어 계획적 개발이 필요한 지역에서 개발사업을 시행할 때에 입지의 타당성과 환경에 미치는 영향을 미리 조사·예측·평가하여 환경보전방안을 마련하는 것을 말한다(환경영향평가법 제2조(정의)).

28 환경영향평가정보지원시스템, https://www.eiass.go.kr/

〈표 4-3〉 건강영향평가 제도의 체계와 내용

구 분	내 용
제도적 위치	환경영향평가 내(위생, 공중보건 항목에 포함하여 기재)
대상사업	전략환경영향평가 또는 환경영향평가 대상이 되는 계획 및 개발사업 중 – 산업단지: 15만㎡이상의 국가/일반/도시첨단[29] 산업단지 개발사업 – 에너지개발: 1만㎾이상의 화력발전소 – 소각장: 100톤/일 이상 – 매립시설: (일반)30만㎡이상 조성면적/330만㎥ 매립용적, (지정)5만㎡이상 조성면적/25만㎥이상 매립용적 – 분뇨 및 가축분뇨 처리시설: 100㎘/일 이상
건강결정요인	대기질(악취), 수질, 소음·진동
현황조사	조사항목 – 사업지역 및 주변지역의 인구, 사망률, 유병률, 인구집단분석(인구추이, 연령별·성별 인구), 어린이, 노인 등 환경취약계층의 분포 현황 조사범위 – 사업시행으로 인하여 건강영향이 미칠 것으로 예상되는 지역의 범위를 과학적으로 예측·분석하여 평가대상지역을 설정
건강영향 예측	항목: 건강결정요인별(대기(악취), 수질, 소음·진동)로 지정된 항목〈표 4-4〉 범위: 조사범위를 준용 방법 – 스코핑: 스코핑 메트릭스 이용 – 정성적 평가: 사업 시행이 야기할 수 있는 잠재적 건강영향 검토, 긍정적, 부정적 건강영향 종류, 정도, 가능성 등을 종합적으로 분석 – 정량적 평가: 대기오염물질·악취물질별 배출량/수질오염물질 발생량/발생가능한 소음 예측수준에 기반 정량적으로 평가, 비발암성 및 발암성 물질로 구분하여 위해도 지수 및 초과발암위해도 등을 이용
저감방안	건강결정요인별 평가결과에 따라 건강영향을 최소화할 수 있는 저감대책을 수립해야 (발암위해도가 〉10^{-6}, 위해도 지수 〉1 인 경우)
관련 규정	평가근거: 환경보건법 제13조 대상사업: 환경보건법 시행령 별표1. 건강영향 항목의 추가·평가 대상사업 건강영향 항목의 검토·평가: 환경부예규 제589호. 건강영향 항목의 검토 및 평가에 관한 업무처리지침 평가내용 및 방법: 환경부예규 제589호 별표1, 건강영향항목의 평가 매뉴얼(환경보건정책과 발간)

(출처) 환경부, 「건강영향평가 운영실태 및 개선방안연구」, 2011, 중 변경사항 업데이트하여 재구성.

29 (환경보건법 시행령 개정, 2020.12) "...도시첨단산업단지 인근 지역 등에 거주하고 있는 주민의 건강보호를 위하여 도시첨단산업단지 개발사업을 건강영향 항목의 추가·평가 대상사업에 포함하고..."

3) 평가대상 물질

평가대상 물질은 당해 사업의 시행으로 발생하는 오염물질 중 건강에 영향을 미칠 것으로 예상되는 항목으로서, 사업유형별로 발생·배출 가능한 물질 중 위해성이 있다고 알려졌거나, 배출량 산정이 가능하고, 위해도 평가가 가능한 물질을 정하였다 〈표 4-4〉.

〈표 4-4〉 건강영향 예측·평가대상 물질

요 인	항 목
대기질	산업단지: 아황산가스(SO2), 이산화질소(NO2), 미세먼지(PM10), 오존(O3), 납(Pb), 벤젠, 일산화탄소(CO), 포름알데히드, 스티렌, 시안화수소, 염화수소(HCl), 암모니아(NH3), 황화수소(H2S), 니켈(Ni), 6가크롬(Cr+6), 염화비닐, 카드뮴(Cd), 비소(As), 수은(Hg) ※ 산업단지 내 석유정제시설은 톨루엔, 에틸벤젠, m-자일렌, n-헥산, 시클로헥산을 추가 발전소: 아황산가스(SO2), 이산화질소(NO2), 미세먼지(PM10), 오존(O3), 납(Pb), 벤젠, 일산화탄소(CO), 비소(As), 베릴륨(Be), 카드뮴(Cd), 6가크롬(Cr+6), 수은(Hg), 니켈(Ni) 소각장: 아황산가스(SO2), 이산화질소(NO2), 미세먼지(PM10), 오존(O3), 염화수소, 납(Pb), 벤젠, 일산화탄소(CO), 다이옥신, 암모니아(NH3), 황화수소(H2S) 아세트알데히드, 수은(Hg), 비소(As), 카드뮴(Cd), 6가크롬(Cr+6), 니켈(Ni) 매립장: 이산화질소(NO2), 미세먼지(PM10), 황화수소(H2S), 암모니아(NH3), 벤젠, 톨루엔, 에틸벤젠, 자일렌, 1, 2-디클로로에탄, 클로로포름, 트리클로로에틸렌, 염화비닐, 사염화탄소 분뇨처리시설·가축분뇨(공공)처리시설: 복합악취, 암모니아(NH3), 황화수소(H2S), 아세트알데히드, 스티렌
수질	구리(Cu), 납(Pb), 수은(Hg), 시안(CN), 비소(As), 유기 인, 6가크롬(Cr+6), 카드뮴(Cd), 테트라클로로에틸렌(PCE), 트리클로로에틸렌(TCE), 페놀, 폴리크로리네이티드비페닐(PCB), 1,2-디클로로에탄, 벤젠, 클로로포름, 안티몬 ※ 당해 사업의 시행으로 발생되는 폐수의 처리수가 상수원보호구역이나 취수장, 정수장이 있는 하천·호소로 유입되는 경우에 한하여 평가 (단, 처리수를 공공하수처리장으로 유입·처리하는 경우나 공업용 상수원으로 유입되는 경우는 제외)
소음	발생가능한 소음 예측 (소음예측 모델 이용)

(출처) 환경부예규 제589호

2. 건강영향평가제도의 이슈

건강영향평가의 궁극적 목적은 지역주민에 대한 부정적인 건강영향을 최소화하고, 긍정적인 건강영향은 극대화하는 것을 통해, 환경 불평등을 줄이는 것이다. 개발사업 전 건강영향 평가는 "예방"을 가장 핵심적 원칙으로 하는 환경보건 정책에서 근간이 되는 제도의 하나이다. 이러한 점에서, 건강영향평가제도는 그간 여러 측면에서 부족한 점을 지적받고 있다.

1) 건강영향평가의 지위

개발사업에 대한 사전 건강영향평가제도와 환경영향평가의 관계는 크게 4가지 유형으로 분류된다〈표 4-5〉.[30]

〈표 4-5〉 건강영향평가와 환경영향평가 간 관계 유형

환경영향평가제도와 관계 유형	접근 방법	해당 국가
환경영향평가의 한 항목으로 실시	건강영향평가를 별도로 실시하지 않고, 환경영향평가 내에 위생·공중보건 항목으로 접근	한국
환경영향평가에서 건강영향평가 실시	환경영향평가에서 건강영향평가도 실시	WHO, EU, 태국
환경건강영향평가 실시	환경과 건강을 통합적으로 접근하는 환경보건의 관점에서 환경영향평가 시 건강영향평가를 적용	미국, 캐나다(일부 주), 호주, 뉴질랜드, 덴마크, 핀란드, 필리핀 등
환경영향평가와 독립적 제도로 운영	환경영향평가제도와 분리하여 보건영향평가(public health impact assessment) 제도 운영	영국, 네덜란드, 캐나다(일부 주)

(출처) 하종식 등, 『건강영향평가 방법 개선방안 마련 연구』, 「한국환경연구원」, 2017.

우리나라의 건강영향평가 제도는 이 중 가장 소극적인 유형이라 할 수 있다. 그것은 환경영향평가제도가 1993년에 도입되었으나, 건강영향평가제도는 이보다 훨씬 늦은 2010년에 도입되면서, 환경영향평가에 추가되는 규제에 대한 부담과 논란에 대응한 것으로 보인다.[31] 향후 건강영향평가가 환경영향평가에서 단지 하나의 항목만으로 지엽적인 것으로 간주되지 않고, 건강영향 평가를 통해 수용체(인간과 생태계)의 건강과 보전을 중심에 둔 환경영향평가가 될 수 있도록 하는 통합적 관점의 강화와 내용적 개선이 필요하다.

2) 평가대상 사업

건강영향평가의 대상 사업은 전략환경영향평가 또는 환경영향평가 사업 중 일정기

30 하종식 등, 「건강영향평가 방법 개선방안 마련 연구」, 『환경부 수탁보고서』, 환경연구원, 2017.

31 하종식 등, ibid.

준에 해당되는 사업이다〈표4-3〉. 최근 도시첨단산업단지를 평가대상 사업에 추가하여 그 대상을 확대한 바 있으나, 농공단지 등 포함되지 않은 대상 사업이 여전히 많아 확대의 필요성이 제기되고 있다. 이미 조성되어 있는 산업단지나 운영되고 있는 사업장 주변으로 공동주택이 개발되는 등 주거지역이 차후에 조성되는 경우[32]도 건강영향평가 대상이 아니다. 뿐만 아니라, 계획관리지역에서 지자체에 의해 인·허가되어 입주하는 소규모 사업장 또한 건강영향평가 대상이 아니어서, 이들 지역에서 거주민들의 건강피해[33]가 우려되고 있으나, 사전 건강영향평가가 적용되지 않아 제도적인 예방책이 작동하지 않고 있는 실정이다.

3) 평가대상 항목

건강을 결정하는 요인에는 물리·화학적인 환경유해요인 뿐 아니라, 수용체 스스로가 가진 인적요인(성, 연령, 유전적 및 면역 등 건강상태), 생활습관(음주, 흡연, 운동 등), 사회경제적 환경(고용상태, 주거, 수입, 건축환경, 도시구조 등)이 관여하고, 또 생물학적 환경유해요인(환경 유해미생물 등)도 관여할 수 있다. 그러나 현행의 건강영향평가는 물리·화학적 환경유해요인만을, 그 중에서도 대기와 수질의 오염 및 소음·진동만을 그 대상으로 하고 있다. 향후 건강을 결정하는 요인들을 효과적으로 포괄할 수 있도록 평가대상 항목을 넓혀야 하며, 이를 위해서는 다양한 요인들을 평가하는 방법의 개발이 필요하다.

4) 평가방법

현재 위해성 평가방법은 대기, 수질, 소음·진동에 대하여 예상 배출량에 근거하여 특정 유해요인별로 진행한다. 건강영향과 관련한 국가환경기준이 있는 유해요인의 경우에는 별도의 위해성 평가를 수행하지 않고 환경기준과 비교하여 평가하고, 국가환경기준이 없는 경우에는 비발암물질 및 발암물질로 나누어 각각 '위해도 지수'와 '발암위해도'를 산정하여 평가한다〈표 4-6〉.[34] 따라서 실제로는 유해대기오염물질에 대해서만 개별 물질별로 위해성 평가를 수행하고 있다.

32 안양 연현마을(2018년~) 아스콘공장 주변으로 신규로 조성된 공동주택단지 입주민들이 대기오염과 소음 등으로 건강피해 호소 사례 등.

33 김포 거물대리(2017~2019년), 인천 사월마을(2018~2019년) 등에서 주민들의 건강영향조사 청원 사례 등.

34 환경부, -환경영향평가서 내 위생·공중보건 항목 작성을 위한- 건강영향 항목의 평가 매뉴얼, 2013.

〈표 4-6〉 위생·공중보건 항목의 건강결정요인별 평가기준

건강결정요인	구분	평가지표	평가기준
대기질	비발암성물질	위해도 지수	1
	발암성물질	발암위해도	10^{-4}~10^{-6} (10^{-5}원칙)
악취	악취물질	위해도 지수	1
수질	수질오염물질	국가환경기준	
소음·진동	소음	국가환경기준	

(출처) 환경부, 건강영향 항목의 평가 매뉴얼, 2013.

수용체에 노출된 여러 가지 환경유해요인은 통합적으로 건강영향을 나타난다. 따라서 최근의 건강영향평가는 수용체를 중심으로 다양한 요인을 통합하는 평가, 즉 매체 통합적인 평가로 변화하고 있다. 어린이, 임신부, 노인 등 환경취약계층의 분포와 활동을 고려한 위해성평가, 다양한 물질의 상호작용을 고려한 누적노출에 의한 위해성 평가, 정량적 분석뿐 아니라 정성적 분석에 기반한 위해성 평가 등의 필요성이 제기되고 있다. 이처럼 위해성 평가의 방법론은 지속적 개발과 발전이 필요한 실정이다.

5) 건강영향 저감방안

건강영향 저감은 긍정적 영향은 최대화하고 부정적 영향은 최소화하는 방향으로, 회피, 최소화, 조정, 감소, 보상의 5가지 유형으로 제안될 수 있다〈표 4-7〉.[35] 이 중 조정과 감소가 가장 흔히 제안되는 방식이다. 의사결정권자는 해당 제안내용에 대해, 수용, 거절, 수정 등을 결정한다.

〈표 4-7〉 개발사업 시 건강영향 저감방안의 종류와 내용

저감 방안	내 용	사 례
회피 avoiding	어떤 사업이나 사업의 일부를 하지 않음으로써 영향이 발생하지 않도록 하는 것	사업시행제한, 특정물질 배출시설 전부 제한
최소화 minimizing	그 사업과 사업의 실행의 정도 혹은 규모를 줄임으로써 영향을 최소화하는 것	유치업종 일부 제한, 특정물질 배출시설 일부 제한
조정 rectifying	영향을 받은 환경을 교정, 복원하거나 복구함으로서 그 영향을 교정하는 것	저감시설(여과장치 등)설치, 사업부지 내 녹지, 공원 등 설치

35 하종식 등, ibid.

저감 방안	내 용	사 례
감소 reducing	개발 사업이 진행되는 동안 보전하고 유지함으로서 시간이 지난 후 영향을 감소시키거나 제거하는 것	사업부지 외 지원 형태의 녹지 및 공원 설치
보상 compensation	대치하거나 대체자원 또는 대체 환경을 제공함으로서 영향에 대한 보상을 하는 것	금전적 보상, 건강 검진

(출처) 하종식 등, 『건강영향평가 방법 개선방안 마련 연구』, 한국환경연구원, 2017.

이러한 저감방안은 건강영향평가 결과에 기반하여 제안되는 것인데, 앞서 기술한 바와 같이 건강영향평가가 위해성 평가의 공식에 적용한 평가가 위주이므로, 저감방안 역시 대부분 배출원 저감(방지시설 적용 등)을 통해 위해성 기준에 맞추는 방식으로 이루어지고 있다. 수용체 중심의 저감방안으로 발전하기 위해서는 수용체 중심의 건강영향평가가 선행되어야 할 것이다.

저감대책이 수용체 중심의 관점에서 이루어지고 있는 국외 사례에서는, 발생원과 배출원 중심의 관리뿐 아니라, 사람에 대한 노출을 관리하거나 보건서비스를 통해 건강영향을 저감하는 방안을 포함하여 제안하고 있다〈표 4-8〉.[36] 현재 우리나라의 제도에서는 발생원과 배출원 중심의 저감방안을 주로 제시하는데, 향후 수용체의 노출관리, 나아가 환경보건서비스를 통한 저감방안까지 확장되어 나갈 필요가 있다.

〈표 4-8〉 국외 수용체 중심의 저감대책 사례 요약

기 관	주요 내용	특 성
WHO	– 발생원 및 배출량 관리를 통해 건강영향 저감 – 노출관리를 통한 건강영향 저감 – 보건서비스를 통한 건강영향 저감 – 보상	국제적으로 보편적이며 적절한 방안
EU	위해성 관리에서 수용체 중심의 대책으로 3가지 제시 – 수용 불가능한 위해성이 있을 때는 사업 그 자체를 거절 – 위해의 정도가 무엇이든 수용 – 위해 감소의 방법으로 유해요인을 변경(무독성/저독성 물질오 변경 등) 영향 받는 환경을 변경 노출을 변경	WHO의 제안과 유사

36 하종식 등. ibid.

기 관	주요 내용	특 성
호주	– 배출량 대책 – 노출관리 대책 – 보건서비스 대책	
캐나다	– 잠재적 관심의 화학물질 배출감소를 위해 사업의 계획 또는 디자인을 변경 – 수용체인 사람의 노출을 감소시키는 방안	WHO의 제안과 유사, 개인노출평가 방법 제시

(출처) 하종식 등, 『건강영향평가 방법 개선방안 마련 연구』, 한국환경연구원, 2017.

6) 사후건강영향조사

환경영향평가법 제36조에는 사후환경영향조사에 대한 규정을 두고 있다. 사업자는 해당 사업을 착공한 후, 그 사업이 주변환경에 미치는 영향을 조사하고 주변환경의 피해를 방지하기 위하여 필요한 경우 조치방안을 수립하고, 사후 조사내용과 조치방안을 공개하여야 한다. 사후환경영향조사를 하게 되는 항목은, 환경영향평가 대상 항목 중, 국가환경기준이 설정된 항목과 환경영향평가서의 내용을 협의할 당시 협의기관의 장이 사후환경영향조사를 하도록 한 항목이다(환경영향평가법 시행규칙 제19조).

건강영향평가가 포함된 환경영향평가서의 사례 중 사후환경영향조사에 대한 계획이 수립되어 있는 사업들에서 대체로 다음과 같은 사후조사를 제안하고 있다.[37] 건강영향평가 대상물질의 측정, 방지시설 및 저감시설 설치와 운영의 확인, 공원 및 녹지의 조성, 위해성 평가 수행, 건강영향 모니터링 등이다. 그러나, 이것은 어디까지나 계획서에 제시된 사후조사 항목이고, 실제로 사후환경영향조사에서 특히 위해성 평가나 건강영향 모니터링 계획의 이행이 확인된 것은 아니다. 향후, 사후건강영향조사와 이 조사결과에 기반하여 건강피해 예방 및 저감을 위한 조치 방안 마련에 관한 규정이 마련되어야 할 필요가 있다(환경보건법의 개정 필요). 이는 사전건강영향평가 제도의 효과를 평가하고 개선하는데 매우 중요한 근거가 될 뿐 아니라 제도의 실효성을 담보할 수 있는 장치가 될 것이다.

37 하종식 등. ibid.

2 유해인자노출과 건강영향 감시체계

건강에 영향을 미치는 환경유해인자를 모니터링하는 것은 유해인자의 노출을 차단하여 사전에 피해를 예방하거나 최소화할 수 있게 되므로 예방적 환경보건제도에서 매우 중요한 요소가 된다. 현재 운영되고 있는 이러한 감시체계로 〈국민환경보건 기초조사〉와 〈어린이 환경보건 출생코호트〉가 있다. 또 제2차 환경보건종합계획(2021~2030)에는 전생애를 고려하여 노령인구(60세 이상)와 여성(임신부 포함)에 대한 환경유해인자 노출과 건강영향 감시를 추가·확대하고자 하는 계획이 담겨있다.[38]

1. 국민환경보건 기초조사

1) 제도의 목적

국민환경보건 기초조사(Korean National Environmental Health Survey)는 우리나라의 대표적인 환경보건 감시체계이다. 국민환경보건 기초조사는 3년 주기로 시행하는 전국 규모의 법정조사이다(환경보건법 제14조). 우리나라 국민의 체내 환경유해물질 노출 수준에 대해 국가 통계자료를 산출하고, 이를 통해 국가 및 지역단위의 환경보건 현황과 체내 환경유해물질의 시·공간적 분포, 변화와 영향요인을 지속적으로 분석하여 환경보건 정책 수립의 기초자료를 산출한다.

이 조사결과의 통계는 환경보건종합계획이나 수은종합대책 등 국내 환경보건 정책의 수립뿐 아니라 정책성과에 대한 평가의 근거로 활용된다. 또 유해물질의 생체 내 농도기준 마련, 산업단지 주변지역이나 건강피해가 우려되는 지역의 조사결과를 평가하기 위한 기반자료로도 활용된다. 국내외 비교를 위한 참고값(경제협력개발기구(OECD) 환경성과 평가, 국제연합환경계획(UNEP)의 데이터평가 등)으로도 활용된다.

38 관계부처합동, 제2차 환경보건종합계획(2021~2030), 2020.

2) 연혁과 내용

국민환경보건 기초조사는 2009년에 시작하여 4기(2018~2020) 조사가 마무리되었다. 19세 이상 성인을 대상으로 하던 것을 2015년부터는 만3세 이상의 어린이 청소년을 포함하였다. 전국을 400여개의 조사구로 나누는 인구주택총조사(성인)방식과, 보육·교육기관을 단위로 하는 방식(어린이와 청소년)을 모두 이용하여, 지역과 계절을 고려하여 표본추출을 한다. 분석대상 생체내 유해물질의 수와 임상검사 항목도 조금씩 늘어나다가 2021년부터 시작된 5기조사에서는 64종으로 크게 증가하였다〈표 4-9〉. 조사결과는 통계법(제18조 및 시행령 제26조)에 따라 국가승인통계로 공표되고 있다.[39]

〈표 4-9〉 국민환경보건 기초조사 현황

<table>
<tr><th></th><th>1기('09~11)</th><th>2기('12~14)</th><th>3기('15~17)</th><th>4기('18~20)</th><th>5기('21~24)</th></tr>
<tr><td>조사대상자</td><td colspan="2">성인(만19세이상)</td><td colspan="3">성인(만19세이상),
어린이·청소년(만3세이상)</td></tr>
<tr><td>총 조사인원
(조사구·기관)</td><td>6,311명
(350개)</td><td>6,478명
(400개)</td><td>6,167명
(416개)</td><td>6,381명
(426개)</td><td>5,850명 목표</td></tr>
<tr><td>표본추출단위</td><td colspan="2">(성인) 인구주택총조사</td><td colspan="3">(성인) 인구주택총조사,
(어린이·청소년) 보육·교육기관</td></tr>
<tr><td>노출관련
설문조사
문항수</td><td>155</td><td>142</td><td>성인163,
청소년171,
어린이177,
영유아155</td><td>성인158,
청소년133,
어린이169,
영유아153</td><td>4기와 유사</td></tr>
<tr><td>임상검사</td><td>–</td><td>19종</td><td>16종</td><td>21종</td><td>4기와 유사</td></tr>
<tr><td>생체유해물질분석</td><td>16종</td><td>21종</td><td>26종</td><td>33종</td><td>64종</td></tr>
</table>

제5기 조사에서 계획한 64종의 유해물질 분석항목은 중금속 9종, 내분비계장애물질 17종, 다환방향족탄화수소류 4종, 휘발성 유기화합물대사체 2종, 농약류 1종, 담배연기대사체 1종, 과불화화합물 5종, 잔류성유기오염물질 25종이다〈표 4-10〉.[40] 5기에서 항목수가 크게 증가하였음에도 불구하고, 유사한 외국의 바이오모니터링(biomonitoring) 제도들과 비교해 볼 때 아직 현저히 적다. 미국은 352종(2019년),

39 국민환경보건기초조사는 국가승인통계 제106027호로서 통계청의 국가통계포털(kosis.kr)에 공개됨.

40 환경부 보도자료(2021.8.17.). 5기 국민환경보건기초조사...64종 유해물질 농도조사.

캐나다는 263종(1-6주기)의 유해화학물질을 생체시료에서 분석하고 있다. 새로운 화학물질과 환경유해인자의 노출이 날로 증가하고 있는 상황에서, 국민환경보건기초조사의 분석항목 수를 더욱 확대해 나갈 필요가 있다.[41]

〈표 4-10〉 제5기 국민환경보건 기초조사에서 분석대상 생체 내 유해화학물질

<table>
<tr><th>종류 (항목 수)</th><th>물질명</th><th>시료</th></tr>
<tr><td rowspan="3">중금속 (9)</td><td>납, 카드뮴, 망간, 몰리브덴, 니켈, 안티모니, 바나듐</td><td>혈액[42]</td></tr>
<tr><td>수은</td><td>혈액/소변</td></tr>
<tr><td>크롬</td><td>소변</td></tr>
<tr><td>환경성 담배연기 (1)</td><td>코티닌</td><td>소변</td></tr>
<tr><td>다환방향족 탄화수소 (PAHs) 대사체 (4)</td><td>1-하이드록시피렌, 2-나프톨,
1-하이드록시페난트렌, 2-하이드록시프로오렌</td><td>소변</td></tr>
<tr><td>환경성 페놀류 (9)</td><td>비스페놀A, 비스페놀F, 비스페놀S, 트리클로산, 에틸파라벤, 메틸파라벤, 프로필파라벤, 부틸파라벤, 벤조페논-3</td><td>소변</td></tr>
<tr><td>프탈레이트 대사체 (8)</td><td>모노(2-에틸-5-하이드록시헥실)프탈레이트(MEHHP),
모노(2-에틸-5-옥소헥실)프탈레이트(MEOHP),
모노(2-에틸-5-카르복시펜틸)프탈레이트(MECPP),
모노부틸프탈레이트(MnBP), 모노벤질프탈레이트(MBzP),
모노(3-카르복실프로필)프탈레이트 (MCPP),
모노에틸프탈레이트(MEP), 모노메틸프탈레이트(MMP)</td><td>소변</td></tr>
<tr><td>피레스로이드 농약류 (1)</td><td>3-페녹시벤조익산(3-PBA)</td><td>소변</td></tr>
<tr><td>휘발성유기화합물 대사체 (2)</td><td>t,t-뮤콘산, 5-벤질머캅토산</td><td>소변</td></tr>
<tr><td>과불화화합물 (5)</td><td>과불화옥탄산(PFOA), 과불화옥탄술폰산(PFOS),
과불화헥산술폰산(PFHxS), 과불화데칸산(PFDeA),
과불화녹실산(PFNA)</td><td>혈액</td></tr>
<tr><td>잔류성유기오염물질 (25)</td><td>폴리염화페닐 14종(PCBs 52, 56, 74, 101, 105, 118, 123, 126, 138, 153, 157, 167, 180, 187)
유기염소계살충제 5종(OCPs: p,p'-DDT, p,p'-DDE, Hexa-chlorobenzene, β-HCH, γ-HCH)
브롬화난연제 6종(PBDEs 28, 47, 99, 100, 153, 154)</td><td>혈액</td></tr>
</table>

41 최근 환경보건법의 개정으로(2021.1), 노출과 건강영향간의 역학적 상관성이 규명된 환경유해인자와 환경성질환뿐 아니라, 그 밖에 관리가 필요한 환경유해인자의 시책마련과 조치가 필요한 질환의 발생현황 등에 대한 조사 의무가 추가되어(환경보건법 제14조), 분석항목 수를 대폭 확대해 나갈 수 있는 기반이 마련되었다.

42 만13세 미만의 어린이는 혈액을 채취하지 않아, 납, 과불화화합물 및 잔류성유기오염물질은 분석되지 않음.

2. 어린이 환경보건 출생코호트

1) 조사의 목적

어린이 환경보건 출생코호트(Korean Children's Environmental Health Study, Ko-CHENS, 코첸스)는 어린이의 환경성질환 원인 규명과 예방관리를 목적으로 제1차 환경보건종합계획(2011-2020년)에 따라 시작되었다. 이것은 환경보건법 제15조(환경관련 건강피해의 건강영향조사 등)에 어린이, 노인, 임산부 등 환경유해인자의 노출에 민감한 계층에 대하여 정부가 지속적으로 조사평가하여야 한다는 규정에 근거하고 있다. 대규모 출생코호트에 대한 장기간에 걸친 추적조사(2015~2036년)를 통해 성장단계별 환경노출과 질환발생간 관련성을 분석하고, 이를 기반으로 환경보건정책을 추진하고자 하는 것이다.

2) 조사 내용

코첸스는 2020년까지 7만여 명의 임산부(상세코호트 5,000명, 대규모코호트 65,000명)를 모집하였다〈표 4-11〉.

〈표 4-11〉 어린이 환경보건 출생코호트 개요

항 목	내 용	
조사기간	2015~2036년 (22년)	
표본규모	7만명(산모, 영유아~18세 청소년)	
코호트 종류	대규모 (산모, 6.5만 명)	채혈, 설문조사(1회) 후 건강보험공단 빅데이터/교육청 학생 검진자료 연계추적, 노출평가는 환경모델링 등 활용
	상세 (산모, 영유아~청소년기, 5천 명)	설문, 생체시료채취, 유해물질 분석, 출생시 제대혈 확보 영유아, 학동기 이전 주기적 노출과 건강검진 학령기 노출과 학생 검진자료 연계 추적 임신중, 36개월 실내환경 측정
조사분야	유해환경인자 노출이 5개 영역(임신·출산, 알레르기, 신경인지발달, 성장발육·내분비계, 사회성 및 정서발달)에 미치는 영향	

설문조사, 환경측정(대기 및 실내), 생체시료분석 등을 통해 다양한 환경유해인자에 대한 노출과 신경행동인지발달, 성장과 발달, 알레르기질환 등을 조사한다.

또, 의료이용 및 질병진단, 치료에 대한 전국민의 정보가 담겨있는 건강보험공단 자료와 생정통계자료, 암등록자료 등 보건 빅데이타와 대기, 수질, 토양 등 매체의 오염 모니터링 자료 등을 연계하여 대형디지털 어린이 환경보건 출생코호트(Big-CHENS)도 구축되고 있다.[43]

코첸스는 국외에서 추진하고 있는 여러 출생코호트와 어깨를 나란히 하며, 협업과 공동연구도 함께 추진하고 있다.

3) 활용도

어린이 환경보건 출생코호트는, 국민환경보건 기초조사를 보완하는 역할을 한다. 우선, 조사대상 인구집단을 보완한다. 국민환경보건기초조사가 3세이상의 어린이와 청소년을 포괄하고 있지만, 성장과 발달이 급속하게 진행되는 임신기부터 만3세미만의 시기는 포괄하고 있지 못하다. 다음으로, 조사설계로 인한 제한점을 보완한다. 국민환경보건기초조사는 동일한 조사 싯점에서 환경유해인자의 노출현황과 건강상태를 동시에 조사하는 단면조사 설계로, 주기적·반복적으로 실태를 파악하는 것이 목적이다. 그러나 이러한 조사설계로는 노출과 건강문제의 시간적 선후관계를 분명하게 하기 어려워 인과적 관련성을 분석하는 데는 일정정도 제한점이 있다. 코첸스는 건강문제가 발생하기 이전에, 임신시기부터 환경유해인자의 노출현황을 조사하고 추적조사를 통해서 건강문제 발생을 조사하는 전향적 코호트 설계이므로, 노출과 건강문제간의 인과적 관련성을 분석하는데 큰 강점을 가지고 있다. 출생코호트 연구 결과는 민감계층의 유해물질 노출 권고수준을 설정하는 방법 등을 마련하는데 활용될 수 있다.

2021년 현재 임신부 모집이 완료되었다. 기존의 연구가설과 조사측정 내용 등을 검토, 중간점검하여 향후 발전보완이 필요한 사항들이 도출되었다.[44] 특히, 환경보건정책과의 직접적 연계가 가능하도록 신규 정책가설이 다수 제안되었다.

어린이 환경보건 출생코호트는 국가의 환경보건 조사·감시체계의 일환으로 국민환경보건기초조사를 포함한 다른 데이터들과 연계하여 전방위적인 물질-사람-지역에 대한 조사감시를 하게 될 것이다. 또 연구결과를 환경보건정책과 종합계획 수립 시 필요한 과학적 근거를 제공하게 될 것이다.

43 국립환경과학원, 어린이 환경보건 출생코호트 연구 고도화 및 로드맵 마련, 2021.
44 ibid.

3 환경오염 취약지역 모니터링

우리나라는 1962년부터 1996년까지 총 7차에 걸쳐 경제개발 5개년 계획을 추진하면서 급속한 산업화가 이루어졌다. 이 과정에서 1970년대부터 폐광, 공단지역 등에서 공해병 등 환경성 질환 발병 의혹이 꾸준히 제기되기 시작하였다.

환경보건법(제15조)에는 생물학적으로 민감한 어린이, 노인, 임신부 뿐 아니라, 산업단지, 폐광지역, 교통밀집지역 등 환경유해인자로 인한 건강영향의 우려가 큰 '지역'에 거주하는 주민 등 특정 인구집단에 대해서도 지속적으로 조사·평가하도록 하고 있다.

이에 따라 환경부와 국립환경과학원은 전국의 26곳의 폐광지역에 대한 건강영향조사(2002~2009년)를 완료하고 최근까지 그 후속관리를 진행하고 있으며, 울산, 여수 등 9개의 국가산업단지(2003년~), 60기의 석탄화력발전소(2017년~) 및 월성원자력발전소(2021년~), 100여개소의 난개발지역(2020년~)에 대해서도 환경노출 및 건강영향에 관한 모니터링을 실시하고 있다.

1. 산업단지

1) 배경

1960년대부터 조성되기 시작한 산업단지는 본격적인 경제개발과 함께 조성되기 시작하여 산업발전의 단계에 따라 여러 형태로 변화하였다. 1960년대는 울산공업지구를 시작으로 구로공단 등 주로 경공업이 중심이 되었고, 1970년대는 중화학공업 육성책에 따라 울산(석유화학), 온산(비철금속), 여천(석유화학), 광양(철강), 포항(철강), 창원(기계), 거제(조선) 등 대표적인 산업단지가 조성되었다. 2021년말 현재 우리나라에는 총 1,257개의 산단에 11만개 이상의 업체가 입주하여 약 227만명을 고용하고 있다. 이중 국가산업단지는 단지수(47개)는 4%로 적은 비중이나, 입주업체수가 58천개(52%), 고용자수는 107만명(47%)로 큰 비중을 차지하고 있다.[45]

산업단지는 우리나라 경제와 산업발전의 중요한 기반으로 역할을 하였으나, 대규

45 한국산업단지공단, 전국산업단지현황통계표(21.4분기). https://www.kicox.or.kr/user/bbs/BD_selectBbsList.do?q_bbsCode=1036&q_clCode=2

모 공업시설의 집적으로 인해 환경오염과 주변 주민들의 오염물질 노출은 불가피한 일이 되었다. 특히 우리나라는 인구밀도가 매우 높고 대부분의 산단이 도시의 한 부분으로 자리잡고 있어 주변주민에서 환경오염물질에 대한 노출위험이 높다. 산단에서 배출되는 대기오염물질, 수질오염, 비산먼지, 악취, 소음, 정신적 스트레스 등 다양한 요인들에 의해 주민의 불편과 건강영향에 대한 불안이 사회적 문제로 인식되기에 이르렀다.[46] 온산공단 공해병(1985.3~4)이 그 시작이었는데, 온산산단은 조성초기에 주민이주계획이 미흡하여 거주지역안에 공장들이 있었다. 공장이 가동되면서 발생한 산업폐수로 어업피해가, 대기중 배출물질로 농작물피해가 나타났으며, 1980년대 들어서는 주민들에서 피부질환 등 집단적인 건강피해가 나타나기 시작하였다.[47] 이후 인천시 고잔동 유리섬유 건강피해(1994.10~1995.12), 광양시 태인동 주민건강피해(2003~2004) 등 산업단지 주변에서 발생한 주민건강피해 사례가 이어졌다.[48]

환경규제가 지속적으로 강화되어 왔음에도, 환경오염으로 인한 건강피해의 발생이 그치지 않았고 사회적 우려는 해소되지 않았다. 환경부에서는 1980년부터 공단지역 주민에 대한 건강조사사업을 매년 실시했다. 울산, 온산, 여천, 포항 등 공단지역과 대조지역(강릉)에서 설문조사와 의사검진을 통해 주민들의 건강상태를 비교하였다. 1994년까지 약 15년간 8,800여명을 조사하였고, 특별한 환경성 질환자나 화학물질에 의한 중독으로 판단되었던 사례는 없었다.[49]

이후, 환경부와 국립환경과학원은 산단에서 배출되는 여러 가지 환경유해인자로 인한 주변주민의 건강영향에 대한 체계적인 조사를 위하여 2003년부터 '산단 지역 환경오염 노출 및 건강영향 감시사업'을 시작하였다.[50] 건강영향 감시사업은 체계적인 조사에 기반하여 건강피해의 사전 예방과 주민불안 해소를 위한 대책마련에 그 목적이 있었다.

46 권호장 등, 「국가산단지역 환경오염 노출 및 주민건강영향 3단계 조사 시범연구」, 국립환경과학원 연구용역 보고서, 2018.

47 권호장 등, 「국가산단지역 주민 환경오염 노출 및 건강영향 감시사업 종합평가」, 국립환경과학원 연구용역 보고서, 2017.

48 환경부, 폐광 등 취약지역 건강영향조사 기본계획안, 2005. http://www.me.go.kr/home/web/policy_data). 온산공단 공해병은 경북 울주군 온산공단에서 '83년이후 신경통 증세 등이 나타나기 시작하여 역학조사 실시,'86년부터 주민 2,601명 이주한 사건; 인천시 고잔동에서는 건축용 유리섬유 공장폐기물로 인근주민의 건강피해여부에 대한 역학조사 실시하였으나 원인 물질인 유리섬유와 주민건강피해간 인과관계가 불확실; 광양시 태인동은 광양공단 태인동 주민의 건강영향조사 결과, 초중등생들의 알레르기 결막염 등이 타 지역에 비해 높은 수준.

49 권호장 등, 2017. ibid.

50 대상지역은 울산을 시작으로 순차적으로 시화/반월, 광양/여수, 포항, 청주/대산 산단 등 총 8개 산단으로 조사 지역이 확대되었다. (출처) 권호장 등, 2017. ibid.

2) 현황

건강영향조사 대상지역은, 100만㎡ 이상 75개 대형 산업단지에 대하여 토양환경 영향인자 평가를 실시한 후(2003년), 그 결과에 따라 상위 10개 단지를 대상으로 민원현황, 지역 균형, 오염물질 배출 현황 등을 감안하여 선정하였다. 최종적으로 국가산단지역인 울산, 시화, 반월, 포항, 광양, 여수, 남해 하동군, 청주, 대산공단 등 9개 지역으로 정하였다.

이들 산단의 주변주민에 대해 현재 3단계 조사가 실시되고 있다. 1단계(2003~2011)에서는 산단별로 1,000명 규모의 주민 코호트를 구축하고 건강검진과 생체내 유해물질을 측정하여 추적조사를 실시하였고, 2단계(2012~2016)는 단면조사를 주기적으로 반복하여 실시하는 체계로 지역의 질병양상과 생체 모니터링, 그리고 대기오염 물질 실측 중심의 노출평가를 수행하였다. 3단계사업(2019~2022)은 1~2단계에 대한 종합적 평가와 시범사업(2017~2018)을 거쳐, 이후 산단별로 구체적인 추가조치에 대한 근거를 확보하기 위한 목적으로 산단별 건강영향 감시가 실시되고 있다.

이처럼 국가산단의 경우 상시적으로 건강영향감시가 이루어져 왔으나 일반산단은 환경보건평가에 대한 기획연구는 있었으나[51] 상시적인 감시는 이루어지지 못하였다. 국립환경과학원은 2021년부터 일반산단에 대하여 산단규모, 유해물질 배출량, 주거환경실태 등을 분석하여 우선순위 평가대상을 재산정하고 단계별로 환경보건평가를 실시하고 있다.

2. 폐광지역

1) 배경

우리나라에는 전국적으로 총 5,396개소(휴·폐광산 4,803개)의 광산 중 2,166개가 금속광산(휴·폐금속광산은 2,110개),[52] 2,830개가 비금속광산, 그리고 400개가 석탄광산이다.[53] 휴·폐금속광산은 주변의 토양, 수계 및 농산물에 대한 중요한 중금속 오염원이 되고 있어 1992년부터 환경부는 전국 폐광산 주변지역의 토양과 수질에 대한

51 양원호 등, 「일반 산단 주변지역 환경보건평가. 국립환경과학원 연구용역보고서」, 2011.

52 환경부가 파악하고 있는 폐금속폐석탄 광산은 2018년말 기준으로 총 2,851개이다. (출처) 환경부, 제2차 토양보전 기본계획(2020-2029).

53 한국광해관리공단, 『2015년 광해통계연보』, 2015.

정밀조사와 복원사업을 추진하였다.[54]

2004년 '폐금속광산 주변 토양관리종합계획'을 수립하여 폐금속광산에 대한 조사평가와 복원 및 사후관리 등을 위한 관계기관간 상호협조체계가 구축되었다. 2006년 폐금속광산 농산물관리 종합대책의 일환으로 산업부에서는 2005년 이후 광해방지사업을 실시하고 있으나, 이것은 주로 복토 · 환토 등 단순처리방법을 적용한 토양개량 위주이어서 시간이 경과함에 따라 중금속이 재용출되거나 확산될 수 있는 개연성이 존재하고 있었다.

한편, 건강피해에 관한 역학조사는, 경기도 광명시 가학광산 인근 주민들의 혈액과 농작물에서 다량의 카드뮴이 검출되어 역학조사가 실시된 것으로부터 시작되었다(1995년8~11월).[55] 2004년에는 경남 고성군 병산리 폐광산 주민들이 이따이이따이병 발병의혹을 제기함에 따라, 시민단체와 주민이 참여하는 민관공동대책위원회를 구성하고 합동으로 주민건강영향조사를 실시하였다(2004년6~12월). 조사 결과, 이따이이따이병 진단기준에 해당되는 경우는 없었으나, 생체내 카드뮴 농도가 높고, 쌀의 카드뮴 함량이 기준치에 다달았다. 또 경북 군위군 수철광산 등 경북도내 3개 폐금속광산 인근 주민의 혈중 및 요중 납과 카드뮴이 대조지역에 비하여 높게 검출되는 등(2003~2005) 폐광지역의 환경오염에 대한 우려가 가시지 않았다.[56]

2) 현황

환경부는 2001~2003년동안 전국의 906개 휴·폐광산에 대하여 토양오염 정밀조사를 실시하였다. 조사 결과 토양오염기준을 초과한 92개 폐광지역 중 총 26개 지역을 선정하였다. 이 때 토양오염 방지사업이 실시되지 않았던 지역(44개)과 민원이 제기된 지역을 우선적으로 고려하였다. 2018년 말 현재, 총 2,851개의 폐금속·폐석탄 광산 중 토양오염 기초조사는 78.5%, 정밀조사는 50.9% 완료한 상태이다.[57]

환경부는 오염이 우려되는 개별 광산을 중심으로, 2006년 '폐금속광산 주민건강영향조사(강원경기, 대구경북, 부산경남 등 6곳)'와 2007년 '폐금속광산 정밀 주민건강

54 환경부 국립환경과학원, 「폐광산 사후환경오염영향 정밀평가 연구(I)」, 2016.
55 혈중 카드뮴농도가 높았던 주민22명에 대해어 칼슘 병합제를 조치하고 '98년까지 매년 정기검사를 실시함. (출처) 환경부, 「폐광 등 취약지역 건강영향조사 기본계획안」, 2005.
56 환경부, ibid.
57 환경부, 「제2차 토양보전 기본계획(2020-2029)」, 2020.2

영향조사(강원2, 충청2, 전라2, 경북1, 경남1 등 8곳)'을 실시하여 폐금속광산 주변의 토양, 수질, 농작물에서 중금속오염과 인체내 노출을 측정한 바 있다.

폐금속광산지역에 대한 체계적인 조사는 2007년 토양오염이 우려되는 358개소의 폐금속광산을 대상으로 한 예비조사 결과에 기반하여, 우선순위에 따라 3그룹으로 구분하여 단계별 사업을 계획하여, 1, 2단계 사업을 완료하였다. 2008년 이후에 폐금속광산으로 새롭게 분류된 1,492개소에 대해 환경오염실태조사와 2017년까지 이루어진 토양오염 정밀조사가 완료된 260개소 중, 2018년 기획연구를 통해 3단계 조사대상 폐금속광산 84개소가 선정되어 조사가 진행되고 있다[그림 4-4]. 2020년까지 3단계대상 84개소 중 33개소에 대한 주민건강영향조사가 수행되었다.[58]

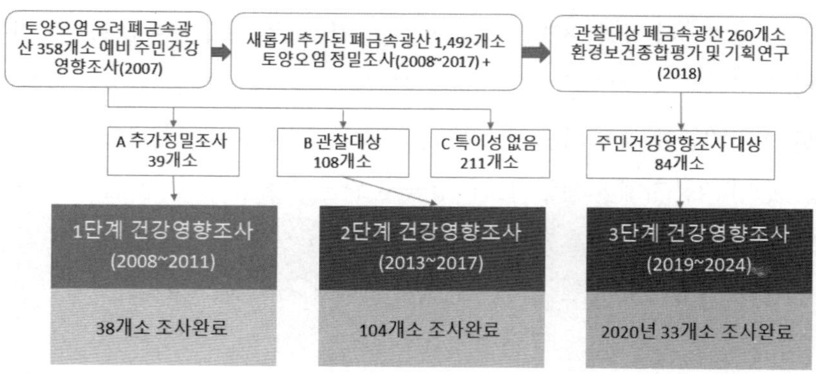

[그림 4-4] 폐금속광산 주변주민 건강영향 조사의 단계적 실시현황

(출처) 국립환경과학원, 「토양오염우려 폐금속광산지역 주민건강영향조사(Ⅲ)」, 2020. 그림1-1.을 수정보완.

주민건강영향조사 결과 체내 혈액 및 요 중 중금속 농도가 국민환경기초조사의 일반인에 비하여 다소 높았는데 이는, 장기간 거주, 지역에서 재배된 농산물과 지하수 섭취로 인한 만성노출과 관련성이 있는 것으로 판단되었다. 그러나 대상자들에서 중금속으로 인한 특이적 질환이 뚜렷하게 발견되지는 않았으며, 1, 2, 3 단계로 갈수록 생체내 중금속의 수준이 조금 낮아지는 경향을 보였다.[59]

폐석탄광산은 2018년말 기준으로 토양오염 기초조사는 423개 대상지역 모두 2015년까지 완료하였고, 238개 정밀조사가 필요한 지역 중 42개(17.6%)에 대해 정밀조

58 박정덕 등, 「토양오염우려 폐금속광산지역 주민건강영향조사(Ⅲ)」, 국립환경과학원 연구용역보고서, 2020.
59 박정덕 등, ibid.

사가 완료되었다.[60]

조사결과에 따른 사후관리를 위해 「광산피해의 방지 및 복구에 관한 법률」(약칭 광산피해방지법)이 제정(2005년)됨으로써 체계화되었다. 이는 산업통상자원부 소관의 「광업법」과 「광산보안법」, 그리고 환경부 소관의 「자연환경보전법」에 흩어져 규정되어 있던 광해방지사업을 통합하여, 관련부처와 원인자의 법적 의무를 명백히 하고 광해방지사업을 효율적으로 추진할 수 있도록 하고자 하는 목적이었다.[61] 폐광산의 환경관리와 관련 법령〈표 4-12〉은 다음과 같으며, 환경부, 산업부, 농식품부, 식약처와 광해광업공단, 한국환경공단 등이 참여하는 '폐광산정책협의회'가 구성되어 광해방지사업 등에 관한 관련부처의 협의가 이루어지고 있다.

〈표 4-12〉 폐광산의 환경관리 관련 법령

소관 부처	법령(시행년)	주요 내용
산업통상자원부	광산피해의 방지 및 복구에 관한 법률(2006)	– 광해방지시책의 추진(제6조) – 광해방지기본계획의 수립(제7조) – 광해방지사업의 범위(제11조), 시행(제12조) – 광해방지의무자에 대한 부담금(제24조)
	광업법(1952)	광해방지사업지원(제102조)
	광산안전법(2016) (구 광산보안법, 1964)	광해의 정의, 광업권자의 광해방지의무(제2조, 제5조)
	한국광해광업공단법(2021) (구 광산피해방지법의 한국광해관리공단)	– 광산피해의 적정한 관리 등 목적을 위한 공단의 설치(제1조) – 광산피해방지법에 따른 광해방지사업 등(제8조)
환경부	토양환경보전법(1996)	– 토양오염 개황, 정밀조사(제5조) – 토양오염과 토양오염지역의 복원(제23, 25조) – 토양오염기준(제4조의2, 제16조) – 토양환경평가(제10조의2) – 위해성평가(제15조의5)

60 환경부, 제2차 토양보전 기본계획(2020-2029), 2020.2

61 「광산피해방지법」 제정이유. (2005.5.31.). 제11조에 따르면, 광해방지사업이란 광산피해의 예방과 원상회복을 위한 사업으로서, 폐석, 광물찌꺼기, 광재 및 침출수, 지표의 함몰, 지반의 균열, 오폐수, 소음진동 먼지, 산림 및 토지훼손으로 인한 광해의 방지와 훼손지 복구사업, 폐시설물 등 철거, 광해방지시설의 설치·운영, 조사·연구·기술개발·교육 등의 사업을 말한다.

소관 부처	법령(시행년)	주요 내용
환경부	환경보건법(2009)	건강피해의 역학조사 및 위해성평가(제11조, 제15조)
	폐기물관리법(1987)	사업자의 폐기물처리에 관한 적절한 조치의무(제25조)
	물환경보전법(2018) (구 수질환경보전법, 1991)	폐수배출자의 배출시설 설치 및 관리의무(제10조, 제11조, 26조의2)
	소음진동관리법(2009) (구 소음진동규제법, 1991)	사업자의 소음진동배출허용기준준수의무(제14조)
농림축산식품부	산지관리법(2003)	– 산지전용 허가(제14조) – 산지전용자의 재해방지(제37조)
	농지법(1996)	– 농지전용허가, 원상회복 등(제38조, 제44조)

(출처) 손혜옥, 「우리나라 휴·폐광산의 통합 환경관리를 위한 개선방안 연구」, 2018, 세종대학교 박사학위논문, p.12, 표 2.1.를 수정 보완함.

광산피해방지법에 따라 2007년부터 매5년마다 '광해방지기본계획'이 수립시행되고 있으며, 현재는 4차 광해방지기본계획(2022~2026)이 시행중이다. 실태조사(2021.5~9월)에 의하면, 전국 휴폐광산 5,475개 중 3,300개(7,181개소)에서 광해가 발생하였고, 이 중 1,566개소의 광해가 복구되었다(완료율 21.8%). 지역적으로는 충청, 영남 및 강원에 약 80.8%가 집중되었으며, 광해 유형으로는 산림훼손(32%), 지반침하(21%), 오염토양(17%), 폐시설물(15%), 오염수질(9%), 광물찌꺼기(4%) 순으로 많았다.[62]

한편, 이 법의 하위법령(행정규칙, 환경부예규)으로 2015년부터 〈폐광산 주변지역의 사후 환경오염영향조사 지침〉이 마련되어 광해방지사업을 수행한 휴·폐광산 주변지역의 환경오염영향을 사후에 확인하는 체계가 갖추어졌다.[63] 4차 광해방지기본계획에 따르면, 환경부는 매년 20개소의 폐광산에 대하여 토양오염실태조사를, 매년 186개소에 대하여 사후환경오염 영향조사를 실시할 계획을 가지고 있다.

62 산업통상자원부, 제4차 광해방지기본계획(2022-2026), 2026년까지 전국 휴폐광산 광해방지사업 복구 완료율 30%달성, 산림복구사업으로 2026년부터 연간 1,400tCO_2 탄소상쇄 실현.

63 사후 환경오염영향조사는 유역(지방)환경청장 및 국립환경과학원장이 실시하며, 사후 환경오염영향조사(기초환경조사와 환경오염도 조사)와 사후환경오염영향 정밀조사가 포함된다.

3. 발전소 주변지역

1) 배경

우리나라는 2019년 현재 13개 부지에 총 61기의 석탄화력발전소를[64] 통해 총 발전량의 51%를 생산하고 있어, 다른 선진국들에 비해서 석탄화력발전소가 매우 큰 비중을 차지하고 있다.[65] WHO산하의 국제암기구가 2013년에 미세먼지를 1군 발암물질로 지정하면서, 미세먼지의 주요 배출원으로서 석탄화력발전소가 큰 주목을 받게 되었고, 석탄화력발전소 주변지역 주민의 건강에 대한 우려가 높아졌다.

석탄화력발전소의 굴뚝에서는 먼지 뿐 아니라 NOx, SOx, 휘발성유기화합물과 중금속 등이 배출된다. 석탄화력발전 사용의 증가는 기후변화를 심화시키고 국민건강을 위협하는 요인이 된다.[66] 2014년 한 해 동안 우리나라의 11개 석탄화력발전소가 대기, 수계, 토양과 폐기물 중으로 배출하는 유해화학물질의 양은 평균 3,609톤년이며, 폐기물 배출량도 우리나라의 전체 폐기물 발생량의 14%를 차지하였다. 석탄재 매립에 의한 먼지와 수질오염, 온배수로 인한 양식피해, 소음과 진동, 악취, 송전선로로부터의 전자파 등은 주민 민원과 분쟁의 대상이 되었다. 이에 따라 정부는 석탄화력발전소 주변에 거주하는 주민의 건강을 보호하고자 건강영향조사와 모니터링사업을 추진하였다.[67]

2) 현황

에너지원별 발전에 따른 대기오염과 이로 인한 사망 등 건강영향의 크기는 갈탄 및 석탄이 가장 크고, 석유, 바이오매스, 가스, 원자력 순으로 분석되었다. 이에 따라 석탄화력발전소를 중심으로 주민 건강영향조사를 우선 실시하기로 판단하였다.[68]

환경부 국립환경과학원은 석탄화력발전소의 규모와 노후화 정도, 대기오염배출량 등 환경영향, 주변주민의 민감계층 비중, 주요질병의 유병률 등을 고려하여 우선순위를 선정하여 2017년부터 총 9년에 걸쳐(2025년까지) 주민건강영향을 조사하고 있

64 2017년 현재, 전체 화력발전소는 451대(기력 66대, 복합화력 177대, 내연력 208대).
65 국가지표체계. https://www.index.go.kr/unify/idx-info.do?idxCd=4292&clasCd=7.
66 국가지표체계. ibid.
67 배현주 등,「국내 발전소 주변 주민건강영향조사 방안 마련 연구」, 환경부 수탁연구보고서, 2016.
68 환경부 환경보건관리과, 발전소주변 주민건강영향조사 추진계획, 2017.5.11.

다[그림 4-5].

<table>
<tr><th>연도</th><th>2017</th><th>2018</th><th>2019</th><th>2020</th><th>2021</th><th>2022</th><th>2023</th><th>2024</th><th>2025</th></tr>
<tr><td rowspan="3">1순위</td><td colspan="4">삼천포</td><td colspan="3" rowspan="3"></td><td rowspan="3"></td><td rowspan="4">종합
평가</td></tr>
<tr><td colspan="5">보령</td></tr>
<tr><td colspan="2"></td><td colspan="3">하동</td></tr>
<tr><td>2순위*</td><td colspan="4">당진/태안**</td><td>영흥</td><td>여수</td><td>동해</td><td>정밀
조사</td></tr>
<tr><td>광역평가</td><td colspan="9">1,2순위 종합평가 후 조사방향 수립</td></tr>
</table>

[그림 4-5] 발전소 주변지역 건강영향 조사 계획

(출처) 환경부 환경보건관리과, 발전소주변 주민건강영향조사 추진계획, 2017.5.11.

원자력발전소의 경우, 1991년부터 2011년까지 20년간 원자력발전소 주변주민 역학조사가 교육과학기술부와 원자력안전위원회 주도로 추진되어 원전주변 방사선노출과 주민들의 암발생 간에 유의미한 연관성을 발견하지 못한 것으로 발표되었다.[69] 그런데 당시 수집된 자료를 재분석한 결과에서, 1978년 원전가동 당시 0-22세이었던 젊은 코호트에서 방사선관련 암(위암, 폐암, 유방암, 간암, 갑상선암)이 대조지역의 동일 연령군에 비하여 2배정도 유의하게 높은 발병을 보인다는 근거가 도출되었고, 이에 따라 추가연구의 필요성이 제기되었다.[70] 이후 원자력안전위원회에서는 원전주변 주민의 건강영향조사 추진방안을 마련하고,[71] 이 방안의 법적 근거를 마련하기 위해「원자력안전법」개정안이 발의되었으나,[72] 여야간 입장차이로 통과되지 못하였다.[73] 반면「환경보건법」에서 제15조제1항에 근거하여 방사능피해에 대한 역학조사가 가능한

69 Ahn et al.「Cancer risk in adults residents near nuclear power plants in Korea-a cohort study of 1992-2010」.『J Korean Med Sci.』2012;27(9):999-1008;원자력발전소는 1978년부터 가동되기 시작하였고, 연구는 1992년부터 당시 20세이상 성인 중 암병력이 없는 사람들로 코호트를 구성하여 2010년까지 추적·조사하였다.

70 Kim et al.「Re: cancer risk in adult residents near nuclear power plants in Korea: a cohort study of 1992-2010」.『J Korean Med Sci.』2014;29(10):1436-7;「Kim et al, Reanalysis of Epidemiological Investigation of Cancer Risk among People Residing near Nuclear Power Plants in South Korea」.『Int J Environ Res Public Health.』2018;15(3):481.

71 제79회 원자력안전위원회. 2018년3월.

72 원자력안전법(제91조(방사선장해방지조치))에 방사선작업종사자 및 수시출입자의 피폭관리 및 건강진단 등의 규정이 있으나 주변주민들에 대한 관련 규정은 없음.

73 원자력안전법 개정안. 2018년9월 이철희 의원 발의.

것으로 판단되어,[74] 부처간 협의를 통해, 건강영향조사를 환경부에서 추진하는 것으로 결정하였다.[75] 월성원전 주변에 대한 건강영향조사는 2021년부터 추진되고 있다.

그러나 2021년8월에 「원자력안전법」이 개정되어, 방사선작업종사자뿐만 아니라 원자력발전소 등 주요 원자력이용시설 인근 주민에 대해서도 방사선노출과 질병간의 관계를 조사할 수 있게 되어, 향후에는 원자력안전위원회에서 주민 건강영향조사를 추진하게 된다.

4. 난개발지역

1) 배경

난개발지역 소위 계획관리지역은 도시지역으로 편입이 예상되는 지역으로,[76] 전 국토의 11.4%를 차지하고 있으며, 개별로 입지(계획입지가 아닌)한 공장의 난립 현상(관리지역에는 공장입지가 비교적 용이하여, 전국 공장의 34.3%가 대부분 개별공장으로 입지, 2017.6 기준)으로 환경훼손[77]과 주민건강피해가 발생하고 있다. 특히 2008년부터 시작하여 2015년에 이르기까지 계획관리지역의 공장입지에 대한 규제가 지속적으로 완화되어,[78] 공장설립 허가가 증가하면서 계획관리지역의 난개발이 가속화되었다.

더우기 이 과정에서 환경오염물질 배출시설의 무허가 입지나 불법 신·증설, 또는 창고업으로 입지 하였다가 공장으로 무단으로 용도를 변경하는 등의 탈·불법적 행위가 왕왕 일어나고 있었으나 이를 방지하기 위한 지자체의 관리감독이 효과적으로 진행되지 못하였다. 개별적으로 입지한 공장이 기반시설도 없이 오염물질배출시설을 설치·

---

74 원자력발전소를 건강영향조사 대상에 포함하는 환경보건법 개정안(서형수 의원, 2016년10월)에 대한 국회 환경노동위원회 검토보고서 (2017년2월).

75 관계부처회의(양이원영 의원실 주관 2020년9월)와 부처협의(국조실, 법제처, 환경부, 원안위, 산자부 등). 건강영향조사는 환경부가 실시하되, 원안위와 산자부는 방사성물질 배출확인을 위한 원전출입과 조사 등, 조사 후 피해보상 및 사후대책 등을 담당하고 협력.

76 계획관리지역이란, 「국토의 계획 및 이용에 관한 법률」에 따라 용도 구분된 지역(도시지역, 관리지역, 농림지역, 자연환경보전지역) 중 관리지역에 속하며(도시지역의 인구와 산업을 수용하기 위하여 도시지역에 준하여 체계적으로 관리하거나, 농림업의 진흥, 자연환경 또는 산림의 보전을 위하여 농림지역 또는 자연환경보전지역에 준하여 관리할 필요가 있는 지역), 관리지역은 다시 보전관리지역, 생산관리지역, 계획관리지역으로 구분되는데, 이중 계획관리지역은 도시지역의 인구와 산업을 수용하기 위하여 도시지역에 준하여 체계적인 관리가 필요한 지역으로, 전체 관리지역의 44.5%를 차지한다.

77 계획관리지역 내 대기배출, 소음 진동배출 등 배출시설은 53,282개소 ('17.6 기준)

78 한국환경연구원, 「관리지역 내 주거-공장 혼재형 난개발 관리방안 마련 연구」, 환경부 연구용역보고서, 2017.12 (pp.32-38); 계획관리지역 내 공장입지 규제완화, 건축법 등에 따른 공장등록 관련 규제완화, 산업 및 환경 관련법에 따른 인허가 관리상 규제완화(공장의 신증설 제한완화 및 자연보전권역의 규제 대폭 완화 등).

운영하고, 난립한 공장들이 농경지와 산림을 침식·훼손하는 사례 이외에, 특히 기존 취락지에 공장이 들어와 주거지와 공장이 섞여 혼재하는 경우가 꾸준히 증가하였다.[79]

그러나 산단과 폐광, 발전소가 위치한 지역에서는 상시적인 모니터링을 하고 있는 것과는 달리, 예산과 인력 등의 한계로 인해 난개발지역은 체계적인 사전 모니터링이 이루어지지 않았다. 일부 이들 지역에서는 피해가 가시화된 후 주민들의 민원이나 청원[80]에 의해 조사가 이루어졌다.[81]

2) 현황

이러한 배경에서, 난개발지역에 대해서도 사전에 건강피해를 감시하고 예방하는 방안이 필요하였다.[82] 환경부는 전국의 약 2,500여 개소의 계획관리지역에 대해, 1~4등급으로 환경건강지수를 산출하여 차등 관리대책을 수립하였다〈표 4-13〉. 환경건강지수는 대상 지역내 공장수와 공장밀도, 대기오염물질 배출량, 화학물질 배출량 등의 자료와, 지역의 총인구수와 인구밀도, 민감계층(14세미만의 어린이인구 및 60세이상의 노령인구)의 인구와 밀도 등에 대한 정보를 토대로 하여 산출한다.

〈표 4-13〉 환경건강지수에 따른 차등 관리방안('21~'24)

구분	배출특성 위험	인구특성 위험	건강영향 발생위험	관리 방안	
1등급 (약 20개소)	높음	높음	있음	역학조사, 배출원관리	피해구제 및 환경개선 등 사후관리 연계
	높음	높음	확실치 않음	건강영향조사, 배출원관리	조사결과에 따라 역학조사 혹은 모니터링으로 연계
2등급 (약 80개소)	높음	높음	낮음	약식건강영향조사, 배출원관리	환경·건강 모니터링
3~4등급 (약 2,400여개소)	낮음	낮음	낮음	배출원관리	

(출처) 환경부. 제2차 환경보건종합계획(2021-2030), 2020.

79 한국환경연구원, ibid.
80 청원은 「환경보건법」 제17조(건강영향조사의 청원) 규정에 따른다.
81 익산장점마을(~'19), 인천사월마을(~'19), 김포거물대리(~'19), 대구안심마을(~'18) 등의 지역에서 주민들이 건강영향조사를 청원함.
82 익산장점마을 역학조사 발표 이후, 국무회의 총리지시('19.11.27). '주민 호소 이전에도 건강피해 우려되는 지역을 직접 찾아 조사하고, 피해예방조치 취할 것.'. (출처) 대한민국 정책브리핑.

장기적으로는 오염물질 배출에 대한 측정망, 사회인구학적 자료와 간이측정자료들과 건강보험공단자료 등의 건강자료를 연계한 빅데이터를 구축(~'23)하여 전방위적(지역, 계층, 연령 등에 따른) 건강피해 가능성을 사전에 예측하여 관리하는 방안을 제시할 계획이다.[83]

83 환경부, 제2차 환경보건종합계획(2021~2030). 2020.

제3장

건강영향·피해조사 제도

1 건강영향조사·역학조사

환경보건법 제17조(건강영향조사의 청원)에 따라 국민이 환경유해인자로 인하여 자신의 건강상 피해가 발생하거나 우려되는 경우에 조사를 실시하여 줄 것을 청원할 수 있다. 접수된 청원은 환경보건위원회의 심의를 거쳐 수용여부를 결정하며(제9조), 수용된 청원은 배출원 조사, 지역오염도 조사, 암 발생 등 건강조사를 토대로 오염배출 저감에 대한 대책마련과 피해구제 등 사후관리(제17조의 2)를 실시한다.

1. 청원의 접수와 심의

청원이 접수되면 관련분야 전문가들로 구성된 전문위원회에서 현장조사와 기초자료 분석 등의 사전검토를 거쳐 환경보건위원회의 심의와 승인을 통해 수용여부를 결정하게 된다[그림 4-6]. 수용된 청원은, 성격과 요구에 따라 환경보건상태 평가를 위한 건강영향조사 혹은 유해인자와 건강 피해간의 관련성 규명을 위한 역학조사를 판단하여 추진하나, 대부분의 청원은 환경오염 혹은 환경유해인자노출과 건강피해간의 상관관계 규명을 요구하므로 역학조사를 실시하게 된다.

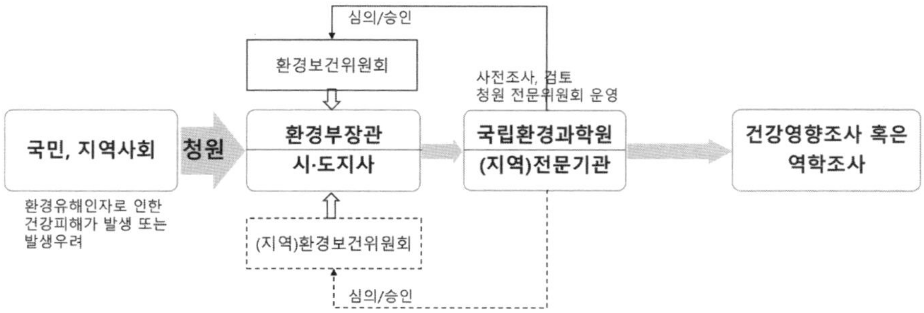

[그림 4-6] 건강영향조사 청원 접수 후 조사까지의 절차

2021년에 환경보건법이 개정되어, 건강영향조사의 청원의 처리 주체가 기존에는 환경부장관으로 제한되었던 것을 시·도지사도 청원을 처리할 수 있도록 하였다. 이는 시·도지사도 지역환경보건계획을 수립하도록 의무화한 것과 함께 지역의 환경보건정책에 대한 책임을 높인 것이다. 개정법에서는 청원이 2개 이상의 특별시·광역시·특별자치시·도·특별자치도에 걸친 조사가 필요한 경우, 국가기관 또는 지방자치단체가 직접적인 이해당사자인 경우, 환경부장관 또는 시·도지사의 허가 등을 받아 설치 운영되는 사업장이 조사 대상인 경우, 지방자치단체의 장의 청원 처리가 불가능하다고 판단되는 경우 등은 환경부장관이 처리하고, 그렇지 않으면 시도지사가 처리하도록 하였다.

청원이 접수되면 환경부장관 혹은 지방자치단체의 장은 '(중앙)건강영향조사반' 혹은 '지역건강영향조사반'을 구성할 수 있고(환경보건법 제15조제4항), 이는 담당 공무원과 역학, 환경노출, 환경독성 등 환경보건 전문가들로 전체 15명 이내로 구성하여, 청원에 따른 조사의 전 과정을 운영한다. 필요에 따라 환경보건 전문가들로 구성된 전문위원회를 구성하여 운영을 지원하도록 할 수 있다(건강영향조사 청원처리에 관한 규정).

2009년 환경보건법이 시행된 이후 2020년까지 청원건수는 총 17건이 있었으며, 환경보건위원회의 심의를 거쳐 수용이 된 건수는 총 8건이다. 이 중 4건은 익산장점마을과 인천사월마을의 청원에 의한 조사결과가 발표된 2019년 이후에 접수된 것으로 현재 조사가 진행 중에 있다〈표 4-14〉. 불수용된 청원은 조사를 실시하지 않는다. 그러나 필요한 경우, 추적관리나 환경개선 등의 사후관리와 조치를 권고하거나 추진한다.

〈표 4-14〉 건강영향조사 청원현황과 조치

청원일 (지역)	청원 사유	조치 사항
'09.7.30 (완주)	신보광산 주변 마을 상수도 우라늄오염으로 인한 건강피해	〈불수용〉 • 국내·외 환경모니터링 자료 및 역학조사자료와 관계 전문가의 의견을 종합한 결과, 건강영향조사 필요성이 적음 * '09.10.23 환경보건위원회 심의
'09.9.18 (서울)	왕십리 뉴타운 철거 지역 어린이집 석면 및 비산먼지로 인한 건강피해	〈불수용〉 • 석면환경보건센터(환경부 지정)에서 피해 우려 명부를 DB 구축하여 추적 관리하기로 함 * '09.11.26 환경보건위원회 심의
'10.10.26 (인천)	인천 도화동 인천대학 철거로 인한 석면피해 주민건강 영향조사	〈불수용〉 • 석면노출에 대한 건강영향조사는 단기적으로 실현 가능성이 매우 낮고, 석면제거가 완료(당시 시점)되어 노출위험이 차단된 상태이므로 건강영향조사가 불필요 * '11.1.17 환경보건위원회 심의
'11.1.3 (인천)	인천 가정동 루원시티 도시재생사업 추진에 따른 석면피해 주민 건강영향조사	〈불수용〉 • 석면농도 측정치가 낮고, 석면 노출에 의해 잠복기가 긴 질병 특성상 건강영향조사(당시 시점에서)는 불필요 * '11.3.30 환경보건위원회 심의
'12.4.10 (인천)	인천 영선초등학교 석면노출 피해 학생에 대한 건강대책 청원	〈불수용〉 • 석면환경보건센터(환경부 지정)에서 검진희망자 명부를 DB 구축하여 추적 관리하기로 함 * '12.5.16 환경보건위원회 심의
'12.4.20 (경남)	경남 하동초등학교 석면노출 피해 학생에 대한 건강대책	〈불수용〉 • 석면환경보건센터(환경부 지정)에서 검진희망자 명부를 DB 구축하여 추적 관리하기로 함 * '12.5.16 환경보건위원회 심의
'12.9.18 (대구)	대구 안심연료단지 주변지역 주민 건강영향조사	〈수용〉 • 주민 건강영향조사 실시('13.6~'14.6) * '12.11.28 환경보건위원회 심의 • 일부 주민에서 비직업성 진폐증 확인, 연료단지가 주변지역 분진농도에 영향을 미침 • 피해구제 : 5명
'14.8.4 (강원)	강원 동해시 동해항 주변 주민 건강영향 조사	〈수용〉 • 주민 건강영향조사 실시('15.6~'16.6) * '15.1.27 환경보건위원회 심의 • 주변지역의 대기질에 영향을 미치고 있으나, 지역 주민과 관련된 특이적 건강영향은 관찰할 수 없었음

청원일 (지역)	청원 사유	조치 사항
'17.2.28 (인천)	사월마을 주변 폐기물재활용 업체의 비산먼지, 악취 등으로 인한 주민 건강피해	〈수용〉 • 건강영향조사 추진(△1차: '17.12~'18.8, △2차: '18.12~'19.8) * '17.7.14 환경보건위원회 심의 • 특정질환의 집단 발생은 유의하지 않았으나, '주거환경 적합성 평가' 결과 전체 50세대 중 37세대(71%)가 3등급으로 주거환경 부적합 판정
'17.4.17 (익산)	장점마을에 인근 유기질 비료공장에서 배출되는 유해물질로 인한 주민 건강피해	〈수용〉 • 주민 건강영향조사 실시('17.12~'19.4) * '17.7.14 환경보건위원회 심의 • 비료공장에서 배출된 유해물질과 집단 암 발생간의 역학적 관련성이 있는 것으로 결론('19.11.14) • 소송지원 : 51명
'17.9.20 (전국)	일회용생리대 사용으로 인한 여성 건강피해	〈수용 : 조사 진행 중〉 • (예비조사, '18) 생리대 사용과 연관성이 있을 수 있는 증상(생리통, 가려움증 등) 파악, 추가 역학연구 필요성 제기 * '17.11.29 환경보건위원회 심의 • (본조사, '19~'21) 외음부 가려움증, 통증, 질분비물 등 호소증상과 생리용품 종류, 유해물질 노출과의 인과관계 규명 추진 (종합결과 정리 중)
'18.11.21 (부산)	부산 생곡매립지(생활폐기물 매립시설) 주변 악취, 먼지 등으로 주민 건강피해	〈불수용 : 주민 청원 철회〉 • 환경보건위원회 심의 이전에 사전 검토(전문위원회를 구성하여 검토) 과정에서 지역 주민들의 청원 철회 요청('19.4.5)으로 청원 절차 종료
'19.4.22 (청주)	청주시 청원구 북이면 소각로 밀집지역 주변 주민 건강영향조사	〈수용 : '21.5.13 발표: 주민설명회, 보도자료〉 • 주민 건강영향조사 실시('19.12~'20.12) * '19.8.6 환경보건위원회 심의, '21.5 환경보건위원회 보고 • 결과: 소각장으로 인한 주민 건강피해를 역학적으로 확인하기에는 제한적임. 다만 생체노출이 높은 유해물질, 환경 모니터링 등 후속조치 방안 필요
'20.1.13 (천안)	천안시 도장리 폐기물처리시설 주변 주민 건강영향조사	〈불수용 : 청원서류 미보완〉 • 청원서류 미흡으로 보완 요청('20.1.20) * 주민 진료기록, 오염도 측정자료, 오염물질 배출사업장 현황, 현장사진 등의 기초자료 미흡으로 인한 보완 요청
'20.1.29 (담양)	전남 담양군 제지공장 發 악취 등으로 인한 주민건강영향조사	〈불수용 : 주민 청원 철회〉
'20.2.25 (횡성)	양적리 가축분뇨 퇴비공장 주변 주민 건강피해	〈수용 : 조사 진행 중〉 • 주민 건강영향조사 실시('20.10.26~'21.10.25) * 환경보건위원회 심의 수용 결정('20.8.7)

청원일 (지역)	청원 사유	조치 사항
'20.3.30 (천안)	장산리 전선 및 필름제조 공장 發 악취 등으로 인한 주민 건강 피해	〈수용 : 조사 진행 중〉 • 주민 건강영향조사 실시('20.10.27~'21.10.26) * 환경보건위원회 심의 수용 결정('20.8.7)

2. 건강영향조사·역학조사의 절차와 내용

1) 사전조사와 수용여부 심의

청원이 접수되면 조사부터 사후조치에 이르는 과정이 시작된다[그림 4-7]. 사전조사는 청원의 수용여부에 대한 환경보건위원회의 심의를 받기 전에 청원의 내용에 따른 문제의 특성을 파악하고 실행가능성 등을 검토하기 위하여 실시된다. 관련 문제에 대한 자료와 문헌조사, 현장방문 등을 통해 해당 환경의 오염 혹은 유해인자의 노출여부와 건강위험의 존재여부를 확인하고, 조사의 실행가능성을 검토하여 사전검토보고서를 작성, 환경보건위원회에 제출한다.

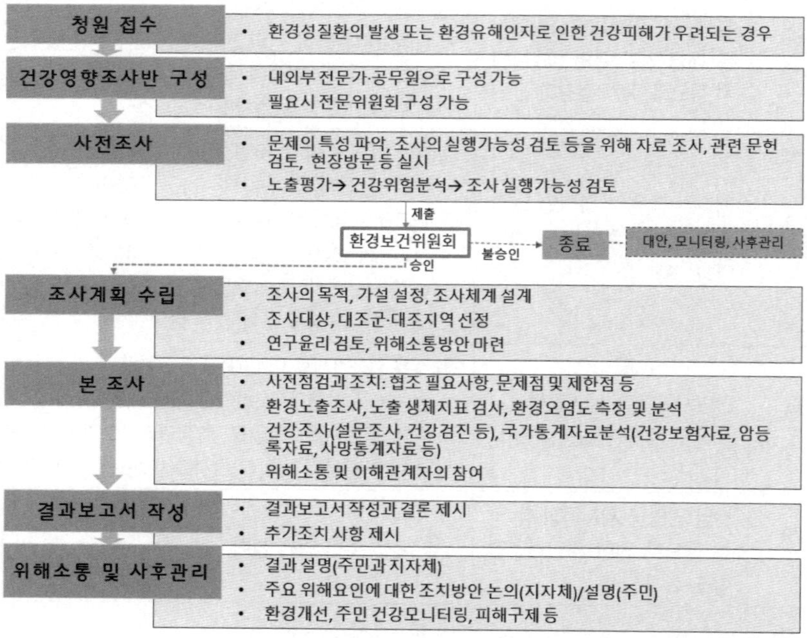

[그림 4-7] 조사의 기본절차 및 단계별 수행내용

(출처) 환경부, 건강영향조사·환경역학조사 및 사후관리 지침, 2021.

2) 본조사의 설계와 자료 수집

조사의 청원이 승인되면, 조사를 어떻게 할 것인지에 대한 구체적인 계획을 수립하게 된다. 청원된 지역의 특성, 청원의 목적과 내용에 따라 적절한 연구 설계가 이루어져야 한다. 조사의 목적과 가설을 구체적으로 설정하고, 조사대상 지역, 인구집단, 구체적인 조사방법을 설계한다〈표 4-15〉.

〈표 4-15〉 건강영향조사·환경역학조사 계획서의 구성요소

1. 서론
    - 제기된 문제, 배경, 특이사항
    - 조사의 필요성 및 목적, 가설
    - 선행조사 결과 제시
2. 조사 설계와 방법
    - 모집단 설명
    - 조사집단
        - 조사집단의 특성과 규모
        - 조사설계, 표본 추출 방법, 선정/제외 기준
    - 수집할 자료와 자료원
        - 노출평가 – 조사방법, 측정방법, 측정장비 등
        - 건강평가 – 조사방법, 검사방법, 검사장비 등
        - 제3의 요인·조사항목, 조사방법 등
    - 조사수행
        - 조사반의 구성과 역할
        - 조사원 모집 및 필요한 훈련계획
        - 조사인력, 장비, 방법에 대한 품질보증 계획
    - 자료분석
        - 자료입력, 관리, 통계분석 절차 및 계획
    - 조사일정
    - 연구윤리검토
    - 위해소통방안

부록

(출처) 환경부, 건강영향조사·환경역학조사 및 사후관리 지침, 2021.

노출과 건강평가는 오염배출부터 질병발생에 이르는 전 과정에 걸쳐 다양한 지표에 대한 자료를 수집할 수 있다[그림 4-8].

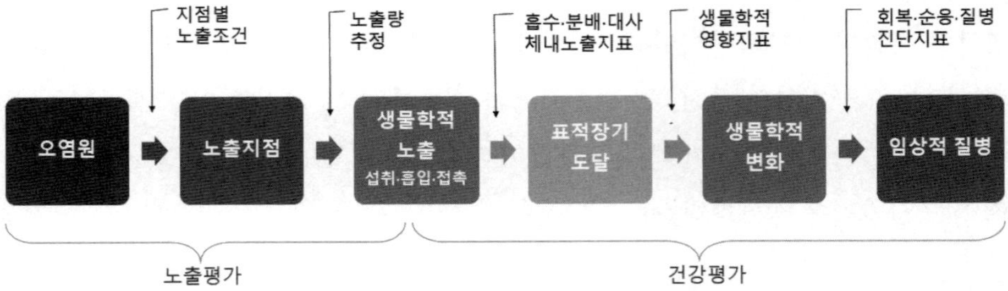

[그림 4-8] 역학조사에서 오염물질 배출에서 질병발생에 이르는 과정과 자료수집

환경노출조사는 설문조사, 환경매체 중 농도 측정, 모델링을 통한 노출 추정, 노출과 관련된 생체지표 측정 등 다양한 방법으로 이루어질 수 있다. 환경매체 중 오염도를 검사하는 경우에는「환경분야 시험·검사 등에 관한 법률」제6조제1항에 따라 각각의 환경오염공정시험기준을 준용하고, 생체시료와 관련해서는 환경부 국립환경과학원의「국민환경보건 기초조사 생체시료 관리지침서 및 생체시료 중 환경유해물질 분석매뉴얼」을 참조하여 실시하여야 하나, 규정이 없거나 적용하기 어려운 경우에는 국내·외의 공인된 다른 방법을 이용할 수 있다.

건강조사는 설문조사, 임상검사 및 국가통계자료(암등록자료, 사망원인통계자료, 건강보험청구자료 등)를 활용할 수 있다. 청원자의 호소증상이나 우려되는 건강영향을 중심으로 표적장기를 선정하고, 임상검사는「국민건강영양조사 검진조사 지침서」에 명시된 방법에 준하여 실시하되, 해당 검사를 주로 처방하거나 실시하는 임상과목 전문의 등의 자문·검토에 따라 변경·조정할 수 있다. 임상검사를 통해 질병이나 건강문제를 진단할 시 국제적으로 공인된 진단기준 또는 그에 준하는 지침을 활용하여야 한다.

개인정보, 민감정보 및 고유식별정보를 수집하거나 이용할 경우에는 이용 항목과 목적, 보유기간을 명시하여 대상자의 동의를 반드시 받아야 한다.

3) 노출요인과 건강문제와의 관련성 분석

조사의 근본적인 목적은 의심되는 노출요인이 건강문제 혹은 질병과 관련성을 가지고 있는지를 판단하는 것이다. 이 관련성을 판단하기 위해서는 비교군(혹은 대조군)에 비하여 관심군에서 질병발생이 더 많거나 혹은 노출이 더 많은지를 살펴보아야 한다. 노출군과 비노출군에서 질병발생을 비교하는 경우에는 상대위험도(Relative risk, RR)를, 질병군과 비질병군에서 노출의 정도를 비교하는 경우에는 교차비(Odds ratio, OR)를 구한다[그림 4-9]. 상대위험도나 교차비가 1이면 비교하는 두 군에서 질병발생 혹은 노출의 수준에 차이가 없는 것이므로, 노출요인과 질병간에 관련성이 없는 것으로 해석한다. 1보다 크면 노출이 질병위험을 높이며, 1보다 작으면 노출이 질병을 예방하는 효과를 가진다. 한 시점에서 노출요인과 질병요인을 동시에 조사하는 단면연구에서는 노출군과 비노출군에서의 질병유병률을 비교하여 유병률비(Prevalence rate ratio, PRR)를 산출하는데, 종종 환자대조군연구에서처럼 교차비를 구하기도 한다.

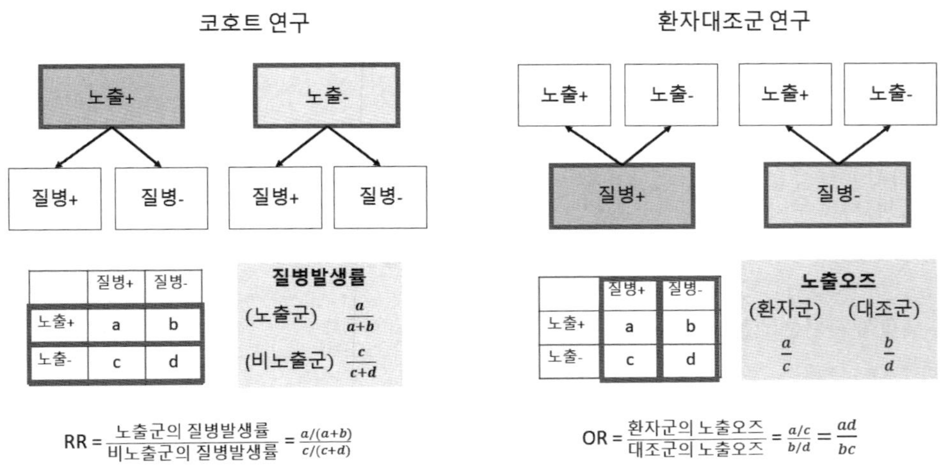

[그림 4-9] 노출요인과 질병간의 관련성 분석을 위한 연구 설계-코호트연구와 환자대조군 연구

3. 이해관계자의 참여와 위해소통

조사의 설계부터 본 조사 과정 전 단계에 걸쳐 청원자를 포함한 이해관계자들이 참여할 수 있어야 하고, 투명하게 조사내용이 공개되어야 한다. 이를 위하여 조사계획, 진행과정, 결과도출 등 전반적인 과정에 대하여 소통할 수 있는 '민·관협의회'를 구성하여 운영한다. 협의회는 위원장을 포함하여 5인 이상으로 구성하고, 위원은 주민대표, 시민단체, 전문가, 정부·지자체 관계자 등으로 구성한다. 언론과도 조사의 각 단

계별로 원활하게 소통한다.[84]

4. 사후관리

청원에 의한 건강영향조사는 조사결과에 따라 사후관리와 피해구제로 연계된다[그림 4-10]. 조사결과 노출요인과 건강문제(질병)간에 역학적 관련성이 확인된 경우, 건강피해자에 대한 의학적 조치와 주민들의 건강모니터링, 배출시설 관리강화 등의 환경매체와 유해인자에 대한 관리, 건강 및 재산피해에 대한 피해구제, 그리고 취약계층에 대해서는 소송지원을 할 수 있다. 역학적 관련성이 확인되지 않아도 향후 지속적으로 노출이 되는 조건에서 건강피해 발생이 우려되는 경우에도 건강모니터링과 배출시설 관리강화 등의 조치를 할 수 있다.

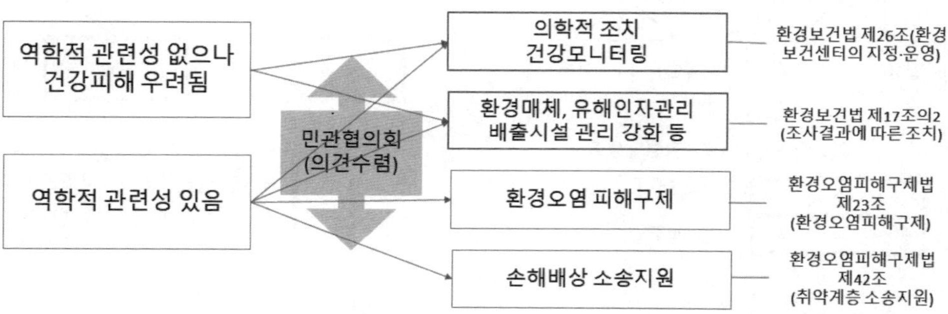

[그림 4-10] 환경역학조사 후 사후관리 추진체계

(출처) 환경부, 건강영향조사·환경역학조사 및 사후관리 지침, 2021.

의학적 조치를 필요로 하는 건강피해자가 다수 확인된 경우에는 추가조사를 실시할 수도 있다. 어떤 사후조치를 어떻게 언제 할 것인지와 관련해서는 민·관협의회를 통해 주민들과 이해관계자들의 의견을 수렴하여 실시한다.

사후관리에는 오염된 환경의 정화와 복구도 포함될 수 있다. 또 심각한 오염지역은 지역재생으로 나아갈 필요도 있다. 이를 위해서는 환경보건법이나 환경오염피해구제법 이외의 환경매체와 관련된 법 및 도시계획과 재생에 관한 법과 연계되어 추진될 수 있는 제도적 기반이 마련되어야 할 것이다.

84 환경부, 건강영향조사·역학조사 및 사후관리 지침, 2021.7.

2 구제급여 지급을 위한 피해조사

환경보건 관련 4가지 피해구제법과 화학물질관리법에서는 환경유해요인 노출과 관련한 피해에 대하여 피해조사를 실시하고 그 결과에 기반하여 구제급여지급여부(혹은 피해배상)을 결정할 수 있도록 하는 규정이 있다〈표 4-16〉.

〈표 4-16〉 건강피해조사의 법적 근거와 내용

법	조 항	내 용
화학제품안전법	제48조의3(살생물제품피해조사단의 설치·운영)	구제급여의 지급에 관한 사항을 심의하는데 필요한 사항을 조사연구하기 위하여 조사단 설치·운영
석면피해구제법	제44조(진찰요구 등) 제47조(조사 및 연구)	- 석면피해인정 및 구제급여를 받은 사람 또는 이를 받으려는 사람에게 의료기관에서 진찰 및 검사 등을 받을 것을 요구할 수 있다. - 이 법에 따른 업무의 효과적인 수행을 위해, 석면으로 건강피해가 우려되거나 의심되는 지역에 거주하였거나 거주 중인 사람 등에 대해 석면관련 건강영향조사 등을 할 수 있다.
가습기살균제피해구제법	제40조(가습기살균제피해종합지원센터 등의 설치 및 운영)	- 가습기살균제피해자 건강모니터링, 의료지원 등 업무 - 가습기살균제 건강 피해의 조사·연구
환경오염피해구제법	제24조(환경오염피해구제심의회 등) ②환경오염피해조사단의 설치·운영 제36조(구제계정의 용도)6	- 구제급여의 지급에 관한 사항을 심의·결정하는데 필요한 사항을 조사·연구하기 위하여 환경오염피해조사단을 설치·운영할 수 있다. - 환경오염피해의 평가 및 피해 경감 등을 위한 조사·연구
화학물질관리법	제45조(화학사고 영향조사)①	2. 화학사고 발생지역 인근 주민의 건강 및 주변환경에 대한 영향 7. 그 밖의 화학사고의 피해구제에 필요한 사항

「환경오염피해구제법」의 경우, 조사의 결과 역학적 관련성이 인정되면, 건강이나 재산의 피해를 입은 사람이 피해구제 지급을 신청할 수 있다(제25조제1항). 피해구제 지급신청이 있으면 구제급여지급에 관한 사항을 심의·결정하는데 필요한 사항을 조사·연구하기 위하여 환경오염피해조사단을 설치·운영할 수 있다(제24조제2항).

피해조사단은 예비조사(제25조제2항)와 본조사(제25조제4항)를 실시하는데, 예비조사는 구제급여의 지급요건에 적합한지 여부를 심의·결정하는데 필요한 사항을 조사하는 것(지급 사유에 해당하는지 등을 현장조사)이며, 본조사는 구제급여 지급여부, 피해등급 등을 결정하는데 필요한 사항을 조사하는 것(피해내용 등에 대한 정밀현장조사)이다(시행규칙 제15조). 이 업무는 환경산업기술원에 위임되어 있다(시행령 제33조1항).

예비조사는 구제급여 신청인과 환경오염피해 발생장소를 조사대상으로 실시된다. 현장조사를 통해 해당 환경오염유발시설에 대한 정보 등 오염원, 오염원의 노출여부 및 노출가능성 등 영향범위, 피해유형 및 현황 등의 피해, 「환경보건법」에 따른 역학조사의 결과(역학조사를 실시하였다면), 환경오염피해구제급여 지급대상인지(환경오염피해구제법 제23조에 해당하는지)를 조사하게 된다.

예비조사결과를 토대로 환경산업기술원장이 구제급여 지급요건에 적합한지 여부를 결정하는데, 전문적인 판단이 필요한 경우에는 '환경오염피해구제심의회'에 올려 심의·의결을 받을 수 있다.

구제급여 지급요건에 해당한다고 결정된 경우 본조사를 실시하는데, 정밀 현장 조사를 통해, 신체피해 유형과 정도, 과수농작물, 수산물, 축산물, 부동산 등 재산피해의 규모, 선순위 유족 여부, 타법에 의한 보상 및 배상여부 등에 관한 사항을 확인한다. 본조사 결과를 기초로 하여 '환경오염피해구제심의회'에서 심의·의결을 거쳐 구제급여 지급여부와 피해등급을 결정한다.

피해조사는 환경피해에 대한 구제급여 지급을 위한 행정적인 절차이나, 법적으로는 역학적 관련성이 확인된 질병에 대하여 해당 지역의 주민에서 개별적인 인과성을 판단하는 절차로 볼 수 있다. 다른 한편, 해당 유해인자와 질병간의 역학적 관련성(일반적 인과관계)이 명확하게 정립되어 있지 않은 경우에는 이에 대한 조사도 추가로 한다.

제4장

기후변화의 건강영향 감시와 대응

1 기후변화 대응정책: 완화와 적응

1. 기후변화 완화와 적응

기후변화는 인류의 산업활동 등의 과정에서 이산화탄소 등 지구에 온실효과를 가져오는 가스의 배출이 증가하여 지구 표면의 대기 및 바다의 평균온도가 지속적으로 상승하는 현상이다. 극지방의 빙하가 녹고 해수면이 상승하여 도서지역이 물에 잠기고, 지구생태계 순환에 변화가 초래되어 극한 기상(폭염, 폭설, 홍수, 폭풍과 대형 산불 등)으로 인한 자연재해의 발생이 증가한다. IPCC[85]에서 제시한 바에 의하면, 산업화이전의 지구(1900년 이전) 온도에 비하여 1.5도 이상 증가하면 지구생태계와 인류가 감당할 수 있는 수준을 넘어서게 된다. 현재 상태는 이미 1도 증가한 상태이다[그림 4-11].

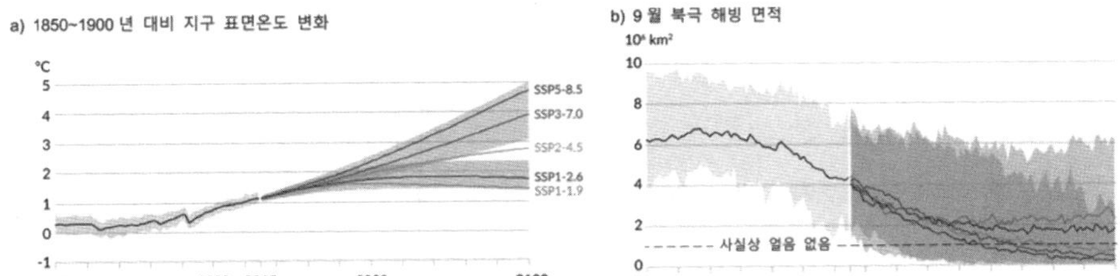

[그림 4-11] 온실가스 배출이 기후시스템에 미친 영향과 미래 추계

(출처) IPCC AR6 WG1. SSP는 Shared Socio-economic pathway로 기후변화적응과 완환를 위한 사회경제적 노력을 함께 고려하여, 5가지 경로를 가정. 1: 지속성장(친환경성장발전), 2: 중도성장(완화적응노력의 조화), 3: 불균형성장(기후변화취약성장), 4: 양극화성장(완화적응노력의 불균형), 5: 고속성장(화석연료의존발전).

85 IPCC (UN 기후변화에 대한 정부간 패널, International Panel on Climate Change): 세계기상기구와 국제연합환경계획에 의해 1988년에 조직, 기후변화의 과학적 근거와 정책방향을 제시하는 보고서(Assessment Report, AR)를 발간. 전세계 과학자들이 참여하고, 보고서는 유엔기후변화협약(UNFCCC, United Nations Framework Convention on Climate Change)에서 정부간 협상의 근거로 활용. 현재 6차 보고서를 발간 중. https://www.ipcc.ch/

경제와 산업활동과정에서 화석연료의 사용으로 지구 전체에 배출되고 있는 온실가스의 대부분은 소득이 높은 선진국들이 배출하고 있다[그림 4-12].

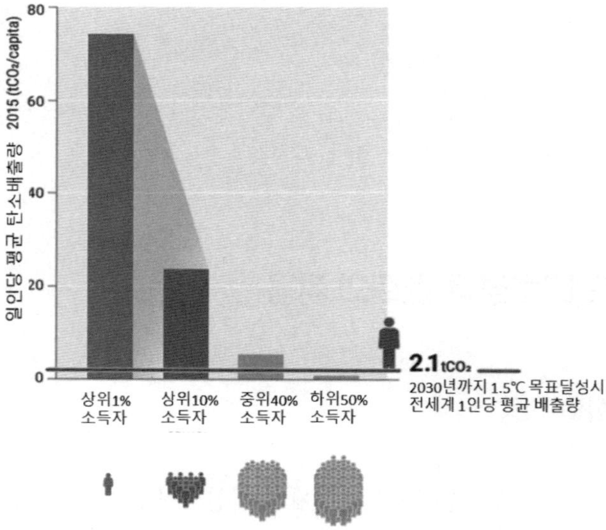

[그림 4-12] 세계인의 소득 그룹별 일인당 평균 탄소배출량, 2015

(출처) United Nations Environment Programme (2020). Emissions Gap Report 2020 – Executive summary. Nairobi. Figure ES.8.

기후변화에 대한 대응은 온실가스배출을 감축시키는 완화(mitigation)정책이 근본적이다. 이를 위하여 이산화탄소 배출의 주범인 화석연료에 기반한 에너지 생산구조를 재생에너지 중심으로 변환하는 것을 포함하여 산업구조와 사회체계 전반의 전환이 필수적으로 요구된다.

그러나, 전 세계의 지난한 노력이 기울여진다고 하여도 이미 배출된 온실가스와 향후 배출될 온실가스에 의해 지구온난화의 진행은 어느 정도 필연적이다. 따라서 이러한 기후변화로 인한 각종 재난에 대해 회복력(resilience)을 높여나가는 적응(adaptation)정책이 필요하다. 적응정책은 지구 온도의 필연적 상승 상황[86]에 대비할 수 있도록 사회 전 부문의 기후탄력성을 제고하는 것이다.

그러나 기후 탄력성은 인간사회에만 필요한 것이 아니다. 인간과 생태계는 지구의

86 관계부처합동, 제3차 국가기후변화 적응대책(2021~2025)에서는 지구온도 2도 상승에도 대비할 수 있도록 하는 것을 목표로 삼고 있다.

공동운명체이므로 생물다양성을 포함한 생태계의 기후탄력성도 매우 중요하다. 최근 발표된 IPCC AR6 WGII[87]에서는 기후변화 대응에서 특히 기후시스템, 생물다양성을 포함한 생태계와 인간 사회간의 상호작용과 동조시스템(coupling system)을 강조하고 있다[그림 4-13].

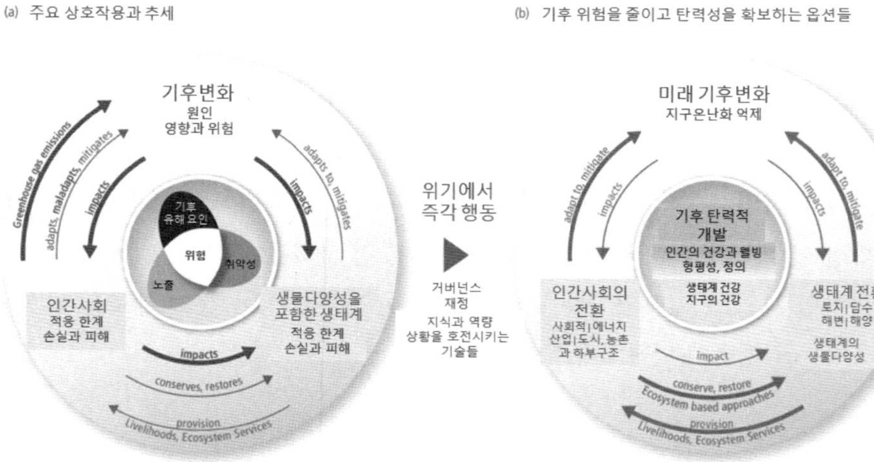

[그림 4-13] 기후위험에서 기후 탄력적 개발로: 기후, 생태계(생물다양성 포함)와 인간사회의 동조체계

(출처) IPCC AR6 WGII, Figure SPM.1.

이러한 기후변화에 대한 적응정책은 기후변화에 대한 종합감시체계를 구축하여, 시나리오를 개발하고 사회 전 부분에서 기후변화의 영향과 취약성에 대한 정확한 예측과 평가를 하는 것에서 시작된다.

2. 우리나라 기후변화 대응 정책

우리나라는 탄소배출량이 세계 7위(2019년)[88]로 기후변화에 중요한 책임이 있는 국가 중 하나이다. 최근 우리나라는 「탄소중립·녹색성장기본법」을 제정(2022년부터 시

87 IPCC 는 3개의 실무그룹(Working Group, WG) 보고서와 1개의 종합보고서(Synthesis Report, SyR)를 발간한다. WGI (기후변화의 과학적 근거), WGI I(기후변화 영향, 적응 및 취약성), WGIII (기후변화 완화).

88 IEA Atlas of Energy. (2022.3.2.) http://energyatlas.iea.org/#!/tellmap/1378539487/0

행)하여, 2050년까지 탄소중립(배출량-흡수량이 0 이 되는 상태, net-zero)을 달성하고자 하는 목표를 세우고 이를 이행할 수 있는 제도적 기반을 마련하였다. 세계적으로는 기후변화대응을 위한 국가의 정책을 법령으로 제정한 14번째 나라가 되었다. 우리나라는 2030년까지 탄소배출감축의 중간단계 국가목표(NDC, Nationally Determined Contribution)도 상향 조정하였다(기존 26.3%에서 35%이상으로). 2050년 탄소중립을 달성하기 위한 시나리오를 마련하고, 사회의 각 분야별 할당 감축목표량을 설정하고, 산업구조의 전환과 공정개선을 지원하기 위한 기후대응기금을 신설하는 등 실질적인 정책수단을 갖추었다.

국가 기후변화적응대책은 5년에 한번씩 수립하는데, 2021년부터 시작되는 3차대책에서는, 8대 국민체감형 과제로 홍수, 가뭄, 생물 대(大)발생,[89] 산림재해, 식량안보, 감염병 질환, 취약계층, 거버넌스를 제시하였다. 전 사회분야의 기후탄력성을 높이기 위한 분야별 사업, 기후취약계층 보호, 시민참여 활성화 등을 통해 새로운 기후체제에 대응하는 정책을 마련하였다.[90]

2 기후변화의 건강영향

1. 기후변화에 의한 건강영향 발생 경로와 취약성

1) 건강영향 발생 경로

기후변화는 여러 경로로 건강에 영향을 미친다[그림 4-14].[91]

89 '20.1월 이상고온에 따라 해충 월동란이 폐사하지 않고 부화하여, '20.6-7월 대벌레, 매미나방 등 곤충 대발생으로 불쾌감 조성, 농작물 피해 등 초래.

90 관계부처합동, 제3차 국가기후변화 적응대책(2021~2025), 2020.

91 Confalonieri, et al, 2007: *Human health, Climate Change 2007: Impacts, Adaptation and Vulnerability, Contribution of Working Group II to the AR5 of the IPCC*, M.L. Parry, O.F. Canziani, J.Pp. Palutikof, Pp.J. van der Linden and C.E. Hanson, Eds., Cambridge University Press, Cambridge, UK, 391-431.

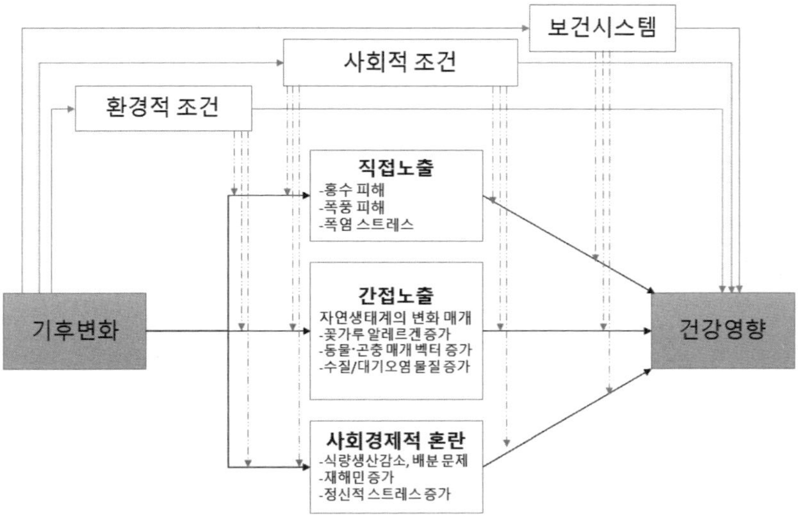

[그림 4-14] 기후변화가 건강에 영향을 미치는 경로와 매개 조건

(출처) IPCC AR4 WGII. 2007. 점선은 매개 영향을 나타냄.

우선 기상재해(홍수, 폭풍, 폭염 등)로 인하여 직접적인 건강피해가 발생한다. 간접적인 경로로는 기후변화가 초래하는 다양한 자연생태계의 변화로 인해 질병발생이 증가하는 것이다. 예를 들어, 식물의 서식환경이 변화하여 꽃가루 알레르겐 증가하거나, 박쥐나 곤충 등의 서식 분포가 변화하여 이들이 매개하는 질병이 창궐하는 것이다. 또 기후·기상의 변화로 화학물질이나 미세먼지 등 환경유해물질의 거동과 분포가 영향을 받아 대기나 수질의 오염이 증가하고 건강에 유해한 영향을 미칠 수 있다. 또 다른 경로는 기후변화가 미친 사회경제적 환경의 변화가 건강을 악화시키는 것이다. 예를 들어, 가뭄이나 재해로 인해 피난민이 증가하고 영양결핍, 설사, 정신적 스트레스 등의 발생과 이로 인한 사망이 증가할 수 있다. 기후변화는 또 작물생산에 영향을 미쳐 특히 저개발국에서 기근이 발생하고 빈곤에 의한 건강문제를 악화시킬 것이다.

2) 기후변화에 대한 건강 취약성

기후변화로 인한 건강영향은 기존의 건강위험을 더 악화·가중시키는 양상으로 나타난다. 기온상승으로 과거에는 고산지대에 없었던 말라리아가 발생한다든지, 자연재해, 대기오염 악화로 질병과 사망, 영양결핍, 수질 매개 감염병과 설사, 동물·곤충

매개 감염성질환이 증가하는 등이 그것이다.[92] 그러나 최근 코로나 판데믹처럼 새로운 감염성질환이 발생할 수 있는 환경을 조성하기도 한다.[93]

IPCC AR6 WGII 에서는 기후변화가 감염성 질환뿐 아니라 비감염성-만성질환의 위험을 증가시키는데, 특히 삶의 질(wellbeing)과 정신 건강(mental health)문제도 악화시킨다는 점을 새롭게 강조하였다.[94] 기후 유해인자(climate hazards), 노출(exposure), 취약성(vulnerability)이 상호작용하며 기후위험(cliamte risks)을 구성하고, 이것이 기후에 민감한 건강문제와 보건체계에 부담을 증가시킨다[그림 4-16].

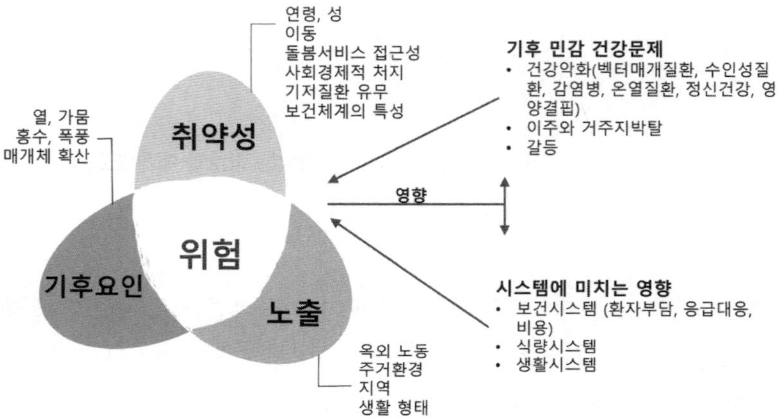

[그림 4-15] 기후유해요인, 노출과 취약성으로 구성되는 기후위험과 보건체계, 건강문제간 상호작용

(출처) IPCC AR6 WGII, Figure 7.4.

기후변화로 인한 건강피해는 국가간, 지역간 및 계층간에 불평등하게 발생한다. 기후변화를 초래한 온실가스는 대부분 선진국들이 배출하지만, 그로 인한 피해는 개발도상국과 저개발국에서 크고 집중해서 나타난다[그림 4-16].[95] 같은 국가내에서는 도시빈민, 해안지역 등 취약한 지역과 노인, 어린이와 여성, 옥외 사업장 및 특수환경 노동자, 영세농민 등 취약한 인구집단, 그리고 저소득층 등 사회경제적으로 취약한

92 관계부처합동. 제3차 국가기후변화 적응대책(2021~2025). 2020.

93 기후변화로 식생 분포가 변화하고 이에 따라 박쥐 종이 증가, 지난 100년간 박쥐 40종 증가, 전세계 박쥐종은 3,000여 종의 코로나바이러스를 보유. 이러한 박쥐 종 증가 추이는 코로나가 시작된 중국 우한과 그 주변지역에서 뚜렷. (출처) Beyer et al. 「Shifts in global bat diversity suggest a possible role of climate change in the emergence of SARS-CoV-1 and SARS-CoV-2」. 『Science of the Total Environment』 2021;767:145413.

94 홍수, 폭풍, 산불 등 기후변화로 인하여 증가된 자연재해의 결과로 이재민, 삶의 터전 상실 등에 의하여 삶의 질과 정신건강이 나빠짐.

95 Patz et al, 「Climate change and global health: quantifying a growing ethical crisis」, 『*EcoHealth*』, 2007.

계층에서 기후변화의 피해가 민감하게 나타난다. 기후변화는 농지, 산림, 강물, 어류 등 중요한 자연자산의 결핍을 유발하고, 이는 사회정치적인 갈등과 불안정으로 이어져 전쟁, 고문, 폭력배들의 전쟁과 같은 집단폭력(collective violence)의 위험도 증가시키는 것으로 알려져 있다.[96] 기후변화로 인한 집단폭력은 저소득국가의 국민들과 고소득국가의 저소득층에서 주로 나타난다.

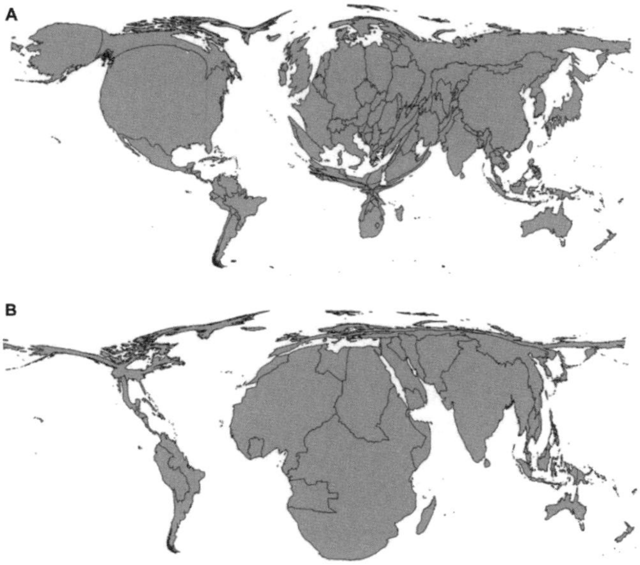

[그림 4-16] 국가별 상대적 탄소배출량과 기후변화로 인한 건강피해의 크기-자료에 근거한 카토그램

(A) 국가별 누적탄소배출량의 상대비율, (B) 국가별 말라리아, 영양결핍, 설사, 익사로 나타난 기후변화의 건강피해 규모와 심각도 (출처) Patz et al.「Climate change and global health: quantifying a growing ethical crisis」.『EcoHealth』 2007.

건강과 기후변화에 관해 매년 보고서를 내는 Lancet Countdown[97] 2021년 보고서에서는 기후변화를 완화하는 정책의 건강이득 효과에 기반하여, 코로나 펜데믹 회복을 위해 경제활성화에 투자하는 공공재원이 탄소감축과 녹색전환을 위한 방향으로 쓰여져야함을 특별히 강조하고 있다.

---

96 Levy and Patz.「Climate change, human rights, and social justice」.『Annals of global health』 2015;81(3):310-322.

97 Lancet Countdown은 영국의 런던 대학이 주도하는 기후변화로 인한 건강영향을 총 44개의 지표로 독립적으로 모니터링하는 국제간 협력체이며, 43개기관과 UN 조직의 연구자들로 구성되어 있으며, 매년 보고서를 낸다. 2012년부터 시작되었으며, 2015년부터 Health and Climage Change 에 대한 보고서를 발간하기 시작하였다. (2022.3.9.) https://www.lancetcountdown.org/

2. 우리나라의 기후변화와 건강영향[98]

우리나라는 급속한 인구고령화, 1인가구의 증가, 소득 양극화의 심화 등 사회경제 구조가 빠른 속도로 변하고 있다. 기후변화에 대한 적응능력이 낮아 취약한 계층과 지역에서 건강피해가 증가하고 있다.

우리나라의 폭염일수는 현재 연간 10.1일에서 21세기 후반에는 35.5일(RCP 8.5 기반)로 늘어날 것으로 예측되었다. 폭염은 열사병, 열탈진, 열피로 등의 온열질환을 발생시키며, 신장질환, 심뇌혈관질환, 정신질환과도 관련성이 보고되었다. 온열질환자가 발생하면 노동생산성이 감소한다.[99] 우리나라에서 기온이 1℃ 증가할 때마다 사망위험이 5% 증가하였으며, 폭염시기에는 사망위험이 8% 증가하였다.

고온상태가 지속되면 대기오염물질이 정체되고 오존농도가 높아져 호흡기질환자가 증가하는 등 건강문제를 발생시킬 뿐 아니라, 환경과 산업 혹은 기반시설에도 영향을 미칠 수 있다. 미세먼지와 오존은 심혈관계 및 호흡기계 질환에 영향을 주며, 최근에는 신장질환, 정신질환과 뇌신경질환과도 연관성이 보고되었다. 기후변화로 인해 개화 시기가 빨라지고 꽃피는 기간도 길어져서 꽃가루 알레르겐 노출이 증가하였다.

매개체가 되는 동물과 곤충의 분포와 밀도는 기온, 강우량, 습도와 같은 기후 요소에 크게 의존한다. 진드기 매개 감염병인 쯔쯔가무시증 발생은 높은 기온에서 더 잘 발생하였다(1℃ 증가당 4.27%). 모기는 기온 1℃ 증가당 일주일 후 모기 성체 개체수가 27% 증가할 가능성이 있으며 이로 인하여 말라리아 발생(9.52~20.8%)이 증가하였다.

수인성 및 식품 매개 감염병은 평균기온과 관련성이 깊다. 기온 상승, 폭우 및 홍수에 의해서 비브리오균 감염증이 높게 나타났다. 기온이 증가하면 살모넬라(1℃ 증가당 47.8%), 장염비브리오(19.2%) 및 황색포도상구균(5.1%)으로 인한 식중독 발생 건수가 증가하였다.

또 극한기상의 빈도와 강도가 심해짐에 따라 야외근로자의 건강위험이 증가한다. 우리나라에서 온열질환 산업재해 사망자 수는 해마다 증가하고 있다('15년 1명, '17년 5명, '18년 12명).

98 관계계부처합동, 제3차 국가기후변화 적응대책(2021~2025)

99 관계부처합동, ibid. 온열질환자 발생수: '11~'17년(평균) 1,132명, '18년 4,526명, '19년 1,841명.

우리나라에서는[100] 폭염으로 인한 사망자 증가, 기상재해, 대기오염 및 알레르기로 인한 건강 영향이 65세 이상 노인과 만성질환자, 사회경제적 상태가 낮은 인구집단에서 더 심하였다. 기온증가에 따라 상승한 쯔쯔가무시증과 중증열성혈소판감소증은 65세 이상 고령인구에서 더 높게 나타났다.

3 기후변화 완화정책의 건강 공동편익

1. 녹색 에너지 시스템

화석연료에 기반한 에너지시스템은 온실가스를 배출하는 가장 큰 원인으로 전체의 65%를 차지한다. 석탄에서 재생에너지로 신속하게 전환하는 것은 탄소배출 저감뿐 아니라 대기오염으로 인한 사망을 예방하고 석탄의 채굴과 연소 과정에서 발생하는 오염물질을 제거하는 데 매우 중요하다.

인류가 배출한 각종 화학물질(프레온, 메틸브로마이드, 할론, 사염화탄소, 메틸클로로포름 등)에 의해 성층권의 오존층이 파괴된다. 성층권의 오존층은 태양으로부터 오는 자외선 중 대부분의 UVB를 흡수하여 지표면에서 UVB의 노출을 차단하는 역할을 해 왔다. 성층권의 오존층 파괴는 결과적으로 과다한 자외선의 노출을 초래한다. 기후변화로 인하여 폭염에 노출되는 시간이 많아지면서 자외선 노출은 더욱 가중된다. 자외선 특히 UVB는 잘 알려진 발암물질로, 피부암을 유발하며, 피부노화, 백내장, 익상편 등의 발생과 관련이 있다. 오존층 파괴물질을 감축하는 것은 자외선 노출을 감소시키는 것으로 건강이득을 준다.

대기오염은 지표면 대기의 오존농도를 증가시킨다. 대기 중 오존은 호흡을 통해 흡입되어 기도를 자극하고 인체의 방어기전을 방해한다. 천식을 더욱 악화시키고 알레르겐에 대한 민감도를 증가시킨다. 다른 한편 지표면의 오존은 복사강제력[101]이 큰 기

100 환경부, 한국 기후변화 평가보고서 –기후변화 영향 및 적응–, 2020.

101 복사강제력(Radiative Forcing, RF) 은 기후변화를 일으키는 물질들의 영향력을 나타내는 척도로 단위면적 당 에너지 변화율로 표현(W/m^2). 양의 복사강제력은 지구–대기 시스템의 에너지를 증가시키고, 음의 복사강제력은 감소시킨다. 온실가스 중 이산화탄소가 기후변화의 복사강제력 증가에 가장 크게 기여하였다.(인위적 복사강제력 총량 2.3W/m^2 중 1.68W/m^2). (출처) 기상청, 『기후변화과학 용어 설명집』, 2020.

후변화물질이다. 따라서 대기 중 휘발성유기화합물(VOCs)과 질소산화물(NOx)오염을 저감시키는 정책은 기후변화를 완화시키는 정책이 되기도 하여,[102] 결과적으로 건강의 공동편익을 가져온다.

WHO에 의하면 전세계적으로 약 26억 명이 난방과 조리에 사용하는 연료의 연소에 의해 실내공기오염에 노출되고 있다. 저개발국에서 총사망의 10%가 이로 인한 것이다.[103] 저개발국의 가정용 에너지는 대부분 식물이나 동물의 폐기물을 소각하는 방식으로, 연소과정에서 많은 오염물질을 방출하며, 특히 초미세먼지로 인하여 실내공기가 WHO권고기준의 120배까지 높아지는 경우도 있으며, 노출인구는 주로 여성으로 남성보다 40% 더 많다.[104] 이로 인하여 매년 231만 명이 사망한다.[105]

초미세먼지(PM2.5)의 건강위해성은 최근에 잘 알려졌다. 화석연료에 기반한 에너지 시스템은 여러 가지 오염원으로부터 초미세먼지를 방출하여, 사망에 기여한다.

2019년에 초미세먼지는 약 400만 명의 사망을 초래하였으며, 330만 명이 사람의 활동에 의한 발생원에서 비롯되었으며, 이중 110만 명은 직접적인 화석연료의 연소로 인한 것이다. 인간개발지수[106]가 중~고인 나라에서 낮은 나라에 비하여 기여사망율이 높다.

2. 녹색 수송: 전기차 확대, 자전거 타기와 걷기

전세계적으로 수송분야가 CO_2 배출에서 차지하는 비중은 약 18%(2019년)이다. 자동차를 전기차로 전환하는 것은 따라서 매우 중요한 기후변화 완화책 중 하나이다. 나아가 차를 이용하지 않고 걷기와 자전거타기를 더 많이 하는 것은 온실가스배출을 줄일 뿐 아니라 신체활동수준을 높여 건강에 이롭다. 여러 나라 대도시에서 공용자전거 정책이 실시되고 있으며, 안전하게 자전거를 탈 수 있도록 도로의 구조개선이 필요하다. 전세계에서 전기차의 비중은 2019년 현재 아직 1%에 지나지 않는다.

---

102 환경부. 저탄소 녹색성장기본법에 따른 국가 기후변화 적응 기본계획(2011–2015). 2011.

103 https://www.who.int/data/gho/data/themes/topics/topic-details/GHO/household-air-pollution

104 Shupler et al. 「Global estimation of exposure to fine particulate matter (PM2·5) from household air pollution」. 『Environ Int』 2018; 120: 354·63.

105 Bennitt et al. 「Estimating disease burden attributable to household air pollution: new methods within the Global Burden of Disease Study」. 『Lancet Glob Health』 2021; 9: S18.

106 유엔개발계획(UNDP)이 발표하는 인간개발보고서(HDR) 중의 각 국가의 실질국민소득, 교육수준, 문맹율, 평균수명 등을 여러 가지 인간의 삶과 관련된 지표를 조사해 각국의 인간 발전 정도와 선진화 정도를 평가한 지수이다. https://hdr.undpp.org/en/content/human-development-index-hdi

3. 식품과 농업

농업생산을 비롯한 식품시스템은 전체 온실가스 배출량의 21–37%를 차지하며[107] 동시에 탄소를 차단하는 역할도 한다. 농축산업과 식품소비 과정에서 배출되는 온실가스의 대부분은 붉은 육류 소비로 인한 것이다. 일인당 온실가스배출량은 육류 소비가 많은 최고HDI국이 저HDI국에 비하여 41%(2018년) 더 많다.[108]

육류의 생산과 소비를 줄이고 식물성 식품의 생산과 소비를 늘리는 것은 온실가스 감축뿐 아니라 건강에도 매우 이롭다. 이것은 특히 최고·고HDI국에서 중요하다. 중·저HDI국들은 지속 가능한 영농 및 농경법을 유지하여 온실가스배출을 줄이면서, 필요한 영양공급이 가능하도록 하여야 한다. 전세계적으로 2018년 불균형 식이(영양소와 칼로리 모두 포함)로 인한 사망자수는 960만 명에 이른다. 최고HDI 국민들은 중·저HDI 국민들에 비하여 4~8배 더 많이 붉은 육류를 섭취하며, 9배 더 높은 기여사망율을 보이며(19명 vs 2명 /10만 명당), 남성이 여성보다 더 높다.

4 기후변화 건강피해의 사전예방

1. 국민건강영향 평가와 감염병 감시체계

1) 기후보건영향평가

우리나라는 기후변화에 대한 감축(mitigation) 분야의 국가적 대응력수준이 낮아, 기후변화로 인한 영향에 매우 취약한 국가 중 하나이다.[109] 따라서, 기후변화로 인한 건강영향과 피해도 커질 것으로 예측되고 있다.

기후변화 건강피해를 예방하기 위해서는, 기후변화로 인하여 발생하는 건강영향을

---

107 2018년 전체 농업생산을 통한 배출량은 5.6GtCO_2e 이며 이 중 52%가 축산업(주로 소)에 의한 것이다. (출처) Romanello et al. ibid.

108 Romanello et al. ibid.

109 2021년 우리나라의 기후변화성과지수(Climate Change Performance Index)는 very high ~ very low 의 5개 카테고리 중 최하위인 very low 에 속하며, 평가대상 61개국 중 53위(온실가스배출분야 57위, 재생에너지분야 40위, 에너지사용분야 59위, 국내 및 국제적 기후정책분야 21위). https://ccpi.org/download/the-climate-change-performance-index-2021/

감시하는 것과 미래 예측을 할 수 있는 평가체계 모두가 필요하다. 전자는 전통적인 감시체계로서 조기 관리를 가능하게 하며, 후자는 의료자원배분과 전문인력 수요 산출,[110] 보건의료시스템의 탄력성을 제고하기 위한 것이다.

「보건의료기본법」제37조의2(기후변화에 따른 국민건강영향평가 등)에 따라, 질병관리청에서는 응급실 중심의 온열·한랭질환 감시체계와 (기존의)감염병 질환 감시체계를 운영하고 있다. 또 여러 부처의 다양한 연구사업을 통해 기후보건영향을 평가하기 위한 체계를 구축하고 있다. 기후보건영향평가는 5년단위로 수립되며, 총 4가지 범주(기온, 대기오염, 자연생태계변화, 기상재해)에 대하여 이루어질 계획이다〈표 4-17〉.

〈표 4-17〉 기후보건영향평가의 대상과 내용

평가 범주	보건 영향
기온 (고온, 저온)	– 심뇌혈관 질환, 온열한랭질환 – 호흡기 및 알레르기 질환 – 신장 및 비뇨기질환 – 정신건강
대기오염 (미세먼지, 오존, 알레르기 물질)	– 호흡기 및 알레르기 질환 – 심뇌혈관 질환 – 정신건강
기후변화로 인한 자연 생태계 변화	– 곤충 동물매개 감염병 – 수인성 식품매개 감염병 – 신종감염병
기상재해 (홍수, 태풍, 가뭄 등)	–사 망 및 재해 – 수인성식품매개 감염병 – 정신건강

(출처) 관계부처합동, 제3차 국가기후변화적응대책(2021~2025), 2021.

환경부에서는 극한기상에 대비하여 건강영향을 감시·관리하는 플랫폼(앱 등) 개발을 추진하고 있다. 이는 중점관리지역(Hot Spot)정보, 건강위험 신호, 행동요령 등 감

110 보건의료인력은 양성기간이 길어(특히 의사는 12년 이상) 여러 시나리오에 따라 보건의료체계 변화에 대한 검토 후 중장기 인력수급계획이 마련되어야 함. (출처) 한국보건사회연구원, 「보건의료인력 종합계획 및 중장기 수급추계연구」, https://www.kihasa.re.kr/research/project/view?seq=35103

시체계를 통해 확보된 관련정보를 국민들에게 제공하기 위한 것이다.[111]

다른 한편, 지구온난화와 폭염·폭우 등 기상이변으로 인하여 독성물질 및 발암물질의 특성, 배출과 거동이 변화할 수 있다. 이러한 환경유해인자가 대기, 물, 토양, 적토, 식생 등 기후변화로 인한 거동 변화를 예측할 필요가 있다. 이것은 결국 노출 특성이 변화하는 것이므로, 독성 및 거동변화에 따른 건강영향의 예측이 되어야 할 것이다.[112]

2) 기후변화로 인한 감염병 감시체계

기후변화에 따른 감염병 대응체계는 질병관리청에서 연구개발을 포함하여, 웹기반 감염병 사건 감시시스템(Epidemic Intelligence from Open Sources, EIOS)[113] 등 감시정보의 보고 플랫폼에 참여확대와 협력강화를 통해 보다 빠른 정보의 배포와 공유를 도모하고 있다. 수인성 및 식품매개성 감염병에 대한 감시-조사-관리가 연계되는 통합전산관리시스템(Enter-Net)[114]을 운영하고, 감염병 매개체 종합감시체계(Vector-Net)[115]를 지리정보시스템(GIS)으로 구축하여 전국 보건소에서 효율적인 매개체 방제를 할 수 있도록 한다. 또 해양환경 내 병원성 비브리오균 감시체계(Vibrio-Net)을 통해 전국 152개 지점에서 월2회 연중 모니터링하여 병원성 비브리오균의 분포와 발생을 감시하고 예·경보 체계를 구축하고 있다.[116]

2. 기후변화 관련 환경보건정책 이슈

1) 기후변화 완화정책의 강화로 건강 편익 추구

2020년의 세계 이산화탄소의 대기 중 농도는 1750~1800년의 평균에 비하여 50%

---

111 관계부처합동, 제3차 국가기후변화적응대책(2021~2025), 2021.

112 환경부, 제2차 환경보건종합계획('21~'30), 2021.

113 WHO가 2017년부터 운영하는 사건-중심 공개 감시체계. 기존 혹은 새롭게 만들어지는 다른 시스템들과 협력, 공개 정보에 기반하여 공중보건위협 사항을 조기 발견, 확인, 평가, 소통하여, 신속히 대응하여 생명과 생활에 영향을 제거하는 것이 목적(vision: a world where health threats are identified and responded to so early and rapidly that they have zero impact on lives and livelihoods). 모든 유형의 유해인자에 대한 통합적 연결망과 원헬스(동물 및 환경의 건강을 모두 포함) 접근에 기반한 지구적 감시체계. COVID-19에 대한 국제적 대응에서 중요한 역할을 함. https://www.who.int/initiatives/eios

114 콜레라, 장티푸스, 세균성이질, A형간염, 비브리오패혈증 등에 대한 병원체 분석 확인. (출처) 관계부처합동, ibid.

115 모기 등 감염병 매개체 3종의 발생밀도 및 병원체(쯔쯔가무시 등 7종) 조사분석. (출처) 관계부처합동, ibid.

116 관계부처합동, ibid.

더 높으며, 2019년 총 온실가스 배출량은 59.1 $GtCO_2e$로서, 지구온난화를 1.5℃로 억제하기 위해서는 2030년까지 25 $GtCO_2e$ 으로 감축하여야 한다.

앞서 살펴보았듯이 온실가스 배출을 감축하는 기후변화 완화(mitigation)정책이 기후변화로 인한 건강피해를 저감하고 회복력을 제고하기 위한 적응(adaptation)정책과 별개가 아니다. 온실가스 배출을 감축하는 여러 정책은 지구온난화를 억제하는 것에 의해서 뿐 아니라, 그 자체로도 건강 편익을 높여준다. 에너지시스템과 수송체계의 녹색전환, 육식기반의 식품생산과 소비체계의 식물기반으로의 전환은 대기오염과 미세먼지의 노출을 줄이고, 신체활동수준을 높이며, 영양불균형을 감소시킨다.

코로나 19 판데믹이 특히 수송과 산업 부문에 미친 경제적 타격으로 인해 세계 총 배출량의 48%를 차지하던 선진국(매우 높은 HDI 국가)의 배출량이 2019년에 비하여 약 10% 감소한 것으로 추정되고 있다. 그러나 판데믹으로부터 회복해 나가면서 온실가스 배출량도 다시 증가하고 있다. WHO는 전세계에서 코로나 판데믹 극복에 쓰일 엄청난 규모의 재정을 건강한 녹색전환이 될 수 있는 방향으로 조정하여 사용하여야만, 지구온난화를 억제하고 기후변화로 인한 불평등을 감소시켜 건강의 공동편익을 극대화할 수 있다고 주장한다.[117]

기후환경보건정책은 기후변화 완화정책을 포함한 경제 및 환경정책 전반이 가지는 건강 부분의 공동편익(co-benefit)을 주시하여, 그 과학성과 효율성을 담보하여야 할 것이다.

2) 기후변화와 지구 생명공동체의 연결된 건강: 원헬스 접근

지구는 하나이고 지구상의 모든 생명체는 공동운명체이다. 호모 사피엔스는 35억 년전에 생겨난 최초의 기원세포로부터 진화해 온 다양한 생물종 중 하나이다. 이것은 지구상의 모든 생명체가 DNA 암호에 통일성을 가지고 있다는 사실과 화학적 에너지를 활용하여 세포의 생물학적 배터리를 거쳐 분자를 합성하는 동일한 메커니즘을 활용한다는 사실에서 나타난다.[118]

인류의 문명사회가 자연을 무시한 채 인류만을 위한 문명을 성장·발달시킨 경우 붕괴할 가능성이 높다는 생태자살설(ecological suicide)은 이스터섬의 예를 포함하여,

117 Romanello et al. 「The 2021 report of the Lancet Countdown on health and climate change: code red for a healthy future」. 『Lancet』 2021l398:1619–62.

118 브라이언 그린, 『엔드 오브 타임』, 와이즈베리, 2020, pp.127–146.

과거 사회의 많은 예들이 증명하고 있다.[119] 동식물의 생명체를 포함한 자연을 보존하는 일은, 인류의 생존·번성과 직결되어 있다.

2000년 유엔총회에서 발표된 〈지구헌장〉은 다음과 같이 선언하고 있다.

> "인류는 진화하는 우주의 한 부분이다. 우리의 보금자리인 지구는 고유한 생명공동체를 이루어 살아가고 있다. 자연의 힘은 생존을 위협하기도 하지만 지구는 생명체가 진화하는데 필수적인 환경을 제공해 왔다. 생명공동체의 회복력과 인류의 복지는 모든 생태계를 포함한 생물권(biosphere)이 얼마나 건강한가, 즉 동식물의 풍부한 다양성, 비옥한 토양, 맑은 물, 깨끗한 공기에 달려있다."

기후변화로 인해 인류뿐 아니라 지구상의 다른 생명체들도 위기를 맞았다. IPCC AR5에서는 21세기와 이후 기간에 대한 전망에서 육상 및 담수 생물종 상당수가 멸종위험에 처해있으며, 특히 기후변화가 다른 스트레스요인(서식지 파괴, 남획, 오염, 외래종 침략 등)과 상호작용할 경우 멸종의 위험이 더 커진다고 하였다. 또 전 지구적으로 해양 종이 재분포되고 기후변화 민감지역에서 해양 생물다양성이 감소하여, 해양의 어업생산성과 기타 생태계 서비스 공급이 지속하기 어려울 것이라 내다보았다. 생태계가 기후변화에 적응 능력을 높일 수 있도록 스트레스요인(서식지 파괴 등)을 줄여주고, 유전적 다양성을 보존하며, 적합한 서식지로 이동을 유도하고, 방해 개체군을 제거하는 등 다양한 관리대책이 필요하다.

인수공통감염병의 예에서 보듯이 지구 생명공동체의 건강은 서로 연결되어 있다. WHO에 따르면, 지난 30년간 발견된 사람의 새로운 질병 중 75%이상이 야생동물에서 유래한 것으로 알려져 있다. 원헬스(One-Health)체계는 이러한 종간 전파를 고려하여 사람·동물·환경의 건강을 통합적으로 관리하고자 하는 것이다. 우리나라는 질병관리청(보건복지부), 농림축산검역본부(농림축산식품부), 국립야생동물질병관리원(환경부)에서 사람-가축-야생동물의 질병관리에 대한 협조와 정보공유를 통해 국가감염병 대응 체계를 구축하고 있다.

119 제레드 다이아몬드, 『문명의 붕괴』, 김영사, 2005, pp.12-41.; 문명사회 붕괴의 5가지 원인 중 첫 번째가 자연파괴설(또는 생태자살설)이다. 자연파괴설은 사람들이 환경을 파괴함으로써 자초한 문명사회의 붕괴(자살)로 삼림파괴와 서식지 파괴, 토양문제(침식, 염화, 비옥도의 저하 등), 물관리, 지나친 사냥, 과도한 고기잡이, 외래종의영향, 인구폭발, 사람의 영향, 그리고 인간이 야기한 기후변화, 자연환경에 축적된 유해화학물질, 에너지 부족, 지구의 광합성역량을 극한까지 사용하려는 인간의 욕심으로 유형화된다.

가축의 질병은 「가축전염병예방법」에 따라 가축의 질병감시 및 방역체계를 운영하고 있다. 가축은 식량자원의 측면 위주로 다루어져[120] '인간에게 얼마나 유용한가에 관계없이 생명체로서의 가치를 지님을 인정'[121] 받지 못하는 실정이다. 대표적인 예가 가축의 집단살처분제도이다.[122]

환경부 국립야생동물질병관리원에서는 인수공통감염병(야생조류 고병원성 조류인플루엔자, 야생동물의 신·변종 인수공통감염병 등)[123]에 대한 모니터링 체계를 운영하고, 야생동물 질병정보시스템을 구축하고 있다.[124] 이와 함께 야생동물 질병의 표준진단기법 및 방역기술(확산도 분석 및 역학조사)개발, 서식환경별 질병분포의 특성 등 조사·연구를 실시하고 있다. 초기단계에 있는 이 사업들은, 향후 전문인력 및 재원의 투입과 조직의 확대로 빠른 시일안에 사업의 범위와 내용을 확대하며 체계를 갖추어 나가야 할 필요가 있다.

3) 기후피해의 불평등과 건강취약성에 특별한 고려

기후변화로 인한 건강피해는 국가간, 한 국가 내에서도 지역간에 불평등하게, 현세대보다는 미래세대에 더 심각하게 나타난다. 또 어린이와 노인과 같은 생물학적 취약계층 또는 사회경제적 취약계층에 집중적으로 그 피해가 발생한다. 기후환경보건정책은, 이러한 기후 건강취약계층에 특별한 관심을 기울여, 이들의 건강영향 예방과 기후회복력을 증진하는 다양한 방안을 마련·시행하여야 할 것이다.

다른 한편, 기후변화의 완화정책을 이행하는 과정에서, 의도하지 않게 취약계층이

---

120 「가축전염병예방법」 제1조(목적) 이 법은 가축의 전염성 질병이 발생하거나 퍼지는 것을 막음으로써 축산업의 발전과 공중위생의 향상에 이바지함을 목적으로 한다.

121 Earth Charter. Priciples I-1-a. Recognize that all beings are interdependent and every form of life has value regardless of its worth to human beings. https://earthcharter.org/

122 살처분은 감염된 가축(일반적 살처분)에 대해 혹은 감염이 확실치 않으나 미리(예방적 살처분) 시행되는데, 동물생명에 대한 존중과 동물복지에 대한 개념은 전혀 없이 오로지 가축을 경제적 관점에서만 다루고 있다는 문제가 꾸준히 비판되고 있다. 국회 동물복지포럼 (2018.7.9.)에서는, 집단살처분 방식의 방역은 농민의 경제적피해 뿐 아니라, 쓰레기 버리듯 처분되는 동물들의 생명윤리문제, 살처분담당자들의 정신적 고통, 토양과 지하수 오염 등의 2차적 환경보건문제를 유발한다. 가축전염병 창궐의 근본 원인은 공장식 동물농장 사육제도에 있으며 공장식 동물사육제도의 근본적 개선이 필요하다. 사육제한 직불제, 한국형백신개발 등으로 감염발생을 억제하는 예방중심 방역체계와 동물복지형 축산시스템, 축산 및 육가공산업의 환경개선부담금신설 등이 제안되었다.

123 조류, 멧돼지 중심에서 고라니, 박쥐, 너구리 등 질병 매개동물 조사대상을 확대하여, 11가지 주요 질병(조류인플루엔자(AI), 아프리카돼지열병(ASF), 돼지열병, 코로나바이러스, 중증열성혈소판감소증후군(SFTS), 결핵, 광견병, 구제역, 부틀리즘, 기생충, 웨스트나일)에 집중하여 진단·관리. (출처) 환경부 국립야생동물질병관리원. https://me.go.kr/niwdc/web/index.do?menuId=32

124 관계부처합동. 제3차 국가기후변화적응대책(2021~2025). 2021.

발생할 수 있다. 온실가스배출의 주범으로 향후 전환될 산업(예, 내연기관차와 석탄 화력발전 분야)의 기업과 노동자, 이들이 위치한 지역의 주민들에서 발생할 수 있는 피해가 그 예이다. 실업과 직무불안정은 노동자들이 가지는 직무스트레스 중 가장 심각한 것으로 건강에 매우 나쁜 영향을 미친다. 정부는 산업구조개편에 따르는 기업지원과 재직자들의 전직·재취업 준비를 지원하는 것도 포함하여 다양한 공정전환 지원책을 내놓고 있는데,[125] 향후 정책이 차질없이 이행되어야 할 것이다.

이러한 정책과제들을 뒷받침하기 위하여, 「환경보건법」의 개정을 통해 환경보건종합계획 수립의 내용에 기후변화로 인한 건강영향과 대응에 관한 내용을 명시적으로 담아낼 필요가 있다. 이와 함께 기후변화 대응 환경보건정책의 중장기 종합계획이 신속히 마련되어야 할 것이다.

125 관계부처 합동(고용, 산업, 과기, 환경, 기재) 보도자료(2021.7.22.) 산업구조 변화에 대응한 공정한 노동전환 지원 방안 발표. https://www.korea.kr/news/pressReleaseView.do?newsId=156462939

참고 문헌

〈논문〉

손혜옥, 「우리나라 휴폐광산의 통합 환경관리를 위한 개선방안 연구」, 박사학위논문, 세종대학교, 2018.

Aguilera O, Fernández AF, Muñoz A, Fraga MF, 「Epigenetics and environment: a complex relationship」, J Appl Physiol (1985), 2010;109(1):243-51.

Bennitt FB, Wozniak SS, Causey K, Burkart K, Brauer M, 「Estimating disease burden attributable to household air pollution: new methods within the Global Burden of Disease Study」, The Lancet Global Health, 2021;9:S18.

Beyer RM, Manica A, Mora C, 「Shifts in global bat diversity suggest a possible role of climate change in the emergence of SARS-CoV-1 and SARS-CoV-2」, Sci Total Environ, 2021;767:145413.

Dolinoy DC, Weidman JR, Jirtle RL, 「Epigenetic gene regulation: Linking early developmental environment to adult disease」, Reproductive Toxicology, 2007;23(3):297-307.

Levy BS, Patz JA, 「Climate Change, Human Rights, and Social Justice」, Ann Glob Health, 2015;81(3):310-22.

Patz JA, Gibbs HK, Foley JA, Rogers JV, Smith KR, 「Climate Change and Global Health: Quantifying a Growing Ethical Crisis」, EcoHealth, 2007;4(4):397-405.

Romanello M, McGushin A, Napoli CD, Drummond P, Hughes N, Jamart L, et al, 「The 2021 report of the Lancet Countdown on health and climate change: code red for a healthy future」, The Lancet, 2021;398(10311):1619-62.

Shupler M, Godwin W, Frostad J, Gustafson P, Arku RE, Brauer M, 「Global estimation of exposure to fine particulate matter (PM2.5) from household air pollution」, Environment International, 2018;120:354-63.

〈책〉

브라이언 그린 지음, 박병철 옮김, 『엔드 오브 타임』, 와이즈베리, 2020.

제레드 다이아몬드 지음, 강주헌 옮김, 『문명의 붕괴』, 김영사, 2005.

〈보고서 및 웹문서〉

관계부처 합동, 「제2차 국가기후변화적응대책(2016~2020)」, 관계부처 합동, 2015, Available from: http://www.me.go.kr/home/web/policy_data/read.do?menuId=10262&seq=6656

관계부처 합동, 「제2차 환경보건종합계획(2021~2030), 관계부처 합동, 2020, Available from:

https://policy.nl.go.kr/search/searchDetail.do?rec_key=SH2_PLC20210260353
관계부처 합동,「제3차 국가 기후변화 적응대책 (2021~2025)」, 관계부처 합동, 2020 from: https://policy.nl.go.kr/search/searchDetail.do?rec_key=SH2_PLC20210259187
국립환경과학원,「폐광산 사후환경오염영향 정밀평가 연구」, 아주대학교, 2016 [cited 2022 May 8]. Available from: http://scienceon.kisti.re.kr/srch/selectPORSrchReport.do?cn=TRKO201700008160
국립환경과학원,「일반산단주변지역환경보건평가」, 국립환경과학원, 2011 [cited 2022 May 9]. Available from: https://policy.nl.go.kr/search/searchDetail.do?rec_key=UH1_00000106219289
권호장 등,「국가 산단지역 주민 환경오염 노출 및 건강영향 감시사업 종합평가」, 국립환경과학원, 2017, Available from: https://ecolibrary.me.go.kr/nier/#/search/detail/5638949
권호장,「국가산단지역 환경오염 노출 및 주민건강영향 3단계 조사 시범연구」, 국립환경과학원, 2018, Available from: https://ecolibrary.me.go.kr/nier/#/search/detail/5679483
기후정보포털,「기후변화감시 용어 설명집」, 기상청, 2020 [cited 2022 May 11], Available from: http://www.climate.go.kr/home/explanation/explanation.php
박영민,「건강영향평가 운영실태 및 개선방안 연구」, 한국환경연구원, 2011. Available from: http://scienceon.kisti.re.kr/srch/selectPORSrchReport.do?cn=TRKO201600011763
박정덕,「토양오염우려 폐금속광산지역 주민건강영향조사(II)」 국립환경과학원, 2020. Available from: https://ecolibrary.me.go.kr/nier/#/search/detail/5705376
배현주,「국내 발전소 주변 주민건강영향조사 방안 마련 연구」, 한국환경연구원, 2016. Available from: https://www.kei.re.kr
산업통상자원부,「제4차 광해방지기본계획(2022-2026)」, 산업통상자원부, 2022.
질병관리청, 감염병감시체계 [internet], [cited 2022 Apr 23], Available from: http://www.kdca.go.kr
통계청, 국가지표체계 – 석탄화력발전비율 , e-나라지표 국정모니터링지표 [internet], [cited 2022 May 9], Available from: https://www.index.go.kr/unify
하종식,「건강영향평가 방법 개선방안 마련 연구」, 한국환경연구원, 2017 [cited 2022 Apr 27]. Available from: https://www.kei.re.kr
한국산업단지공단, 전국산업단지현황통계 [internet], [cited 2022 May 9], Available from: https://www.kicox.or.kr/user/bbs/BD_selectBbsList.do?q_bbsCode=1036&q_clCode=2
한국환경공단, 토양환경평가 제도 – 당신의 토지는 건강한가요?, 한국환경공단 주요사업 자료실 [internet], 2021, Available from: https://www.keco.or.kr/kr/business/water/communityid/192/view.do?p=1&idx=37956&FAQCATEGORY_ID=&f=1&q=
한국환경연구원,「어린이 환경보건 출생코호트 연구 고도화 및 로드맵 마련 :최종보고서」, 한국환경연구원, 2020 [cited 2022 Apr 28], Available from: https://policy.nl.go.kr/search/searchDetail.do?rec_key=SH1_UMO20211275372&kwd=
환경부,「환경부 제2차 토양보전기본계획(2020~2029)」, 환경부, 2020. Available from: http://www.me.go.kr/home/web/policy_data/read.do?pagerOffset=0&maxPageItems=10&maxI

ndexPages=10&searchKey=&searchValue=&menuId=10259&orgCd=&condition.deleteYn=N&seq=7478

환경부.「환경부 폐광 등 취약지역 건강영향조사 기본계획안」. 환경부. 2005 [cited 2022 Apr 28]. Available from: http://www.me.go.kr/home/web/policy_data/read.do/

환경부예규 제 640호. 폐광산 주변지역의 사후 환경오염영향조사 지침. 2018.

Intergovernmental Panel for Climate Change (IPCC).「AR5 Climate Change: Impacts, Adaptation, and Vulnerability」. IPCC. 2014 [cited 2022 May 11]. Available from: https://www.ipcc.ch/report/ar5/wg2/

Intergovernmental Panel for Climate Change (IPCC).「AR6 Climate Change: Impacts, Adaptation and Vulnerability」. IPCC. 2022. [cited 2022 May 11]. Available from: https://www.ipcc.ch/report/sixth-assessment-report-working-group-ii/

Climate Change Performance Index (CCPI). Climate Change Performance Index 2021 . CCPI. 2020 [cited 2022 May 11]. Available from: https://ccpi.org/download/the-climate-change-performance-index-2021/

Earth Charter in Action. Powering a global movement [Internet]. Earth Charter. [cited 2022 May 11]. Available from: https://earthcharter.org/

IEA Energy Atlas [Internet]. [cited 2022 May 11]. Available from: http://energyatlas.iea.org/#!/tellmap/1378539487/0

UNEP Copenhagen Climate Center (UNEP-CCC).「Emissions Gap Report 2020」. UNEP. UNEP-CCC. 2020 [cited 2022 May 11]. Available from: https://wedocs.unep.org/xmlui/handle/20.500.11822/34438

WHO. The Epidemic Intelligence from Open Sources Initiative [Internet]. [cited 2022 May 11]. Available from: https://www.who.int/initiatives/eios

United Nations Development Programme (UNDP). Human Development Index (HDI). Human Development Reports [Internet]. [cited 2022 May 11]. Available from: https://hdr.undp.org/en/content/human-development-index-hdi

WHO. WHO STEPwise Approach to NCD Risk Factor Surveillance (STEPS) [Internet]. [cited 2022 Apr 23]. Available from: https://www.who.int/teams/noncommunicable-diseases/surveillance/systems-tools/steps

WHO. Household air pollution. THE GLOBAL HEALTH OBSERVATORY [Internet]. [cited 2022 May 11]. Available from: https://www.who.int/data/gho/data/themes/topics/topic-details/GHO/household-air-pollution

제5편

환경피해 구제

제1장

환경오염피해와 구제

1 환경오염피해

1. 피해의 원인

「환경정책기본법」 제3조4호는 '환경오염'을 "사업활동 및 그 밖의 사람의 활동에 의하여 발생하는 대기오염, 수질오염, 토양오염, 해양오염, 방사능오염, 소음·진동, 악취, 일조 방해, 인공조명에 의한 빛공해 등으로서 사람의 건강이나 환경에 피해를 주는 상태를 말한다."로 정의하고 있다.

「환경오염피해구제법」 제2조1호는 '환경오염피해'를 "시설의 설치·운영으로 인하여 발생되는 대기오염, 수질오염, 토양오염, 해양오염, 소음·진동, 그 밖에 대통령령으로 정하는 원인으로 인하여 다른 사람의 생명·신체(정신적 피해를 포함한다) 및 재산에 발생된 피해(동일한 원인에 의한 일련의 피해를 포함한다)를 말한다."로 정의한다.

두 법에서 공통적인 것은 유해물질로 인하여 환경매체의 오염이 일어나고(대기오염, 수질오염, 토양오염, 해양오염 등) 그로 인하여 피해가 발생하거나, 유해물질 자체의 노출(소음·진동, 악취, 일조 방해, 빛공해 등)로 인하여 피해가 발생한 경우를 모두 포함한다는 점이다.

그러나 「환경정책기본법」에서 환경오염피해를 '사업활동 및 그 밖의 사람의 활동에 의하여...'로 포괄적으로 정의하고 있으나, 「환경오염피해구제법」은 환경오염피해를 '시설의 설치·운영으로 인하여..' 일어난 피해에 제한하고 있다. 후자의 법은 따라서 석면, 가습기살균제, 살생물제품으로 인한 피해구제법과 같이 특정 오염상황에 대한 개별법이라 할 수 있다.

2. 피해의 유형

1) 사람의 건강과 생명

「환경정책기본법」과 환경오염피해 관련 구제법들은 모두 사람의 건강과 생명의 피해를 일차적인 대상으로 보고 있다〈표 5-1〉.

〈표 5-1〉 환경정책기본법과 환경관련 피해구제법에서 피해의 정의

법 명	피해의 정의
환경정책기본법 (제3조의4호)	"환경오염"이란 사업활동 및 그 밖의 사람의 활동에 의하여 발생하는 대기오염, 수질오염, 토양오염, 해양오염, 방사능오염, 소음·진동, 악취, 일조 방해, 인공조명에 의한 빛공해 등으로서 사람의 건강이나 환경에 피해를 주는 상태
환경오염피해구제법 (제2조1호)	"환경오염피해"란 시설의 설치·운영으로 인하여 발생되는 대기오염, 수질오염, 토양오염, 해양오염, 소음·진동, 그 밖에 대통령령으로 정하는 원인으로 인하여 다른 사람의 생명·신체(정신적 피해를 포함한다) 및 재산에 발생된 피해(동일한 원인에 의한 일련의 피해를 포함한다)를 말한다. 다만, 해당 사업자가 받은 피해와 해당 사업자의 종업원이 업무상 받은 피해는 제외한다.
석면피해구제법 (제2조2호, 제6조)	"석면질병"이란 석면을 흡입함으로써 발생하는 것으로 원발성(原發性) 악성중피종, 원발성 폐암, 석면폐증 및 그 밖에 대통령령으로 정하는 질병을 말한다. ..국내에서 석면에 노출됨으로써 석면질병에 걸린 것이라는 취지의 인정(이하 "석면피해인정"이라 한다)을..
가습기살균제피해구제법 (제2조3호)	"가습기살균제 건강피해"란 독성 화학물질을 함유한 가습기살균제에 노출됨으로써 발생한 폐질환과 그 밖에 대통령령으로 정하는 생명 또는 건강상의 피해를 말한다.
화학제품안전법 (제48조의2)	..환경부장관의 승인을 받은 살생물제품 중 「제조물 책임법」에 따른 제조물의 결함이 있는 제품에 노출되어 발생한 사람의 생명 또는 건강상의 피해(후유증을 포함한다. 이하 "살생물제품피해"라 한다)로서...

이는 기본적으로 건강이 본질적으로 공공적이라는 점에서 비롯된다. 건강은 자연과 환경, 인간의 사회적 활동과 그 구조, 주체의 생물학적 조건과 행동 등이 함께 작용하여 결정된다.[1] 그러나 과학적 지식이 부족했던 근대 이전의 시기에는 질병이 운명적

1 김창엽, 『건강의 공공성과 공공보건의료』, 한울, 2019, p.253.

으로 결정된다고 보았다. 20세기 전반까지도 질병의 원인이 개인의 태생적 또는 행태적 특성에 있다고 보아, 건강회복 혹은 보호의 책임은 순전히 개인에게 있었으며, 건강보호나 질병치료에서 부담할 능력이 없는 사람은 자선에 의지하거나 방치되었다.

그러나 오늘날에는 질병의 발생 원인이 대부분 생활환경에 있고, 생활환경의 조성은 사회 공동체의 책임이라는 관점이 인정되고 있다. 즉, 건강위험의 방지와 건강보호의 일차적인 책임은 사회공동체에 있으며 건강권은 누구나 누려야 할 기본권이 되었다.[2]

2) 재산의 피해

그런데 「환경오염피해구제법」은 '재산의 피해'도 포함하고 있다. 이것은 이 법이 기본적으로 환경오염 피해를 둘러싼 사인간 다툼에서 피해자의 권리를 보호하기 위한 사법(私法)적 목적을 가지고 출발하였음을 의미한다. 이 법은 「민법」상 손해배상책임 등에 관한 규정을 시설로 인한 환경오염에 특화하여, 환경오염피해자를 두텁게 보호하고자 하는 목적에서 제정되었다.[3] 「환경오염피해구제법」 제2장에서는 '환경오염피해 배상'을, 제4장에서는 '환경오염피해 구제'를 규정하고 있어, 사법적 및 공법적 목적을 모두 포함하고 있다. 그러나 이 법에서 피해구제는 피해배상에 보완적인 역할을 하고 있다.[4]

반면, 환경유해요인(석면, 가습기살균제, 살생물제품)과 관련된 피해구제법들은 건강피해(신체적 정신적 질병과 사망)만을 대상으로 하는데, 피해구제법들은 국가의 기본적인 책무인[5] 국민의 생명과 건강 보호라는 공익적 목적에서 출발하였기 때문이다.

2 세계인권선언(1948)에서, "인간은 누구나 태어날 때부터 건강을 향유할 권리가 있으며, 국가사회는 이러한 권리를 보장할 의무가 있다."고 하고, 대한민국헌법 제10조에는 "모든 국민은 인간으로서의 존엄과 가치를 가지며, 행복을 추구할 권리를 가진다. 국가는 개인이 가지는 불가침의 기본적 인권을 확인하고 이를 보장할 의무를 진다"고 하고, 제36조3항에서는 "모든 국민은 보건에 관하여 국가의 보호를 받는다"고 규정하고 있다.

3 국가법령정보센터. (환경오염피해구제법 제정이유 2016.1.1.) '...과학적 인과관계를 피해자가 입증하기 어려운 환경오염사고의 특성상 환경오염피해를 입은 국민은 고통을 겪으면서도 그 원인을 규명하는 입증부담으로 인하여 장기간 쟁송을 하는 등 많은 비용과 노력을 투입하여야 함. 이에 오염원인자 부담원칙을 구현할 수 있도록 무과실책임과 인과관계추정 법리를 실체 규정으로 체계화하여 피해자의 입증부담을 완화하고...'

4 「환경오염피해구제법」 제23조에 따르면, 피해구제는 크게 두 가지 경우에 이루어지는데, i) 원인자를 알 수 없거나 존재여부가 분명하지 않거나 무자력자인 경우, 책임보험가입자(기업)의 배상책임 한도를 초과한 경우, ii) 환경책임보험계약이 성립되지 않거나, 보험자가 보험금의 일부를 선지급을 하지 않거나, 환경부장관이 필요하다고 인정하는 경우이다. i) 의 경우 구제급여는 의료비, 요양생활수당, 장의비, 유족보상비 등 건강피해에 대한 것 뿐 아니라 재산피해보상비도 포함될 수 있다. (환경오염피해 배상책임 및 구제에 관한 법률 시행령, 대통령령 제32528호).

5 「석면피해구제법」제4조(국가 등의 책무) ① 국가는 석면으로 인한 건강피해자의 신속한 구제를 위하여 종합적인 시책을 수립·시행하여야 한다. ② 지방자치단체는 석면으로 인한 건강피해자 구제에 관한 국가의 시책에 적극 협

3) 환경의 훼손

① 법적 현황

「환경정책기본법」은 '환경의 피해'도 대상으로 하여 환경보전이라는 공공적 이익을 위한 법의 목적을 표현하고 있다. 환경의 피해란 '환경훼손'을 의미하는 것으로 '야생동식물의 남획(濫獲) 및 그 서식지의 파괴, 생태계질서의 교란, 자연경관의 훼손, 표토(表土)의 유실 등으로 자연환경의 본래적 기능에 중대한 손상을 주는 상태'를 말한다(제3조).

그러나 「환경정책기본법」에서 환경훼손을 피해의 대상으로 정의하고는 있으나 '... 원인자가 그 피해를 배상하여야 한다'라고만 할 뿐, 피해배상의 청구권자를 명시하고 있지 않다. 따라서, 환경의 소유자뿐만 아니라 국가나 지방단체, 공익단체 또는 그 밖의 제3자들이 손해배상청구를 할 수 있는지가 명확하지 않아 이 법의 환경피해에 대한 정의는 선언적인 규정으로 여겨진다.[6] 실제 우리 법원에서는 「헌법」상의 환경권을 구체적인 권리로 인정하고 있지 않다.[7]

한편, 「환경오염피해구제법」은 시설로 인하여 발생된 환경오염피해가 동시에 '자연환경이나 자연경관의 침해를 발생시킨 경우' 피해자는 해당 사업자에게 원상회복을 요청하거나 직접 원상회복을 한 후 해당 사업자에게 그 비용을 청구할 수 있도록 하고 있다(제14조). 그러나 이는 소유권 침해 등 사적 이익의 침해에 수반된 자연환경피해로 제한하고 있어, 사적 소유권의 침해가 일어나지 않으면서 자연환경훼손이 일어난 경우에는 원상회복 책임을 물을 수 없다. 따라서 향후 사적 소유권의 범위 외의 자연환경훼손에 관한 원상회복 혹은 피해구제를 위한 법적 개선방안이 강구될 필요가 있다.[8]

② 환경훼손의 피해구제

환경재는 인간의 사적 소유물이 아닐뿐더러 인류만의 공유물도 아니며, 지구에 거

조하고, 관할구역 내 석면피해자의 실태파악, 석면피해자 관리 등에 노력하여야 한다.
「가습기살균제피해구제법」제3조(국가의책무) 국가는 가습기살균제 피해자와 유족의 경제적, 건강상 위급한 어려움을 신속하게 경감시켜 주기 위하여 필요한 지원대책을 수립·시행하여야 한다.

6 이준서, 「환경오염피해 배상책임 및 구제에 관한 법률 상 자연환경훼손의 복원 가능성과 한계」, 『환경법연구』, 2018; 40(3):47-87.

7 이준서, ibid. (대법원 1999. 7. 27. 선고 98다47528 판결; 대법원 1997.07.22 선고 96다56153 판결; 대법원 1995. 9. 15 선고 95다23378 판결.)

8 이준서, ibid.

주하는 모든 생명체들의 공유물이다.[9] 근대시대의 절대적 소유권의 원칙은 19세기 이후 자본주의 경제가 발전하는 과정에서 소유권이 소수자에 집중·독점되고, 또 소유물을 독점함으로써 타인을 지배하는 힘까지 가질 수 있게 되었다. 이로써 심각한 빈부격차와 가진 사람과 가지지 못한 사람들 사이에 분열과 갈등이 발생하고, 자연에 대한 무원칙한 개발과 남용의 결과 환경과 생태계가 파괴되었다.[10] 환경재의 개발과 사용으로 인한 혜택은 소유자가 가지는 반면, 오염·폐기·파괴로 인한 피해는 지구계의 순환시스템에 의해 소유권의 물리적 경계를 넘어 비소유자에게까지 미친다.[11]

이러한 문제들로 인해 환경재에 대한 소유권의 공공성이 강조되어 왔으며, 오늘날에는 공공복리나 국가의 안전보장, 사회질서의 유지 등의 공공적 목적에 의해 소유권의 절대성이 부분적으로 제한되고 있다.[12]

그러나 사적 소유권에 대한 사회적 제한만으로 무원칙적 개발과 남용에 따른 환경과 생태계의 파괴를 완전히 멈추기는 어렵다. 이것은 사적 소유권이 인정되지 않았던 (구)중앙집권적 사회주의체제에서도 유사한 혹은 더 심한 환경파괴가 이루어졌다는 것에서 증명된다.[13] 자연을 인류의 소유물로 판단하는 강력한 인간중심주의가 근본적인 문제인 것이다. 인간에게 자연이란 물질적·지적·심미적인 가치를 제공함으로써 인간의 생존을 가능하게 해 주는 존재이므로, 자연의 파괴는 인간의 생존을 위협하게 된다.

자연환경의 오염·훼손은 광역성, 누적성, 잠복성, 복합성이라는 특징을 가지고 있고, 일단 오염·훼손이 발생하면 완전한 복원이 불가능하거나 피해를 구제하기 위해서 막대한 노력이 필요하다.[14] 그러나, 자연환경의 오염·훼손이 일어나더라도, 자연환경

9 김일방. 「근대 소유론과 그 한계 그리고 새로운 소유권 개념」. 『환경철학』. 2016;22:5-30.

10 김일방. ibid.

11 산업단지에서 배출한 오염물질에 의한 대기오염, 수질오염, 토양오염 등으로 주변 지역의 주민들에서 재산 및 건강피해가 발생하거나, 월경성 환경오염(예, 황사, 대기오염, 방사능낙진, 산성비 등), 해양폐기물, 기후변화로 인한 피해 등이 그 예이다. (출처) 김일방. ibid.

12 김일방. ibid. p.19.; 우리나라 헌법 제23조에서 재산권은 공공복리에 적합하도록 행사되어야 하고 재산권의 내용과 한계는 법률로 정하도록 규정하고 있다. 민법 제211조에서도 소유자는 법률이 정한 범위 내에서 소유권을 행사할 수 있다고 규정하여 소유권 행사에 제한을 가하고 있다.

13 김일방. ibid. pp.19-20.

14 이준서. 「자연환경훼손의 피해구제를 위한 입법정책적 소고」. 『법과 정책연구』 2015;15(4):1185-1220.; 광역성이란 지구적 환경은 물리적경계를 넘어 순환하는 특징을 가지고 있어 오염과 훼손이 물리적 경계를 넘어서 일어나는 것을 말한다(예, 월경성 오염). 누적성이란 오염확산이 장기간에 걸쳐 누적적으로 이루어져 임계치를 넘기면서 피해가 일어나거나, 특정단계에 이르러 추가되는 오염인자의 노출이 없이도 피해가 지속적으로 발생하는 것을 말한다. 잠복성이란 유해인자에 노출된 이후 일정시간이 경과한 후에야 피해가 발생하는 것(예, 석면노출 40년후에 악성중피종 발생)이며, 복합성이란 대부분의 환경피해는 한가지 이상의 원인을 가지며, 여러 원인요인들은 상호작용(상승, 길항 등)을 하며 피해를 유발하는 특징을 말한다.

의 소유관계가 불분명하거나 이용대상이 되지 않는 경우에는 사인의 법익에 대한 침해가 없으므로, 「민법」등 사법상의 손해에 포함되지 않는다. 자연은 그 자체로 피해당사자로서의 법적 지위가 주어지지 않으며, 위법성 판단이나 인과관계입증도 매우 어렵고 모호하여, 손해배상의 원리로는 훼손의 복구나 피해구제 등 법적 보호가 이루어지기 어렵다. 따라서 환경의 훼손이라는 피해는 사법상 책임이 아니라 공법상 책임으로, 금전적 손해배상보다는 원상회복 중심의 접근이 더 적합하다.[15] 또한 자연환경피해의 구제를 위해서는 자연 그 자체의 법적 권리 혹은 (자연의 대변자의) 환경권을 실체적으로 인정하거나,[16] 국가가 개발사업을 통해 자연을 훼손하는 경우 일반 시민이나 환경단체에게 원고적격을 부여하고 단체소송과 결부하는 것을 고려하는 방안도 제시된다.[17] 궁극적으로는 별도의 공법으로 환경책임법(환경훼손책임법)을 제정하는 것이다.[18]

2 환경오염피해의 책임귀속

1. 책임귀속의 원칙

법에서 '책임'이란 일정한 법질서 내에서 도달하고자 하는 법의 목적 실현이 방해되었을 때, 방해에 기여한 자에 대해 일정한 제재를 가하거나 목적 실현을 위해 강제가 동원되는 상태를 말한다.[19] 이러한 책임은 사법, 공법, 형법에서 다른 유형으로 나타난다〈표 5-2〉.

15 김현준, 「공법상 환경책임론의 전개를 위한 기초연구 ·공법상 환경책임론(1)-」, 『법제연구』, 2009;36(6), p.318

16 윤태영, 「자연환경에 대한 불법행위책임-자연이라는 공적 이익의 침해에 대한 불법행위법으로의 해결을 중심으로-」, 『동아법학』, 2013;58(2): 541-576.

17 윤효영, 「자연환경 손해의 구제 현황과 향후 과제」, 『경영법률』, 2017;27(3): 417-450, pp.442-443.

18 김현준, 「사법상 환경책임과 공법상 환경책임-한·독 법비교를 바탕으로 한 환경훼손책임법 입법론-」, 『법과 정책연구』, 2020;20(1):259-291.

19 정훈, 「환경오염피해에 대한 책임귀속 법리의 전망과 과제」, 『공법학연구』, 2017;18(4):283-313.

〈표 5-2〉 환경오염 피해에 대한 법적 책임의 종류와 예

	책임의 유형	환경오염 또는 이로 인한 피해에 대한 책임의 예
사법	금전적 제재 강제집행	손해배상, 유지청구 및 계약책임
공법	행정벌 행정처분 행정상 강제집행	정화책임, 조치명령, 개선명령, 조업정지, 영업허가 취소 과태료, 과징금처분 대집행
형법	형벌	징역, 벌금

(출처) 정훈, 「환경오염피해에 대한 책임귀속 법리의 전망과 과제」, 『공법학연구』, 2017;18(4):283–313. 의 내용을 재구성.

법의 목적 실현을 방해한 자에 대하여 책임을 귀속시키기 위해서는, 3가지 요소가 필요하다. 객관적으로 i) 방해 행위가 법질서에 위반해야 하고(위법성), ii) 행위와 방해로 인해 발생한 결과 사이에 관련성이 있어야 하며(인과관계), 주관적으로는 iii) 행위에 대한 행위자의 정신적 관여(고의나 과실)가 있어야 한다.[20]

2. 환경오염피해에서 책임귀속 원칙의 완화

그러나 환경법은 공익적 목적이 매우 강하여, 전통적인 사적 자치원칙에 근거해 개인간의 처분에 맡기거나 형사법에서 적용하는 엄격한 개인책임 원칙으로는 '환경보전'이라는 법의 목적을 실현하기 어렵다. 특히 책임의 3가지 요소 중 iii) 과실과 ii) 인과관계의 인정이 가장 문제가 되었고, 이들 원칙을 완화하여 환경관련 법에서는 일반적으로 '무과실책임원칙'이나 '인과관계의 추정'을 실정법에 명문화하게 되었다.

1) 무과실책임

「환경정책기본법」 제44조는 '환경오염의 피해에 대한 무과실책임'을, 「환경오염피해구제법」 제6조는 '사업자의 환경오염피해에 대한 무과실책임'을 명시하고 있다.

무과실책임이란 "환경오염 또는 환경훼손으로 피해가 발생한 경우에는 해당 환경오염 또는 환경훼손의 원인자가 그 피해를 배상하여야" 하는 것인데, 이때 원인자의 귀책사유(고의나 과실)가 없더라도 발생한 피해를 배상하여야 한다. 여기서 '원인자'는

20 정훈. ibid.

일반적으로 환경오염이 발생한 사업장의 사업자가 된다.[21]

그러나 「환경정책기본법」은 환경보호를 위한 환경정책의 기본원칙과 국가의 책무 등을 규정하는 것이 주요 목적인 법이어서, 제44조의 무과실책임원칙을 사인간의 분쟁해결(손해배상 등)에 그대로 적용하기에는 책임의 범위나 내용이 구체적이지 않고 침해원에 대해서도 다툼이 있을 수 있어 무리가 따른다.[22]

이러한 문제를 해결하고 환경오염피해에 대한 구제를 두텁게하기 위한 목적으로 「환경오염피해구제법」이 제정·시행되게 되었다. 이 법에서 무과실책임원칙은 애초에 위험(risk)을 내포하고 있는 시설의 설치·관리자 또는 위험이 내포된 사업활동을 하는 자는 그로 인해 발생한 손해에 대해 과실유무와 상관없이 배상책임을 져야 한다는 '위험책임론'에 기반하고 있다.[23]

2) 입증책임의 완화: 인과관계의 추정

우선 불법행위의 성립요건으로서 인과관계란, "현실로 발생한 손해를 누구에게 배상책임을 지울 것인가를 가리기 위한 개념이므로, 자연과학의 분야에서 말하는 인과관계가 아니라 법관의 자유심증에 터 잡아 얻어지는 확신에 의하여 인정되는 인과관계"이다.[24] 이러한 인과관계는 반드시 "의학적, 자연과학적으로 명백히 증명되어야 되는 것이 아니고 법적·규범적 관점에서 상당인과관계가 인정되면 증명이 된다."고 보아야 하며, 소송에서 드러난 여러 사정을 고려하여 "경험칙과 사회통념에 따라 합리적인 추론"을 통하여 인정할 수 있다.[25]

환경오염피해의 특성상 인과관계의 입증은 매우 어려운 경우가 대부분이다. 따라서 신속한 피해구제를 위해서는 피해자의 입증책임을 완화하는 것이 중요하다. 인과관계의 추정이란 직접적인 증거로 인과관계를 입증하기 어려운 환경오염피해에서 몇 가지 간접적인 사실들을 입증함으로써 추정의 효력을 가지도록 하는 것이다.

재산피해의 경우 피해자는 i) 가해자가 유해한 원인물질을 배출하고, ii) 그것이 피해물건에 도달하여, iii) 피해가 발생하였다는 것을 원고측이 입증하면, 피고측에서

21 대법원 2017. 2. 15. 선고 2015다23321 판결 [손해배상(기)].
22 정훈. ibid.
23 이승우, 「환경오염으로 인한 위험책임의 귀책구조」, 『환경법연구』, 2010;32(2):3-31.
24 대법원 1974.12.10. 72다1774
25 대법원 2004.4.9. 2003두12530, 대법원 2008.5.15. 2008두3821, 대법원 2017.8.2.9. 2015두3867

배출된 원인물질이 무해하거나 혹은 다른 원인에 의해 피해가 발생하였다는 것을 입증하지 못하는 한, 인과관계가 추정된다. 건강피해의 경우에는 i) 인체가 당해 유해물질에 노출될 경우 문제되는 질병이 야기될 수 있다는 일반적 인과관계와 ii) 피해자가 당해 유해물질에 노출된 후 질병이 발생하였다는 개별적 인과관계를 입증함으로써 인과관계가 추정된다.[26]

이와 같이 환경오염피해 소송에서 인과관계의 입증은 '추정'을 통해 완화하고 있다.[27] 그 증명의 수준(증명도)은 형법과 사법에서 차이가 있다. 일반적으로 형법에서는 합리적인 의심이 없을 정도(without a reasonable doubt)의 엄격한 수준을, 사법에서는 사실이 아닐 가능성보다 사실일 가능성이 더 큰 정도(more likely true than not)의 수준을 요구한다.

① 상당한 개연성

「환경오염피해구제법」제9조(인과관계의 추정)제1항은 "시설이 환경오염피해 발생의 원인을 제공한 것으로 볼 만한 상당한 개연성이 있는 때에는 그 시설로 인하여 환경오염피해가 발생한 것으로 추정한다."고 규정하고, 제2항은 "상당한 개연성이 있는지의 여부는 시설의 가동과정, 사용된 설비, 투입되거나 배출된 물질의 종류와 농도, 기상조건, 피해발생의 시간과 장소, 피해의 양상과 그 밖에 피해발생에 영향을 준 사정 등을 고려하여 판단한다."고 하고 있다.

대법원은 "개연성 이론은 공해로 인한 불법행위에 있어서의 인과관계에 관하여 당해 행위가 없었다면 결과가 발생하지 아니하였으리라는 정도의 개연성이 있으면 족하다는, 다시 말하면 가해행위와 손해와의 사이에 인과관계가 존재하는 상당정도의 가능성이 있다는 입증을 하면 되고 가해자는 이에 대한 반증을 한 경우에만 인과관계를 부정할 수 있다고 하는 것으로...."라 하였다.[28]

그러나 개연성에 근거한 인과관계 추정은 피해자의 입증책임을 완화한 것이지만 입

26 대법원 2013.7.12. 2006다17539 (고엽제사건), 대법원 2014.9.4. 2011다7437 (서울시대기오염사건)

27 그러나 판례는 원고가 ① 물질의 배출, ② 배출된 물질의 도달, ③ 피해의 발생 등을 입증한 경우에 인과관계를 추정하고 있지만, 원고의 입장에서 배출된 물질의 도달을 증명하는 것은 쉽지 않으며, 실제 법원은 많은 비용이 소요되는 감정 결과에 기대어 도달 여부를 판단하는 경향이 있고, 도달 요건이 인정되지 않는다고 인과관계를 부정하는 경우가 많다. (출처) 김홍균. 「환경오염피해 배상책임 및 구제에 관한 법률의 평가와 향후 과제」. 『환경법연구』. 2015;37(2):141-175.

28 대법원 1974.12.10. 72다1774

증책임을 피해자로부터 가해자로 전환하는 데까지 이르지는 못하였고, 인과관계의 인정을 법관의 자유심증에 지나치게 의존한다는 비판이 있다.[29]

② 역학적 인과관계

역학(epidemiology)이란 인구집단에서 건강과 질병의 분포와 양상, 그리고 이들 건강과 질병의 위험요인과의 상관관계를 통계적 방법(statistical association)으로 밝히는 학문이다. 앞서 언급한 바와 같이 "경험칙과 사회통념에 따라 합리적 추론을 통하여" 인과관계가 인정된다고 보아야 하는데, 이 때 그와 같은 경험칙을 뒷받침하는 유력한 수단이 바로 역학적 조건을 활용하는 것이다.[30]

그러나, 역학이 일반적으로 중점을 두는 것은 일반적 인과관계이지 개별적 인과관계는 아니다. 역학연구에서 확인하는 것은 연관성(association)이며 이것은 인과성(causation)과 동일한 것이 아니다. 연구에 비뚤림이나 교란요인이 개입되지 않아 내적 타당도가 높다면 관찰된 연관성이 실제적인 연관성이라 볼 수 있다. 또 실제적인 것으로 판단된 역학적 연관성이 인과적인지에 대해서는 Hill이 제시한 틀[31]을 이용하는 등의 종합적 추론(inference)을 통해 판단하게 된다[그림 5-1].[32]

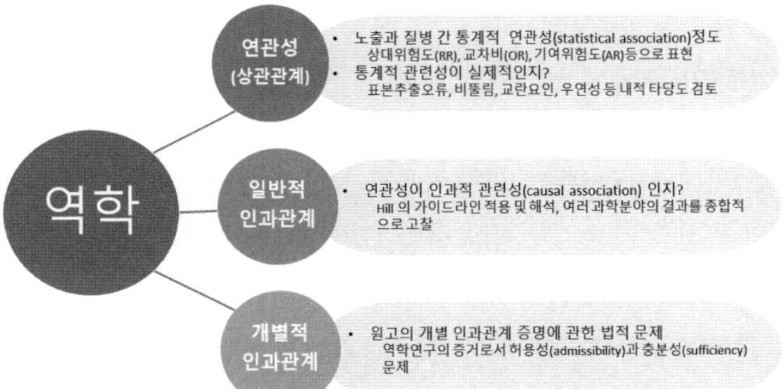

[그림 5-1] 역학과 인과관계

(출처) 『리스테이트먼트』, (제3판), 2010. 불법행위법 제5장 인과관계의 내용을 재구성.

---

29 정훈. ibid.

30 국립환경과학원, 「가습기살균제노출과 질환간 역학적 상관관계 검토보고서」, 2021, pp.8-13.

31 1편의 표6 참조. Hill 이 제시한 가이드라인은 인과성 판단에서 절대적인 기준이 아니며 하나의 사고틀, 관점으로 여겨야 한다. Hill 이 제시한 9가지 관점 중 시간적 선후관계(원인이 반드시 결과에 선행해야)만이 필수 조건이며 나머지 관점은 인과적 관계임에도 충족되지 못할 수 있다.

32 국립환경과학원, ibid. p.12. 그림 2-1-1.

개별적 인과관계는 법원이 고민해 왔던 법적인 문제이다. 역학은 주로 인구집단의 문제를 다룬다. 소송에서 원고는 피고가 배출한 물질이 질병을 일으킬 수 있는지 뿐 아니라(일반적 인과관계), 그 물질이 원고의 질병을 일으켰음(개별적 인과관계)을 증명하여야 한다. 인구집단의 문제를 다루는 역학적 증거가 개별적 인과관계의 증명에서 역할을 하려면, 증거로서의 허용성(admissibility)과 충분성(sufficiency)를 가져야 한다. 증거로서의 허용성이란 역학연구가 과학적으로 타당하다는 결론을 내릴 수 있을 정도로 충분히 엄격한가 하는 것이며, 충분성이란 역학연구가 증거로서 허용되더라도 충분한 증명력을 가지는가 하는 문제이다. 즉 증명의 수준이 사실이 아닐 가능성보다 사실일 가능성이 더 크다는 심증(more likely true than not)을 가지게 할 정도로 충분히 높은가 하는 것인데, 종종 역학연구의 상대위험도의 크기(strength of association, 역학적 관련성의 강도)를 기준으로 해석하기도 한다.[33]

그러나, 최근에 개정된 「가습기살균제피해구제법」제5조는, 역학적 상관관계의 입증만으로 원고의 증명책임을 다한 것으로 하고, 다만 기업이 다른 원인에 의한 것임을 증명한다면 인과관계 추정이 깨지게 하였다. 이는 인과관계 입증에서 역학적 증거의 역할을 극대화하여, 사실상 입증책임이 원고에서 피고에게로 전환되는 효과를 가져왔다는 평을 받는다.

3. 환경오염피해의 구제

소송을 통한 피해구제는 흔히 많은 비용과 시간이 들며, 불충분할 때가 많다. 더구나 환경피해의 특성상 기존의 민법상 불법행위책임을 묻는데 필요한 고의나 과실, 인과관계, 위법성과 피해를 입증하기는 거의 불가능에 가깝다.

이런 이유로 환경오염피해에 대해서는 무과실책임과 피해자의 인과관계의 입증책임을 완화하여 '추정'하는 것을 골자로 민법과는 별도의 '환경피해배상책임제도'로 발전해 왔다. 환경오염피해에서는 무과실책임을 원칙으로 「환경오염피해 배상책임 및 구제에 관한 법률」 중 제2-3장 환경오염피해 배상에 관한 규정이 그것이라

33 리스테이트먼트(제3판)에 따르면 일부 법원에서는 상대위험도가 2이상이라면 개연성이 50%가 넘는 것으로 해석되어 집단에 기반한 역학적 증거로도 원고의 증명책임을 다하는 데 충분하다고 본다. 그러나 상대위험도가 2가 되지 않아도 개별적 인과관계와 관련된 추가 증거를 통해 원고의 증명책임을 다 할 수 있다고 본다. (출처) 국립환경과학원, ibid.

할 수 있다.

그러나 피해는 신속하게 구제되어야 할 뿐 아니라, 이러한 피해배상책임제도에 의해서도 여러 가지 제한에 의하여[34] 구제(remedy)를 받을 수 없는 경우에도 피해는 구제되어야 할 것이다. 이를 위하여 국민의 생명과 건강을 보호해야 하는 국가의 기본적인 책무로서, 행정적인 구제(relief)제도가 보완적으로 혹은 별도로 마련되고 있다.

현재 우리나라의 환경오염피해구제는 공법적, 준사법적 및 사법적 구제로 크게 3가지 유형으로 구분해 볼 수 있다〈표 5-3〉.

〈표 5-3〉 우리나라 환경오염피해구제 제도의 법적 성격과 구제의 범위

	구제의 법적 성격		
구제의 범위	사법적 구제	준사법적 구제	공법적(행정적) 구제
건강피해	「민법」 손해배상 「환경오염피해구제법」 손해배상 「가습기/석면/살생물제품구제법」 손해배상 규정	「환경분쟁조정법」	「환경오염피해구제법」 피해구제 「가습기/석면/살생물제품 피해구제법」 피해구제
재산피해	「민법」 손해배상 「환경오염피해구제법」 손해배상	「환경분쟁조정법」	「환경오염피해구제법」 환경오염피해구제(제한된 조건)
환경훼손	「환경오염피해구제법」 사적소유권이 있는 환경피해(제한된 조건)의 복원	-	-

특정한 환경유해인자에 의한 피해를 구제하기 위한 법으로, 「석면피해구제법」, 「가습기살균제피해구제법」과 최근에 마련된 「화학제품안전법」내의 살생물제품피해구제가 있다. 일반적인 환경오염피해의 구제를 대상으로 하는 제도는 「환경분쟁조정법」과 「환경오염피해구제법」이라 할 수 있다. 그러나 「환경분쟁조정법」의 경우 실제로는 소음·진동·악취 등 일부 환경유해인자에 의한 피해를 주로 다루고 있는 실정이며, 「환경오염피해구제법」은 '시설의 설치와 운영'과 관련된 환경오염피해만을 다루므로 실제로는 모든 유형의 환경오염피해를 포괄하고 있지 않다.

34 원인자를 알 수 없거나, 알더라도 무자력인 경우 등.

제2장

환경오염피해구제 제도

1 석면피해구제

1. 제도 시행의 배경

우리나라에서 석면채굴은 1930년부터 1990년대까지 이루어졌으며, 1960년대 산업발전시기부터 1980년대까지는 국내 석면광산에서의 채굴이 활발하였으나, 이후에는 가격경쟁력으로 인해 수입석면으로 대체되어, 석면수입은 1990년대까지 지속적으로 증가하였다.[35] 석면은 각종 산업과 제품에 광범위하게 사용되었고, 특히 슬레이트지붕과 같이 건축물에 매우 많이 사용되었다. 1990년대 후반에 들어 석면이 사회문제로 부각되면서[36] 사용이 감소하기 시작했다. 1997년에 청석면과 갈석면의 제조 및 사용이 금지되었고, 2009년에 모든 유형의 석면(혹은 0.1% 이상의 석면을 함유한 물질)의 제조, 수입, 판매, 저장, 수송 및 사용이 금지되었다.

그러나 이미 사용된 석면에 의해 석면관련 건강피해가 발생하고 있었고, 특히 2009년 1월에 충남 홍성과 보령의 석면광산 인근 주민 다수가 석면질환을 앓고 있다는 사실이 알려진 것이 중요한 계기가 되었다. 이들 석면광산 인근 주민들의 석면피해에 대하여 최소한 의료비와 생활비 등의 구제가 필요하였다. 그러나 당시, 「산업재해보상보험법」은 직업성 석면피해만을 대상으로 하여, 석면광산이나 석면공장 주변, 혹은

35 Kim HR. 「Overview of asbestos issues in Korea」. 『*J Korean Med Sci*』. 2009;24(3):363-367.

36 '93년에 직업성 중피종암 첫사례 보고이후 지속적 직업성 중피종암('95~'05) 발견, 부산석면방적공장 근로자 및 주변 거주민에서 환경성 석면폐증 사례 다수 보고, 석면광산 주변거주민에서 석면폐증 사례 다수 보고, 베이비파우더 탈크에서 석면활석 검출('09.4) 등. (출처) Kim HR, ibid.

석면건축물에서 거주하는 등으로 인한 환경성 석면피해는 보상에서 제외되었다. 이런 배경에서 환경성 석면피해를 구제하기 위하여 2010년「석면피해구제법」이 제정되고 이듬해에 시행되었다.

「석면피해구제법」은 환경성 건강피해와 관련한 우리나라 최초의 피해구제법이며, 프랑스(2002), 일본(2006), 벨기에와 네덜란드(2007), 영국(2008)에 이어, 환경성 석면건강피해를 구제하는 제도로서 세계에서 6번째이다.

2. 석면피해구제제도 현황

1) 석면피해구제법 체계

석면피해구제법은 다음과 같은 체계를 가진다〈표 5-4〉.

〈표 5-4〉 석면피해구제법의 체계

장	장 제목	주요 내용
1	총칙	목적, 정의, 적용범위, 국가 등의 책무
2	구제급여 등	구제급여종류, 석면피해인정 신청/유효기간, 석면피해판정위원회, 요양급여, 요양생활수당, 장례비, 특별유족조위금 및 특별장례비, 구제급여조정금, 유족의 범위 및 순위, 특별유족인정, 지급요청 및 결정 등, 다른 보상이나 배상과의 관계
3	석면피해구제기금	기금의 설치 및 조성, 용도, 관리·운용, 운용계획, 잉여금과 손실금의 처리, 차입금, 기금의 출납 등, 석면피해구제분담금, 분담금의 산정, 석면피해구제특별분담금률, 준용
4	심사청구 및 재심사청구	심사청구의 제기, 석면피해구제심사위원회, 심사청구에 대한 심리결정, 재심사청구의 제기, 석면피해구제재심사위원회, 재심사위원회의 위원의 제척·기피·회피, 재심사청구에 대한 심리·재결, 다른 법률과의 관계
5	보칙	보고, 진찰요구, 구제급여의 일시중지, 비밀의 유지, 조사 및 연구, 석면환경보건센터의 지정/평가/지정취소, 석면피해구제시스템의 구축·운영, 석면건강관리수첩, 관계기관 등에 대한 협조요청, 기간의 계산, 권한의 위임·위탁
6	벌칙	공무원 의제, 벌칙, 과태료

① 피해구제의 대상

석면피해구제는 작업장 근로자, 공무원, 군인, 선원, 사립학교 교직원 등 별도의 법에 따라 급여를 받을 수 있는 사람은 제외하고,[37] 석면노출로 인한 건강피해를 입은 사람에게 구제급여를 지급한다.

피해구제의 대상이 되는 석면이란 6가지 물질로 악티노라이트, 안소필라이트, 트레모라이트, 청석면, 갈석면, 백석면이다.[38] 피해대상이 되는 '석면질병'은 석면을 흡입함으로써 발생하는 악성중피종, 석면폐암, 석면폐증, 그리고 시행령에서 정하는 질병인데 현재까지는 미만성 흉막비후가 이에 속한다.

② 피해구제급여

구제급여는 6개 항목에 걸쳐 지급된다〈표 5-5〉. 지급액의 90%는 석면피해구제기금에서, 나머지 10%는 지자체의 재원에서 나간다.

〈표 5-5〉 석면피해자 구제급여 항목

급여 항목	대 상	내 용
요양급여	피해인정자	의료기관의 석면질병 치료비 중 일부 본인 부담금
요양생활수당		요양급여 외 치료, 요양, 생활에 필요한 비용[39]
구제급여 조정금	피해인정자의 유족	피해인정자 사망 시 특별유족조위금에서 이미 지급한 요양급여와 요양생활수당을 제외한 금액
장의비		장제를 지낸 유족에게 지급[40]
특별유족 조위금	특별 유족	피해인정을 받기 전에 사망한 석면피해자의 유족(특별유족)에 대한 조위금[41]
특별장의비		장제를 지낸 특별유족에게 지급하는 급여

37 「산업재해보상보험법」, 「공무원 재해보상법」, 「군인 재해보상법」, 「선원법」, 「어선원 및 어선 재해보상법」, 「사립학교 교직원 연금법」. (출처) 석면피해구제법 시행령 제3조(적용범위) (대통령령 제318765호).

38 석면피해구제법 시행규칙 제2조(석면의 종류) (환경부령 제925호).

39 요양생활수당: 34만원/월(석면폐증 3급) ~ 142만원/월(악성중피종, 폐암).

40 장의비: 268만원

41 특별유족조위금: 671만원(석면폐증3급) ~ 4,026만원(악성중피종, 폐암)

③ 석면피해구제기금

석면피해구제기금은 기업이 내는 분담금과 정부출연금으로 구성되는데, 기업의 분담금은 다시 일반분담금과 특별분담금으로 구성된다. 일반분담금은 제도 도입 시 모든 사업주가 사업활동에서 석면의 사용으로 경제적 이득을 누린 점을 감안하여 산업재해보상보험 가입대상자와 동일한 기준의 대상자에게 부과된다. 특별분담금은 비교적 많은 양의 석면을 사용해 온 사업주에게는 더 많은 부담을 부여하는 제도다〈표 5-6〉.

〈표 5-6〉 석면피해구제기금에서 일반분담금과 특별분담금의 대상기업 요건 및 산정기준

구분	대상기업	산정기준
일반분담금	상시근로자 20인이상 사업장 및 모든 건설사업장 약 31만개소('19년 기준)	보수총액 x 석면피해구제분담금률* *매년 고시, '19년 기준 10만분의 3
특별분담금	석면 제조사용 허가량 누계가 1만톤 이상 사업장 (KCC, 벽산, 제일 E&S, 상신브레이크)	일반분담금의 5.5% 이내 x 허가량 누계비율

④ 피해구제 신청과 심사

석면노출로 인한 건강피해를 인정받고자 하는 사람이나 그 유족은 우선 해당 지역의 지방자치단체에 신청을 하고, 이 신청서류는 환경부의 위탁기관인 한국환경산업기술원이 운영하는 '석면피해판정위원회'의 심의와 '석면피해구제위원회'의 심사를 거쳐 인정여부를 결정하게 된다. 신청자가 결정에 불복할 경우, 재심사를 청구할 수 있고, 이 경우에는 환경부가 직접 운영하는 '석면구제재심사위원회'의 심의를 거쳐 인정여부를 결정하게 된다[그림 5-2].

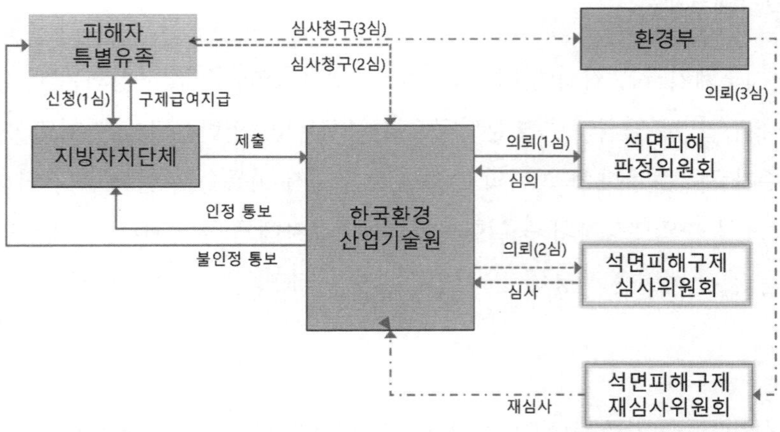

[그림 5-2] 석면피해구제 심의 체계

(출처) 석면피해구제시스템(https://www.adrc.or.kr/user/succor/system.do?tab=tab4)

2) 석면피해구제 현황

2011년 제도 도입 후 2021년 5월까지 5,259명의 피해자(4,232명)와 유족(927명)에게 구제급여지급이 결정되었으며[그림 5-3], 지급액은 총 107억원이다.[42] 연도별 피해인정 추세를 보면 점점 증가하고 있으나, 아직 정점에 도달하였다고 보기는 어렵다. 그 이유는 1970년이후 1990년대 후반까지 석면사용이 매우 활발하였고, 2009년에 전면 사용금지된 이후에도 석면이 포함된 건축물이나 제품이 여전히 사용되고 있다는 점, 그리고 석면질병의 잠복기가 최대 50여년에 이르기 때문이다.[43] 초기에는 특별유족과 피해자의 수가 비슷하다가 특별유족의 수가 급격하게 감소하는 점에 비추어 보아, 이미 사망한 석면피해자는 대부분 제도 시행 초기에 구제되었음을 알 수 있다.

---

42 석면피해구제시스템. https://www.adrc.or.kr/user/main.do

43 우리나라 석면피해자 발생의 정점은 2030~2040년으로 예측됨. (출처) 한국보건사회연구소, 「환경부용역 정책보고서」, 석면피해자 발생 및 기금소요 추계 개선연구, 2020.

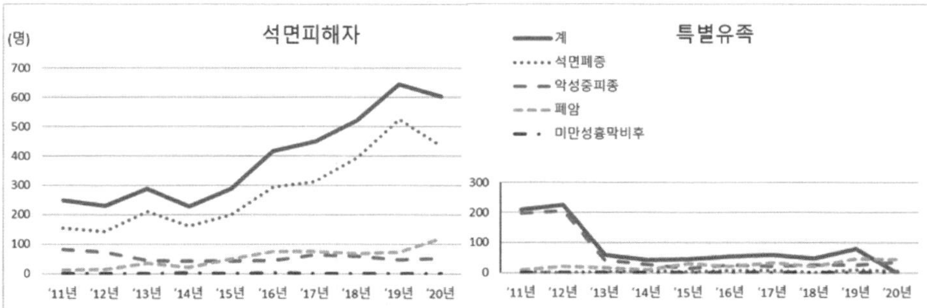

[그림 5-3] 연도별 석면피해 구제 현황

(출처) 석면피해구제시스템 (https://www.adrc.or.kr/user/board/noticeList.do) 자료를 재구성.

구제급여지급의 유효기간이 도래하여 갱신이 필요한 대상자 906명 중 844명인 93.2%가 심사를 통해 갱신인정이 되었다. 이는 석면으로 인한 건강피해, 특히 석면폐증(100% 갱신인정)은 만성적 경과를 보이는 질환으로 치료가 어렵다는 특징을 나타낸다. 또 석면피해자 857명(20.3%)은 피해인정 이후 사망하였고, 피해질환별로는 악성중피종 375명, 폐암 231명, 석면폐증 248명, 미만성 흉막비후 1명 순이었다.

3. 쟁점과 과제

1) 피해지원 서비스 개선

제도가 처음 시행될 당시, 구제대상 질환은 원발성 악성중피종, 원발성 폐암, 석면폐증 3종류이었다. 2013년부터 석면폐증 인정자의 요양생활수당 지급유효기간이 만료하면서부터 피해자들의 구제급여에 대한 개선요구가 있었고, 직업성 석면피해에 지급되는 산업재해보상에 비하여 급여항목과 지원수준이 미흡하여[44] 구제급여의 인상과 확대가 필요하다는 지적이 꾸준히 제기되었다. 이에 따라 법을 개정하여, 2014년부터 미만성 흉막비후를 구제질병으로 추가하고, 요양생활수당은 20% 인상하였다. 2014년에 법개정을 통해서는 유효기간이 서로 다른 석면질병의 유효기간을 모두 5년으로 일원화하여 요양생활수당 지급기한을 늘리는 등, 수차례에 걸친 법 및 하위법령 개정을 통해 피해구제제도를 개선해 왔다〈표 5-7〉.

44 직업성 석면피해에 대한 산재보상은 (환경성) 석면피해구제에 비하여 급여항목과 지원액이 2~3배 더 높음.

〈표 5-7〉 피해지원 개선을 위한 석면피해구제법령 개정 연혁과 내용

개정일	개정 법령	개정 내용
2013.5.22.	시행령 (대통령령 제24541호	• 석면질병에 미만성흉막비후(미만성 흉막비후)를 추가 • 요양생활수당 20% 인상
2014.12.31.	시행령 (대통령령 제25949호)	• 석면폐증 및 미만성 흉막비후의 석면피해인정 유효기간(2년)을 다른 석면질병과 동일하게 5년으로 연장
2016.12.27	법 (법률 제1448호)	• 피인정자가 석면질병 외의 사유로 사망한 경우에도 장의비, 특별유족조위금 등을 지급하되 석면질병과 명백히 다른 사유로 사망한 경우에는 장의비 등을 지급하지 않도록 함
2017.7.17	시행령 (대통령령 제28184호)	• 석면피해인정 등을 위한 진찰 및 검사 등의 의료기관 확대 • 석면피해인정기준으로서 검사방법 보완 • 석면피해인정기준으로서 판정방식 개선
2017.11.28	법 (법률 제15098호)	• 석면피해 구제업무를 한국환경공단에서 한국환경산업기술원으로 이관[45] • 환경부장관과 지방자치단체의 장이 석면 및 석면함유제품을 사용한 건축물이 밀집된 지역에 거주하였거나 거주 중인 사람에 대하여 석면 관련 건강영향조사 등을 할 수 있도록 하고, 건강영향조사를 위하여 필요한 정보를 관계 기관에게 요청할 수 있도록 함 • 석면환경보건센터의 업무범위를 석면 관련 건강영향조사뿐만 아니라 석면으로 인한 건강피해에 대한 조사, 석면피해 구제업무의 효과적인 수행을 위하여 필요한 조사 및 연구 등을 할 수 있도록 하고, 지정유효기간은 3년으로 하며, 유효기간 종료 후 재지정 받도록 함 • 석면환경보건센터의 체계적인 관리 및 운영을 위하여 매년 전년도 실적 등을 평가하는 정기평가와 3년마다 석면환경보건센터 운영 전반을 평가하는 종합평가로 구분하여 평가를 실시하도록 하고, 그 결과에 따라서 업무를 정지하거나 지정을 취소할 수 있도록 함
2021.1.5	법 (법률 제17842호)	• 석면질병의 치료가 완료되지 않거나 재발되는 경우 뿐 아니라 중대한 후유증이 있을 경우에도 유효기간을 갱신할 수 있도록 함 • 요양급여지급일을 석면피해인정 신청일부터였던 것을 석면질병의 진단일로 하여, 신청하기 전에 피인정자가 부담한 석면질병의 치료비용을 보전할 수 있도록 함 • 피해자유족의 구제급여 신청기한이 사망한 날로부터 5년 이내였던 것을 15년 이내로 연장하여, 석면질병의 특성상 잠복기가 길고, 인과관계를 특정하기 쉽지 않으며, 석면피해구제제도를 잘 알지 못해 유족들이 신청기한 내에 신청하지 못한 경우를 감안할 수 있게 함

(출처) 이수형 등, 「석면 건강피해자 지원 개선방안 연구」, 『정책보고서』, 환경부 한국보건사회연구원, 2018, 표1-1. 요약수정.

45 당시 환경오염피해구제와 가습기살균제피해구제 업무를 환경산업기술원에서 담당하고 있어, 피해구제업무를 일원적으로 수행하여 전문성과 효율성을 높일 필요 (출처:국가법령정보센터: https://www.law.go.kr/LSW/

그럼에도 불구하고, 석면피해 구제대상 질병을 더 확대할 필요가 있다. 2014년 국제기준(헬싱키)[46]의 개정에 따라 직업성 석면질환으로 인정되고 있는 후두암과 난소함의 경우, 국내에서도 산업재해로 인정하여 보상하고 있다(2015년부터). 이들 암종이 환경성 석면노출로 인해서도 국내·외에 발병사례가 있는지 등을 검토하여, 석면피해 구제대상 질병에 포함하는 방안을 마련할 필요가 있다.

뿐만 아니라, 국내외 유사제도와 비교를 통해 향후 중장기적 발전을 위한 개선 방안이 마련되어야 할 것이다〈표 5-8〉. 우리나라의 석면피해구제제도는 일본의 제도를 벤치마킹한 것으로 알려져 있으나, 현재는 일본의 제도에 비하여 구제급여의 수준이 조금 높고 대상 질병의 범위도 더 넓다. 다른 한편, 제도의 성격이 다르긴 하나, 직업성 석면질환에 대한 산재보상과 특히 완전보상을 목표로 하는 프랑스제도의 석면피해구제의 수준에는 미치지 못한다.[47]

〈표 5-8〉 석면피해구제제도 관련 국내외 유사제도 비교

구분	프랑스	일본	한국	한국 산재
제도	석면피해보상기금:FIVA	석면피해구제제도	석면피해구제제도	산업재해보상보험
시행년	2002	2006	2011	2007
지급기준일	요양시작일	요양시작일	요양시작일	질병발생일
담당기관	FIVA	환경재생보존기구	한국환경산업기술원	근로복지공단
원칙	완전보상	위로금 차원 구제	위로금 차원 구제	보험상 보상
대상	직업성·환경성 질환	환경성 질환	환경성 질환	직업성 재해·질환
질환	• 악성중피종 • 폐암 • 석면폐증 • 흉막반 • 삼출성흉막염 • 흉막비후 • 기타 석면관련질환	• 악성중피종 • 원발성폐암 • (심한호흡기능장애를 동반한) 석면폐 • (심한호흡기능장애를 동반한) 미만성 흉막비후	• 악성중피종 • 원발성폐암 • 석면폐증 • 미만성흉막비후	• 산업재해로 인한 사고 및 질환

lsRvsRsnListPp.do?lsId=011168&chrClsCd=010202&lsRvsGubun=all)

46 1997년 헬싱키 선언은 직업성석면질환에 대한 국제기준으로 통용되고 있음. 2014년에 그간의 지식의 축적에 기반하여 기준을 개정하였고, 이때, 후두암(석면의 기여분율 37%)과 난소암(기여분율 54%)이 직업성 석면질환으로 추가되었음. (출처) 김수근. 「석면에 의한 직업성 암의 진단과 판정을 위한 헬싱키 기준 2014」. 『대한산업보건협회 산업보건』 2015년2월호, pp.48-58.

47 이수형 등. 「석면 건강피해자 지원 개선방안 연구」. 『정책보고서』. 환경부 한국보건사회연구원. 2018.

구분	프랑스	일본	한국	한국 산재
범위	• 경제적 손실: 등급별 장애보상, 직업소득감소분, 질병으로 인한 일체의 비용(치료비, 간병비,주거·자동차개조 등) • 비경제적 손실: 정신적, 신체적 피해, 여가손실, 미적손실 등 • 유족조위금: 상속자의 권리 및 친족의 정신적 손해	• 의료비 • 요양수당 • 장의비 • 특별유족조위금 • 구제급여조정금	• 요양급여 • 요양생활수당 • 장의비 • 특별유족조위금 • 특별장의비 • 구제급여조정금	• 요양급여 • 휴업급여 • 장애급여 • 간병급여 • 유족급여 • 상병보상연금 • 장의비 • 직업재활급여 • 진폐연금(진폐보상연금, 진폐유족연금)
재원	• 국가출연금 • 사회보장재원의 산업재해 및 직업병부분의 분담금 • 가해자에 대한 대위소송을 통해 받은 금액 • 투자수익금, 차입금, 증여금 등	• 기업(사업자) • 국가 • 지방자치단체	• 기업(사업자) • 국가 • 지방자치단체	• 사업주
손해배상청구	불가	가능	가능	가능

(출처) 이수형 등,「석면 건강피해자 지원 개선방안 연구」,『정책보고서』, 환경부 한국보건사회연구원, 2018.

2) 피해자 발굴

석면노출로 인한 건강피해는 잠복기가 길어 고령층이 피해자일 경우가 많고, 저소득, 취약계층에서 많이 발생하는 특징을 가지고 있다. 따라서 석면피해를 스스로 인지하는 것이 쉽지 않음을 고려하여, 능동적인 피해자 발굴이 필요하다.[48] 석면피해자 발굴은 크게 다음의 3가지 방법을 통해 추진되어 왔다.

우선, 석면광산, 석면공장 주변 등 환경성 석면노출의 고위험지역의 주민들에 대한 건강영향조사이다. 석면피해구제법이 시행된 이래, 2020년 8월 현재까지, 이들 고위험지역 주면 34,523명을 대상으로 건강검진을 실시하여 총 1,407명의 석면피해자를 발굴하였다. 이중 석면폐증이 1,306명(92.8%)으로 대부분이었고, 폐암 97명, 악성중피종과 흉막비후가 각각 2명이었다.

48 2020년8월 현재, 전체 4,559명의 석면피해자 중 능동적인 피해자발굴사업을 통해 인정된 피해자는 총 2,618명으로 59%를 차지함.

다음으로, 건강보험공단자료의 진료수진 기록(질병 코드)을 조회하여, 석면피해가 의심되는 질병으로 수진경험이 있는 사람들을 대상으로 유선·우편·방문조사를 통해 2020년 현재까지 피해자 1,211명을 발굴하였다. 이중, 악성중피종 608명, 폐암 296명, 석면폐증 307명이다.

세 번째 방법은 비교적 최근부터 시작한 것으로, 의료기관을 방문하는 폐암 및 호흡기질환자 등의 의무기록을 검토·분석하여 석면으로 인한 피해인지를 판단할 수 있는 감시체계를 구축하였다(2017년이후). 이 병원감시체계를 통해 현재까지 99명의 석면피해자를 발굴하였고, 이중 석면폐증 45명, 폐암 37명, 악성중피종 17명이 포함되었다.

향후, 추가적으로 피해자 발굴사업을 넓혀나갈 필요가 있는 부분으로 노후 슬레이트 밀집지역, 석면건축물의 철거, 재개발, 재건축이 있었던 지역 등 석면노출 고위험지역이다. 실제로 이들 지역에서 건강영향조사에 대한 청원이 있었으나, 잠복기 등을 고려하면, 공사 직후 건강영향조사를 실시하는 것은 시점이 적절치 않아 청원이 수용되지 않았다. 해당지역의 주민들에 대한 직접적인 건강검진과 같은 방법보다는, 학교보건법이나 국민건강보험법에 따라 이루어지는 학생건강검진 혹은 일반 건강검진 등의 체계를 활용하여 추적조사를 하는 방법이 효율적일 것이다.

또 석면폐암환자의 발굴을 위하여 최근에 구축된 전향적 방법인 '병원감시체계'를 확대하고 본격적으로 운영해 나갈 필요가 있다. 우리나라에서는 매년 폐암환자가 약 2만명 발생하나, 신규 석면폐암은 연간 90~100명(전체의 0.5%)으로 그 비중이 낮다.[49] WHO는 석면 관련 질환 중 악성중피종과 폐암의 비율을 약 1:2로 보는데,[50] 우리나라는 악성중피종에 비하여 석면폐암의 비율이 2019년까지는 더 낮거나 비슷하다가 2020년에 들어 조금 상승하고 있는 추세를 보이고 있다[그림 5-3]. 이는 이전까지 석면폐암의 신청건수와 인정건수 모두 적었기 때문으로 판단된다.[51]

3) 석면피해구제기금

석면피해자 수가 증가함에 따라 구제급여액의 지출이 증가하여, 석면기금에서 매

49 거점병원에서 석면피해자 발굴시범사업(2017-2018년) 결과, 전체 폐암환자 중 석면폐암환자의 비율이 약 1%로 추정됨. (출처) 환경부. 제안요청서-2019년 의료기관중심 석면폐암 감시체계 운영-. 2019.1.

50 World Health Organization. Asbestos: elimination of asbestosrelated diseases. https://www.who.int/news-room/fact-sheets/detail/asbestos-elimination-of-asbestos-related-diseases

51 강동묵 등, 「석면과 환경성질환」, 『대한의사협회지』 2012;55(3):214-222.

년 여유자금의 규모가 축소되고 2025년경에는 고갈될 것으로 예측되었다.[52] 이에 대하여, 정부전입금을 상향하고, 분담금률을 현행 0.003%에서 상향하는 방안을 모색하고 있다.

다른 한편, 환경성 석면피해구제의 항목은 산재보상보험에서 지급되는 직업성 석면피해보상에 비하여 항목과 금액에서 차이가 있어 이 부분을 개선하기 위하여 분담금 부과대상 기업을 확대하여 재원을 늘려야 한다는 지적도 있다.

2 환경오염피해구제

1. 배경

환경오염피해구제는, 2012년 9월 발생한 구미 불산사고[53]가 계기가 돼 산업계 등 이해관계자의 갈등과 합의를 통해 마련된 「환경오염피해 배상책임 및 구제에 관한 법률」(이하 환경오염피해구제법)에 근거한다.

당시 가스 누출 이후 신속한 조치가 이루어지지 않아 산업단지 인근 지역까지 가스가 퍼지면서 농작물이 죽고 가축이 가스 중독 증상을 보이는 등, 사업장을 벗어난 주변 환경에도 심각한 피해를 유발하였다. 그러나 사업장내의 안전관리는 「산업안전보건법」에 따라, 사업장내에서 발생한 피해에 대한 보상은 「산업재해보상보험법」에 따라 이루어지고 있었으나, 사업장을 넘어선 주변의 환경과 주민의 안전, 그리고 피해에 대한 보상은 당시 제도가 포괄하지 못하였다.

이에 따라 화학사고를 미리 예방·대응하는 측면에서, 기존의 「유독물질관리법」 체계가 「화학물질관리법」으로 전부 개정되었으며, 사후 피해의 책임과 구제와 관련해서는 「환경오염피해구제법」이 제정된 것이다. 이 법은 당시 비슷한 시기에 발의된 '환경오염피해 구제에 관한 법률(안)', '화학사고 손해배상 및 피해구제에 관한 법률(안)', '환경책임법(안)' 등의 내용을 포함·통합하여 마련되었다.

52 한국보건사회연구원, 「석면피해자 발생 및 기금소요추계 개선연구」, 환경부 정책연구용역보고서, 2020.

53 2011년 9월 27일, 경상북도 구미 제4국가산업단지에 위치한 플루오린 화학 제품 생산 업체인 주식회사 휴브글로벌 구미 공장에서 탱크로리에 실린 플루오린화 수소 가스(일명 불산가스)를 공장 내 설비에 주입하던 중 근로자의 실수로 탱크로리의 밸브가 열리면서 가스가 유출되어, 공장 근로자 5명이 사망하고 18명이 부상을 당한 사건.

환경오염의 특성상 피해에 대한 입증이 어렵고, 소송을 진행하는데 높은 비용과 긴 시간이 소요됨에 따라 종종 소송을 포기하거나 피해를 감수해야 하는 피해자의 사정을 책임보험과 피해구제 제도를 통해 변화시킬 수 있게 되었다. 사고를 일으킨 기업의 입장에서는 피해배상 비용을 감당하지 못해 도산하거나 기업이미지 실추 등 큰 손실이 초래될 수 있는 상황을 책임보험에 가입함으로써 막을 수 있다. 또 구미불산 사고로 인해 막대한 국가재원이 투여되어, 피해를 일으킨 원인기업 대신 사고에 책임이 없는 국민들이 납부한 세금으로 이를 감당하는 비윤리적인 문제를 해결할 수 있게 되었다.

환경오염으로 인하여 재산 혹은 건강에 피해가 발생하면, 책임보험에 의해 그 피해가 배·보상이 된다. 나아가, 원인자 불명 혹은 부존재 등으로 보험을 통해 피해배상이 불가능한 경우에는 책임보험료의 일부와 정부출연금으로 조성되는 구제계정을 활용하여, 국가가 피해자에게 구제급여를 지급할 수 있도록 하여 책임보험의 사각지대를 해소할 수 있게 하였다. 배상책임보험 이외에 별도의 피해구제계정으로 공적인 구제제도가 갖추어진 경우는 다른 어느 선진국에서도 찾아보기 어려운 매우 앞선 제도로 평가받는다.

2. 환경오염피해구제제도 현황

1) 환경오염피해구제법 체계와 원칙

환경오염피해 배상책임 및 구제에 관한 법률은 그 법명에서도 분명하게 나와 있듯이, 환경오염피해에 대한 사법적 책임과 공법적인 구제를 모두 포괄하고 있다〈표 5-9〉.

〈표 5-9〉 환경오염피해구제법의 체계

장	장 제목	내 용
1	총칙	목적, 정의, 적용대상, 국가 등의 책무 다른 법률 및 청구권과의 관계
2	환경오염피해 배상	사업자의 환경오염피해에 대한 무과실책임 배상책임한도, 사업자의 신고의무 등 인과관계의 추정, 연대책임, 구상권, 책임의 배분 배상방법, 원상회복비용 청구 등 환경오염피해구제정책위원회

장	장 제목	내 용
3	환경오염피해 배상을 위한 보험가입 등	환경책임보험의 가입 의무 등 보험자, 환경책임보험의 운영·관리 보험금 일부의 선지급, 피해배상청구권의 우선변제 등 재보험사업
4	환경오염피해 구제	환경오염피해 구제, 환경오염피해구제심의회 등 구제급여의 신청 및 지급, 지급 제한, 유족의 범위 및 순위 심사청구의 제기, 구제급여심사위원회심사청구에 대한 심리·결정 심사위원회의 위원의 제척·기피·회피 재심사청구의 제기, 재심사청구에 대한 심리·재결 손해배상 및 다른 구제와의 관계 환경오염피해구제계정, 구제계정의 용도, 구제계정의 관리·운용 등
5	보칙	전산시스템의 구축·운영, 자료제출 및 검사보고 등 학술조사·연구 등, 재정지원 취약계층 소송지원, 행정처분 등 권한의 위임 및 위탁, 정보 이용자의 의무 벌칙 적용에서 공무원 의제
6	벌칙	벌칙, 양벌규정, 과태료

① 무과실책임과 책임한도

이 법에서는 환경오염피해를 '시설의 설치·운영으로 인하여 발생한 건강과 재산의 피해'로 규정하고 있고, 시설의 소유자 또는 설치·운영자는 시설로 인하여 발생된 피해에 대하여 무과실책임[54]을 지게 된다.

책임의 내용은 원칙적으로 배상책임이나,[55] 배상 금액에 비하여 과도한 비용을 들이지 않고 원상으로 회복할 수 있는 경우에 피해자는 원상회복을 청구할 수 있다(제13조). 사업자의 배상책임은 2천억원을 한도로 그 이내로 하되(제7조),[56] 시설의 규모와 발생될 피해의 결과 등을 감안하여 차등적으로 정할 수 있도록 한다. 책임한도를 넘는 피해에 대해서는 국가가 개입하여 보상급여를 지급하지만(제23조제1항), 사업자

54 다만, 그 피해가 전쟁·내란·폭동 또는 천재지변, 그 밖의 불가항력으로 인한 경우에는 그러하지 아니하다.(제6조제1항)

55 동법이 기본적으로 사적 영역에 속하고, 민법의 특별법적 성격을 가질 수밖에 없는 바, 민법은 금전배상을 원칙으로 하고 있기 때문이다. 김홍균, 「환경오염피해 배상책임 및 구제에 관한 법률의 평가와 향후 과제」, 『환경법연구』, 2015;37(2):148

56 배상책임한도는 시설 소유자가 부담하는 무과실책임에 대응하여 시설 소유자를 배려하는 것으로써, 위험책임을 인정하고 있는 유류오염피해, 원자력피해 등 영역에서 일반화되고 있는 입법적 조치이다. (출처) 김홍균. ibid.

의 고의·과실, 위법, 오염방제 조치를 하지 않은 경우는 책임한도를 적용하지 않는다는 예외 규정을 두어 사업자가 무한책임을 지도록 하고 있다(제7조 단서).

② 인과관계 추정과 추정의 배제

시설이 환경오염피해를 발생시켰다는 것을 피해자가 입증해야 할 책임이 있는데, 환경오염문제의 특성상 이를 입증하는 것이 매우 어렵다는 점을 감안하여 '인과관계 추정' 조항을 두어 이를 완화하고 있다(제9조제1항). '환경오염피해 발생의 원인을 제공한 것으로 볼만한 상당한 개연성이 있을 때' 인과관계가 추정되는 것이므로 궁극적으로 판단은 자유심증주의에 기반하여 법원이 하게 된다.[57] 그러나, 사업자와의 형평성 차원에서, 환경오염피해가 다른 원인에 의해 발생하였거나, 사업자가 발생원인과 관련된 환경·안전 법령 및 인허가조건을 모두 준수하고 예방 등 사업자의 책무를 다한 경우에는 인과관계 추정이 배제되도록 하였다(제9조제3항).[58]

2) 환경책임보험

환경오염피해는 흔히 규모와 범위가 크고 배상액이 고액이어서 가해자의 배상능력에 한계가 발생할 수 있다. 기업이 환경오염사고를 유발하였을 시 배상책임 이행을 위한 재무적 수단을 확보하기 위한 방안으로, 일정한 시설을 설치·운영하는 사업자로 하여금 환경책임보험에 가입하도록 하고 있다.[59]

환경책임보험은 민영보험사가 보험상품으로 판매·운영하고, 법으로 정한 대상 시설들은 이에 의무적으로 가입하여야 한다. 대상 시설(법 제3조 적용대상)은 다음과 같다〈표 5-10〉. 전국적으로 약 17,000여 개의 시설이 의무가입 대상이다.

57 김홍균, ibid.

58 동법의 제정 과정에서 논란이 컸던 것은 인과관계 추정 배제 규정을 둘 것인지였다. 특히 「독일 환경책임법」에서 인정하고 있는 것과 같이 적법한 시설 운영에서 추정을 배제해 줄 것인지는 마지막까지 큰 쟁점이 되었고, 제정을 오랫동안 지연시켰다. (출처) 김홍균, ibid.

59 2014년 국회에 발의된 법률안은, 한정애의원 대표발의안(기금조성안)과 이완영의원 대표발의안(보험안)이 있었고, 환경노동위원회 논의 결과, 책임보험안으로 하고 보험의 사각지대를 해소하기 위하여 원인자불명 등의 경우 정부가 피해구제를 할 수 있도록 하였다.

〈표 5-10〉 환경책임보험의 의무가입 대상 시설

근거법	책임 대상 시설
대기환경보전법	– 특정대기유해물질 배출시설(1~5종) – 1종 사업장의 대기오염물질 배출시설
물환경보전법	– 특정수질유해물질 배출시설(1~5종) – 1종 사업장의 폐수배출시설(무방류 배출시설 포함)
폐기물관리법	지정폐기물처리시설로서 폐기물처리업자가 설치한 시설 및 승인 또는 신고대상 시설 – 지정폐기물처리시설이 없는 지정폐기물수집운반업은 해당없음
건설폐기물의 재활용촉진에 관한 법률	건설폐기물 처리시설, 임시보관장소를 포함
가축분뇨의 관리 및 이용에 관한 법률	가축분뇨배출시설로서 허가 또는 신고대상 시설
토양환경보전법	특정토양오염관리대상 시설 중 – 저장용량 1천kL이상인 석유류 제조저장시설 – 화학물질을 제조·저장하는 주요취급시설* –「송유관 안전관리법」에 따른 송유관
화학물질관리법	화학물질을 취급(제조·보관·저장·운반·사용)하는 시설로서 주요취급시설* 및 유해화학물질 영업을 하는 자의 취급시설
소음·진동관리법	소음·진동 배출시설**
잔류성오염물질관리법	잔류성오염물질 배출시설
해양환경관리법	해양시설 중 – 기름 및 유해액체저장(비축 포함)시설 중 합계용량 300kL이상인 시설, – 오염물질저장시설 중 합계 용량300kL이상

*주요취급시설이란 유해화학물질별 상위 규정수량 이상을 취급하는 시설(환경부령 제911호),
**보험증권에 명기된 경우가 아니면 책임보험에 의해 손해가 보장되지 않음

보험에 가입한 사업장은 시설의 군별(가, 나, 다)로 사고 발생 시 30억에서 최대 300억 원까지 보장받는다. 사업자의 환경오염피해에 대한 배상책임한도는 500억에서 최대 2000억 원이므로, 실제 배상해야 할 금액이 보장금액를 초과할 경우에는, 사업자는 다른 재원을 통해 배상해야 한다. 또, 실제 피해의 규모가 사업자의 배상책임 한도를 넘어설 경우에는, 정부가 적립하고 있는 구제계정을 통해 부담하게 된다(제23조제1항)[그림 1-9].

책임보험은 사고로 인한 '급진적 피해'뿐 아니라 만성적인 오염물질 노출로 인한 '점

진적 피해'까지 모두 보장하고자 한다.[60] 뿐만 아니라 2021년6월부터는 대기·수질·토양 등의 오염을 동반하지 않는 화학사고로 발생한 피해도 책임보험을 통해 배상된다.[61]

책임보험 상품을 판매하고자 하는 민영보험사는 환경부장관과 3년간의 약정을 체결한다. 현재 환경책임보험 사업자(보험자) 3기(2022~2024) 약정기간이며, 1기에는 3개 보험사, 2기와 3기에는 5개 보험사가 참여하였다.

3) 환경오염피해구제

① 구제의 대상

책임보험제도가 있음에도 불구하고, 환경오염피해가 발생하였을 때 여전히 그 피해에 대한 배상을 받지 못하는 경우가 있다. 이때 일정한 기준에 해당하면 정부가 구제급여를 지급할 수 있게 하였고, 이는 국가가 주도하여 배상책임의 한계를 보완하여 피해구제를 충실하게 하려는 것으로, 다른 나라에서 찾아보기 힘든 선진적인 입법례라 할 수 있다.[62]

피해구제 지급 기준은 다음과 같다(법 제 23조). i) 환경오염피해의 원인을 제공한 자를 알 수 없거나 그 존부가 분명하지 않거나 무자력인 경우, ii) 사업자의 배상책임 한도를 초과한 경우(제23조제1항)이다. 또, iii) 책임보험 계약 또는 보장계약이 성립되지 않았거나 실효된 경우, iv) 보험자가 보험금 선지급 요건을 충족함에도 불구하고 보험금을 지급하지 않은 경우, v) 기타 환경부장관이 필요하다고 판단한 경우, 정부가 구제급여를 지급할 수 있다(제23조제2항).

정부가 피해자에게 구제급여를 지급한 경우 해당 사업자에게 배상책임한도와 지급한 구제급여의 범위에서 구상(상환을 요구)할 수 있다(제23조제34항).

② 피해구제계정

환경오염피해구제계정은 보험사들이 정부에 재보험을 들며 납입한 재보험료와 정

---

60 환경부, 『환경책임보험 길라잡이』, 2018.

61 [출처] 대한민국 정책브리핑(www.korea.kr). 환경부 보도자료.('21.5.31) ※ (배경이 된 사례) 안산 소재 아파트형 공장 2층에서 염산이 스며들어 1층 전자업체 자외선(UV) 장비가 훼손('17.3) 되었으나, 매체오염 미발생으로 보험 미보장

62 김홍균, ibid.

부 출연금으로 구성되며(이외 수익금, 차입금, 구상금, 기부금 등), 목표로 하는 최소 적립액은 구미불산사고 시 투여되었던 약 550억 규모를 고려한 금액이다.

③ 구제급여의 종류

구제급여는 총 5항목으로 구성된다〈표 5-11〉. 이때 피해등급은 등급외와 5개의 등급(1~5등급)으로 구분된다. 피해등급은 질병의 중증도 평가 점수를 기준으로 판단하게 되는데, 중증도의 평가는 신체증상(환경오염으로 인정되는 질환으로 인해 겪는 신체적 정신적 증상의 정도), 합병증(2차적으로 더욱 심각한 질환이 발생하였거나 발생할 우려가 있는 정도), 예후(질환을 치료받지 않을 경우 건강이 악화될 수 있는 정도) 및 치료예정기간(질환의 치료와 요양에 필요한 기간)에 대한 평가결과를 토대로 결정한다.

〈표 5-11〉 환경오염피해구제 급여의 항목과 범위

항 목	내 용	급여 기준 (시행령 제31719호)[63]
의료비	본인부담상한액 내에서 요양급여(혹은 의료급여) 비용 중 피해자가 부담하는 금액	
요양생활수당	의료비 외 치료·요양 및 생활에 필요한 비용	신청 당시 2인가구 기준 중위소득 기준으로 피해등급별 차등지급(지급비율%): 등급외(미지급), 5등급(4.75%, 월146천원) ~ 1등급(47.5%, 월1,463천원)
장의비	환경오염피해로 인해 피해자가 사망한 경우 장제를 지낸 유족에게 지급	신청 당시 2인가구 기준 중위소득의 1,000분의 897에 해당하는 금액
유족보상비	구제급여 지급결정을 받은 피해자가 그 인정된 사유를 주된 원인으로 하여 사망하고, 사망 당시 그와 생계를 같이 하고 있던 유족이 있는 경우 지급	장의비를 기준으로 피해등급별로 차등(지급비율%): 5등급(250%) ~ 1등급(1,500%) 금액에서 피해자가 지급받은 의료비와 요양생활수당의 합계를 뺀 금액
재산피해보상비	환경오염피해 중 재산피해의 일부에 대한 보상비, 피해자가 사망한 경우 유족에게 지급가능	가구당 또는 법인당 5천만원 한도 내

63 2021년 6월1일부터 시행된 개정안.

④ 구제급여의 지급

구제급여 지급은, 건강영향 모니터링결과 혹은 주민들의 청원에 의해 역학조사를 하고, 그 결과 환경오염요인과 건강상 문제간의 관련성이 확인된 이후, 해당 지역의 (잠재적)피해자들의 신청에 의해 절차가 시작된다[그림 5-4].

구제급여지급신청이 들어오면, 개별적 관련성을 평가하기 위하여 예비조사 및 본조사를 통한 피해조사를 실시하고 이 조사결과에 기반하여 지급결정을 한다. 피해자가 구제급여지급결정에 불복하는 경우, 2차례에 걸쳐 재심을 할 수 있다.

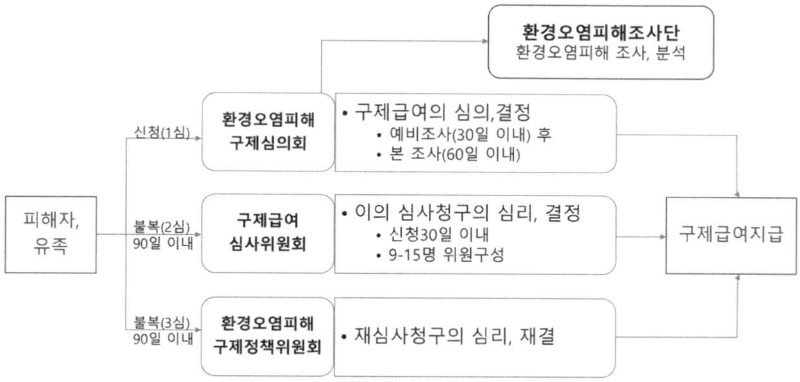

[그림 5-4] 환경오염피해구제급여 지급 절차

(출처) 환경산업기술원, 환경피해구제(http://www.keiti.re.kr/env/relief_06.html)

최근까지 환경오염피해구제 급여의 지급현황은 다음과 같다〈표 5-12〉.

〈표 5-12〉 환경오염피해구제 급여지급 현황 ('21.6.30 현재, 단위: 명, 백만원)

구 분	피해의 내용	구제급여 신청					구제급여 지급액
		신청일	신청	판정			
				지급 결정	미인정	조사중	
계	-		443	274	144	25	242
서천 (구)장항제련소	(구)장항제련소 배출 중금속으로 인한 건강피해	'17.9~11 '19.12. '21.6.	240	90	127	23	104

구 분	피해의 내용	구제급여 신청					구제급여 지급액
		신청일	신청	판정			
				지급 결정	미인정	조사중	
김포 거물대리	주물공장 등 난개발 지역 중금속(니켈, 납 등)으로 인한 건강피해	'17.11. '20.2. 9. '21.2. 5	190	179	9	2	136
대구 안심연료단지	연탄공장 분진으로 인한 건강피해	'17.9~10	13	5	8	-	2

4) 취약계층 소송지원제도

환경오염피해 소송지원제도는 2016년 1월부터 시작되었다. 저소득층·노약자·장애인 등 취약계층이 환경오염피해를 입어도 경제적 어려움 또는 법률적 지식의 부족으로 피해 배상소송을 진행하지 못하는 경우에 전문 변호사의 법률 지원을 받을 수 있도록 한 것이다(법 제42조, 시행령 제28조, 시행규칙 제22조, 23조). 세부적인 지원대상은 다음과 같다〈표 5-13〉.

〈표 5-13〉 환경오염피해 소송지원 대상

구 분	세부 지원대상
저소득층	전국 가구 월평균 소득의 60% 이하인 사람
고령자	65세 이상인 사람
장애인	장애인
청 년	15세이상 29세미만 청년 중 고용촉진지원금 수급자
경력단절여성	경력단절여성 중 고용촉진지원금 수급자
북한이탈주민	북한이탈주민
국가보훈대상자	국가보훈대상자
기 타	환경부장관이 소송지원이 필요하다고 인정하는 사람

환경부(환경산업기술원)는 20명 규모의 소송지원변호인단을 상시 운영하면서 소송지원을 신청한 취약계층과 소송지원변호인단 소속 변호사를 연계해 주고, 소송에 드

는 비용도 지원한다〈표 5-14〉.

〈표 5-14〉 환경오염피해 소송지원 내용과 금액

구 분	지원 금액
법률자문 및 소송서류 검토	100만원 이내(1인당)
소송대리 변호사 보수	200만원 이내(1인당, 저소득층에 한함)
소송비용	인지액·송달료, 검증 및 감정 비용의 일부 또는 전부
패소비용	패소 시 상대방 변호사 보수의 50% 이내

현재 제3기 소송지원변호인단이 20여 명의 변호사로 구성되어 운영되고 있다. 제도 시행부터 2020년 6월 현재까지 10개 지역 163명이 신청하여 9개 지역 161명을 지원하였다(법률자문 4건, 소송대리 5건).[64]

3. 쟁점과 전망

1) 환경책임보험사업의 공공성 강화

제도 도입 후 보험사가 피해자에게 지급한 보험금과 지급건수 등이 저조하여 실제 환경오염피해자와 피해기업을 보호하고자 하는 기능을 제대로 하고 있지 못하다는 지적이 산업계와 국회 등에서 많았다. 환경책임보험이 청구되었던 건수는 법 시행 이후 최근까지(2020년6월말 기준) 총72건으로 이중 16건이 지급결정, 35건은 미지급결정되었고, 나머지는 조사 중으로 보고되었다. 미지급이 결정된 사유는 피해가 소액으로 자기부담금미만이었던 경우나, 제3자의 피해에 대한 청구가 아니었던 경우, 혹은 환경오염사고에 해당되지 않는 경우이었다. 1기 책임보험사업(2016.7~2019.6) 운영결과, 환경책임보험의 손해율은 3.51%에 그쳤다.[65]

64 환경부 보도자료 ('20.7.17) 제3기 환경오염피해 소송지원변호인단 출범 中; [법률자문]: 대구 안심마을 레미콘 분진, 순천 화력발전소 인근 대기오염 피해, 충남 부여 가축분뇨 악취 피해, 서울 영등포구 소음·진동 피해, [소송대리]: 강원 영월·삼척과 충북 제천 주민들이 시멘트공장 상대로 제기한 환경오염피해 소송에 변호사 선임과 소송비용 지원(2016), 전북 익산 장점마을 연초박공장 대상 52명의 주민 집단암발병 배상소송을 지원(2020), 경남 사천 모례마을 조선소 인근 70명의 주민의 환경오염피해 배상소송 지원(2021)

65 보험금손해율=원수지급보험금÷원수순보험료: 총보험료 215,885백만원, 원수순보험료 172,708백만원, 원수지급보험료 6,064백만원.

정부는 관련 공공기관과 참여보험사, 산업계, 전문가로 구성된 포럼을 구성(2020.5)하고 손해율과 보험요율개선, 환경책임보험의 공익적 기능향상 방안, 약관의 모호성을 개선하여 분쟁을 예방하고, 자율적 환경관리의 기반을 마련하는 것을 목표로 하여 2021년 6월1일부터 적용되는 몇 가지 개선안을 냈다.[66] 우선, 사고발생 시 사업장이 부담해야 할 자기부담률을 완화하였다(최고 보상한도액의 0.5%에서 0.1%로). 이를 통해 사업장의 자기부담금 액수도 줄어들 뿐 아니라, 더 많은 건수가 보험금지급으로 전환될 수 있다.[67] 둘째, 일반화학물질 누·유출 사고로 발생한 피해에 대해서도 환경책임보험 보장을 받을 수 있도록 일반화학물질 요율을 신설했다. 그동안에는 일반화학물질 사고로 인한 피해가 발생해도 환경책임보험에서 피해자 배상금이 지급되지 않은 경우가 있었다. 셋째, 무사고 할인율(5%)이 새롭게 도입되고, 보험료 할인 혜택이 현재보다 두 배(10%→20%)로 늘어난다. 향후에는 할증율(환경안전노력이 부족한 기업에 보험요율 할증)도 도입할 계획이다. 넷째, 환경오염사고에 대한 배상청구 가능 기간을 확대한다(보험기간 만료 후 60일→1년). 이는 환경오염피해의 경우 사고의 인지 및 손해배상 청구까지 시간이 많이 소요된다는 현장의 의견을 반영한 것이다.

환경책임보험의 공공성을 강화하는 또 다른 방안 중 하나는, '환경책임보험사업단'을 운영하는 것이다. 환경부장관은 환경책임보험 사업을 효과적으로 운영하고 책임을 분산시키기 위해 필요한 경우 다수의 보험자가 공동으로 책임을 지는 〈환경책임보험사업단〉을 구성할 수 있다(법 제18조 2항). 이에 근거하여, 특정 보험사에 대한 의존성을 낮추고 환경책임보험 제도의 안정성과 지속성을 제고할 뿐 아니라, 사업의 공공성을 강화하기 위하여 2019년부터 보험사업단이 구성되어 운영되고 있다. 이러한 측면에서 보험사업단의 핵심 기능은, 환경책임보험관련업무의 전산망을 관리 운영함으로써, 보험관련 정보에 기반하여 각종 할인·할증율 조정 등 보험요율 조정을 주도할 수 있다.[68] 이를 통해 책임보험제도의 예방적 기능(사업자가 스스로 환경오염피해에 대한 예방적 활동을 하도록 유도)을 강화하고 환경오염피해자와 피해기업을 보호하는 역할을 높일 수 있을 것이다.

66 환경부 보도자료('21.5.6). 환경책임보험, 혜택은 확대하고 기업 부담은 줄인다.

67 보험금 지급이 신청됐으나 이 중 자기부담금보다 손해액이 낮아서 지급되지 않은 비율은 57%(24/42건), 이중 22/24건이 지급으로 전환될 수 있다.

68 환경부, 환경책임보험전산망 https://www.eilkorea.or.kr/com/mainPage/mainPage.do

2) 피해구제 급여지급체계의 개선

2016년 제도가 시행된 이후, 서천 장항 제련소 주변 주민들에서 최초로 피해구제를 실시한 이래로, 특히 요양생활수당과 유족보상비 지급기준 등에 실효성이 부족하다는 지적이 많았다. 무엇보다도 요양생활수당 지급이 영구장해를 기준으로 하는 산업재해의 장해등급을 준용하고 있어서, 환경오염으로 인한 피해의 특성을 잘 반영하고 있지 못하였다. 실제 2021년 6월 현재까지 피해인정을 받은 260명 중 단 2명만 요양생활수당을 받을 수 있었다. 따라서 환경오염피해의 특성에 맞는 평가방법과 기준이 필요하였다. 뿐만 아니라 수당지급의 기준액이 석면 및 가습기살균제 피해구제의 경우 100%를 적용하고 있는 것과 달리 89.7%를 적용하고 있어 산정되는 급여액이 더 적었다. 요양생활수당 지급기간과 지급방법도 피해자의 편의를 도모할 필요가 있었다. 이러한 점들을 반영하여 2021년 6월1일부터 구제급여지급체계가 개선되었다〈표 5-15〉.

〈표 5-15〉 환경오염피해구제 급여체계 개선 ('21.6.1 시행)

구 분	항 목	현 행	개 정
시 행 령	피해등급	10등급	5등급 + 등급외
	기 준 액	중위소득 89.7%	중위소득 100%
	지급기간	3년 지급	(1~3등급) 5년 지급 (4~5등급) 3년 지급
	지급방법	월급여 지급	4~5등급은 일시금 선택 가능
시행규칙	등급판정	산재 장해등급 기준	중증도 평가 기준 마련

기존의 10등급체계는 5등급체계로 바뀌었고, 신체증상, 협병증, 예후, 치료예정기간의 4가지 항목으로 중증도를 평가하고, 이 중증도 평가점수에 따라 등급을 정하도록 하였다〈표 5-16〉. 여러 가지 피해질환을 보유하고 있는 경우에도 이를 중증도 평가에 감안하도록 하였다.[69]

69 중증도 평가점수 = $D_1 + [(100 - D_1)/100 \times \{(1/2 \times D_2) + (1/4 \times D_3) + (1/8 \times D_4) + (1/16 \times D_5) + \cdots + (1/2^{n-1} \times D_n)\}]$. 여기서, D는 개별 질환을 평가지표별로 각각 산정한 점수를 산술평균한 점수로서 점수가 높은 질환부터 D_1, D_2, D_3, D_4, $D_5 \cdots D_n$ 순으로 부여.

〈표 5-16〉 요양생활수당 변동 내용

기준금액 : 중위소득의 897/1000 (**276만원**)			
등급	지급율(%)	월금액 (천원)	지급기간
1	47.50	1,311	3년간 매월
2	42.75	1,180	
3	38.00	1,049	
4	33.25	918	
5	28.50	787	
6	23.75	655	
7	19.00	524	
8	14.25	393	
9	9.50	262	
10	4.75	131	
11~14	미지급	–	–

⇨

기준금액 : 중위소득 (**308만원**)				
등급	중증도 평가점수	지급율 (%)	월금액 (천원)	지급기 간
1	90〈~≦100	47.50	1,463	5년간 매월
2	70〈~≦90	34.20	1,053	
3	50〈~≦70	22.80	702	
4	30〈~≦50	11.40	351 (일시금 12,636천원)	3년간 매월 또는 일시금
5	20〈~≦30	4.75	146 (일시금 5,256천원)	
등급 외	≦20	미지급	–	–

향후 금전적인 구제급여지급이 아닌 다양한 구제수단 활용(예, 건강관리수첩, 전문병원 설립 혹은 지정 등)을 모색하고, 사후적 피해조사 수준에 머무르지 않고, 사전적이고 능동적인 환경오염피해조사를 실시할 수 있도록 제도적 기반을 보완할 필요가 있다.[70]

3) 재산피해의 구제

환경오염피해구제급여를 지급할 수 있는 경우는 건강피해(신체적 및 정신적 피해)뿐 아니라 재산피해에 대해서도 가능하다(시행령 제18조). 재산피해에 대한 보상비는 가구당 또는 법인당 5천만원이상을 넘지 못한다. 그러나 제도 시행 이후 현재까지 재산피해에 대한 구제급여가 지급된 경우는 아직 없다.

중앙환경분쟁조정위원회에 신청된 사건 통계를 보면, 피해내용으로 건축물피해, 축산물피해, 농작물. 수산물 피해 등 재산피해의 비중이 전체의 47.2%는 넘어, 실제 재산피해는 적지 않게 발생하고 있는 것으로 보인다.[71] 따라서 향후 실효성있는 피해

70 박종원, 「환경오염피해에 대한 행정적 구제의 실효성 제고를 위한 입법론: 「환경오염피해 배상책임 및 구제에 관한 법률」에 따른 구제급여 지급현실에 비추어」, 『환경법연구』, 2018;40(3):3–46.

71 중앙환경분쟁조정위원회. 환경분쟁사건 처리 등 통계(2020). '91년 이후 총 5,355건 중 정신적 피해 1,677건, 건축물+정신적피해 1,080건, 축산물피해 451건, 농작물피해 323건, 건축물피해 202건, 수산물피해 99건, 기타피해 725건(건강, 영업 손실, 방음시설, 이주비 요구 등). https://ecc.me.go.kr/front/board/boardContentsView.do

구제가 되기 위해서는 건강피해뿐 아니라 재산피해에 대하여도 적극적인 구제정책이 이루어져야 할 것으로 보인다.

4) 자연환경 훼손

동 법 제14조(원상회복비용 청구 등)에는 환경오염피해가 동시에 「자연환경보전법」 제2조1호에 따른 자연환경이나,[72] 제2조제10호에 따른 자연경관의 침해를 발생시킨 경우 피해자가 해당 사업장에게 원상회복을 요청하거나 직접 원상회복을 한 후 비용을 청구할 수 있도록 하고 있다. 그러나 이 경우 자연경관이나 생태계에 침해가 있더라도, 이것이 개인의 재산에 대한 침해가 되는 경우(사적이익의 침해에 수반된 경우)만 해당이 된다. 따라서, 이 조문만으로는 자연환경훼손에 대한 적절한 보호장치(자연환경훼손에 대한 복원)로 작동하지는 못하는 것이다.

향후 사적 이익의 범위에 속하지 않는 자연환경훼손에 대한 배상 또는 회복에 대한 독자적인 법리가 적용될 수 있는 영역, 예를 들어 자연환경훼손에 대한 원상회복·정화조치와 같은 공법적 근거를 법령에 마련하여 사적인 피해배상이나 원상회복의 미비점을 보완하는 등의 개선이 필요하다.[73]

3 가습기살균제피해구제

1. 배경

가습기살균제는 가습기의 분무용 물에 첨가하여 사용하는 살균제로 미생물 번식과 물 때 발생을 예방할 목적으로 1994년 (주)유공(현 SK케미컬)에서 최초로 개발하여 약 35종의 제품이 2000년 이후 연간 약 60여만개가 판매되었다. 당초 카

72 「자연환경보전법」 제2조(정의). 1. "자연환경"이라 함은 지하·지표(해양을 제외한다) 및 지상의 모든 생물과 이들을 둘러싸고 있는 비생물적인 것을 포함한 자연의 상태(생태계 및 자연경관을 포함한다)를 말한다....10. "자연경관"이라 함은 자연환경적 측면에서 시각적·심미적인 가치를 가지는 지역·지형 및 이에 부속된 자연요소 또는 사물이 복합적으로 어우러진 자연의 경치를 말한다.

73 이준서, 「환경오염피해 배상책임 및 구제에 관한 법률 상 자연환경훼손의 복원 가능성과 한계」, 『환경법연구』, 2018; 40(3); 47-87.

펫트 항균제 용도로 사용되었던 PGH(Polyoxyalkylene guanidine hydrochloride)와 PHMG(polyhexamethylguanidine), 일반적으로 살충제로 사용되는 CMIT/MIT (5-Chloro-2-methyl-4-isothiazolin-3-one/ 2-methyl-4-isothiazoline-3-one)가 주요 원료물질로 SK케미컬에 의해 제조되어 제조사 및 유통사로 공급되었다. 일부 제품에는 BKC(Benzalkonium chloride), NaDCC(Sodium dichloroisocyanurate), DDAC(Didecyldimethylammonium chloride)와 같은 물질도 사용되었다.

2006년부터 대형병원을 중심으로 소아에서는 매우 희귀한 질병인 급성간질성폐렴이 집단발병하는 사례가 발생하여 의학계에서 논의되었으나 당시는 원인규명을 하지 못하였다. 2011년 4월에 한 대형병원에서 임신부 6명에서 발견된 원인불명의 급성간질성폐질환이 질병관리본부에 보고되고, 정부의 역학조사를 통해 가습기살균제가 원인으로 지목되어, 그 해 11월에 가습기살균제 수거명령과 함께 피해접수가 시작되었다.

2. 피해구제의 경과

정부의 가습기살균제피해구제는, 피해자의 경제적, 건강상 위급한 어려움을 신속하게 경감시켜주기 위하여 필요한 구제 및 지원대책을 수립·시행하여야 하는 국가의 책무로서(법 제3조, 국가의 책무), 공적·행정적 구제의 하나이다. 가습기살균제로 인한 건강피해는 해당 가습기살균제 사업자가 배상하여야 한다(법 제4조, 손해배상책임).

1) 피해구제특별법 이전

1차 피해신고 접수(2011.11~2013.6) 후 정부는 2013년 8월에 환경보건법에 근거하여 구상을 전제로 폐섬유화를 동반한 폐질환을 구제하는 것을 결정하였다. 보건복지부 질병관리본부가 아닌 환경부가 주관하여 의료비와 장례비를 지원하는 내용이었다.[74] 2011년 이후부터 그동안 가습기살균제 피해자들의 소송이 장기화되면서 법적 구제가 늦어져 피해자들이 많은 고통을 겪고 있었다. 같은 해 국회에서 '가습기살균

74 대한민국 정책브리핑 (2013.8.14.) 정부, 가습기살균제피해자 의료비 지원- 피해 발생 원인제공 기업에 추후 구상권 행사. https://www.korea.kr/news/policyBriefingView.do?newsId=148765868
당사자간 소송으로 해결하는 것이 바람직하나, 소송기간 장기화, 폐이식수술 등 피해자의 경제적 궁핍을 외면할 수 없어 가해기업에 구상권 행사를 전제로 정부에서 의료비와 장례비 우선 지원 취지.

제 피해자 구제를 위한 결의안'이 채택되고(2013.4.23), 가습기살균제 피해자지원 관련 법률제정안이 발의되었으며,[75] 정부에 피해자 구제방안을 마련하도록 촉구하는 등의 일들이 그 배경이 되었다. 지원 대상자는 질병관리본부의 '폐손상조사위원회'의 피해조사와 환경보건법에 따라 설치된 '환경보건위원회'의 심의를 거쳐 결정하게 하였다.[76] 지원계획의 제도적 보완을 위해 「환경보건법」 제20조(국가 등의 지원)를 근거로 환경보건법 하위법령에 지원 내용과 절차 등을 정하였다.[77] 이후, 2014년 7월에 최초로 폐섬유화(가습기살균제폐손상)에 대하여 의료비와 장례비를 지원하였다.

2016년 6월에는 생활자금과 간병비를 추가지원하고, 조사판정에 참여하는 의료기관을 확대하고, 정신적 트라우마 등을 지원하기 위해 정신건강모니터링을 피해자와 가족에 실시하는 등의 '가습기살균제피해자 추가지원 대책(2차)'을 마련하였다.[78]

2) 가습기살균제 피해구제를 위한 특별법 제정

2016년에 들어와 가습기살균제사건에 대해 검찰수사와 기소가 진행되었다.[79] 또 국회에서는 가습기살균제사고와 관련한 '국정조사특별위원회'를 구성하여 가습기살균제 사고의 진상규명과 피해구제 및 재발 방지 대책마련을 위한 활동을 벌였다(2016.7.7.~10.4).[80] 이를 통해, 정부의 정책적 미흡, 기업의 유해성 검증 부실과 독성실험에 대한 본사의 개입과 결과조작 의혹 등을 밝혀내고, 옥시 본사의 공식적 사과를 받아내는 등의 성과를 얻었다. 이러한 배경에서 가습기살균제피해구제를 위한 특별법이 2017년 2월에 제정되고 그해 8월에 시행되었다.[81]

---

75 '13.4~6월, 4개 법률제정안 발의, 심상정, 장하나, 이언주, 홍영표의원안. 정부와 기업이 기금을 마련하여 피해자를 지원하자는 내용. 2개 법안에는 징벌적배상도 포함됨.

76 '12.11월 환경보건위원회에서는 제품 사용으로 인한 피해는 환경보건법상의 환경성질환으로 보기 어려워 '환경성질환'에 해당되지 않는다고 결정하였으나,'13.10월 환경보건위원회에서 이를 번복하여 가습기살균제로 인한 질환을 환경성질환으로 인정함.

77 '14.3월, 환경보건법 시행규칙(제2조)를 개정하여,'가습기살균제로 인한 폐질환'을 환경성 질환에 포함. '14.4월 환경보건법 시행령(제13조의2, 지원범위, 피해인정 유효기간 및 갱신, 유족 범위와 지원 등) 및 고시제정(가습기살균제에 사용된 화학물질로 인한 폐질환의 인정 및 지원기준 등에 관한 고시).

78 환경부 보도자료(2016.6.3.), 가습기살균제피해자, 생활자금과 간병비 추가지원!. https://www.korea.kr/news/pressReleaseView.do?newsId=156134358

79 '16.1~10월. 검찰에서는 가습기살균제 피해수사 전담팀을 구성하여 수사. 5개사 임직원과 3개법인 업무상과실치사상, 특가법상 사기, 부당광고 등으로 기소.

80 여야 각 9인(위원장 더불어민주당 우원식의원)으로 구성, 정부 및 관련 공공기관, 가습기살균제 제조판매원료 공급업체 대상으로 조사, 예비조사(전문가 위촉, 7.7~8.26), 기관보고(8.16~18), 청문회(8.29~30), 종합보고(9.2), 옥시본사방문(9.20~23) 등의 활동. 요구사항으로 3,4 단계 피해자에 대한 지원확대, 검찰 수사 확대, 살생물제 안전강화 등 제도개선 등을 제시.

81 「가습기살균제피해구제법」은 7개의 의원발의 법안('16.6~12 이정미, 이언주, 홍영표, 서영교, 한정애, 김삼화, 우원

특별법의 핵심은 법적책임과 무관하게 기업이 낸 분담금으로 특별구제계정을 조성하여, 앞서 구상을 전제로 해서 정부지원을 받는 피해자로 인정받지 못하였던 사람들에게도 의학적 개연성이 인정되는 경우 지원이 가능하게 한 것이다. 기업분담금은 1,250억원으로 18개 가습기살균제사업자 및 원료물질사업자로부터 부과하였다(가습기살균제 제조업체 1,000억원, 원료물질 제조업체 250억원).

2017년 8월에 있었던 대통령과 피해자간 면담결과의 후속조치인 '제3차 지원대책'(2017.9.28)에서는 특별구제계정에 정부출연금 225억원을 추가하는 내용이 담겼다. 가습기살균제사고는 제도적 사각지대에서 발생한 것으로 정부가 위법을 한 것은 아니지만, 사전에 이를 예방하지 못하고, 피해를 조기에 발견하지 못한 점, 피해규명 후 구제에 소극적이었던 점 등의 정책적 책임을 인정한 것이다.[82] 3차 지원대책은 정부출연금 추가 이외에 '유독물질'성분에 대한 유해성 규명 추진과 부당광고 재조사 및 검찰수사 지속 추진, 피해인정질환의 확대와 피해자찾기 강화, 정부-피해자협의체 구성, 온라인 종합포털 소통마당 개설 및 생활화학제품 안전관리와 기업책임 강화 등 제도개선 등의 내용이 담겼다.

3) 특별법 1차 개정

대통령-피해자 면담, 환경부와 피해자대표자들간 간담회를 통해 피해자지원이 더욱 강화되어야 한다는 의견을 반영하여, 특별법의 1차 개정이 이루어졌다(2018.8 개정, 2019.2 시행).[83] 주요 내용은 특별구제계정 대상자에게도 법상 피해자의 지위를 부여하고(제2조제4항 피해자의 정의에 추가),[84] (3차 지원대책 시 발표한)특별구제계정 재원에 정부출연금을 추가하는 법적 근거를 마련토록 한 것이다〈표 5-17〉. 그 외, 구제급여 지급 시 가습기살균제 사업자 등에 대한 손해배상청구권 대위를 전제로 한다는 내용을 삭제하고, 환경부 장관의 손해배상청구권 대위조항을 강행규정에서 임의규정으로 수정하였다.[85] 또 피해자단체가 가습기살균제 관련 조사연구 사업을 수행

식 의원안)을 통합·조정한 환경노동위원회 대안이 본회의에서 통과되었음('17.2).

82 '17.8.8, 대통령-가습기살균제피해자 면담. 가습기살균제 관련 정부책임 인정 및 사과, 피해자 지원 강화 등 지시. 정부책임과 사과의 성격은 제도미비 등에 대한 정책적 성격이며, 피해자들이 국가를 상대로 한 손해배상 소송 1심 법원은 '국가가 주의의무를 위반했다고 불 수 없다'고 판결함('15.1월, '16.5월).

83 개정안은 박주민, 우원식, 이정미, 임이자 의원안이 있었고, 환경노동위원회에서 이를 통합한 대안이 마련되고 본회의를 통과하였음.

84 특별구제계정 지원대상자들은 정부의 피해인정을 받은 것이 아니어서 손해배상소송에서 불리하다고 지속 제기함.

85 대위(代位): 제3자가 다른 사람의 법률적 지위를 대신해 그가 가진 권리를 얻거나 행사하는 일. (대안의 제안이유

할 수 있도록 하고, 해당 사업에 필요한 비용의 일부를 환경부장관이 지원할 수 있도록 하였다. 피해인정을 받기 전이라도 환경노출조사결과, 가습기살균제 노출이 확인된 사람에게도 관련 단체를 구성하여,[86] 가습기살균제 사업자 등을 대상으로 건강피해 인정을 위한 정보를 청구할 수 있도록 권한을 부여하였다.

〈표 5-17〉 2차 개정('20.9)전 가습기살균제피해구제법에서 재원에 따른 두 가지 피해지원

구분	구제급여	특별구제계정
건강피해인정증명서	발급	미발급
재원	정부예산	사업자분담금(1,250억), 정부출연금(225억)
금전적 지원항목	동일(6가지 항목)	

특별법 1차개정 이후 정부는 '제4차 지원대책(2018.9)'을 마련하여 피해자의 피해질환과 피해자의 범위를 확대하는 개정법의 취지를 실현할 수 있도록 하였다. 이에 따라 같은 해 11~12월에 걸쳐 기관지확장증, 간질성폐질환, 폐렴 등으로 1,675명이 새롭게 (특별구제계정)피해자로 인정되는 등 개정법이 시행(2019.2)되기 직전에 피해질환과 피해자가 대폭 확대되었다.

4) 특별법 2차 개정의 주요내용[87]

① 구제 자금의 일원화

그러나 여전히, 피해자 및 노출확인자 단체들, 국회 그리고 「사회적 참사의 진상규명 및 안전사회 건설 등을 위한 특별법」(제정 및 시행, 2017.12)[88]에 의한 특별조사위원회로부터 피해구제의 확대 요구가 지속되었다. 무엇보다도, 특별구제계정 지원자

中) 손해배상청구권의 대위가 불가능한 경우에는 구제급여 지급이 가능한지 불명확한 측면이 있어, 보다 폭넓은 구제급여 지급을 위함. (당시 정부의 피해인정범위가 협소한 이유가 구제를 한 경우 반드시 구상을 해야 하므로 구상에 성공할 정도로 인과관계가 명확한 질병만 구제하기 때문이라는 주장이 강하게 제기되었음).

86 2021년 7월 현재까지 피해자단체 혹은 노출확인자단체는 28개이며 이중 환경부에 신고하지 않은 단체는 9개 https://www.healthrelief.or.kr/home/comu/list.do

87 2차개정안은 전현희, 신창현, 이정미, 조배숙, 정태옥 의원안이 발의되었으며, 환경노동위원회에서 이를 통합하며 마련한 대안이 본회의를 통과되었음(2020년 3월).

88 국가법령정보센터. 사회적참사진상규명법 제정취지 中:.가습기 살균제 사건 및 세월호 참사 피해자들의 피해회복을 위한 조치에 당국이 최선을 다하고, 두 참사의 발생원인·수습과정·후속조치 등의 사실관계와 책임소재의 진상을 밝혀 재해·재난의 예방과 대응방안을 수립하고 안전한 사회를 건설·확립함으로써 재발을 방지하도록 하려는 것. https://www.law.go.kr/LSW/lsRvsRsnListPp.do?lsId=013031&chrClsCd=010202&lsRvsGubun=all

의 수가 2,000여 명 이상으로 대폭 늘어나면서 구제계정 지원자들은 구제급여지원자와 달리 정부로부터 '건강피해인정'을 받지 못해 소송에서 차별받고 있다고 주장하였다. 이를 반영하여, 2차 개정에서는 급여와 계정을 '피해구제자금'으로 통합하여 지원체계를 일원화한 것이다.

② 인과관계 추정요건의 완화

손해배상소송에서 인과관계를 입증해야 하는 피해자의 입장에서는 관련정보와 전문적인 지식의 부족 등으로 '상당한 개연성'의 입증이 쉽지 않다는 점을 감안하여, 피해자의 권리구제가 원활하게 이루어질 수 있도록 인과관계 추정 요건을 더욱 완화하였다. 즉, 가습기살균제 노출 사실, 노출 이후 질환 발생·악화 사실, 노출과 질환 간 역학적 상관관계가 모두 증명된 경우 가습기살균제로 인하여 생명·건강상의 피해가 발생한 것으로 추정하도록 하였다(제5조)〈표 5-18〉.

〈표 5-18〉 법 제·개정에 따른 가습기살균제 손해배상소송 관련 변화

구분	특별법 제정 전 ('14.7~)	특별법 제정 ('17.8~)	1차 개정 ('19.2~)	2차 개정 ('20.9~)
건강피해 범위	가습기살균제로 인한 폐질환	태아피해, 그 외 고시하는 피해질환을 추가	고시 질환 확대	질환 구분없이 포괄적으로 인정 (후유증 포함)
인과관계 추정 요건	상당한 개연성 (일반적 인과관계 및 개별적 인과관계 입증 필요[89])	상당한 개연성 (일반적 인과관계 및 개별적 인과관계 입증 필요)	상당한 개연성 (일반적 인과관계 및 개별적 인과관계 입증 필요)	1. 노출된 사실, 2. 노출 후 건강피해발생 사실, 3. 노출과 질환간 역학적 상관관계가 확인. 단, 사업자가 다른 원인에 의한 것임을 반증하는 경우 그렇지 않음
손해배상 책임 소멸 시효	안날로부터 3년 발생한 날로부터 10년	안날로부터 5년 발생한 날로부터 20년	안날로부터 5년 발생한 날로부터 30년	안날로부터 10년 발생한 날로부터 30년
정보청구권	-	있음	있음	있음

89 인과관계 추정요건으로 특이성 질환(원인-결과의 일대일대응관계의 질환, 예, 석면-악성중피종)은 일반적 인과관계가 충족되면 되고, 비특이성 질환(여러가지 원인이 존재하는 질환, 천식과 같은 대부분의 질환이 해당)은 일반적 인과관계 뿐 아니라 개별적 인과관계를 모두 충족하여야 함.

구분	특별법 제정 전 ('14.7~)	특별법 제정 ('17.8~)	1차 개정 ('19.2~)	2차 개정 ('20.9~)
자료제출 명령권	–	–	–	있음

③ 건강피해에 대한 포괄적 규정

또, 가습기살균제로 인한 건강피해 질환을 '가습기살균제에 노출됨으로써 발생한 폐질환 등'으로 한정적으로 규정하던 것을,[90] '가습기살균제에 노출되어 발생하거나 악화된 생명 또는 건강상의 피해(후유증을 포함)'로 포괄적으로 규정함으로써 가습기살균제 건강피해의 범위를 확대한 것이다(제2조제3호).

④ 구제급여액 상향

또한 구제급여의 수준을 실질적인 배상의 수준으로까지 올려달라는 요구가 높았다. 이에 구제급여의 종류에 장해급여를 신설하고, 유족조위금을 기존의 4천만원에서 1억원으로 변경하는 등 기존 급여항목의 금액을 상향하였다〈표 5-19〉. 구제급여지급결정의 유효기간도 5년에서 10년으로 연장되었다(시행령 제18조1항).

〈표 5-19〉 가습기살균제피해구제 급여액의 변화

항목	지급 기준		특별법제정('17.8~)	2차 개정('20.9~)
요양급여	치료비 중 본인부담액		실비	실비(호흡기외 질환 포함)
요양생활수당	치료비 외 요양에 필요한 비용 (천원/월)	초고도	–	1,705
		고도	1,023	1,230
		중등도	682	820
		경도	341	410
		경미	–	150
		교통비	–	구급차 이용비, 장거리 교통비

90 법개정 전 건강피해 질환 인정순서; (1)구제급여 지원질환: 가습기살균제폐손상('14.7) → 태아피해('17.3) → 천식('17.9) → 소아간질성폐질환('19.5) → 독성간염('19.7) → 기관지염 및 상기도질환('20.7); (2)특별구제계정 지원질환: 가습기살균제폐손상3단계('17.8) → 성인간질성폐질환, 기관지확장증, 폐렴, 독성간염, 천식('18.7). 2차개정 후는 질환을 특정하지 않고(질병명을 법령에 명시하지 않음)피해를 포괄적으로 규정.

항목	지급 기준		특별법제정('17.8~)	2차 개정('20.9~)
장의비	피해자 사망시, 장제를 지낸 유족에게 지급 (천원)		약 2,684	약 2,684
간병비	일상생활을 하기 어려운 정도에 따라 지급 (천원/일)		41~67	41~67
특별유족조위금	건강피해 인정 전에 사망한 피해자에 대한 위자료 (천원)		약 40,000	약 100,000
구제급여조정금	피해자 사망시까지 총지원금액이 특별유족조위금에 미치지 못하는 경우 차액 지급 (천원)		40,000 한도	100,000 한도
장해급여	질환에 걸려 치유된 후 신체 등에 장해가 있는 사람에게 지급 (천원)	초고도	–	약 172,000
		고도		약 130,00
		중등도		약 69,000
		경도		약 34,000

3. 제도의 현황

1) 가습기살균제피해구제법 체계

2017년에 최초 시행된 후 2차례에 걸쳐 개정된「가습기살균제 피해구제를 위한 특별법」의 체계는 다음과 같다〈표 5-20〉.

〈표 5-20〉 가습기살균제 피해구제를 위한 특별법의 체계

장	장 제목	내 용
1	총칙	목적, 정의, 국가의 책무, 손해배상책임, 인과관계의 추정 정보청구권, 자료제출명령
2	가습기살균제피해구제위원회 등	가습기살균제피해구제위원회와 기능 등 피해자단체, 노출확인자단체 등 구제급여의 지급신청, 의견진술권, 구제급여 지급결정 과정에서의 통지 의무, 구제급여 지급결정의 유효기간 등 구제급여의 종류, 요양급여, 요양생활수당, 장의비, 간병비, 장해급여, 특별유족조위금 및 특별장의비, 특별유족조위금 등의 지급대상 유족 범위 및 순서, 특별유족인정, 구제급여조정금 구제급여의 지급, 미지급 요양급여 등, 요양급여의 지급 제한 다른 보상이나 배상과의 관계 부당이득의 환수, 수급권의 보호, 공과금의 면제 재심사 청구, 재심사 청구에 대한 심리 결정

장	장 제목	내 용
3	가습기살균제 피해 구제자금	가습기살균제 피해구제자금의 설치 및 조성 피해구제자금의 용도, 관리·운용 등 가습기살균제피해구제분담금, 분담금의 산정 및 납부 등 분담금의 추가 징수, 이의 신청
4	보칙	조사, 보고 등, 진찰요구 등, 구제급여의 일시 중지 가습기살균제피해종합지원센터 등의 설치 및 운영 소멸시효에 관한 특례, 권한의 위임·위탁 벌칙 적용에서 공무원 의제, 비밀유지 의무
5	벌칙	벌칙, 양벌규정, 과태료 등

2) 운영 체계

① 피해구제위원회와 의견진술권

특별법에 의해, 가습기살균제 피해에 관한 구제급여 지급 결정, 정보제공 명령, 건강피해등급 심의 등 정책적인 결정사항들은 환경부차관을 위원장으로 하는 '가습기살균제피해구제위원회'에 의해 심의·의결 된다[그림 5-5]. 구제급여지급 결정을 위해 개개인별 건강피해에 관한 조사·판정이 이루어진다. 조사·판정 전문기관으로 지정된 의료기관(병원)에서 사전검토가 되고 이를 '조사·판정 전문위원회' (긴급의료지원심사 시 '긴급의료지원 전문위원회', 재심사 시 '재심사 전문위원회')에서 조사판정이 이루어진다. 피해구제위원회와 전문위원회는, 의료·환경보건·독성·법률·사회 분야 전문가 및 담당공무원들로 구성된다(법 제7조).

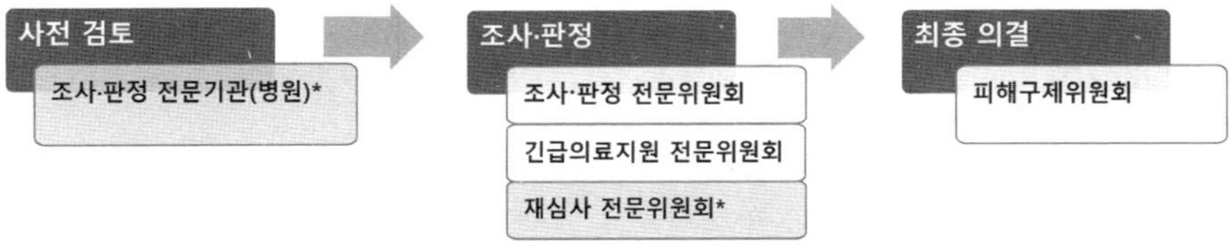

[그림 5-5] 가습기살균제피해 구제급여 지급결정 절차와 의견진술권

*구제급여지급신청자는 조사판정전문기관과 재심사전문위원회에서 의견을 개진할 수 있다.

이 과정에서 2차 법개정을 통해 도입된 신청자의 의견진술권이 보장되는데, 우선 의무기록 사전검토 과정에서 병원에서 의사와의 심층면담을 통해, 또 재심사 시에는 추가적으로 재심사전문위원회에 직접 참석하여 의견을 진술할 수 있게 하였다.

② 피해종합지원센터와 보건센터

가습기살균제피해 구제는 한국환경산업기술원에 설치된 '가습기살균제피해종합지원센터'[91]에서 구제급여 지급, 유효기간 갱신, 재심사 및 관련정보의 수집 및 관리, 피해자 발굴 등의 업무를 담당하고 있다(법 제40조1항).

또 가습기살균제 건강피해의 조사연구 등을 전문적으로 수행하기 위하여 국공립연구기관, 학교 병원 등에 '가습기살균제보건센터'를 지정할 수 있다(법 제40조3항). 국립환경과학원의 '가습기살균제보건센터(중앙)'는 가습기살균제노출과 건강영향 간의 역학적 상관관계를 확인하기 위하여 환경노출, 역학, 독성학, 의학 분야의 다학제적 조사연구를 수행함으로써, 피해구제 정책의 과학적 근거를 마련하고 있다. 또 전국의 주요 의료기관과 독성연구기관 등 10여개의 기관을 가습기살균제보건센터로 지정하여, 피해자들의 중장기적인 건강영향 파악을 위한 건강모니터링과 독성연구 등을 수행하고 있다.

3) 피해구제와 구제자금 현황

① 피해구제 현황

2011.11에 가습기살균제 수거명령과 함께 신고접수가 시작된 이래로 2021.7 현재까지 총 7,500명이 건강피해를 신고하였다〈표 5-21〉.

〈표 5-21〉 가습기살균제 건강피해구제를 위한 건강피해신고자 접수현황('21.7.16 현재)

차수	기간	생존	사망	계	누적계	비고
1차	'11.11~'13.6	247	114	361	361	(피해접수) 보건복지부 질병관리본부
2차	'14.4~'14.10	120	49	169	530	(피해접수) 2차이후 환경부 환경산업기술원 (피해구제) 환경보건법 근거
3차	'15.2~'15.12	658	94	752	1,282	
4차	'16.4.25~'20.09.24	4,257	1,341	5,598	6,880	'17.8.7 피해구제특별법시행
5차	'20.09.25~	540	80	620	7,500	'20.9.25 2차개정 피해구제특별법 시행
합 계		5,822	1,678		7,500	

(출처) 가습기살균제피해지원센터, https://www.healthrelief.or.kr/home/content/stats01/view.do# 참조

91 가습기살균제피해종합지원센터, https://www.healthrelief.or.kr/home/main.do

이들 중, 총 4,177명(1,014명의 사망자 포함)에 대해 구제급여지급이 결정되고 2,920명에 대하여 총 107,496백만원이 지급되었다(진행 중). 지급된 구제급여액은 항목별로 특별유족조위금이 67,603백만원(62.9%)으로 가장 많은 비중을 차지하였고, 요양급여(13,849백만원, 12.9%)와 요양생활수당(10,848백만원, 10.1%)이 그 다음 순이었다. 항목별 지원자수와 일인당평균 지원금액은 [그림 5-6]과 같다.

[그림 5-6] 가습기살균제피해 구제급여 지원현황(2021년 7월 23일 현재)

배상차액: 원인자가 도산한 세퓨제품(PGH)사용 피해자에 대한 배상차액(법 제32조의 8항나 근거); 긴급의료지원(법 제32조의 8항가 근거).

② 구제자금 현황

피해구제자금은, 2021년 현재, 사업자분담금 125,000백만원과 정부출연금 22,500백만원을 합하여 총 147,500백만원 중 40,004백만원의 잔여금(27.5%)이 남아있다. 2차 법개정의 주요 내용 중 하나는, 분담금을 추가로 걷을 수 있게 한 것이다(법 제35조의2(분담금의 추가 징수)). 가습기살균제 피해자의 증가, 장기구제의 필요성 등으로 구제급여 지급에 필요한 자금이 부족한 경우, 기존에 징수한 분담금의 75%이상을 사용하였을 때 기존 징수액을 초과할 수 없는 금액을 징수할 수 있다. 이때 분담금을 내야 하는 가습기살균제 및 원료물질 사업자에게는 의견을 진술할 기회가 주어지며, 추가분담금 부과에 대하여 이의가 있는 경우 환경부장관에게 이의를 신청할 수 있다(법 제36조, 이의신청).

4) 건강피해 심사

① 포괄적 건강피해의 심사: 일반심사

기존에 질환별로 구성되어 심사를 하던 '폐질환조사판정 전문위원회'(천식조사판정위원회 포함)와 '폐외질환조사판정 전문위원회'는 포괄적인 건강피해를 심사하도록 개정된 법에 따라 통합되어 하나의 '조사판정 전문위원회'가 되었다. 새로운 조사판정전문위원회는 50여명이상의 다양한 의학분야의 전문가를 포함하여(시행령 제12조), 개별 신청자의 건강피해를 판단하는데 필요한 분야의 전문가가 참여하는 방식으로 유연하게 운영되고 있다.

구제급여 지급결정(조사·판정, 혹은 일반(개별)심사)을 할 때 검토해야 할 서류로는, 환경노출조사자료, 신청자가 제출한 의무기록, 요양급여비용 청구자료(건강보험자료), 신청자의 의견진술서이다. 검토는 (가) 가습기살균제 노출여부, (나) 가습기살균제 노출로 건강상의 피해(후유증 포함)가 발생 또는 악화되거나, 전체적인 건강상태가 악화되었는지 여부, (다) 이 건강피해에 대한 독성학적 기전 등을 포함한 의학적 설명 가능성을 기준으로 한다(가습기살균제 구제급여 지급결정에 관한 고시 제2020-199호).

법과 고시에서 정해진 질병과 구체적인 기준에 따라 진행되었던 이전의 조사·판정 방식과는 달리, 개정법 체계에서는 질병을 특정하지 않고 개별 피해자가 가진 건강문제 전체를 살펴보아 포괄적으로 건강피해를 판정하여야 하는 방식은, 조사·판정을 담당하는 의사에게 매우 도전적인 일이다. 이러한 열린 판정방식은 조사·판정을 담당하는 의사의 전문적·의학적 재량권이 커진 것으로 볼 수 있지만, 판정 의사들간의 일관성 확보가 어려운 문제가 된다. 따라서 조사·판정 의사들간의 의학적 토론과 협의를 통해 일정 수준의 표준화가 필요하다. 가습기살균제보건센터에서는 조사·판정의 표준화를 위하여 안내서를 제작하여 보급하였다. 이 표준화안내서는 연구·조사 결과와 조사·판정 경험이 축적되어 나가면서 계속 수정되고 발전·보완되어 나갈 것이다.

② 신속심사

그런데 요양급여의 청구자료(건강보험수진자료)로 피해질환을 확인할 수 있는 경우에는 신속하게 구제급여 지급결정을 할 수 있게 하였다(시행령 제17조제1항 별표

1). 신속심사는 가습기살균제노출과 역학적인 관련성이 있는 것으로 밝혀진 질환으로 피해의 인정조건(노출된 사실, 노출 후 질병발생, 노출 후 질병 발생간 최대 허용기간에 해당하는 수진 경험)에 해당하면, 이것만으로 구제급여결정을 하는 방법이다.

절차에 있어, 가습기살균제피해종합지원센터가 신청자의 건강보험수진자료를 통해 인정조건에 해당된다는 사실을 확인하는 경우, 곧바로 피해구제위원회로 상정하여 구제급여 지급을 결정할 수 있다. 즉, 조사판정전문기관에서 임상의사가 의무기록 검토나 직접적인 상담과 진찰을 거치지 않을 뿐 아니라 조사판정 전문위원회의 검토단계도 생략되는 것이다.

현재까지 신속심사는 역학적 상관관계가 확실한 천식, 간질성폐질환, 폐렴 3가지 질병에 대하여 실시하여, 개정법 시행 후 3개월만에 1,200여 명을 인정하였다. 신속심사는 향후 추가로 역학적 상관관계가 확인되는 질환으로 확대되어 나갈 것이다.

4. 쟁점과 전망

1) 피해자 의료서비스 지원 요구

건강피해를 포괄적으로 정의함에 따라 요양급여의 지급범위도 확대되었다. 즉 기존에는 인정된 호흡기계 질환만 지원하던 의료비를, 후유증이나 정신적 피해 등 포괄적으로 인정된 다른 질환에 대해서도 지급하는 것이다[그림 5-7].

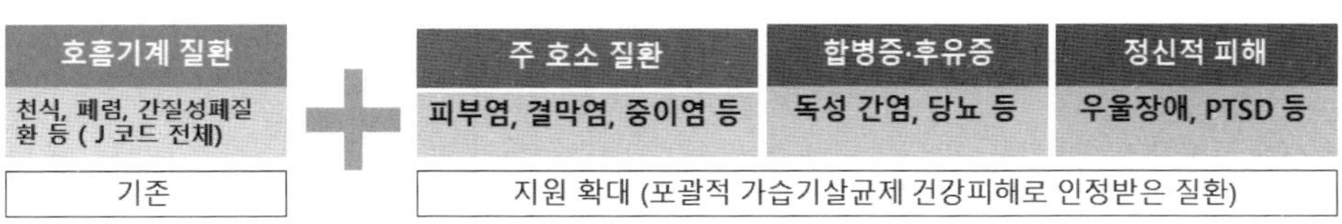

[그림 5-7] 포괄적 건강피해 인정에 따른 의료비 지원 확대

평생 건강관리, 개인별 맞춤형 상담과 건강정보제공 등 의료서비스 지원에 대한 피해자들의 정부에 대한 요구는 매우 높다. 이에 대해 환경부는 피해자와 그 가족들을 대상으로 생애 주기별(소아, 청년, 중장년, 노년 등) 건강특성 변화를 반영한 생애전주기 모니터링 사업을 계획하여 진행하고 있다.

향후 피해자들의 전반적인 의료서비스에 대한 요구를 충족시키기 위해서 면밀한

계획과 추진이 필요할 것이다. 피해자들의 장기적인 의료서비스의 제공을 포함하여 환경성질환 관련 예방과 치료를 위한 전문병원의 설립을 적극적으로 검토할 필요가 있다.

2) 법률서비스 지원 강화

기본적으로 피해자들은 책임기업으로부터 손해배상을 받기를 원한다. 그러나 일부 기업에서 일부 피해인정자에 대하여 합의를 통한 배상을 하였으나, 여전히 대다수의 피해인정자들에 대해서는 합의배상이 진행되고 있지 않다.[92] 환경유해인자노출로 인한 건강피해는 교통사고와 같이 인과관계가 분명한 건강피해와는 달리, 이를 입증하는 것이 쉽지 않다.[93] 가습기살균제와 관련된 건강피해에 대한 과학적 입증은 손해배상소송에서 중요하지만 매우 어렵다. 정부는 개정법에 따라, 역학적 상관관계가 있는 질병들에 대한 과학적 보고서를 발간하는 것을 계획하여 추진하고 있다. 이는 피해자들이 입증해야 하는 내용의 핵심을 지원하는 것이다.

피해자들은 법적 정보가 부족하고 비용부담 등의 어려움을 겪으므로, 손해배상소송을 준비하는 피해자들을 위해 가습기살균제피해와 관련한 소송 관련 안내서(가이드라인)를 발간하여 제공하고 있다. 소송을 위한 준비사항, 소송진행방법, 유사판례, 자료준비 방법 등을 담아 공개하고 있다.[94] 또 전담 법무법인을 선정하여 개인별 피해사례에 맞춘 법률상담도 제공하고 있다.

또한, 대한법률구조공단을 통하여 2021년부터 피해자들에게 법률서비스를 지원하고 있다. 대한법률구조공단은 가습기살균제피해자에게 우선 법률상담을 지원하고, 피해자가 원하는 경우 소송대리와 소송비용 지원을 한다.[95] 이 사업을 위해 대한법률

---

92 최근에는 피해자와 원인기업들간에 '가습기살균제피해 구제를 위한 조정위원회'가 구성되어, 피해구제조정을 진행중이다. (참조) 박노형. 가습기살균제 피해구제 조정의 협상·조정 관점의 검토. 법률신문. (2022.4.7.). https://m.lawtimes.co.kr/Content/Opinion?serial=177710

93 피해자의 입증책임을 덜기위한 방안중 하나가 집단소송제이다. 2차개정법률안 중 전현희 의원안에는 집단소송제가 있었으나, 법무부에서 추진하는 현행 증권분야에만 적용하고 있는 집단소송제(피해자 일부가 제기한 소송으로 전체 피해자가 함께 구제받을 수 있는 제도)를 전 분야에 일반적으로 도입하는 제정법안을 추진하는 이유로(법무부공고제2020-294호, 집단소송법 제정(안) 입법예고, 2020년9월28일), 환경노동위원회 법안소위 논의과정에서 제외됨. 집단소송법안은 2020.6~9월 6개의 법률제정안(박주민, 이학영, 전해철, 오기형, 백혜련 의원안) 혹은 개정안(김종민 의원안)이 발의되어 소관상임위에서 심사 혹은 계류된 상태임.

94 가습기살균제 피해자를 위한 소송지원 가이드라인 제1~3편, https://www.healthrelief.or.kr/home/board/notice/view.do.

95 지원내용: 지원인원수 연간 100명 내외, 지원액: 소송가액 3억원 이하의 소송비용(인지대, 송달료, 감정료) 및 변호사 보수 (2021년)

구조공단에서는 가습기살균제 피해구제 담당조직(TF)를 신설하고 전담 변호사를 배치하였다.[96] 대한법률구조공단이 제공하는 기존의 무료법률구조 대상요건(중위소득 125% 이하 또는 범죄피해자 등)과 상관없이, 가습기살균제 피해자나 유족이라면 가습기살균제 전담팀에서 맞춤형 법률구조를 받을 수 있게 하였다.

3) 건강피해의 입증책임 배분

그간의 가습기살균제 피해구제에서 법·제도적으로 가장 크게 변화한 것은 단연 건강피해의 입증책임이 대폭 완화된 것이라 할 수 있다. 민사상 손해배상소송에서는 '확실성'을 담보하는 인과관계의 입증을 요구하고 있는데, 환경피해에서는 '상당한 개연성'을 요건으로 하여 인과관계를 추정할 수 있도록 하였다.[97] 그런데 개정된 특별법은, 여기서 더 나아가 '역학적 상관관계'의 존재만으로도 인과관계 추정이 가능하게 한 것이다(단서가 있긴하나).

'상당한 개연성'이란 대법원판례에 따르면, 일반적 인과관계와 개별적 인과관계를 모두 충족시켜야 한다. 여기서 일반적 인과관계는 통상 역학적 상관관계 혹은 역학적 인과관계로 해석할 수 있다. 그런데, 개별적 인과관계는 일반적 인과관계가 확인된다고 하더라도, 원고의 건강문제가 다른 원인에 의한 것이 아님을 입증해야 하는 등 원고에게 추가적인 입증을 요구한다. 즉 법원에서는 '특이성'질환의 경우, 일반적 인과관계의 성립만으로도 인과관계를 추정하지만, 여러 다른 요인이 원인이 될 수 있는 소위 '비특이성' 질환에 대해서는 개별적인 인과관계에 대한 추가적인 입증이 필요하다는 것이다.[98] 흡연소송을 포함한 환경노출로 인한 건강피해의 민사소송이 성공적이지 못한 이유가 대부분 여기에 있다. 실제 현실에서는 하나의 원인이 하나의 질병을 일으키는 '특이성' 질환이란 존재하지 않기 때문이다. 예를 들어 대표적으로 특이성 질병으로 알려진 악성중피종에서 조차도 석면이 차지하는 원인점유율은 80%이며, 20%는 다른 원인에 의한다.

개정 특별법은, 원고가 가습기살균제노출과 질병간의 역학적 상관관계가 있다는 것을 입증하는 것만으로 인과관계를 추정할 수 있도록 하고(노출된 사실과 노출후 질병

---

96 보도자료(2021.4.26.) 환경산업기술원 가습기살균제피해지원실.가습기살균제 피해자에게 법률상담 및 소송대리 등 지원. https://www.healthrelief.or.kr/home/board/notice/view.do

97 대법원 1991.7.23. 선고 89다카1275 판결. 공장에서 배출된 아황산가스로 인한 관상수 고사사건.

98 대법원 2013.07.12. 선고 2006다17539 판결. 고엽제사건.

이 발생하였음을 전제) 다른 원인에 의한 것을 입증할 책임은 원고(피해자)가 아니라 피고(사업자)에게 부여함으로써, 입증책임을 배분한 것이다. 그런데 이 '다른 원인을 배제'하는 부분은 비특이성 질환에서 원고가 개별적 인과관계를 입증하는데 가장 어려웠던 부분이다. 그런데, 피고가 '다른 원인에 의한 것임을 입증'하지 않으면 인과관계가 추정되는 것으로 되어 사실상 입증책임이 원고에서 피고로 상당부분 전환된 것이라고 볼 수 있다.

4 살생물제품피해구제

1. 배경

가습기살균제사고 이후 소비자들은 화학물질에 대한 공포심(케모포비아)이 매우 커진 반면, 일상적으로 사용하는 화학제품과 살생물제품의 종류는 더욱 많아지고 있다. 따라서 피해구제를 위한 특별법이 갖추어져 있는 가습기살균제 이외의 살생물제품의 사용으로 발생할 수 있는 피해에 대한 일반적인 구제제도가 필요하다는 지적이 일었다.[99] 즉 살생물제품 사용으로 인해 예상하지 못한 생명 또는 건강상의 피해가 발생하는 경우 정부가 개입하여 신속하게 피해를 구제하기 위한 실효성있는 구제제도의 필요성이 제기된 것이다.

2002년에 시행된 「제조물책임법」은 제품의 결함으로 인하여 생명과 건강에 피해가 발생한 경우, 제품의 제조업자가 그 손해를 배상하여야 한다는 것을 명시하고 있다. 법안 마련 당시 국회에서는 「민법」 혹은 「제조물책임법」과 같은 사법적 피해구제제도가 있음에도 여러 이유로 배상받지 못하거나 신속한 피해구제가 필요한 경우가 있으므로, 이러한 공법적 행정구제가 필요하다는 것에 대체로 동의가 되었다. 그러나, 사법적 손해배상과의 관계 정의(구제금과 손해배상액, 구상, 소멸시효기간 등)를 분명히 해야 한다는 점, 원료물질 제조·수입업자에게도 분담금을 부과할 수 있는가 하는 점, 그리고 피해가 발생하기 전에 분담금을 미리 부과하는 것이 가능한가 하는 점 등

99 「가습기살균제피해구제법」은 대표적인 살생물제품인 가습기살균제에 제한된 특별법이다.

이 주요 쟁점이 되었다.[100]

2. 제도의 현황

살생물제품 피해구제는 독립적인 법으로 제정되지 않고, 기존의「생활화학제품 및 살생물제품의 안전관리에 관한 법률」에 새로운 장을 신설하여 마련되었다(제5장의2 살생물제품피해구제).

1) 구제급여의 지급대상

구제급여의 지급대상은 결함이 있는 제품에 노출되어 발생한 사람의 생명 또는 건강상의 피해(후유증 포함)로서, 피해자가 배상받지 못하거나 피해를 신속히 구제할 필요가 있는 경우의 피해자 또는 유족이 된다(제48조의2). 이때 살생물제품은 제조·설계·표시의 측면에서 결함이 있어야 하며, 제품의 오·남용으로 인하여 발생한 피해는 해당되지 않는다. 정부는 신속하게 피해구제를 하고 원인사업자에 대하여 손해배상청구를 대위할 수 있다.[101]

정부가 구제급여 지급을 할 수 있는 구체적인 조건은 다음과 같다. i) 원인자가 무자력인 경우, ii) 집단적 피해가 발생하는 등 살생물제품피해 규모가 상당하여 신속한 조치가 필요한 경우, iii) 살생물제품피해가 심각하여 긴급한 치료나 요양이 필요한 경우, iv) 살생물제품피해의 원인이 가까운 시일 내에 완전하게 제거되지 아니하여 장래에도 피해가 지속될 것으로 판단되는 경우, v) 그 밖에 환경부장관이 필요하다고 인정하는 경우이다.

2) 운영체계

살생물제품 피해에 대해 구제급여지급결정에 필요한 조사·연구를 위해 '살생물제품피해조사단'을 설치·운영할 수 있다(제48조의3). 조사단은 제품의 하자, 역학조사 등을 통해 인과관계를 조사하고 이후 '피해구제판정 전문위원회'에서 판정을 하고 '살생

100 대한민국국회. 제385회 환경노동위원회회의록(환경법안심사소위원회) 제1호, 제2호.

101 손해배상청구권 대위는 지급한 구제급여의 범위(사후구제분담금을 제외한 범위)내에서 할 수 있으며, 이 때 구제급여는 민법에 따른 손해배상금으로 본다(법 제48조의2②③).

물제관리위원회'에서 구제급여지급결정에 대한 최종 심의의결을 한다. 신청자가 이 결과에 불복하는 경우 재심사를 신청할 수 있으며 이때는 조사판정단계에서 별도의 '피해구제재심사 전문위원회'에서 판정을 한다[그림 5-8]. 구제사무는 한국환경산업기술원에서 전담한다.

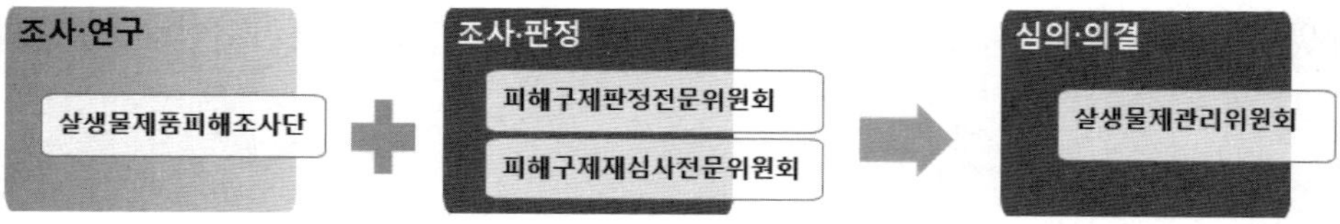

[그림 5-8] 살생물제품 피해구제 운영체계

구제계정을 운용하기 위하여 환경산업기술원에 '구제계정운용위원회'를 구성·운영한다(법 제48조의15).

3) 구제급여

구제급여의 종류는 진료비, 장애일시보상금, 사망일시보상금, 장례비로 구성되어 있다(법 제48조의 4,6). 급여 금액은 환경오염피해구제와 석면피해구제 등과의 형평성을 고려하여 산정하였다〈표 5-22〉.

〈표 5-22〉 살생물제품피해 구제급여액

진료비	사망일시보상금	장애일시보상금	장례비
본인부담금 전액	4,154만원	8,800만원(1급) 6,336만원(2급) 4,224만원(3급) 2,112만원(4급)	277만원

살생물제품의 노출 경로와 발생 질환은 예측하기 어려워 호흡기, 순환기 등 계통별 장애를 전신장애율로 환산(대한의학회 기준)하여 피해등급에 적용하였다. 구제급여 지급 유효기간은 5년으로 하였다.

4) 피해구제계정

살생물제품피해구제를 위한 계정은 피해를 발생시킨 제품의 제조·수입업자[102]가 사후에 내는 분담금[103]으로 조성된다. 이외에 「화학제품안전법」에 따른 차입금, 과징금, 대위권 행사를 통해 받은 손해배상금, 구제급여의 환수금, 수수료, 과태료, 기부금 등이 포함된다(제48조의14).

살생물제품피해구제분담금은 피해를 발생시킨 살생물제품의 제조·수입업자에게 부과·징수한다. 분담금액 산정방법과 감액 및 면제 기준은 가습기살균제피해구제와 동일하게 하였다. 즉 개별 원인제품의 제조수입업자가 내는 분담금은 전체 피해자들에서 해당 업자가 제조·수입한 제품의 사용비율, 전체 판매량에서 해당 업자가 제조·수입한 제품의 판매비율을 2.5:1로 고려하고, 예상 피해자수와 1인당지원 예상액을 곱하여 산정하였다. 소기업은 2/3, 중기업에는 1/3의 분담금을 감액해 주고, 납부할 능력이 없는 폐업·부도·파산 기업에는 면제하였다.

살생물제품 피해구제는 2021년 12월 31일에 시행된다.

102 「가습기살균제피해구제법」과는 달리 이 법에서는, 화학물질 안전성 평가체계 등이 구축되어 있고, 제품의 안정성에 관한 최종 책임이 제품사업자에게 있어, 원료물질의 제조·수입업자는 분담금 부과대상에서 제외되었다.

103 분담금은 사전분담금과 사후분담금으로 구분될 수 있는데, 이 법의 경우 피해가 발생한 사후에 부과하는 사후분담금이다. 법제정 당시 관련 산업계와 정부부처, 전문가 토론 등 많은 협의를 거쳤다. (출처) 제385회국회 환경노동위원회회의록(환경법안심사소위원회) 제1호, 제2호.

제3장

환경분쟁조정 제도

1 제도의 특징과 배경

1. 환경분쟁조정제도

1970년대 미국, 일본, 독일 등 환경피해를 둘러싸고 소송이 급증하였던 나라들에서 제도적 수단으로 신속한 처리, 저렴한 비용, 환경분야의 전문성 등의 장점을 지닌 환경분쟁조정제도를 도입하고 있었다.[104] 환경오염피해는 그 원인과 내용이 복합적이며 가해자와 피해자의 입장차이로 인해 민원처리방식으로나 개인적으로는 분쟁을 해결하기가 어렵다. 또 법원에 제소하여 분쟁을 해결하려는 경우 인과관계에 대한 입증책임의 소재가 불명확하고, 비용과 시간이 과다하게 소요되어 피해자 권리구제의 실효성이 떨어지는 문제점이 있다.

환경분쟁조정제도는 법원의 재판에 의하지 않고(소송을 통해 승자와 패자를 완전히 가르는 해결이 아닌) 분쟁당사자가 조금씩 양보하여 타협적 결정을 통해 분쟁을 해결하려는 대체적 분쟁해결제도(ADR, Alternative Dispute Resolution)이다.[105] 이 제도는, 사법기관에 의한 분쟁해결방식의 장점인 공평타당성을 취하고, 행정기관이 지닌 전문성과 과학적인 지식정보를 활용하여, 행정기관이 분쟁에 적극적으로 개입하여 신속하게 절차를 마무리하고자 하는 제도이다.[106] 즉 행정기관의 과학기술적 지식

104 추장민 등, 「환경분쟁조정 기능 강화 등 중장기 발전방향연구」, 환경부 중앙환경분쟁조정위원회 연구용역보고서, 2006.

105 ADR은 당사자의 자주적인 의사에 기초하여 다툼을 해결하므로 분쟁처리의 원만성, 간이·신속성, 비용의 저렴성, 타당성 등을 도모할 수 있는 장점이 있다. (출처) 강정혜, 「대체적 분쟁해결제도(ADR)로서의 환경분쟁조정과 환경소송」, 『환경법연구』, 2008;30(3): 191.

106 김시평, 「우리나라 환경분쟁조정제도의 현황과 발전방향」, 『환경법연구』, 1999;21: p.89.

과 정책능력을 활용할 수 있으며, 공적 비용으로 직권조사가 가능하며, 환경전문가 등에 필요한 조사를 위탁할 수 있는 제도가 구비될 수 있는 장점이 있다. 개인에 대한 환경침해나 구제의 목적 이외에 환경정책과 관련된 분쟁을 해결하는데 유용할 수 있다는 기대도 있다.[107]

환경분쟁조정제도는 소송을 통해 재판으로 환경분쟁을 해결하는 것에 비하여 i) 비용이 적게 들고, ii) 절차가 간단하고 신속하며, iii) 신청인 적격이나 법률상 청구권 등의 요건이 완화되어, 법률상의 권리의무의 존부에 구애받지 않고 실정에 적합한 해결을 도모하는 등 유연한 대응이 가능하며, iv) 분쟁의 이해관계인을 폭넓게 참여시킬 수 있다는 장점이 있다.[108] 또, v) 상호양보에 의한 화해로 결말이 나므로 이웃 간의 분쟁 등에서는 분쟁해결의 후유증이 비교적 경미하여 당사자간 원래의 인간관계로 회복하기가 쉽다.[109]

2. 우리나라 제도의 배경

1) 환경보전법에 따른 분쟁조정

우리나라는 1960년이후 경제개발과 산업화가 본격화되면서 1970-80년부터 대도시 및 공업단지를 중심으로 대기오염과 수질오염으로 인한 피해가 빈발하여 이로 인한 분쟁이 각지에서 발생하였다. 1977년에 제정된 「환경보전법」[110]에서 환경오염피해분쟁조정에 대하여 규정하였으나 전담기구가 설치되지 않았고 분쟁해결방식도 일방이나 쌍방이 제시한 조정안에 대하여 그 성립을 알선하는 수준이었으며, 직권조사 등의 능동적인 절차가 없어 실제 환경분쟁의 해결 실적이 미미하였다.[111]

2) 환경오염피해분쟁조정법의 제정

이러한 문제점들을 개선하기 위하여 단일법으로 「환경오염피해분쟁조정법」이 1990

---

107 최철호, 「환경책임성 강화를 위한 환경분쟁조정제도의 법제개선 방안」, 『환경법연구』, 2013; 35(3):305-338.

108 최철호, ibid.

109 손한기, 「중국의 인민조정제도에 관한 연구」, 『비교사법』, 2003;10(3); p.2.

110 「환경보전법」은 1991년에 폐지되었음. 이 법이 담고 있던 대기, 수질, 소음·진동 등 각 분야들은 개별 단행법으로 분리되고, 헌법에 명시된 국민의 환경권보전을 위한 국가시책과 방향 등은 「환경정책기본법」 에 규정하여 체계를 정비하였음.

111 1987년 한해 진정건수 1,442건 중 「환경보전법」에 따라 설치된 분쟁조정위원회를 통해 해결한 건수는 한건도 없었다. (출처) 13대국회 147회제18차 보건사회상임위원회, 1989년12월18일 회의록 p.11.

년 8월에 제정되고 이듬해 2월에 시행되었다. 이 법은 환경오염으로 인한 피해의 조사와 분쟁의 조정(adjustment)을 위한 알선(good offices), 조정(mediation) 및 재정(adjudication)의 절차 등을 규정함으로써 국민의 건강 및 재산상의 피해를 신속하고 공정하게 구제하는 것을 목적으로 하였다. 중앙환경분쟁조정위원회와 사무국을 설치하여 신의성실의 원칙[112]에 따라 행정기관이 환경분쟁조정에 적극 개입하도록 하였다.

3) 환경분쟁조정법과 발전

분쟁조정제도의 실효성을 확보하기 위하여, 대상을 확대하고 다수인관련분쟁의 조정규정을 신설하는 등 제도의 미비점을 개선·보완하여 1997년에 「환경분쟁조정법」으로 전부 개정이 되었다. 국가 또는 지방자치단체를 당사자로 하는 환경분쟁도 조정대상으로 포함하였고, 환경단체가 중대한 자연생태계 파괴 혹은 그 위험에 대해 위원회의 허가를 받아 분쟁당사자를 대리하여 조정을 신청할 수 있도록 하였다(제26조). 2001년에는 조정가액이 1억원 이하일 경우 지방조정위원회에서 사무를 수행하게 하였다.

2006년에는 통풍방해, 조망저해 등을 환경피해의 유발 범주에 추가하고, 건강상 재산상 피해뿐 아니라 정신적 피해도 피해의 범위에 포함하였다. 2008년에는 재판상의 화해효력이 부여되고 직권조정대상이 확대되었다. 2012년에는 인공조명에 의한 빛공해를 환경피해의 범주에 포함하고, 경제적 취약계층을 위해 지방환경분쟁조정위원회의 재정에 불복하는 경우 중앙환경분쟁조정위원회에 재정신청을 할 수 있도록 하였다.

2015년에는 당사자의 합의에 기초한 신속한 분쟁해결 수단인 '중재(arbitration)'제도가 도입되고, 지하수 수위 또는 이동경로의 변화로 인한 피해도 조정대상으로 포함하였다.

2018년에는 '원인재정제도'가 도입되었는데, 이것은 기존의 환경피해에 대한 분쟁당사자 간의 손해배상 등의 책임의 존재와 그 범위 등을 결정하는 '책임재정제도'와 다르게, 환경피해를 발생시키는 행위와 환경피해 사이의 인과관계 존재 여부를 결정하는 것이다. 2021년에는, 2020년의 기후변화의 여파로 집중호우 피해를 입은 주민

112 민법 제2조(신의성실) ① 권리의 행사와 의무의 이행은 신의에 좇아 성실히 하여야 한다; 신의성실의 원칙이란 모든 사람이 사회공동생활의 일원으로서 상대방의 신뢰에 반하지 않도록 성의있게 행동할 것을 요구하는 법원칙이다. 줄여서 신의칙(信義則)이라고 한다. (출처) 위키백과, https://ko.wikipedia.org/wiki/신의성실의_원칙

들을 신속하게 구제하기 위하여, 환경피해 대상에 하천수위의 변화로 인한 피해를 추가하면서, 분쟁조정법의 기능과 역할을 지속적으로 개선·강화하고 있다〈표 5-23〉.

〈표 5-23〉 환경분쟁조정제도의 발전 연혁

일시	개선 내용
1990. 8. 1	환경오염피해분쟁조정법 제정
1991. 5.18	중앙환경분쟁조정위원회 사무국 직제 공포
1995.12.29	환경오염피해분쟁조정법 개정
1997. 8.28	환경분쟁 조정법 전문 개정
2001.12.26	지방위원회 재정기능 이양 (1억원 이하)
2006. 3.26	피해대상 확대 (일조, 통풍방해, 조망저해)
2007. 5.11	조정위원 경력요건 완화
2008. 3.21	조정위원 확대 (9인→15인), 재판상 화해효력 부여
2012. 2. 1	피해대상 확대 (빛공해), 지방위불복사건 중앙위신청 허용
2015.12.22	피해대상 확대 (지하수 수위 또는 이동경로 변화 피해) 중재제도 도입, 조정위원 확대 (15인→30인)
2018.10.16	조정 절차의 개선 (당사자 출석요구), 원인재정 도입
2021. 4. 1	환경피해대상 및 소관사무에 하천수위변화 관련 분쟁 추가

(출처) 중앙환경분쟁조정위원회, 환경분쟁조정사례집 제29집, 2020, p.7.

이 제도는 무과실책임, 연대배상, 과실상계, 수인한도이론, 인과관계 입증에서 개연성 이론 등「환경정책기본법」의 기본원칙과 이념을 따른다.

2 환경분쟁조정제도의 현황과 전망

1. 환경분쟁조정법의 체계

「환경분쟁조정법」은 손해배상을 통한 사법적인 구제와, 공법적인 행정구제의 사이에 위치한 준사법적인 피해구제제도로, 다음과 같은 체계를 가지고 있다〈표 5-24〉.

분쟁조정제도는 행정적인 피해구제 절차를 따르나, 조정의 결과를 당사자가 받아들이게 되면 사법적인 효력을 가지게 된다.

〈표 5-24〉 환경분쟁조정법의 체계

<table>
<tr><th>장</th><th>장 제목</th><th colspan="2">절/조 내용</th></tr>
<tr><td>1</td><td>총칙</td><td colspan="2">목적, 정의, 신의성실의 원칙</td></tr>
<tr><td>2</td><td>환경분쟁조정 위원회</td><td colspan="2">위원회 설치, 소관사무, 관할, 위원회의 구성
위원의 임명, 결격사유, 신분보장, 위원장의 직무, 위원의 제척
사무국, 벌칙 적용 시 공무원 의제, 규칙 제정, 의견의 통지</td></tr>
<tr><td rowspan="5">3</td><td rowspan="5">분쟁조정(調整)</td><td>통칙</td><td>조정의 신청, 합의 권고, 신청의 각하, 관계 행정기관의 협조, 선정대표자, 참가, 피신청인의 경정, 대리인, 중간결정에 대한 불복, 조정절차의 위임, 절차의 비공개, 환경단체의 조정신청</td></tr>
<tr><td>알선</td><td>알선위원의 지명, 알선위원의 임무, 알선의 중단</td></tr>
<tr><td>조정(調停)</td><td>직권조정, 조정위원의 지명, 조정위원회의 조사권, 당사자에 대한 출석요구, 조정의 성립, 조정결정, 조정을 하지 아니하는 경우, 조정의 종결, 조정의 효력</td></tr>
<tr><td>재정</td><td>재정의 종류, 재정위원의 지명, 심문, 재정위원회의 조사권, 증거보전, 재정, 원상회복, 재정의 효력, 조정에의 회부, 재정신청의 철회, 시효의 중단, 소송과의 관계</td></tr>
<tr><td>중재</td><td>중재위원의 지명, 중재위원회의 심문, 중재의 효력, 「중재법」의 준용</td></tr>
<tr><td>4</td><td>다수인관련분쟁의 조정</td><td colspan="2">다수인관련분쟁의 조정신청, 허가요건, 신청의 경합, 허가 결정, 대표당사자의 감독, 공고 등, 참가의 신청, 효력, 동일한 분쟁에 대한 조정신청의 금지, 조정절차의 준용, 배분, 배분계획의 기재 사항, 배분기준, 공제, 배분계획의 공고, 배분계획의 변경 등</td></tr>
<tr><td>5</td><td>보칙</td><td colspan="2">국가배상법과의 관계, 조정비용, 준용규정</td></tr>
<tr><td>6</td><td>벌칙</td><td colspan="2">벌칙, 과태료</td></tr>
</table>

1) 조정대상 환경피해

법에 따른 환경피해의 범주(환경분쟁조정법 제2조)에는 사업활동, 그 밖의 사람의 활동에 의하여 발생하였거나 발생이 예상되는 대기오염, 수질오염, 토양오염, 해양오염, 소음·진동, 악취, 자연생태계 파괴, 일조방해, 통풍방해, 조망저해, 인공조명에 의한 빛공해, 지하수 수위 또는 이동경로의 변화, 하천수위의 변화, 진동으로 인한 지반침하(광물 채굴로 인한 지반침하는 제외)로 인한 건강상·재산상 ·정신상의 피해가 조정신청대상이다. 단 방사능오염으로 인한 피해는 제외된다.

최근(2022년 3월)에는 저주파 소음으로 인한 정신적 피해와 일조 방해로 인한 정신적 피해에 대한 배상액 산정기준을 마련하였고, 환경피해 배상수준도 물가상승율 등을 감안하여 상향조정하였다.[113]

2) 분쟁조정의 유형

환경분쟁조정(調整)은 알선, 조정(調停), 재정 및 중재 4가지로 분류된다[그림 5-9].

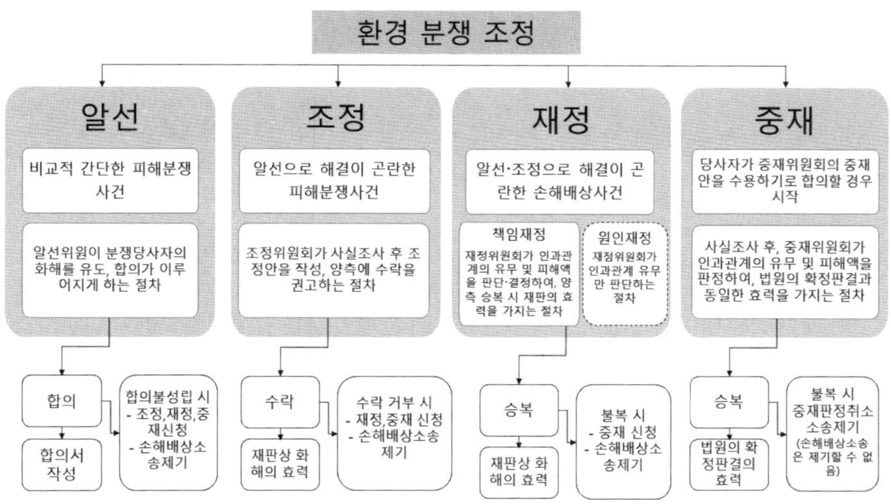

[그림 5-9] 환경분쟁조정의 유형과 절차

① 알선

우선, 알선(good offices)은 비교적 간단한 분쟁사건에 대하여 '알선위원'이 분쟁당사자의 화해를 유도하여 합의가 이루어지게 하는 절차이다. 이는 환경ADR 중에서 가장 약한 약식절차라 할 수 있다.[114]

위원장은 신청서가 접수된 날부터 7일이내에 위원회 위원 중 매 사건당 3명이내의 알선위원을 지명하고, 알선위원은 양 당사자가 주장하는 요점을 확인하여 공정하게

113 환경부. 보도자료(2022.3.7.) 환경피해 배상수준 대폭 강화, 현실적인 피해 구제 기대–2026년까지 환경피해 배상액 162% 인상, 저주파 소음 배상기준 신설 등–.

114 최철호. ibid.

중개하여 합의를 유도한다. 당사자가 합의서를 작성하면 알선의 효력이 성립되며 절차가 종료된다.

알선은 당사자간 자주적으로 해결하는 것을 목적으로 하므로 증거조사 등은 하지 않고, 교섭 장소 제공, 자료 제시, 쟁점 정리 등을 통해 협의가 원활하게 진행되도록 중개한다.

알선절차는 3개월내에 완료하여야 하며, 당사자의 동의가 있는 경우 위원회의 결정을 통해 1회에 한하여 연장할 수 있다. 분쟁해결의 가능성이 없다고 인정되면 알선을 중단할 수 있고, 동일 분쟁에 대하여 신청인이 조정 또는 재정을 신청하게 되면 알선은 자동으로 중단된다.

② 조정

조정(mediation)은 알선으로는 해결이 곤란한 사건에 대하여 '조정위원회'가 분쟁당사자의 의견을 듣고 사실조사 후 조정안을 작성하여 양측에 30일이상의 기간을 정하여 수락을 권고하는 절차이다.

위원장은 신청서가 접수된 날로부터 7일이내에 사건당 3명의 조정위원을 지명하여 조정위원회를 구성하되, 1명은 판사, 검사 또는 변호사로 6년이상 재직한 사람이 1명이상 포함되어야 한다.

조정절차는 9개월내에 완료하여야 하며, 당사자 등의 동의가 있으면 위원회 결정으로 1회에 한해 연장할 수 있다.

조정위원회는 조정안을 작성시 구성원 전원의 출석으로 개의하고, 구성원 과반수 찬성으로 의결한다. 조정위원회는 조정기일을 정하여 당사자에게 출석을 요청할 수 있으며, 당사자간 합의시 조정이 성립된다. 합의 불성립 시 조정위원회는 조정결정을 할 수 있으며, 14일이내 당사자의 이의신청이 없으면 조정결정은 재판상 화해의 효력을 가진다(제35조의2).

③ 재정

재정(adjudication)은 책임재정과 원인재정 두 가지가 있다. '책임재정(adjudication of responsibilities)'은 환경피해에 대한 분쟁 당사자 간의 손해배상 등의 책임의 존재와 그 범위 등을(피해액) 결정하는 재정이며, '원인재정(adjudication of causes)'은 환경피해를 발생시키는 행위와 환경피해 사이의 인과관계 존재 여부를 결정하는 재정이다.[115] 위법성과 인과관계 유무, 피해규모 등에 대하여 사실조사 및 심문 등의 절차를 거쳐 법률적 판단을 내려 분쟁을 해결하려는 제도이다.

재정은 5인으로 구성하는 재정위원회에서 하나, 환경피해로 인해 5명이상의 사망자 혹은 중대 장애가 발생한 사건, 건강 또는 재산 피해로 조정가액이 20억원 이상인 사건 등은 10인으로 구성할 수 있다. 조정가액이 2억원이하이거나 경미한 사건은 3인으로 구성할 수 있다. 재정위원회 회의는 전원 출석에 과반수 합의로 결의한다. 책임재정위원회는 환경피해의 복구를 위하여 원상회복이 필요하다고 인정되면 손해배상을 갈음하여 당사자에게 원상회복을 명하여야 한다(법 제41조 원상회복).[116]

원인재정을 한 당사자는 이후 알선, 조정, 책임재정 혹은 중재를 신청할 수 있다. 책임재정을 한 경우, 60일 이내에 당사자 양쪽 혹은 어느 한쪽으로부터 그 재정의 대상인 환경피해를 원인으로 하는 소송이 제기되지 않거나 소송이 철회된 경우, 책임재정은 재판상 화해와 동일한 효력을 가진다(제42조). 재정은 피해당사자가 현실적으로 가장 많이 이용하는 분쟁해결 방식이다.

④ 중재

중재(arbitration)는 2015년에 도입된 제도로, 양 당사자가 중재를 통하여 분쟁을 해결하기로 합의를 한 후 어느 당사자 일방이 환경분쟁조정위원회에 신청함으로써 시작된다. 중재위원회가 환경분쟁 피해에 대하여 위법성과 인과관계의 유무, 피해규모 등에 대하여 사실조사 및 심문 등의 절차를 거쳐 법률적 판단을 내려 분쟁을 해결하는 제도이다.

위원장은 신청서가 접수된지 7일이내에 사건당 3명의 중재위원을 지명하여 중재위원회를 구성하되, 당사자가 합의하여 위원을 선정한 경우 그 위원을 지명한다.

중재합의는 법원의 확정판결과 동일한 효력을 가진다(제45조의4). 따라서, 중재합

115 2018년 도입된 원인재정제도의 의의는 i) 결정 대상이 인과관계 판단에 한정되므로 재정결정에 이르기까지 소요되는 시간이 단축될 뿐만 아니라 ii) 분쟁 신청인은 원인재정의 결과를 근거로 하여 당사자 간의 자율적인 합의를 도모하거나, 환경분쟁조정법에 따른 조정신청을 할 수 있어, 당사자의 분쟁해결 수단을 확대하였다는 점과, iii) 국가에 의한 환경피해에 대한 원인 규명을 통해 피해확산의 방지나 정부의 후속조치에 대한 근거 제공 등을 통해 환경분쟁조정절차의 공공적 성격을 강화할 수 있다. (출처) 최우용·김태호, 「환경분쟁조정법의 원인재정 제도-일본 법제도와의 비교를 통해 본 제도 운용의 전망과 과제를 중심으로-」, 『환경법연구』, 2019;41(1):299-335.

116 다만, 원상회복에 과다한 비용이 들거나 그 밖의 사유로 그 이행이 현저히 곤란하다고 인정하는 경우에는 그러하지 아니하다.: 이 규정은 환경분쟁조정위원회의 공공적 역할을 명확하게 보여주는 내용이다.

의가 된 사항에 대해서 법원에 소가 제기된 경우 피고의 항변에 따라 그 소가 각하된다. 중재판정에 대한 불복은 중재판정 취소의 소를 제기하는 방법으로만 할 수 있다(제45조의5(「중재법」의 준용)).[117]

3) 운영 체계

① 중앙 및 지방 환경분쟁조정위원회

환경분쟁을 조정하기 위하여 설치되는 위원회는 환경부에 중앙환경분쟁조정위원회가, 17개 특별시·광역시와 도에는 지방환경분쟁조정위원회가 설치되어 있다.

중앙환경분쟁조정위원회는 독립성을 띠는 준사법적인 업무를 수행하는 행정관청이다. 주요 소관사무로 i) 환경분쟁의 조정,[118] ii) 환경피해와 관련되는 민원의 조사, 분석 및 상담, iii) 분쟁의 예방 및 해결을 위한 제도와 정책의 연구 및 건의, iv) 환경피해의 예방 및 구제와 관련된 교육과 홍보, v) 그밖에 법령에 따라 위원회의 소관으로 규정된 사항 등이 포함된다.

중앙환경분쟁조정위원회의 분쟁조정은 i) 신청금액이 1억원을 초과하는 분쟁의 재정 및 중재, ii) 국가 또는 지방자치단체를 당사자로 하는 분쟁의 재정·조정·알선, iii) 둘 이상의 시·도의 관할구역에 걸치는 분쟁의 조정, iv) 지방위원회가 스스로 조정하기 곤란하다고 결정하여 이송한 분쟁, v) 환경피해와 복합된 건축으로 인한 일조방해, 통풍방해, 조망저해로 인한 분쟁, vi) 사회적으로 중대한 영향을 끼치거나 끼칠 우려가 있는 환경분쟁과 직권조정, vii) 그 밖에 대통령령으로 정하는 분쟁의 조정업무를 관할한다.

지방환경분쟁조정위원회의 주요사무는 관할구역에서 발생한 분쟁 중, i) 신청금액이 1억원이하인 분쟁의 재정과 중재, ii) 국가 또는 지방자치단체를 당사자로 하지 않는 분쟁의 알선과 조정을 담당한다.

② 직권조정

중앙환경분쟁조정위원회가 하는 역할 중 '직권조정(ex officio mediation)'이 있다.

117 「중재법」 제36조(중재판정의 취소).

118 단, 건축으로 인한 일조방해 및 조망저해와 관련된 분쟁의 조정은 그 건축으로 인한 다른 분쟁과 복합되어 있는 경우만 해당한다.

직권조정이란, 당사자의 신청이 없는 경우에도, 위원회가 직권으로 조정절차를 시작하는 것이다(법 제30조). 직권조정은 i) 환경오염으로 인한 사람의 생명·신체에 대한 중대한 재해(환경피해로 인해 사람이 사망하거나 신체에 중대한 장애가 발생한 분쟁), ii) 환경시설의 설치나 관리[119]와 관련한 분쟁, iii) 분쟁조정 예정가액이 10억원 이상인 분쟁 등 사회적으로 파급효과가 클 것으로 우려되는 분쟁에 대해서 가능하다. 시·도지사·시장·군수·구청장 혹은 유역환경청장·지방환경청장은 직권조정이 필요하다고 판단되는 분쟁에 대하여 중앙조정위원회에 직권조정을 요청할 수 있다.

그러나 직권조정의 기준에 해당되더라도, i) 형사상의 범죄에 해당되는 분쟁, ii) 사안이 중대한 법적, 정책적 이슈를 포함하고 있는 분쟁, iii) 당사자간 거래협상에 의해 사안을 해결하고자 하는 분쟁, iv) 사안이 전 국가적인 영향력을 가지고 있는 분쟁, 그리고 v) 동일 또는 유사한 사안의 법적 소송이 진행 중인 경우는 직권조정 대상에서 제외된다.

2. 환경분쟁조정제도 운영 현황[120]

1) 분쟁조정처리 현황

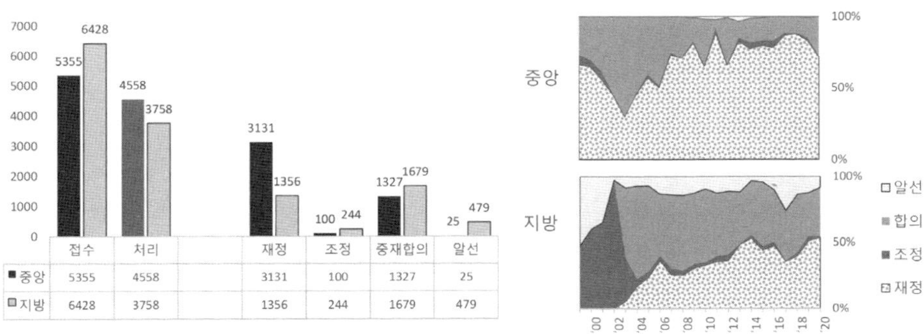

[그림 5-10] 환경분쟁조정위원회 분쟁조정 접수 및 처리 건수 및 연도별 추이, 1991~2020년.

환경분쟁조정위원회가 설립된 1991년7월부터 2020년12월까지 중앙환경분쟁조정위원회에 총 5,355건이 접수되어, 이중 4,557건이 재정(3,131건, 68.7%), 조정(100

119 「환경기술 및 환경산업 지원법」 제2조제2호에 따른 환경시설의 설치나 관리.

120 환경부 중앙환경분쟁조정위원회, 『2020 환경분쟁조정사례집 주요사례』 제29집, 2021.9.

건, 2.2%) 및 합의(1,326건, 29.1%)에 의해 처리되었다. 25건은 알선 종료, 601건은 자진철회 등으로 종결되고, 163건은 처리중이다.

지방환경분쟁조정위원회의가 구성된 후 2020년까지 접수된 사건은 모두 6,428건으로 이중 4,623건이 처리되었다. 중재합의가 1,679건, 재정이 1,356건, 조정이 244건, 알선이 479건으로 중앙에 비하여 중재합의와 알선이 많은 비중을 차지한다.

지방위원회의 처리율이 낮은 이유는 2003년6월부터 신청금액이 1억원이하인 재정사건을 지방위원회에서 처리하게되면서, 전담인력 부족 등으로 처리에 부하가 걸리게 되었기 때문이다. 이를 해결하기 위하여 중앙과 지방이 매년 합동연찬회를 열어 폭넓게 정보교류를 하는 등 업무연계성을 강화하고 전문성을 제고하고 있다.

중앙위원회의 경우, 처리에 걸린 시간은 평균 5.9개월이었으며 7~9개월이 과반을 차지하였고, 9개월이 넘는 경우는 5%정도였다.

2) 중앙환경분쟁조정위원회의 분쟁처리 결과

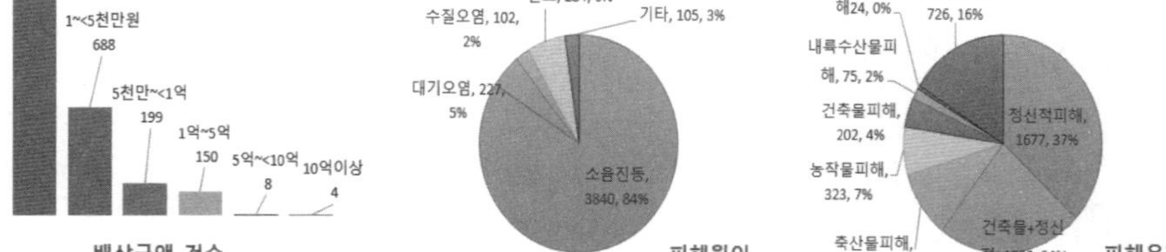

[그림 5-11] 중앙환경분쟁조정위원회 분쟁처리 결과. 1991~2020년.

2020년까지 배상이 결정된 2,423건의 신청금액은 823,282,109천원이며, 배상결정액은 73,309,589원으로 배상률(배상결정액÷신청금액)은 약 8.9%이다.

피해의 원인으로는 소음·진동으로 인한 피해가 가장 많아 84.3%(3,840건)를 차지하였고, 다음으로 일조 6.2%(284건), 대기오염 5%(227건), 수질오염 2.2%(102건), 및 기타 건이었다.

피해의 내용으로는 정신적 피해가 1,667건(36.8%)으로 가장 많고, 건축물 피해와 정신적 피해를 함께 신청한 사건이 1,080건(23.7%), 축산물 피해 451건(9.9%), 농작물 피해 323건(7.1%), 건축물 피해 202건(4.4%), 수산물 피해 99건(2.1%), 기타[121] 725건(15.9%)이었다.

신청사건의 발생지역별로는 서울 1,108건(24.3%), 경기 1,027건(22.5%), 인천 237건(5.2%) 등 수도권에서 발생한 분쟁이 2,372건으로 52.1%를 차지하고, 경남 338건(7.4%) 등 나머지 시·도에서 2,185건으로 47.9%를 차지하였다.

3. 환경분쟁조정제도의 전망

1) 제도의 활성화

환경소송은 승소로 인한 편익(개선된 환경)은 사회 구성원 모두가 공유하므로 공공재적 성격을 가지나, 그 소송비용은 통상 제소자가 혼자 부담하므로 사회가 필요로 하는 만큼 제기되지 않는다.[122] 행정형 분쟁해결기관으로서 환경분쟁조정위원회는 이러한 문제를 보완하는 역할을 한다.

환경분쟁조정제도는 환경법원에 비하여 신속성, 효율성, 전문성, 저비용, 내용적 안정성(판결예측력) 등의 측면에서, 반복적이고도 전형적인 동종의 환경피해에 대해서는 더 큰 역할을 할 수 있고, 법원의 인과관계 판단에 있어서도 환경분쟁조정제도가 일정부분 기여할 수 있을 것으로 평가되었다.[123]

분쟁재정결정의 안정성 측면에서 법원결정과 비교한 연구에 따르면, 법원의 결정과 일치하는 비율이 79%, 사건처리시간에 있어서 환경분쟁조정은 법원의 처리시간에 비하여 43%이하, 처리비용은 법원 처리비용의 15%이하로, 제도 자체의 유용성과 실효성이 인정되었다고 볼 수 있다.[124] 분쟁조정위원회는 직권조사 등에 의해 증거수집이 법원에 비하여 상대적으로 쉬우며, 자연과학적 인과관계나 배상액 산정에서 전문가 인력풀을 활용하기 용이하여 전문성이 높다.

그러나, 연도별 피해의 원인 비중에서 제도 시행 이후 30여년동안 큰 변화가 없이, 소음·진동피해가 80%이상으로 절대적인 비중을 차지하고 있으며, 피해의 유형에서

121 기타에는 건강, 영업손실, 방음시설, 이주비 요구 등이 포함.
122 조홍식, 「환경분쟁조정의 법정책–라즈이 권위의 이론에 의존하여–」, 『서울대학교 법학』 2011;52(3); p.124.
123 강정혜, 「환경법원과 환경분쟁조정위원회의 역할에 대한 전망」, 『환경법연구』 2013;35(3); 3–26.
124 정달수, 「환경분쟁조정의 실효성에 관한 연구: 소음 관련 재정결정 불복사건을 중심으로」, 『환경정책』 2016. 24(3); 95–129.

는 정신적인 피해가 과반을 점하고 있다[그림 5-12].

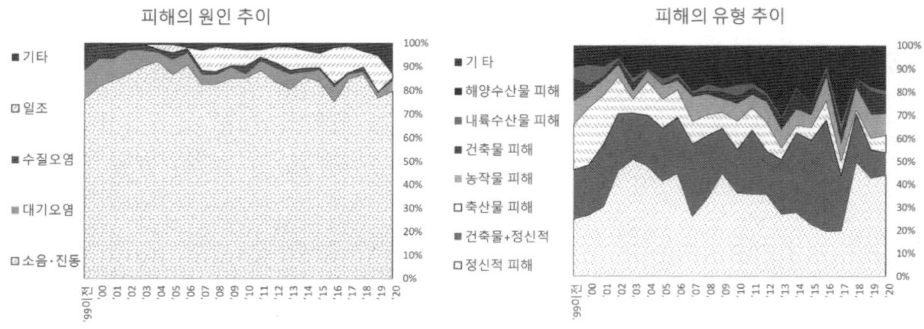

[그림 5-12] 중앙환경분쟁조정위원회의 분쟁처리 사건에서 피해의 원인과 유형의 연도별 추이, 1991~2020년.

이는 다변화된 사회에서 발생하는 다양한 원인의 환경피해가 이 제도에 잘 반영되고 있지 못하다는 것을 의미할 수 있다. 또 이 제도를 통해 해결되는 환경피해는 정신적 피해와 재산피해이며 신체적 건강(과 생명)의 피해는 거의 다루어지고 있지 않다는 것을 알 수 있다. 별도의 개별법으로 마련된 유해인자별 피해구제제도를 통해 적지 않은 환경피해가 구제되고 있는 사실에 비추어, 분쟁조정제도에서 건강 및 생명상의 피해가 거의 없는 원인이 분석될 필요가 있다. 이를 위해 분쟁조정위원회의 전담인력과 조직의 강화가 관건이 될 것이다.

2) 역학조사–피해구제–분쟁조정의 연계

최근에 도입된 원인재정 제도는, 특히 환경오염으로 인한 건강피해와의 관련성과 인과관계를 규명하는 역학조사 등이 필요한데, 이 부분은 「환경보건법」 및 「환경오염피해구제법」에 근거하여 진행되는 정책 및 사업에서 축적된 경험과 전문인력이 연계되어 활용되면 바람직할 것이다. 환경분쟁조정제도와 굵직한 환경오염으로 발생한 건강피해 사건과 관련하여 발전되어 온 행정적 피해구제제도가 연계 운영된다면 질 높은 정책서비스가 가능하게 될 것이다.

역학조사–피해구제–분쟁조정이 연계[125]되는 조직적 제도의 개선이 모색되어야 할

125 예로 가습기살균제피해구제의 경우, 정부의 피해인정을 받고 구제급여를 받은 피해자들은 최종적으로 원인자로부터 피해배상을 받기를 원하나, 법원에 소송을 제기하는데에 많은 어려움이 따른다. 환경분쟁조정위원회에서 재정

필요가 있다. 이것은 전문인력의 연계·활용의 차원에서뿐 아니라, 정책소비자의 입장에서도 보다 신속하고 공정하게 환경피해구제가 이루어질 수 있다는, 궁극적인 법의 목적 달성에 한발 더 빠르게 도달하는 것이 된다.

혹은 조정절차로 연계한다면, 좋은 선례가 될 것이다. 2022년 현재는 별도의 민간 '가습기살균제피해구제조정위원회'에서 이를 추진하고 있다.

참고 문헌

〈논문〉

강정혜, 「대체적 분쟁해결제도(ADR)로서의 환경분쟁조정과 환경소송」, 『환경법연구』, 2008;30(3):185-204.

강정혜, 「환경법원과 환경분쟁조정위원회의 역할에 대한 전망」, 환경법연구, 2013;35(3):3-16.

김수근, 「석면에 의한 직업성 암의 진단과 판정을 위한 헬싱키 기준 2014」, 『산업보건』, 2015;(2월):48-58.

김시평, 「특집 2: 환경구제; 우리나라 환경분쟁조정제도의 현황과 발전방향」, 『환경법연구』, 1999;21:81-99.

김일방, 「근대 소유론과 그 한계 그리고 새로운 소유권 개념」, 『환경철학』, 2016;22:5-30.

김현준, 「공법상 환경책임론의 전개를 위한 기초연구 - 공법상 환경책임론(1) -」, 『법제연구』, 2009;(36):309-45.

김현준, 「사법상 환경책임과 공법상 환경책임 - 한·독 법비교를 바탕으로 한 환경훼손책임법 입법론 -」, 『법과 정책연구』, 2020;20(1):259-91.

김홍균, 「환경오염피해 배상책임 및 구제에 관한 법률의 평가와 향후 과제」, 『환경법연구』, 2015;37(2):141-75.

박종원, 「환경오염피해에 대한 행정적 구제의 실효성 제고를 위한 입법론: '환경오염피해 배상책임 및 구제에 관한 법률」에 따른 구제급여 지급현실에 비추어」, 『환경법연구』, 2018;40(3):3-46.

손한기, 「中國의 人民調停制度에 관한 연구」, 『비교사법』, 2003;10(3):23.

윤태영, 「자연환경에 대한 불법행위책임?:자연이라는 공적 이익의 침해에 대한 불법행위법으로의 해결을 중심으로」, 『동아법학』, 2013;(58):541-76.

윤효영, 「자연환경 손해의 구제 현황과 향후 과제」, 『경영법률』, 2017;27(3):417-50.

이승우, 「환경오염으로 인한 위험책임의 귀책구조」, 『환경법연구』, 2010;32(2):3-31.

이준서, 「자연환경훼손의 피해구제를 위한 입법 정책적 소고」, 『법과 정책연구』, 2015;15(4):1185?220.

이준서, 「환경오염피해 배상책임 및 구제에 관한 법률 상 자연환경훼손의 복원 가능성과 한계」, 『환경법연구』, 2018;40(3):47?87.

정달수, 「환경분쟁조정의 실효성에 관한 연구: 소음관련 재정결정의 불복사건을 중심으로」, 환경정책, 2016;24(3):95-129.

정훈, 「환경오염피해에 대한 책임귀속 법리의 전망과 과제」, 『공법학연구』, 2017;18(4):283-313.

조홍식, 「환경분쟁조정의 법 정책-라즈이 권위의 이론에 의존하며-」, 서울대학교법학, 2011;52(3):p.124.

최우용·김태호, 「환경분쟁조정법의 원인재정 제도 – 일본 법제도와의 비교를 통해 본 제도 운용의 전망과 과제를 중심으로 –」, 『환경법연구, 2019;41(1):299-335.

최철호, 「환경책임성 강화를 위한 환경분쟁조정제도의 법제개선 방안」, 『환경법연구』, 2013;35(3):305-38.

SeungHyun L, 「Trends and Implications of Major Countries Relating to Legislation on General Rules for Risk Liability under Civil Code」, SungKyunKwan Law Review, 2018;30(3):179-220.

Kim HR, 「Overview of Asbestos Issues in Korea」, J Korean Med Sci, 2009;24(3):363-367.

Kang DM, Kim YK, Kim JE, 「Asbestos and environmental diseases」, J Korean Med Assoc, 2012;55(3):214.

〈책〉

김창엽, 『건강의 공공성과 공공보건의료』, 한울 아카데미, 2019.

〈보고서 및 웹문서〉

고숙자·고제이·오미애·이아영·노수련·황안나, 「석면피해자 발생 및 기금소요 추계 개선 연구」, 환경부, 2020 [cited 2022 May 11]. Available from: https://repository.kihasa.re.kr/handle/201002/36027

국립환경과학원, 「가습기살균제 노출과 질환 간 역학적 상관관계 검토보고서-간질성폐질환, 천식, 폐렴-」, 국립환경과학원, 2021 [cited 2022 May 11]. Available from: https://www.healthrelief.or.kr/home/board/law/view.do

이수형·나종익·현준원·박동일·전주열·신영석 등, 「석면 건강피해자 지원 개선방안 연구」, 환경부, 한국보건사회연구원, 2018 [cited 2022 May 11]. Available from: https://repository.kihasa.re.kr/handle/201002/34921

중앙환경분쟁조정위원회, 「2020 환경분쟁조정사례집 주요사례 제29집」, 환경부 중앙환경분쟁조정위원회, 2021 [cited 2022 May 13]. Available from: http://ecc.me.go.kr/

추장민·정회성·강상인·박경애, 「환경분쟁조정 기능 강화 등 중장기 발전방향 연구」, 환경부, 2006 [cited 2022 May 13]. Available from: http://kiss.kstudy.com/public/public3-article.asp?key=60029161

WHO, Asbestos: elimination of asbestos-related diseases [Internet], [cited 2022 May 11], Available from: https://www.who.int/news-room/fact-sheets/detail/asbestos-elimination-of-asbestos-related-diseases

The American Law Institute, 「RESTATEMENT OF THE LAW THIRD, Torts: Liability for Physical and Emotional Harm」, American Law Institute, 2010 [cited 2022 May 11]. Available from: https://www.ali.org/publications/show/torts-liability-physical-and-emotional-harm/